Maître d'œuvre Bâtiment

Léonard Hamburger

Maître d'œuvre Bâtiment

Guide pratique, technique et juridique

6e édition mise à jour

Éditions EYROLLES

ÉDITIONS EYROLLES
61, bd Saint-Germain
75240 Paris Cedex 05
www.editions-eyrolles.com

Sommaire

Table des matières

Annexes

Index

Introduction

Ce guide est destiné aux jeunes architectes, ingénieurs, et économistes du Bâtiment, désireux de développer leurs compétences professionnelles.

Il poursuit notamment l'ambitieux objectif de tenter d'améliorer le dialogue entre architectes et techniciens, en facilitant la compréhension d'un vocabulaire commun.

Outre les jeunes architectes, ce guide intéressera les architectes désireux dans le cadre du développement de leur clientèle de se confronter à des projets complexes d'ERP ou d'ERT.

Ce guide s'adresse aussi aux ingénieurs et techniciens spécialisés, qu'ils soient électriciens, thermiciens, ingénieurs Structure, acousticiens, BIM manager, directeurs travaux, coordinateurs SSI, coordonnateurs SPS, ingénieurs en bureau de contrôle, OPC, etc. désireux de diversifier leurs compétences, par exemple dans le cadre d'une évolution de carrière.

Il est certes ambitieux de prétendre proposer un ouvrage adapté à la fois aux architectes et aux ingénieurs, mais le développement de la qualité environnementale du Bâtiment et de la collaboration en BIM exigent de plus en plus une collaboration étroite, collaboration qui nécessite de comprendre le vocabulaire de l'autre.

Les maîtres d'œuvre travaillant sur l'existant trouveront dans ce guide de très nombreux conseils spécifiques aux projets de rénovation, projets qui nécessitent des qualités si différentes de celles requises pour les projets dans le neuf qu'on peut se demander s'il s'agit bien du même métier.

Maîtriser la réglementation pour ne pas la subir

La réglementation applicable en France à la construction constitue un corpus volumineux, fluctuant en permanence, au point qu'on a pu parler d'instabilité juridique. De plus, cet ensemble règlementaire est éclaté en une multitude de textes épars, jusqu'à en donner le tournis.

Le maître d'œuvre subit trop souvent la réglementation sans la comprendre et sans en connaître le texte source. Face au bureau de contrôle qui lui assène qu'on « ne peut pas faire cela », le maître d'œuvre est désarmé s'il n'a pas accès au texte source.

Un des objectifs du présent ouvrage est donc de faciliter au lecteur l'accès aux textes règlementaires. En effet, il est extrêmement pénible pour un maître d'œuvre de subir les avis défavorables d'un bureau de contrôle en ne sachant pas quels articles règlementaires se cachent derrière ces avis. Il arrive d'ailleurs qu'en demandant au bureau de contrôle de se justifier en citant l'article précis mis en avant, on finisse par s'apercevoir que cet article n'était pas applicable au projet…

Si l'on veut maîtriser le cadre règlementaire de son projet au lieu de le subir, il est donc essentiel d'avoir accès aux textes et de savoir se repérer dans le maquis règlementaire. En matière de réglementation, c'est celui qui a accès aux textes sources qui détient en quelque sorte la compétence.

Retour aux textes

Les références règlementaires sont détaillées dans les notes en bas de page, qui citent in extenso le titre du texte légal. Le but de ces notes, qui peuvent paraître rébarbatives, est de permettre au lecteur de consulter le texte règlementaire d'origine sur Internet, car rien ne vaut la consultation du texte lui-même. Grâce à la référence précise du texte, même un lecteur n'ayant pas accès à un site payant spécialisé peut gratuitement consulter le texte règlementaire sur www.legifrance.fr. La consultation des textes sources permet de s'approprier le sujet et maîtriser de mieux en mieux le sujet.

La consultation en ligne permet aussi de s'assurer que le texte n'a pas évolué, puisque la réglementation évolue très vite.

Dans l'ensemble des pages du présent ouvrage, on trouvera donc quasiment toujours cité le texte source qui est à l'origine des prescriptions règlementaires évoquées.

Guère plus qu'une poussière

Ce guide a pour objectif d'encourager le lecteur à rechercher davantage d'informations, dans la littérature, dans les textes règlementaires et sur des sites Internet fiables. Les informations contenues dans ce livre ne valent guère plus qu'une poussière, comparées à tout ce qu'un bon maître d'œuvre Bâtiment devrait connaître.

Qu'est-ce qu'un bon maître d'œuvre ?

Un autre objectif de cet ouvrage est d'aider le jeune maître d'œuvre à progresser en compétences, en professionnalisme, bref de l'aider à devenir progressivement un « *bon maître d'œuvre* ». Mais qu'est-ce qu'un « bon » maître d'œuvre ? On serait bien en mal de le préciser.

Il y a en effet de très nombreuses réponses à cette question. La réponse la plus évidente est qu'un bon architecte est celui qui conçoit une œuvre architecturale de grande qualité.

Mais au-delà de cette priorité absolue, les qualités requises pour faire une bonne équipe de maîtrise d'œuvre sont très nombreuses et sont affaire de point de vue.

Une bonne équipe de maîtrise d'œuvre, c'est évidemment celle qui produit des DCE clairs, aisément traduisibles en prestations chiffrables, dira le métreur d'une entreprise.

Une bonne équipe de maîtrise d'œuvre, c'est bien sûr celle qui produit des plans et des solutions constructives clairement applicables sur le chantier, dira le chef de chantier.

Un bon maître d'œuvre, c'est évidemment celui qui limite le coût des travaux supplémentaires, dira le maître d'ouvrage.

Un bon maître d'œuvre, c'est essentiellement celui qui sait faire tenir les délais aux entreprises, dira le propriétaire d'un centre commercial.

Un bon maître d'œuvre, c'est d'abord celui qui respecte le patrimoine et maîtrise les techniques constructives traditionnelles, dira l'ABF.

Un bon maître d'œuvre, c'est celui qui intègre la maintenance future dans ses réflexions, dira le mainteneur, las des équipements inaccessibles et des sols encrassés.

Un bon maître d'œuvre, c'est bien sûr celui qui maîtrise toutes les règles de sécurité incendie, dira la commission de sécurité.

Un bon maître d'œuvre, c'est évidemment celui qui conçoit un bâtiment économe en énergie, dira le locataire bien informé des enjeux énergétiques.

Un bon maître d'œuvre, c'est celui qui sait analyser finement les besoins du maître d'ouvrage et créer des locaux fonctionnels adaptés à leurs usages futurs, dira l'utilisateur du bâtiment.

Tous ces points de vue sont exacts et ne sont pas exhaustifs des qualités nécessaires.

Avertissement

Les maîtres d'œuvre travaillant sur des projets non pas de *bâtiment* mais d'*infrastructure* ou d'*ouvrage d'art*, s'ils peuvent bénéficier de nombreux chapitres du présent guide, prendront garde à faire le tri entre ce qui s'applique et ce qui ne s'applique pas à leur domaine particulier.

Les maîtres d'œuvre travaillant sur des projets à l'international ou dans les DOM-TOM prendront aussi garde au fait que le présent guide reflète le cadre professionnel français et, sur bien des points, métropolitain. Si les pratiques dans les autres pays européens diffèrent sur certains points, elles diffèrent bien plus encore dans le reste du monde.

On veillera notamment à ne pas transposer naïvement les préceptes thermiques français aux pays d'Asie sans analyse du climat local !

Des rubriques facilement identifiables

Dans chaque chapitre, on retrouvera des rubriques thématiques :
- *Pour en savoir plus* : cette rubrique propose des pistes d'approfondissement, en privilégiant les sites internet gratuits.
- *Point de vigilance* : cette rubrique attire l'attention sur des pièges dans lesquels bien des maîtres d'œuvre sont tombés.
- *Conseils pratiques* : des conseils qui ne sont en rien une obligation mais qui ont fait leur preuve.
- *Zoom* : cette rubrique propose un approfondissement sur un sujet particulier.
- *Règles d'or* : cette rubrique définit des « garde-fous » essentiels à retenir ; ce qui n'empêche pas de les outrepasser quand on en maîtrise les enjeux ! Ces règles d'or constituent une première approche, volontairement simpliste pour frapper les esprits et être retenue. Une fois leur contenu intégré, les exceptions nombreuses viennent avec l'expérience. On notera que le titre choisi dans cet ouvrage pour chacune de ces règles (par exemple « *Règle d'or des portes DAS* ») est une invention de l'auteur, destinée à faciliter la mémorisation du contenu de la règle.

Note de l'auteur sur la 6ᵉ édition

La présente édition comporte de très nombreuses améliorations de détail : ajout d'une précision, mise à jour d'un chiffre, mise à jour d'une référence règlementaire, etc.

La publication du nouveau Code de la commande publique et l'abolition de l'ancien Code des marchés publics, de la loi MOP et du décret MOP ont conduit à réécrire de très nombreuses parties de la 5ᵉ édition, devenues obsolètes.

Les conséquences de la loi Elan pour le maître d'œuvre ont aussi nécessité des mises à jour.

Le permis de déroger de la loi ESSOC a été pris en compte.

Le nouveau concept d'immeuble de moyenne hauteur a été cité.

La présentation et la comparaison des grands systèmes de certification environnementale ont été intégralement réécrites pour prendre en compte les évolutions récentes des référentiels de certification.

Le chapitre relatif au BIM a été mis à jour pour faire bénéficier le lecteur de nouvelles précisions sur les process collaboratifs et les logiciels interopérables.

Des précisions ont été apportées sur les attestations en fin de chantier ainsi que sur l'archivage en fin de chantier.

Enfin, cinq nouvelles illustrations complètent cette nouvelle édition.

Quant à la future 7ᵉ édition, elle prendra en compte les arrêtés d'application de la loi ELAN et les prescriptions applicables aux immeubles de moyenne hauteur – non connues à ce jour.

Remerciements

À la veille de cette sixième édition, mes remerciements vont tout particulièrement à Marc Jammet, qui a su m'accompagner par sa confiance indéfectible et par ses encouragements chaleureux au cours des six éditions successives de ce livre.

La première édition de cet ouvrage, publiée en 2012, n'aurait pas vu le jour sans Florence Rabiet, qui en avait patiemment relu le manuscrit, sans Jean-Louis Liennard qui en avait réalisé la lecture-correction et la mise en page, sans Isabelle Paisant, qui en avait réalisé la maquette et sans Christophe Picaud qui en avait retouché les photos et réalisé la couverture.

Mes remerciements les plus vifs vont à Lionel Auvergne qui a accompagné ces six éditions en réalisant avec rigueur l'ensemble des dessins et qui a su déchiffrer mes croquis illisibles et les rendre présentables.

Pour cette sixième édition, comme pour la précédente, je remercie Hervé Soulard qui a réalisé la lecture-correction et la mise en page avec sa rapidité et sa rigueur habituelles.

Enfin je remercie tout spécialement Gabrielle pour son tendre soutien.

La conception

CHAPITRE 1

La réglementation

1. Le cadre juridique de la pratique professionnelle

1.1. L'exercice professionnel de l'architecture

Depuis la loi du 3 janvier 1977[1], l'architecte doit respecter certaines contraintes pour pouvoir exercer officiellement sa profession :

- être inscrit à l'ordre des architectes et payer sa cotisation ;
- être assuré ;
- respecter le Code de déontologie.

Un diplômé d'une école d'architecture, ou un architecte salarié, n'a officiellement pas le droit de porter le titre d'architecte s'il ne s'est pas inscrit à l'ordre[2], après avoir passé son habilitation à l'exercice de la maîtrise d'œuvre en son nom propre (HMONP).

1.1.1. Le Code de déontologie

Le Code de déontologie[3] des architectes comporte certains points intéressants :

- obligation d'entretenir et d'améliorer sa compétence ;
- obligation d'établir un contrat (« *une convention écrite préalable* » dit le Code) avec ses clients ;
- « *la rémunération de l'architecte peut (…) faire l'objet d'un forfait si les parties contractantes en conviennent : dans ce cas elle est déterminée avant le début de la mission et fixée en valeur absolue. Cette valeur ne peut plus alors être reconsidérée que d'un commun accord entre les parties lorsqu'il y a modification du programme initial ou de l'importance de la mission.* » ;

---

1 Loi n° 77-2 du 3 janvier 1977 sur l'architecture.
2 Décret n° 80-218 du 20 mars 1980 relatif au port du titre de Titulaire du diplôme d'architecte et à l'honorariat pris pour l'application de la loi n° 77-2 du 3 janvier 1977 sur l'architecture.
3 Accessible sur Légifrance directement à la rubrique Codes en vigueur : Code de déontologie des architectes.

- « *un architecte qui n'a pas participé à l'élaboration d'un projet ne peut en aucun cas y apposer sa signature, ni prétendre à une rémunération à ce titre ; la signature de complaisance est interdite* » ;
- interdiction de sous-traiter le « projet architectural » du dossier de permis de construire ;
- obligation d'objectivité et d'équité quand il examine une proposition d'entreprise ;
- « *l'architecte doit s'abstenir de prendre toute décision ou de donner tous ordres pouvant entraîner une dépense non prévue ou qui n'a pas été préalablement approuvée par le maître d'ouvrage* » ;
- devoir de vérifier les demandes d'acomptes et les devis, et de les transmettre au client après vérification ;
- devoir d'assister le client pour la réception des travaux.

1.1.2. Le rôle de l'architecte dans le cadre du permis de construire

Signer un permis de construire n'est pas un acte neutre : l'architecte signataire doit être l'auteur du projet, projet qui doit de plus être réalisable ; des architectes ont déjà été condamnés pour avoir signé un permis de construire sans avoir pris en compte les contraintes du site.

Dans les cas où le permis de construire est obligatoire[1], le recours à un architecte pour l'établissement du projet architectural du dossier de permis de construire est obligatoire[2] :

- pour toute personne physique qui ne construit pas pour elle-même ;
- pour toute personne physique qui construit pour elle-même au-delà du seuil règlementaire de 150 m^2 de plancher (sauf pour les hangars : 800 m^2 et pour les serres : 2 000 m^2) ; ce nouveau seuil de 150 m^2 a été institué par la loi CAP[3] de 2016 ;
- pour toute personne morale publique ou privée, quelle qu'elle soit.

1.1.3. Le rôle de l'architecte dans la conception des lotissements

Depuis la loi CAP (création, architecture et patrimoine) de 2016, le recours à un architecte ou à un paysagiste concepteur est obligatoire pour la conception de tout lotissement à partir de 2 500 m^2. L'architecte élabore le dossier de demande de permis d'aménager.[4]

Cette disposition a été adoptée après un long débat, et devrait favoriser la qualité paysagère des lotissements.

1.1.4. Les modes d'exercice de l'architecture

La moitié des architectes inscrits à l'ordre exercent en libéral, une proportion en forte baisse puisqu'ils étaient 83 % en 1983. D'autres exercent dans une société commerciale, ce qui limite leur responsabilité à leur apport dans la société. Enfin, d'autres praticiens exercent en salariés, soit en étant inscrits à l'ordre, soit le plus souvent sans être inscrits à l'ordre.

---

1   Les travaux soumis à permis de construire sont définis par les articles R421-1 (pour le neuf) et R421-14 (pour l'existant) du Code de l'urbanisme.
2   Code de l'urbanisme, article R431-2.
3   Loi du 7 juillet 2016 relative à la liberté de la création, à l'architecture et au patrimoine.
4   Articles L441-4 et R441-4-2 du Code de l'urbanisme. La possibilité de faire appel à un paysagiste concepteur a été introduite par la loi ELAN de 2018.

1.1.4.1. L'exercice libéral de l'architecture

L'architecte libéral est responsable, sur ses biens propres, de manière illimitée des dettes de son activité, d'où l'importance de l'assurance. Même une mission d'assistance à maîtrise d'ouvrage, ou de conseil, doit être couverte par une assurance, la responsabilité du conseil pouvant être engagée.

Pour pouvoir exercer en libéral, outre l'inscription à l'ordre nécessaire à la signature des permis de construire, il faut notamment :

- être inscrit à l'Urssaf ;
- s'affilier à la Caisse d'assurance vieillesse, la CIPAV ;
- s'affilier à un régime complémentaire d'assurance vieillesse ;
- s'inscrire à la Caisse d'assurance maladie des professions libérales, en fonction de sa région.

Dans le cadre de son activité libérale, l'architecte peut créer une société, notamment pour s'associer. Différentes possibilités existent, notamment :

- les *sociétés civiles de moyens* (SCM) : elles permettent à des professionnels (architectes, paysagistes, ingénieurs, etc.) de partager des locaux et des charges, tout en exerçant de manière totalement indépendante individuellement ; les SCM ne sont jamais engagées dans un contrat avec un maître d'ouvrage ;
- les *sociétés d'exercice libéral* (SEL)[1] : créées par la loi du 31 décembre 1990, elles permettent d'exercer en libéral, mais sous forme de sociétés de capitaux, pouvant depuis 2001 être ouvertes aux capitaux extérieurs ; elles peuvent prendre plusieurs formes : société d'exercice libéral à responsabilité limitée d'architecture (SELARL), société d'exercice libéral à forme anonyme d'architecture (SELAFA), société d'exercice libéral en commandite par actions d'architecture (SELCA) ou société d'exercice libéral par actions simplifiées d'architecture (SELAS) ; dans ces sociétés, les associés restent responsables sur leurs biens propres (contrairement aux sociétés commerciales d'architecture) mais seulement dans la limite de leur apport en capital ; par ailleurs depuis 2011 un nouvel outil a été créé : des parts de SEL peuvent être détenues par des sociétés de participation financière de profession libérale d'architectes (SPFPLA) ;
- les *sociétés civiles professionnelles d'architecture* (SCPA ; on en comptait 290 en 2011)[2] et les *sociétés civiles interprofessionnelles* : elles regroupent des associés, qui sont indéfiniment responsables en cas de défaillance de l'un d'entre eux ; ce mode d'exercice est par conséquent tout à fait déconseillé ;
- la *collaboration libérale* : depuis 2005[3], un architecte a la possibilité de s'associer avec un collaborateur libéral ; le collaborateur libéral n'est pas un salarié, bien qu'il soit rémunéré ; il doit être un architecte inscrit à l'ordre et assuré ; il est autorisé à avoir sa propre clientèle.

Le cadre d'exercice libéral ne nécessite pas d'apport de fonds initial. Mais il comporte le risque de la *responsabilité illimitée* de l'architecte sur ses fonds propres, responsabilité qui peut être étendue à sa succession. La transmission de l'agence, comme la succession, est « à risque ».

---

1 Voir loi n° 90-1258 du 31 décembre 1990 relative à l'exercice sous forme de sociétés des professions libérales soumises à un statut législatif ou règlementaire ou dont le titre est protégé et aux sociétés de participations financières de professions libérales et décret n°92-619 du 6 juillet 1992 relatif à l'exercice en commun de la profession d'architecte sous forme de société d'exercice libéral et aux sociétés de participations financières de professions libérales.

2 Loi n° 66-879 du 29 novembre 1966 relative aux sociétés civiles professionnelles et décret n° 77-1480 du 28 décembre 1977 pris pour l'application à la profession d'architecte de la loi n° 66-879 du 29 novembre 1966 relative aux sociétés civiles professionnelles.

3 Article 18 de la loi n° 2005-882 du 2 août 2005 en faveur des petites et moyennes entreprises.

Quelles procédures pour créer une activité libérale d'architecture ?

- S'inscrire au tableau de l'ordre des architectes (www.architectes.org).
- Consulter le CFE, le Centre de formalités des entreprises, guichet unique créé pour simplifier les formalités pour les entrepreneurs (pour trouver les coordonnées du CFE régional, consulter www.cci.fr).
- Choisir une dénomination professionnelle.
- Ouvrir un compte en banque.
- Déposer le dossier complet au CFE, qui procède à l'inscription à l'Urssaf, à la caisse d'assurance maladie et à la caisse d'assurance vieillesse.
- Souscrire les assurances nécessaires.
- Adhérer à une association de gestion agréée, ce qui autorise à un abattement de 20 % sur les bénéfices (www.fcga.fr).
- S'inscrire auprès de la Caisse de retraite des salariés non cadres, l'Arrco (obligatoire même sans salariés !).
- Mettre en place une comptabilité, idéalement en recourant à un expert-comptable.

Pour en savoir plus sur l'inscription en libéral

Consulter le site de l'ordre : www.architectes.org et le portail d'information des professionnels libéraux : www.formapl.org/

1.1.4.2. Les sociétés commerciales d'architecture

Les sociétés commerciales d'architecture, instaurées par la loi du 3 janvier 1977, sont soumises à des règles particulières visant à éviter qu'elles n'échappent aux architectes qui les ont créées, notamment :

- plus de la moitié du capital et des droits de vote doivent être détenus par des architectes (personnes physiques ou éventuellement sociétés d'architecture) ;
- depuis 2003, le capital peut être ouvert à des personnes morales, mais les personnes morales qui ne sont pas des sociétés d'architecture ne peuvent dépasser 25 % du capital et des droits de vote[1] ;
- l'adhésion d'un nouvel associé nécessite un accord aux deux tiers en assemblée générale ;
- la direction de la société doit être constituée d'architectes.

Ces sociétés commerciales peuvent être des sociétés anonymes, à responsabilité limitée, EURL, coopératives ou par actions simplifiées. Ce sont des sociétés commerciales de prestations de service.

Le choix parmi ces formes juridiques nécessite une analyse fine en fonction de la situation personnelle, financière et fiscale de l'architecte.

Mais un jeune architecte n'ayant pas encore exercé en libéral a tout intérêt à se constituer en société commerciale, de préférence :

- en EURL s'il veut exercer seul ;
- en SARL s'il veut s'associer.

---

1 Article 13 de la loi n° 77-2 du 3 janvier 1977 sur l'architecture.

Les sociétés commerciales d'architecture offrent un cadre juridiquement protecteur pour le patrimoine personnel de l'architecte, beaucoup plus favorable que l'exercice libéral. En effet, les associés ne sont responsables qu'à la hauteur de leur apport au capital social de la société.

Quelle est la différence entre exercice libéral et sociétés commerciales d'architecture sur le plan fiscal ?

Fiscalement, les sociétés d'architecture sont imposées à l'*impôt sur les sociétés*, alors que l'activité libérale est imposée au titre des *bénéfices non commerciaux de l'impôt sur le revenu*. Il y a toutefois de nombreuses subtilités, par exemple l'EURL peut être imposée au titre de l'impôt sur le revenu, et le régime d'auto-entrepreneur peut être envisageable pour les libéraux. Consulter le site de l'ordre des architectes.

Point de vigilance

Dans une société commerciale d'architecture, les biens de la société ne doivent pas être utilisés à des fins personnelles (ce serait un abus de biens sociaux).

La SARL d'architecture

C'est la forme la plus courante. Depuis la loi Dutreil de 2003, il n'y a plus de montant minimal pour le capital social à apporter à la création de la SARL. Plus de la moitié du capital doit être détenue par des architectes.

L'EURL d'architecture

C'est une variante de la SARL créée par un associé unique.

La SA d'architecture

Cette forme est réservée aux plus grandes structures, avec un capital d'au moins 37 000 € et au moins 7 actionnaires.

La SAS d'architecture

La SAS est une variante de la SA, dont la principale caractéristique est de permettre de dissocier le capital du pouvoir : un associé peut disposer de prérogatives indépendantes de sa part de capital. Il n'y a pas de montant minimal de capital social.

La SCOP d'architecture

Le capital peut être variable, ce qui permet de faire entrer ou sortir plus facilement des actionnaires.

Comment se comparent les effectifs de ces différents modes d'exercice ?

Sur 30 000 architectes inscrits à l'ordre en 2016, 49 % exerçaient en libéral et 41 % en société d'architecture. Les autres se répartissent entre salariés, fonctionnaires et exerçant à l'étranger.[1]

---

1 Source : ordre des architectes.

On comptait en 2016 10 200 sociétés d'architecture contre 5 890 en 2007 et 700 en 1983. Il s'agit en grande majorité de SARL (52 %) ou de SARL à associé unique (16 %) et d'EURL (18 %). Parmi les autres types de sociétés, les SELARL représentent 4 % des sociétés, les SCPA 3 %, les SAS 3 % et les SA moins de 1 %.[1]

Quelles procédures pour créer une SARL ou une EURL d'architecture ?

Leur création est un peu plus compliquée que l'initialisation d'une pratique libérale, mais c'est le prix à payer pour la sécurité juridique.

- Commencer par consulter le CFE, le Centre de formalités des entreprises (coordonnées sur www.cci.fr).
- Consulter le Conseil régional de l'ordre des architectes, et demander la communication de statuts types afin de rédiger les statuts de la société d'architecture (www.architectes.org).
- Consulter un avocat pour vérifier les éventuelles conséquences juridiques et fiscales de la situation familiale et patrimoniale sur le choix de la forme de société.
- Choisir une dénomination sociale.
- Rédiger les statuts de la société d'architecture, en utilisant les statuts types.
- Inscrire la société au tableau de l'ordre des architectes.
- Déposer les fonds du capital sur un compte en banque.
- Enregistrer les statuts au centre des impôts.
- Respecter les règles de publicité légale dans un journal d'avis légaux.
- Déposer le dossier complet au CFE, qui se charge de l'immatriculer au registre du commerce et des sociétés (RCS), à l'Urssaf, etc.
- Souscrire les assurances nécessaires pour la société d'architecture.
- S'inscrire auprès de la Caisse de retraite des salariés non cadres, l'Arrco.
- Mettre en place un registre des délibérations et une comptabilité commerciale en demandant conseil à un expert-comptable.

Pour en savoir plus sur la création d'une société commerciale d'architecture

Consulter le site de l'ordre, très détaillé sur ce sujet : www.architectes.org

---

Règle d'or de la forme d'exercice de l'activité architecturale

Un jeune architecte n'ayant pas encore exercé en libéral a tout intérêt à créer une EURL ou une SARL d'architecture plutôt que d'exercer en libéral, afin de protéger son patrimoine personnel.

1.1.4.3. Le diplômé en architecture salarié

Il est utile de connaître la Convention collective nationale des entreprises d'architecture[2], qui tente notamment d'atténuer les effets des « charrettes ».

---

1 Source : ordre des architectes.
2 Consultable sur le site de l'ordre des architectes.

Contrairement à l'architecte libéral, le salarié, même s'il est inscrit à l'ordre, donc architecte à proprement parler, ne répond de ses fautes que devant son employeur, il n'est pas lié au maître d'ouvrage par un contrat et n'est pas responsable devant lui. Il n'a donc normalement pas besoin d'être assuré.

Pour en savoir plus sur les salariés en architecture

Consulter le site de la branche : www.branche-architecture.fr, et notamment les fiches emploi-compétence, qui peuvent être utile aux responsables d'agence pour rédiger des offres d'emploi ou des fiches de poste.

1.1.5. Quelques mots sur la propriété intellectuelle

La réglementation relative à la propriété intellectuelle figure dans le Code de la propriété intellectuelle et dans la jurisprudence associée.[1]

Le Code de la propriété intellectuelle distingue :

- la *propriété industrielle* : dessins et modèles, brevets et marques, qui sont déposés à l'INPI pour la protection en France,
- et la *propriété artistique* : droit d'auteur.

La protection au titre de la propriété industrielle concerne peu les maîtres d'œuvre : les dessins d'architecture relèvent du droit d'auteur et non de la propriété industrielle.

Les droits d'auteur

La protection au titre des droits d'auteur peut concerner de très nombreuses formes d'« œuvres de l'esprit », notamment les plans, dessins et croquis d'architecture, ainsi que les plans d'urbanisme.

Au titre des droits d'auteur, sont par exemple considérées comme des *reproductions* de l'œuvre :

- une reproduction d'un plan, d'un dessin ;
- la construction répétée d'un bâtiment sur la base de plans type ;
- une photo d'un bâtiment réalisé.[2]

Ainsi un architecte auteur d'un projet, mais qui n'aurait pas suivi sa réalisation du fait d'un différend avec le maître d'ouvrage, est considéré comme l'auteur du bâtiment et peut exiger le respect de ses intentions.

Les droits d'auteur comportent deux volets : les droits moraux et les droits patrimoniaux.

- Les *droits moraux* sont, perpétuels, inaliénables et imprescriptibles. Ils sont attachés à la personne de l'auteur, puis à ses héritiers. Ces droits moraux ont deux conséquences :
    - le droit au nom et à la paternité : l'architecte a le droit d'exiger que son nom figure sur les reproductions de son œuvre architecturale (reproduction de dessin mais aussi photo du bâtiment) ;

---

1 Sur la propriété intellectuelle, on peut consulter : Anne-Marie Bellanger et Amélie Blandin, *Le BIM sous l'angle du droit*, chapitre 7, Eyrolles
2 Article L122-3 du Code de la propriété intellectuelle

– le droit au respect de l'œuvre : l'auteur peut s'opposer aux altérations de son œuvre (voir plus bas l'application de ce principe général au cas de l'œuvre architecturale).

• On entend par *droits patrimoniaux* les droits d'exploitation de l'œuvre : droit de représentation et de reproduction, c'est-à-dire profits financiers que peuvent générer la représentation et la reproduction. Ces droits s'éteignent 70 ans après la mort de l'auteur.

Droit d'auteur et originalité

Pour donner lieu à l'application de droits d'auteur, une œuvre architecturale doit témoigner d'une certaine *originalité*. Les tribunaux ont débouté les architectes qui réclamaient des droits d'auteur pour une œuvre architecturale sans originalité particulière : il ne peut y avoir contrefaçon si une œuvre sans originalité est copiée.

Le droit au respect de l'œuvre architecturale

L'architecte a-t-il le droit d'exiger un respect de l'œuvre architecturale en interdisant la modification du bâtiment ?

Du fait de leur fonction utilitaire, les bâtiments sont nécessairement modifiés au fil des ans par leurs propriétaires. L'architecte ne peut donc pas exiger une intangibilité absolue de son œuvre. Il n'y a pas atteinte au droit de l'auteur lorsqu'un bâtiment est modifié pour répondre à de nouveaux usages.[1]

Sur ce point, les tribunaux exigent cependant que le propriétaire souhaitant modifier une œuvre architecturale apporte la preuve que les modifications envisagées sont strictement indispensables pour adapter l'ouvrage à des besoins nouveaux.

1.1.6. Les assurances de l'architecte

L'assurance construction est un enjeu fondamental car elle représente pour les assureurs plusieurs milliards d'euros par an uniquement pour les sinistres des constructions.

Pour mémoire, en France l'assurance construction est basée sur un système à double détente :

• l'obligation pour le maître d'ouvrage privé – obligation pas toujours respectée notamment par les particuliers – de contracter une assurance *dommage-ouvrage*, laquelle permet d'indemniser rapidement le maître d'ouvrage, ainsi que les acquéreurs ultérieurs du bâtiments, de tout défaut relevant de la garantie décennale ; la dommage-ouvrage indemnise sans recherche préalable de responsabilité ;

• l'obligation pour les *constructeurs* (c'est-à-dire les entreprises, les architectes, les BET, les bureaux de contrôle et les promoteurs immobiliers) de contracter une *assurance de responsabilité décennale*, qui a pour rôle de rembourser dans un second temps les frais avancés par la dommage-ouvrage.

La majeure partie des architectes français est inscrite à la Mutuelle des architectes français (MAF).

Tout architecte praticien et toute société d'architecture doivent impérativement être assurés, conformément à la loi de 1977[2] sur l'architecture et conformément au Code de déontologie des architectes. L'assurance de l'architecte ne couvre pas seulement sa responsabilité *après* la livraison des chantiers, elle doit aussi couvrir ses responsabilités *en cours* de chantier.

---

1 Arrêt du Conseil d'État du 11 septembre 2006, Agopyan/ville de Nantes, requête n°265 174.
2 Article 16 de la loi du 3 janvier 1977 sur l'architecture.

Point de vigilance

La présence, même ponctuelle, de l'architecte (ou d'un BET) sur le chantier peut entrainer sa responsabilité en cas de sinistre.

Si l'architecte participe au suivi de chantier, il doit être couvert par une assurance prévue à cet effet.

Quelles sont les principales polices d'assurance proposées par la MAF pour les architectes ?

- Le contrat de base : ce contrat d'assurance est destiné aux architectes, bureaux d'études, cabinets d'ingénierie, et couvre les conséquences financières des responsabilités contractuelle, décennale et quasi délictuelle dans le cadre de leur pratique professionnelle.
- Le contrat des activités à l'international : ce contrat couvre la pratique professionnelle à l'export.
- Le contrat complémentaire de responsabilité civile aux tiers : il couvre certaines catégories de dommages aux tiers.
- Le contrat protection juridique et fiscale : il couvre en complément du contrat de base les risques liés aux litiges professionnels (avec un client, un fournisseur, un collaborateur, le propriétaire du local professionnel, etc.).
- Le contrat de responsabilité civile chef d'entreprise : il couvre la responsabilité civile incombant à l'architecte dans le cadre de sa pratique professionnelle, c'est-à-dire les dommages qu'il pourrait causer à des tiers.

Outre le contenu détaillé des polices retenues, il faut être vigilant sur le montant des franchises proposées.

Pour en savoir plus sur les assurances

Consulter le site de l'ordre des architectes et le site d'assureurs, par exemple la MAF.

Le cadre réglementaire sur les assurances figure au Code de la construction, articles L111-27 à 39.

1.1.7.   La prévention des sinistres et des contentieux avec le maître d'ouvrage

Quelques pistes pour limiter les risques d'engagement de la responsabilité du maître d'œuvre en cas de sinistre ou de contentieux :

- formaliser par écrit le contrat de maîtrise d'œuvre ;
- jouer son rôle de devoir de conseil vis-à-vis du maître d'ouvrage, confirmer par écrit ses recommandations ;
- rédiger des comptes rendus des réunions avec le maître d'ouvrage ;
- dans l'existant, avertir dès le début des études le maître d'ouvrage non professionnel qu'il y aura nécessairement des surcoûts liés à des découvertes imprévues ;
- être vigilant sur la qualité des données d'entrée (notamment rapport géotechnique, diagnostics plomb et amiante, relevés de géomètre) ;
- ne pas construire sans avoir obtenu l'autorisation administrative ;
- ne pas modifier le projet sans déposer de PC modificatif ;
- vérifier que les BET sous-traitants sont assurés ;
- respecter les règles parasismiques ;

- tenir informé le maître d'ouvrage des travaux supplémentaires et recueillir préalablement sa validation ;
- vérifier que les entreprises sont assurées ;
- rédiger (ou faire rédiger par l'OPC) systématiquement des comptes rendus de réunion de chantier ;
- ne pas valider de projets de décompte mensuel des entreprises basés sur un avancement supérieur à la réalité du chantier ;
- ne pas réceptionner le chantier si le bureau de contrôle (le cas échéant) présente des réserves non négligeables ;
- associer aux opérations de réception les BET ayant participé à la conception.

1.2. Les bureaux d'études techniques (BET)

On pourra consulter le site de la fédération professionnelle (www.syntec-ingenierie.fr).

Pour des exemples de contrats d'assurance, on pourra consulter le site d'un assureur, par exemple la MAF.

Qualification professionnelle des BET

Le système de qualification professionnel OPQIBI permet aux bureaux d'étude de faire reconnaître leur compétence. La nomenclature des qualifications OPQIBI comporte une quarantaine de rubriques, regroupant chacune un ensemble de qualifications. Ces qualifications sont de plus en plus souvent demandées par les maîtres d'ouvrage et constituent un avantage concurrentiel important.

1.3. Constituer l'équipe de maîtrise d'œuvre pour un projet

Toute la difficulté de la constitution de l'équipe est de réunir les compétences nécessaires et suffisantes, pour concilier qualité de la conception et équilibre financier.

1.3.1. Différentes échelles de projets

La composition de l'équipe de maîtrise d'œuvre dépend de la taille du projet :
- pour une maison individuelle, une rénovation d'appartement, etc., l'architecte agit généralement seul ;
- pour un projet plus important, il s'associe à un BET, qui peut tout à fait assurer à lui seul l'étude de toutes les spécialités techniques : structure, électricité, CVC plomberie ; il arrive couramment sur les projets les moins complexes que les BET n'arrivent qu'en APD, l'architecte assurant seul les études et même le chiffrage en esquisse et en APS ;
- enfin, pour les projets plus complexes, l'équipe de maîtrise d'œuvre associera à l'architecte des spécialistes de chaque discipline : ingénieur structure, électricien, thermicien, économiste, et davantage suivant les cas particuliers de chaque projet ; sans compter les paysagistes, urbanistes, éclairagistes, BET HQE, acousticiens, etc.

1.3.2. Les groupements de cotraitants

Un groupement réunit les compétences nécessaires à l'équipe de maîtrise d'œuvre, sans que les bureaux d'étude ne soient sous-traitants de l'architecte.

Le mandataire du groupement, généralement l'architecte ou l'un des architectes, représente le groupement vis-à-vis du maître d'ouvrage.

Le groupement peut être solidaire ou conjoint : dans un groupement solidaire, chacun des cotraitants est engagé sur la totalité du marché, alors que dans un groupement conjoint, le marché étant divisé en lots, chaque cotraitant s'engage à exécuter le ou les lots susceptibles de lui être attribués dans le marché. Les groupements de maîtrise d'œuvre sont généralement solidaires, du fait de la difficulté de diviser une mission de maîtrise d'œuvre en lots attribuables aux différents cotraitants.

On dit que les groupements de maîtrise d'œuvre sont momentanés, par opposition aux GIE (groupements d'intérêt économiques) qui ne sont pas adaptés au travail des maîtres d'œuvre.

Il est recommandé de fournir au maître d'ouvrage, en annexe au contrat, une grille montrant la décomposition des honoraires entre cotraitants pour chacune des phases (ou éléments de mission).

Afin d'éviter tout contentieux, les relations entre les cotraitants doivent être encadrées par une *convention de groupement*, ou convention de cotraitance, qui précise divers points :

- identité des cotraitants ;
- nature et objet de groupement ;
- répartition des missions ;
- délais, répartition des pénalités de retard ;
- désignation, mission et rémunération éventuelle du mandataire ;
- obligations des membres envers le mandataire (avec, en particulier, l'encadrement des éventuels contacts entre cotraitants et maître d'ouvrage) ;
- modalités de validation des demandes d'acomptes et modalités de paiement : par exemple validation des demandes d'acomptes par le mandataire, ce qui est très important pour lui permettre de maîtriser le déroulement de la prestation ;
- assurances ;
- gestion de la défaillance d'un cotraitant et du mandataire ;
- durée de la convention ;
- règlement des différends.

Si les études sont réalisées en BIM[1], la convention doit de plus organiser tous les aspects de la production liés au travail en mode BIM : identification du BIM Manager et des référents BIM chez chaque cotraitant, logiciels et formats d'échange utilisés, circuit de transmission de la maquette numérique et surtout niveau de détail phase par phase de la maquette numérique pour chaque cotraitant (en anglais LOD : *level of development*). Ces règles de conduite peuvent prendre la forme d'un Protocole BIM, qui fait partie de la convention de groupement.

La mise en place de la convention peut paraître lourde, mais elle est indispensable pour encadrer un éventuel litige qui peut toujours survenir.

---

1   Voir le chapitre 5 sur ce sujet.

Pour en savoir plus sur les conventions de groupement

Consulter les modèles sur le site de l'ordre des architectes.

Pour le protocole BIM consulter plus loin le chapitre 5.

Pour en savoir plus sur les groupements dans le cas des marchés publics

Consulter le Code de la commande publique.[1]

Consulter le cahier des clauses administratives générales Prestations intellectuelles (CCAG PI).[2]

Comment répartir les honoraires entre architectes et bureaux d'étude ?

La question de la répartition du forfait de maîtrise d'œuvre entre les cotraitants est complexe. Beaucoup de facteurs entrent en jeu : s'agit-il d'une rénovation ? s'agit-il d'un projet à forte présence du lot Structure ? s'agit-il d'un projet nécessitant une expertise sécurité incendie côté BET ? le BET participera-t-il activement à la mission DET ? Autant d'exemples de facteurs influant sur la répartition.

On pourrait dire que compte tenu de la diversité des projets une répartition type est impossible, mais afin de donner un cadre à la réflexion, on peut considérer que la répartition habituelle est de :

- 60 % pour l'agence d'architecture, mandataire du groupement ;
- 40 % pour l'ensemble des BET, y compris Structure, sécurité incendie, économiste et MOE HQE.

Cette répartition peut évoluer vers 70 %/30 % pour de petits projets si les BET sont très peu présents en phases VISA et DET et si l'architecte assure la rédaction des pièces écrites des lots de second œuvre lui-même, ce qui est une pratique courante.

Par ailleurs, dans le cas d'un groupement de maîtrise d'œuvre associant différents intervenants, la mission spécifique de mandataire du groupement, indépendamment du rôle de l'architecte, est généralement estimée à 5 % du total des honoraires.

2. Les relations contractuelles avec le maître d'ouvrage

Tant avec les maîtres d'ouvrages privés qu'avec les décideurs publics, un juste équilibre doit être trouvé par le maître d'œuvre entre deux attitudes extrêmes :

- l'attitude anti-commerciale du maître d'œuvre qui exige avant toute réflexion la signature du contrat, et avant toute prestation supplémentaire la signature d'un avenant ;
- l'attitude « laxiste » du maître d'œuvre qui réalise le rendu intégral de son esquisse et même de son APS sans contrat signé, ou avec une vague promesse que le contrat est « en cours de signature ».

---

1 Article R2142-19 et suivants du Code de la commande publique.
2 Consultable dans l'arrêté du 16 septembre 2009 portant approbation du cahier des clauses administratives générales applicables aux marchés publics de prestations intellectuelles.

2.1.   Construire une offre de mission et la négocier

2.1.1.   Rédiger l'offre de mission

Même pour les petites opérations, il est important de formaliser un minimum le contenu de la mission, pour éviter tout malentendu avec le client. A fortiori pour les opérations moyennes ou grandes, une attention accrue doit être portée à la formalisation du contenu de la mission.

Face au maître d'ouvrage, on a toujours intérêt à être *force de proposition* en présentant une offre de mission qui sera la base du contrat si elle est acceptée, plutôt que d'attendre l'envoi d'un contrat type par le maître d'ouvrage. En effet, le contrat type sera certainement à l'avantage du maître d'ouvrage, et les demandes de modifications de clauses ne se dérouleront pas sans mal.

En pratique l'organisation de la contractualisation dépend beaucoup du type de maître d'ouvrage :

- un maître d'ouvrage privé professionnel, comme un promoteur immobilier, a typiquement l'habitude d'imposer son contrat type, qu'il convient de relire soigneusement, mais qu'il est souvent difficile de faire évoluer ;
- un maître d'ouvrage public fait rédiger par son service achats le marché de maîtrise d'œuvre, dont l'offre du maître d'œuvre n'est qu'une annexe ;
- un maître d'ouvrage non-professionnel, au contraire, ne prendra pas l'initiative de la rédaction du contrat, et laissera le maître d'œuvre en proposer la rédaction.

Les conseils qui suivent devraient pouvoir être utiles dans tous les cas.

L'offre de mission doit préciser tous les points nécessaires pour éviter un malentendu, sans s'étendre sur des considérations inutiles – en particulier, il ne semble pas utile de recopier le contenu de l'arrêté d'application de la loi MOP dans une offre de mission.

L'offre de mission peut typiquement comporter les points suivants :

- *Objet* : définir en quelques mots l'opération et les intervenants.
- *Contenu de la mission* : définir la mission en termes de phases au sens de l'arrêté d'application de la loi MOP, avec ses particularités éventuelles.
- *Périmètre* : si nécessaire, préciser le périmètre géographique d'intervention (par exemple dans l'existant, ou vis-à-vis d'aménagements paysagers aux abords).
- *Données d'entrée* : lister les données reçues du maître d'ouvrage (programme,…) et définir les données qui seront nécessaires lors des études, par exemple :
    - relevés et coupes de géomètre ;
    - rapport géotechnique si nécessaire : préciser si une mission G1 est suffisante[1] ou si le maître d'ouvrage doit lancer une G1+G2, voire G1+G2+G4 ; il est important de se mettre d'accord avec le maître d'ouvrage sur ce point, car s'il refuse de missionner le géotechnicien pour une G2, le maître d'œuvre devra dimensionner lui-même ses fondations ;
    - diagnostics techniques (dans l'existant) ;
    - diagnostics plomb amiante (dans l'existant) ;

---

1   Sur les missions géotechniques, voir le chapitre 2.

– cahier des charges fonctionnel du coordonnateur SSI le cas échéant ;

– programme détaillé, etc.

L'identification de cette liste des données attendues, liste propre à chaque projet, est fonda-mentale ; on a souvent tendance à l'alléger dans le cadre des bonnes relations avec le maître d'ouvrage, mais il vaut mieux charger cette liste initialement, puis accepter dans un second temps de se passer de certains documents, plutôt que de réclamer au cours des études une donnée dont on n'avait pas annoncé la nécessité initialement. De plus, cette liste permet au maître d'ouvrage de prendre conscience si nécessaire des frais connexes dont il doit prévoir les budgets.

- *Autorisations d'urbanisme* : préciser quelles prestations sont comprises et lesquelles ne le sont pas ; typiquement, le dossier de permis de construire fait partie des honoraires de la mission de base, mais établir trois dossiers PC pour une question de phasage à la demande du maître d'ouvrage ou de modification de programme majeure ne fait pas partie de la mission de base.

- *Livrables* : définir sans entrer dans le détail quels seront les livrables des différentes phases. Si la liste doit être détaillée, préférer des énoncés de livrables clairs (plans et coupes avec leur échelle, notices, etc.) et bannir les formulations vagues dont on ne sait pas vraiment ce qu'elles recouvrent, comme par exemple : « définition de l'aspect de l'ouvrage » ou « réponse technico-économique ».

- *Validation des phases* : préciser pour chaque phase le délai prévu pour la validation par le maître d'ouvrage (typiquement un mois). Rappeler explicitement que le maître d'œuvre ne doit pas commencer la phase suivante sans validation ou indiquer que la phase est considérée validée en l'absence de réponse une fois passé le délai de validation contractuel.

- *Honoraires* : définir les honoraires pour chaque phase, avec les particularités éventuelles (mise à jour en fin d'APD, révisions de prix, modalités de paiement).

- *Modifications de programme* : rappeler que les modifications de programme importantes nécessitant des reprises d'étude donneront lieu à rémunération complémentaire.[1]

- *Délais* : préciser la durée de chaque phase d'étude et le point origine de son décompte (ordre de service, courrier de lancement de phase, etc.).

- *Réunions* : si l'emplacement du projet est éloigné, préciser éventuellement le lieu des réunions et leur nombre ou leur fréquence aux différentes phases ; éventuellement rappeler qu'il n'est pas prévu de réunions en dehors des phases actives du projet, c'est-à-dire entre les phases (clause dont la nécessité et l'acceptabilité est à apprécier en fonction du maître d'ouvrage).

- *Mesures d'ordre en phase chantier* : pour éviter tout malentendu, il peut être judicieux de rappeler l'organisation proposée en phase chantier, notamment que le maître d'ouvrage s'abstient de donner des ordres directement aux entreprises (ceci tout particulièrement avec des maîtres d'ouvrages non professionnels).

- *Missions complémentaires* : le cas échéant lister les prestations complémentaires qui ne relèvent pas de la mission de base de maîtrise d'œuvre mais qu'on propose d'inclure à la présente mission. Ces missions peuvent être par exemple :

– des relevés des ouvrages existants ;

---

1 Pour les modifications de programme en marché public de maîtrise d'œuvre, voir décret n° 93-1268 du 29 novembre 1993 relatif aux missions de maîtrise d'œuvre confiées par des maîtres d'ouvrage publics à des prestataires de droit privé, article 30-III.

– l'étude de faisabilité des approvisionnements en énergie ;

– une prestation AMO de définition des niveaux de performance dans le cadre du référentiel E+C- ;

– la mission plan de synthèse des réseaux VRD existants ;

– la conception d'une signalétique ;

– la conception de mobilier ;

– la mission de BIM manager en phase chantier ;

– la conception des consignes de sécurité incendie et des plans associés ;

– le DOE BIM.

- *Limites de prestation* : lister les prestations qui ne sont pas comprises dans la mission. Cette liste, qui est très différente d'une mission à l'autre, doit comprendre les prestations qui pourraient être demandées par le client compte tenu de la nature du projet mais qui ne relèvent pas de la mission. Cela peut être par exemple :

   – la mission de synthèse ;

   – la gestion des clés sur le chantier ;

   – la mission CSSI ;

   – la mission OPC ;

   – l'étude du coût global de l'ouvrage (coût de l'investissement auquel on ajoute les coûts d'exploitation sur un nombre d'années donné) ;

   – la définition du mobilier ;

   – la définition d'une signalétique ;

   – un diagnostic technique particulier (dans l'existant) ;

   – une plaquette de communication sur le projet, la consultation et l'information des riverains, etc.

- *Clause de résiliation* : il peut être utile d'en formaliser les modalités.

- *Durée de validité de l'offre* : il est utile d'en fixer une, par exemple 120 jours, pour s'autoriser une remise à jour de la proposition d'honoraire si le contrat et la mission mettent par exemple un an à être lancés.

2.1.2. Définir le montant des honoraires à proposer

Depuis 1986, sous la pression de la Commission européenne, la publication de barèmes est interdite car ils pourraient fausser la concurrence. Cette interdiction pose le problème de l'identification du juste taux de rémunération pour les maîtres d'œuvre encore peu expérimentés. On ose ci-dessous proposer des fourchettes, exercice évidemment extrêmement périlleux et facilement critiquable du fait des nombreuses exceptions !

Les *taux de maîtrise d'œuvre* pratiqués en France dans le Bâtiment sont généralement compris entre 6 et 14 %, avec une moyenne autour de 10/12 %, pour des opérations sans démarche de certification environnementale ; toutefois les taux pratiqués sont très variables suivant le type de projet. Il existe aussi de fortes disparités régionales : les taux sont tirés à la baisse dans les régions connaissant plus de difficultés économiques. Enfin, les taux évoluent d'une année sur l'autre en fonction de la situation économique.

Ce taux s'entend pour une *mission de base* de l'ESQ à l'AOR dans le neuf et de l'APS à l'AOR dans l'existant, non compris relevés de l'existant, diagnostics, mission de synthèse des réseaux VRD, mission OPC, participation à une certification HQE.

- Dans la fourchette basse, autour de 6 à 8 %, on trouve par exemple :
    - des projets dans le neuf avec une assiette travaux importante, par exemple plus de 10 M€ de travaux ;
    - des projets simples pour une copropriété, ne nécessitant pas de BET Structure ou Fluides, hors relevés de l'existant ;
    - des opérations de grosse maintenance, de ravalement, de réfection de toiture, de mise aux normes simples sans changement d'affectation des locaux ;
    - des maisons individuelles, du fait de l'environnement fortement concurrentiel ;
    - des projets dans l'habitat collectif, en particulier en promotion privée ;
    - des projets d'aménagements extérieurs ou de VRD pour des collectivités locales, lesquels peuvent même descendre à 5 %, là aussi dans un environnement fortement concurrentiel ;
    - des projets dans des régions françaises connaissant une situation économique difficile, entraînant une plus forte concurrence.
- Dans la fourchette moyenne, autour de 9 à 12 %, on trouve typiquement des projets de quelques millions d'euros de travaux nécessitant un bureau d'étude.
- Dans la fourchette haute, autour de 13 à 15 %, on trouve par exemple :
    - des projets d'ERP avec fortes contraintes règlementaires, nombreuses spécialités techniques impliquées, mais relativement faible assiette travaux, notamment des projets suite à concours, le concours limitant le *dumping* ;
    - des projets de réaménagement d'un bâtiment existant complexe ;
    - des projets en site exploité, avec phasage complexe ;
    - des projets avec faible assiette travaux ;
    - des projets avec un design particulier d'aménagements intérieurs : hôtels par exemple, ou appartements ; les projets d'hôtel font traditionnellement appel à un taux de maîtrise d'œuvre complémentaire, pour prendre en compte les honoraires nécessaires à ce design.

2.1.2.1. Le BIM renchérit-il le taux de maîtrise d'œuvre ?

Il n'y a pas actuellement de réponse officielle à cette question, mais il est raisonnable de considérer que le BIM, étant amené à devenir un standard à court terme, n'a pas à renchérir le coût de la mission de base de maîtrise d'œuvre pour le maître d'ouvrage.

Il est indéniable que la transition vers les méthodes BIM entraine un important surcroît temporaire de travail pour les maîtres d'œuvre, de même que pour les entreprises, mais il s'agit d'une phase d'apprentissage, qui devrait pouvoir être lissée dans les prix, mais peut poser problème la première année a minima.

Attention toutefois : si le maître d'ouvrage exige dans son cahier des charges BIM un niveau de renseignement de la maquette numérique qui va au-delà du niveau « standard », il est normal que cela entraîne un niveau d'honoraires plus élevé. Cela peut concerner, par exemple, l'exigence d'intégrer à la maquette du projet en phase conception la nature du mobilier local par local.

Voir pour plus de détails le chapitre 5 ci-dessous.

2.1.2.2. Quelques cas particuliers

Une démarche de certification environnementale est un facteur de complexité : avant la RT 2012, on parlait généralement d'un surcoût moyen de 3 % de l'assiette travaux[1], soit trois points de taux de maîtrise d'œuvre supplémentaire (par exemple passage de 12 % à 15 %). Depuis la RT 2012, les exigences de sobriété énergétique sont maintenant « normales », et les certifications environnementales sont courantes pour les grosses opérations. Elles restent cependant toujours chronophages pour les maîtres d'œuvre, et on considère généralement que les 3 % supplémentaires restent pertinents pour une opération certifiée.

Les projets d'aménagement extérieurs et de VRD sont généralement considérés comme moins complexes que les projets bâtiment, notamment car ils sortent du cadre de la réglementation sécurité incendie applicable aux bâtiments. Les taux qui sont pratiqués pour ces projets sont donc plus faibles.

Par ailleurs, en maison individuelle, les particuliers missionnent souvent l'architecte uniquement pour le dossier de permis de construire et non pour la mission de base complète. Les honoraires en sont diminués d'autant… et les risques augmentés. On ne peut pas analyser les honoraires de ces missions partielles en termes de taux de maîtrise d'œuvre.

2.1.2.3. Le Guide de rémunération de la MIQCP

Si la publication de barèmes est interdite, il existe cependant un célèbre Guide de rémunération[2] publié initialement en 1994 par la Mission interministérielle pour la qualité des constructions publiques, puis réédité, guide qui n'a donc pas valeur de barème. L'intérêt de ce petit guide (il tient sur quelques dizaines de pages) est de constituer une référence officielle, résultat d'une concertation approfondie ayant associé des maîtres d'ouvrages et des professionnels de la maîtrise d'œuvre. D'une part il est utile pour évaluer le montant d'une mission, d'autre part il peut constituer une référence commune lors de la négociation des honoraires tant avec un maître d'ouvrage public que privé.

Ce guide a été conçu pour les opérations neuves, mais ses recommandations peuvent être adaptées aux projets dans l'existant.

Ce guide propose la méthode maintenant classique du *coefficient de complexité*, permettant d'évaluer le montant des honoraires de maîtrise d'œuvre de la mission de base, donc sans études d'exécution, en fonction :

- du type d'ouvrage ;
- des caractéristiques propres de l'opération ;
- du coût des travaux.

La méthode proposée, qui tient en quatre tableaux A, B, C et D, consiste à :

- évaluer la complexité du projet ;

---

1 Voir plus loin chapitre sur les certifications environnementales.
2 *Guide à l'intention des maîtres d'ouvrage publics pour la négociation des rémunérations de maîtrise d'œuvre – Loi MOP*, édition 2011, Mission interministérielle pour la Qualité des Constructions Publiques, disponible à l'achat sur le site Internet www.ladocumentationfrancaise.fr.

- en déduire un coefficient de complexité à choisir dans une plage indicative par type d'ouvrage ;
- appliquer ce coefficient de complexité à un taux moyen de maîtrise d'œuvre pour obtenir le taux retenu de maîtrise d'œuvre ;
- répartir les honoraires par phase.

Il existe depuis 2014 une version numérique disponible sur : www.miqcp.gouv.fr, rubrique Simulateur d'honoraires. Elle reste cependant assez pauvre en fonctionnalités évolutives.

1re étape : évaluer la complexité de la mission

Les facteurs de complexité peuvent être regroupés en trois types :
- éléments de complexité dus aux contraintes physiques du contexte et à l'insertion du projet dans son environnement ;
- éléments de complexité dus à la nature du programme et à la spécificité du projet ;
- éléments de complexité dus aux « exigences contractuelles ».

Le tableau des éléments de complexité du Guide pour les Bâtiments[1] est reproduit ci-dessous, avec en italique nos exemples et commentaires.

Tableau A. Éléments de complexité.

A.1. Les éléments de complexité liés aux contraintes physiques du contexte et à l'insertion du projet dans l'environnement
1. Qualité du sol et du sous-sol *Les zones inondables, les terrains pollués, la proximité de la nappe phréatique, la présence de fontis dans la zone complexifient les études*
2. Contraintes physiques *Un terrain en pente peut complexifier les études*
3. Existence de nuisances *Nuisances acoustiques, vibrations engendrées par un métro, peuvent nécessiter la présence d'un acousticien*
4. Existence de risques *Zone sismique, zone inondable, présence de radon, présence de termites dans le voisinage*
5. Situation du terrain *Sites sensibles nécessitant un traitement paysager tout particulier, forme du parcellaire*
6. Contexte urbain *Présence d'avoisinants (construction dans une « dent creuse »), présence de réseaux enterrés (égout, tunnel)*
7. Contexte règlementaire *Servitudes ; règlement de ZAC particulièrement complexe ; site classé ; cône de visibilité d'un monument historique ; classement ICPE ; ERP de 1er catégorie ; IGH*
A.2. Les éléments de complexité liés à la nature et à la spécificité du projet
1. Multiplicité et imbrication des fonctions *Un projet avec une seule fonction (par exemple habitation) est plus simple à étudier qu'un projet avec plusieurs fonctions (par exemple parking souterrain, commerce en rez-de-chaussée, bureaux au 1er étage et logements au-dessus) : dans le second cas, les plans de niveaux sont moins répétitifs, les équipements techniques ne sont pas forcément les mêmes et les règles de sécurité incendie doivent être respectées*
2. Typologie et répétitivité *La répétitivité d'un principe dans le projet est un facteur de moindre complexité (penser à la rue de Rivoli à Paris, dont tout le linéaire est presque identique)*

---

1 Il existe un tableau distinct pour les opérations d'infrastructure.

3.	Adaptabilité et modularité *L'exigence de concevoir les locaux modulables à l'avenir (par exemple logements pouvant être ultérieurement scindés ou regroupés) est un facteur de complexité (sans doute pas le plus convaincant de la liste !)*
4.	Caractère d'innovation et d'expérimentation *Les innovations demandées par le programme ou par les techniques à mettre en œuvre sont un facteur de complexité*
5.	Niveau de performances *Exigences particulières en termes acoustiques, en termes de sûreté*
6.	Présence de difficultés techniques *Elles peuvent être de toute nature : pontage d'un métro, projet d'IGH, grandes portées dans poteaux, etc.*
7.	Technicité des installations (installations techniques) *Fluides industriels, fluides médicaux, courants faibles spécifiques, vidéosurveillance, boucle haute tension, etc.*
8.	Étendue des compétences nécessaires *Cette rubrique semble un peu redondante. Il faut l'utiliser pour mettre en avant les compétences particulières qui n'ont pas été identifiées grâce à une autre rubrique : besoins en design intérieur particulier, design muséographique, signalétique, etc.*

A.3. Les éléments de complexité liés aux exigences contractuelles

1.	Organisation de la maîtrise d'ouvrage *La présence d'une double ou triple maîtrise d'ouvrage est par exemple un facteur de complexité important, même en présence d'un mandataire représentant les co-maîtres d'ouvrage*
2.	Qualité du programme *Le caractère incomplet ou fluctuant du programme est un facteur de complexité*
3.	Demande de prestations supplémentaires *Par exemple demande de rendus intermédiaires, de maquettes, de perspectives nombreuses*
4.	Phasage des études et des travaux *La présence dans le contrat de tranches conditionnelles ou optionnelles, les risques d'interruption de la continuité des études (par exemple en attente de budget), la nécessité de longues périodes de validation sont facteurs de complexité* **Point de vigilance** : *dans le cas d'une opération décomposée en plusieurs tranches de travaux, avec chacune leurs rendus, le Guide recommande d'évaluer le taux de maîtrise d'œuvre sur la base du montant travaux de chacune des tranches (ce qui augmentera le taux de maîtrise d'œuvre)*
5.	Délai des études et des travaux *Un délai anormalement court peut être un facteur de complexité s'il oblige à des renforts inhabituels. Un délai anormalement long est certainement un facteur de complexité, du fait des immobilisations de personnel et de la multiplication des sollicitations de la part du maître d'ouvrage*
6.	Exigences économiques *Les exigences de coût de travaux exceptionnellement bas complexifient les études en nécessitant des recherches complémentaires*
7.	Taux de tolérance sur les coûts *L'exigence d'un engagement précoce sur le coût de l'ouvrage (par exemple disposer d'une estimation garantie dès l'APS) complexifie les études*
8.	Emploi de méthodes ou d'outils particuliers *Par exemple respect d'une charte graphique imposée par le maître d'ouvrage en termes de gestion des fichiers ; obligation d'utiliser un système de gestion informatisé des fichiers propre au maître d'ouvrage, et dont le maître d'œuvre juge qu'il est peu pratique*
9.	Mode de dévolution des travaux *Le lancement d'un appel d'offres sur APD complexifie la phase DET et fait perdre les honoraires PRO ; le lancement d'un appel d'offre anticipé pour un lot plus urgent peut complexifier les tâches ; une procédure achat expérimentale complexifie l'ACT*
10.	Gestion des variantes *La demande du maître d'ouvrage de disposer de variantes, options, tranches conditionnelles et tranches optionnelles dans les dossiers de consultation des entreprises est un facteur de complexité en ACT et en DET*

11.	Sujétions de chantier - déplacements *L'éloignement du site complexifie la mission (mais on peut douter que cet argument soit recevable par le maître d'ouvrage) ; les exigences de livraison partielle du bâtiment complexifient la phase DET, de même que les travaux en site exploité*
12.	Conditions contractuelles spéciales *Par exemple délais de paiement particulièrement longs*

La très grande majorité des facteurs de complexité identifiés par le guide sont pertinents, même si la liste pourrait sans doute être optimisée. On peut douter que certaines informations soient disponibles au moment de la négociation, donc en début d'opération, mais l'idée est d'utiliser les éléments qui sont déjà connus à ce moment.

La lacune frappante dans ce tableau est la *certification environnementale* du projet, qui est un facteur de complexité pour le maître d'œuvre. Elle pourrait figurer dans le § « Niveau de performance des ouvrages ». Rien ne figure non plus sur le BIM, qui n'existait pas à l'époque.

Ce tableau, puisqu'il n'est pas règlementaire, peut être adapté par chaque maître d'œuvre suivant sa sensibilité, et constituer un outil de négociation. Il est même possible de se constituer une grille de notation, en attribuant des points suivant le niveau estimé de complexité de chaque critère.

2e étape : en déduire un coefficient de complexité

Après avoir répertorié les éléments de complexité de la mission, avec ou sans le maître d'ouvrage, on traduit cette complexité par un coefficient de complexité, à choisir à l'intérieur d'une plage, qui dépend du type de bâtiment, suivant le tableau ci-dessous, extrait tel quel du Guide de la MIQCP.

Le coefficient de milieu de plage correspond à la complexité moyenne pour le type d'ouvrage ; par exemple la complexité moyenne pour un CHU est 1.55.

Tableau B. Plages du coefficient de complexité.

Nature des ouvrages	Plages indicatives pour la détermination du coefficient de complexité
	0,6 — 0,8 — 1 — 1,2 — 1,4 — 1,6 — 1,8
B.1 Logement et hébergement	
Maisons individuelles	0,6 – 1,0
Logements collectifs	0,8 – 1,2
Hôtellerie et hébergement	0,9 – 1,4
B.2 Immeubles tertiaires et commerces	
Bureaux	0,6 – 1,5
Locaux commerciaux	0,6 – 1,4
B.3 Santé	
Maisons de retraite ou de cure	0,9 – 1,2
Dispensaires et centres médicaux	1,0 – 1,4
Cliniques et hôpitaux généraux	1,2 – 1,6
CHU et hôpitaux régionaux	1,4 – 1,8

B.4 Enseignement et recherche

Établissements d'enseignement du 1er degré

Établissements d'enseignement du 2nd degré

Établissements d'enseignement supérieur

Établissements de recherche

B.5 Domaine socioculturel

Équipements de proximité

Foyers et salles polyvalentes

Bibliothèques et médiathèques

Spectacles, salles de concert, théâtres, musées

Ensembles d'exposition et de congrès

B.6 Bâtiments administratifs

Bâtiments liés à la sécurité

Bâtiments administratifs simples

Équipements administratifs de complexité moyenne

Équipements administratifs majeurs et complexes

B.7 Équipements sportifs et de loisir

Salles de sport de proximité

Équipements omnisports

Ensembles importants ou spécialisés

B.8 Production et stockage

Entreposage

Garages et parkings

Bâtiments à caractère technique

Gares et aérogares

Ce tableau n'est pas toujours très convaincant, par exemple on peut se demander pourquoi les établissements d'enseignement du premier degré sont réputés plus simples que ceux du second degré, et on peut se demander ce que sont les « bâtiments administratifs de complexité moyenne »…

Il n'en reste pas moins que l'idée d'une plage indicative est intéressante et cadre la négociation.

3e étape : déterminer le taux de référence

En fonction de l'assiette travaux prévisionnelle, un troisième tableau du Guide donne le taux indicatif de référence de maîtrise d'œuvre pour un projet de coefficient de complexité 1. Ce tableau traduit le fait qu'un grand projet a forcément un taux de maîtrise d'œuvre inférieur à celui d'un petit projet, du fait des économies d'échelle qu'il permet dans la production des études. Ce taux couvre une mission de base en Bâtiment[1], donc sans études d'exécution.

---

1 En infrastructure, il existe un tableau équivalent.

Ce tableau est adapté du Guide MIQCP.[1] Les tranches supérieures ont été conservées telles quelles, bien qu'on puisse fortement douter qu'elles servent beaucoup au lecteur !

Ce tableau ne donne pas de taux pour les projets en dessous de 771 k€ HT. Le Guide MIQCP considère que, pour les projets en dessous de ce seuil, cette méthode est moins pertinente. On peut cependant estimer qu'elle garde en partie son sens mais doit être croisée avec une analyse basée sur le temps à passer et le taux horaire de vente.

Tableau C. Taux indicatifs de référence pour une mission de base sans études d'exécution en % du montant HT des travaux.

Montant HT des travaux CE 01/2019	Taux de référence
810 000 €	13,00 %
1 080 000 €	12,25 %
1 354 000 €	11,70 %
1 618 000 €	11,40 %
1 894 000 €	11,20 %
2 158 000 €	11,00 %
2 433 000 €	10,80 %
2 697 000 €	10,65 %
4 052 000 €	10,05 %
5 406 000 €	9,70 %
6 749 000 €	9,40 %
8 103 000 €	9,20 %
9 458 000 €	9,00 %
10 801 000 €	8,85 %
12 111 000 €	8,75 %
13 542 000 €	8,70 %
20 258 000 €	8,55 %
26 975 000 €	8,50 %
40 517 000 €	8,40 %
54 059 000 €	8,35 %
67 491 000 €	8,30 %
81 034 000 €	8,28 %
94 576 000 €	8,25 %
108 008 000 €	8,24 %
121 110 000 €	8,23 %
135 423 000 €	8,22 %

---

1 Le présent tableau est adapté du Guide MIQCP, édition 2011, sur la base d'une conversion des montants travaux des conditions économiques 2010 aux conditions économiques janvier 2019, suivant l'indice BT01 (indice du coût de la construction tous corps d'état).

4ᵉ étape

Calculer le taux de rémunération du projet, c'est-à-dire le taux de référence multiplié par le coefficient de complexité.

5ᵉ étape

En déduire le forfait de rémunération, produit de l'assiette travaux par le taux de rémunération :

Forfait MOE = Assiette Travaux × Taux de référence × Coefficient de complexité

6ᵉ étape

Répartir les honoraires par élément de mission, pour permettre la facturation au fil de l'avancement.

Un quatrième tableau du Guide donne la répartition des honoraires par phase pour un projet de Bâtiment, bien connue.

Tableau D. Répartition indicative de la rémunération pour chaque élément de mission dans un projet Bâtiment.

Élément de mission	Fourchette de % de rémunération de la mission de base
Esquisse	4 à 6 %
APS	9 à 10 %
APD	17 à 18 %
PRO	19 à 21 %
ACT	7 à 8 %
Sous-total Phase Études	56 à 63 %
VISA	8 à 9 %
DET	24 à 28 %
AOR	5 à 7 %
Sous-total Phase Travaux	37 à 44 %
Total	100 %

On peut retenir de manière plus synthétique :

Conception compris ACT	60 % de la mission de base du MOE
Suivi de la réalisation	40 % de la mission de base du MOE
Total	100%

Conseil pratique

La pratique du BIM nécessite plus de moyens en phases études et permet normalement de limiter une partie des aléas de chantier, notamment ceux liés aux interfaces entre lots. En conséquence, pour les projets en BIM, il est cohérent de retenir les limites hautes des fourchettes ci-dessus pour les phases étude et les limites basses des fourchettes pour les phases chantier.

Répartition entre phases pour les projets d'infrastructure

Un tableau équivalent existe dans le *Guide MIQCP* pour les projets d'infrastructure, mais il diffère du tableau bâtiment sur quelques points :

- l'esquisse est remplacée par une étude préliminaire, qui ne fait pas partie de la mission de base ;
- APS et APD sont fusionnés en AVP ;
- la part de la phase travaux est plus importante qu'en bâtiment et la part de la conception plus faible qu'en bâtiment.

Exemple d'utilisation du Guide MIQCP

Projet d'un petit musée pour un maître d'ouvrage privé, assiette travaux prévisionnelle de 3 M€ HT aux conditions économiques 2015. Le maître d'ouvrage ne fait pas de concours mais négocie avec un architecte qu'il a choisi.

- Sur la base du tableau A, maître d'œuvre et maître d'ouvrage tombent d'accord sur les éléments de complexité suivants : une parcelle de forme contraignante, un soin particulier à apporter au design des vitrines, une certification HQE.
- Sur la base du tableau B, le coefficient d'un projet de musée est compris entre 1 et 1,8. Après négociation, compte tenu de la liste des éléments de complexité identifiés, maître d'œuvre et maître d'ouvrage tombent d'accord sur un coefficient de complexité de 1,2.
- Compte tenu de l'assiette travaux, le tableau C indique qu'on peut se situer entre 10,05 % et 10,65 % ; une extrapolation par une règle de trois entre ces deux valeurs donne un taux de référence d'environ 10,47 %, qui s'appliquerait si le coefficient de complexité était de 1.
- Le taux de maîtrise d'œuvre retenu pour l'opération sera donc de 10,45 × 1,2 = 12,54 %.
- Le forfait de maîtrise d'œuvre sera donc de 12,54 % × 3 M€ = 376 200 € HT pour la mission de base.
- Le tableau D permet de répartir dans le contrat ces honoraires entres phases. L'architecte, qui sait que le suivi de chantier est souvent chronophage et souhaite être présent sur la chantier pour vérifier l'étanchéité à l'air dans le cadre de la RT 2012, choisit de répartir comme suit les honoraires :

  Esquisse : 5 %, APS : 10 %, APD : 17 %, PRO : 19 %, ACT : 7 %, VISA : 9 %, DET : 27 % et AOR : 6 %.

Ces différents éléments (taux retenu et décomposition du forfait par phase) seront précisés au contrat.

En pratique, quelle est l'utilité du Guide de rémunération ?

La méthode de calcul du Guide est logique : les facteurs de complexité sont effectivement à prendre en compte dans le calcul du taux de rémunération ; la dégressivité du taux de référence est aussi logique.

Mais le problème de la méthode de calcul proposée est que la quantification de la complexité (le calcul du coefficient de complexité) reste assez subjective et dépend de l'appréciation de chacun, malgré les tentatives pour la rendre objective. Or, le coefficient de complexité a un énorme impact sur le taux de rémunération finalement proposé puisque, avec un facteur 1,8, on peut passer par exemple d'un taux de référence de 10 % à un taux retenu de 18 %, ce qui change tout.

On est donc confronté d'une part à un taux de référence calculé très précisément et objectivement, et d'autre part à un coefficient de complexité assez librement déterminé et qui change complètement le résultat du calcul final.

La deuxième limite du Guide est qu'il est muet sur les opérations de moins de 790 k€ de travaux, qui sont les plus courantes !

Ce qui est surtout utile dans le Guide, c'est la liste des éléments de complexité, qui fournit des arguments dans la négociation avec le maître d'ouvrage.

La répartition indicative entre phases est aussi utile pour répartir les honoraires.

Enfin, les taux de référence indicatifs, pour un projet de complexité moyenne de plus de 800 k€ de travaux, constituent une base intéressante à connaître pour une négociation.

2.1.3. Chiffrer une mission « AMO »

Certaines missions particulières ne peuvent pas être évaluées en fonction d'une assiette travaux et d'un taux de maîtrise d'œuvre. C'est par exemple le cas d'une mission diagnostic, d'un schéma directeur, d'une mission d'assistance à l'établissement du programme, etc.

Dans ce cas, pour déterminer le prix de vente, on peut croiser deux approches :

- évaluer, pour chaque segment de la mission, les moyens qu'on envisage d'utiliser : heures de production, renforts de production, sous-traitants, prestataires, frais de déplacement,… et ajouter ses frais et marges, pour en déduire le prix de vente ;
- évaluer (ce qui nécessite une certaine expérience) ce que le maître d'ouvrage est susceptible de pouvoir accepter de dépenser pour cette mission.

Le prix de vente est cohérent si ces deux approches conduisent au même ordre de grandeur d'honoraires.

2.2. Contractualiser avec un maître d'ouvrage public

2.2.1. La règlementation des marchés publics

Pour comprendre la règlementation sur les achats publics, il faut connaître la distinction entre deux types de maîtres d'ouvrages :

- les *pouvoirs adjudicateurs*, qui sont en résumé les personnes morales de droit public (État et ses établissements publics administratifs, collectivités locales, etc., mais aussi dorénavant les organismes de droit privé subventionnés à plus de 50 %) ;
- et les *entités adjudicatrices*, qui sont en résumé des entreprises publiques en charge d'activités de réseau ainsi que divers établissements de la sphère publique.

Jusqu'en 2015, les marchés de ces maîtres d'ouvrage étaient régis par deux textes :

- pour l'État et ses établissements publics administratifs, ainsi que pour les collectivités locales (pouvoirs adjudicateurs), les achats de prestations intellectuelles comme de travaux étaient régis par le Code des marchés publics ;
- pour les autres organismes de la sphère publique (entités adjudicatrices), les achats étaient régis par une ordonnance de 2005, dont les prescriptions étaient plus souples.

La réforme de la commande publique de 2015/2016 a abrogé ces deux textes de référence. Le nouveau cadre règlementaire comporte deux textes fondamentaux, qui s'appliquent tous deux à la fois aux pouvoirs adjudicateurs et aux entités adjudicatrices :
• l'ordonnance du 23 juillet 2015, qui définit les grands principes ;
• le décret du 25 mars 2016 relatif aux marchés publics, qui donne le détail des prescriptions.

Ces deux textes ont été codifiés à droit constant en 2018 pour former le nouveau Code de la commande publique.

Toutefois, bien que les textes soient communs aux deux types de maîtres d'ouvrage, rien n'est révolutionné et les entités adjudicatrices continuent de bénéficier de prescriptions bien plus souples en matière d'achats que les pouvoirs adjudicateurs. Les évolutions restent relativement mineures, du point de vue du maître d'œuvre.

Évolution du cadre règlementaire des achats publics en 2016		
	Pouvoirs adjudicateurs (État, etc.) :	**Entités adjudicatrices (opérateurs de réseau, etc.) :**
Jusqu'en 2015 :	Code des marchés publics (abrogé)	Ordonnance de 2005 (abrogée)
À partir de 2016 :	Ordonnance du 23 juillet 2015 + décret du 25 mars 2016	
À partir de 2019 :	Code de la commande publique	

On trouvera une présentation des objectifs de cette réforme de la commande publique, au chapitre 6 - Appels d'offres et gestion des marchés de travaux.

2.2.2. Les procédures utilisées par le maître d'ouvrage public

2.2.2.1. Vue d'ensemble des procédures de marchés publics

Lorsque la réglementation impose des règles d'achat strictement encadrées, on parle de *procédure formalisée*.

Dans les autres cas, on parle de *procédure adaptée*.[1]

Le tableau ci-dessous synthétise les principales procédures de marché public.

	Pouvoirs adjudicateurs (État, etc.) :	**Entités adjudicatrices (EPIC, etc.) :**
Procédures formalisées :	Appel d'offres	Appel d'offres
	Procédure concurrentielle avec négociation	Procédure négociée avec mise en concurrence préalable
	Dialogue compétitif	Dialogue compétitif
Procédures adaptées :	Achat inférieur aux seuils de procédure formalisée	
	Marchés publics négociés sans publicité ni mise en concurrence préalable : • urgence impérieuse ; • appel d'offres infructueux ; • concours ; • marchés inférieurs à 25 000€ ; • … (liste non exhaustive).	

---

1 Article R2123-1 et suivants du Code de la commande publique.

2.2.2.2. Le concours de maîtrise d'œuvre

Le concours est la procédure recommandée aux maîtres d'ouvrage pour les missions de maîtrise d'œuvre avec conception.

Le pouvoir adjudicateur choisit un plan ou un projet après mise en concurrence et avis d'un jury :

« *L'acheteur publie un avis de concours (…).*

Lorsque le concours est restreint, l'acheteur établit des critères de sélection des participants au concours. Le nombre de candidats invités à participer au concours est suffisant pour garantir une concurrence réelle.

L'acheteur fixe, au vu de l'avis du jury, la liste des candidats admis à concourir et les candidats non retenus en sont informés.

Pour l'organisation du concours, l'acheteur fait intervenir un jury (…)

Après avoir analysé les candidatures et formulé un avis motivé sur celles-ci, le jury examine les plans et projets présentés de manière anonyme par les opérateurs économiques admis à participer au concours, sur la base des critères d'évaluation définis dans l'avis de concours.

Il consigne dans un procès-verbal, signé par ses membres, le classement des projets ainsi que ses observations et, le cas échéant, tout point nécessitant des éclaircissements et les questions qu'il envisage en conséquence de poser aux candidats concernés.

L'anonymat des candidats peut alors être levé.

Le jury peut ensuite inviter les candidats à répondre aux questions qu'il a consignées dans le procès-verbal. Un procès-verbal complet du dialogue entre les membres du jury et les candidats est établi.

L'acheteur choisit le ou les lauréats du concours au vu des procès-verbaux et de l'avis du jury et publie un avis de résultats de concours (…).

Une prime est allouée aux participants qui ont remis des prestations conformes au règlement du concours. »[1]

Une fois le lauréat désigné, le marché est négocié : le jury ouvre les enveloppes contenant les conditions financières proposées par le lauréat, ce qui est souvent une étape un peu stressante pour le maître d'ouvrage, car on découvre les exigences parfois excessives du lauréat. La négociation est ensuite organisée entre l'acheteur et le lauréat, jusqu'à aboutir à une convergence sur un niveau de rémunération.

Si l'on répond en groupement, il est nécessaire, comme on l'a vu, pour éviter des contentieux futurs, de prendre le temps d'établir une convention de groupement, même sommaire, pour se mettre d'accord sur :

- la répartition de l'indemnité ;
- le cas échéant, la répartition des futurs honoraires en cas de succès ;
- l'identité de l'auteur du projet ;
- l'identité du mandataire ;
- la répartition des tâches pendant le concours et, en cas de succès, pendant la mission, tout particulièrement en BIM.

---

1 Articles R2162-15 à R2162-20 du Code de la commande publique.

Les cas d'exonération de concours

Le Code de la commande publique précise les nombreux cas où le concours peut être remplacé par un simple appel d'offres : « Pour l'État, ses établissements publics à caractère autre qu'industriel et commercial, les collectivités locales, leurs établissements publics[1] » les acheteurs ne sont pas tenus d'organiser un concours pour :

- les marchés publics de maîtrise d'œuvre pour des projets dans l'existant ;
- les marchés publics de maîtrise d'œuvre pour un projet urbain ou paysager ;
- les marchés publics de maîtrise d'œuvre d'ouvrages d'infrastructure ;
- les marchés publics de maîtrise d'œuvre qui ne comportent pas de conception (par exemple mission de coordination SSI, mission d'OPC, mission d'AMO ;[2]
- les marchés publics de maîtrise d'œuvre des bailleurs sociaux et des CROUS.

Le champ d'application du concours comme procédure obligatoire est donc bien restreint.

Cette liste était déjà applicable dans l'ancien Code des marchés publics à l'exception près :

- des projets urbains ou paysagers, qui est un nouveau cas d'exclusion introduit en 2016,
- et des marchés des bailleurs sociaux et CROUS, cas d'exclusion introduit en 2018 qui a fait couler beaucoup d'encre.

La Mission interministérielle pour la qualité des constructions publiques et l'ordre des architectes recommandent cependant d'organiser un concours dès que le projet comporte des enjeux architecturaux ou urbains. Le principal intérêt du concours pour le maître d'ouvrage est la présence d'un jury compétent qui peut l'éclairer dans ses choix.

2.2.2.3. L'appel d'offres

Dans le cadre d'un appel d'offres, la personne publique choisit l'attributaire, sans négociation, sur la base de critères objectifs préalablement portés à la connaissance des candidats. Ces critères peuvent être multiples et être pris en compte de manière pondérée.

Comme pour les marchés de travaux, l'appel d'offres[3] est *ouvert* quand tout candidat peut remettre une offre (on parle d'appel d'offres « à un tour ») ; il est dit *restreint* quand les candidats ont été présélectionnés.

La procédure d'appel d'offres se rencontre souvent pour des missions d'OPC, de coordination SSI, d'AMO.

2.2.2.4. Les marchés négociés

Cette procédure peut se présenter avec publicité préalable et mise en concurrence[4] (procédure formalisée), ou sans publicité préalable ni mise en concurrence (procédure adaptée ; par exemple en cas d'urgence impérieuse résultant de circonstances imprévisibles).

Les marchés négociés avec publicité préalable et mise en concurrence (marchés négociés « à deux tours ») sont la règle pour les missions de conception, en dessous des seuils et en dehors des cas obligeant à l'organisation d'un concours. Cette procédure est encouragée par la MIQCP car elle permet un dialogue entre candidats et maîtrise d'ouvrage.

---

1 Article L2411-1 du Code de la commande publique.
2 Article R2172-2 du Code de la commande publique.
3 Article L2124-2 et articles R2161-2 à R2161-11 du Code de la commande publique.
4 Articles R2124-3 et R2124-4 du Code de la commande publique.

Les marchés négociés sont aussi autorisés après qu'un appel d'offres ait été déclaré infructueux.

La liberté d'action des pouvoirs adjudicateurs et entités adjudicatrice est très différente : alors que le pouvoir adjudicateur ne peut recourir aux marchés négociés que dans une liste de cas bien précise, *« l'entité adjudicatrice peut passer librement ses marchés selon la procédure avec négociation »*[1].

2.2.2.5. Les marchés globaux

Les partenariats public privé, introduits en France en 2003, ont donné lieu à des problèmes largement documentés.

Depuis la réforme des achats publics de 2015, on ne parle plus de PPP mais de *marchés globaux.*

Les *marchés globaux* peuvent être :

- des marchés de conception/réalisation, autorisés uniquement dans certains cas : le marché comprend à la fois les études et les travaux ;
- des marchés globaux de performance : le marché comprend les travaux (ou les études et les travaux) et l'exploitation ou la maintenance futures, avec des engagements de performance mesurables en matière de niveau d'activité ou de qualité de service ou d'efficacité énergétique ou d'incidence écologique ;
- des marchés globaux sectoriels : portant sur certains types de bâtiment listés, dans le domaine de la sécurité et de la défense ;
- ou des marchés de partenariat, nouvelle formule qui a remplacé les anciens partenariat public privé (PPP).[2]

La réforme des achats publics a introduit l'obligation, pour tous les marchés globaux comportant des prestations de conception d'un bâtiment, d'identifier l'équipe de maîtrise d'œuvre en charge de la conception et du suivi des travaux[3]. Cette obligation permet de clarifier la répartition des rôles au sein des équipes de l'attributaire du marché global ; elle devrait permettre d'améliorer la prise en compte de la qualité dans les ouvrages réalisés en marché global.

De plus, toujours dans le cas d'un marché global avec prestation de conception d'un bâtiment, la mission confiée à l'équipe de maîtrise d'œuvre est nécessairement conforme aux éléments de mission MOP : *a minima* APD, PRO, EXE, DET et AOR, et possibilité d'ajouter des éléments de mission ESQ et APS.[4]

2.2.3. Documents constitutifs du marché public de maîtrise d'œuvre

Le marché passé par un maître d'ouvrage public comprend généralement[5] :

- l'acte d'engagement : c'est le document signé par le candidat au marché public ;
- le CCAG-PI : cahier des clauses administratives générales des marchés de prestations intellectuelles, qui est un texte officiel indépendant du projet[6] et aucunement spécifique au

---

1   Article R2124-4 du Code de la commande publique.
2   Article L.2171-1 et suivants et article R.2171-1 et suivants du Code de la commande publique.
3   Article L.2171-7 du Code de la commande publique.
4   Article D.2171-5 et suivants du Code de la commande publique .
5   Articles R2112-2 et R2112-3 du Code de la commande publique.
6   Consultable dans l'arrêté du 16 septembre 2009 portant approbation du cahier des clauses administratives générales applicables aux marchés publics de prestations intellectuelles.

domaine de la maîtrise d'œuvre, puisqu'il s'applique à toute prestation intellectuelle ; aucune règlementation n'impose l'utilisation du CCAG-PI, mais il est néanmoins couramment utilisé par les acheteurs publics ;

- le CCAP : cahier des clauses administratives particulières, qui déroge au CCAG-PI ou apporte des précisions ; des dérogations sont en particulier indispensables sur un ensemble de points sur lesquels le CCAG PI est inadapté au cas des missions de maîtrise d'œuvre.

L'acte d'engagement et le CCAP doivent être examinés en détail avant signature, notamment vis-à-vis de leur conformité à l'arrêté d'application de la loi MOP.

2.2.4.   La loi MOP et ses textes d'application

2.2.4.1. La loi MOP

La loi MOP a remplacé les textes de 1973 sur les « marchés publics d'ingénierie et d'architecture », textes qui constituaient une avancée pour l'époque mais qui comportaient des défauts importants, notamment l'autorisation d'attribuer certaines missions élément par élément, en changeant de prestataire d'une phase à l'autre.

Pour mémoire, la loi MOP a été codifiée en 2018 suite à la réforme des marchés publics : elle fait maintenant partie intégrante du nouveau Code de la commande publique[1]. Cette codification a été réalisée à droit constant : le contenu des prescriptions est resté presque inchangé.

Champ d'application de la loi MOP

La loi MOP et ses textes d'application ne portent pas sur la démarche d'achat de la prestation intellectuelle mais sur le déroulement de la mission de maîtrise d'œuvre en maîtrise d'ouvrage publique.

La loi MOP définit les grands principes applicables. Le principe majeur de la loi MOP est l'obligation de confier la maîtrise d'œuvre à une *équipe unique* qui sera responsable de la cohérence d'un projet et de sa réalisation, du début à la fin de l'opération.[2]

C'est le principe de la *mission de base*, de l'esquisse à la réception des travaux, avancée significative par rapport aux textes de 1973.

Un autre grand principe de la loi MOP était l'indépendance du maître d'œuvre par rapport aux entreprises, indépendance qui lui permet de défendre impartialement les intérêts du maître d'ouvrage.

La loi MOP liste les organismes auxquels elle s'applique, c'est-à-dire principalement :

- l'État et ses établissements publics ;
- les collectivités territoriales, leurs établissements publics, les syndicats mixtes intercommunaux ;
- les organismes de sécurité sociale.[3]

---

1   Articles L2410-1 à L2432-2 du Code de la commande publique.
2   Articles L2431-1 à L2431-3 du Code de la commande publique.
3   Articles L2411-1 et L2430-2 du Code de la commande publique.

Depuis la loi Elan de 2018, les organismes privés d'HLM et les sociétés d'économie mixte réalisant des logements locatifs aidés par l'État sont dispensés de l'application de la loi MOP, dérogation qui a fait couler beaucoup d'encre.

Les ouvrages de bâtiment ou d'infrastructure destinés à une activité industrielle dont la conception est déterminée par le processus d'exploitation (par exemple chauffage urbain, unité de méthanisation, etc.) n'entrent pas dans le champ d'application de la loi MOP.

Loi MOP et évolutions de programme

Elle comporte des prescriptions importantes relatives au programme :

- **Évolution du programme et du budget travaux en cours d'études**

   « Le maître d'ouvrage élabore le programme et fixe l'enveloppe financière prévisionnelle de l'opération avant tout commencement des études d'avant-projet par le maître d'œuvre.

   Il peut préciser le programme et l'enveloppe financière avant tout commencement des études de projet par le maître d'œuvre.

   L'élaboration du programme et la fixation de l'enveloppe financière prévisionnelle peuvent se poursuivre pendant les études d'avant-projet pour :

   1° Les opérations de réhabilitation ;

   2° Les opérations de construction neuve portant sur des ouvrages complexes, sous réserve que le maître d'ouvrage l'ait précisé dans les documents de la consultation du marché public de maîtrise d'œuvre.

   Les conséquences de l'évolution du programme et de l'enveloppe financière prévisionnelle sont prises en compte par une modification conventionnelle du marché public de maîtrise d'œuvre (…).»[1]

   Dans les marchés de maîtrise d'œuvre dans le cadre de la loi MOP, la rémunération de la maîtrise d'œuvre est donc fixée provisoirement au début des études, sur la base de l'enveloppe travaux initiale fixée par le maître d'ouvrage.

   Le montant des honoraires de maîtrise d'œuvre est ensuite mis à jour par voie d'avenant dès que le montant prévisionnel des travaux est définitivement validé par le maître d'ouvrage, ceci à l'issue de l'APS ou de l'APD.

   C'est un des rares exemples de « prix provisoire » dans les marchés publics.

   Pour éviter une inflation des coûts, le contrat de maîtrise d'œuvre inclut des modalités de pénalisation de la maîtrise d'œuvre :

   - au moment de l'appel d'offres (reprise des études afin de respecter le budget prévisionnel)
   - et en fin d'opération si le coût des travaux a dérivé pendant le chantier.

- **Évolution de programme en phase chantier**

   Concernant les modifications de programme survenant ultérieurement, dans un arrêt de février 2014, le Conseil d'État a précisé que si une modification de programme nécessite une prestation supplémentaire de la part du maître d'œuvre, le maître d'œuvre a droit à une rémunération complémentaire même en l'absence d'avenant ou de « décision » du maître d'ouvrage :

---

1   Articles L2421-3 à 2421-5 et R2432-6 et 7 du Code de la commande publique.

« Considérant que, dans l'hypothèse où une modification de programme ou de prestations a été décidée par le maître de l'ouvrage, le droit du maître d'œuvre à l'augmentation de sa rémunération est uniquement subordonné à l'existence de prestations supplémentaires de maîtrise d'œuvre utiles à l'exécution des modifications décidées par le maître de l'ouvrage ; qu'en revanche, ce droit n'est subordonné, ni à l'intervention de l'avenant qui doit normalement être signé (…), ni même, à défaut d'avenant, à celle d'une décision par laquelle le maître d'ouvrage donnerait son accord sur un nouveau montant de rémunération du maître d'œuvre. »[1]

Loi MOP et mission de base

Le contenu essentiel de la loi MOP est l'obligation de confier au maître d'œuvre une mission globale, ce qui signifie qu'elle ne peut pas être « saucissonnée » entre plusieurs maîtres d'œuvres successifs.

La loi ne va pas au-delà de ces grands principes.

Attention, en maîtrise d'ouvrage privée, rien n'oblige à respecter le cadre de la mission de base : nombre de missions sont réduites à une seule phase, comme dans le cas des particuliers qui ne missionnent un architecte que pour leur dossier de permis de construire, pratique qui serait illégale en maîtrise d'ouvrage publique. Il n'en reste pas moins que l'enchaînement des phases prescrit par l'arrêté d'application de la loi MOP est un cadre souhaitable, permettant une bonne progression de la conception du parti général vers les détails particuliers.

2.2.4.2. Le décret Missions

Ce texte d'application de la loi MOP décrit la consistance de chaque phase. Pour mémoire, il a été codifié en 2018 suite à la réforme des achats publics, et il fait maintenant partie intégrante du nouveau Code de la commande publique[2].

Dans le neuf

« Pour les opérations de construction neuve de bâtiment, la mission de base comporte :

1° Les études d'esquisse ;

2° Les études d'avant-projet [avant projet sommaire puis avant projet définitif] ;

3° Les études de projet ;

4° L'assistance apportée au maître d'ouvrage pour la passation des marchés publics de travaux ;

5° La direction de l'exécution des marchés publics de travaux ;

6° L'assistance apportée au maître d'ouvrage lors des opérations de réception et pendant la période de garantie de parfait achèvement. »[3]

Le décret prévoit qu'il est possible de confier les études d'exécution au maître d'œuvre à la place des visas. Dans ce cas, la mission EXE fait partie de la mission de base et remplace la mission VISA.

Cette pratique est courante dans certaines régions de France. Les maîtres d'œuvre y voient le moyen de maîtriser les détails d'exécution, et les collectivités locales y voient le moyen de confier des marchés de travaux à des PME réputées incapables de réaliser les études d'exécu-

---

1   Conseil d'État, n° 365828, lecture du lundi 10 février 2014.
2   Articles R2431-1 à R2432-7 du Code de la commande publique
3   Article R2431-4 du Code de la commande publique

tion par elles-mêmes (toutefois, même une PME peut réaliser des études d'exécution, en les sous-traitant à un BET).

Dans l'existant

Pour les travaux de réaménagement de bâtiments existant, le décret, maintenant codifié, considère que la mission de base ne comprend pas d'esquisse, mais commence en APS. Le décret cite à juste titre les études de diagnostics comme étant la première étape d'un projet dans l'existant. Ces diagnostics ne sont pas compris dans la mission de base, et ne sont pas nécessairement confiés au maître d'œuvre.

Le décret comporte aussi des articles consacrés aux projets d'infrastructure.

Pour récapituler, les éléments de mission du décret Missions sont :

En Bâtiment		En Infrastructure	
Construction neuve	Réutilisation ou réhabilitation	Construction neuve	Réutilisation ou réhabilitation
ESQ	DIAG (hors mission de base)	Études préliminaires	DIAG (hors mission de base)
APS		APS	
APD		AVP	
PRO		PRO	
ACT		ACT	
VISA ou EXE		VISA ou EXE	
DET		DET	
OPC (hors mission de base)		OPC (hors mission de base)	
AOR		AOR	

À strictement parler, le décret ne précise pas quels éléments relèvent de la *mission de base* en Infrastructure.

On remarque que le DCE (dossier de consultation des entreprises), résultat des études PRO, n'est pas une phase en lui-même dans le décret Missions.

Missions exclues de la mission de base

Les missions Diagnostic, OPC, synthèse, coordination SSI sont exclues de la mission de base. Elles ne sont donc pas prises en compte dans le calcul du taux de maîtrise d'œuvre.

Sigles utilisés par l'ordre des architectes

L'ordre des architectes utilise dans ses contrats type des sigles supplémentaires :
- dans le cadre de la mission de base :
    - DPC désigne le dossier de permis de construire,
    - PCG désigne les études de projet de conception générale, c'est-à-dire le PRO,

> – l'ACT est divisé par l'ordre des architectes en deux parties :
>> – le DCE, qui consiste à assembler toutes les pièces nécessaires à la consultation des entreprises en fonction de la stratégie marché retenue par le maître d'ouvrage,
>> – une phase MDT, comme mise au point des marchés de travaux,

- et en missions complémentaires :
  - REL désigne le relevé des existants,
  - DQD désigne le devis quantitatif détaillé, c'est-à-dire le cadre de décomposition permettant d'uniformiser les devis des entreprises, cadre renseigné avec les quantités sur chaque ligne.

Honoraires et coût prévisionnel des travaux dans le décret Missions

Enfin, le décret, maintenant codifié, contient des prescriptions relatives aux contrats de maîtrise d'œuvre, en particulier le lien entre honoraires et coût prévisionnel des travaux.

Lors de la signature du marché, le maître d'œuvre n'a connaissance que du budget prévisionnel déterminé par le maître d'ouvrage.

Au cours des études, les estimations sont affinées, jusqu'à aboutir à un premier engagement du maître d'œuvre sur le coût prévisionnel des travaux. Cet engagement intervient en fin d'APS (engagement sur le coût prévisionnel provisoire), d'APD (engagement sur le coût prévisionnel définitif) ou de PRO, le plus courant étant la fin d'APD. Il est assorti d'un seuil de tolérance.

Après l'attribution des marchés, le maître d'œuvre souscrit un second engagement sur le coût prévisionnel du projet, avec seuil de tolérance.[1]

Ce seuil entre en jeu dans le calcul de pénalités portant sur les honoraires des phases de réalisation, pour les dépassements dont le maître d'œuvre est responsable.[2]

En résumé, dans un marché de maîtrise d'œuvre classique dans le cadre de la loi MOP, attribué par concours ou passé selon une procédure négociée, le montant des honoraires figurant dans l'acte d'engagement n'est que provisoire. La rémunération définitive est fixée par avenant en fin de phase APD, lors de l'engagement sur le coût prévisionnel des travaux.

2.2.4.3. L'arrêté d'application de la loi MOP

Cet arrêté[3] reprend le contenu de chaque phase, en le détaillant légèrement plus que le décret Missions (par exemple en précisant les échelles courantes des rendus). Il n'a pas été intégré au Code de la commande publique et reste pleinement applicable dans sa version d'origine.

Une critique qui est souvent faite à l'arrêté d'application de la loi MOP, c'est qu'il ne prend pas en compte les conséquences du BIM : quand on travaille en BIM, on ne parle plus en termes d'échelle des plans, mais en termes de LOD (*level of development*).

Pour plus de détails, se reporter plus bas au chapitre relatif à l'organisation de la production des études.

---

1 Article R2432-2 et suivants du Code de la commande publique
2 Voir décret n° 93-1268 du 29 novembre 1993 relatif aux missions de maîtrise d'œuvre confiées par des maîtres d'ouvrage publics à des prestataires de droit privé, article 30.
3 Arrêté du 21 décembre 1993 précisant les modalités techniques d'exécution des éléments de mission de maîtrise d'œuvre confiés par des maîtres d'ouvrage publics à des prestataires de droit privé.

Point de vigilance

La loi MOP et le décret Missions ayant été codifiés en 2018 à droit constant, ils sont de ce fait abrogés dans leur rédaction initiale. Consulter le Code de la commande publique, qui reprend maintenant le contenu de la loi MOP et du décret Missions.

---

3. Le cadre règlementaire de la conception

La réglementation applicable aux projets de bâtiment est éparpillée dans de nombreux textes. L'objectif du présent chapitre est de clarifier ce cadre règlementaire, et d'encourager la consultation des textes officiels.

La consultation des textes sources est en effet indispensable, en particulier du fait de leur évolution permanente. La synthèse présentée ci-dessous doit être considérée comme une introduction et un encouragement à consulter les textes officiels.

3.1. Accéder aux textes

Pour accéder aux textes règlementaires, le plus simple est évidemment Internet.

Mais sur ce sujet toujours en pleine évolution qu'est la réglementation, il faut se méfier de l'immense majorité des sites Internet, qui comportent extrêmement souvent des inexactitudes. En particulier, les pages de « documentation règlementaire », présentes sur les sites Internet des fabricants, sont presque toujours truffées d'erreurs. Même de grands fabricants, tout à fait sérieux et irréprochables sur leur segment d'activité technique, hébergent sur leur site des pages relatives à la réglementation contenant ce type d'inexactitudes ou d'informations périmées.

Encore un exemple : récemment encore, on trouvait sur le site www.miqcp.gouv.fr (dont on pourrait supposer qu'il est sérieux, puisque représentant la mission interministérielle pour la qualité des constructions publiques) les « décret concours » et « décret conception/réalisation », deux textes abrogés en 2008 !

Les quatre sites présentés ci-dessous ont l'avantage d'être des références incontestables.

Sitesécurité

www.sitesecurite.com est un site sérieux, gratuit hors commentaires, dédié aux règles de sécurité incendie.

Il comporte un très net avantage : pour chaque type d'ERP, il présente, juxtaposés, la liste des articles applicables, à la fois ceux issus du règlement général et ceux issus du règlement propre aux types particuliers d'ERP. Attention toutefois, la finesse de présentation des textes ne va pas toujours jusqu'à masquer tous les articles non applicables : le lecteur doit vérifier ce qui s'applique à son cas précis.

Ce site ne contient pas les textes non relatifs à la sécurité, comme les normes et arrêtés divers.

Il est réalisé par France-Sélection, la maison d'édition qui publie les fameuses d'éditions à couverture bleue du règlement de sécurité ERP commenté.

Le REEF

Le site Internet REEF du CSTB (http://boutique.cstb.fr/fr/reef4.html) est un site encyclopédique sur toutes les techniques et réglementations du bâtiment, pas seulement en sécurité incendie. Il contient notamment, outre les textes règlementaires, les normes les plus courantes, les DTU, la liste des avis techniques en cours de validité, des exemples de solutions techniques, avec des notes et commentaires pratiques.

Il comporte un moteur de recherche. Ce site est malheureusement payant. Par ailleurs, le texte intégral de certaines normes n'est pas toujours consultable.

Batipedia

Le site Batipedia du CSTB (www.batipedia.com) comporte une partie payante et une partie gratuite. La partie payante permet de consulter tous les documents de référence, comme sur le REEF. La partie gratuite, rubrique *actualité technique et règlementaire*, est très bien faite et peut suffire pour suivre l'actualité si on n'a pas besoin de consulter des normes et DTU.

Légifrance

Legifrance[1] est bien entendu la référence pour tous les textes officiels. Il a l'avantage d'être gratuit, et d'être la référence la plus fiable, étant l'image du *Journal officiel*.

Il suffit d'entrer la nature du texte recherché (arrêté, décret,…) et sa date de signature, puis d'identifier le texte grâce à son titre. Ne pas s'étonner de la quantité importante d'arrêtés existant pour certaines dates : un mot-clé du titre, combiné à la date, permet de retrouver l'arrêté cherché.

Attention à bien choisir lors de la consultation la version en vigueur, de nombreux textes ayant été modifiés postérieurement à leur publication. Ces modifications ne changent pas la date initiale par laquelle est désigné le texte officiel : même si un arrêté a été modifié de très nombreuses fois, c'est sa date initiale et son titre qui permettent de trouver dans Légifrance sa version en vigueur.

Ainsi par exemple l'arrêté du 25 juin 1980 qui constitue le Règlement ERP a été très souvent modifié depuis sa publication, mais il est toujours identifié comme « arrêté du 25 juin 1980 ».

Pour les textes modifiés récemment on a le choix dans Légifrance, outre la version en vigueur, de consulter une version applicable *à une date future* ; c'est cette version future qu'il faut consulter pour connaître les intentions du législateur.

> **Règle d'or des sources documentaires**
>
> N'utiliser pour consulter la réglementation que des sites Internet dont le sérieux ne fait aucun doute, et dont on est sûr qu'ils sont régulièrement tenus à jour.

Nommer correctement les textes

Quand on consulte un arrêté ou un décret sur Légifrance, on tombe parfois sur des textes dont l'objet est de modifier des textes antérieurs ou des articles d'un code. Il faut éviter de citer ce type de texte, que ça soit dans un CCTP ou dans une notice de sécurité incendie par

---

1 https://www.legifrance.gouv.fr/

exemple, car le lecteur qui consulte un tel texte n'y trouvera pas directement d'information intéressante. Il est préférable de citer le texte source, qui a été modifié.

Ainsi, dans l'exemple ci-dessous, le Code de l'urbanisme, article R431-2, est modifié par le décret du 14 décembre 2016 :

> *« Décret n° 2016-1738 du 14 décembre 2016 relatif à des dispenses de recours à un architecte*
> *Le Premier ministre,*
> *(…)*
> *Décrète :*
>
>
>
> *Article 1*
> *A modifié les dispositions suivantes :*
> *Modifie Code de l'urbanisme - art. R*431-2*
>
>
>
> *(…)*
>
>
>
> *Article 3*
> *A modifié les dispositions suivantes :*
> *Abroge Décret n°77-190 du 3 mars 1977 »*
>
>

Si l'on veut citer ce texte dans une notice ou dans un courrier, il vaut mieux citer l'article R431-2 du Code de l'urbanisme et non pas le décret du 14 décembre 2016.

3.2. Bases sur la hiérarchie des normes en droit français

Il est important de comprendre les différences de statut entre les textes, et leur priorité respective.

3.2.1. La pyramide du droit

Les textes établissant le droit français sont constitués de différentes strates, chaque strate inférieure respectant les principes édictés par les strates supérieures.

Les *lois* sont votées par le Parlement. Elles ne donnent que des principes généraux.

Les *ordonnances* sont situées entre les lois et les décrets, elles sont prises par le gouvernement dans des matières relevant normalement du domaine de la loi. On parle de *procédure législative déléguée*. Le gouvernement ne peut prendre des ordonnances que s'il y a été autorisé par le Parlement.

Les *décrets* sont signés par le gouvernement. Ils mettent en application les lois.

Les *arrêtés* ministériels sont rédigés par un ou plusieurs ministères, les arrêtés préfectoraux (par exemple Plan de prévention des risques d'Inondation, Règlement sanitaire départemental,…) par les services préfectoraux et les arrêtés municipaux par les maires.

La majeure partie de la réglementation applicable à la construction est constituée par des arrêtés ministériels, qui précisent les conditions techniques d'application des lois et décrets pour la conception et la réalisation des bâtiments.

Les *circulaires* sont des textes internes à l'administration. Ce ne sont pas des textes règlementaires, et elles ne sont pas opposables à des tiers.

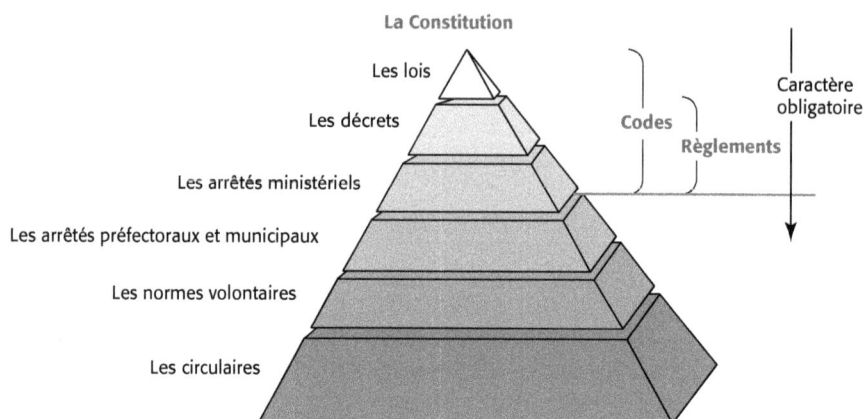

Figure 1. La pyramide du droit en France : les principales strates qui peuvent concerner le maître d'œuvre.

Particularités pour les DROM et COM (ex DOM TOM)

La plupart des textes règlementaires, et notamment les arrêtés ministériels, sont applicables dans les départements et régions d'Outre-Mer (DROM) : Guadeloupe, Martinique, Guyane, La Réunion et Mayotte (attention toutefois à la réglementation thermique). On parle de *régime d'identité législative*.

Mais dans les collectivités d'Outre-Mer (COM) il existe des textes particuliers qui diffèrent de la réglementation métropolitaine ; ceci concerne par exemple St Pierre-et-Miquelon et la Polynésie française. On parle de *régime de spécialité législative*.

3.2.2. Les textes européens

Les textes européens peuvent être de plusieurs natures :
- les *Règlements* sont signés par le Conseil européen, ils sont applicables dans tous les États membres directement, sans nécessiter une transposition ni une publication nationale ; exemple : le Règlement européen sur le produit de construction[1] ;
- les *Directives* fixent pour tous les États membres des objectifs à atteindre, avec un délai de mise en conformité ; une grande partie du droit aujourd'hui applicable en France découle de directives européennes ;
- les *Décisions* règlent des cas particuliers et sont d'application obligatoire, pour un nombre limité de destinataires ;
- les *Avis*, *Recommandations* et *Résolutions* ne sont pas d'application obligatoire ; ils ont pour objet de conseiller ou de préparer des actes ultérieurs.

---

1 Voir www.rpcnet.fr.

3.2.3. Les Codes

La France a engagé un travail de codification de sa législation, c'est-à-dire de classement de ses lois et décrets sous la forme de Codes, ce qui facilite leur consultation.[1] Les articles issus de lois sont repérés par la lettre L, les articles issus de règlement par les lettres R ou D.

Que trouve-t-on dans les Codes, qui puisse intéresser le maître d'œuvre bâtiment ?

3.2.3.1. Le Code de l'urbanisme

On y trouve la réglementation relative aux autorisations et règles d'urbanisme :

* permis de construire ;
* déclaration préalable ;
* lotissements ;
* PLU ;
* ZAC, etc.

Voir plus bas en fin de chapitre la partie consacrée au droit de l'urbanisme.

3.2.3.2. Le Code du travail

On y trouve un chapitre important regroupant les règles à respecter pour la conception des ERT. Certaines prescriptions figurent au chapitre du Code relatif à l'exploitation des ERT. (Voir plus bas le chapitre sur la réglementation applicable aux ERT.)

3.2.3.3. Le Code de la construction et de l'habitation

On y trouve de nombreuses prescriptions diverses relatives à la construction sous son aspect juridique :

* responsabilité, assurances ;
* en matière technique (isolation thermique, isolation acoustique, sécurité incendie, ventilation), seuls de grands principes généraux y figurent, à l'intérêt assez limité ;
* obligations génériques très diverses, allant des espaces de stationnement aux raccordements fibres optiques, en passant par l'acoustique ;
* accessibilité aux personnes handicapées : prescriptions générales suivant la nature des bâtiments ;
* garde-corps : le Code contient la fameuse règle de dimensionnement, 0,9 m pouvant être réduit à 0,8 m si le garde-corps fait 0,5 m de large[2] ;
* statuts et règles applicables aux sociétés de construction et promoteurs immobiliers ;
* aides financières de l'État ;
* organismes HLM, etc.

S'il recèle certaines règles à connaître, globalement il comporte plus de chapitres intéressant les maîtres d'ouvrage que de chapitres intéressant les maîtres d'œuvre.

---

1 Les codes sont consultables sur Légifrance, rubrique Codes.
2 Article R111-15 du Code de la construction et de l'habitation.

3.2.3.4. Le Code de la commande publique

Ce nouveau texte fondamental décrit les procédures que doivent respecter les acheteurs de la sphère publique pour leurs achats, qu'il s'agisse d'achats de travaux, de prestations intellectuelles ou de fournitures.

Point de vigilance

L'ancien Code des marchés publics a été abrogé par la réforme de l'achat public de 2015. Il a été remplacé en 2018 par ce nouveau Code de la commande publique.

3.2.3.5. Le Code de la santé publique

On y trouve quelques points utiles :

- sur les eaux destinées à la consommation humaine ;
- sur le radon dans les bâtiments ;
- sur le risque plomb ;
- sur le risque amiante.

3.2.3.6. Le Code de l'environnement

On y trouve notamment :

- les dispositions relatives aux ICPE (installations classées pour la protection de l'environnement) ;
- les précautions à prendre vis-à-vis des fluides frigorigènes ;
- certaines contraintes imposées aux installations géothermiques ;
- la loi sur l'eau ;
- les dispositions relatives à la prévention du risque sismique ;
- les règles relatives au guichet unique Réseaux et canalisations institué par la réforme « anti-endommagement » (voir plus bas le chapitre sur ce sujet).

3.2.3.7. Le Code du patrimoine

On trouve au Livre VI du Code du patrimoine l'ensemble des règles relatives à la protection du patrimoine bâti, ainsi que le rôle des architectes des bâtiments de France et des architectes des monuments historiques.

La protection des monuments historiques remonte essentiellement à la loi du 31 décembre 1913 sur les monuments historiques, dont certains articles sont toujours en vigueur (une loi de 1887 fixait cependant déjà des critères et des procédures de classement).

Un immeuble protégé au titre des monuments historiques peut être soit *classé* (pour les immeubles les plus intéressants), soit *inscrit*. Attention, on ne doit plus parler « d'inventaire supplémentaire des monuments historiques » depuis 2005 ; on parle simplement maintenant d'*inscription au titre des monuments historiques*.

Les propriétaires d'un immeuble classé ou inscrit peuvent bénéficier d'un service d'assistance à maîtrise d'ouvrage gratuit, assuré par la DRAC. Ils peuvent aussi bénéficier de subventions.

3.2.3.8. Le Code civil

On y trouve les règles de base relatives aux limites mitoyennes entre propriétés, règles datant initialement de 1804 :

- question des murs mitoyens, fossés et clôtures mitoyennes[1], ainsi que de leur entretien ; distances des plantations aux limites mitoyennes ;
- question des « vues » sur le voisin mitoyen : distances minimales à respecter pour les vues droites et les vues obliques (ces règles ne s'appliquent pas vis-à-vis du domaine public).[2]

Du fait de l'ancienneté du texte, de nombreux articles ont un charme suranné, par exemple :

« Dans les villes et les campagnes, tout mur servant de séparation entre bâtiments jusqu'à l'héberge, ou entre cours et jardin, et même entre enclos dans les champs, est présumé mitoyen s'il n'y a titre ou marque du contraire.

Il y a marque de non-mitoyenneté lorsque la sommité du mur est droite et à plomb de son parement d'un côté, et présente de l'autre un plan incliné.

Lors encore qu'il n'y a que d'un côté ou un chaperon ou des filets et corbeaux de pierre qui y auraient été mis en bâtissant le mur. »[3]

3.2.3.9. Le Code de la propriété intellectuelle

On y trouve les notions de droit d'auteur, évoquées plus haut dans le présent chapitre.

3.2.4. Comprendre le statut des normes

Une norme n'est pas en soi un texte légal, d'application obligatoire. C'est un outil d'aide à la contractualisation, qui définit un cadre qu'on choisit de respecter.

On parle de *normes volontaires* pour désigner les normes dont l'application n'est pas obligatoire en marché privé.

Au contraire, un règlement fait partie du corpus juridique : son application est obligatoire.

Point de vigilance

Cependant, de nombreux textes règlementaires, notamment en ERP, imposent le respect d'une norme. Son application devient de ce fait obligatoire.

Exemples :
- l'article MS 53 du règlement de sécurité dans les ERP exige que les SSI satisfassent aux normes en vigueur ;
- l'article EC 5 du règlement de sécurité dans les ERP exige que les appareils d'éclairage respectent une série de normes.

Il existe différents types de normes, notamment :

- des normes de prescription (par exemple sur les SSI) ;
- des normes de procédures (par exemple sur les essais) ;
- des normes sur un produit ;
- des normes sur une mise en œuvre ;
- des normes d'organisation (par exemple pour les systèmes qualité).

---

1 Articles 653 à 673 du Code civil.
2 Articles 675 à 680 du Code civil.
3 Articles 653/654 du Code civil.

Par ailleurs, une norme peut être de trois niveaux :

* norme française : NF P… ou NF DTU… ;
* norme européenne transcrite en droit français : NF EN… ;
* norme internationale : NF EN ISO…

Les normes européennes dites *harmonisées* comportent une « annexe ZA », qui est utilisée pour l'attribution du marquage CE dans le cadre du Règlement des produits de construction.[1]

Des normes un peu particulières

Les DTU sont maintenant tous des normes.

Les Eurocodes, présentés ci-dessous dans un chapitre spécifique, sont aussi des normes.

Pour quelle raison une norme peut-elle être à appliquer ?

Dans le cadre d'un marché de travaux, des normes peuvent être imposées sous plusieurs formes :

* une norme peut être à appliquer car elle est imposée par un règlement (exemple l'article EL4 du Règlement ERP exige le respect de la norme électrique NF C 15-100) ;
* une norme peut être à appliquer car elle est imposée par un texte générique rendu contractuel par le marché : par exemple norme imposée par un cahier des clauses techniques générales (CCTG) en marchés publics de travaux publics ;
* enfin, une norme peut être à appliquer sur un chantier parce qu'un CCTP du marché le prescrit explicitement.

La version de la norme que l'entreprise a obligation d'appliquer est celle en vigueur à la date de signature de son marché.

Dans le cadre des marchés publics

En marchés publics[2], les spécifications techniques doivent être définies :

* soit par référence à des normes ou à d'autres documents équivalents ;
* soit en termes de performances ou d'exigences fonctionnelles.

Dans la pratique, c'est le plus souvent par référence à des normes que les spécifications sont définies. Ce qui ne veut pas dire que *toutes* les normes sont applicables en marché public comme on l'entend parfois, mais que les performances attendues dans le cadre du marché doivent être formulées par le maître d'œuvre *sous la forme du respect de normes*, si du moins elles existent, ce qui n'est pas toujours le cas.

3.2.5. Les DTU

Les documents techniques unifiés sont établis par consensus d'acteurs de chaque milieu professionnel du bâtiment, sous le contrôle général de l'AFNOR, au sein de Commissions de normalisation. Ils ont maintenant le statut de normes, optionnelles et contractuelles.

Ils constituent ce qu'on appelle les *règles de l'art*. Ils constituent la référence technique indiscutée pour tout litige de conception ou de réalisation.

---

1   Voir www.rpcnet.fr
2   Article R2111-8 et suivants du Code de la commande publique.

Les NF DTU sont présentés sous la forme de 3 documents :
- partie 1-1 Cahier des clauses techniques, qui donne des prescriptions de mise en œuvre, par corps d'état ;
- partie 1-2 Guide du choix des matériaux ;
- partie 2 Cahier des clauses spéciales, qui définit les limites traditionnelles de prestations entre corps d'état.

Quand on utilise un DTU, il est important de consulter le *domaine d'application*. Exemple : un revêtement de couverture peut être utilisable hors climat de montagne.

Le CSTB édite des guides pratiques d'application des DTU, qui commentent les DTU (mais ne comprennent pas le texte du DTU lui-même).

En Allemagne, leur équivalent est constitué par les normes DIN, et au Royaume-Uni par les *British Standards*.

Les DTU comprennent aussi des règles de calcul DTU, qui sont à remplacer par les Eurocodes. Il faut donc veiller à ne plus faire référence à ces règles dans les dossiers marchés.

Peut-on travailler hors DTU ?

Il est tout à fait normal sur un grand chantier de réaliser certaines mises en œuvre dérogeant aux DTU, du fait de leur caractère innovant ou particulier. Le fait de déroger aux DTU ne doit pas être perçu comme un problème par le maître d'œuvre et le maître d'ouvrage ; il suffit, en présence d'un bureau de contrôle, de l'associer étroitement à la démarche.

Quelques exemples de situations hors DTU :
- il arrive qu'on déroge aux DTU pour la distance entre deux descentes d'eaux pluviales ;
- on utilise un produit de construction sous avis technique, qui n'est couvert par aucun DTU (c'est pour cette raison que le fabricant a sollicité et obtenu un avis technique),
- la construction paille est hors DTU.

Ces situations hors DTU sont très courantes dans le domaine des façades et enveloppes en verre, dès qu'elles sont un peu innovantes.

Pour en savoir plus
On peut trouver tous les DTU sur le site payant Reef du CSTB, ou à l'unité les acheter sur le site de l'Afnor.

3.2.6. Les règles professionnelles

Les règles professionnelles sont des documents de référence produits par des filières professionnelles, soucieuses de mieux formaliser et faire reconnaître leurs pratiques constructives. Elles peuvent déboucher ultérieurement sur un DTU. Elles ne font pas partie à strictement parler de la « réglementation ».

Quelques exemples :
- *Construction paille – Remplissage isolant et support d'enduit*, d'octobre 2011 ;
- *Construire en chanvre, règles professionnelles d'exécution*, de juillet 2012[1] ;

---

1 À vendre sur http://librairie.sebtp.com (pas de version gratuite).

- *Règles professionnelles concernant les travaux d'étanchéité à l'eau par application de systèmes d'étanchéité liquides sur les dalles de parking de décembre 2013.*[1]

Ces règles professionnelles sont acceptées ou non par la C2P (commission prévention produits) de l'Agence Qualité Construction (AQC). Si elles sont acceptées, elles passent vis-à-vis des assureurs en « techniques courantes ». Si elles ne sont pas (ou pas encore) acceptées par la C2P, elles sont considérées par les assureurs en technique non courante.

Pour en savoir plus sur les règles professionnelles

Consulter le site de l'Agence Qualité Construction : www.qualiteconstruction.com, rubrique C2P, qui liste les règles professionnelles acceptées par la C2P.

3.2.7. Les programmes RAGE/PACTE

Le programme RAGE (règles de l'art Grenelle de l'environnement 2012) était une vaste refonte des règles professionnelles du Bâtiment, lancée en 2010 et pilotée par le CSTB. Le but de cette refonte était d'adapter les règles de l'art pour favoriser les économies d'énergie et l'amélioration du bilan carbone des bâtiments.

Il a pris en 2015 le nom de programme PACTE (programme d'action pour la qualité de la construction et la transition énergétique) sous pilotage de l'AQC.

Le programme comprend des recommandations professionnelles, des guides, des rapports et des calepins de chantier, portant sur le bâti (façades, chapes, verrières, isolation, etc.) et sur ses équipements techniques (VMC, solaire, chauffe-eau, PAC, GTB, etc.).

Contrairement aux DTU, qui traitent principalement du neuf, les documents RAGE portent tant sur le neuf que sur l'existant. Ils visent de plus à prendre en compte les dernières innovations techniques.

Les recommandations professionnelles RAGE ne sont ni des documents règlementaires d'application obligatoire ni des normes, mais elles servent de base à la refonte progressive des DTU et à la création de futures normes, à jour par rapport aux enjeux énergétiques.

Pour en savoir plus

Consulter le site du programme PACTE : www.programmepacte.fr.

3.2.8. Techniques traditionnelles et non traditionnelles

On parle de *techniques traditionnelles* pour désigner l'ensemble des techniques constructives communément maîtrisées par les entreprises. On considère généralement que les techniques traditionnelles correspondent au champ d'application des :

- DTU ;
- recommandations professionnelles RAGE ou PACTE (à ne pas confondre avec les Guides RAGE, qui ne sont pas prescriptifs) ;
- et règles professionnelles.

---

1 Sur www.etancheite.com, site de la Chambre syndicale de l'étanchéité.

Il y a cependant débat, certains considérant que seuls les DTU sont à considérer comme technique traditionnelle ; mais peu importe, car cette nuance n'a pas d'implications concrètes, contrairement à la notion de *technique courante* présentée plus loin, et qui, elle, au contraire, joue un rôle important en rapport avec les primes d'assurances.

3.2.9. Les CCTG

Les Cahiers des clauses techniques générales (CCTG) sont des textes de référence applicables dans le cadre des marchés publics.

Le *CCTG applicable aux marchés publics de travaux de génie civil* est composé d'une trentaine de fascicules, principalement utilisés par l'administration dans le domaine des ouvrages d'art et des travaux VRD.[1]

À titre d'exemple, le fascicule 2 traite des terrassements généraux, le fascicule 25 traite de l'exécution des assises de chaussée, le fascicule 65 de l'exécution des ouvrages de génie civil en béton armé ou précontraint et le fascicule 70 des ouvrages d'assainissement.

3.3. Les procédures d'évaluation

Les procédés constructifs et matériaux innovants peuvent présenter un risque financier susceptible d'inquiéter maîtres d'ouvrage, bureaux de contrôle et plus encore assureurs. Les *procédures d'évaluation* des innovations, métier de base du CSTB depuis l'après-guerre, visent à rassurer sur les risques encourus.

On fait appel à ces procédures d'évaluation quand on sort du cadre des normes et des règles professionnelles, c'est-à-dire quand on sort des « techniques courantes ».

Pour aider les industriels à se repérer dans le maquis des évaluations, le CSTB a créé en 2015 un service d'assistance[2] gratuit, qui permet d'orienter le fabricant vers la bonne procédure, notamment les Avis Techniques.

3.3.1. Techniques courantes et non courantes : le point de vue des assureurs

Depuis la loi Spineta de 1979, l'assurance est obligatoire pour couvrir tout ce qui relève de la garantie décennale. Or, les assureurs doivent évaluer les risques pour calculer au mieux les primes d'assurance.

Pour évaluer les risques liés à l'utilisation d'un produit de construction par leurs clients, les assureurs se basent, depuis 1999, sur l'analyse de la Commission prévention produits (C2P) de l'Agence qualité construction (AQC). La C2P examine les règles professionnelles et tous les avis techniques. Elle analyse les sinistres qui sont portés à sa connaissance (dans le cadre du « dispositif alerte »), et en déduit les risques liés à chaque famille de produits et procédés.

Jusqu'en 1999 ce rôle de veille était joué par les *listes AFAC*.

Les assureurs considèrent comme non risquées les *techniques courantes*.

---

1   La liste des fascicules approuvés figure dans l'arrêté du 28 mai 2018 relatif à la composition du cahier des clauses techniques générales applicables aux marchés publics de travaux de génie civil.

2   Voir http://evaluation.cstb.fr.

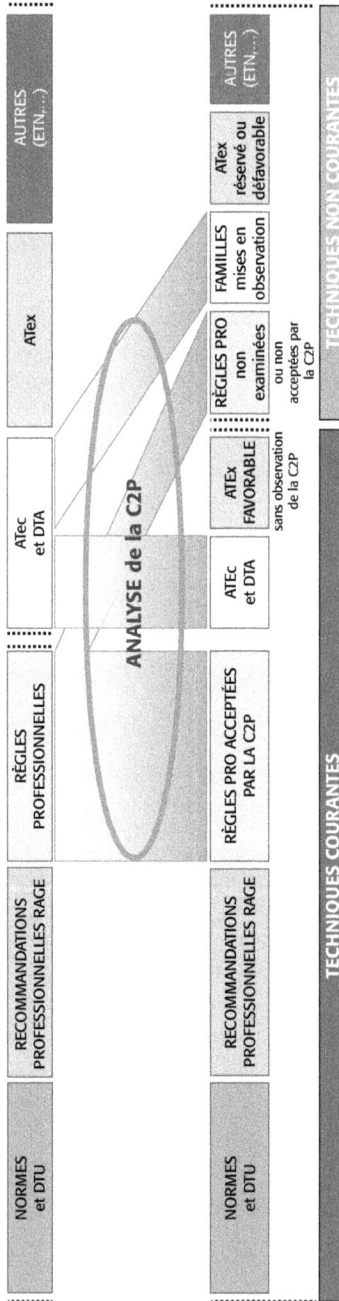

Figure 2. Techniques courantes et non courantes suite aux analyses de la C2P (source : AQC).

Que sont ces techniques courantes au sens des assureurs ? Elles recouvrent le champ :

- des DTU ;
- des règles professionnelles acceptées par la C2P ;
- des recommandations professionnelles RAGE ou PACTE ;
- des avis techniques sans observation de la C2P ;
- et des ATEx avec avis favorables.

Tous ces produits et procédés constructifs sont considérés comme sans risque par les assureurs, et sont donc couverts par les polices d'assurances standard des constructeurs. Les avis techniques sans observation figurent sur la liste verte figurant sur le site Internet de la C2P.

Les techniques non courantes, au sens des assureurs, recouvrent notamment :

- les règles professionnelles non examinées ou non acceptées par la C2P ;
- les avis techniques dont la famille a été mise en observation par la C2P, ce qui concerne environ 2 % des avis techniques ;
- les ATEx avec avis réservé ou défavorable ;
- et tout le champ des innovations diverses n'ayant pas fait l'objet d'une procédure d'évaluation.

Un produit sous avis technique peut donc être considéré comme hors technique courante par les assureurs s'il a été impliqué dans une série de sinistres, bien que cela soit heureusement rare.

Un produit peut être en liste verte alors que sa famille est mise sous observation par la C2P, parce que son fabricant a mené des démarches qui lui ont permis de passer en liste verte.

Quand les innovations constructives sortent de ce champ, on entend souvent dire que les entreprises (fabricants et entreprises de travaux) ne peuvent pas être assurées. Ceci est inexact ; hors techniques courantes, les assureurs, informés par leurs clients, procèdent au cas par cas à une analyse de risque. Les sociétés d'assurance emploient des experts, qui évaluent avec leur client le risque lié au procédé constructif. Mais les coûts d'assurance étant supérieurs, on entend souvent dire qu'un procédé innovant sans avis technique ne peut pas faire l'objet d'une garantie décennale.

Pour en savoir plus sur les techniques courantes au sens des assureurs

Consulter le site de la C2P et sa Liste verte de procédés constructifs.

3.3.2.   Qualifications et certifications

Les systèmes de qualification et les systèmes de certification sont la garantie apportée par un organisme certificateur du respect d'un cahier des charges précis.

Ces démarches volontaires peuvent concerner un produit, du personnel qualifié, ou une entreprise.

Exemples :

- de certification d'un produit ;
- de certification de personnel qualifié : soudeur qualifié ;
- de qualification d'entreprise : le règlement ERP exige que les installations de sprinklage soient réalisées par des entreprises qualifiées.

Figure 3. Exemples de certifications de produits.

Quand on impose dans un marché une qualification ou une certification, on utilise donc un outil d'aide à la contractualisation, qui ne doit pas être confondu avec les obligations règlementaires.

Il peut aussi arriver qu'une certification ou une qualification soit rendues obligatoires par un règlement. C'est par exemple le cas pour les entreprises qualifiées pour intervenir sur des installations de gaz et pour les entreprises habilitées à intervenir sur des fluides frigorigènes.

> **Zoom**
>
> #### ... la certification des produits de construction
>
> Les certifications de produits sont basées sur un référentiel élaboré par un comité de marque. L'organisme de certification délivre ensuite la certification sans repasser par le comité de marque.
>
> Quelle situation peut motiver une démarche de certification d'un produit de construction ?
>
> La démarche de certification émane souvent de syndicats interprofessionnels. Couramment, un groupement de professionnels décide de se certifier pour se démarquer des concurrents de plus basse qualité.
>
> Par exemple, une famille de robinets est mise en observation par l'AQC du fait de nombreux sinistres avec des robinets de mauvaise qualité fabriqués en Asie. La profession décide de se faire certifier NF pour se distinguer de ces concurrents et pour repasser en technique courante vis-à-vis des assureurs.
>
> Autre exemple : un avis technique peut demander une certification pour démontrer la constance de la qualité d'un produit.
>
> Toutes ces certifications sont très mal vues de la Commission européenne car présumées protectionnistes.
>
> Quelques exemples de certifications de produits de construction : classement UPEC des revêtements de sol, certification ACERMI des isolants, certification SOLAR KEYMARK des chauffe-eau solaires individuels.

3.3.3. Le marquage CE des produits de construction

Le marquage CE (à ne pas confondre avec le sigle « China Export » parfois rencontré !) est une marque de conformité d'un produit de construction à une norme européenne harmonisée.

Les normes européennes harmonisées comportent une « annexe ZA », qui définit les exigences à respecter pour le marquage CE des produits de construction.

Pour obtenir ce marquage, les produits de construction doivent répondre aux *exigences fonda-mentales*[1] définies par le Règlement européen produits de construction (RPC). Ces exigences portent sur les thèmes suivants :

- résistance mécanique et stabilité ;
- sécurité en cas d'incendie ;
- hygiène, santé et environnement ;
- sécurité d'utilisation et accessibilité ;
- protection contre le bruit ;
- économie d'énergie et isolation thermique ;
- utilisation durable des ressources naturelles.

Ce marquage confère aux produits de construction le droit de libre circulation sur l'ensemble du territoire de la Communauté européenne.

Et en l'absence de norme harmonisée ?

Pour de nombreux produits de construction il n'existe pas de norme harmonisée. Dans ce cas, le fabricant peut demander le marquage CE de son produit en demandant une évaluation technique européenne (ETE, voir infra), mais cela n'est pas une obligation.

Le marquage CE ne garantit aucunement une *qualité* particulière des produits. C'est une *marque de conformité* à une norme européenne harmonisée, plus précisément à son annexe ZA.

Point de vigilance

L'utilisation de produits de construction marqués CE est-elle une obligation légale ?

Depuis 2013 (date où le règlement RPC est entré en application), le marquage CE est une obligation pour tous les produits de construction :

- soumis à une norme européenne harmonisée ;
- ou dont le fabricant a demandé une évaluation technique européenne.

Cela ne signifie cependant pas que tous les produits de construction utilisés sur un chantier doivent obligatoirement être marqués CE. Des produits sans marquage CE sont autorisés s'ils portent sur un procédé non soumis à une norme harmonisée européenne et si leur producteur n'a pas demandé d'évaluation technique européenne.

C'est par exemple le cas de produits de construction bénéficiant d'un Avis technique en cours de validité : ils ne présentent pas de marquage CE. Autre exemple : une botte de paille est un produit de construction sans norme harmonisée, sans évaluation technique européenne et donc sans marquage CE.

Pour en savoir plus sur le rôle respectif des normes, certifications, marquage CE, labels

Consulter le site Internet du CSTB, spécialement dédié aux Évaluations : http://evaluation.cstb.fr.

On y trouve tous les avis techniques, les certificats, les documents techniques d'application, les ATE, les marquages CE, avec un moteur de recherche.

On peut aussi y trouver les anciens documents, qui ne sont plus en cours de validité, ce qui peut être utile pour une expertise.

Pour en savoir plus sur les produits de construction couverts par le marquage CE

Consulter le site www.rpcnet.fr.

---

1 Annexe 1 du Règlement produits de construction, Règlement (UE) n° 305/2011 du 9 mars 2011 – JOUE n° L88.

3.3.4.   L'évaluation technique européenne (ETE)

Cette évaluation représente la reconnaissance de l'aptitude d'un produit destiné à recevoir le marquage CE, bien qu'il ne respecte pas une norme européenne harmonisée. Cette évaluation est basée sur un document d'évaluation européen (DEE), existant ou à bâtir préalablement.

C'est un préalable au marquage CE d'un produit de construction. Il ne prend pas en compte les aspects liés à la *mise en œuvre* du produit.

Le document de base pour le marquage CE est donc :

* soit l'annexe ZA d'une norme européenne harmonisée ;
* soit en l'absence de norme harmonisée, le document d'évaluation européen dans le cadre d'une ETE.

Cette procédure s'adresse donc à des fabricants de produits de construction.

Pour en savoir plus sur l'évaluation technique européenne

Consulter le site en anglais de l'organisme en charge de cette procédure, l'EOTA : www.eota.eu.

3.3.5.   Les avis techniques (ATec)

3.3.5.1. Rôle de l'ATec

Un avis technique est un avis formulé par un comité d'experts sur l'aptitude à l'emploi d'un produit ou système destiné à la construction. Il permet à un constructeur qui sort des « techniques traditionnelles » d'obtenir la confiance des maîtres d'œuvre, des assureurs et des bureaux de contrôle sur un produit particulier, confiance qui est nécessaire au bon déroulement des projets. L'avis technique n'est pas propre à un chantier particulier, mais à un procédé constructif.

L'avis technique permet donc aux maîtres d'œuvre, entrepreneurs et assureurs de bénéficier de l'avis d'experts impartiaux sur un produit, indépendamment d'un chantier particulier.

On parle d'un produit « sous avis technique ».

Point de vigilance

Un avis technique porte toujours sur un *domaine d'emploi* précis, revendiqué par le fabricant. On n'évalue pas un isolant « en soi » : il peut être utilisable en habillage de murs, mais pas utilisable au sol. Un enduit peut être utilisable en intérieur mais pas en extérieur.

Le marquage CE au contraire porte sur un *produit* en soi et non sur sa mise en œuvre.

3.3.5.2. Assureurs et avis techniques

L'avis technique est une démarche volontaire du fabricant, qui n'est en rien obligatoire. Mais elle permet au produit de passer en technique courante vis-à-vis des assureurs, ce qui diminue les coûts d'assurance.

On entend souvent dire que l'absence d'avis technique empêche un fabricant d'offrir une garantie décennale ; ceci est totalement faux.

Concrètement, en l'absence d'avis technique valide, le procédé est considéré comme « hors technique courante » au sens de la C2P. En conséquence, le fabricant doit se rapprocher de son assureur pour faire une analyse de risque et adapter son contrat d'assurance. Mais un produit sans avis technique peut tout-à-fait être couvert par une garantie décennale.

3.3.5.3. Le déroulement de la procédure d'avis technique

La procédure de l'avis technique est issue d'un arrêté.[1]

Le CSTB assure la délivrance de ces avis, dont la durée de validité va de 2 à 7 ans. À strictement parler, les avis techniques sont délivrés par la Commission chargée de formuler les avis techniques et des documents techniques d'application (CCFAT) et pas par le CSTB. Le CSTB ne fait que gérer le déroulement pratique de la procédure, pour le compte de la CCFAT.

La CCFAT nomme des *groupes spécialisés* d'experts, qui représentent la branche professionnelle concernée par le produit. Il existe une quinzaine de groupes spécialisés.

Pour certaines familles de produits faisant l'objet de nombreuses demandes, les groupes spécialisés produisent des *cahiers de prescriptions techniques* (CPT), qui fixent les caractéristiques transverses à toute cette famille, et auxquels les avis techniques feront référence, pour les produits de cette famille.

Point de vigilance

Certains industriels présentent fièrement leur produit comme conforme à un *Cahier technique du CSTB*.

Or, un cahier de prescriptions techniques n'est en aucun cas un document autoporteur ; c'est une partie intégrante d'un ensemble d'avis techniques présentant des dispositions communes. Les CPT ne sont pas des textes à utiliser seuls, mais conjointement avec l'avis technique (ou l'ATEx) qui y fait référence, et qui peut les compléter ou les amender.

Un produit conforme à un cahier technique CSTB n'est donc en rien couvert par la garantie décennale, s'il n'y a pas d'avis technique auquel se référer.

Exemple concret : un vitrage feuilleté de sécurité de la société X spécialement conçu pour réaliser des dalles de plancher est conforme au cahier du CSTB n° 3448 de mars 2003 *Dalles de planchers et marches d'escalier en verre - conditions générales de conception, fabrication et mise en œuvre*. Pour autant, aucun avis technique n'existant pour ce produit, il n'entre pas dans le champ des *techniques courantes* au sens des assureurs. Concrètement, si ce produit est utilisé sur un chantier en présence d'un bureau de contrôle, celui-ci émettra un avis défavorable. Il faut donc prévoir une ATEx au CCTP du lot concerné, et les délais associés.

Avant de pouvoir prétendre à l'obtention d'un avis technique, le produit doit déjà pouvoir justifier de références[2] (par exemple couvertes par des ATEx, voir plus loin).

Le dossier déposé initialement par le fabricant candidat est souvent incomplet. Des essais supplémentaires sont souvent nécessaires, pour prouver les caractéristiques du produit.

Un avis technique coûte entre 12 et 35 k€, en fonction du nombre de spécialités concernées par le produit. À ceci s'ajoute le coût (important) des essais, à la charge du demandeur, qui sont nécessaires pour prouver la conformité du produit.

---

1 Arrêté du 21 mars 2012 relatif à la commission chargée de formuler des avis techniques et des documents techniques d'application sur des procédés, matériaux, éléments ou équipements utilisés dans la construction.
2 Les industriels amers disent que pour commercialiser un produit il faut avoir un avis technique, et que pour avoir un avis technique il faut avoir préalablement commercialisé le produit…

En termes de durée, la procédure s'étale couramment sur 9 à 12 mois :

- premiers échanges entre le demandeur et le CSTB, qui se termine par une lettre de prise en considération ;
- constitution du dossier technique par le demandeur, qui débouche sur une lettre du CSTB appelée déclaration de recevabilité ;
- instruction du dossier, avec projet d'avis ;
- examen par le groupe spécialisé d'experts ;
- rédaction de l'avis et publication.

3.3.5.4. Exemples d'applications

Environ 800 avis techniques (ou documents techniques d'application, procédure similaire) sont délivrés par an.

Un produit peut être couvert par un DTU pour certains usages, et faire l'objet d'un avis technique pour un autre *domaine d'emploi*, hors DTU. Par exemple un enduit extérieur pourrait être conforme au DTU hors climat de montagne, et son fabricant souhaite démontrer grâce à un avis technique qu'il peut aussi être utilisé en montagne.

Un même produit peut aussi faire l'objet de plusieurs avis techniques, pour plusieurs domaines d'emploi différents.

Des avis techniques peuvent par exemple couvrir un nouvel isolant thermique, un panneau acoustique, un revêtement de sol, un équipement de génie climatique, etc.

3.3.5.5. Lire un Avis technique

Pour certains procédés constructifs, les avis techniques font références à des cahiers des prescriptions techniques (CPT) de la CCFAT, qui sont des documents qui évitent de répéter des prescriptions identiques dans de nombreux avis techniques. Pour bien comprendre l'avis technique, il faut alors consulter le CPT auquel il fait référence.

Un avis technique comporte :

- l'avis du groupe spécialisé, avec notamment :
  - le domaine d'emploi accepté,
  - l'appréciation du groupe spécialisé sur le produit, le composant ou le procédé,
  - éventuellement le CPT à respecter (prescriptions communes à un ensemble d'avis techniques),
  - la date de fin de validité ;
- un dossier technique remis par le demandeur (DTED), mis en forme par l'instructeur.

3.3.5.6. Utiliser un procédé sous avis technique

Si un fabricant n'a pas encore d'avis technique valide, mais affirme être en cours de procédure, il est prudent de lui demander un courrier de la CCFAT qui atteste de la *prise en considération* de la demande d'avis technique. La prise en considération est la première étape de la procédure d'avis technique.

Que penser des procédés sous avis technique, mais dont la date de validité est dépassée ? Y a-t-il un risque à prescrire le produit ? Le plus prudent est de demander à l'industriel la preuve de l'engagement de la procédure de renouvellement de l'avis technique. On peut aussi consulter le bureau de contrôle (pour les opérations en comportant un), et lui demander de confirmer *par écrit* qu'il accepte ce produit.

3.3.5.7. Les documents techniques d'application

Petite particularité de vocabulaire : pour les produits faisant l'objet d'un marquage CE, l'avis technique s'appelle un *document technique d'application*, mais en pratique seul le nom change, un DTA est un avis technique.

3.3.5.8. De l'avis technique au DTU

Quand une famille de procédés constructifs a fait l'objet d'un certain nombre d'avis techniques et présente une « maturité » suffisante, elle passe en DTU. Les avis techniques sont alors supprimés.

Pour en savoir plus sur les avis techniques

Consulter le site du CSTB, rubrique Évaluation des produits, acteurs et ouvrages : http://evaluation.cstb.fr/avis-technique.

Pour les groupes spécialisés, consulter http://gs.cstb.fr/public.

3.3.6. L'appréciation technique d'expérimentation (ATEx)

3.3.6.1. Rôle de l'ATEx

L'ATEx est une procédure d'avis d'experts mise en place par le CSTB pour les produits innovants. Portant sur un champ de vérifications plus restreint que l'avis technique, elle est plus rapide à mettre en œuvre. Elle est utilisée quand les maîtres d'œuvre, les assureurs et les contrôleurs techniques manquent d'éléments pour apprécier les risques encourus par l'utilisation d'un produit innovant, pour lequel le retour d'expérience n'est pas suffisant pour obtenir un avis technique.

Cette procédure permet de sortir du cercle vicieux : il faut une liste de chantiers de référence pour obtenir un avis technique mais il faut d'abord un avis technique pour gagner des marchés et obtenir des références de chantier !

Elle permet une utilisation expérimentale sur un ou plusieurs chantiers bien définis, et aide donc à promouvoir des produits ou composants nouveaux, en amont de l'avis technique.

3.3.6.2. Les différents types d'ATEx

Il existe trois types d'ATEx :

L'ATEx de cas a : elle est valable plusieurs chantiers, mais en nombre limité et sur une durée limitée : on ne peut pas lancer un grand développement commercial avec une ATEx. Elle ne peut pas être renouvelée, il faut passer ensuite à un avis technique. Cette procédure est demandée par le fabricant.

L'ATEx de cas b : elle concerne un chantier spécifique. Elle peut être demandée par le fabricant (le plus souvent), l'entreprise de travaux, le maître d'œuvre ou le maître d'ouvrage.

L'ATEx de cas c : elle duplique une ATEx de cas b pour un chantier similaire.

3.3.6.3. L'ATEx en pratique

En termes de coût, une ATEx « monométier » coûte autour de 12 k€. Le prix est supérieur si plusieurs spécialités (au sens du CSTB) sont concernées.

La durée moyenne va de deux à trois mois, en fonction de l'expérience du demandeur.

La durée de validité est généralement de deux ans, mais variable au cas par cas.

Le CSTB délivre environ une centaine d'ATEx par an.

En termes de champs d'application, l'ATEx, comme l'avis technique, porte sur tous types de procédés constructif ou matériaux destinés au bâtiment. Il ne porte pas sur le domaine des équipements courants forts et courants faibles, qui sont plutôt régis par le souci de la conformité aux normes émises par l'UTE (organisme de normalisation électrique). Ils ne portent pas non plus sur le domaine des travaux publics et VRD.

3.3.6.4. ATEx et avis technique

Alors que l'ATEx de cas b est propre à un chantier, l'avis technique s'applique sur le territoire national, dans son domaine d'emploi. Ainsi, un procédé de fenêtre faisant l'objet d'une ATEx de cas b pour un chantier à Paris ne nécessitera pas d'essais pour le climat de montagne, alors que le même procédé, pour obtenir un avis technique dans un domaine d'emploi plus général, nécessitera des essais pour valider sa tenue au climat de montagne.

Une ATEx de cas b est donc beaucoup plus simple à obtenir qu'un Avis technique.

3.3.6.5. Le déroulement de l'ATEx

Après le dépôt de la demande d'ATEx, le demandeur reçoit la liste des justifications complémentaires attendues.

Le dossier technique établi par le demandeur est examiné par un comité d'experts.

Pour les ATEx de cas a, le CSTB désigne un rapporteur, qui peut être membre d'un bureau de contrôle ou non. Ce rapporteur travaille avec le comité d'experts.

Pour les ATEx de cas b, donc propres à un chantier particulier, le CSTB désigne généralement comme rapporteur devant le comité d'experts un membre du bureau de contrôle en charge du chantier (mais pas la personne physique en charge du chantier dans ce bureau de contrôle).

Les ATEx de cas c sont attribuées par le CSTB généralement sans rapporteur, mais en liaison avec le bureau de contrôle en charge du chantier.

Après examen du dossier, l'industriel est entendu par le comité d'experts, pour apporter certaines précisions. Les éventuelles réserves lui sont communiquées.

L'ATEx est favorable, réservée ou défavorable.

3.3.6.6. Le maître d'œuvre et l'ATEx

De toutes les procédures citées dans le présent chapitre, l'ATEx est probablement celle dans laquelle le maître d'œuvre est le plus susceptible d'être directement impliqué : contrairement à l'avis technique, qui est consulté par le maître d'œuvre avant de choisir un matériau, l'ATEx peut être *prescrite* par le maître d'œuvre dans un CCTP, afin d'exiger cette procédure avant la mise en œuvre d'un produit par l'entreprise attributaire.

Le rôle de la procédure d'Atex est d'inciter à l'innovation, et l'utilisation d'une Atex dans un projet peut à juste titre être un motif de fierté pour le maître d'œuvre ; certains architectes considèrent même que tout bon projet devrait comporter une ATEx. Attention cependant à bien prendre en compte dans les plannings prévisionnels l'allongement de délai de la phase études d'exécution !

3.3.6.7. Assureurs et ATEx

Une ATEx avec avis favorable du CSTB est considérée par les assureurs en « technique courante », c'est-à-dire que le procédé constructif peut être couvert par les contrats d'assurance de base du fabricant et des entreprises de travaux, sans formalité particulière.

Une ATEx avec avis réservé ou défavorable est au contraire considérée en « technique non courante ».

Deux exemples concrets :

Les ATEx sont tout particulièrement courantes dans le domaine des façades en verre, dès qu'elles sortent un peu de l'ordinaire.

- Pour le chantier de la Canopée des Halles, à Paris, l'entreprise en charge des façades vitrées du rez-de-chaussée a dû demander une ATEx pour son système sur-mesure de serrage, servant de joint entre les verres. L'avis favorable a été obtenu en cinq mois. Deux autres ATEx ont été nécessaires sur ce chantier pour couvrir des innovations relatives à des produits verriers.
- Sur le chantier de la Fondation Seydoux Pathé à Paris, une ATEx a été demandée par l'entreprise en charge de la couverture vitrée. Cette procédure a été exigée par le bureau de contrôle, car le système de vitrages isolants et bombés à double courbure n'est régi par aucun DTU. Des essais de choc et d'étanchéité ont dû être réalisés à la demande du CSTB. Une dizaine de mois ont été nécessaires pour obtenir cette ATEx complexe.[1]

Pour en savoir plus

Consulter le site du CSTB dédié à l'évaluation : http://evaluation.cstb.fr.

3.3.7. Les enquêtes de techniques nouvelles (ETN)

Cette procédure consiste, pour un industriel, à faire évaluer par un bureau de contrôle un procédé constructif nouveau, pour confirmer qu'il respecte un cahier des charges établi par le demandeur.

Les ETN sont donc liées à un procédé dans un domaine d'emploi et non à un chantier particulier. Elles ne sont pas systématiquement rendues publiques. Elles sont parfois appelées « cahier des charges validé par le bureau de contrôle ». Leur validité est de trois ans.

Deux exemples concrets et réels :

- Un système d'étanchéité et de végétalisation pour toitures terrasses est validé par Socotec à la demande du fabricant Graviland : le bureau de contrôle confirme que le procédé est satisfaisant dans le cadre du cahier des prescriptions de pose transmis par le fabricant, pour le domaine d'emploi spécifié. L'avis est accompagné d'une liste de remarques. Il deviendra caduc si un avis technique est obtenu par le fabricant.

---

1   Sources : fiches de communication du CSTB.

- Un système de couverture en climat de montagne est validé par le bureau Alpes Contrôles à la demande du fabricant Siplast : le produit et son cahier des charges de pose reçoivent un avis favorable. Alpes Contrôles précise que le procédé est accepté pour tous les chantiers sur lesquels il interviendra en tant que bureau de contrôle, sous réserve cependant de l'existence d'un contrat d'assurance valide en responsabilité civile couvrant le procédé.

Point de vigilance

Les procédés sous ETN sont considérés par les assureurs comme technique non courante. Ils nécessitent donc une évaluation au cas par cas par l'assureur pour être pris en compte; ils ne sont pas couverts par les contrats d'assurance standards.

3.3.8. Les dérogations aux normes de construction

La loi « Société de confiance » (Essoc) de 2018 a introduit la possibilité de déroger à certaines règles de construction dans une logique d'obligation de résultat.

Le décret d'application liste les points précis sur lesquels une dérogation peut être demandée dans le cadre du dossier permis de construire[1] :

- la sécurité incendie, pour les bâtiments d'habitation et les ERT, uniquement en ce qui concerne la résistance au feu et le désenfumage ;
- l'aération ;
- l'accessibilité ;
- la performance et les caractéristiques énergétiques et environnementales ;
- les caractéristiques acoustiques ;
- la protection contre les xylophages ;
- la prévention du risque sismique ou cyclonique ;
- les matériaux et leur réemploi.

Pour obtenir la dérogation, une étude doit apporter la preuve que la solution proposée aboutit à des *résultats équivalents* à ceux découlant de l'application des règles de construction auxquelles il est dérogé. On parle alors de *solution d'effet équivalent* (SEE).

Cette étude doit être validée par un organisme compétent cité par le décret, qui délivrera *l'attestation d'effet équivalent* relative à la règle, attestation à joindre au dossier permis de construire.

Autant dire que la complexité de la procédure la réservera probablement aux cas où des enjeux financiers justifient la demande de dérogation.

Ces démarches expérimentales n'ont probablement pas vocation à devenir courantes à court terme : le permis d'expérimenter avait déjà été autorisé par la loi CAP de 2016 sous le nom de *permis de faire*, pourtant aucun projet n'avait utilisé cette possibilité au cours des années 2017 et 2018. Dans un premiers temps, il faut plutôt voir le permis d'expérimenter comme destiné à quelques % des projets chaque année sur le territoire national.

---

1 Décret n° 2019-184 du 11 mars 2019 relatif aux conditions d'application de l'ordonnance n° 2018-937 du 30 octobre 2018 visant à faciliter la réalisation de projets de construction et à favoriser l'innovation.

S'embarquer dans cette procédure comporte en effet des risques en termes de délai, sans commune mesure avec les risques d'une ATEx évoquée dans les pages précédentes, ATEx qui effraie déjà plus d'un maître d'ouvrage.

Pour en savoir plus sur le permis d'expérimenter

Consulter le *Guide d'application du permis d'expérimenter*, sur le site du Ministère (www.cohesion-territoires. gouv.fr).

3.4.   L'essentiel de la réglementation sécurité incendie ERP

La réglementation sécurité incendie applicable dans les établissements recevant du public (ERP[1]) ne fait pas l'objet d'un code, mais de manière analogue à un code elle est regroupée dans un ensemble de textes appelé le Règlement de sécurité contre les risques d'incendie et de panique dans les établissements recevant du public, pris par arrêté du 25 juin 1980, en abrégé : le *Règlement ERP*.

On désigne toujours ce texte par la date d'origine de l'arrêté l'ayant institué, bien que ce règlement ait été depuis de très nombreuses fois modifié.

La réglementation sécurité incendie est beaucoup plus contraignante en ERP qu'en habitation, car les espaces (notamment les sorties de secours) sont supposés non connus des utilisateurs, contrairement à l'habitation.

Le règlement ERP vise à protéger le public ; ses dispositions n'ont pas pour objet de protéger les biens. Des dispositions visant à protéger les biens peuvent par ailleurs être demandées par le maître d'ouvrage ou son assureur.

Pour en savoir plus

Pour mieux comprendre l'esprit du règlement ERP, on peut consulter le rapport que l'IGAS lui a consacré en 2014.[2] Ce rapport montre la complexité importante de la mise en œuvre pratique du règlement sur le terrain par l'ensemble des strates administratives.

Il est rassurant de constater que l'administration est consciente qu'il serait très souhaitable de simplifier certains points dans l'articulation entre les règlements ERP, Code du travail et habitation.

3.4.1.   Plan du Règlement ERP

Ce texte fondamental s'articule en quatre « livres ». Il est important d'avoir une vision claire de leur articulation.

- Le Livre I comprend les dispositions applicables à tous les ERP, d'une épicerie de village à l'aéroport de Roissy ; ces dispositions sont présentées sous la forme des articles GN 1 à GN 14.

---

1   On trouvera la définition précise d'un ERP à l'article R123-2 du Code de la construction et de l'habitation.
2   Rapport sur la prévention du risque incendie dans les ERP et les IGH, Inspection générale des affaires sociales, juin 2014, sur www.igas.gouv.fr.

- Le Livre II comprend les dispositions applicables aux ERP des quatre premières catégories, c'est-à-dire ceux comportant le plus fort effectif. Ce livre est divisé en :
    - Titre 1er - Dispositions générales, classées par thème (construction, désenfumage, éclairage, etc.) ;
    - Titre II - Dispositions particulières, qui regroupe les règlements particuliers à chaque *type* d'ERP (hôtels, bibliothèques, musées, etc.), qui apportent des adaptations aux dispositions générales.
- Le Livre III comprend les dispositions applicables aux établissements de 5e catégorie, c'est-à-dire ceux au plus faible effectif, qui sont aussi les plus nombreux (ceci concerne notamment tous les petits magasins de la vie quotidienne).
- Le Livre IV comprend les dispositions applicables aux établissements spéciaux, dont certains disposent de leur propre règlement, dit *autoporteur*. Il s'agit là de types d'ERP plus rarement rencontrés, sauf deux qui sont courants : les hôtels-restaurants et les parcs de stationnement couverts.

Dans cet ensemble de textes, l'essentiel pour la majorité des projets ERP est constitué par le Livre II et le Livre III.

Pour savoir comment s'orienter dans ce règlement, il faut connaître les notions fondamentales de classement des ERP, par *type d'activité* et par *catégorie*.

3.4.2. Classement des ERP par type d'activité

Les établissements recevant du public sont classés par type, en fonction de la nature de l'activité qu'ils accueillent, et par catégorie, en fonction de leur effectif. Les règles à appliquer découlent ensuite du type et de la catégorie.

Les types d'activité – hors établissements dits spéciaux – sont :
- type L : salles à usage d'audition, de conférence, de réunions, de spectacles, ou à usages multiples ;
- type M : magasins, centres commerciaux ;
- type N : restaurants et débits de boisson ;
- type O : hôtels et autres établissements d'hébergement ;
- type P : salles de danse et salle de jeux ;
- type R : établissements d'éveil, d'enseignement, de formation, centres de vacances, centres de loisirs sans hébergement ;
- type S : bibliothèques, centres de documentation et de consultation d'archives ;
- type T : salles d'expositions (à vocation commerciale) ;
- type U : établissements de soins ;
- type V : établissements de culte ;
- type W : administrations, banques, bureaux ;
- type X : établissements sportifs couverts ;
- type Y : musées ;
- type J : structures d'accueil pour personnes âgées et personnes handicapées.

D'autres types sont classés en établissements spéciaux. Une grande partie de ces établissements ne sont pas régis par le Livre II (articles CO, EL, CH, etc.) mais par des dispositions spécifiques, à voir au cas par cas suivant le type :

- type PA : établissements de plein air ;
- type CTS : chapiteaux, tentes et structures ;
- type SG : structures gonflables ;
- type OA : hôtels restaurants ;
- type REF : refuges de montagnes ;
- type PS : parcs de stationnement couverts ;
- type GA : gares accessibles au public ;
- . type EF : établissements flottants.

Point de vigilance

Les prisons et les établissements militaires font l'objet de réglementations spécifiques, hors Règlement ERP[1], bien que certains de leurs locaux puissent accueillir du public.

3.4.3.   Classement par catégories d'établissement

Les établissements sont classés en catégories, d'après l'effectif du public et du personnel.

Point de vigilance

Le calcul de l'effectif du public découle de règles propres à chaque type d'ERP, précisées dans le règlement de sécurité ERP pour chaque type.

Ces règles peuvent prendre en compte le nombre de places assises, la surface réservée au public, la déclaration du chef de l'établissement ou plusieurs de ces indications.

Pour l'application des règles de sécurité, il faut ajouter à l'effectif du public l'effectif du personnel de l'établissement si la partie ERT du bâtiment ne possède pas ses propres sorties de secours (dégagements), sauf pour les établissements de cinquième catégorie, pour lesquels l'effectif ERT n'est pas pris en compte.[2]

Les *catégories* d'ERP sont les suivantes[3] :
- 1re catégorie : au-dessus de 1 500 personnes ;
- 2e catégorie : de 701 à 1 500 personnes ;
- 3e catégorie : de 301 à 700 personnes ;
- 4e catégorie : 300 personnes et au-dessous, jusqu'au seuil de la 5e catégorie ;
- 5e catégorie : jusqu'à un seuil propre à chaque type d'établissement (souvent 200 personnes), spécifié dans le règlement propre à la 5e catégorie (article PE 2) et qu'on trouvera dans le tableau ci-dessous.

Les quatre premières catégories constituent ce qu'on appelle le *premier groupe*, et la cinquième catégorie constitue le *deuxième groupe* d'ERP[4], distinction supplémentaire dont on peut être tenté de se demander si elle ne vise pas à embrouiller les non sachant !

---

1   Code de la construction et de l'habitation, article R123-17 et arrêté du 18 juillet 2006 portant approbation des règles de sécurité contre les risques d'incendie et de panique dans les établissements pénitentiaires et fixant les modalités de leur contrôle.
2   Arrêté du 25 juin 1980 portant approbation des dispositions générales du règlement de sécurité contre les risques d'incendie et de panique dans les établissements recevant du public (ERP), article GN 1 et article PE 3§2.
3   Code de la construction et de l'habitation, article R123-19.
4   Arrêté du 25 juin 1980 portant approbation des dispositions générales du règlement de sécurité contre les risques d'incendie et de panique dans les établissements recevant du public (ERP), article GN 1.

Pour récapituler :

Les catégories d'ERP sont déterminées en fonction de l'effectif des personnes admises		
1er groupe d'ERP	1re catégorie : plus de 1 500 personnes 2e catégorie : entre 701 et 1 500 personnes 3e catégorie : entre 301 et 700 personnes 4e catégorie : du seuil de la 5e catégorie à 300 personnes	L'effectif prend en compte le public et le personnel
2e groupe d'ERP	5e catégorie : effectif inférieur au seuil d'assujettissement	Seul le public est pris en compte

Le tableau ci-dessous[1] donne les effectifs maximaux pour rester en 5e catégorie, donc pour bénéficier d'un règlement beaucoup moins contraignant. Attention, le texte prévoit des exceptions, non figurées ici.

	Type d'établissement	Sous-sol	Étages	Ensemble des niveaux
J	I. – Structures d'accueil pour personnes âgées :			
	- effectif des résidents	–	–	25
	- effectif total	–	–	100
	II. – Structures d'accueil pour personnes handicapées :			
	- effectif des résidents	–	–	20
	- effectif total	–	–	100
L	Salles d'auditions, de conférences, de réunions « multimédia »	100	–	200
	Salles de spectacles, de projections ou à usage multiple	20	–	50
M	Magasins de vente	100	100	200
N	Restaurants ou débits de boissons	100	200	200
O	Hôtels ou pensions de famille	–	–	100
P	Salles de danse ou salles de jeux	20	100	120
R	Écoles maternelles, crèches, haltes garderies et jardins d'enfants	(*)	1 (**)	100
	Autres établissements	100	100	200
	Établissements avec locaux réservés au sommeil			30
S	Bibliothèques ou centres de documentation (arr. du 12 juin 1995, art. 4)	100	100	200
T	Salles d'expositions	100	100	200
U	Établissements de soins :			
	- sans hébergement	–	–	100
	- avec hébergement	–	–	20
V	Établissements de culte	100	200	300
W	Administrations, banques, bureaux	100	100	200
X	Établissements sportifs couverts	100	100	200
Y	Musées (arr. du 12 juin 1995, art. 4)	100	100	200

(*) Ces activités sont interdites en sous-sol.
(**) Si l'établissement ne comporte qu'un seul niveau situé en étage : 20.

---

1 Idem, extrait de l'article PE 2.

3.4.4. S'orienter dans les textes, identifier les parties du Règlement ERP à appliquer

Armé de ces notions de type et d'activité, on peut maintenant comprendre la démarche permettant d'identifier les parties du règlement à appliquer à un projet.

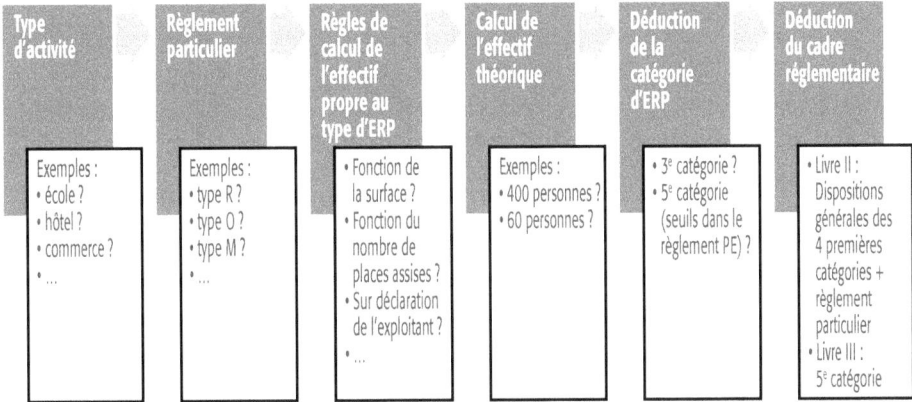

Type d'activité	Règlement particulier	Règles de calcul de l'effectif propre au type d'ERP	Calcul de l'effectif théorique	Déduction de la catégorie d'ERP	Déduction du cadre règlementaire
Exemples : • école ? • hôtel ? • commerce ? • ...	Exemples : • type R ? • type O ? • type M ? • ...	• Fonction de la surface ? • Fonction du nombre de places assises ? • Sur déclaration de l'exploitant ? • ...	Exemples : • 400 personnes ? • 60 personnes ?	• 3ᵉ catégorie ? • 5ᵉ catégorie (seuils dans le règlement PE) ?	• Livre II : Dispositions générales des 4 premières catégories + règlement particulier • Livre III : 5ᵉ catégorie

Figure 4. Étapes pour la détermination de la catégorie ERP et du cadre règlementaire d'un projet d'ERP.

Dans le cadre de la conception d'un projet d'ERP, la première chose à faire est d'identifier (grâce au maître d'ouvrage) le type d'activité.

On consulte ensuite le règlement particulier propre au type d'activité, règlement qui donne les particularités du calcul d'effectif.

Grâce à ce règlement particulier et sur la base des informations communiquées par le maître d'ouvrage, on identifie l'effectif théorique de l'établissement.

De cet effectif est déduite la catégorie de l'établissement. Étape essentielle puisque le règlement applicable est différent suivant qu'on se situe en 5ᵉ catégorie ou en 1ʳᵉ, 2ᵉ, 3ᵉ ou 4ᵉ catégorie.

Attention, le seuil des 5ᵉ catégorie dépend du type d'établissement, comme on l'a vu.

Connaissant maintenant le type d'activité et la catégorie, on est en mesure d'identifier les parties du règlement ERP applicables :

- de la 1ʳᵉ à la 4ᵉ catégorie : les dispositions générales assorties des adaptations prescrites par le règlement particulier au type d'activité ;
- en 5ᵉ catégorie : le volume « Dispositions applicables aux établissements de 5ᵉ catégorie ».

3.4.5. Le Livre I – Dispositions applicables à tous les ERP – Les articles GN

Le Livre premier du Règlement ERP, en vérité réduit à quelques pages, regroupe les articles GN, qui s'appliquent à tous les ERP quels que soient leur type ou leur taille.

Que trouve-t-on dans ces articles GN ?

L'article GN 1 définit la liste des types d'ERP.

Les articles GN 2, GN 3 et GN 5 définissent les règles relatives au classement des établissements voisins les uns des autres, par exemple des commerces dans un mail commercial ou un établissement regroupant plusieurs bâtiments dans son enceinte.

L'article GN 5 traite des établissements abritant plusieurs activités : l'auditorium accueillant des conférences au sein d'un hôpital, le restaurant au sein d'un musée, autant d'ERP accueillant en leur sein une activité annexe d'un autre type que l'activité principale de l'établissement.

Pour les locaux abritant ces activités annexes, il convient d'appliquer le règlement propre à leur type d'activité : l'auditorium respectera le règlement du type L, le restaurant respectera le règlement du type N.

Point de vigilance

Le règlement à consulter pour l'activité annexe est celui de la même catégorie d'ERP que l'ERP dans son ensemble. Par exemple pour un café pouvant accueillir une vingtaine de personnes seulement au sein d'un grand musée de 1re catégorie, on appliquera les dispositions du type N de 1re catégorie et non les dispositions des 5e catégories.

Le fameux article GN8, introduit en 2009, traite de l'évacuation des personnes à mobilité réduite en cas d'incendie. Plusieurs solutions sont possibles pour réaliser les *espaces d'attentes sécurisés*, où les personnes en fauteuil roulant sont censées attendre en toute sécurité les pompiers.

Conseil pratique pour l'application du GN8

Dans de nombreux cas, la solution la plus simple pour répondre au GN8 est d'élargir les paliers des escaliers protégés et de les considérer ainsi comme des espaces d'attente sécurisés. Cela évite de créer des locaux dédiés à la fonction d'espace d'attente sécurisé.

Une autre solution consiste à considérer comme espace d'attente sécurisé un local prévu au projet : bureau, chambre d'hôtel, salle de réunion, salle de classe, en les adaptant à cet effet.

Pour en savoir plus sur l'application du GN8 et l'évacuation des personnes en situation de handicap

Sur ce sujet complexe, l'AFNOR a publié un document d'aide, le *Référentiel de bonnes pratiques sur l'évacuation des personnes en situation de handicap dans les ERP*[1].

L'article GN10§1 rappelle que seules les dispositions du règlement ERP relatives à « l'exploitation » (tout ce qui concerne le classement des ERP par catégories et par types, les contrôles périodiques, les vérifications techniques et l'entretien) sont applicables aux ERP *existants* ; l'ensemble des autres prescriptions du règlement ERP, ce qu'on pourrait appeler les règles de conception, ne s'appliquent pas aux ERP existant tant qu'ils ne font pas l'objet de travaux de réaménagement. On a coutume de dire « l'existant n'a pas à être aux normes ». C'est seulement lorsqu'on entreprend des travaux qu'on doit respecter ces règles de conception.

Il faut toutefois noter que dans certains cas extrêmes, lorsque l'état de vétusté d'un ERP existant finit par présenter des risques pour la sécurité du public, la Commission exige la programmation de travaux de mises aux normes d'un ERP existant.

---

1   Référencé par l'AFNOR BP P96-101.

L'article GN 10§2 est fondamental pour les projets de réaménagements partiels dans l'existant : il précise que dans un établissement existant objet de travaux, seules les parties modifiées doivent respecter le règlement.

Pour ces projets, on doit donc veiller à faire figurer sur les plans du dossier de permis de construire – de manière très précise – le périmètre objet du réaménagement. Seuls les locaux situés dans ce périmètre sont objets du PC, et eux seuls seront conformes à la réglementation à l'issue des travaux.

3.4.6. Le Livre II – Dispositions générales applicables aux établissements des quatre premières catégories

Ce Livre II du Règlement ERP est présenté sous la forme d'articles classés par thèmes :

- articles GE pour les généralités ;
- articles CO pour les règles relatives à la construction ;
- articles AM pour les aménagements intérieurs, décoration et mobilier ;
- articles DF pour le désenfumage ;
- articles CH pour la CVC ;
- articles GZ pour les règles relatives à l'utilisation du gaz et des hydrocarbures liquéfiés ;
- articles EL pour les installations électriques ;
- articles EC pour l'éclairage ;
- articles AS pour les ascenseurs, escaliers mécaniques et trottoirs roulants ;
- articles GC (comme Grandes Cuisines) pour les appareils de cuisson destinés à la restauration ;
- articles MS pour les moyens de secours contre l'incendie.

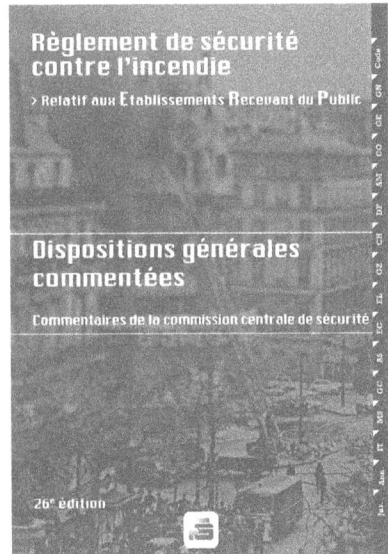

Figure 5. Couverture du Règlement de sécurité ERP – Dispositions générales : la bible du maître d'œuvre travaillant en ERP.

Ces dispositions générales du règlement ERP sont connues sous la forme d'un petit livre à couverture bleu, édité aux éditions France-Sélection. Dans le domaine de la sécurité incendie, ce volume constitue la « bible » de tout maître d'œuvre travaillant en ERP. L'avantage de l'édition papier par rapport au site Internet www.sitesecurite.com géré par le même éditeur est qu'elle existe en version commentée, version comportant notamment des avis de la Commission centrale qui éclairent les points complexes.

Point de vigilance

Attention, ces dispositions générales sont altérées par les règlements particuliers au type d'activité : hôtel, commerce, hôpital, etc.

L'objet du présent chapitre est de donner une « culture générale » en attirant l'attention sur quelques articles particulièrement cruciaux du Règlement ERP. Seule une petite partie des dispositions sont présentées ici, et une consultation du texte lui-même s'impose.

3.4.6.1. Que trouve-t-on dans les articles GE ?

Le dossier GE 2

L'article GE 2 traite du dossier de sécurité à adresser à la Commission. Ce dossier, dit « dossier GE 2 », est le pendant technique du permis de construire. Il permet de transmettre à la Commission pour validation des dispositions techniques, comme par exemple un principe de désenfumage, un principe d'alimentations électriques de sécurité, etc. En effet, le dossier de permis de construire n'offre pas un cadre adapté pour transmettre à la Commission des documents techniques, et il arrive que certaines dispositions méritent validation.

Malgré la rédaction très générale de l'article, qui pourrait laisser croire que le dossier GE 2 est systématiquement réalisé, en pratique le dossier GE 2 n'est pas toujours réalisé. Il est indispensable :

- si le bureau de contrôle le demande ;
- si le projet comporte des dispositions particulières (de nature dérogatoire, ou nécessitant une interprétation des textes) qu'on souhaite faire valider par la Commission avant les travaux, pour éviter de réaliser les travaux et d'essuyer ensuite un avis défavorable lors de la réception.

Typiquement, un projet de mise en conformité incendie d'un établissement existant avec refonte du SSI peut mériter un dossier GE2 pour faire valider par la Commission les principes de la conception du SSI et son cahier des charges fonctionnel. Autre exemple, les services instructeurs demandent souvent un dossier sur les principes de désenfumage.

En dehors de Paris, il est cependant rare que les services instructeurs aient les effectifs et les compétences pour analyser réellement un dossier portant sur les spécialités techniques.

Comment réaliser le dossier GE 2 ? Deux solutions se présentent :

- soit il est réalisé en phase conception par le maître d'œuvre, qui assemble des éléments significatifs extraits de ses propres études (synoptiques, plans techniques, notices techniques),
- soit il est réalisé en début de chantier par le maître d'œuvre en assemblant des études d'exécution des entreprises.

Il est généralement considéré que le dossier GE 2 fait partie de la mission de base de maîtrise d'œuvre.

GE 3

L'article GE 3 est relatif à la visite de réception par la Commission.

GE 6 à 10

Les articles GE 6 à 10 traitent des *vérifications techniques* qui sont confiées suivant les cas soit au bureau de contrôle, soit à un technicien compétent. (Voir dans la partie consacrée à la réalisation le chapitre relatif au bureau de contrôle.)

3.4.6.2. Les articles CO – Construction

Ce sont les articles les plus importants pour la conception architecturale. Pour tous les maîtres d'œuvre non spécialisés, ce sont ces articles qui méritent l'attention la plus importante : presque tous sont essentiels, pour qui travaille en ERP.

On peut notamment retenir :

CO 1

Les bâtiments dont le plancher bas du dernier niveau accessible au public est à plus de huit mètres au-dessus du sol doivent être desservis par des voies échelles.

CO 2 et CO 3

Ces articles donnent toutes les caractéristiques détaillées (rayon intérieur, surlargeurs dans les virages, etc.) des voies engins, voies échelles et espace libre. En résumé, les voies engins sont des voies aptes à recevoir les camions de pompiers, et les voies échelles sont les zones où le camion-échelle peut être mis en station, ce qui nécessite quatre mètres de largeur.

Si ces voiries font partie du périmètre projet, un logiciel de tracé de rayons de giration peut être utile pour dimensionner les voies engins.

La distance sur la façade accessible entre deux points d'accès au bâtiment pour les pompiers sur échelle, dits *baies accessibles*, ne doit jamais dépasser vingt mètres, réduits à dix mètres si la façade accessible comporte des châssis fixes (façade sans fenêtres).

CO 4 – Accessibilité des façades

Cet article précise le nombre de façades devant être accessibles aux pompiers pour les différentes catégories d'ERP. Ces prescriptions sont fondamentales pour le parti architectural et peuvent avoir un fort impact. On peut retenir qu'en première catégorie deux façades doivent être accessibles, alors qu'une seule suffit en 2e, 3e et 4e catégories d'établissement.

CO 6

Cet article définit la notion d'établissements à risques particuliers, qui peuvent être des tiers ou des ERP.

CO 7, 8 et 9

Ces articles traitent de l'isolement entre l'ERP et les différents bâtiments tiers : contigus, en vis-à-vis et superposés.

CO 11

Cet article comporte la notion importante de mezzanine : « *une mezzanine dont la surface n'excède pas 50 % du niveau le plus grand qu'elle surplombe n'est pas considéré comme un niveau (au sens du règlement de sécurité)* ».

CO 12

Cet article est fondamental : il prescrit la *résistance au feu des structures* et le *degré coupe-feu des planchers* des ERP, en fonction de leur catégorie et de leur nombre de niveaux. Cet article a aussi un impact important en rénovation : les structures existantes dont on ignore la stabilité au feu et les planchers existants dont on ignore le degré coupe-feu devront être traités s'ils entrent dans le périmètre du permis de construire, par flocage le plus couramment.

CO 13

Cet article important prescrit la *stabilité au feu des toitures*. Il comporte notamment la règle suivant laquelle la toiture n'a pas de stabilité au feu exigible si :

- elle n'est pas accessible au public ;
- sa ruine ne risque pas de provoquer d'effondrement en chaîne ;
- ses matériaux sont incombustibles, ou en bois, ou en lamellé-collé ;
- la structure de la toiture est visible.

CO 21

C'est cet article qui introduit la fameuse règle du C+D, détaillée dans l'Instruction technique n° 249[1], et qui s'applique dans certains cas aux ERP du 1er groupe, aux IGH et par ailleurs aux immeubles d'habitation.

Cette règle vise à éviter la propagation d'un incendie d'un étage à un autre *via* la façade.

Cette règle du C+D est en particulier applicable au titre de l'article CO 21 :

- aux façades des bâtiments comportant des locaux réservés au sommeil par destination, au-dessus du 1er étage ;
- aux parties de façades situées au droit des planchers hauts des locaux à risques importants ;
- aux parties de façades situées au droit des planchers d'isolement avec un tiers.

Toutefois, cette règle n'est pas exigée si l'ERP occupe la totalité du bâtiment et s'il est entièrement équipé d'un système de sprinklage ou d'un système de sécurité incendie de catégorie A.[2]

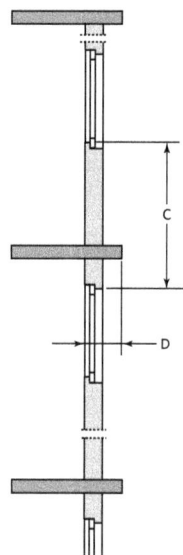

Figure 6. Définition de C et D.

CO 24

Cet article comporte la règle sur la résistance au feu des cloisons et portes dans les dégagements (couloirs) en *cloisonnement traditionnel*.

CO 27 et 28

Ces articles traitent des locaux à risques. Tout local est soit *à risque courant*, soit *à risque particulier*. Les locaux à risque particulier sont :

- soit à risques moyens (par exemple cuisines, réserves, lingeries, etc.) ;
- soit à risques importants (par exemple poste HT, local poubelle, chaufferie > 70 kW, etc.).

Seuls les locaux explicitement cités par le règlement sont à risques, et aucun autre. À titre d'exemple les locaux CTA ne sont pas des locaux à risque particulier en ERP.

Ne pas confondre cette notion de locaux à risque avec les *locaux de service électrique*, cités dans l'article EL5.

---

1 Cette instruction technique fait partie de l'arrêté du 24 mai 2010 portant approbation de diverses dispositions complétant et modifiant le règlement de sécurité contre les risques d'incendie et de panique dans les établissements recevant du public.
2 Article CO 21 de l'arrêté du 25 juin 1980 portant approbation des dispositions générales du règlement de sécurité contre les risques d'incendie et de panique dans les établissements recevant du public (ERP).

Point de vigilance

La liste de ces locaux est éparpillée dans différents articles du règlement, et surtout, elle diffère d'un type d'établissement à l'autre.

Exemples : pour une salle de conférence (type L), l'article L8 implique que le local poubelle n'est pas un local à risque particulier.

Au contraire, pour un hôtel (type O), l'article O5 implique que le local poubelle est à risque particulier et plus précisément à risque moyen jusqu'à 50 m^2 et à risque important à partir de 50 m^2.

Il y a donc de grandes différences d'un type à l'autre.

CO 34, 35 et 41

Ces articles traitent des différents types de *dégagements* :

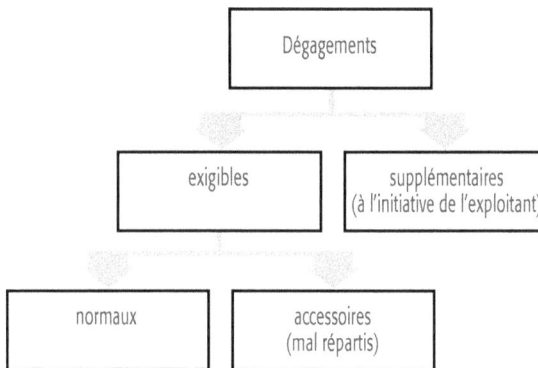

L'article CO 35 contient la règle relative aux culs-de-sac : la porte des locaux publics donnant sur un dégagement en cul-de-sac doit être à moins de 10 m du « débouché du cul-de-sac », c'est-à-dire du point à partir duquel on n'est plus en cul-de-sac.

Il contient aussi l'interdiction des emmarchements d'une ou deux marches isolées dans les circulations principales : tout escalier comporte au moins trois marches.

CO 36

Cet article fondamental traite des *unités de passage* (UP) :

  – 1 UP : 0,90 m
  – 2 UP : 1,40 m
  – 3 UP : 1,80 m
  – 4 UP : 2,40 m
  – *n* UP : *n* × 0,60 m

Seuls les dégagements de 1 UP et de 2 UP dérogent à la règle « *n* × 0,60 m ».

CO 38

Cet article, lui aussi essentiel, donne la méthode de calcul du *nombre d'unités de passage des dégagements* :

• calculer pour chaque local l'effectif du public, en fonction des règles propres à chaque type d'établissement ;

- ajouter le cas échéant l'effectif des travailleurs qui n'auraient pas leurs propres dégagements ;
- calculer le nombre d'unités de passage des dégagements à emprunter, en totalisant les effectifs des locaux rencontrés en allant vers la sortie.

Les couloirs de 2 UP sont les plus courants.

Pour en savoir plus

Consulter la version papier commentée du Règlement de sécurité ERP.

CO 40

Cet article fondamental précise l'*enfouissement maximal* des ERP : un seul niveau de sous-sol peut être accessible au public et il doit être situé au plus à 6 m sous le niveau moyen des seuils extérieurs.

CO 45

Cet article définit les portes devant s'ouvrir dans le sens de l'évacuation.

Les portes automatiques ne sont pas prises en compte dans le calcul règlementaire des issues de secours.

CO 49

Cet article – lui aussi fondamental – donne les *distances maximales à parcourir* par le public en sous-sol ou en étage depuis tout point d'un local jusqu'aux escaliers :
- 40 m pour gagner un escalier protégé (c'est-à-dire encloisonné ou à l'air libre) ;
- 30 m en cul-de-sac ;
- 30 m pour gagner un escalier non protégé.

C'est cette règle qui est utilisée pour implanter les escaliers en plan.

CO 50 à 56 – Escaliers

Ces articles traitent des règles à respecter pour la conception des escaliers. On retiendra en particulier (CO 52) que les escaliers utilisés dans le calcul règlementaire d'évacuation sont *protégés*, c'est-à-dire encloisonnés ou à l'air libre, sauf exceptions.

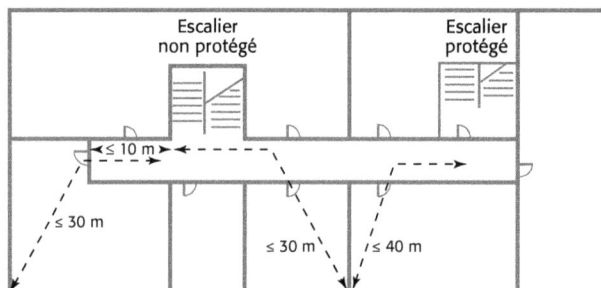

Figure 7. Répartition des escaliers et distances maximales à parcourir.

CO 57 à 60 – Espaces d'attente sécurisés

Ces articles récents (2009) mettent en application l'article GN 8 relatif à l'évacuation des PMR en cas d'incendie. Ils proposent plusieurs solutions constructives, dont l'une consiste à élargir les paliers des escaliers protégés pour permettre aux PMR d'y trouver refuge. Cette problématique mérite une certaine vigilance car elle est nouvelle et peut être oubliée.

3.4.6.3. Les articles AM – Aménagements intérieurs, décoration et mobilier

Ces articles donnent des prescriptions sur la réaction au feu des matériaux utilisés pour différents usages. Ils sont à prendre en compte par l'économiste ou la personne en charge de la rédaction des pièces écrites des lots de second œuvre.

Point de vigilance

Certains isolants thermiques biosourcés peuvent être incompatibles avec ces articles – consulter le fabricant.

3.4.6.4. Les articles DF – Désenfumage

Ces articles ne définissent que les grands principes à respecter en désenfumage, les solutions techniques figurent quant à elles dans l'Instruction technique n° 246 relative au désenfumage dans les ERP.

Pour plus de détails, se reporter au chapitre Désenfumage des ERP dans les pages suivantes.

3.4.6.5. Les articles CH – Chauffage, ventilation, réfrigération, climatisation, conditionnement d'air et installations d'eau chaude sanitaire

Ces articles comprennent des dispositions diverses qui concernent surtout les BET CVC.

On y distingue notamment[1] les installations dites de *ventilation de confort* et les installations dites *VMC*, installations qui ne relèvent pas des mêmes articles règlementaires. Les VMC sont au sens du règlement des installations qui assurent l'extraction d'air vicié dans des sanitaires, WC, petites cuisines, avec du matériel similaire à celui utilisé en habitation, à faible débit et sans recyclage de l'air.

On trouvera dans les articles CH les prescriptions relatives aux *clapets coupe-feu*, sujet sensible qui fait souvent l'objet d'interrogations en phase chantier.[2] Les clapets coupe-feu sont :

*   soit autocommandés par un déclencheur thermique,
*   soit télécommandés à partir du CMSI lorsque la règlementation exige que l'ERP soit équipé d'un SSI de catégories A ou B.

Les articles CH distinguent aussi les *chaufferies* et les *sous-stations* : alors que les chaufferies produisent de la chaleur par combustion, les sous-stations ne sont que le siège d'échanges thermiques entre un réseau primaire et un réseau secondaire.

Les organes de coupure et les extincteurs sont à placer à l'extérieur des chaufferies.

---

1   Article CH 28.
2   Articles CH 32 et CH 42.

En complément aux articles CH, l'arrêté sur les chaufferies[1] est applicable aux ERP, mais il n'apporte pas d'exigences supplémentaires, il contient les mêmes prescriptions que les articles CH.

Point de vigilance

Les chaufferies de forte puissance, de même que les productions de froid importantes, peuvent être soumises aux arrêtés ICPE (voir plus bas le § sur ce sujet).

3.4.6.6. Les articles GZ – Installations aux gaz combustibles et aux hydrocarbures liquéfiés

Ces articles contiennent des dispositions diverses intéressant les BET CVC.

Deux points à retenir :

- compteur et détendeur gaz doivent être implantés dans des locaux largement ventilés,
- les électrovannes gaz, souvent demandés par les bureaux de contrôle, ne sont pas exigibles règlementaire ment.

3.4.6.7. Les articles EL – Installations électriques

EL 3

Cet article essentiel définit les concepts de source *normale*, source *de remplacement* et source *de sécurité*. Alors que la source de sécurité alimente les installations concourant à la sécurité incendie, la source de remplacement vise à permettre une continuité d'exploitation.

(Pour plus de détails, se reporter plus bas au chapitre Notions de courants forts/Concepts fondamentaux liés à la réglementation incendie.)

EL 4

Cet article exige l'application en ERP du décret relatif à la protection des travailleurs[2] contre les risques électriques, ainsi que le respect de la NF C 15-100, qui est la norme de base en électricité.

EL 5

Cet article définit les locaux de service électrique.

EL 7

Cet article comporte les règles relatives aux groupes électrogènes.

---

1 Arrêté du 23 juin 1978 relatif aux installations fixes destinées au chauffage et à l'alimentation en eau chaude sanitaire des bâtiments d'habitation, de bureaux ou recevant du public.
2 Décret n° 88-1056 du 14 novembre 1988 relatif à la protection des travailleurs dans les établissements qui mettent en œuvre des courants électriques.

EL 12 à 15

Ces articles fondamentaux définissent les règles relatives aux alimentations électriques des *installations de sécurité*.

(Se reporter de la même manière au chapitre Notions de courants forts pour une synthèse.)

3.4.6.8. Les articles EC – Éclairage

EC 5

Cet article exige que les appareils d'éclairage fixes ou suspendus soient reliés à un « élément stable de construction ». C'est de cet article que découle la nécessité pour les appareils d'éclairage encastrés en faux-plafond de prévoir une chaînette de secours accrochant le luminaire au plafond porteur.

EC 6

Cet article traite de l'éclairage normal (par opposition à l'éclairage de sécurité). Il comporte notamment l'interdiction de réaliser l'éclairage normal « *uniquement avec des lampes à décharges d'un type tel que leur amorçage nécessite un temps supérieur à 15 secondes* ».

EC 7 à 12

Ces articles importants comportent toutes les prescriptions relatives à l'éclairage de sécurité, qui comprend :
- l'éclairage d'évacuation ;
- l'éclairage d'ambiance ou d'anti-panique.[1]

L'*éclairage d'évacuation*, qui concerne les cheminements tous les 15 m, changements de directions et sorties de secours, est obligatoire pour :
- les locaux accueillant 50 personnes et plus ;
- les locaux de plus de 300 m² au rez-de-chaussée et en étage ;
- les locaux de plus de 100 m² en sous-sol.

L'*éclairage d'ambiance* ou *anti-panique* est obligatoire pour :
- les locaux accueillant 100 personnes et plus au rez-de-chaussée et en étage ;
- les locaux accueillant 50 personnes et plus en sous-sol.

(Se reporter ci-dessous au chapitre Notions de courants forts pour plus de détails.)

3.4.6.9. Les articles AS – Ascenseurs, escaliers mécaniques et trottoirs roulants

AS 2

Cet article rappelle l'obligation de ventiler le local des machines des ascenseurs, soit naturellement (ce qui est toujours préférable en termes de maintenance), soit mécaniquement. Cette problématique doit être anticipée entre architecte et BET, pour trouver le moyen le plus simple de ventiler la machinerie.

---

1 Article EC 8 du Règlement de sécurité incendie dans les ERP. Pour les ERT, voir l'arrêté du 14 décembre 2011 relatif aux installations d'éclairage de sécurité.

AS 4

Cet article datant de 2009 présente les règles à respecter si les ascenseurs sont utilisés pour l'évacuation des handicapés physiques en application des articles GN 8 et CO 57. Ces règles sont nombreuses et contraignantes. On retiendra en particulier que :

- l'ascenseur doit disposer d'une alimentation électrique de sécurité (AES),
- chaque palier d'accès à l'ascenseur doit être un *local d'attente*, dont l'article précise les caractéristiques.

> **Règle d'or de l'évacuation des PMR**
>
> Éviter, sauf cas particulier, de prévoir l'utilisation des ascenseurs pour l'évacuation des PMR. Préférer les autres solutions offertes par l'article CO 57.
> Les parkings couverts constituent une exception à cette règle.

3.4.6.10. Les articles GC (Grandes cuisines) – Installation d'appareils de cuisson destinés à la restauration

GC 1

Cet article précise que les dispositions GC ne s'appliquent pas aux cuisines isolées des locaux publics comme un établissement tiers.[1]

Il précise de plus le vocabulaire utilisé :

- on appelle appareils de remise en température les appareils destinés exclusivement au réchauffage des aliments, par opposition aux appareils de cuisson ;
- on appelle grande cuisine un ensemble d'appareils de cuisson ou de remise en température d'une puissance totale supérieure à 20 kW.

Toutefois, ne sont pas considérés comme des grandes cuisines :

- les installations ne comportant que des appareils de remise en température : on les appelle office de remise en température ;
- une salle de restauration dans laquelle se trouve des espaces comportant des appareils de cuisson ou de remise en température : on appelle chaque espace un îlot de cuisson ;
- les modules ou conteneurs spécialisés comportant des appareils de cuisson ou de remise en température.

GC 3 à 20

Ces articles comportent les règles à respecter dans chacun des cas.

On peut retenir que :

- la puissance de 20 kW constitue un seuil important qui entraîne des contraintes supplémentaires s'il est dépassé ;
- les grandes cuisines sont considérées comme des locaux à risques moyens, donc à isoler REI60 (coupe-feu une heure) en application de l'article CO 28.[2]

---

1   Isolées dans les conditions prévues par les articles CO 6 à 10 du Règlement ERP.
2   Articles GC 9 et CO 28§2 de l'arrêté du 25 juin 1980 portant approbation des dispositions générales du règlement de sécurité contre les risques d'incendie et de panique dans les établissements recevant du public (ERP).

Point de vigilance

Dans les cuisines, les hottes ne remplacent pas le désenfumage éventuellement nécessaire dans le local ; il s'agit d'installations bien distinctes, même si elles ont certaines caractéristiques techniques en commun.

3.4.6.11. Les articles MS – Moyens de secours contre l'incendie

MS 1 et 4

On trouve dans ces articles les thématiques suivantes (ce qui n'est pas forcément intuitif compte tenu du titre « moyens de secours ») :

- les moyens d'extinction, au nombre desquels :
    - les RIA ;
    - les bouches et poteaux d'incendie ;
    - les colonnes sèches ;
    - les installations de sprinklage (dites « d'extinction automatique ») ;
    - et divers autres moyens ;
- les dispositions visant à faciliter l'action des pompiers ;
- les services de sécurité ;
- les SSI ;
- les systèmes d'alerte.

Ce sont les règlements particuliers de chaque type d'ERP qui précisent quels moyens de secours doivent être prévus.

Point de vigilance

Veiller à associer le bureau de contrôle (s'il existe) aux VISA, car ces installations doivent respecter des normes.

MS 5 à 7

Ces articles précisent que, si les *bouches* et *poteaux d'incendie* situés sur la voie publique sont trop éloignés, il peut être nécessaire d'en créer.

La faisabilité de l'installation de tels points d'eau est à étudier avec le concessionnaire, car il ne dispose pas partout de la pression importante nécessaire.

MS 14 et 15

Ces articles précisent que les *RIA* doivent permettre d'atteindre toute la surface des locaux. Cette vérification est faite lors des études en implantant des cercles centrés sur les implantations prévues et dont le rayon est la longueur du tuyau.

Les RIA doivent être numérotés dans une série unique.

MS 18 et 20

Des *colonnes sèches* doivent être prévues dans les établissements comportant des locaux à risque important à plus de 18 m du sol ; pour mémoire, les locaux à risques sont définis dans le règlement particulier propre à chaque type d'ERP, rubrique Construction.

Les prises d'eau des colonnes sont disposées dans les cages d'escalier ou leurs accès.

MS 46 et 52

Pendant les heures de présence du public un service de sécurité doit être présent, qui peut être composé suivant les cas par du personnel formé par l'exploitant, ou par des agents qualifiés en sécurité incendie ou par des sapeurs-pompiers.

MS 50

Cet article donne les caractéristiques du *poste de sécurité*, pour les établissements en nécessitant un.

MS 53 et 54

Ces articles définissent certain vocabulaire propre aux SSI. En particulier, un *volume technique protégé* (VTP) est un local ou un placard coupe-feu pouvant abriter un équipement du SSI. Un cheminement technique protégé est un cheminement (en galerie technique, en caniveau, en gaine, etc.) à l'abri du feu et pouvant accueillir des réseaux appartenant au SSI.

MS 61

Cet article définit le vocabulaire propre aux alarmes :
* *alarme générale* : signal sonore ayant pour but de prévenir les occupants d'avoir à évacuer les lieux. L'alarme générale peut être immédiate ou temporisée. Elle prend la forme d'un signal sonore deux tons spécifique et normé. L'implantation des diffuseurs doit permettre à l'alarme d'être audible en tous points ;
* *alarme restreinte* : signal sonore et visuel distinct du signal d'alarme générale ayant pour but d'avertir soit le poste de sécurité incendie de l'établissement, soit la direction ou le gardien, soit le personnel désigné à cet effet, de l'existence d'un sinistre et de sa localisation.

L'alarme ne doit pas être confondue avec l'*alerte*, qui est l'appel au service public d'incendie (article MS 70).

MS 65

Cet article donne les règles d'implantation des *déclencheurs manuels* : ils doivent être implantés dans les circulations, à chaque niveau, à proximité immédiate de chaque escalier, au rez-de-chaussée à proximité des sorties, à une hauteur d'environ 1,30 m au-dessus du niveau du sol et ne pas être dissimulés par le vantail d'une porte lorsque celui-ci est maintenu ouvert.

MS 70

Cet article porte sur l'obligation de disposer d'une ligne téléphonique directe avec les pompiers, grâce au téléphone rouge dit TASAL (téléphone d'alerte à surveillance automatique de ligne). Le TASAL appelle directement les pompiers dès qu'on décroche le combiné, sans avoir besoin de composer le numéro.

MS 71

Cet article récent, qui fait suite au retour d'expérience de la catastrophe du tunnel du Mont-Blanc, exige la continuité des communications radioélectriques des services de secours.

Cela signifie que les systèmes radio utilisés par les pompiers et la police (basés sur le réseau INPT) doivent pouvoir être captés dans l'établissement, ce qui n'est pas forcément le cas dans les espaces confinés.

Si le réseau INPT des services de secours n'est pas capté dans les locaux, il faut mettre en place un système de répéteurs.

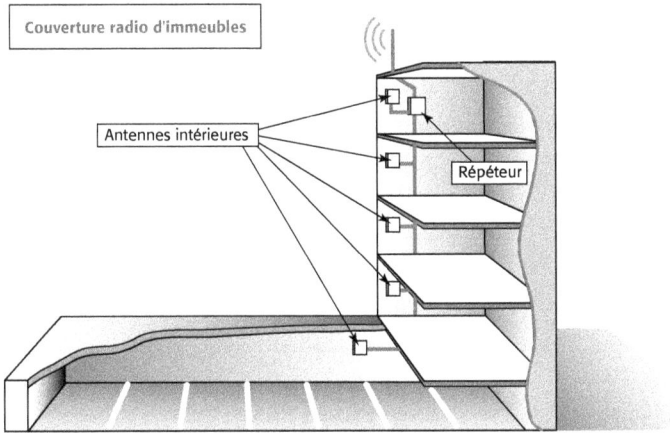

Figure 8. Principe d'une installation de continuité radioélectrique : des répéteurs assurent la couverture des locaux.

La mise en conformité d'un site est précédée par une étape de diagnostic, à réaliser par un organisme agréé.

Les locaux enterrés sont les plus concernés par cette problématique.

Pour en savoir plus

Consulter le site de fabricants, par exemple www.selecom.fr ou www.groupe-atis.com.

3.4.7. Quelques exemples des dispositions particulières propres à certains types d'établissements

Les *dispositions particulières* propres à chaque type font l'objet d'un arrêté par type. On les trouvera sur www.sitesecurite.com.

3.4.7.1. Les établissements de type L - salles à usage d'audition, de conférence, de réunions, de spectacles, ou à usages multiples

Vocabulaire

La salle est la partie de l'établissement où se tient le public pour assister au spectacle, à l'audition, à la réunion.

Le bloc-salle est l'ensemble des zones publiques de l'établissement : salles, halls, foyers, circulations, etc.

Le gril est la surface technique située au-dessus du bloc scène et pouvant recevoir des machineries scéniques.

L 1

Le seuil d'assujettissement au règlement dépend du type de salle, il n'est par exemple pas le même pour une salle de conférence et pour un cinéma (pm en dessous de ce seuil l'établissement se trouve en 5ᵉ catégorie, soumis aux articles PE).

L 3

Le calcul des effectifs peut varier considérablement, suivant que le maître d'œuvre ait représenté les sièges sur le plan ou non : si les sièges sont représentés on les compte, s'ils ne sont pas représentés on applique un ratio au m², qui peut être nettement plus défavorable car l'établissement peut changer de catégorie d'ERP.

Conseil pratique

Vérifier si l'effectif n'est pas plus favorable en représentant les sièges.

L 6

Les balcons des salles ne sont pas considérés comme des niveaux.

L 7

L'enfouissement en dessous du niveau moyen des seuils extérieurs peut atteindre 6.5m au point le plus bas d'un sol en pente d'une salle, par dérogation à l'article CO 40 (6m pour les autres établissements).

L 8

Un local unique à usage de dépôt de matériel de moins de 50 m³ peut être considéré comme à risques moyens et non à risques importants, ce qui est peut être intéressant.

L 23

Toute salle de projection ou de spectacle de plus de 200 places doit disposer d'un dégagement de 2 unités de passage débouchant sur l'extérieur. Il peut donc être intéressant de limiter certaines salles à 200 places.

L 28

Cet article donne le nombre maximal de siège sur une rangée, et les différentes solutions possibles à ce sujet. Le nombre de sièges par rangée peut être augmenté à condition de prévoir un gabarit libre plus large entre rangées.

Figure 9. Cet ERP de type L comportant plus de 16 sièges par rangée,
les rangées sont dotées d'une surlargeur, en application de l'article L 28.
On dit que le gabarit de la rangée est augmenté.

3.4.7.2. Les établissemens de type M – Magasins de vente

Ce règlement s'applique aux commerces et centres commerciaux.

M 11

Cet article important définit les dégagements et sorties des centres commerciaux. Il joue un rôle fondamental dans la conception en plan des centres commerciaux.

M 26

À partir de 3 000 m², l'installation d'un système de sprinklage devient obligatoire.

M 30

Les SSI exigibles sont de catégories B, C, D ou E, ce qui signifie que la détection incendie (SSI de catégorie A) n'est pas exigible en type M.

3.4.7.3. Les établissemens de type N – Restaurants et débits de boisson

N 2

L'effectif se calcule au prorata de la surface.

N 5

Un restaurant peut être séparé d'un hall ou d'un mail de centre commercial par un simple écran de cantonnement.

N 7

La largeur des circulations secondaires peut être réduite à 60 cm entre les sièges.

N 18

Suivant la catégorie de l'établissement l'équipement d'alarme est de type 3 ou 4. On en déduit (voir le chapitre relatif aux SSI) que le SSI n'a pas à comporter de détection incendie, ce qui est logique car elle risquerait de se déclencher intempestivement du fait des activités de cuisson.

> **Règle d'or**
>
> Ne pas prévoir de détection incendie dans un restaurant ou débit de boisson.

3.4.7.4. Les établissements de type O – Hôtels et autres établissements d'hébergement

O 1

Le seuil d'assujettissement (c'est-à-dire l'effectif en dessous duquel on reste en ERP de 5e catégorie) est de 100 personnes, au lieu de 200 pour de nombreux autres types d'ERP.

O 2

Pour le calcul des effectifs, on ne prend pas en compte l'effectif des salles réservées exclusivement aux clients des chambres ou appartements (salles de petit déjeuner par exemple).

O 6

Les règles relatives aux dégagements sont plus contraignantes que dans les articles CO.

O 9

En atténuation du GN8, des chambres accessibles aux fauteuils roulants peuvent être utilisées comme espaces d'attente sécurisés.

3.4.8. Le Livre III – Dispositions applicables aux établissements de 5e catégorie

Pour mémoire, les établissements de 5e catégorie sont les plus petits ERP, par exemple tous les petits commerces de proximité. (Voir ci-dessus le chapitre 3.4.3. Classement des ERP par catégorie.)

Ces établissements sont uniquement assujettis au Livre I, c'est-à-dire aux articles GN (voir ci-dessus) et au Livre III, c'est-à-dire aux articles PE (comme « petits établissements »), PO et PU. Ils ne sont pas assujettis au Livre II, c'est-à-dire aux articles GE, CO, AM, DF, CH, GZ, EL, EC, AS, GC et MS. Autant dire que la réglementation applicable est beaucoup plus simple et moins contraignante.

On trouvera ci-dessous une sélection des articles les plus importants, mais il faut consulter le texte source intégral.

PE 2 – Établissements assujettis

Cet article comprend le tableau des seuils d'effectifs de la 5e catégorie (qu'on a pu consulter ci-dessus au chapitre Classement des ERP par catégories d'établissement).

Il comprend en outre un ensemble de cas particuliers, présentés de manière (il faut le reconnaître) assez confuse – consulter le texte source, qui n'est certes pas un modèle d'ergonomie !

On peut retenir que les ERP accueillant moins de 19 personnes sans locaux de sommeil ne sont soumis à quasiment aucune règle concernant le maître d'œuvre, hormis que l'installation électrique doit être conforme aux normes en vigueur et que les prises multiples y sont interdites.

PE 3

Le personnel n'est pas comptabilisé dans l'effectif.

PE 5

Les établissements occupant entièrement le bâtiment dont le plancher bas de l'étage le plus élevé est situé à plus de 8 mètres du niveau d'accès des sapeurs-pompiers doivent avoir une structure stable au feu de degré 1 heure et des planchers coupe-feu de même degré.

Les établissements occupant partiellement un bâtiment et où la différence de hauteur entre les niveaux extrêmes de l'établissement est supérieure à 8 mètres doivent avoir une structure stable au feu de degré 1 heure et des planchers coupe-feu de même degré.

Les autres établissements ne requièrent pas de degré de stabilité au feu.

PE 6

Cet article comprend les dispositions relatives à l'isolement par rapport aux tiers : les murs et planchers doivent être coupe-feu une heure.

Si le plancher bas de l'étage le plus élevé est situé à plus de 8 mètres du niveau d'accès des sapeurs-pompiers, l'établissement doit avoir une façade comportant des baies accessibles aux échelles aériennes.

PE 8 – Enfouissement

La règle relative à l'enfouissement maximal (6 m) est applicable.

PE 9 – Locaux présentant des risques particuliers

Cet article définit les locaux à risques particuliers, qui doivent être isolés coupe-feu une heure (notamment postes HT, dépôts d'archives et réserves, stockage de gaz).

PE 11 – Dégagements

Dans les établissements ou dans les locaux recevant plus de 50 personnes, les portes donnant sur l'extérieur doivent s'ouvrir dans le sens de l'évacuation.

Cet article donne les règles de calculs des dégagements, ainsi que des prescriptions diverses qui sont analogues aux articles CO (sans être identiques).

PE 14 – Désenfumage

Les dispositions sont comparables à celle des articles DF : désenfumage à partir de 300 m^2 en rez-de-chaussée et en étage, désenfumage à partir de 100 m^2 en sous-sol. Application de l'IT 246 en cas de désenfumage mécaniques.

PE 15 à 19

Ces articles portent sur les appareils de cuisson.

PE 21, 22 et 23

Ces articles portent sur les installations CVC.

PE 24 – Installations électriques, éclairage

On retiendra que les escaliers et les circulations horizontales d'une longueur totale supérieure à 10 mètres ou présentant un cheminement compliqué, ainsi que les salles d'une superficie supérieure à 100 m^2, doivent être équipés d'une installation d'éclairage de sécurité d'évacuation.

PE 27

Un système d'alarme est obligatoirement installé (on peut rappeler qu'une cloche ou un sifflet sont des alarmes de type 4, donc acceptables s'ils sont audibles en tous points).

PE 28 à 37

Ces articles donnent des prescriptions supplémentaires pour les établissements avec locaux de sommeil. En particulier, un SSI de catégorie A est généralement requis.

PO 1 à 13

Ces articles apportent des prescriptions particulières pour les hôtels. À noter qu'ils comportent des prescriptions applicables aux hôtels *existants*, ce qui est exceptionnel dans le Règlement ERP.

PU 1 à 6

Ces articles comportent quelques prescriptions relatives aux établissements de soin.

Pour en savoir plus

Il est judicieux d'acquérir l'édition papier commentée.

3.4.9.   Le Livre IV – Établissements spéciaux

Ces types particuliers sont :
- le type PA : établissements de plein air ;
- le type CTS : chapiteaux, tentes et structures ;
- le type SG : structures gonflables ;
- le type OA : hôtels restaurants ;
- le type REF : refuges de montagne ;
- le type PS : parcs de stationnement couverts ;
- le type GA : gares accessibles au public ;
- le type EF : établissements flottants.

Certains de ces types disposent de leur propre règlement, dit autoporteur.

Seul le type PS sera analysé ici.

3.4.9.1. Le type PS – Parcs de stationnement couverts

Point de vigilance

Ce règlement a été profondément remanié en 2006, puis modifié en 2017.[1] On veillera à ne pas utiliser de documents obsolètes. Attention aussi en cas de projets dans un parking existant : l'intervention peut nécessiter la remise aux normes de l'existant, qui peut être très lourde, notamment en désenfumage. Il est prudent de demander (ou de vendre) un *diagnostic* de la conformité de l'existant au nouveau cadre règlementaire.

PS 1

Ce règlement ne s'applique pas aux parkings liés exclusivement à un bâtiment d'habitation ou à un ERT (voir ci-dessous le §3.5.2 pour les parcs de stationnement couverts des immeubles d'habitation). Ce règlement ne s'applique qu'à partir de 10 places de stationnement ; en dessous de 10 places, il s'agit d'un simple garage.

Le poids total en charge des véhicules doit être limité à 3,5 t ; cette interdiction peut être matérialisée par un gabarit limitant la hauteur à l'entrée.

PS 2

Cinq emplacements pour deux-roues comptent pour un véhicule dans le décompte du nombre de places.

PS 3

Cet article définit la notion importante de parc de stationnement *largement ventilé*.

PS 4

Cet article définit les activités annexes autorisées sans mesures de sécurité additionnelles : aires de lavage de véhicules, montage de petits équipements et accessoires automobiles, locations de véhicules, charges de véhicules électriques.

D'autres activités annexes peuvent être autorisées après avis de la Commission, mais elles doivent respecter certaines dispositions et elles nécessiteront des mesures de sécurité additionnelles.

PS 5

Le niveau le plus haut est limité à 28 m du niveau de référence. Attention il peut y avoir plusieurs niveaux de référence si plusieurs évacuations à l'air libre sont possibles.

Une voie-engins est obligatoire, mais pas de voie-échelle (voir article CO 2 : les voies échelles sont plus contraignantes).

PS 6

Cet article donne les résistances au feu des structures : R60 ou R90 ou R120 suivant les cas.

---

1 Comme toutes les parties du règlement ERP, ce texte est consultable dans l'arrêté du 25 juin 1980 portant approbation des dispositions générales du règlement de sécurité contre les risques d'incendie et de panique dans les établissements recevant du public (ERP) ; pour mémoire un arrêté modifié continue à être désigné par sa date de publication initiale.

PS 8 – Isolement

Les parkings couverts sont des établissements à risque courant au sens du CO 6.

Ils doivent être isolés des établissements tiers *contigus* par une paroi coupe-feu, dont le degré coupe-feu est au moins égal au degré de stabilité au feu de l'établissement le plus exigeant avec un minimum de 1 heure.

Ils doivent être isolés des établissements tiers *superposés* par un plancher REI90.

Les intercommunications avec un local ou un établissement abritant une autre activité ou exploité par un tiers doivent être constituées par des sas. Attention un sas comporte toujours deux portes, jamais plus, ce qui veut dire qu'un sas ne peut pas abriter la porte d'accès à un local.

PS 12 – Compartimentage

Les niveaux des parkings (sauf ceux largement ventilés) doivent être recoupés en *compartiments* inférieurs à 3 000 m^2, séparés par des murs REI60. On peut aller jusqu'à 3 600 m^2 pour un compartiment occupant tout un niveau. Si un compartiment est sprinklé, il peut aller jusqu'à 6 000 m^2. Si le parc comporte des demi-niveaux, il faut un recoupement tous les deux demi-niveaux.

Les compartiments sont séparés par portes E60 à fermeture automatique, avec un système de commande de chaque côté.

Figure 10. Exemple de porte de compartimentage E60 de parking public.

PS 13 – Communications intérieures, escaliers et sorties

Cet article important donne les distances maximales à parcourir jusqu'aux escaliers et sorties, et permet donc d'implanter les escaliers en plan.

Différence essentielle par rapport aux autres types d'ERP, il n'y a pas de notion pour les parkings couverts de nombre d'UP des dégagements : les escaliers sont simplement à dimensionner à 0,90 m au moins. Ceci s'explique par le fait que l'ensemble du public n'étant pas présent en même temps dans le parking, il y a peu de risque que les sorties soient sous-dimensionnées.

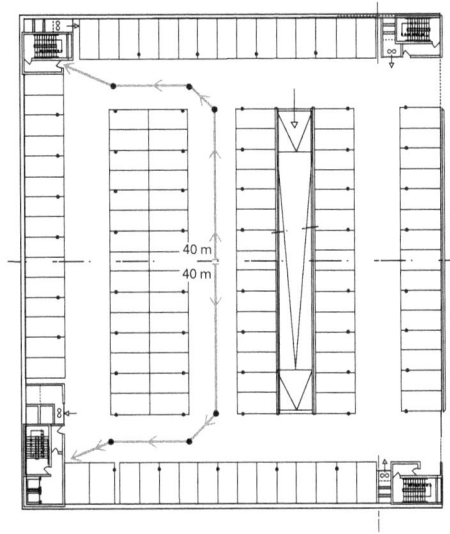

Figure 11. Exemple de calcul des distances maximales à parcourir jusqu'aux escaliers.

Attention, cette règle ne s'applique pas aux gares routières de bus et d'autocars (article PS 41, qui renvoie vers les articles CO pour dimensionner les issues de secours).

Par ailleurs les escaliers doivent être soit encloisonnés, soit à l'air libre. Pour les escaliers encloisonnés, cet article exige que la distance entre la porte d'accès au sas en venant du parc de stationnement et la porte d'accès à l'escalier soit inférieure à 10 m, ce qui est une forte contrainte architecturale.

PS 14

Les allées de circulation des véhicules doivent avoir 2 m de hauteur libre.

PS 18 – Ventilation et désenfumage

Le désenfumage mécanique doit assurer un débit de 900 m^3 par heure, par véhicule et par compartiment (600 m^3 si le compartiment est sprinklé).

Sous quelles conditions peut-on réaliser une ventilation et un désenfumage naturels (ce qui est toujours intéressant en termes de maintenance) ?

- Pour les parcs situés en rez-de-chaussée, avec au moins 0,12 m^2/véhicule de surface d'amenée d'air et autant de surface d'évacuation, ce qui est assez contraignant.
- Pour les niveaux R+1 et premier sous-sol, avec les mêmes surfaces libres, à condition que la distance maximale entre les bouches d'amenées d'air et les évacuations de fumées soit inférieure à 75 m.

PS 22 – Éclairage de sécurité

Une particularité des parkings est que l'éclairage de sécurité (d'évacuation) doit comporter des luminaires implantés au sol ou à moins de 50 cm du sol (dits « nappe basse ») en plus des luminaires implantés à la hauteur habituelle. Cette nappe basse peut être remplacée par un balisage LED incrusté au sol comme dans les avions.

Figure 12. Exemple de double nappe d'éclairage de sécurité d'un parking public.

PS 24

Cet article important précise les modes d'évacuation des personnes à mobilités réduites : elles sont évacuées au moyen d'ascenseurs sécurisés. Des *aires d'attente* sont à prévoir face aux ascenseurs à utiliser pour cette évacuation. La création d'espaces d'attente sécurisés au sens du CO 59 n'est donc pas recommandée.

PS 27 – Moyens de détection, d'alarme et d'alerte

On trouvera dans cet article les prescriptions relatives aux SSI. La détection incendie est obligatoire à partir de 1 000 places, sauf parking largement ventilé et sauf parking entièrement sprinklé.

PS 29 – Moyens de secours

Depuis 2018, tous les parkings comportant plus de deux niveaux au-dessous ou au-dessus du niveau de référence doivent être sprinklés, sauf s'ils sont largement ventilés. Sans attendre cette obligation de nombreux maîtres d'ouvrage sprinklaient volontairement leurs parkings, du fait des avantages réglementaires que cela procurait.

D'où la nécessité de disposer d'un local sprinklage et, pour le maître d'ouvrage, la nécessité de prévoir la maintenance de l'installation d'extinction automatique, qui est cependant assez peu contraignante.

Pour en savoir plus sur les autres réglementations applicables aux parkings couverts

Consulter le §3.8 ci-dessous, dédié à ce sujet.

3.5. L'essentiel de la réglementation des bâtiments d'habitation

La réglementation applicable aux bâtiments d'habitation a l'avantage d'être régie par un texte synthétique, l'arrêté du 31 janvier 1986, qui couvre la plupart des thèmes règlementaires. On notera que ce n'est pas le seul texte applicable, mais le cadre réglementaire est tout de même plus simple que pour les ERP.

L'arrêté s'applique aux immeubles d'habitation dont le plancher bas du logement le plus haut est à moins de 50 m au-dessus du niveau d'accès des engins de secours (au-delà, on tombe dans la réglementation IGH) et aux parcs de stationnement couverts associés d'une surface de plus de 100 m².[1]

Point de vigilance

L'arrêté du 31 janvier 1986 a été modifié en juin 2015 : éviter d'utiliser des guides de conception antérieurs non mis à jour.

On trouvera ci-dessous une synthèse des points essentiels, à compléter par la consultation du texte complet. L'attention est attirée sur le fait qu'il s'agit là d'une sélection non exhaustive des dispositions de l'arrêté.

3.5.1. Les bâtiments d'habitation

3.5.1.1. Classement des bâtiments d'habitation[2]

L'arrêté classe les bâtiments en quatre familles :

1re famille

Il s'agit :

- des maisons individuelles isolées ou jumelées à un étage sur rez-de-chaussée au plus ;
- des maisons individuelles à rez-de-chaussée groupées en bandes ;
- des maisons individuelles à un étage sur rez-de-chaussée, groupées en bandes, dont les structures porteuses sont indépendantes des maisons voisines.

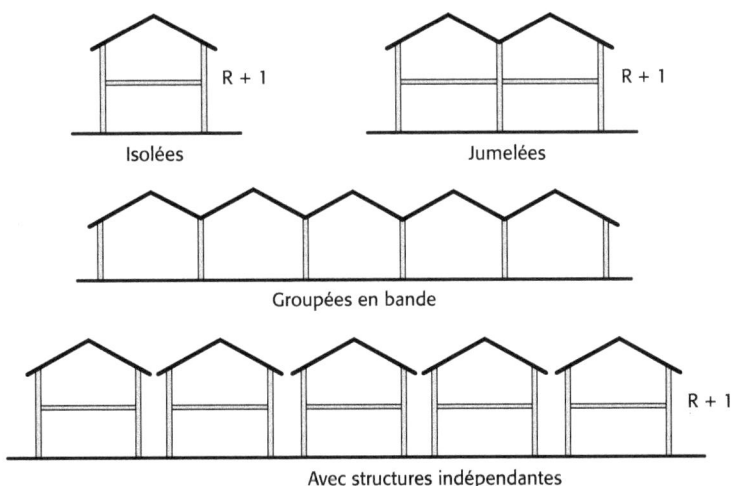

Figure 13. Habitations de la 1re famille.[3]

---

1 Article 1 de l'arrêté du 31 janvier 1986 relatif à la protection contre l'incendie des bâtiments d'habitation.
2 Arrêté du 31 janvier 1986 relatif à la protection contre l'incendie des bâtiments d'habitation, article 3.
3 D'après *Guide d'application de la réglementation incendie – Habitations, ERP, Locaux d'activité*, Casso & Associés, CSTB.

2e famille

Il s'agit :

- des maisons individuelles isolées ou jumelées de plus d'un étage sur rez-de-chaussée ;
- des maisons individuelles à un étage sur rez-de-chaussée seulement, groupées en bandes, dont les structures porteuses ne sont pas autonomes d'une maison à l'autre ;
- des maisons individuelles de plus d'un étage sur rez-de-chaussée, groupées en bandes ;
- des immeubles collectifs d'au plus trois étages sur rez-de-chaussée.

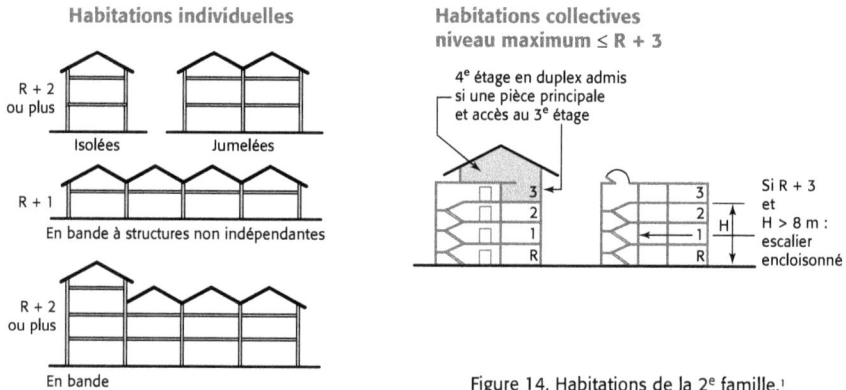

Figure 14. Habitations de la 2e famille.[1]

3e famille

Ce sont les habitations dont le plancher bas du logement le plus haut est à 28 m au plus au-dessus du niveau d'accès des engins de secours.

On distingue les 3e familles A et B.

3e famille A

Ce sont les habitations qui répondent de plus à toutes les prescriptions suivantes :

- comporter au plus sept étages sur rez-de-chaussée ;
- et comporter des circulations horizontales entre porte palière de logement et escalier dont la longueur est toujours au plus égale à 10 mètres ;
- et dont les accès aux escaliers au rez-de-chaussée soient accessibles par voie échelle.

Exemple : l'immense majorité des immeubles parisiens.

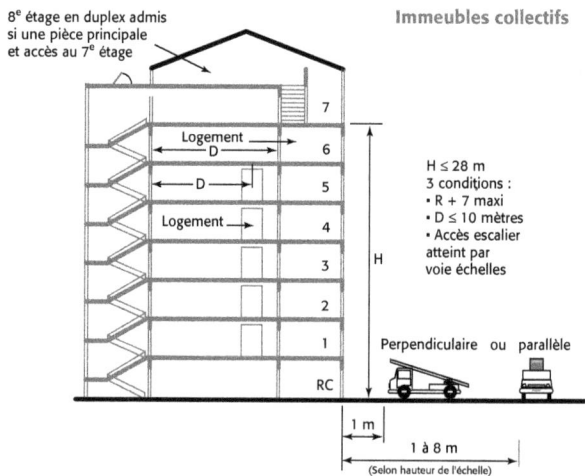

Figure 15. Habitations de la 3e famille A.[2]

---

1 D'après *Guide d'application de la réglementation incendie – Habitations, ERP, Locaux d'activité*, Casso & Associés, CSTB.
2 Idem.

3ᵉ famille B

Ce sont les habitations de 3ᵉ famille qui ne répondent pas à l'une des trois prescriptions ci-dessus.

Exemple : immeuble au fond d'une cour.

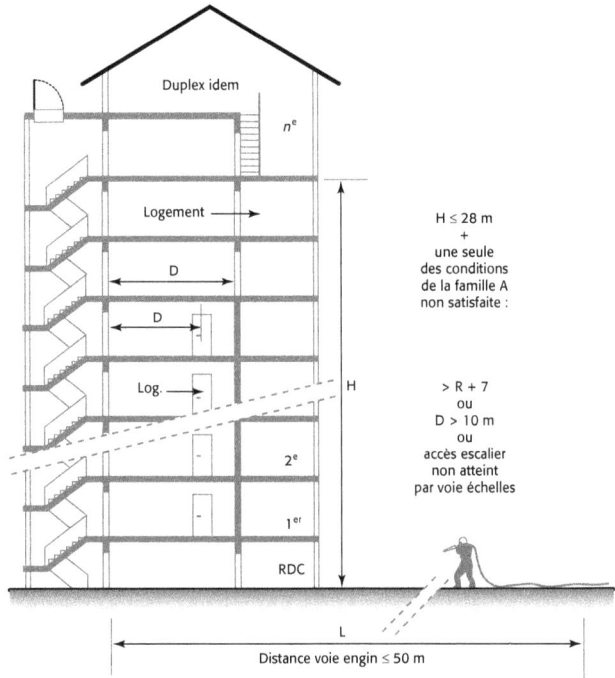

Duplex idem

n^e

Logement

D

D

Log.

2^e

1er

RDC

$H \leq 28$ m
+
une seule
des conditions
de la famille A
non satisfaite :

$> R + 7$
ou
$D > 10$ m
ou
accès escalier
non atteint
par voie échelles

H

L

Distance voie engin ≤ 50 m

Figure 16. Habitations de la 3ᵉ famille B.[1]

4ᵉ famille

Ce sont les immeubles dont le plancher bas le plus haut est situé entre 28 m et 50 m au-dessus du niveau du sol accessible aux engins de secours.

Attention, si un immeuble de 4ᵉ famille comporte des locaux autres que d'habitation, il existe des règles complexes qui déterminent si l'immeuble est un IGH ou un 4ᵉ famille, et qui prescrivent des isolements coupe-feu entre habitations et activité autre : à voir au cas par cas.[2]

On peut retenir en première approche de manière très simplifiée, pour faciliter la mémorisation :

- 1ʳᵉ famille : maisons individuelles
- 2ᵉ famille : petits immeubles
- 3ᵉ famille A : immeubles de type parisien
- 3ᵉ famille B : grands immeubles
- 4ᵉ famille : très grands immeubles non IGH.

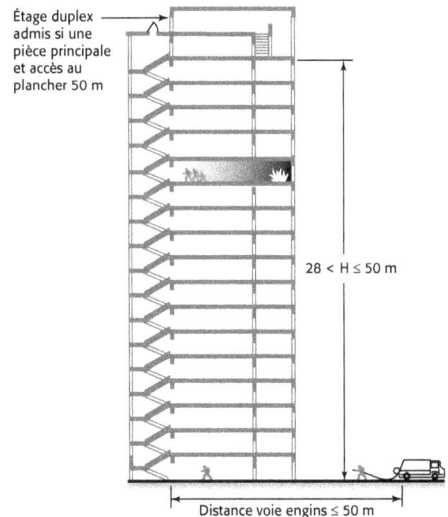

Étage duplex
admis si une
pièce principale
et accès au
plancher 50 m

$28 < H \leq 50$ m

Distance voie engins ≤ 50 m

Figure 17. Habitations de la 4ᵉ famille.

1 Idem.
2 Article 3 de l'arrêté du 31 janvier 1986 relatif à la protection contre l'incendie des bâtiments d'habitation.

Point de vigilance

La réglementation des immeubles de 4ᵉ famille évoluera au 2ᵉ semestre 2019, avec la publication du décret règlementant le nouveau concept d'*immeubles de moyenne hauteur*, dont le plancher bas le plus haut est situé entre 28 et 50m.

3.5.1.2. Stabilité au feu des structures

L'arrêté définit la résistance au feu des structures[1] :

	Stabilité au feu des porteurs verticaux	Degré coupe-feu des planchers (sauf intérieurs à un logement)
1ʳᵉ famille	R15 (un quart d'heure)	REI15 pour le plancher haut d'une cave
2ᵉ famille	R30 (une demi-heure)	REI30
3ᵉ famille	R60 (une heure)	REI60
4ᵉ famille	R90 (une heure et demie)	REI90

3.5.1.3. Recoupement vertical des bâtiments[2]

L'arrêté impose que les groupements en bandes de maisons individuelles ou les bâtiments de grande longueur soient recoupés tous les 45 m par un mur coupe-feu. De plus, les parois verticales des logements, autres que façades, doivent aussi avoir un certain degré coupe-feu.

Le degré coupe-feu du mur dépend de la famille :

	Recoupement tous les 45 m	Parois séparatives
1ʳᵉ famille	REI30 (une demi-heure)	REI15
2ᵉ famille	REI60 (une heure)	REI15 entre maisons individuelles, REI30 entre immeubles
3ᵉ famille	REI90 (une heure et demie)	REI30
4ᵉ famille	REI90 (une heure et demie)	REI60

3.5.1.4. Façades et C+D[3]

L'arrêté donne des prescriptions relatives au classement au feu des matériaux de parement extérieur des façades.

Il impose la fameuse règle du C+D, « bête noire » de nombreux maîtres d'œuvre, issue de l'Instruction technique 249 sur les façades[4], et qui vise à éviter la transmission d'un feu d'un étage à l'étage supérieur *via* les façades.

L'arrêté impose une valeur minimale pour le C+D, en fonction de la famille et en fonction de la « masse combustible mobilisable » de la façade, dite M, en MJ/m² (mégajoules par mètre carré). Pour les immeubles en maçonnerie traditionnelle, on considère cette masse combus-

---

1 Article 5 de l'arrêté du 31 janvier 1986 relatif à la protection contre l'incendie des bâtiments d'habitation.
2 Idem, articles 7 et 8.
3 Idem, articles 12 à 14.
4 Cette instruction technique fait partie de l'arrêté du 24 mai 2010 portant approbation de diverses dispositions complétant et modifiant le règlement de sécurité contre les risques d'incendie et de panique dans les établissements recevant du public.

tible M comme nulle. Pour déterminer cette valeur M, il faut se reporter à l'IT 249 ou aux essais définis par arrêté.

Suivant les cas, le C+D doit être supérieur à un minimum qui peut aller de 0,60 m à 1,30 m, pour les 3e et 4e familles.

On peut retenir que, dans les bâtiments d'habitation de 3e et 4e famille, la règle du C+D impose une valeur minimale de la distance entre les fenêtres de deux étages successifs (dimension notée C) éventuellement complétée par une saillie du plancher (D) dans le but de limiter la propagation par l'extérieur d'un incendie à l'étage supérieur. Pour les façades entièrement vitrées, la hauteur C est remplacée par un indice obtenu par un essai.

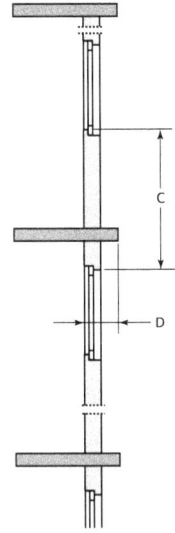

Figure 18. Rappel de C et D.

Conseil pratique

Si l'on n'est pas en maçonnerie traditionnelle, pour vérifier la faisabilité du principe de façade, on peut faire appel aux compétences :

- d'un BET façadier ;
- d'un fabricant de système de façade, dont on veut prescrire le produit ;
- du bureau de contrôle s'il existe.

3.5.1.5. Escaliers

Dans le collectif, les escaliers doivent être encloisonnés (sauf s'ils sont extérieurs en 2e famille).

L'arrêté impose des règles sur les parois des escaliers *situés en façade*.

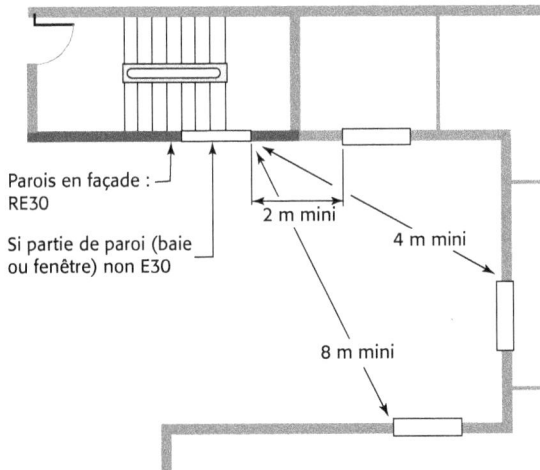

Parois en façade : RE30

Si partie de paroi (baie ou fenêtre) non E30

2 m mini

4 m mini

8 m mini

Figure 19. Distance entre fenêtres des façades en retour et escalier.[1]

Les parois de ces escaliers, dans le collectif, doivent être pare-flammes une demi-heure (RE30). *« Les parties de paroi qui ne sont pas pare-flammes une demi-heure (en particulier les fenêtres) doivent être situées :*

---

1 D'après *Guide d'application de la réglementation incendie – Habitations, ERP, Locaux d'activité*, Casso & Associés, CSTB.

- *à deux mètres au moins des fenêtres de la façade située dans le même plan ;*
- *à quatre mètres au moins des fenêtres d'une façade en retour ;*
- *à huit mètres au moins des fenêtres d'une façade en vis-à-vis.* »[1]

L'arrêté donne des prescriptions sur les parois des escaliers *non situés en façade* ; donc intérieurs au bâtiment.[2]

Il précise les matériaux autorisés dans les escaliers.

Dans le collectif, il est précisé que les escaliers d'accès aux sous-sols doivent comporter une porte EI30 (coupe-feu une demi-heure) s'ouvrant vers la montée, et ne doivent pas déboucher dans la cage d'escalier desservant les étages.

En 2ᵉ et 3ᵉ famille A, les cages d'escalier doivent comporter un exutoire en haut de la cage d'escalier de 1 m² pour l'évacuation des fumées, commandé depuis le rez-de-chaussée. En 3ᵉ famille A, il doit être asservi à un détecteur autonome déclencheur (DAD).

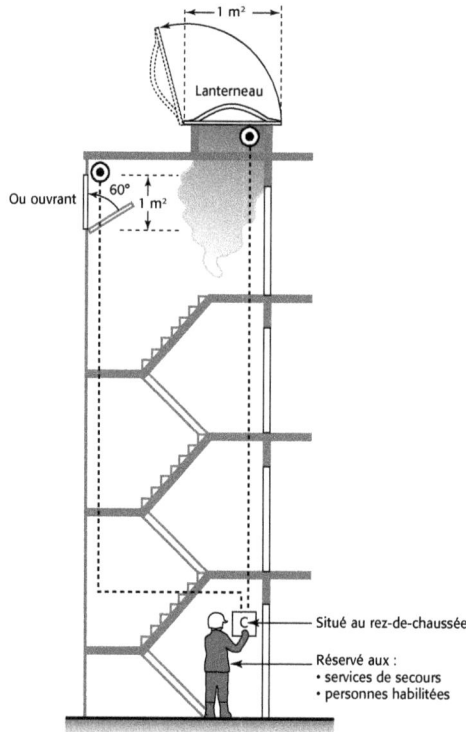

Figure 20. Désenfumage naturel des escaliers en 2ᵉ et 3ᵉ famille A.

En 3ᵉ famille B et en 4ᵉ famille, les escaliers doivent être « protégés », c'est-à-dire soit « à l'air libre », soit « à l'abri des fumées ».[3]

L'escalier *protégé* :

- est desservi à chaque niveau par une circulation horizontale protégée ;

---

1 Article 18 de l'arrêté du 31 janvier 1986 relatif à la protection contre l'incendie des bâtiments d'habitation.
2 Articles 19 à 21 de l'arrêté du 31 janvier 1986 relatif à la protection contre l'incendie des bâtiments d'habitation.
3 Article 27 de l'arrêté du 31 janvier 1986 relatif à la protection contre l'incendie des bâtiments d'habitation.

- ne doit pas comporter de réseaux autres que son éclairage (les réseaux de plomberie sont acceptés), ni d'ascenseur ;
- doit comporter un éclairage issu d'une dérivation directe du TGBT ou (obligatoirement en 4e famille) des blocs autonomes d'éclairage de sécurité.

On remarque donc que les exigences règlementaires en matière d'éclairage de sécurité sont très légères en habitation collective, aussi étonnant que cela puisse paraître :

- aucune exigence en familles 1, 2 et 3A,
- éclairage de sécurité à prévoir en famille 3B et 4 dans les escaliers protégés, avec possibilité en famille 3B de le remplacer par un éclairage alimenté en direct du TGBT.

On utilise en habitation des blocs autonomes d'éclairage de sécurité pour bâtiment d'habitation (BAEH), qui ont une autonomie de cinq heures. Ceci permet, en cas de panne d'éclairage pendant la nuit, de maintenir un éclairage jusqu'au dépannage.

L'escalier *à l'abri des fumées* est encloisonné REI60, avec un exutoire de 1 m² pour l'évacuation des fumées en partie haute, normalement fermé (ou en cas d'impossibilité avec mise en surpression).

L'arrêté définit aussi depuis 2015 le concept d'escalier extérieur et ses conséquences.

3.5.1.6. Circulations horizontales protégées

Les circulations horizontales de la 3e famille B et de la 4e famille doivent être « protégées », c'est-à-dire soit « à l'air libre », soit « à l'abri des fumées ».[1]

Pour qu'une circulation horizontale soit considérée à l'abri des fumées, il faut notamment respecter les conditions suivantes :

- la distance entre une porte palière de logement et la porte de l'escalier ou l'accès à l'air libre est limitée à quinze mètres ;
- les revêtements doivent respecter certaines caractéristiques de réaction au feu ;
- la circulation doit être désenfumée, naturellement ou mécaniquement. En cas de désenfumage mécanique, les moteurs doivent être alimentés en amont de l'organe de coupure générale du bâtiment.

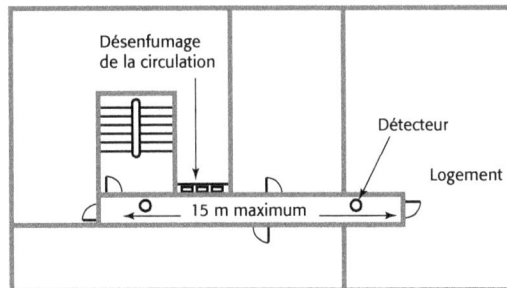

Figure 21. Circulation horizontale à l'abri des fumées.

---

1 Articles 30 à 38 de l'arrêté du 31 janvier 1986 relatif à la protection contre l'incendie des bâtiments d'habitation.

3.5.1.7. Dégagements protégés associant un escalier protégé et une circulation horizontale protégée

Le terme *dégagement* désigne l'ensemble circulation horizontale + escalier.

Dans les immeubles de 3e famille B, les circulations horizontales reliant chaque logement aux escaliers protégés doivent être :

- soit « protégées », c'est-à-dire à l'air libre ou à l'abri des fumées (donc désenfumées) ;
- soit désenfumées par deux ouvrants sur des façades opposées, asservis à la détection des fumées.

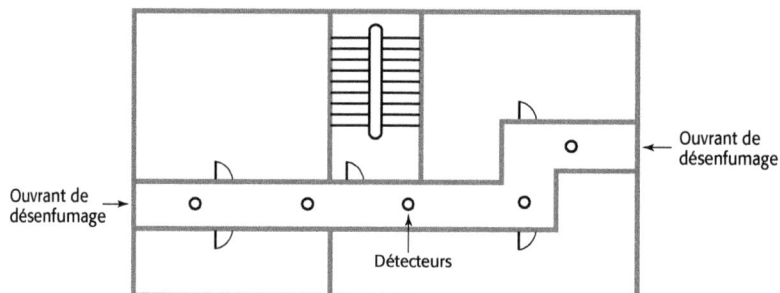

Figure 22. Circulation désenfumée par deux ouvrants opposés en 3e famille B.

Dans les immeubles de 4e famille, l'arrêté exige qu'un feu dans une circulation horizontale n'entraîne pas de fumées dans les escaliers d'évacuation. Cet objectif peut être atteint grâce à trois solutions en termes de dégagements protégés :

- **Solution 1** : chaque logement peut être évacué par deux escaliers protégés, auxquels il est relié par des circulations horizontales protégées.

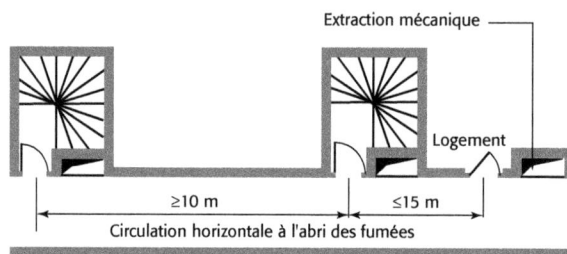

Figure 23. Solution 1 en 4e famille.[1]

- **Solution 2** : les dégagements protégés peuvent comporter une circulation horizontale protégée qui relie chaque logement à un seul escalier protégé, mais un volume (un palier) à l'air libre doit séparer la circulation horizontale de l'escalier, à chaque étage.

---

1   D'après *Guide d'application de la réglementation incendie – Habitations, ERP, Locaux d'activité*, Casso & Associés, CSTB.

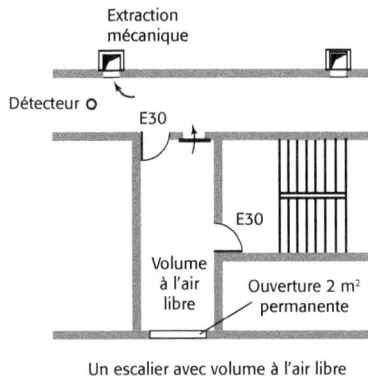

Un escalier avec volume à l'air libre

Figure 24. Solution 2 en 4ᵉ famille.

· **Solution 3** (la plus courante) : les dégagements protégés peuvent comporter un escalier à l'abri des fumées doté d'un système de mise en surpression par ventilateur, associé à une circulation horizontale protégée (désenfumée) ; escalier et circulation horizontale doivent alors être séparés par un sas ventilé.

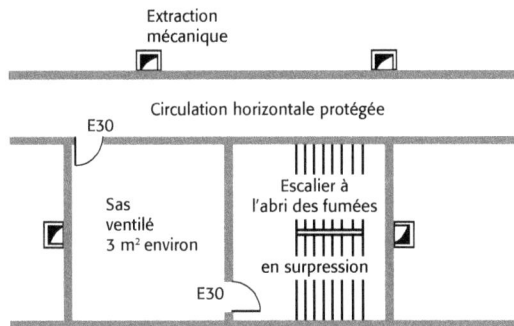

Figure 25. Solution 3 en 4ᵉ famille : un escalier en surpression avec sas.

Il faut consulter l'arrêté, qui comporte de nombreux détails complémentaires au-delà de ces principes généraux.[1]

Conseil pratique

Ne pas négliger les aspects thermiques des exutoires de désenfumage, ainsi que des réseaux d'amenée d'air et d'évacuation des fumées.

Le chapitre de l'arrêté relatif aux dégagements n'étant malheureusement pas un modèle d'ergonomie, on trouvera ci-après un tableau récapitulatif permettant de s'orienter rapidement parmi les articles de l'arrêté.

Les articles cités dans ce tableau font référence à l'arrêté du 31 janvier 1986 relatif à la protection contre l'incendie des bâtiments d'habitation. La présente synthèse n'est bien entendu pas exhaustive des prescriptions.

---

1   Articles 39 à 43 de l'arrêté du 31 janvier 1986 relatif à la protection contre l'incendie des bâtiments d'habitation.

Récapitulatif sur les dégagements en habitation collective

Nota : Un *dégagement* = une circulation horizontale + un escalier

	2e famille	3e famille A	3e famille B	4e famille
Parois des cages d'escaliers situées en limite de façades	REI30 + règle sur les distances à respecter par rapport aux fenêtres. Art. 18			
Parois des cages d'escaliers non situées en limite de façade	REI30. Pas de porte exigée entre circulation et escalier, sauf si dernier logement à plus de 8m de hauteur des engins de secours. Art. 19	REI60. Portes E30 avec ferme-porte s'ouvrant dans le sens de l'évacuation. Art. 20 et 21		
Matériaux utilisés pour les escaliers		Matériaux incombustibles. Art.22		
Revêtements des cages d'escaliers	Murs, rampants et plafonds M2 (euroclasse C). Art. 23	Murs, rampants et plafonds M0 (euroclasse A2s1d0). Revêtements éventuels des marches et contremarches M3 (euroclasse Ds1). Art. 23		
Escalier d'accès au sous-sol	Porte EI30 avec ferme-porte, s'ouvrant dans le sens de l'évacuation. Art. 24	Porte EI30 avec ferme-porte s'ouvrant dans le sens de l'évacuation.		
Caractéristiques des escaliers	Cages d'escalier à désenfumer naturellement par un exutoire de 1 m^2 en hauteur. Art. 25	Exutoire à asservir à un DAD.	Les escaliers doivent être protégés, c'est-à-dire soit à l'air libre, soit à l'abri des fumées (ce qui implique cage d'escalier REI60, ouverture des portes dans les sens de l'évacuation et exutoire de désenfumage). Chaque escalier protégé est desservi à chaque niveau par une circulation protégée. Aucun réseau dans les escaliers. Art. 26 à 29 et 39. Éclairage issu directement du TGBT ou blocs autonomes d'éclairage.	Trois solutions techniques. Art. 40 à 43. Blocs autonomes d'éclairage.
Caractéristiques des circulations horizontales		La distance entre la porte palière du logement la plus éloignée et l'accès à l'escalier est limitée à 10 m. Art. 3	Les circulations horizontales doivent être protégées, c'est-à-dire soit à l'air libre, soit à l'abri des fumées (limitées à 15 m et désenfumées, avec amenée d'air neuf et évacuation des fumées). Art. 30 à 39. Possibilité de désenfumer les circulations horizontales par deux ouvrants opposés. Art. 39	Trois solutions techniques. Art. 40 à 43

3.5.1.8. Gaines et conduites montantes de gaz

En 3ᵉ et 4ᵉ famille, les gaines comportant une conduite de gaz doivent être ventilées par tirage naturel ou extraction mécanique. Attention aux ponts thermiques que cela peut créer.

L'arrêté comporte de plus diverses prescriptions relatives aux autres réseaux, aux gaines et aux circuits de ventilation.

Un arrêté spécifique s'applique de plus aux installations de gaz combustible dans les bâtiments d'habitation.[1]

3.5.1.9. Colonnes sèches

Elles sont obligatoires dans chaque escalier en 3ᵉ famille B et en 4ᵉ famille sauf exception précisée à l'arrêté.

3.5.1.10. Cages d'ascenseurs

Leurs parois doivent être EI30 en 2ᵉ famille, EI60 en 3ᵉ et 4ᵉ famille. Ceci signifie qu'on n'aurait plus le droit actuellement de construire des ascenseurs inclus dans une cage d'escalier comme dans les immeubles anciens.

3.5.2. La sécurité incendie dans les parcs de stationnement couverts des immeubles d'habitation

L'arrêté[2] s'applique aux parkings couverts de plus de 100 m². En dessous de 100 m², aucune prescription particulière n'est à prendre en compte.

3.5.2.1. Stabilité au feu des structures

Les stabilités exigées sont les suivantes :

	Stabilité au feu des structures porteuses	Degré coupe-feu des planchers
Parcs en rez-de-chaussée ou RC et R+1	R30	
Parcs avec au plus deux niveaux au-dessus ou au-dessous du niveau de référence	R60	REI60
Parcs de plus de deux niveaux	R90	REI90 Toutefois les dalles de plancher « constituant des éléments secondaires » peuvent être REI60

Ces dispositions diffèrent un peu de celles du règlement PS.

---

1 Arrêté du 23 février 2018 relatif aux règles techniques et de sécurité applicables aux installations de gaz combustible des bâtiments d'habitation individuelle ou collective, y compris les parties communes.
2 Articles 77 à 96 de l'arrêté du 31 janvier 1986 relatif à la protection contre l'incendie des bâtiments d'habitation.

3.5.2.2. Murs et parois extérieures

Si le parc est contigu à un immeuble d'habitation de 3e ou 4e famille, il doit en être séparé par des parois (murs ou plancher suivant le cas) REI120.

S'il est contigu à un immeuble d'habitation de 2e famille, il doit en être séparé par des parois REI60.

Les murs ou parois verticales d'un parc situés à moins de huit mètres d'un immeuble d'habitation doivent être pare-flammes une heure (RE60). Enfin, les parcs comportant plus d'un niveau en superstructure sont soumis à la règle du C+D, avec C+D ≥ 1 m.

3.5.2.3. Cloisonnements

Tous les niveaux situés en sous-sol doivent être recoupés en compartiments inférieurs à 3 000 m², séparés par des murs REI60.

Les ouvertures entre compartiments doivent être équipées de portes pare-flammes une demi-heure (E30) commandées par un DAD (détecteur autonome déclencheur). Les rampes sont toutefois dispensées de portes pare-flammes.

Ces dispositions sont similaires à celles du règlement PS, mais pas strictement identiques.

3.5.2.4. Escaliers

Les escaliers doivent être disposés de manière à ce que les usagers n'aient pas plus de 40 m à parcourir jusqu'à une issue ou un escalier, s'ils ont le choix entre plusieurs.

S'ils n'ont accès qu'à un seul escalier (zone *en cul-de-sac*), la distance à parcourir doit être limitée à 25 m.

De plus, les escaliers desservant les sous-sols ne doivent pas aboutir dans les escaliers desservant les étages.

Ces dispositions sont quasiment identiques à celles du règlement PS.

3.5.2.5. Désenfumage

Les parcs doivent être ventilés et désenfumés, naturellement ou mécaniquement.

En ventilation naturelle, les ouvertures basses et hautes doivent être chacune d'au moins 0,06 m² par véhicule.

En ventilation mécanique, le renouvellement doit être de 600 m³/h/véhicule. Les ventilateurs doivent être alimentés directement depuis le TGBT, sans passer par un tableau de distribution.

Tant en naturel qu'en mécanique, ces dispositions sont légèrement moins exigeantes que celles du règlement PS.

3.5.2.6. Éclairage de sécurité

Particularité des parcs de stationnement, l'éclairage de sécurité doit être disposé à la fois en partie haute et en partie basse à moins de 50 cm du sol, ceci de manière à ce qu'il reste visible si des fumées envahissent les parties hautes, comme dans le règlement PS.

3.5.2.7. Détection, alarme, moyens de lutte contre l'incendie

En fonction du nombre de niveaux de parking, l'arrêté précise dans quels cas sont nécessaires un système de détection automatique, un système d'alarme, des colonnes sèches dans les escaliers ou sas.

Les parkings souterrains de six niveaux et plus doivent être équipés en sprinklage à partir du sixième niveau (contre trois niveaux dans le règlement PS).

Pour en savoir plus sur les autres règlementations applicables aux parkings couverts

Consulter le §3.8 ci-dessous, dédié à ce sujet.

3.6. Aperçu de la réglementation ERT

Le Code du travail comporte des dispositions importantes pour la conception des bâtiments recevant des travailleurs.

Ces dispositions peuvent être trouvées dans les pages du Code intitulées :

> *Quatrième partie – Santé et sécurité au travail*
>> *Livre deuxième – Dispositions applicables aux lieux de travail*
>>> *Titre I – Obligations du Maître d'ouvrage pour la conception des lieux de travail*
>>> et
>>> *Titre II – Obligations de l'employeur pour l'utilisation des lieux de travail*

Point de vigilance

Le Code du travail ne regroupe pas l'intégralité des dispositions applicables à la conception des bâtiments ERT. Contrairement au Règlement ERP qui, s'il n'est pas exhaustif, vise cependant à donner une vue synthétique du cadre règlementaire, le Code du travail ne donne parfois que les grands principes applicables, et d'autres textes s'appliquent aux bâtiments ERT, qui n'y figurent pas. Le cadre règlementaire ERT est sur certains sujets un maquis, comparé à la relative ergonomie du Règlement ERP.

Principaux textes applicables

D'autres arrêtés s'appliquent aux locaux ERT, outre le Code du travail. On les trouvera sur www.sitesecurite.com, rubrique ERT/Textes satellites.

Il est notamment utile de les identifier pour fixer le cadre règlementaire lors de la rédaction d'une notice de sécurité incendie.

3.6.1. Quelles dispositions pour les locaux ERT dans un ERP ?

Si un ERP comporte des locaux Code du travail (ce qui est presque toujours le cas), les dispositions du Code du travail s'appliquent en complément des dispositions ERP applicables aux locaux ERP.[1]

De même, si un établissement est ERT et habitation, ou ERT et installation classée, le Code du travail s'applique en complément de l'autre réglementation.

Les dispositions les plus contraignantes s'appliquent en cas de contradiction.

---

1 Code du travail, article R.4227-1.

Mais, en pratique, les règlements ERP sont généralement plus exigeants que les dispositions ERT, avec beaucoup d'analogies : le Code du travail a évolué au cours des années pour se rapprocher des dispositions ERP.

3.6.1.1. Le cas particulier des RIE

Concernant les cantines et restaurants interentreprises, la jurisprudence les considère comme des ERT.

Il est cependant conseillé de les concevoir à l'identique d'un ERP, notamment pour les installations techniques. Dans le même esprit, l'arrêté sur l'éclairage de sécurité dans les ERT[1] prescrit l'application des règles ERP pour les cantines, restaurants, salles de conférence et salles de réunion.

3.6.2. Les prescriptions essentielles relatives aux ERT

Les dispositions les plus importantes pour la conception sont résumées ci-dessous.

3.6.2.1. Isolement des ERT

Les ERT doivent être isolés conformément aux dispositions applicables aux tiers. Ainsi un ERT neuf construit en limite d'un ERP doit être isolé en application du règlement ERP ; un ERT neuf construit en limite d'un immeuble d'habitation doit être isolé en application de l'arrêté sur la sécurité incendie dans les immeubles d'habitation.[2]

3.6.2.2. Dégagements en ERT

Le Code du travail définit la notion d'*unité de passage*[3], identique à la définition de l'article CO 36 du Règlement ERP :

– 1 UP : 0,90 m
– 2 UP : 1,40 m
– 3 UP : 1,80 m
– 4 UP : 2,40 m
– n UP : $n \times 0{,}60$ m

Seuls les dégagements de 1 UP et de 2 UP dérogent à la règle « $n \times 0{,}60$ m ».

Pour déterminer les itinéraires d'évacuation, on doit appliquer la règle fondamentale[4] :

> « *La distance maximale à parcourir pour gagner un escalier en étage ou en sous-sol n'est jamais supérieure à 40 m.*
> *Le débouché au niveau du rez-de-chaussée d'un escalier s'effectue à moins de 20 m d'une sortie sur l'extérieur.*
> *Les itinéraires de dégagements ne comportent pas de cul-de-sac supérieur à 10 m.* »

---

1   Arrêté du 14 décembre 2011 relatif aux installations d'éclairage de sécurité.
2   Code du travail, article R4216-3.
3   Code du travail, article R4216-5.
4   Code du travail, article R4216-11.

Cette règle diffère légèrement du Règlement ERP (article CO 49), lequel considère une distance de 30 m au lieu de 40 m dans certains cas.

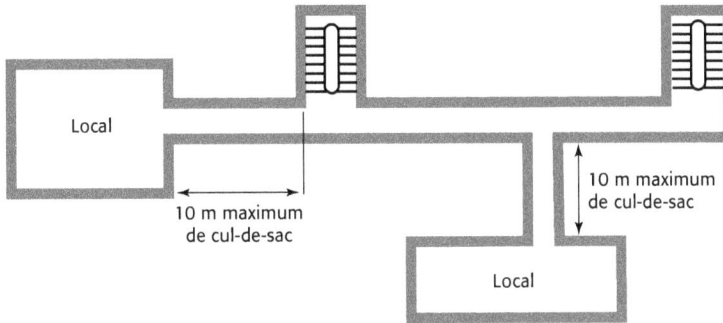

Figure 26. Exemples de cul-de-sac.

Le nombre et la dimension des dégagements à prévoir en fonction de l'effectif des locaux sont imposés par le tableau page suivante, qui présente des analogies avec l'article CO 38 du Règlement ERP et dans lequel l'effectif est celui déclaré par le chef d'établissement.[1] L'effectif comprend les personnes visitant ponctuellement l'établissement, ce qui signifie qu'on peut admettre qu'un ERT accueille ponctuellement du public, sans pour autant être un ERP.

Les locaux de travail ne peuvent pas être implantés à plus de 6 m sous le niveau moyen des évacuations, sauf si « *la nature technique des activités le justifie* ».[2] Cette règle est analogue à l'*interdiction d'enfouissement* des ERP à plus de 6 m, figurant à l'article CO 40 du Règlement ERP.

Les portes susceptibles d'être utilisées pour l'évacuation de plus de 50 personnes s'ouvrent dans le sens de la sortie.[3]

Pour les dégagements, les clés sous verre dormant ne sont plus autorisées.

Le Code comporte des règles relatives aux escaliers, notamment l'interdiction de disposer une ou deux marches isolées dans une circulation principale.[4]

Les escaliers doivent comporter une main-courante ou une rampe ; ceux de plus de 1,5 m de large doivent en comporter une de chaque côté.[5]

Les escaliers d'évacuation des étages doivent être « dissociés » de ceux évacuant les sous-sols, c'est-à-dire qu'on ne doit pas pouvoir, en descendant depuis les étages, s'engager involontairement dans l'escalier menant aux sous-sols.[6]

Point de vigilance

Le tableau page suivante est extrait du Titre I relatif à la *conception des lieux de travail*. Nouvel exemple du manque d'ergonomie de la règlementation, le Code du travail comporte aussi, dans le Titre II relatif à l'*utilisation des lieux de travail*, un autre tableau des dégagements, légèrement différent de celui-ci. Le titre I précise que le tableau issu du Titre II n'est pas applicable ; il aurait sans doute été plus simple de le supprimer…[7]

---

1 Code du travail, article R4216-8.
2 Code du travail, article R4216-10.
3 Code du travail, article R4227-6.
4 Code du travail, article R4216-12.
5 Code du travail, article R4227-10.
6 Code du travail, article R4227-11.
7 Code du travail, article R4216-6, qui précise que l'article R4227-5 n'est pas à appliquer.

Le tableau ci-dessous détaille les dégagements en ERT.

Les dégagements exigibles en ERT		
Effectif	**Nombre de dégagements**	**Nombre total d'unités de passage**
Moins de 20 personnes	1	1
De 20 à 50 personnes	1+1 dégagement accessoire	1
	(a) ou 1 (b)	2
De 51 à 100 personnes	2	2
	ou 1+1 dégagement accessoire (a)	2
De 101 à 200 personnes	2	3
De 201 à 300 personnes	2	4
De 301 à 400 personnes	2	5
De 401 à 500 personnes	2	6
Au-dessus des 500 premières personnes : – le nombre des dégagements est augmenté d'une unité par 500 ou fraction de 500 personnes ; – la largeur cumulée des dégagements est calculée à raison d'une unité de passage pour 100 personnes ou fraction de 100 personnes. Dans le cas de rénovation ou d'aménagement d'un établissement dans un immeuble existant, la largeur de 0,90 m peut être ramenée à 0,80 m.		

(a) Un dégagement accessoire peut être constitué par une sortie, un escalier, une coursive, une passerelle, un passage souterrain ou un chemin de circulation, rapide et sûr, d'une largeur minimale de 0,60 m, ou encore par un balcon filant, une terrasse, une échelle fixe.

(b) Cette solution est acceptée si le parcours pour gagner l'extérieur n'est pas supérieur à 25 mètres et si les locaux desservis ne sont pas en sous-sol.

3.6.2.3. Infirmerie en ERT

Si l'effectif est supérieur à 200 personnes dans l'industrie, ou 500 personnes dans les autres ERT, il faut prévoir un local de « premier secours », facilement accessible.[1]

3.6.2.4. Accessibilité aux personnes handicapées / Évacuation des personnes handicapées en ERT

Les locaux doivent être accessibles aux travailleurs handicapés (voir ci-dessous chapitre sur ce sujet).[2]

Des espaces d'attente sécurisés doivent être prévus à chaque niveau, sauf pour les ERT en rez-de-chaussée et ceux comportant deux compartiments. Point important, tout local choisi comme espace d'attente sécurisé doit être coupe-feu 1 h et stable au feu 1 h, ce qui implique

---

1   Code du travail, article R4214-23.
2   Code du travail, articles R4214-26 et 27.

que les structures qui le portent, y compris aux étages inférieurs, soient stables au feu 1 h.[1] Comme en ERP, la solution la plus simple est d'utiliser les paliers d'escalier, ce qui implique cependant de les encloisonner.

3.6.2.5. Installations électriques en ERT

Les dispositions à respecter sont regroupées dans un décret spécifique.[2] Elles comportent notamment l'obligation de réaliser une vérification initiale des installations électriques après les travaux (voir chapitre Notions de base en courants forts).

Sources de sécurité

Un arrêté (pas aussi clair que les dispositions ERP) précise les dispositions relatives aux alimentations de sécurité en ERT.[3] Une distinction est faite entre les installations nécessaires pour assurer la sécurité des travailleurs en cas de sinistre (désenfumage, SSI, etc.) et celles dont l'arrêt ou le maintien à l'arrêt entraînerait des risques pour le personnel, c'est-à-dire les installations liées au *« process »*. Les règles strictes des ERP pour les sources de sécurité, groupes électrogènes, TGS, etc. ne s'appliquent pas telles quelles.

Éclairage

Le Code du travail exige un éclairage *naturel* sur les lieux de travail *« sauf dans les cas où la nature technique des activités s'y oppose »*. Par ailleurs, les locaux doivent comporter des fenêtres à hauteur des yeux, sauf en cas d'incompatibilité avec l'activité.[4]

Éclairage de sécurité

Les règles à respecter pour la conception de l'éclairage de sécurité dans les ERT figurent dans un arrêté spécifique.[5] Pour mémoire, l'éclairage de sécurité répond à deux fonctions :
- éclairage d'évacuation ;
- éclairage d'ambiance ou anti-panique.

Les critères d'équipement d'un local en éclairage de sécurité diffèrent un peu des règles ERP ; en pratique, les électriciens utilisent parfois des règles unifiées qui répondent à la fois aux exigences ERP et ERT.

L'éclairage d'évacuation *« doit être mis en œuvre dans les dégagements et dans tout local pour lequel les conditions suivantes ne sont pas réunies :*
- *le local débouche directement, de plain-pied, sur un dégagement commun équipé d'un éclairage d'évacuation, ou à l'extérieur ;*
- *l'effectif du local est inférieur à 20 personnes ;*
- *toute personne se trouvant à l'intérieur dudit local doit avoir moins de trente mètres à parcourir. »*[6]

1 Code du travail, articles R4216-2-1 à 4216-2-3.
2 Décret n° 88-1056 du 14 novembre 1988 relatif à protection des travailleurs dans les établissements qui mettent en œuvre des courants électriques.
3 Arrêté du 26 février 2003 relatif aux circuits et installations de sécurité.
4 Code du travail, article R4213-3.
5 Arrêté du 14 décembre 2011 relatif aux installations d'éclairage de sécurité – certains articles sont redondants avec l'arrêté du 26 février 2003.
6 Arrêté du 14 décembre 2011 relatif aux installations d'éclairage de sécurité, article 5.

Dans les dégagements, il doit être implanté tous les quinze mètres.

Quant à l'éclairage d'ambiance, il « *doit être réalisé dans chaque local où l'effectif atteint 100 personnes avec une occupation supérieure à une personne par dix mètres carrés* ».

Systèmes d'alarme

Si l'ERT accueille plus de 50 personnes, ou si des matières inflammables y sont manipulées, il doit comporter un système d'alarme sonore.[1] Des précisions sur le type de système d'alarme exigible figurent dans un arrêté.[2]

SSI

Contrairement aux ERP, les ERT n'ont pas besoin règlementairement d'être équipés d'un SSI sauf cas particulier. Dans la pratique, bien que cela ne soit pas exigible, les immeubles de bureaux neufs (et de nombreux immeubles existants) sont malgré tout équipés d'une installation de détection incendie.

3.6.2.6. Ventilation des locaux à pollution non spécifique en ERT

Il faut entendre par là les locaux autres que sanitaires, et dans lesquels il n'y a pas de produits chimiques particuliers.

Le Code du travail impose leur ventilation, soit mécanique, soit par une ventilation naturelle permanente.

Il autorise la ventilation par simple ouverture des fenêtres par les occupants pour les locaux présentant un volume supérieur à 15 m³/occupant (valeur à passer à 24 m³ si les locaux n'accueillent pas un travail physique « léger »).

Les circulations et les locaux occupés de manière épisodique peuvent être ventilés par l'intermédiaire des locaux voisins.[3]

3.6.2.7. Ventilation des locaux à pollution spécifique en ERT

Il faut entendre par là les sanitaires, salles d'eau, cuisines, laboratoires et locaux comportant des produits chimiques.

Ces locaux doivent obligatoirement être ventilés.[4]

3.6.2.8. Désenfumage des ERT

Pour les locaux relevant du Code du travail, les obligations de désenfumage sont analogues à la réglementation ERP. Elles prescrivent le désenfumage naturel ou mécanique :

- des locaux de plus de 300 m² en rez-de-chaussée et en étage ;
- des locaux de plus de 100 m² aveugles (sans ouverture sur l'extérieur) ;
- des locaux de plus de 100 m² en sous-sol ;

---

1 Code du travail, article R4227-34.
2 Arrêté du 4 novembre 1993 relatif à la signalisation de sécurité et de santé au travail, article 14 et annexe IV.
3 Code du travail, articles R4222-4 à 9.
4 Code du travail, articles R4222-10 à 17.

- de tous les escaliers (des dérogations peuvent être demandées dans certaines configurations) ;[1]
- de tous les compartiments d'un bâtiment dont le plancher bas du dernier niveau est à plus de 8 m du sol ;
- de tous les compartiments s'il n'est pas prévu de cloisonnement traditionnel.

En cas de désenfumage naturel[2], les sections géométriques d'évacuation de fumée et les sections géométriques des amenées d'air doivent être au moins égales *au 1/100 de la surface du local, avec un minimum de 1 m². De plus, la surface utile d'évacuation des fumées (SUE) de l'exutoire, notion qui détermine son efficacité réelle, doit être supérieure à 1/200 de la superficie du local. Consulter le fabricant pour connaître la SUE.

En cas de désenfumage mécanique[3], le débit doit être de 1 m³/s/100 m².

(Voir ci-dessous le chapitre Désenfumage des ERP : les solutions de désenfumage qui y sont décrites – IT 246 – sont utilisables en ERT.)

Ces dispositions diffèrent notamment du Règlement ERP sur les points suivants :

- tous les escaliers ERT sont à désenfumer sans distinction, alors que l'article DF 5 du Règlement ERP est moins contraignant,
- les circulations des ERT ne sont à pas désenfumer, alors que l'article DF 6 du Règlement ERP exige le désenfumage de certaines circulations.

Règle d'or

En ERT les circulations ne sont pas désenfumées.

3.6.2.9. Dimensionnement des sanitaires en ERT

Le Code du travail fournit les dimensionnements à respecter pour les sanitaires : au moins un WC et un urinoir pour vingt hommes, et deux WC pour vingt femmes, en prenant en compte l'effectif maximal présent dans l'établissement.

Il est bien connu que ce dimensionnement des WC femmes est insuffisant, mais le législateur n'a pas encore corrigé cette anomalie.

3.6.3. Dispositions spécifiques aux ERT dont le plancher bas du dernier niveau est situé à plus de 8 m du sol

Pour ces bâtiments, certaines prescriptions particulières s'appliquent, qui découlent du Code du travail et d'un arrêté spécifique[4] :

- la structure doit être stable au feu une heure (R60), les planchers doivent être coupe-feu une heure (REI60), et ils doivent être isolés des bâtiments ou locaux voisins par des parois coupe-feu une heure ou par des sas avec portes pare-flammes une demi-heure (E30) ;

---

1   Code du travail, articles R4216-13 à 15.
2   Arrêté du 5 août 1992 pris pour l'application des articles R235-4-8 et R235-4-15 du Code du travail et fixant des dispositions pour la prévention des incendies et le désenfumage de certains lieux de travail.
3   Idem, article 13.
4   Arrêté du 5 août 1992 cité ci-dessus.

- une façade au moins doit être accessible aux pompiers ;[1]
- les escaliers d'évacuation doivent être encloisonnés dans des cages coupe-feu une heure avec portes pare-flammes une demi-heure (E30), ou à l'air libre ;
- des règles particulières s'appliquent pour la résistance au feu des matériaux de construction.[2]

Ces dispositions étant assez contraignantes, elles dissuadent de concevoir un bâtiment ERT dont le plancher bas du dernier niveau serait juste au-dessus de 8 m.

3.6.3.1. Distribution intérieure des locaux en ERT

Pour concevoir le cloisonnement de locaux ERT dont le plancher bas du dernier niveau est situé à plus de 8 m du sol, deux grandes options sont possibles : le cloisonnement traditionnel et le compartimentage.[3]

Cloisonnement traditionnel

Dans cette solution, toutes les parois doivent être REI60 entre les locaux et les dégagements, avec portes E30.

Un cloisonnement E30 est demandé entre locaux sans risques particuliers, mais à l'intérieur d'un ensemble de locaux inférieur à 300 m², au même niveau, cette prescription n'est pas exigée : on peut donc avoir des ensembles de locaux à risque courant de 300 m², uniquement coupe-feu par rapport aux dégagements.

Circulations horizontales : il faut qu'elles comportent un recoupement tous les 30 m par parois et bloc-portes E30 en va-et-vient munis de ferme-portes.

C'est le respect de ces deux règles qu'on appelle le « cloisonnement traditionnel ».

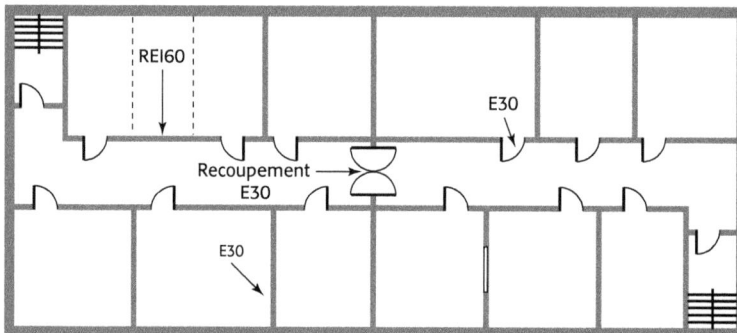

Figure 27. Exemple de cloisonnement traditionnel d'un ERT.

---

1 Code du travail, article R4216-25.
2 Code du travail, articles R4216-24 à 29.
3 Arrêté du 5 août 1992 pris pour l'application des articles R235-4-8 et R235-4-15 du Code du travail et fixant des dispositions pour la prévention des incendies et le désenfumage de certains lieux de travail, article 6.

Compartiments

Cette solution alternative permet de s'affranchir de la limite des 300 m² citée ci-dessus, en réalisant des compartiments pouvant aller jusqu'à 1 000 m², moyennant certaines contraintes, dont la principale est le désenfumage.

Dans cette variante, les niveaux sont composés de compartiments, qui doivent avoir notamment les caractéristiques suivantes :

a) chaque niveau doit comporter au moins deux compartiments de capacité d'accueil équivalente ; la surface maximale d'un compartiment est de 1 000 m² ;

b) les parois entre compartiments, façades exclues, doivent être au moins REI60 ;

c) chaque compartiment doit comporter des issues de secours donnant sur l'extérieur ou sur un dégagement ;

d) le passage d'un compartiment à un autre ne peut se faire que par des dispositifs de communication situés sur les circulations principales ;

e) chaque compartiment doit être désenfumé.

Consulter l'arrêté pour le détail des prescriptions.

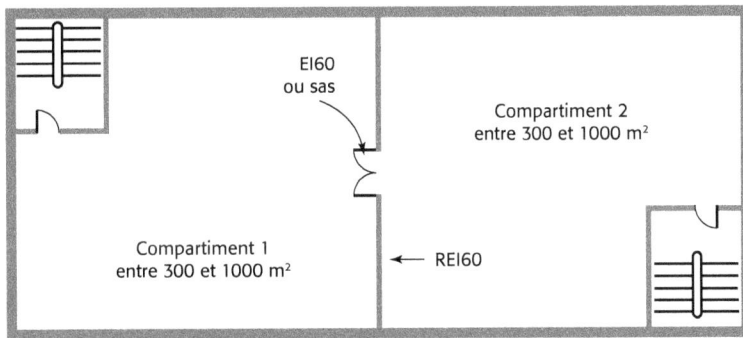

Figure 28. Exemple de compartiments en ERT.

3.6.3.2. Locaux à risques particuliers en ERT

Toujours dans les bâtiments dont le plancher du dernier niveau est à plus de 8 m du sol, les locaux considérés comme à risques particuliers doivent être au moins REI60. Ce sont en particulier[1] :

- les vide-ordures ;
- les machineries d'ascenseurs ;
- les locaux CTA (alors qu'en ERP ce sont des locaux à risque courant : encore une absurdité règlementaire) ;
- les locaux contenant des groupes électrogènes ;
- les postes HT ;
- les « grandes cuisines » (c'est-à-dire contenant des appareils de cuisson d'une puissance totale supérieure à 20 kW) ;

---

1 Arrêté du 5 août 1992 modifié pris pour l'application des articles R235-4-8 et R235-4-15 du Code du travail et fixant des dispositions pour la prévention des incendies et le désenfumage de certains lieux de travail, article 6.

- les locaux d'archives et les réserves ;
- les dépôts contenant plus de 150 litres de liquides inflammables ;
- les locaux de stockage de butane et de propane commerciaux n'ayant pas une face ouverte sur l'extérieur.

3.7. Enjeux de la réglementation IGH

Un immeuble de grande hauteur est un immeuble dont le plancher du dernier niveau est situé, par rapport au plus haut niveau d'accès des engins pompiers :
- à plus de 50 m pour les habitations ;
- à plus de 28 m pour les autres immeubles ;
- à plus de 200 m pour les immeubles de très grande hauteur (ITGH).[1]

Point de vigilance

Pour mémoire, la réglementation des IGH non destinés à l'habitation dont le plancher bas le plus haut est situé entre 28 et 50 m du sol évoluera au 2ᵉ semestre 2019, avec la publication du décret règlementant le nouveau concept d'*immeubles de moyenne hauteur*.

Le but de cette réforme est d'harmoniser la réglementation des immeubles entre 28 et 50 m, dont certains étaient jusqu'à présent des IGH et d'autres non.

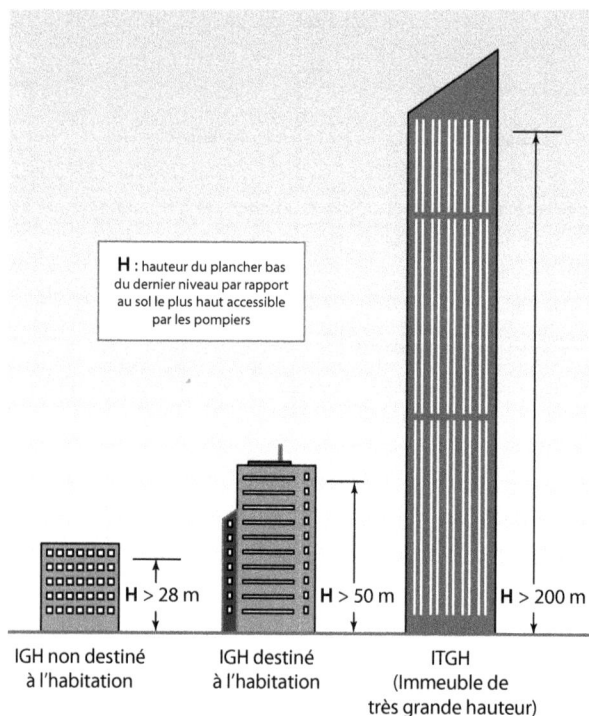

Figure 29. Classement des IGH.

---

1 Code de la construction et de l'habitation – Chapitre 2. Dispositions relatives aux immeubles de grande hauteur (IGH), article R122-2.

Les bâtiments contigus sont aussi considérés comme IGH, sauf s'ils bénéficient d'un isolement particulier.[1]

S'il faut retenir un concept relatif aux IGH, c'est la notion de *volume de protection*.

Les IGH doivent être isolés de toute construction par un mur ou une façade coupe-feu deux heures *sur toute sa hauteur* ou par un volume de protection de huit mètres de largeur. Compte tenu du coût important des façades coupe-feu, ce n'est évidemment pas la façade des IGH qui est intégralement coupe-feu, et c'est le concept de volume de protection qui est utilisé en pratique. Dans le volume de protection ne peuvent être présents que des bâtiments dont le dernier niveau est à moins de 8 m de hauteur du sol et dont l'enveloppe est entièrement RE120 (pare-flammes deux heures), ce qui est assez contraignant.[2]

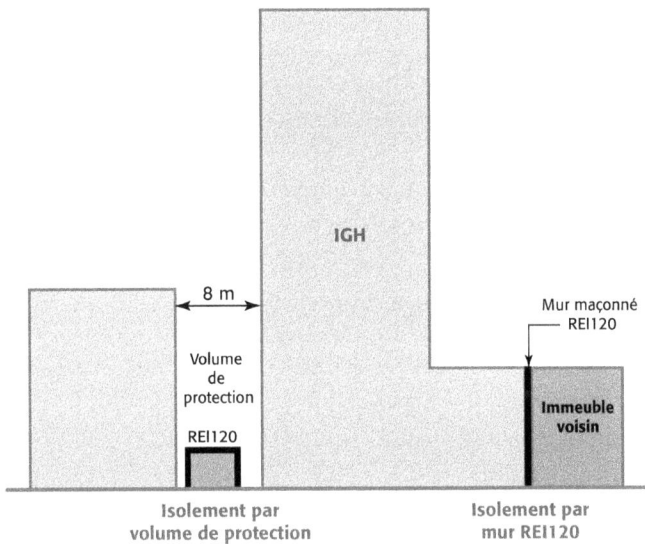

Figure 30. Volume de protection d'un IGH : une zone de non-constructibilité.

Outre les nombreuses contraintes règlementaires, ce qui limite la construction des IGH, c'est l'obligation pour le propriétaire d'avoir *en permanence* sur place un service de sécurité.[3]

Compte tenu du faible nombre de projet d'IGH, le lecteur se référera pour plus de détails au Règlement de sécurité, articles GH, qui sont complétés par des articles spécifiques à chaque type d'IGH : habitation, bureau, ERP, hôtel, enseignement, etc.[4]

---

1   Arrêté du 30 décembre 2011 portant règlement de sécurité pour la construction des immeubles de grande hauteur et leur protection contre les risques d'incendie et de panique, article GH 8.
2   Idem.
3   Idem, article GH 60.
4   Arrêté du 30 décembre 2011 portant règlement de sécurité pour la construction des immeubles de grande hauteur et leur protection contre les risques d'incendie et de panique, ou plus simplement sur www.sitesecurite.com.

3.8. Les parcs de stationnement couverts

3.8.1. Règlement applicable en matière de sécurité incendie

Comme détaillé plus haut, les parcs de stationnement couverts peuvent relever de la réglementation des immeubles d'habitation[1], ou du règlement ERP type PS (parcs de stationnement).[2]

3.8.2. Dimensionnement des emplacements et des voies des parcs de stationnements

Le dimensionnement des parcs de stationnements joue un rôle essentiel dans la conception de ces espaces, du fait des optimisations généralement exigées par les maîtres d'ouvrage, qui s'intéressent de très près au ratio coût par place de parking.

Les règles de dimensionnement figurent, de manière assez absurde, dans deux normes distinctes :

- la NF P 91-120 pour les parcs de stationnement à usage privatif[3],
- la NF P 91-100 pour les parcs de stationnement accessibles au public.[4]

Ces deux normes sont extrêmement similaires, mais présentent quelques différences :

La norme sur les parcs privatifs distingue deux types d'emplacement : les emplacements « A », dits *normaux*, et les emplacements « B », dits *réduits*, lesquels conviennent aux plus petits véhicules, mais ne doivent pas représenter plus de 10 % du nombre total d'emplacements. Ce taux peut être ramené à 5 % à la demande du maître d'ouvrage.

La norme sur les parcs publics distingue des catégories dites 1, 2 et 3 d'emplacement.

Les normes déterminent tous les dimensionnements minimaux des emplacements, en fonction du type de stationnement : alignés, en épi, en long, en présence d'obstacles (poteaux) et en fonction de leur positionnement, etc.

Il n'est pas rare de voir des tracés entiers de parkings à effacer et repeindre intégralement si la norme n'a pas été respectée.

La responsabilité du promoteur peut être engagée si un acheteur considère sa place de parking inexploitable, comme l'a montré un récent arrêt de la Cour de cassation.[5] Une vigilance toute particulière est donc nécessaire sur ce point.

Pour mémoire, on veillera par ailleurs aux règles relatives aux emplacements vélo et aux alimentations pour véhicules électriques.

---

1 Arrêté du 31 janvier 1986 relatif à la protection contre l'incendie des bâtiments d'habitation.
2 Articles PS 1 à PS 43 – Règlement de sécurité incendie dans les ERP (approuvé par arrêté du 25 juin 1980 et modifié) – Livre 4. Dispositions applicables aux établissements spéciaux – Chapitre 6. Établissements de type PS : Parcs de stationnement couverts.
3 NF P91-120 : Dimensions des constructions – Parcs de stationnement à usage privatif – Dimensions minimales des emplacements et des voies.
4 NF P 91-100 : Parcs de stationnement accessibles au public – Règles d'aptitude à la fonction – Conception et dimensionnement.
5 3ᵉ chambre civile, du 20 mai 2015, n° 14-15107.

Dimensions de référence dans le cas d'obstacles situés à plus de 1,1 m de la voie
de desserte et à plus de 2,2 m du fond de l'emplacement

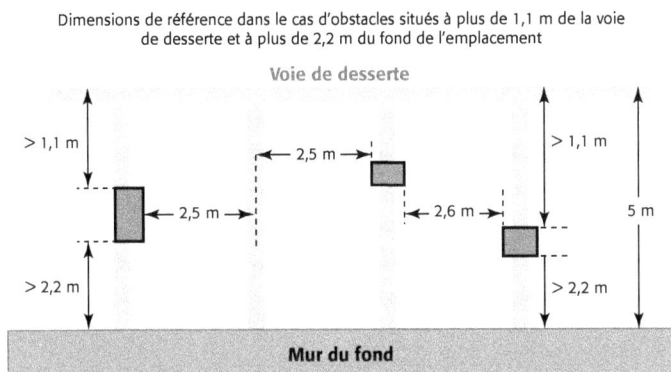

Figure 31. Exemple de dimensionnement de places de parking extrait de la norme NF P91-120 (vue en plan).

3.8.3. Installations de recharge des véhicules électriques et zones de stationnement vélos

L'obligation de prévoir des postes de recharge pour les véhicules électriques dans les parcs de stationnement situés dans un bâtiment découle du Code de la construction et de l'habitation[1], qui décrit les caractéristiques techniques des installations.

Dans certains cas un système de mesure des consommations électriques individuelles doit pouvoir être implanté.

Des places de stationnement vélo[2] sont aussi obligatoires dans les parcs de stationnement des bâtiments. Ces places peuvent aussi être implantées à l'extérieur du bâtiment.

Ces deux obligations s'appliquent aux parcs de stationnement :
- des immeubles d'habitation ;
- des bâtiments industriels ou tertiaires ;
- des immeubles « accueillant un service public », que le parc soit destiné aux agents ou au public ;
- des centres commerciaux et des complexes de cinéma.

D'après ce texte, l'obligation de prévoir des recharges électriques ne concerne donc pas les parcs de stationnement publics associés à un bâtiment.

En termes de sécurité incendie, les installations de recharge de véhicules électriques (IRVE) sont considérées comme des points sensibles par les pompiers, car elles ont régulièrement causé des incendies.

Pour en savoir plus sur les parcs de stationnement couverts ouverts au public et sur les installations de recharge de véhicules électriques

Consulter le *Guide pratique relatif à la sécurité incendie dans les parcs de stationnement couverts ouverts au public*, Ministère de l'intérieur, disponible sur www.interieur.gouv.fr/Le-ministere/Securite-civile/Documentation-technique/Les-sapeurs-pompiers/La-reglementation-incendie. Ce guide est utilisé par les Commissions, et il convient donc de le respecter malgré son absence de caractère règlementaire

---

1   Code de la construction et de l'habitation, article R111-14-2, R111-14-3, R111-14-3-1 et R111-14-3-2.
2   Code de la construction et de l'habitation, article R111-14-4 à R111-14-8.

3.9. Les ICPE

La réglementation des installations classées pour la protection de l'environnement est basée sur une *nomenclature*, qui comporte deux catégories de rubriques :
- l'emploi ou le stockage de certaines substances présentant un danger pour l'environnement ;
- le type d'activité de l'exploitation.

Un établissement peut donc être classé en ICPE soit à cause d'une substance qu'il emploie ou stocke, soit à cause de son type d'activité. Chaque rubrique est identifiée par un numéro à quatre chiffres dont les deux premiers caractérisent la famille de substance ou d'activité (ex : 14XX substances inflammables, 22XX agroalimentaire…).

Point de vigilance

La nomenclature est souvent modifiée, car elle s'adapte aux évolutions technologiques. De plus, depuis le Grenelle II, la réglementation ICPE s'est beaucoup développée. On peut la consulter sur le site Internet de l'Inéris, « Aïda ».

Chaque rubrique de la nomenclature est réglementée par un arrêté spécifique ; autant dire qu'il est impossible de les connaître tous, et qu'une analyse détaillée est nécessaire au cas par cas pour chaque projet.

Quelques exemples de rubriques ICPE
- rubrique 1435 : stations-service ;
- rubrique 1510 : stockage de matières, produits ou substances combustibles dans des entrepôts couverts ;
- rubrique 2101 : élevage, transit, vente, etc. de bovins ;
- rubrique 2340 : blanchisserie, laverie de linge.

La nomenclature définit les seuils quantitatifs à partir desquels l'installation devient ICPE (toute blanchisserie n'étant certes pas une ICPE !).

La législation donne à l'État le pouvoir :
- d'autoriser ou non l'exploitation d'une ICPE ;
- d'imposer des règles relatives à l'exploitation ;
- de contrôler l'exploitation ;
- de sanctionner les exploitants.

En fonction du tableau de la nomenclature ICPE, une ICPE peut être soumise à trois régimes différents :
- autorisation ;
- déclaration ;
- enregistrement.

Le régime de l'enregistrement a été introduit en 2009 pour simplifier la gestion des ICPE les moins dangereuses.

Conseil pratique

En conclusion, pour réaliser une mission portant sur une ICPE :
- identifier la rubrique concernée dans la nomenclature ICPE ;
- analyser l'arrêté spécifique à la rubrique concernée ;
- s'entourer des compétences spécialisées nécessaires.
- lors de la mise au point du contrat de maîtrise d'œuvre, être très vigilant sur la liste des prestations d'étude non comprises.

Pour en savoir plus sur les ICPE

Consulter le site Internet du ministère de l'Environnement et celui de l'Inéris.

3.10. Quelques concepts fondamentaux en sécurité incendie

3.10.1. Les Euroclasses de réaction au feu et l'abandon de l'ancienne classification « M0, M1… »

La classification des matériaux de construction vis-à-vis de leur réaction au feu était basée en France dans le passé sur la nomenclature M0 (incombustible), M1, M2, M3, M4 (facilement inflammable). De nombreux textes utilisent toujours ce vocabulaire.

Ce système est maintenant remplacé par une nomenclature européenne, les *Euroclasses de réaction au feu*, qu'il faut maintenant utiliser dans les prescriptions.

Les Euroclasses de réaction au feu distinguent deux familles de matériaux de construction : les sols et les autres produits.[1]

Les essais de réaction au feu permettent de ranger les produits dans sept Euroclasses[2] :

Les Euroclasses de réaction au feu		
	Produits autres que sols	**Sols** (fl comme *floor*)
Produits peu ou très peu combustibles	A1	A1$_{fl}$
	A2	A2$_{fl}$
Produits combustibles dont la contribution au flash-over est très limitée	B	B$_{fl}$
Produits combustibles dont la contribution au flash-over est limitée	C	C$_{fl}$
Produits combustibles dont la contribution au flash-over est significative	D	D$_{fl}$
Produits combustibles dont la contribution à l'embrasement généralisé est très importante	E	E$_{fl}$
	F	F$_{fl}$

---

1   Il existe aussi une classe utilisée pour les calorifugeages de tuyauterie, et une pour les câbles électriques.
2   Suivant la norme NF EN 13 501-1 – Classement au feu des produits et éléments de construction – Partie 1 : classement à partir des données d'essais de réaction au feu.

En outre, les matériaux de construction sont classés suivant deux autres critères :

- **Classement s** (comme *smoke*) pour la production de fumées
    - s1 : dégagement de fumées très limité ;
    - s2 : dégagement de fumées limité ;
    - s3 : matériau ne répondant ni au critère s1 ni au critère s2.

- **Classement d** (comme *drops*) pour la production de gouttelettes/particules enflammées
    - d0 : pas de gouttelettes ;
    - d1 : dégagement de gouttelettes persistant pendant au plus 10 s ;
    - d2 : matériau ne répondant ni au critère d0 ni au critère d1.

Un arrêté de transposition[1] a mis en application cette nouvelle classification, tout en définissant des règles pour la période transitoire, permettant d'utiliser les Euroclasses en réponse aux exigences de la réglementation française, lesquelles demeurent, pour certains textes, exprimées suivant le classement M.

Le tableau page suivante[2] donne la correspondance entre ancienne classification et Euroclasses, c'est-à-dire quelles Euroclasses doivent respecter les produits dont un règlement français exige qu'ils soient M0, M1, etc.

Euroclasses de réaction au feu selon la NF EN 13501-1			Classement M Exigence
A1			Incombustible
A2	s1	d0	M0
A2	s1	d1	M1
A2	s2	d0	M1
A2	s3	d1	M1
B	s1	d0	M1
B	s2	d1	M1
B	s3		M1
C	s1		M2
C	s2		M2
C	s3		M2
D	s1		M3
D	s2		M4 (non gouttant)
D	s3		M4 (non gouttant)
Toutes les classes autres que E, d2 et F			M4

Pour en savoir plus sur les Euroclasses de réaction au feu

Consulter l'arrêté du 21 novembre 2002.

---

1 Arrêté du 21 novembre 2002 relatif à la réaction au feu des produits de construction et d'aménagement.
2 Annexe 4 de l'Arrêté du 21 novembre 2002 relatif à la réaction au feu des produits de construction et d'aménagement.

3.10.2. Les Euroclasses de résistance au feu et l'abandon de l'ancienne classification SF, CF, PF

La résistance au feu (ou stabilité au feu) était dans le passé décrite en France par les termes :

- stable au feu (SF), c'est-à-dire apte à conserver ses caractéristiques structurelles (portance et « auto-portance ») lors de l'incendie ;
- pare-flamme (PF), c'est-à-dire stable au feu et étanche aux flammes et aux fumées ;
- coupe-feu (CF), c'est-à-dire étanche aux flammes et en outre empêchant la propagation de la chaleur.

Ainsi, une tôle métallique peut être étanche aux flammes tout en laissant la chaleur se propager ; elle n'est donc pas coupe-feu.

Comme pour la réaction au feu, la nomenclature des performances de résistance au feu a été unifiée au niveau européen[1], et la nouvelle nomenclature européenne est maintenant applicable en France[2], même si de nombreux textes règlementaires antérieurs utilisent toujours l'ancienne nomenclature.

Il faut donc abandonner dans les prescriptions l'ancien vocabulaire.

La stabilité au feu est désormais symbolisée par la lettre *R* (résistance), le classement pare-flammes par *E* (étanchéité au feu) et l'isolation thermique intervenant dans le degré coupe-feu par *I* (isolation). De plus, la mesure des durées de résistance est désormais indiquée en minutes et non en heures ; on parle de R30, de REI90 ou de EI120.

Point de vigilance

Attention lors de la « traduction », car les Euroclasses n'utilisent pas la même nomenclature selon que l'élément est porteur ou non. Ainsi, un mur coupe-feu une heure se dit REI60, mais une porte coupe-feu une heure, comme elle n'est pas porteuse, se dit EI60.

Compte tenu de ces subtilités, le tableau[3] ci-dessous permet de connaître, pour chaque type d'élément, le bon vocabulaire à utiliser.

Ancienne nomenclature	Euroclasses	Exemples d'application
Stable au feu	R	Éléments porteurs sans fonction de compartimentage : poteau, poutre, passerelle, balcon, toiture, plancher
Pare-flammes	RE	Mur ; plancher ; toiture
Coupe-feu	REI	Mur ; plancher ; toiture
Pare-flammes	E	Cloison ; façade ou mur extérieur ; calfeutrement de pénétration ; portes.
Coupe-feu	EI	Cloison ; plafond ; façade ou mur extérieur ; calfeutrement de pénétration ; portes

---

1 Norme NF EN 13501-2 +A1 – Classement au feu des produits de construction et éléments de bâtiment - Partie 2 : classement à partir des données d'essais de résistance au feu à l'exclusion des produits utilisés dans les systèmes de ventilation.

2 Voir l'arrêté du 22 mars 2004 relatif à la résistance au feu des produits, éléments de construction et d'ouvrages.

3 Adapté de l'annexe 1 de l'arrêté du 22 mars 2004 relatif à la résistance au feu des produits, éléments de construction et d'ouvrages.

L'Euroclasse comporte de nombreux autres symboles, par exemple D, durée de stabilité à température constante, qui est utilisée pour les écrans de cantonnement : l'IT 246 exige des écrans de cantonnement « DH30 ».

Pour en savoir plus sur l'Euroclasse de résistance au feu

Consulter l'arrêté du 22 mars 2004.

Les avis de chantier

Les performances d'un produit de construction en termes de stabilité au feu sont attestées par un rapport de classement ou un procès-verbal établi par un laboratoire agréé.

Lorsque, sur un chantier particulier, les solutions constructives s'écartent du cadre règlementaire et rendent nécessaire de justifier la performance au feu, on peut demander un *avis de chantier* en matière de résistance au feu, valable pour cette construction particulière.[1]

L'avis de chantier est un avis d'expert, qui peut être établi par un laboratoire agréé, par Efectis ou par le CSTB. C'est généralement un avis sur plans, mais une expertise sur site peut aussi être nécessaire. Il évite la réalisation d'essais.

Il peut arriver que le terme d'avis de chantier soit aussi utilisé par abus de langage pour désigner une procédure de validation sans rapport avec une stabilité au feu.

Si les avis de chantier ne sont pas réutilisables d'une opération à l'autre, il existe d'autres formes d'*appréciations de laboratoire agréé*, qui peuvent concerner un produit indépendamment d'un chantier particulier. Ces avis d'expert garantissent une performance au feu en l'absence de PV d'essai ou de calculs conventionnels.

Pour en savoir plus sur les avis de chantier

Consulter par exemple le site d'Efectis, www.efectis.com.

3.10.3. Le désenfumage

Le désenfumage a pour objet d'extraire, en début d'incendie, une partie des fumées et des gaz de combustion à l'extérieur des locaux à protéger.[2] Son rôle est important, puisque 80 % des décès dans un incendie sont dus à l'intoxication par les fumées.

Ses objectifs sont :

- d'évacuer la fumée et les gaz toxiques pour diminuer les risques d'asphyxie ;
- d'augmenter la visibilité pour permettre une évacuation plus rapide du public et faciliter l'intervention des secours ;
- de diminuer la température des locaux pour limiter la propagation de l'incendie et faciliter l'intervention des secours.

---

1 La procédure de l'avis de chantier est décrite à l'article 14 de l'arrêté du 22 mars 2004 relatif à la résistance au feu des produits, éléments de construction et d'ouvrages
2 Article DF 1 de l'arrêté du 25 juin 1980 portant approbation des dispositions générales du règlement de sécurité contre les risques d'incendie et de panique dans les établissements recevant du public (ERP).

Le fonctionnement du désenfumage peut être basé sur trois types de solutions :
* le balayage du volume, c'est-à-dire apporter de l'air neuf et évacuer les fumées ;
* la différence de pression entre le volume à protéger et le volume sinistré ;
* ou la combinaison des deux solutions précédentes.[1]

Deux types de désenfumage peuvent être utilisés :
* le *désenfumage mécanique*, assuré par des ventilateurs de désenfumage permettant une extraction ou éventuellement un soufflage, et qui relève de la spécialité CVC ;
* le *désenfumage naturel*, assuré par des ouvertures permettant l'évacuation des fumées par tirage thermique. Ce désenfumage naturel peut être soit permanent (volume largement ventilé, par exemple une halle de gare), soit réalisé par des ouvrants de désenfumage, c'est-à-dire des châssis s'ouvrant en cas de besoin. Ce désenfumage naturel ne relève pas de la spécialité CVC : il est à mettre au point par l'architecte, si nécessaire pour les projets complexes avec l'aide d'un spécialiste en sécurité incendie ; les prestations seront décrites par l'économiste (ou la personne rédigeant les pièces écrites).

Les installations de désenfumage font partie des équipements concourant à la sécurité incendie du bâtiment, et comme telles elles doivent respecter des règles particulières.

3.10.3.1. Le désenfumage des ERP

Les enjeux et les textes de référence

Pour les ERP, les prescriptions règlementaires relatives au désenfumage figurent :
* dans les articles DF du règlement de sécurité sur les ERP ;
* dans les règlements particuliers à chaque type d'activité d'ERP ;
* dans l'instruction technique 246 sur le désenfumage des établissements recevant du public.[2]

Les articles DF indiquent les zones à désenfumer, notamment :
* DF 5 précise les escaliers à désenfumer ;
* DF 6 les circulations horizontales et les halls ;
* DF 7 les locaux accessibles au public ;
* DF 8 les compartiments.

L'instruction technique 246 quant à elle présente les *solutions techniques* de désenfumage. C'est un texte fondamental : il est fortement recommandé aux maîtres d'œuvres, tant architectes qu'ingénieurs généralistes, d'en connaître les points principaux, ainsi que les articles DF cités ci-dessus, pour plusieurs raisons :
* d'abord parce que les installations de désenfumage ont un encombrement important, qui peut avoir un fort impact sur le projet architectural si la nécessité et l'implantation de ces installations ne sont pas anticipées dès l'APS[3] ;

---

1   Article DF 3 de l'arrêté du 25 juin 1980 portant approbation des dispositions générales du règlement de sécurité contre les risques d'incendie et de panique dans les établissements recevant du public (ERP).

2   Consultable dans l'annexe 3 de l'Arrêté du 22 mars 2004 portant approbation de dispositions complétant et modifiant le règlement de sécurité contre les risques d'incendie et de panique dans les établissements recevant du public (dispositions relatives au désenfumage), ou sur sitesecurite.com

3   Contrairement aux installations électriques ou de sprinklage, qui restent relativement peu encombrantes.

- ensuite parce que les installations de désenfumage représentent un coût important en elles-mêmes et de par leur impact sur les lots courants forts et SSI ;
- enfin parce que le désenfumage naturel ne relève pas du BET CVC, ce qui signifie que, suivant la configuration de l'équipe de maîtrise d'œuvre, il peut y avoir des cas où la mise au point du désenfumage naturel repose sur le seul architecte.

Du fait des problématiques d'encombrement et de coût, il est important que les aspects désenfumage soient bien maîtrisés à amont. Découvrir en APD ou en début de PRO que des locaux doivent être désenfumés alors que cela n'avait pas été prévu en APS entraînera des surcoûts pour le projet et pourra avoir un fort impact sur les pièces graphiques (hauteurs sous plafond, besoins en locaux techniques parfois de plus de 10 m², besoins en prise d'air et rejets en façade ou toiture).

Par ailleurs, bien que son titre fasse référence uniquement aux ERP, l'« IT 246 *relative au désenfumage dans les établissements recevant du public* » est en pratique utilisée aussi comme texte de référence pour le désenfumage des ERT, et même en ICPE.

Point de vigilance

L'IT 246 ne s'applique pas telle quelle à tous les types d'ERP, les règlements particuliers à certains types d'ERP peuvent parfois modifier ou préciser certaines de ses prescriptions, en aggravation ou en atténuation, ou en donnant des renseignements complémentaires à prendre en compte dans les calculs de désenfumage – consulter le règlement particulier au type d'ERP concerné.

3.10.3.2. Quels locaux doit-on désenfumer ?

Le règlement (article DF 7) précise quels locaux publics sont à désenfumer :

- les locaux de plus de 100 m² en sous-sol ;
- les locaux de plus de 300 m² en rez-de-chaussée ou étage ;
- les locaux aveugles (sans ouverture sur l'extérieur) de plus de 100 m².

On remarque que cette règle est identique à celle du Code du travail applicable aux locaux ERT.

En outre, si le cloisonnement utilise le concept de compartiments (suivant les prescriptions de l'article CO 25) traité en plateau paysagé, donc sans cloisons toute hauteur, alors les compartiments doivent être désenfumés (article DF 8).

L'IT 246§7 donne les solutions techniques de désenfumage dans les locaux accessibles au public. Ces solutions peuvent être adaptées par le maître d'œuvre si les résultats sont équivalents.

Conseil pratique

Cette liste de locaux à désenfumer (naturellement ou mécaniquement) est fondamentale pour la conception car, dans bien des cas, si certains locaux ont des surfaces proches de ces valeurs limites, on aura tout intérêt à éviter d'avoir à les désenfumer, si le projet le permet. Ceci est tout particulièrement vrai pour les locaux ne pouvant être désenfumés naturellement, car la mise en œuvre du désenfumage mécanique est contraignante, notamment en termes d'encombrement des installations. Ainsi, si le programme prévoit un local de 100 m² en sous-sol, il est pertinent de proposer au maître d'ouvrage de le réduire à 95 m² pour éviter de le désenfumer.

3.10.3.3. Le désenfumage des circulations horizontales et des halls

L'article DF 6 précise les cas dans lesquels ils doivent être désenfumés (naturellement ou mécaniquement) s'ils sont ouverts au public :

- les circulations de plus de 30 m de long ;
- les circulations desservies par des escaliers mis en surpression ;
- les circulations desservant des locaux réservés au sommeil ;
- les circulations situées dans un sous-sol ;
- les halls situés à un niveau où le règlement exige le désenfumage des circulations (par exemple hall en sous-sol) ;
- les halls de plus de 300 m².

Se référer à l'IT 246§6 pour les prescriptions relatives au désenfumage des circulations horizontales.

3.10.3.4. Le désenfumage des escaliers

On trouvera les règles à respecter suivant les cas dans l'article DF 5 du règlement de sécurité incendie dans les ERP, ainsi que dans l'IT 246§5.

On peut retenir que les escaliers ne sont jamais désenfumés mécaniquement (ils peuvent dans certains cas être mis en surpression mécaniquement).

3.10.3.5. Cantons de désenfumage et écrans de cantonnement

Les locaux de grande surface (supérieurs à 2 000 m² ou de plus de 60 m de long) doivent être divisés en *cantons de désenfumage*, afin de permettre un bon fonctionnement du désenfumage. L'IT 246§7.1 donne des règles à respecter pour les dimensions maximales et minimales de ces cantons.

Figure 32. Écran de cantonnement vitré.

Un canton de désenfumage est délimité par des *écrans de cantonnement*. Les écrans de cantonnement sont des séparations verticales placées sous le plancher haut et qui empêchent la circulation horizontale des fumées et gaz de combustion. Ils doivent aussi empêcher le mouvement des fumées vers les trémies mettant en communication plusieurs niveaux, si ces trémies ne participent pas au désenfumage.

Un écran de cantonnement peut être constitué :

- soit par des éléments de structure (retombée de poutre) ;
- soit par des écrans fixes, stables au feu de degré un quart d'heure, par exemple vitrés ;
- soit par des écrans mobiles (DAS), cette troisième solution étant à éviter au maximum car source très fréquente de problèmes de maintenance à court, moyen et long termes.

Dimensionner les écrans de cantonnement

L'IT 246§7.1.2 donne le détail des règles de dimensionnement des écrans de cantonnement qui dépendent notamment de la hauteur libre du volume. Attention, le calcul déterminant la hauteur minimale des écrans dépend du caractère ajouré ou non d'un éventuel faux plafond. Ce calcul permet aussi de savoir si le cantonnement réalisé par la poutraison suffit, ou s'il faut ajouter des écrans.

Il faut se référer au texte, qui comporte de nombreuses prescriptions.

En résumé, Ef étant la hauteur des écrans de cantonnement et H la hauteur sous plafond :

- si H < 8 m, il faut que Ef > 25 % de H ;
- si H > 8 m, il faut que Ef > 2 m ;
- si H > 8 m et si la plus grande longueur n'excède pas 60 m, on peut se dispenser d'écrans et calculer le débit d'extraction pour l'ensemble du volume.

Exemple de calcul de cantonnement

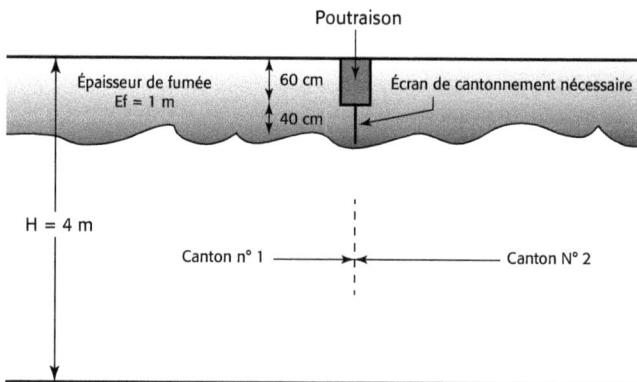

Figure 33. Exemple de calcul d'un écran de cantonnement.

Un local à désenfumer, sans faux plafond, fait plus de 60 m de long. Il doit être divisé en cantons.

La poutraison structurelle peut-elle être utilisée comme limite entre cantons de désenfumage, ou faut-il ajouter des écrans de cantonnement ?

Le local a une hauteur de référence (hauteur sous plafond) H = 4 m.

L'épaisseur de la couche de fumée est Ef = 25 % de H soit 1 m d'après l'IT 246§7.1.2.

Il faut donc 1 m de hauteur de cantonnement.

Imaginons que la poutraison structurelle forme un cantonnement sous plafond de 60 cm.

Il faudra alors ajouter en complément, en limites de cantons, des écrans de 40 cm de hauteur, stables au feu un quart d'heure.

On vérifie qu'il restera sous les écrans 4 – 1 = 3 m, ce qui est suffisant pour le passage des personnes.

3.10.3.6. Le désenfumage naturel[1]

Il est basé sur le tirage thermique, qui assure un courant d'air entre des zones d'amenée d'air et des zones d'évacuation. Il ne nécessite aucun moteur de désenfumage et il est donc plus simple et plus économique, tant en travaux qu'en maintenance future.

La zone d'évacuation des fumées peut être constituée par des exutoires en couverture, des ouvrants en façade ou des bouches d'évacuation.

Un désenfumage naturel peut être assuré dans un volume largement ventilé en permanence, sans aucune gaine à prévoir.

Le désenfumage peut aussi être assuré par des exutoires en couverture ou des ouvrants en façade, si la géométrie du volume l'autorise : c'est le désenfumage naturel mais non permanent.

Un peu de vocabulaire en désenfumage naturel

• Exutoires en couverture

Le désenfumage naturel peut être réalisé par des exutoires en couverture. L'IT 246§7 précise les règles de calcul des surfaces de ces ouvrants, en distinguant surface géométrique de l'exutoire (longueur × largeur) et surface utile de l'exutoire, qui s'en déduit en multipliant la surface géométrique par un coefficient aéraulique.

Figure 34. Exemple d'exutoire de désenfumage en toiture.

---

1   IT 246§7.1.

Point de vigilance

Dans le cadre de la réglementation thermique, penser à vérifier les caractéristiques thermiques, en termes d'isolation, du modèle choisi si nécessaire.

• Ouvrants de désenfumage en façade

Le désenfumage naturel peut aussi se faire par des ouvrants en façades. L'IT 246§2 précise les règles de calcul de la surface libre, qui diffère là aussi de la surface géométrique.

Zoom sur...

... l'intégration architecturale des ouvrants de désenfumage en façade sur une façade à caractère historique

Dans certains volumes à caractère historique, le désenfumage naturel par ouvrants en façade peut constituer une solution discrète de prise en compte de la réglementation. Cependant, la mise au point de la solution et sa description dans les pièces peut nécessiter des recherches importantes. Cette complexité provient du fait que les ouvrants de désenfumage en façade doivent respecter une norme – la norme NF S 61-937 – et que les solutions sur mesure avec prise en compte du caractère historique de la façade ne peuvent respecter la norme qu'après étude détaillée avec un fabricant.

La commande d'ouverture des exutoires et ouvrants peut être manuelle, ou automatique suivant les cas. En présence d'un SSI de catégorie A ou B, cette commande devra être intégrée au SSI. Consulter le coordonnateur SSI pour s'en assurer.

Exutoires et ouvrants sont aussi appelés DENFC, dispositifs d'évacuation naturelle des fumées et de chaleur.

• Bouche de désenfumage

Là aussi, ne pas confondre la surface géométrique d'une grille avec sa surface libre, laquelle dépend du pourcentage de surface libre de la grille (grille plus ou moins ajourée).

Pour en savoir plus sur les DENFC

Pour des exemples, consulter le site de fabricants, comme www.bluetek.fr, www.souchier.fr ou www.colt-france.fr

---

Implantation des évacuations de fumée

En désenfumage naturel, les évacuations doivent être implantées le plus haut possible dans le volume intérieur si la pente du plafond est supérieure à 10 % ; si elle est inférieure à 10 %, par exemple pour les locaux avec plafond horizontal, elles doivent être implantées à une distance inférieur à 4 fois la hauteur sous plafond pour tout point du local et quoi qu'il en soit à moins de 30 m de tout point du local.[1] C'est principalement cette règle qui est utilisée pour savoir si un local peut être désenfumé naturellement.

L'exemple ci-dessous montre un local de plus de 300 m² situé en rez-de-chaussée, et qui doit donc être désenfumé. Dans le premier cas, tous les points sont à une distance inférieure à

---

1 IT 246§7.1.3.

4 fois la hauteur sous plafond : le local pourra être désenfumé par des ouvrants en façades ; dans le deuxième cas, le fond du local est situé à une distance de la façade supérieure à 4 fois la hauteur : ce local ne pourra être désenfumé que mécaniquement.

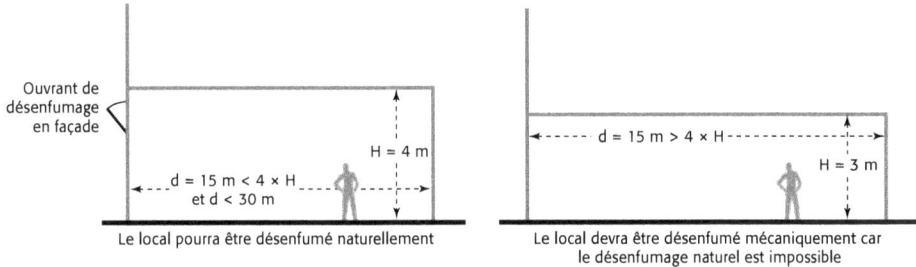

Figure 35. Désenfumage naturel d'un local : il n'est possible que pour certaines dimensions de locaux.

Dimensionner les évacuations de fumées pour les locaux de plus de 1 000 m²

Pour les locaux de plus de 1 000 m² désenfumés naturellement, la surface utile des évacuations se calcule en fonction d'un « taux α », qui dépend du type d'exploitation du local :

$$\text{surface utile} = \alpha \times \text{surface du canton.}^{[1]}$$

Ce taux α dépend de l'annexe de l'IT 246 et du règlement ERP particulier au type d'ERP considéré.

Il faut se référer au détail du texte, qui donne les règles de calcul en fonction des différents paramètres.

Dimensionner les évacuations de fumées pour les locaux de moins de 1 000 m²

En dessous de 1 000 m², les surfaces utiles des évacuations peuvent se calculer de deux manières [2] :
* soit par la formule   surface utile d'évacuation = surface du local/200 ;
* soit par la formule   surface utile d'évacuation = taux α × 1 000 m².

Amenées d'air

Il faut aussi vérifier que le local comporte des amenées d'air suffisantes, au moins égales aux surfaces géométriques des évacuations.

Point de vigilance

Les ouvertures des amenées et évacuations d'air doivent avoir au moins 20 cm de largeur (ou de hauteur) ; une fente de largeur inférieure à 20 cm n'est pas acceptable, même si sa surface utile est suffisante.

1 IT 246§7.1.4.
2 Idem, et annexe sans numéro à la fin de l'IT 246.

Désenfumage naturel par système de gaines

Le désenfumage naturel peut enfin être assuré par un système de gaines, qui doivent alors respecter un certain nombre de règles, notamment relatives à leur géométrie. Ces règles se révèlent bien souvent impossibles à respecter ; dans ce cas, il faut passer en désenfumage mécanique. En pratique, ces gaines de désenfumage naturel sont assez peu courantes, du fait de ces contraintes.

Interface désenfumage/ventilation

Attention : en cas de déclenchement du désenfumage, la ventilation de confort des locaux à désenfumer doit être interrompue. Cet arrêt est commandé par le CMSI en SSI de catégorie A ou B, et depuis une commande proche de la commande de désenfumage ou confondue avec elle (pour les SSI de catégorie C, D ou E).[1]

3.10.3.7. Le désenfumage mécanique des locaux

Si les règles imposées à la géométrie des gaines de désenfumage interdisent le désenfumage naturel, il est nécessaire de prévoir du désenfumage mécanique, basé sur un moteur d'extraction, assorti d'une amenée d'air, généralement naturelle, mais qui peut aussi être mécanique.

Les moteurs de désenfumage peuvent être de deux types :

* centrifuge ;
* ou axial (ces derniers sont les plus puissants).

En complément, il est parfois prévu une mise en surpression des locaux à mettre à l'abri des fumées : c'est notamment le cas dans certaines stations souterraines de métro.

À noter que, pour les locaux ventilés en permanence, il est possible de réaliser avec la même installation la ventilation (dite « de confort », c'est-à-dire ne relevant pas de la sécurité incendie) et le désenfumage, du moment que les équipements respectent les règles relatives au désenfumage.[2]

Contrairement aux gaines de désenfumage naturel, les gaines de désenfumage mécanique ont peu de règles géométriques à respecter ; les coudes et longueurs importantes sont autorisés, à vérifier par note de calcul pour assurer les débits nécessaires, qui sont de 12 volumes/heure, à quelques exceptions près.[3] L'IT 246 exige que ces débits soient majorés de 20 % par sécurité lors du choix des moteurs de désenfumage.

Les moteurs doivent respecter certaines règles, notamment[4] :

* être commandés par un *coffret de relayage* (ce qui n'est pas le cas dans les installations anciennes) ;
* être implantés en extérieur ou plus couramment dans un local coupe-feu une heure (REI60) ;
* être commandés depuis le CMSI si le SSI est de catégorie A ou B[5] ;
* être alimentés par une alimentation électrique respectant les prescriptions des articles EL.

---

1 Article DF 3§5 de l'arrêté du 25 juin 1980 portant approbation des dispositions générales du règlement de sécurité contre les risques d'incendie et de panique dans les établissements recevant du public (ERP).
2 IT 246§4.1.
3 IT 246§7.2.3.
4 IT 246§4.
5 IT 246§3.6.2.

Figure 36. Exemple de moteur de désenfumage centrifuge.

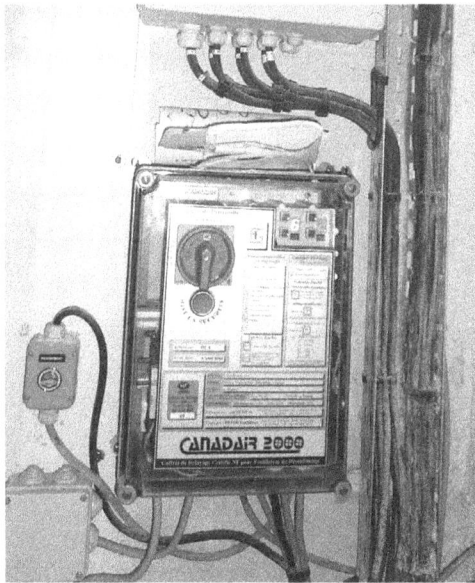

Figure 37. Exemple de coffret de relayage d'un moteur de désenfumage.

Parmi ces prescriptions issues des articles EL, l'une des plus importantes définit l'origine de l'alimentation électrique des moteurs de désenfumage : dans certains cas, les moteurs doivent être alimentés en ERP depuis un tableau général de sécurité (avec local dédié) alimenté par une AES. Mais, dans les cas où le règlement n'exige pas la présence d'un groupe électrogène, les moteurs de désenfumage suivants peuvent être alimentés par une dérivation issue directement du TGBT (tableau principal du bâtiment) :

- installation de désenfumage mécanique des établissements de 1re et 2e catégorie dont la puissance totale des moteurs des ventilateurs d'extraction des deux zones de désenfumage les plus contraignantes est inférieure à 10 kW ;
- installation de désenfumage mécanique des établissements de 3e et 4e catégorie.[1]

Recourir à l'ingénierie de désenfumage

L'IT 246 autorise – depuis 2004 – pour les cas complexes le recours à l'ingénierie de désenfumage. L'ingénierie de désenfumage est une technique d'étude des mouvements des fumées, basée sur des logiciels de calcul dynamique, dits CFD (*Computational Fluid Dynamics*). Ces études ne peuvent être réalisées que par une poignée de BET spécialisés, agréés par le ministère de l'Intérieur. Les scenarii qui servent de données d'entrée à ces études doivent être préalablement validés par la Commission de sécurité.

Ces études d'ingénierie de désenfumage sont longues (compter couramment six mois) et donc à réserver aux cas où l'application stricte de la réglementation n'est pas possible et où les délais le permettent. Elles sont en particulier pertinentes dans les volumes complexes géométriquement, ou présentant des flux d'air mal connus, et peuvent permettre dans ces cas de fiabiliser les solutions proposées.

Pour en savoir plus sur l'ingénierie de désenfumage

Consulter le site www.efectis.com

Règles APSAD R17

Outre l'IT 246, les concepteurs utilisent dans certains cas des règles éditées par l'association APSAD. Ce ne sont pas des textes règlementaires, mais des prescriptions recommandées par les assureurs.

3.10.3.8. Le désenfumage des atriums en ERP

Dès qu'un projet comporte en ERP un volume libre intérieur de type atrium, patio ou puits de lumière, il faut se référer à l'instruction technique 263.[2] Ce texte décrit diverses configurations d'atrium et impose des contraintes particulières parfois complexes. Notamment les escaliers situés dans l'atrium ne sont pas comptabilisés en évacuation, ce qui oblige à prévoir d'autres escaliers pour l'évacuation.

3.10.3.9. Le désenfumage des immeubles d'habitation

Voir ci-dessus au chapitre « Réglementation des immeubles d'habitation ».

3.10.3.10. Le désenfumage des locaux de travail

Voir ci-dessus au chapitre « Réglementation ERT ».

---

1 Arrêté du 25 juin 1980 portant approbation des dispositions générales du règlement de sécurité contre les risques d'incendie et de panique dans les établissements recevant du public (ERP), articles EL 12 et DF 3.
2 Instruction technique 263 - Construction et désenfumage des volumes libres intérieurs dans les ERP, disponible sur sitesecurite.com.

3.10.3.11. Le désenfumage des parcs de stationnement couverts

Il faut distinguer les parcs de stationnement des immeubles d'habitation, qui sont régis par l'arrêté du 31 janvier 1986 relatif à la protection contre l'incendie des bâtiments d'habitation, et les parkings publics, qui relèvent du règlement ERP type PS (parcs de stationnement).

Pour les parcs de stationnement dans les immeubles d'habitation, l'arrêté du 31 janvier 1986, en attendant sa révision, n'apporte d'exigence qu'en matière de ventilation et non de désenfumage.

Pour les parcs de stationnement publics, les dispositions relatives au désenfumage figurent dans l'article PS 18. Elles sont beaucoup plus exigeantes depuis 2006.

On retiendra que les gaines de désenfumage peuvent être aussi utilisées pour la ventilation et, qu'en cas de désenfumage mécanique, le débit à assurer est de 900 m³/h par véhicule et par compartiment (pouvant être abaissé à 600 m³/h en cas de présence de sprinklage).

Conseil pratique

Du fait de cette évolution règlementaire, tout projet comportant un réaménagement d'un parking existant devra être examiné avec soin du point de vue règlementaire ; les conséquences sur l'existant de la nouvelle réglementation peuvent être lourdes.

3.10.3.12. Le désenfumage des IGH

Se référer au règlement particulier relatif aux IGH (articles GH 28 et 29) et à l'instruction technique du 30 décembre 2011.[1]

3.10.4. Vocabulaire des systèmes de sécurité incendie (SSI)

La définition officielle

« Le système de sécurité incendie d'un établissement est constitué de l'ensemble des matériels servant à collecter toutes les informations ou ordres liés à la seule sécurité incendie, à les traiter et à effectuer les fonctions nécessaires à la mise en sécurité de l'établissement.

La mise en sécurité peut comporter les fonctions suivantes :
- *compartimentage ;*
- *évacuation des personnes (diffusion du signal d'évacuation, gestion des issues) ;*
- *désenfumage ;*
- *extinction automatique ;*
- *mise à l'arrêt de certaines installations techniques. »*[2]

En d'autres termes, le SSI détecte et signale l'incendie puis commande des organes de sécurité qui permettent d'une part d'évacuer le public (équipement d'alarme, gestion des issues de secours) et d'autre part d'éviter la propagation de l'incendie et de faciliter l'intervention (désenfumage, compartimentage, sprinklage, etc.).

---

1 Arrêté du 30 décembre 2011 portant règlement de sécurité pour la construction des immeubles de grande hauteur et leur protection contre les risques d'incendie et de panique, articles 28, 29 et instruction technique IGH.
2 Article MS 53§1 du Règlement ERP.

Les cas d'utilisation

En ERP, le règlement particulier propre à chaque type d'ERP prescrit le type (on parle de catégorie) de SSI et le type d'alarme exigibles.[1] On trouvera ces prescriptions dans les articles Moyens de secours, le SSI étant considéré dans le Règlement comme l'un des moyens de secours, à côté des RIA, du sprinklage, etc. D'autres articles du Règlement que ceux relatifs aux Moyens de secours peuvent conduire à l'utilisation d'un SSI, en particulier plusieurs articles CO.

En ERT, la détection automatique n'est pas obligatoire mais hautement souhaitable à partir d'une certaine taille, et peut être exigée par les assureurs du maître d'ouvrage. La plupart des bâtiments de bureaux construits actuellement en sont équipés.

Quoi qu'il en soit, un système d'alarme sonore est obligatoire à partir de 50 occupants[2], alarme qui peut être assurée par un SSI.

Un domaine très réglementé

Le domaine des SSI est étroitement encadré par un ensemble de normes, chaque type de composant du système étant régi par une norme distincte. Le Règlement ERP rappelle explicitement que le respect de ces normes est obligatoire.[3]

Un SSI doit impérativement être indépendant d'une éventuelle GTB ou de tout autres systèmes d'alarmes techniques, qui ne sont pas destinés à gérer la sécurité incendie.

À titre d'exemple réel, un maître d'œuvre qui avait cru bien faire en raccordant au SSI des alarmes techniques utiles mais ne relevant pas de la sécurité incendie a rendu son SSI non conforme et impossible à réceptionner par le coordonnateur SSI !

La norme NF S61-931 est le texte de base sur les SSI, qui permet d'avoir une vue d'ensemble du domaine ; elle comporte toutes les définitions des sigles et du vocabulaire propre à cette spécialité, vocabulaire si hermétique qu'on se demande parfois s'il n'est pas destiné à exclure les non-sachant ! Il est utile de connaître l'essentiel de ce vocabulaire, et les nombreux sigles associés, pour pouvoir dialoguer avec le coordonnateur SSI.

Le vocabulaire de cette « nébuleuse » est présenté ci-dessous, pour en démystifier le caractère mystérieux.

Catégories de SSI et types d'alarme

Les SSI sont caractérisés par leur catégorie, de A à E, de la plus complète à la plus rudimentaire.

Les *équipements d'alarme* (EA), c'est-à-dire les sirènes déclenchant l'évacuation des occupants en cas de sinistre, sont classés en types : type 1, type IGH, type 2 (qui comprend les types 2a et 2b), type 3 et type 4, du plus complet au plus rudimentaire. Seuls les équipements d'alarme des types 1, 2a et 2b comportent une temporisation.

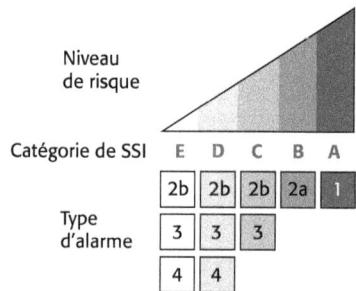

Figure 38. Correspondance catégorie de SSI/type d'alarme.

1   Article MS 53§3 du Règlement ERP.
2   Article R. 4227-34 du Code du travail.
3   Article MS 53§2 du Règlement ERP.

Pour caractériser un SSI, on dit donc qu'il est de telle catégorie, avec un équipement d'alarme de tel type. Par exemple, on parle d'un « SSI de catégorie B » avec une « alarme de type 2a ».

N'importe quel type d'alarme ne peut pas être installé dans un SSI de n'importe quelle catégorie ; la figure ci-contre donne les types d'alarmes cohérents avec les catégories de SSI.

Les types d'alarmes sont définis dans la norme NF S61-936.

3.10.4.1. Les SSI de catégorie A

Un SSI de catégorie A est composé :

- d'un *système de détection incendie* (SDI) ;
- et d'un *système de mise en sécurité incendie* (SMSI) : c'est la partie du SSI qui agit, qui lance une action, comme par exemple lancer une sirène d'alarme, déclencher un moteur de désenfumage, déclencher un système de sprinklage, etc.

Dans un même bâtiment ou établissement, on ne peut avoir qu'un seul SSI de catégorie A, jamais plusieurs.

Ces SSI nécessitent l'existence d'un poste central de sécurité, doté de personnel compétent.

Le système de détection incendie (SDI)

Il permet la détection des sinistres dans les locaux équipés. Il est composé de l'ensemble des détecteurs installés sur le terrain, dans différents locaux du bâtiment, et du système central auquel ils sont raccordés. Plus précisément, le système de détection incendie comprend :

- les *détecteurs automatiques* (DA), dont il existe de nombreux types (notamment détecteurs optiques ou détecteurs linéaires, lesquels sont particulièrement pratiques pour couvrir des volumes de grande dimension) ;

Figure 39. Exemple de détecteur automatique.

- les *indicateurs d'action* (IA), voyants installés au-dessus de la porte des locaux et permettant aux pompiers de savoir dans quel local un détecteur automatique s'est déclenché ; c'est donc une aide à l'exploitation ;

Figure 40. Exemple d'indicateur d'action.

- les *déclencheurs manuels* (DM), boîtiers rouges disposés « *dans les circulations, à chaque niveau, à proximité immédiate de chaque escalier, au rez-de-chaussée à proximité des sorties* »[1], et permettant de lancer une alerte ;

Figure 41. Déclencheur manuel.

- les câbles reliant ces équipements, qu'on appelle des *bus* ;
- et l'*équipement de contrôle et de signalisation* (ECS), qui est en quelque sorte le tableau de contrôle central de l'installation, installé au poste de sécurité. Cet ECS peut – pour les plus grosses installations – être doublé par des ECS déportés sur le terrain.

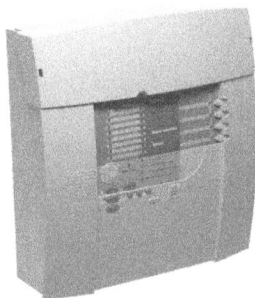

Figure 42. Exemple d'équipement combinant ECS et CMSI.

Le système de mise en sécurité incendie (SMSI)

Il est composé d'un système central et d'équipements situés sur le terrain, commandés par le système central. Il comprend donc :

- le *centralisateur de mise en sécurité incendie* (CMSI), équipement informatique central installé au poste de sécurité, si nécessaire complété par des équipements déportés sur le terrain ; il comporte différentes parties, principalement :
  - l'unité de commande manuelle centralisée (UCMC) qui regroupe les boutons permettant de forcer le déclenchement d'un DAS (voir plus bas le sens de ce terme) ;
  - l'unité de signalisation (US), ensemble des voyants indiquant l'état des DAS ;
  - l'unité de gestion de l'alarme (UGA) ;

---

1 Article MS 65 du Règlement ERP.

Figure 43. Exemple d'un petit CMSI.

- les *dispositifs actionnés de sécurité* (DAS), terme fondamental qui désigne les équipements situés sur le terrain et actionnés par le SSI, notamment :
    - coffrets de relayage de moteurs de désenfumage ;
    - portes de compartimentage coupe-feu normalement ouvertes, dites portes DAS, qui se ferment grâce à la libération de ventouses pour assurer le compartimentage ;
    - déverrouillage d'issues de secours pour permettre l'évacuation ;
    - ouvrants de désenfumage naturel ;
    - clapets coupe-feu télécommandés (à noter que des clapets coupe-feu peuvent aussi dans certains cas être tout simplement autonomes) ;
    - arrêt de la ventilation ;
    - arrêt d'une sonorisation commerciale pour rendre audible l'alarme, etc.
- les câblages, qu'on appelle des *bus* ;
- un *équipement d'alarme*, dit *de type 1* (ou de type IGH), généralement composé de diffuseurs sonores (ou de blocs autonomes d'avertisseurs sonores, BAAS), commandés par l'unité de gestion de l'alarme (UGA) ;

Figure 44. Exemple de diffuseur sonore.

- une *alimentation électrique de sécurité* (AES), c'est-à-dire des batteries dédiées au SSI, qui dispensent donc de l'alimenter depuis le tableau général de sécurité.

Les actions lancées par le CMSI dépendent de scenarii prédéfinis et des zones du SSI : zones de détection (ZD), zones d'alarme (ZA), zones de compartimentage (ZC), zones de désenfumage (ZF), définis par le coordonnateur SSI dans son cahier des charges fonctionnel (voir plus bas chapitre Données d'entrée/Cahier des charges fonctionnel du CSSI).

Conseil pratique : éviter si possible la multiplication des DAS

La conception d'un SSI doit être conduite en gardant à l'esprit que l'installation doit être aussi simple que possible, afin d'en faciliter l'exploitation et la maintenance.

Or, il arrive couramment que certains coordonnateurs SSI perdent de vue cet objectif et complexifient l'installation outre mesure, pour faire une « belle installation technique ».

On a déjà cité le cas des écrans de cantonnement mobiles, qui sont des DAS à éviter dans la mesure du possible du fait des problèmes de maintenance qu'ils posent souvent.

Mais ce sont aussi les portes DAS qu'il faut essayer d'éviter, pour cette même raison.

Certes, il existe des cas où le Règlement ou la configuration du projet obligent à prévoir des portes DAS, par exemple pour éviter dans un immeuble de bureaux des portes coupe-feu dans les circulations principales. Mais il arrive aussi qu'il soit possible de les éviter et que le coordonnateur SSI ait tendance à les multiplier inutilement.

Figure 45. Exemple de DAS : porte coupe-feu à ventouse.

Où trouve-t-on règlementairement ces SSI de catégorie A ?

Ils sont en particulier associés aux établissements avec locaux de sommeil et aux établissements comportant des locaux à risques particuliers. On les trouve notamment :

- dans les salles à usage d'auditions, de conférences, de réunions, de spectacles, ou à usages multiples (type L) de la 1re catégorie[1] pouvant recevoir plus de 3 000 personnes et dans celles de 1re, 2e et 3e catégories comportant des dessous ou une fosse technique[2] ;
- dans les hôtels des quatre premières catégories (type O)[3] ;
- dans les hôtels restaurants des quatre premières catégories (type OA)[4] ;
- dans les salles de danse et salles de jeu (type P) de la 1re catégorie[5] ;
- dans les établissements d'éveil, d'enseignement, de formation, centres de vacance des quatre premières catégories (type R) comportant des locaux de sommeil[6] ;
- dans les bibliothèques, centres de documentation et de consultation d'archives (type S) de la 1re catégorie[7] ;

---

1 Voir le chapitre sur le Règlement ERP pour la notion de catégorie d'ERP, en fonction de l'effectif.
2 Article L 15 du Règlement ERP.
3 Article O 19 du Règlement ERP.
4 Article OA 25 du Règlement ERP.
5 Article P 22 du Règlement ERP.
6 Article R 31 du Règlement ERP.
7 Article S 16 du Règlement ERP.

- dans les établissements de soins des quatre premières catégories (type U) abritant des locaux de sommeil[1] ;
- dans les établissements de 5ᵉ catégorie avec locaux de sommeil.[2]

Règle d'or

Dans les ERP avec locaux de sommeil, la règlementation impose la détection incendie.

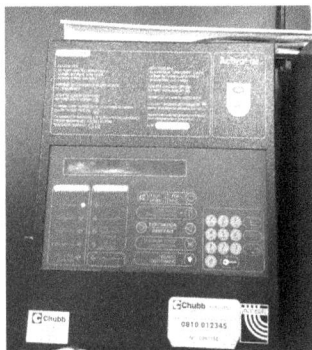

Figure 46. Exemple d'un petit SSI de catégorie A dans un petit hôtel, en application de l'article PE32.

3.10.4.2. Les SSI de catégorie B

Les SSI de catégorie B comportent un SMSI similaire à celui des SSI de catégorie A, mais ils ne comportent pas de détecteurs automatiques, uniquement des déclencheurs manuels. Les CMSI de catégorie B sont aussi appelés tableaux de mise en sécurité.

Ils commandent une alarme de type 2a, avec diffuseurs sonores ou blocs autonomes d'alarme sonore.

Comme en catégorie A, on ne peut trouver qu'un seul SSI de catégorie B dans un même bâtiment ou établissement, et un poste central de sécurité est nécessaire.

Où rencontre-t-on règlementairement ces SSI de catégorie B ?

On les trouve notamment :

- dans les magasins de vente et centres commerciaux (type M) de la 1ʳᵉ catégorie[3] ;
- dans les salles de danse et salles de jeu (type P) de la 2ᵉ catégorie[4] ;
- dans les bibliothèques, centres de documentation et de consultation d'archives (type S) de la 2ᵉ catégorie[5] ;
- dans les salles d'exposition (type T) de 1ʳᵉ catégorie, à partir d'un certain effectif fonction du nombre de niveaux.[6]

---

1 Article U 44 du Règlement ERP.
2 Article PE 32 du Règlement ERP.
3 Article M 30 du Règlement ERP.
4 Article P 22 du Règlement ERP.
5 Article S 16 du Règlement ERP.
6 Article T 49 du Règlement ERP.

3.10.4.3. Les SSI de catégories C, D et E

Ils ne comportent pas de détection automatique. Les déclencheurs manuels sont raccordés à un tableau d'alarme appelé « BAAS de type Pr ou Ma » (bloc autonome d'alarme sonore de type principal ou de type marche/arrêt) qui commande le déclenchement de l'alarme et gère les DAS. Ils ne comportent pas de CMSI.

Figure 47. Exemple de BAAS de type Pr.

L'alarme peut par exemple être diffusée par des BAAS satellites (alarme de type 2b).

Figure 48. Exemple de BAAS satellite.

Les catégories E sont utilisées pour un besoin basique, comme le désenfumage d'une cage d'escalier par un exutoire.

Les catégories D permettent de regrouper localement les commandes des DAS de locaux.

Les catégories C nécessitent la présence d'un agent compétent pour assurer la surveillance de la centrale SSI.

Où rencontre-t-on règlementairement ces SSI de catégorie C, D et E ?

On les trouve en particulier :

- dans les salles à usage d'auditions, de conférences, de réunions, de spectacles, ou à usages multiples (type L) de la 1re catégorie recevant moins de 3 000 personnes, sans fosse technique ni dessous de scène, ainsi que dans celles de la 2e catégorie ;
- dans les magasins de vente et centres commerciaux (type M) de 2e catégorie ;
- dans les salles de danse et salles de jeu (type P) de la 3e catégorie, ainsi que dans les salles de danses de 4e catégorie installées en sous-sol ;
- dans les salles d'exposition (type T) de 2e catégorie, ainsi que dans celles de 1re catégorie pour lesquelles le SSI de catégorie B n'est pas exigible ;
- dans les ERP administrations, banques, bureaux (type W) de la 1re et la 2e catégorie.[1]

---

1 Art W 14 du Règlement ERP.

3.10.4.4. Les alarmes de type 4

L'installation la plus rudimentaire est constituée par un SSI réduit à un simple dispositif d'alarme autonome, dit alarme de type 4.

Les alarmes de type 4 sont constituées par tout dispositif permettant d'alerter du danger : un sifflet, une cloche, une corne de brume sont des alarmes de type 4, ou plus classiquement une sirène à pile pouvant être lancée par un déclencheur manuel.

Les fabricants proposent des installations plus complexes, avec possibilité d'ajout de diffuseurs sonores pour obtenir l'*audibilité en tout point*.

On trouve notamment les alarmes de type 4 dans les ERP de 5e catégorie sans locaux de sommeil, puisque *tout ERP doit être muni d'un système d'alarme*.[1]

Figure 49. Exemple d'alarme de type 4 à piles.

Pour en savoir plus sur les alarmes de type 4

Consulter le site d'un fabricant, par exemple www.legrand.fr, rubrique professionnel/tertiaire/alarme type 4.

---

1   Article PE 27§2 du Règlement ERP.

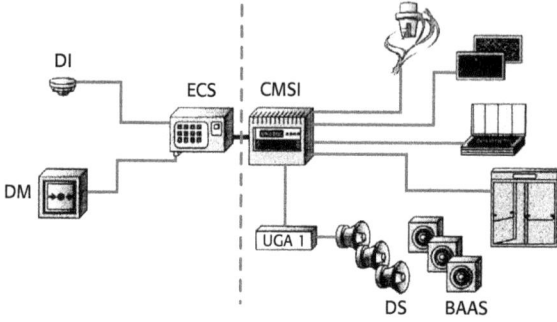

Type 1 - Une ou plusieurs zones de diffusion d'alarme

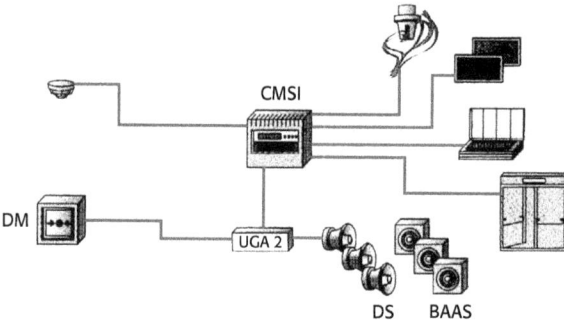

Type 2a - Une ou plusieurs zones de diffusion d'alarme

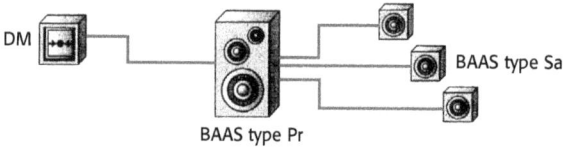

Type 2b - Une seule zone de diffusion d'alarme

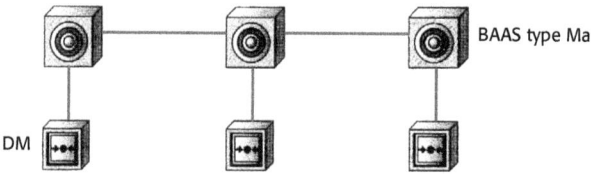

Type 3 - Une seule zone de diffusion d'alarme

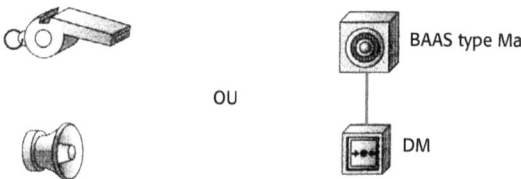

Type 4 - Une seule zone de diffusion d'alarme

Figure 50. Les différents types d'équipements d'alarme.

3.10.4.5. Comparaison des catégories de SSI

Afin d'avoir une vue synthétique des différents types de SSI, les schémas[1] ci-contre montrent leur composition. Certains équipements, par exemple les DAS, ne sont présents que si nécessaire.

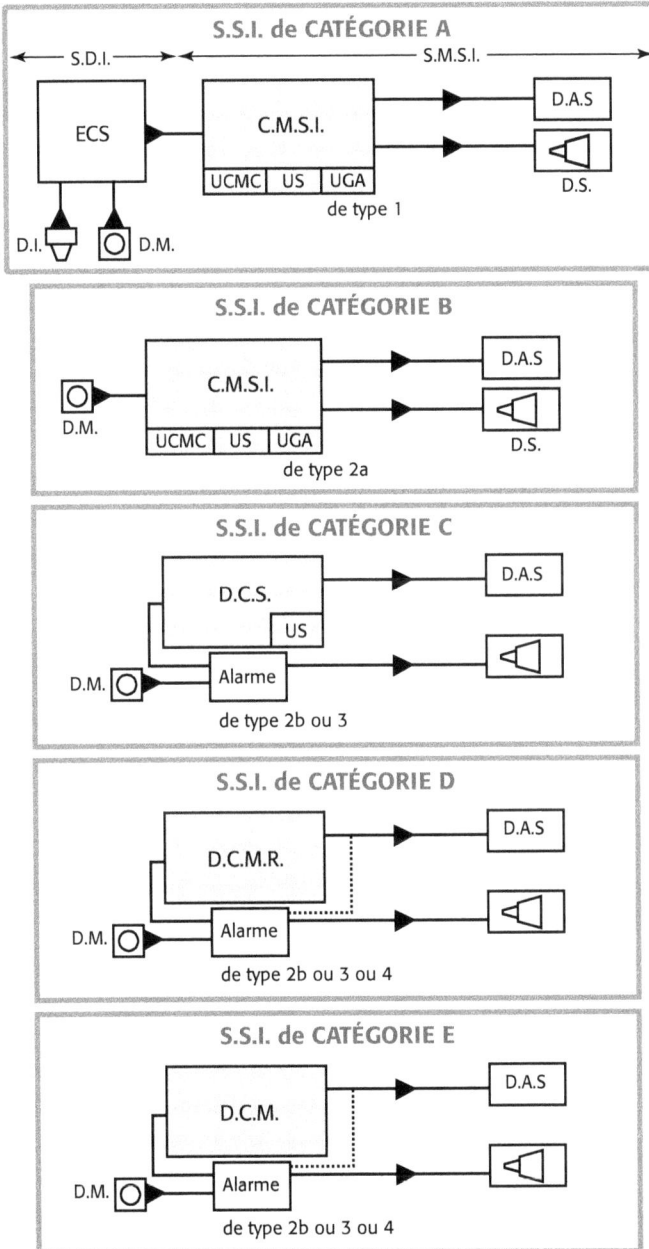

Figure 51. Composition des différentes catégories de SSI.

---

1   Adaptés de la norme NF S61-931.

Point de vigilance : caractéristiques exigibles et installation volontaire d'équipements

Un maître d'ouvrage peut décider d'implanter un SSI plus complet que celui exigible règlementairement. Par exemple, dans un bâtiment ERT où un SSI de catégorie A n'est pas exigible (le règlement ERP ne s'appliquant pas), le maître d'ouvrage peut décider de prévoir de la détection incendie. La présence de détection incendie dans une installation n'implique donc pas nécessairement qu'on soit en présence d'un SSI de catégorie A exigible règlementairement.

Une installation installée volontairement n'a pas besoin de respecter les articles du Règlement ERP relatifs aux SSI.

3.10.4.6. Petit glossaire des SSI

Afin de ne pas se laisser impressionner par les spécialistes, on trouvera ci-dessous un glossaire rappelant le vocabulaire principal des SSI :

- BAAS : bloc autonome d'alarme sonore.
- BAAS type MA : bloc autonome d'alarme sonore manuel.
- BAAS type Pr : bloc autonome d'alarme sonore principal.
- BAAS type Sa : bloc autonome d'alarme sonore satellite.
- CMSI : centralisateur de mise en sécurité incendie.
- DAC : dispositif adaptateur de commande.
- DAS : dispositif actionné de sécurité.
- DCM : dispositif de commande manuelle de DAS.
- DCMR : dispositif de commandes manuelles regroupées.
- DCS : dispositif de commande et de signalisation.
- DI : détecteur incendie.
- DM : déclencheur manuel.
- DS : diffuseur sonore.
- EA : équipement d'alarme.
- ECS : équipement de contrôle et de signalisation.
- SDI : système de détection incendie.
- SMSI : système de mise en sécurité incendie.
- UCMC : unité de commandes manuelles centralisées.
- UGA : unité de gestion de l'alarme.
- US : unité de signalisation.

3.10.5. L'accessibilité des façades

Les exigences en termes d'accessibilité des façades ont un fort impact sur la conception architecturale.

3.10.5.1. En ERT

Les ERT dont le plancher bas du dernier niveau est à plus de 8 m du sol doivent comporter une façade accessible aux pompiers.[1]

---

1   Code du travail, article R4216-25.

3.10.5.2. En ERP

Dans les ERP des quatre premières catégories : consulter l'article CO 4 du règlement de sécurité ERP. On peut retenir en première approche que les ERP de la 1re catégorie doivent avoir deux façades accessibles, et les ERP de 2e, 3e et 4e catégories peuvent se contenter d'une seule.

Attention : des particularités existent dans le règlement propre aux établissements de soin.

3.10.6. La défense extérieure contre l'incendie (DECI)

On utilise ce terme pour désigner les équipements de lutte contre l'incendie utilisés par les pompiers dans les espaces extérieurs. On distingue en particulier :

- les bouches d'incendie enterrées,
- les poteaux d'incendie,
- les citernes d'incendie,
- et les aires d'aspiration de points d'eau naturels ou artificiels.

3.11. L'accessibilité aux personnes handicapées

L'accessibilité des bâtiments a donné lieu à un foisonnement instable et peu ergonomique de textes règlementaires au cours des dernières années. Les textes essentiels sont listés dans un tableau récapitulatif plus bas.

3.11.1. En ERP et en habitation

La « loi Handicap » du 11 février 2005 a introduit la notion d'égalité d'accès au logement, à la formation et à l'emploi.[1]

Son décret d'application a introduit un ensemble de prescriptions qui sont à la base des règles de conception en matière d'accessibilité PMR. Ces dispositions générales sont consultables dans le Code de la construction et de l'habitation, articles R111-18 à R111-19-30.

3.11.1.1. En ERP : conformité des travaux neufs et mise en conformité des existants

Travaux neufs en ERP

Pour les ERP neufs et pour les ERP créés par changement de destination d'un local, le détail des prescriptions figure dans un arrêté du 20 avril 2017[2] qui est le texte de référence. On y trouve notamment les niveaux d'éclairement à respecter, dimensionnants pour la conception de l'éclairage. Pour plus de détails sur les contraintes règlementaires en matière d'éclairement consulter le chapitre 3 ; voir « éclairement » dans l'index.

Cet arrêté autorise les « solutions d'effet équivalent », ce qui est assez nouveau dans la réglementation bâtiment.

---

1 Voir Code de la construction et de l'habitation, articles L111-7 et L111-8.
2 Arrêté du 20 avril 2017 relatif à l'accessibilité aux personnes handicapées des établissements recevant du public lors de leur construction et des installations ouvertes au public lors de leur aménagement.

L'arrêté permet des dérogations pour les ERP de professions libérales de 5ᵉ catégorie s'installant dans un ancien logement.

ERP existants

Concernant les ERP existants, la loi exigeait leur mise en conformité avant le 1ᵉʳ janvier 2015. Le détail des obligations à respecter a été légèrement assoupli fin 2014, et figure dans un arrêté spécifique.[1]

Certaines obligations à respecter sont un peu moins contraignantes que dans le neuf, ce qui est une avancée significative, car avec la législation précédente la mise en conformité d'un ERP existant consistait sur de nombreux points à respecter les règles applicables aux bâtiments neufs, sauf impossibilité.

On retiendra en particulier les points suivants de l'arrêté du 8 décembre 2014 concernant les ERP existants :

Article 1ᵉʳ : « *Des solutions d'effet équivalent peuvent être mises en œuvre dès lors que celles-ci satisfont aux mêmes objectifs.* »

L'ensemble des règles relatives aux espaces de manœuvre des fauteuils roulants ne s'applique pas aux étages non accessibles, ni même au bâtiment s'il est à considérer comme inaccessible (en fonction d'un ensemble de critères définis par l'arrêté).

Article 7 : « *Lorsque le bâtiment comporte un ascenseur, tous les étages comportant des locaux ouverts au public sont desservis.* »

« *Un ascenseur est obligatoire :*

- *si l'effectif admis aux étages supérieurs ou inférieurs atteint ou dépasse cinquante personnes ;*
- *lorsque l'effectif admis aux étages supérieurs ou inférieurs n'atteint pas cinquante personnes et que certaines prestations ne peuvent être offertes au rez-de-chaussée.*

Le seuil de cinquante personnes est porté à cent personnes pour les établissements de 5ᵉ catégorie lorsqu'il existe des contraintes [structurelles] ».

On retiendra qu'on peut se passer d'un ascenseur si tous les services sont offerts au rez-de-chaussée et si les étages accueillent moins de 50 personnes.

L'arrêté accorde des assouplissements à cette règle pour les établissements d'enseignement, les restaurants et les hôtels.

L'administration a donc pris en compte le fait, mis en avant par plusieurs rapports, que certains ERP, en particulier les petits hôtels, ne pouvaient souvent pas être mis en conformité tout en maintenant leur équilibre économique.

Article 14 : l'arrêté fixe les niveaux d'éclairement minimum à respecter ; ces valeurs sont très exigeantes, et donc dimensionnantes pour la conception de l'éclairage :

« • *20 lux pour le cheminement extérieur accessible ainsi que les parcs de stationnement extérieurs et leurs circulations piétonnes accessibles ;*
- *20 lux pour les parcs de stationnement intérieurs et leurs circulations piétonnes accessibles ;*

---

1 Arrêté du 8 décembre 2014 fixant les dispositions prises pour l'application des articles R.111-19-7 à R.111-19-11 du Code de la construction et de l'habitation et de l'article 14 du décret n° 2006-555 relatives à l'accessibilité aux personnes handicapées des établissements recevant du public situés dans un cadre bâti existant et des installations existantes ouvertes au public.

- *200 lux au droit des postes d'accueil ;*
- *100 lux pour les circulations intérieures horizontales ;*
- *150 lux pour chaque escalier et équipement mobile. »*

Articles 16/17/18/19 : des dispositions spécifiques régissent les ERP recevant du public *assis*, les locaux d'hébergement, les cabines et autres espaces à usage individuel ainsi que les caisses de paiement.

2015 : une mise en accessibilité difficilement applicable

En pratique, de très nombreux ERP existants n'ont pas respecté l'échéance de mise en accessibilité au 1ᵉʳ janvier 2015.

Afin de prendre en compte ces difficultés, une possibilité de dérogation a été créée, l'*Ad'AP*.

L'Ad'AP (agenda d'accessibilité programmée) est une procédure administrative par laquelle le propriétaire ou le gestionnaire d'un ERP a demandé (avant septembre 2015) l'autorisation de poursuivre son exploitation bien qu'il ne respectait pas encore les règles de mise en accessibilité des ERP existants.

Dans ce document, le propriétaire ou le gestionnaire liste les actions nécessaires à la mise en accessibilité de l'établissement et s'engage auprès de l'administration à les réaliser dans les trois ans.[1] L'Ad'AP suspend les risques de sanction du propriétaire pour non-respect du Code de la construction.

3.11.1.2. En habitation

Quelques assouplissements ont été introduits dans le Code de la construction fin 2015 suite aux préconisations d'un rapport IGAS.

Dans le neuf

Pour l'habitat, qu'il soit collectif ou individuel, on trouvera le détail des prescriptions :
- dans un arrêté spécifique[2] ;
- et dans le Code de la construction.[3]

Même l'intérieur des logements fait l'objet de prescriptions, dites « caractéristiques de base des logements ». Les maisons individuelles construites par un particulier pour lui-même sont toutefois dispensées du respect des prescriptions.[4]

Depuis la loi Elan de 2018, l'obligation d'accessibilité ne porte que sur 20 % des logements d'un bâtiment d'habitation collectif, les autres logements se contentant d'être *évolutifs*.[5]

Un ascenseur est maintenant obligatoire dans les immeubles neufs de logements comportant au moins trois étages au-dessus ou au-dessous du rez-de-chaussée (contre quatre étages avant la loi Elan).

---

1 Voir : www.developpement-durable.gouv.fr, rubrique Bâtiment/ Accessibilité des bâtiments.
2 Arrêté du 24 décembre 2015 relatif à l'accessibilité aux personnes handicapées des bâtiments d'habitation collectifs et des maisons individuelles lors de leur construction.
3 Bâtiments d'habitation collectifs neufs : articles R111-18 à R111-18-3 du Code de la construction et de l'habitation ; maisons individuelles neuves : articles R111-18-4 à R111-18-7.
4 Article R11-18-4 du Code de la construction et de l'habitation.
5 Article L111-7-1 du Code de la construction et de l'habitation.

Dans l'existant

Le texte de référence pour les habitations collectives existantes est là aussi le Code de la construction,[1] accompagné d'un arrêté.[2]

Pour les travaux lourds sur un immeuble d'habitation collective existant (ou lors d'un changement de destination d'un immeuble), impactant plus de 80 % de la « valeur » de l'immeuble, la mise en accessibilité est à appliquer.[3]

3.11.1.3. L'attestation d'accessibilité de fin de travaux

Un nouveau document administratif a été introduit, décrite par un arrêté spécifique[4], l'attestation de fin de travaux.

À l'issue des travaux soumis à permis de construire (sauf construction ou aménagement de maison individuelle pour son propre usage), le maître d'ouvrage doit faire établir par un contrôleur technique ou un architecte (à l'exclusion de celui qui a conçu le projet) une attestation constatant que les travaux réalisés respectent les règles d'accessibilité applicables. Pour les projets dotés d'un contrôleur technique, c'est celui-ci qui établit l'attestation[5].

L'attestation est donc plus qu'un simple document, c'est une *véritable mission* à part entière.

3.11.1.4. L'évacuation des personnes handicapées en cas d'incendie en ERP

On se reportera pour mémoire à l'article GN 8 déjà évoqué, qui prescrit les nouvelles obligations. Dans le neuf, le plus simple peut être de prévoir des surlargeurs sur les paliers des escaliers protégés, zones destinées aux PMR et laissant le nombre d'UP nécessaire disponible.

Il existe aussi une possibilité de compartimenter les espaces et de prévoir une « translation horizontale » des PMR en cas d'incendie pour les mettre dans un compartiment hors sinistre.

3.11.2. En ERT

L'accessibilité des ERT neufs et des parties neuves d'un ERT est inscrite au Code du travail.[6] Elle fait aussi l'objet d'un arrêté.[7]

L'obligation d'accessibilité dans les lieux de travail est devenue depuis peu obligatoire quel que soit l'effectif des établissements et pour tous travaux dans un bâtiment neuf ou dans la partie neuve d'un bâtiment existant. En effet, les possibilités de dérogation qui existaient

---

1 Articles R111-18-8 à R111-18-11 du Code de la construction et de l'habitation.
2 Arrêté du 26 février 2007 fixant les dispositions prises pour l'application des articles R111-18-8 et R111-18-9 du Code de la construction et de l'habitation, relatives à l'accessibilité pour les personnes handicapées des bâtiments d'habitation collectifs lorsqu'ils font l'objet de travaux et des bâtiments existants où sont créés des logements par changement de destination.
3 Article R111-18-9 du Code de la construction et de l'habitation.
4 Articles L111-7-4 et R111-19-27 du Code de la construction et de l'habitation et arrêté du 22 mars 2007 fixant les dispositions prises pour l'application des articles R111-19-21 et R111-19-24 du Code de la construction et de l'habitation, relatives à l'attestation constatant que les travaux sur certains bâtiments respectent les règles d'accessibilité aux personnes handicapées. Pour la petite histoire, les articles du code cités dans le titre de cet arrêté ne sont plus les bons ; encore un exemple de l'état déplorable de la réglementation.
5 Article L111-26 du Code de la construction et de l'habitation, §2.
6 Article R4214-26 à 28 du Code du travail.
7 Arrêté du 27 juin 1994 relatif aux dispositions destinées à rendre accessibles les lieux de travail aux personnes handicapées (nouvelles constructions ou aménagements) en application de l'article R235-3-18 du Code du travail. Nota : cet article du Code du travail n'existe plus, mais le nom de l'arrêté est inchangé.

auparavant ont été supprimées par une jurisprudence du Conseil d'État du 1er juin 2011, qui les a jugées incompatibles avec la loi Handicap.

Il faut donc maintenant considérer qu'à part les impossibilités liées aux monuments historiques tous les ERT neufs ou toutes les parties neuves d'ERT doivent être *intégralement accessibles* aux PMR.

L'évacuation des personnes handicapées dans les bâtiments ERT

Depuis 2011, il faut pouvoir justifier des dispositions prises pour l'évacuation des personnes handicapées en cas d'incendie, comme en ERP.[1]

Consulter les articles du Code du travail.

3.11.3. Synthèse de la règlementation Accessibilité

La règlementation accessibilité est foisonnante et a été plusieurs fois modifiée au cours des dernières années. Le tableau de synthèse page suivante permet de retrouver facilement les articles des codes et les arrêtés à consulter. Pour les arrêtés on a fait figurer la date et un mot-clé facilitant la recherche sur Légifrance ; on se reportera aux notes de bas de page précédentes si on cherche le titre complet des arrêtés.

Pour en savoir plus sur l'accessibilité PMR

Utiliser les annexes graphiques de la circulaire interministérielle.

Consulter le site Internet créé par le Ministère[2] et dédié à la règlementation accessibilité : www.accessibilite-batiment.fr/

Ce site est très clair ; il permet sur chaque thème de comparer décret, arrêté et circulaire, avec en outre les questions/réponses bien utiles.

Ces deux sources ne traitent pas des ERT, mais les principes à appliquer en ERT sont proches.

Il existe aussi le « Centre de ressources de l'accessibilité », www.accessibilité.gouv.fr, site portant sur un périmètre plus large, mais comportant certaines rubriques utiles aux maîtres d'œuvre.

---

1   Articles R4216-2-1, R4216-2-2 et R4216-2-3 du Code du travail.
2   La dénomination complète du Ministère en charge du Bâtiment évoluant en fonction du Gouvernement en place, on parle dans le présent ouvrage du « ministère » (sous-entendu : en charge du secteur du bâtiment).

Synthèse de la réglementation accessibilité

	Bâtiments d'habitation collectifs		Maisons individuelles		ERP		ERT
	Bâtiments d'habitation collectifs neufs	Bâtiments d'habitation collectifs existant lorsqu'ils font l'objet de travaux + bâtiments existants où sont créés des logements par changement de destination	Maisons individuelles neuves	Maisons individuelles neuves dont le propriétaire est maître d'ouvrage pour son propre usage	ERP neufs	ERP existants	ERT neufs et parties neuves d'ERT existants
Nota		Si travaux lourds impactant plus de 80 % de la valeur de l'immeuble se reporter aux travaux neufs		Pas d'article du Code de la construction sur ce périmètre			
Code	Code de la construction art. R111-18 à R111-18-3	Code de la construction art. R111-18-8 à R111-18-11	Code de la construction art. R111-18-4 à R111-18-7		Code de la construction art. R111-19 à R111-19-5	Code de la construction art. R111-19-7 à R111-19-12	Code du travail art. R4214-26 à R4214-28 (principe général)
Arrêté	Arrêté du 24 décembre 2015 + mot-clé « construction »	Arrêté du 26 février 2007 + mot-clé « construction »	Arrêté du 24 décembre 2015 + mot-clé « construction »		Arrêté du 20 avril 2017 + mots-clés « public » et « construction »	Arrêté du 8 décembre 2014 + mot-clé « construction »	Arrêté du 27 juin 1994 + mot-clé « construction »

3.12. La réglementation thermique

3.12.1. Rappel sur les grandeurs physiques

Avant de plonger dans la richesse de la réglementation thermique, il faut avoir à l'esprit quelques grandeurs physiques utilisées par les thermiciens :

- La *conductivité thermique* λ d'un matériau représente la quantité de chaleur transférée par unité de surface et par unité de temps sous un gradient de température de 1 degré par mètre ; elle s'exprime en watt par mètre par degré kelvin (W/m/K). Plus la valeur λ est petite, plus le matériau, à épaisseur égale, est isolant. Les isolants ont des λ inférieures à 0,06 W/m/K.

  Quelques ordres de grandeur :

Matériau	Conductivité thermique λ (W/m/K) à 20 °C
Adobe (terre crue)	0,32
Béton	0,92
Béton cellulaire	0,11
Bois	0,15
Bois de pin parallèlement aux fibres	0,36
Brique monomur	0,12
Fibres de bois	0,039
Laine de chanvre	0,041
Laine de mouton	0,035 à 0,041
Laine de roche	0,038
Laine de verre	0,038
Liège expansé	0,042
Lin	0,037
Mortier de chaux	0,87
Ouate de cellulose	0,040
Polystyrène expansé	0,032 à 0,038
Polystyrène extrudé	0,028
Polyuréthane	0,025
Verre cellulaire ou mousse de verre	0,035 à 0,048

- La *résistance thermique* R exprime la capacité d'une paroi à résister au flux de chaleur. Plus le R est élevé, plus la paroi est isolante. Exprimé en $m^2.K/W$ (mètres carrés kelvin par watt), l'indice R s'obtient par le rapport de l'épaisseur en mètres sur la conductivité thermique du matériau : R = e/λ.

  Contrairement au λ, on peut additionner les R de chaque constituant d'une paroi pour obtenir le R global.

- Le *coefficient de transmission thermique* U d'une paroi est l'inverse de la résistance thermique : U = 1/R. Il s'exprime en $W/m^2/K$.

Pour en savoir plus

On peut consulter www.uparoi.net, la traduction française d'un site allemand intéressant, qui permet de réaliser des simulations de parois, avec ses différents matériaux, et d'obtenir la valeur de U et d'autres valeurs physiques. Ce site de « vulgarisation » ne remplace évidemment pas les véritables logiciels de calcul thermique utilisés par les thermiciens, et conformes à la réglementation thermique.

Les modes de transmission de la chaleur

La chaleur peut se transmettre de trois manières :

- par *convection*, c'est-à-dire par mouvements de fluides chauds, avec déplacement de matière : c'est le cas des convecteurs électriques, qui brassent de l'air chaud ;
- par *conduction*, c'est-à-dire à travers la matière, sans mouvement de matière : c'est le cas de la transmission de chaleur à travers une casserole vers les aliments qu'elle contient ;
- par *rayonnement*, sans nécessiter la présence d'un support matériel : c'est le mode de transmission de la chaleur entre le soleil et nous, à travers le vide de l'espace.

3.12.2. Les constructions neuves

La réglementation thermique est le cadre de base du travail des thermiciens. Bien qu'elle soit complexe, il est essentiel d'en connaître les bases, car elle influe de plus en plus sur la conception générale du bâtiment, et même sur le parti architectural. Après 30 ans de réglementation thermique « douce », la RT 2012 a entraîné un bouleversement des pratiques du bâtiment. Le niveau de performance des bâtiments BBC des années 2000 est devenu le standard de base. Des procédures de justification obligatoire du respect de la réglementation ont aussi été introduites, réduisant les possibilités d'échapper aux règles thermiques.

Alors que les progrès réalisés entre la première RT et la RT2005 avaient permis de diviser par deux les besoins énergétiques par mètre carré des constructions neuves, les objectifs du Grenelle de l'environnement étaient de les diviser par 3. Il s'est donc agit de réaliser, en deux ans seulement, un saut énergétique aussi important que celui réalisé au cours des trente années précédentes.

Avec la croissance des exigences de sobriété énergétique, la réglementation thermique est probablement devenu le cadre règlementaire le plus important pour les maîtres d'œuvre dans le neuf, alors qu'elle était jusqu'à présent un aspect règlementaire parmi de nombreux autres.

De nombreux maîtres d'œuvre ont la réelle volonté, au-delà des obligations règlementaires, d'améliorer les performances énergétiques de leurs projets, mais sans connaissances de base des leviers d'action le maître d'œuvre est réduit à prendre en compte les recommandations du thermicien, ce qui n'est pas toujours aisé vu le faible délai disponible pour la production des rendus. De plus, en chantier, la majorité des entreprises maîtrisent encore mal les règles constructives liées à la performance énergétique. Pour ces deux raisons, il est essentiel que le maître d'œuvre connaisse les enjeux de la réglementation thermique.

3.12.2.1. Historique

La réglementation thermique est apparue dans les années 1970. Elle n'a cessé depuis de s'enrichir et de devenir de plus en plus exigeante et élaborée.

Dans sa première version, en 1974, elle ne portait que sur les déperditions de chaleur par l'enveloppe et par la ventilation.

La deuxième version de la réglementation thermique introduisit en 1982 le calcul des besoins en chauffage et la prise en compte des apports du rayonnement solaire, ce qui encouragea l'élargissement des surfaces vitrées, que la première version tendait à limiter.

La troisième réglementation thermique introduisit en 1988 la prise en compte de l'efficacité des équipements : chaudières, ventilateurs, pompes, circuits de distribution. Dans cette version, les consommations annuelles n'avaient à être vérifiées que pour les logements bénéficiant d'un financement public. Dans les autres cas, les calculs étaient simplifiés, avec des « exemples de solutions », permettant au maître d'œuvre de se passer d'un thermicien.

La RT 2000 a exigé l'analyse des consommations énergétiques pour tous les types de bâtiments. Elle a aussi approfondie l'étude des moyens traditionnels d'assurer le confort d'été, sans rafraîchissement artificiel, c'est-à-dire grâce aux protections solaires, à la ventilation de nuit et à l'inertie thermique dans les locaux. Cette démarche n'a rien perdu de son intérêt, à l'heure où l'on cherche à éviter au maximum le rafraîchissement artificiel.

Cependant, pour les bâtiments climatisés, il était devenu impossible de ne pas prendre en compte l'impact du rafraîchissement artificiel sur les dépenses énergétiques. Cette prise en compte a été introduite par la RT 2005, laquelle a aussi amélioré la prise en compte de l'intérêt de l'éclairage naturel pour limiter les dépenses énergétiques. La RT 2005 était basée sur le concept de « bâtiment de référence », dont les caractéristiques thermiques étaient définies par la réglementation et dépendaient de la zone climatique et de l'exposition au bruit. Elle imposait trois exigences : Cep (consommations) < Cep de référence, Tic (température intérieure de confort d'été) < Tic de référence, ainsi que des « garde-fous » imposés. Elle autorisait des performances inférieures au bâtiment de référence dans une certaine limite, sous réserve d'être plus performant dans les autres domaines – ce qui n'est pas sans rappeler les principes de certification. Ce principe de la comparaison au bâtiment de référence a été abandonné dans la RT 2012, car il empêchait une comparaison en valeur absolue entre les consommations de différents bâtiments.

La RT 2005 a introduit des évolutions importantes pour la conception de l'enveloppe des bâtiments, notamment :

- une augmentation des épaisseurs d'isolants ;
- l'utilisation d'isolants plus performants ;
- le développement de l'isolation par l'extérieur, qui permet d'éviter les *ponts thermiques* et de profiter de l'inertie thermique du bâtiment ;
- la généralisation des menuiseries à haute performance (sans ponts thermiques et à vitrage faiblement émissif) ;
- l'attention particulière portée aux fenêtres de toit (velux), surtout en zone chaude, où elles sont à éviter dans la mesure du possible ;
- le développement des protections solaires pour réguler les apports solaires ;
- le traitement des ponts thermiques et des fuites d'air au droit des passages de canalisations.

Pour les équipements techniques, la RT 2005 a aussi introduit des évolutions significatives par rapport aux RT précédentes, notamment :

- la généralisation de la ventilation hygroréglable ;
- le recours aux CTA double flux ;
- le développement des systèmes thermodynamiques (pompes à chaleur) associés à des émetteurs à basse température (plancher chauffant) ;
- l'émergence du photovoltaïque ;
- une chaudière gaz basse température en référence.

La RT 2005 était associée à des labels, qui s'appliquaient à des bâtiments ayant des performances énergétiques meilleures que le seuil réglementaire minimal.

3.12.2.2. La RT 2012

Elle est le résultat de trois ans de travaux et de concertations entre thermiciens et représentants de la profession au sein de treize groupes de travail thématiques ; elle a mobilisé pas moins de 40 bureaux d'études et centre techniques qui l'ont testée à travers des dizaines de milliers de tests sur des projets réels, et 120 représentants des collèges issus du Grenelle appelés à donner leur avis. Son contenu est en grande partie issu du retour d'expérience des bâtiments certifiés BBC-Effinergie au cours des dernières années.

Textes de base et champ d'application

La RT 2012 est constituée d'un décret, d'un arrêté[1] du 26 octobre 2010 et de textes relatifs aux méthodes de calcul, mais l'essentiel à retenir est surtout présent dans l'arrêté qui s'applique en France métropolitaine, aux bâtiments neufs :

* d'habitation ;
* de bureaux ;
* d'enseignement ;
* et d'accueil de la petite enfance.

Un deuxième arrêté, du 28 décembre 2012[2], a étendu l'application de la RT 2012 aux autres bâtiments tertiaires qui n'entraient pas dans le champ d'application du premier arrêté. Le contenu de ce deuxième texte est très proche du premier, ce sont surtout les valeurs à prendre en compte qui diffèrent.

Les bâtiments régis par le deuxième arrêté sont[3] :

* les bâtiments universitaires d'enseignement et de recherche ;
* les hôtels ;
* les restaurants ;
* les commerces ;
* les gymnases et salles de sport ainsi que leurs vestiaires ;
* les établissements de santé ;
* les établissements d'hébergement pour personnes âgées dépendantes ;
* les aérogares ;
* les tribunaux et palais de justice ;
* et les bâtiments à usage industriel et artisanal.

La RT 2012 ne s'applique cependant ni aux constructions provisoires prévues pour durer moins de deux ans, ni aux bâtiments chauffés à moins de 12 °C. Par mesure de simplification, les bâtiments de moins de 50 m² n'ont pas à respecter la RT 2012 et sont seulement soumis

---

1 Décret n° 2010-1269 du 26 octobre 2010 relatif aux caractéristiques thermiques et à la performance énergétique des constructions, et arrêté du 26 octobre 2010 modifié relatif aux caractéristiques thermiques et aux exigences de performance énergétique des bâtiments nouveaux et des parties nouvelles de bâtiment.

2 Arrêté du 28 décembre 2012 relatif aux caractéristiques thermiques et aux exigences de performance énergétique des bâtiments nouveaux et des parties nouvelles de bâtiments autres que ceux concernés par l'article 2 du décret du 26 octobre 2010 relatif aux caractéristiques thermiques et à la performance énergétiques des constructions.

3 La liste figure dans l'article R111-20-6 du Code de la construction et de l'habitation.

à la règlementation thermique sur l'existant (voir plus loin).[1] Cette simplification peut concerner par exemple un vestiaire sportif en bordure de terrain ou une loge de gardien à l'entrée d'un site tertiaire.

La RT 2012 a constitué une petite révolution dans le monde du bâtiment, et elle a même impacté la manière de réaliser les études, obligeant à initialiser la réflexion bioclimatique dès l'esquisse.

Contrairement à la RT 2005, la RT 2012 fixe des objectifs à atteindre, mais très peu d'obligations de moyens et d'exigences minimales. Elle a donc pour but de laisser aux maîtres d'œuvre toute liberté pour innover et inventer des solutions permettant d'améliorer la performance énergétique.

> En termes d'objectifs, la RT 2012 est basée sur trois exigences d'obligations de résultat[2], qui constituent les grands principes à retenir :
> - la limitation de la consommation maximale d'énergie primaire, traduite par le coefficient Cep_{max}, à 50 kWh/m²/an en moyenne ;
> - l'efficacité énergétique minimale de l'enveloppe du bâtiment, traduite par le coefficient $Bbio_{max}$;
> - et le confort d'été, traduit par le coefficient Tic.

Des consommations drastiquement réduites

La RT 2012 fixe la consommation maximale d'énergie primaire, Cep_{max}, à 50 kWh/m²/an d'énergie primaire en moyenne, ce qui correspond au niveau du label BBC-Effinergie en 2010. Par rapport à la RT 2005, cette exigence constitue une réduction d'un facteur 2 pour une alimentation en gaz, et d'un facteur 4 pour une alimentation électrique !

Par exemple dans la zone de l'Est de la France, où la RT 2005 imposait une consommation maximale de 250 kW.h/m²/an d'énergie primaire pour un bâtiment avec chauffage électrique, la RT 2012 impose en moyenne 60 kW.h/m²/an seulement. Il s'agit là d'un véritable bouleversement des habitudes.

Si elle est correctement appliquée, la RT 2012 entraînera une forte réduction des émissions de gaz à effet de serre dues au secteur du bâtiment neuf dans les prochaines années.

Les calculs de la RT 2012 prennent en compte cinq usages :
- le chauffage ;
- le refroidissement ;
- l'eau chaude sanitaire ;
- l'éclairage ;
- et les auxiliaires (consommation des ventilateurs et pompes).

---

1 Article 1 de l'arrêté du 26 octobre 2010 modifié relatif aux caractéristiques thermiques et aux exigences de performance énergétique des bâtiments nouveaux et des parties nouvelles de bâtiment, et article 1 de l'arrêté du 28 décembre 2012 relatif aux caractéristiques thermiques et aux exigences de performance énergétique des bâtiments nouveaux et des parties nouvelles de bâtiments autres que ceux concernés par l'article 2 du décret du 26 octobre 2010 relatif aux caractéristiques thermiques et à la performance énergétiques des constructions.

2 Article 7 de l'arrêté du 26 octobre 2010 modifié relatif aux caractéristiques thermiques et aux exigences de performance énergétique des bâtiments nouveaux et des parties nouvelles de bâtiment.

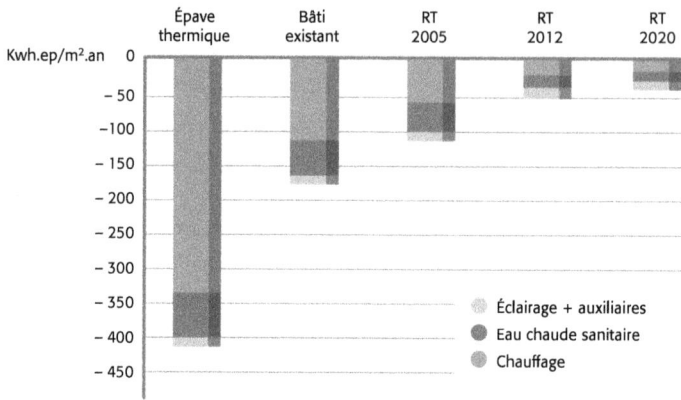

Figure 52. Comparaison des consommations moyennes par type de bâtiment (source : Ademe/CSTB).

Énergie primaire et énergie finale

L'énergie *primaire* est l'énergie contenue dans les ressources énergétiques telles qu'on les trouve à l'état brut dans la nature ; elle correspond à l'énergie nécessaire pour être en mesure de livrer au consommateur son énergie finale.

L'énergie *finale* est l'énergie consommée par l'utilisateur final, par exemple l'électricité ou le gaz tels que mesurés à son compteur individuel.

Pour le bois-énergie, le gaz ou le fioul, l'énergie primaire est égale à l'énergie finale : il n'y a quasiment pas de perte lors de l'acheminement.

Pour l'électricité, l'énergie primaire est la somme de l'énergie finale et des pertes liées à la production et au transport de l'électricité.

Enfin, l'énergie *utile* est la part de l'énergie consommée par l'utilisateur final qui sert réellement à rendre le service énergétique attendu. Elle est égale à l'énergie finale moins les pertes de rendement à l'utilisation.

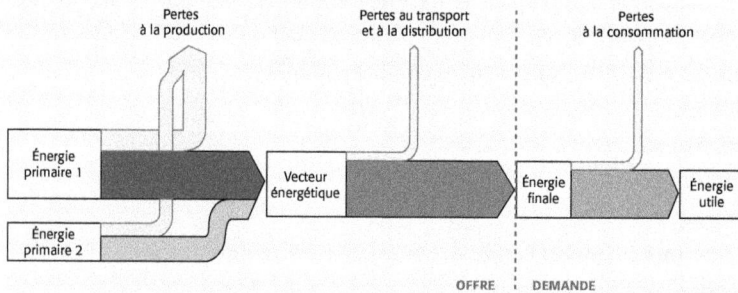

Figure 53. Énergie primaire, énergie finale et énergie utile
(source : association Négawatt).

Pour en savoir plus sur l'énergie primaire et l'énergie finale

Consulter le site internet de l'association Negawatt, www.negawatt.org.

La RT 2012 (tout comme les règlementations thermiques précédentes) calcule les consommations en *énergie primaire*, donc l'énergie nécessaire pour produire et transporter l'énergie utilisée au final par le consommateur.

Pour l'électricité, l'énergie primaire est fixée en France par convention à 2,58 fois l'énergie finale, pour prendre en compte les pertes par effet Joule occasionnées par le transport de l'énergie électrique sur les lignes haute tension du réseau national, lesquelles pertes sont considérables.

Ce coefficient de 2,58 fait l'objet de nombreux débats. Les spécialistes de l'association Negawatt, qui proposent un scénario de transition énergétique durable, ont montré que la valeur de ce coefficient est en fait largement sous-estimée, et que les pertes par effet Joule sur le réseau électrique national sont beaucoup plus importantes ; cette valeur de 2,58 est, selon eux, partiale et influencée par le lobby des électriciens.[1] Pour cette raison, l'association Negawatt recommande d'éviter le chauffage électrique, qualifié d'absurdité spécifiquement française.

A contrario le « lobby électrique » considère que la RT 2012, basée sur l'énergie primaire, favorise trop le chauffage gaz au détriment du chauffage électrique. Un des arguments avancés par ce lobby est basé sur le meilleur bilan carbone de l'énergie électrique.

Quoi qu'il en soit, sur la base des chiffres officiels de la RT, 50 kWh d'énergie primaire électrique correspondent à 19 kWh enregistrés au compteur électrique alors que le coefficient énergie primaire/énergie utilisée est de 1 pour le fioul, le gaz et le bois, ce qui traduit le fait qu'il n'y a pas de perte en ligne pour ces énergies. La RT dissuade donc l'utilisation du chauffage électrique.

Des consommations maximales à moduler

Le nouveau seuil de consommation, Cep_{max}, qui permet de comparer les bâtiments entre eux en termes de dépenses énergétiques, dépend de la zone climatique et de l'altitude, les 50 kWh/m² n'étant qu'une moyenne : il peut aller de 60 kWh/m²/an dans l'Est et le Nord de la France, à 40 kWh/m²/an sur le pourtour méditerranéen.

Il est aussi adapté en fonction de la nature des bâtiments – résidentiels ou tertiaires – et, pour le résidentiel, en fonction de la surface pour ne pas pénaliser les petits logements, qui ont un poids relatif des consommations d'eau chaude sanitaire plus important. Cette modulation peut ainsi faire varier le Cep_{max} de 62 kWh/m²/an pour une maison de 70 m² à 40 kWh/m²/an pour une maison de plus de 200 m².

Dans le logement collectif, les études montrent – ce qui n'est pas évident a priori – que les performances sont plus difficiles à atteindre qu'en logement individuel pour un investissement donné par m². Les industriels ont donc obtenu une augmentation du Cep_{max} de 7,5 kWh/m²/an jusqu'à fin 2013, pour avoir le temps de s'adapter et développer des pompes à chaleur performantes adaptées au collectif.

---

1   Association Negawatt, www.negawatt.org et l'ouvrage de référence *Le Manifeste Negawatt*.

Dans les commerces, les ordres de grandeur du Cep_{max} sont largement supérieurs et l'ordre de grandeur de 50 kWh/m² ne doit pas être retenu (consulter l'arrêté spécifique[1]).

En catégorie CE1 (possibilité d'ouvrir les fenêtres car environnement extérieur peu pollué et peu bruyant), la consommation maximale autorisée est de 330 kWh_{ep}/m²/an ; en catégorie CE2 (impossibilité d'ouvrir les fenêtres du fait du bruit et de la pollution extérieurs, ce qui entraine la nécessité d'un rafraîchissement artificiel), la consommation maximale se situe entre 540 et 594 kWh_{ep}/m²/an. Vient s'ajouter ensuite une modulation en fonction de la surface du commerce.

Pour les hôtels, Cep_{max} se situe entre 88 kWh_{ep}/m²/an au sud et 132 kWh_{ep}/m²/an au nord pour la catégorie CE1, et respectivement 125 et 150 en CE2.[2]

Point de vigilance

Comme on le voit, la moyenne de 50 kWh_{ep}/m²/an n'est pas un ordre de grandeur à retenir pour les commerces et hôtels. Ces bâtiments nécessitent plus de ressources énergétiques que l'habitation et les bureaux.

Le Cep_{max} est aussi modulable en fonction du *bilan carbone* de l'approvisionnement énergétique choisi ; cette modulation peut atteindre 30 %, afin d'encourager le raccordement aux réseaux de chaleurs collectifs ou le recours au bois-énergie. En effet, le bois-énergie a le gros avantage d'avoir, s'il provient de forêts bien gérées, un bilan carbone quasi nul, c'est-à-dire qu'il n'entraîne pas de création de gaz à effet de serre. Quant aux réseaux collectifs, ils permettent une modulation entre 0 et 30 %, en fonction de leur bilan carbone.

L'ensemble de ces modulations se traduit par la formule :

$$Cep_{max} = 50 \times M_{ctype} \times (M_{cgéo} + M_{calt} + M_{csurf} + M_{cGES})$$

avec :

- M_{ctype} : coefficient qui dépend du type d'occupation du bâtiment et de la catégorie CE1/CE2 (ces catégories sont des *classes d'exposition*, qui distinguent les bâtiments ayant théoriquement besoin de rafraîchissement artificiel du fait de leur situation et les bâtiments devant normalement pouvoir s'en dispenser[3]) ;
- $M_{cgéo}$: coefficient de modulation en fonction de la localisation ;
- M_{calt} : coefficient de modulation suivant l'altitude ;
- M_{csurf} : coefficient de modulation suivant la surface des logements (s'applique uniquement en habitation) ;
- M_{cGES} : coefficient de modulation en fonction des émissions de gaz à effet de serre des énergies utilisées.

---

1 Arrêté du 28 décembre 2012 relatif aux caractéristiques thermiques et aux exigences de performance énergétique des bâtiments nouveaux et des parties nouvelles de bâtiments autres que ceux concernés par l'article 2 du décret du 26 octobre 2010 relatif aux caractéristiques thermiques et à la performance énergétiques des constructions.

2 Source : www.plan-batiment.legrenelle-environnement.fr

3 Pour les définitions, voir l'annexe 3 de l'arrêté du 26 octobre 2010 modifié relatif aux caractéristiques thermiques et aux exigences de performance énergétique des bâtiments nouveaux et des parties nouvelles de bâtiment.

Le coefficient de besoin bioclimatique Bbio

Deuxième obligation de performance introduite par la RT 2012 après le Cep$_{max}$, le coefficient de besoin bioclimatique est une innovation qui n'existait pas dans la RT 2005. Il caractérise la qualité énergétique du bâti, indépendamment des installations qui vont l'équiper et indépendamment du mode de chauffage, en quantifiant les besoins du cadre bâti en chauffage, refroidissement et éclairage.

S'il remplace le coefficient Ubat de la RT 2005, celui-ci ne caractérisait que l'isolation du bâti, alors que toute l'originalité du Bbio est de valoriser de nombreux aspects de la conception bioclimatique :

- accès à l'éclairage naturel ;
- chaleur apportée par le soleil en hiver grâce à des baies vitrées au sud ;
- compacité et mitoyenneté du bâti ;
- capacité à minimiser les déperditions thermiques, etc.

Le Bbio est donc une tentative de quantifier la *qualité bioclimatique de la conception*. Il est exprimé en nombre de points, sur une année, en fonction de données climatiques conventionnelles du site d'implantation du bâtiment. C'est un formidable outil pour encourager les maîtres d'œuvre à améliorer les performances énergétiques du bâtiment, indépendamment des équipements techniques.

Un exemple : si on conçoit un bâtiment très vitré, donc avec de fortes déperditions en hiver, le respect de la limitation du Bbio impliquera de prévoir des vitrages très performants en termes de déperditions, et ceci indépendamment du mode de chauffage prévu.

Cela signifie qu'avec la RT 2012 le niveau de performance des équipements techniques ne peut plus palier une mauvaise conception bioclimatique de l'enveloppe, ce qui est une nouveauté.

Le Bbio$_{max}$ est modulé en fonction de coefficients :

$$Bbio_{max} = Bbio_{max\ moyen} \times (M_{bg\acute{e}o} + M_{balt} + M_{bsurf})$$

avec :

- Bbio$_{max\ moyen}$: valeur moyenne, en fonction du type d'occupation du bâtiment et de la catégorie CE1/CE2 (coefficient caractérisant le besoin en rafraîchissement artificiel) ;
- M$_{bg\acute{e}o}$: coefficient de modulation qui dépend de la localisation géographique ;
- M$_{balt}$: coefficient de modulation suivant l'altitude ;
- M$_{bsurf}$: coefficient de modulation suivant la surface moyenne des logements (ne s'applique que si le bâtiment est une maison individuelle ou accolée).

Grâce à des logiciels gratuits, comme par exemple Archiwizard Esquisse[1], l'architecte peut dorénavant évaluer son Bbio seul, avant même que le thermicien ne soit désigné.

Point important à retenir : lors du dépôt du dossier de permis de construire, le maître d'œuvre s'engage sur le Bbio.

---

1   www.archiwizard.fr.

Cep$_{max}$ en maison individuelle et en immeuble collectif après le 1er janvier 2015

Hors modulation du Mcsurf et Altitude < 400 m

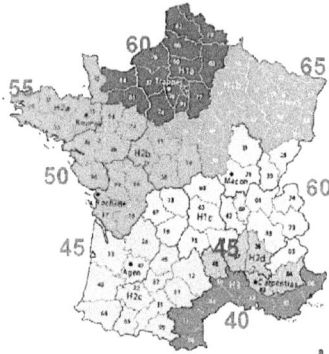

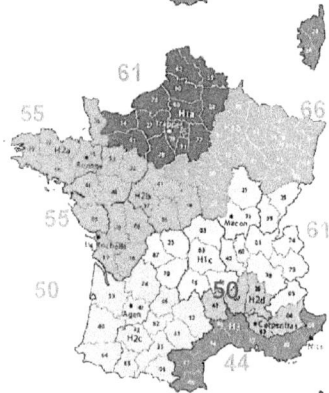

Cep$_{max}$ en bureaux

Zone CE1 et Altitude < 400 m

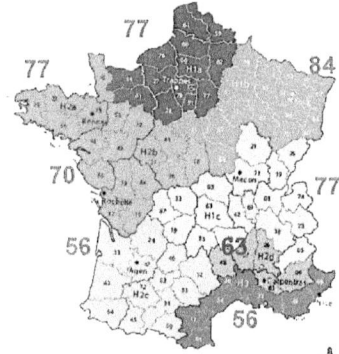

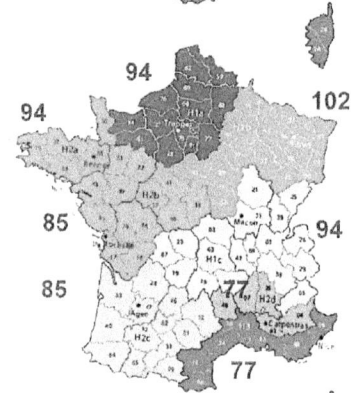

Cep$_{max}$ en enseignement

Zone CE1 et Altitude < 400 m

Cep$_{max}$ en crèche

Zone CE1 et Altitude < 400 m

Figure 54. Modulation du Cep suivant la zone géographique (source : Ministère[1]).

**Bbio$_{max}$ en maison individuelle
et en immeuble collectif**

Hors modulation du Mcsurf et Altitude < 400 m

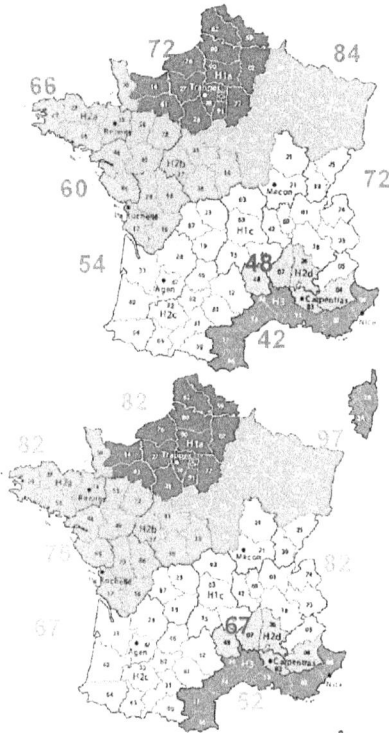

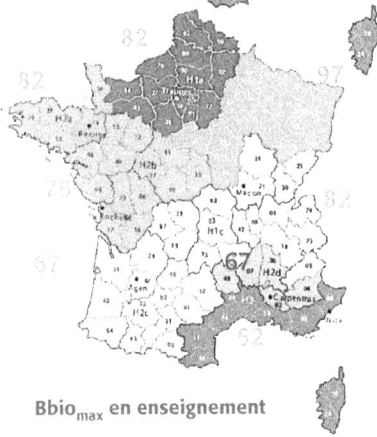

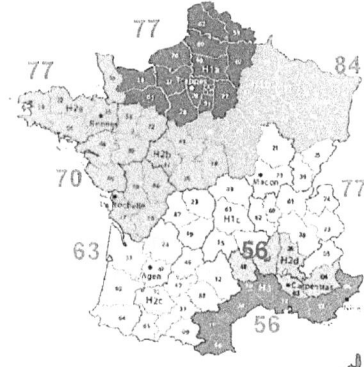

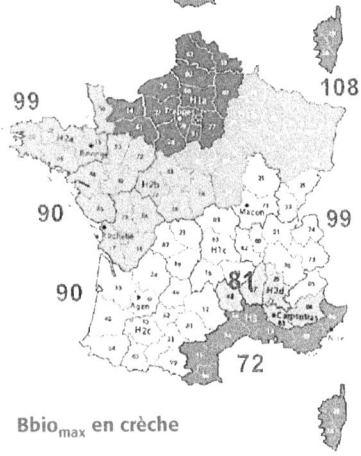

Bbio$_{max}$ en bureaux

Hors modulation du Mcsurf et Altitude < 400 m

Bbio$_{max}$ en enseignement

Hors modulation du Mcsurf et Altitude < 400 m

Bbio$_{max}$ en crèche

Hors modulation de Mcsurf et Altitude < 400 m

Figure 55. Modulation du Bbio suivant la zone géographique (source : Ministère).

Le confort d'été ou coefficient Tic

Troisième obligation de performance de la RT 2012, ce critère, qui concerne les bâtiments sans rafraîchissement artificiel, porte sur la température intérieure atteinte au cours d'une séquence de cinq jours chauds. Cette température Tic ne doit pas dépasser une référence maximale, dite Tic$_{ref}$, comme dans la RT 2005.

Le mode de calcul de ce coefficient est critiqué par certains thermiciens, mais même s'il n'est pas idéal, il caractérise une problématique à ne pas négliger, l'impact d'une bonne conception sur le confort d'été, et en particulier le rôle :

- du positionnement des baies vitrées ;
- des protections solaires ;
- des possibilités d'aération transverse des espaces ;
- de l'inertie thermique, favorisée par l'isolation extérieure.

Ce coefficient est en particulier important pour convaincre les maîtres d'ouvrage d'éviter le rafraîchissement artificiel au maximum.

Le mode de calcul de ce coefficient est en cours d'amélioration.

Les exigences de moyens minimales

Outre les trois critères d'obligation de résultat Cep_{max}, Bbio et Tic, la RT 2012 fixe des exigences minimales[1] à respecter, assez peu nombreuses. Ces exigences ont été prévues uniquement sur des sujets où il semblait particulièrement important de bousculer les habitudes en imposant un saut technologique ou en appuyant l'implantation d'une nouvelle technique, comme les énergies renouvelables ou l'étanchéité à l'air.

Ces exigences portent principalement sur :

- le traitement des *ponts thermiques*, sources de moisissures en plus des pertes énergétiques : la RT 2012 fixe des limites aux déperditions entre volume chauffé et non chauffé, ainsi que des limites pour des coefficients thermiques linéiques, ce qui revient à dire en pratique qu'elle exige le traitement des ponts thermiques ;
- l'*étanchéité à l'air*, obligation issue des labels BBC qui constitue pour la phase chantier un enjeu important : la perméabilité à l'air est caractérisée par un débit de fuite traversant l'enveloppe du bâtiment quand il subit une pression donnée de 4 Pa ; ce débit de fuite doit être inférieur ou égal à 0,6 m³/h/m² pour les maisons individuelles et à 1,0 m³/h/m² pour les immeubles collectifs d'habitation, ce qui constitue une amélioration importante par rapport aux exigences de la RT 2005, qui étaient respectivement de 1,3 et 1,7 m³/h/m². Cette étanchéité à l'air pourra faire l'objet soit de mesure de la perméabilité sur le chantier, soit d'une démarche qualité agréée[2] ;
- l'obligation en habitation d'avoir en *surfaces vitrées* au moins 1/6 de la surface habitable, afin de favoriser l'éclairage naturel (avec des dérogations possibles, détaillées dans l'arrêté)[3] ;
- deux règles visant à améliorer le *confort d'été* : l'obligation pour les locaux de sommeil (sauf ceux nécessitant un rafraîchissement artificiel) d'avoir des protections solaires mobiles (volets, stores), pour respecter un facteur solaire maximum, et l'obligation, pour les locaux ne nécessitant pas un rafraîchissement artificiel, de pouvoir ouvrir une certaine proportion des baies ;
- le *comptage de l'énergie* : les données doivent être accessibles par type d'énergie et par usage (chauffage, refroidissement, production d'eau chaude sanitaire, réseau de prises électriques, etc.) ; cette exigence est une nouveauté, et conduit à équiper de compteurs de suivi de nombreux équipements, ce qui était rarement fait dans le passé. Dans le tertiaire, les compteurs doivent permettre d'identifier les consommations par zone de 500 m², par CTA et pour chaque départ de plus de 80 A.[4] Les fabricants développent des solutions permettant dans un bâtiment tertiaire de consulter en direct les consommations de chaque tableau divisionnaire et départ principal du TGBT sur ordinateur ou smartphone.

Mais la réalisation pratique des comptages d'énergie pose encore de nombreux problèmes techniques à résoudre dans les prochaines années ; par exemple comment distinguer, dans

---

1 Titre III de l'arrêté du 26 octobre 2010 modifié relatif aux caractéristiques thermiques et aux exigences de performance énergétique des bâtiments nouveaux et des parties nouvelles de bâtiment.
2 Idem, articles 8 et 17 et annexe VII. Voir par exemple la certification PRO PERMEA sur www.cequami.fr.
3 Idem, article 20.
4 Idem, article 31.

un logement équipé d'une chaudière, l'énergie utilisée pour le chauffage de celle utilisée pour l'eau chaude sanitaire ?

Pour en savoir plus

Consulter par exemple www.legrand.fr/files/fck/File/pdf/doc-Mesure.pdf

Consulter la Fiche d'application Ademe/CSTB Systèmes de mesure ou d'estimation des consommations en logement de mai 2013, disponible sur www.rt-batiment.fr.

• l'optimisation de l'éclairage des circulations et parties communes en habitation et dans leurs parcs de stationnement en période d'inoccupation ;

• et – importante nouveauté – le recours *obligatoire* aux énergies renouvelables pour toute maison individuelle, le choix étant laissé entre cinq solutions :

  – l'eau chaude solaire thermique, avec un système certifié CSTBat ou Solar Keymark ou équivalent, avec comme impératif d'avoir au moins 2 m² de capteurs solaires, orientés entre sud-est et sud-ouest et inclinés entre 20° et 60° ;

Figure 56. Exemple de panneau solaire thermique accompagné de son ballon et d'une chaudière à condensation.

  – le raccordement à un réseau de chaleur urbain alimenté à plus de 50 % par une énergie renouvelable ou de récupération ;

  – la démonstration qu'au moins 5 kWh/m²/an proviennent d'énergies renouvelables (suivant les règles de calcul de la RT 2012) ;

  – une production d'eau chaude sanitaire à partir d'un système thermodynamique (association d'une pompe à chaleur et d'un chauffe-eau) ayant un coefficient de performance (COP) supérieur à 2 ;

Figure 57. Exemple de chauffe-eau thermodynamique avec *split* extérieur :
ce modèle présente actuellement un meilleur rendement que les modèles monoblocs.

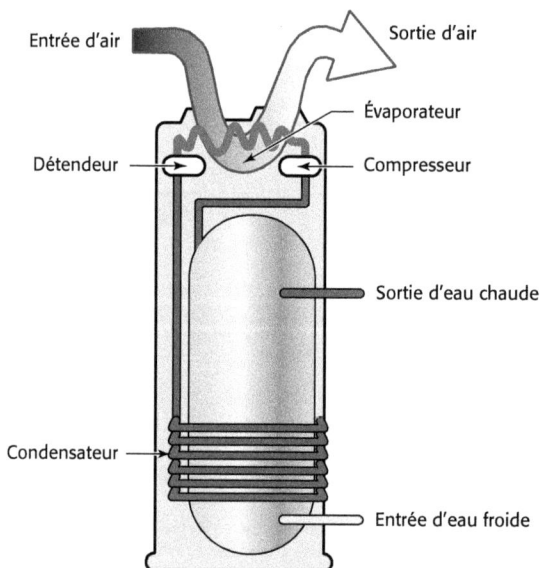

Figure 58. Principe de fonctionnement d'un chauffe-eau thermodynamique.

– ou une production de chauffage ou d'eau chaude sanitaire à partir d'une chaudière à micro-cogénération, avec critères de performance à respecter.

L'arrêté comprend d'autres obligations de moyens diverses, mais moins essentielles.

Des produits agréés ?

On ne peut pas écrire si un produit de construction est « conforme à la RT 2012 » ou non en soi, car les exigences de la RT2012 sont globales et non propres à un produit. Une fenêtre « conforme à la RT 2012 », cela ne veut donc rien dire.

Ne pas confondre ce point avec les arrêtés d'agrément de demande Titre V de la réglementation thermique, qui valident les paramètres à utiliser pour prendre en compte un équipement innovant dans un calcul thermique.

L'étude thermique obligatoire

Comme la RT 2005, la RT 2012 impose au maître d'ouvrage l'établissement d'une étude thermique. Celle-ci fait partie des études du lot CVC plomberie, et doit être amorcée le plus en amont possible. Alors que dans le passé le thermicien n'intégrait l'équipe de maîtrise d'œuvre qu'en APS, il est dorénavant nécessaire d'arriver de plus en plus souvent à une implication du thermicien dès l'esquisse, au moins comme conseil, à moins que l'architecte ne maîtrise l'impact de tous les paramètres sur les résultats thermiques, ce qui paraît difficile compte tenu de la complexité des règles de calcul.

L'étude thermique, ou calcul thermique règlementaire , est généralement réalisée au cours de la phase APD, pour permettre le dépôt du Bbio dans le permis de construire.

La structure de la RT 2012

Toutes ces exigences sont présentées dans l'arrêté du 26 octobre 2010 suivant le plan suivant :
* Titre I : Généralités
* Titre II : Exigences de performance énergétique
* Titre III : Exigences de moyens
* Titre IV : Approbations de solutions techniques en maisons individuelles
* Titre V : Cas particuliers
* Titre VI : Dispositions diverses
* Annexes :
  1. Zones climatiques
  2. Zones de bruit
  3. Définitions
  4. Dossier d'étude pour les solutions techniques en maisons individuelles
  5. Dossiers d'études pour les cas particuliers
  6. Récapitulatif standardisé d'étude thermique
  7. Démarche qualité de l'étanchéité à l'air
  8. Modulation du $Bbio_{max}$ et du C_{max}
  9. Performance des isolants biosourcés
  10. Procédure d'évaluation des logiciels
  11. Caractéristiques pour le calcul de la Tic_{ref}

La RT 2012 est aussi une *méthode de calcul* mise au point par le CSTB, destinée aux éditeurs de logiciels, et qui s'appelle Th-BCE 2012.[1] Elle couvre pas moins de 1 377 pages, avec 1 772 formules référencées, 249 tableaux référencés, 17 chapitres, dans un fichier PDF de 12 Mo. Dans la pratique quotidienne, toutes les évaluations thermiques des projets se font bien sûr grâce aux logiciels spécialisés, mais il est utile pour les thermiciens de savoir ce qui se cache derrière les logiciels, afin d'être conscient des conséquences thermiques du parti architectural et des détails constructifs.

Les attestations de prise en compte de la réglementation thermique

Le risque existant que la RT 2012 reste une belle théorie peu appliquée sur le terrain, les pouvoirs publics ont introduit l'obligation de fournir une attestation au dépôt du permis de construire et lors de l'achèvement des travaux.

Le contenu détaillé de ces deux attestations est décrit dans un arrêté spécifique.[2]

L'attestation à joindre au dépôt du dossier de permis de construire : à charge du maître d'œuvre

Au dépôt du permis de construire, l'attestation à joindre[3] est réalisée par le maître d'œuvre ayant assuré la conception, ou en son absence par le maître d'ouvrage. Elle prend la forme d'un « récapitulatif standardisé d'étude thermique ». Elle doit attester notamment :

- le respect de la réglementation thermique dans le projet ;
- la valeur calculée du Bbio, ce qui oblige à réaliser en APS ou APD (mais avant le dépôt du PC) une étude thermique règlementaire ; pour mémoire c'est le Bbio sur lequel on s'engage au permis de construire, et non le Cep_{max} ;
- le respect de la règle sur les surfaces de baies vitrées en habitation (1/6 au moins de la surface habitable) ;
- et la réalisation si nécessaire d'une « étude de faisabilité des approvisionnements en énergie »[4] (EFAPE). Ce type d'étude, dont le contenu est très encadré, est obligatoire pour les bâtiments neufs (hors maison individuelle) à partir de 50 m² de plancher (pour le détail des cas d'application, voir ci-dessous le chapitre « Données d'entrée de la conception »). Elle est obligatoire depuis 2008. Elle consiste à étudier les diverses solutions d'approvisionnements en énergie pour le projet, dont les énergies renouvelables, les réseaux urbains s'ils existent, les pompes à chaleur, etc.

---

1 Arrêté du 30 avril 2013 portant approbation de la méthode de calcul Th-BCE 2012 prévue aux articles 4, 5 et 6 de l'arrêté du 26 octobre 2010 relatif aux caractéristiques thermiques et aux exigences de performance énergétique des bâtiments nouveaux et des parties nouvelles de bâtiments ; le texte lui-même n'est pas accessible sur Légifrance, mais au Bulletin officiel du Ministère, sur www.bulletin-officiel.developpement-durable.gouv.fr

2 Arrêté du 11 octobre 2011 relatif aux attestations de prise en compte de la réglementation thermique et de réalisation d'une étude de faisabilité relative aux approvisionnements en énergie pour les bâtiments neufs ou les parties nouvelles de bâtiments.

3 Article R111-20-1 du Code de la construction et de l'habitation et chapitre 1 de l'arrêté ci-dessus.

4 Articles R111-22 et R111-22-1 du Code de la construction et de l'habitation et arrêté du 18 décembre 2007 relatif aux études de faisabilité des approvisionnements en énergie pour les bâtiments neufs et parties nouvelles de bâtiments et pour les rénovations de certains bâtiments existants en France métropolitaine.

L'attestation à établir à l'achèvement des travaux : à charge du maître d'ouvrage

Lors de l'achèvement des travaux, une deuxième attestation[1] doit être fournie sur le respect par le chantier de la RT 2012. Cette attestation doit être réalisée pour le maître d'ouvrage par un tiers indépendant : diagnostiqueur, contrôleur technique, organisme certificateur ou architecte (autre que le concepteur). Elle précise le Bbio, le Cep et de nombreux autres renseignements thermiques détaillés.

La personne en charge de cette attestation visite le bâtiment à l'achèvement des travaux, et vérifie par contrôle visuel que les équipements installés sont bien cohérents avec ceux figurant sur le récapitulatif standardisé d'étude thermique du permis de construire. Cette vérification porte notamment sur les générateurs de chaud ou de froid, les systèmes de ventilation, les protections solaires, les productions d'énergie renouvelable.

Le contrôleur vérifie aussi le justificatif de perméabilité à l'air en fin de chantier et la cohérence des isolants thermiques posés avec ceux prévus à l'étude thermique règlementaire .

Sur les projets avec un contrôleur technique, cette mission d'attestation de prise en compte de la règlementation thermique lui est souvent confiée. Dans ce cas, le maître d'ouvrage doit aussi confier la mission « TH » de base au bureau de contrôle.

La réalisation de ces attestations fait-elle partie de la mission de base de maîtrise d'œuvre ? On peut considérer que l'attestation préalable au chantier, dans la mesure où elle est nécessaire à l'obtention des autorisations administratives, fait partie de la mission de base (même si elle la complexifie). Quant à l'attestation de fin de chantier, elle est bien entendue hors mission de base puisque à réaliser par un tiers.

Point remarquable juridiquement dans l'introduction de ces obligations, des aspects de droit privé sont désormais pris en compte pour l'obtention d'une autorisation publique, alors que dans le passé l'autorité administrative n'examinait dans le PC que le respect des règles d'urbanisme.

Ces dispositions obligent donc architectes et ingénieurs à travailler ensemble dès le début de la conception de l'ouvrage, afin de pouvoir garantir la performance énergétique.

En plus de l'amélioration des performances énergétiques, elles créent aussi un nouveau marché pour la profession : celui de la production des attestations de fin de travaux.

Quelle place pour la créativité dans la réglementation thermique ?

En tant que concepteur, on peut s'inquiéter face à la complexité des règles de calcul thermique, et être sceptique quant à la place laissée à la créativité : la méthode de calcul Th-BCE s'étale sur rien moins que 1 377 pages de réglementation, en plus de l'arrêté, du décret, et des articles de loi constituant la RT 2012 !

L'administration, tout en faisant entrer la sphère de droit privé dans le domaine des autorisations d'urbanisme, n'est-elle pas en train d'étouffer la créativité ?

Ce qui peut être répondu à ces doutes compréhensibles, c'est d'abord que, par rapport aux réglementations précédentes, la RT 2012 laisse plus de place à la créativité en supprimant le concept de bâtiment de référence, et en limitant beaucoup le nombre de garde-fous (exigences

---

1   Articles R111-20-3 et R111-20-4 du Code de la construction et de l'habitation et Chapitre 2 de l'arrêté du 11 octobre 2011 relatif aux attestations de prise en compte de la réglementation thermique et de réalisation d'une étude de faisabilité relative aux approvisionnements en énergie pour les bâtiments neufs ou les parties nouvelles de bâtiments.

de moyens). La RT 2012 est principalement constituée d'obligations de résultat, c'est une réglementation qui vise la performance, ce qui va dans le bon sens.

De plus, si la RT 2012 comporte un tel foisonnement de détails, notamment dans les règles de modulation en fonction des particularités, c'est justement parce que, loin d'imposer un modèle standard, elle va très loin dans l'analyse fine et la prise en compte des particularités (particularités des sites, particularités des programmes, particularité des projets). C'est précisément cette attention aux particularités qui rend complexes les textes. À titre d'exemple, la méthode de calcul prend en compte l'intérêt des toitures végétalisées.

Il faut considérer ces règles non comme une entrave, mais comme le moyen d'inscrire le projet dans l'excellence en termes de sobriété énergétique.

Si les premières réglementations thermiques étaient simplificatrices et réductrices par rapport à la diversité des dispositions constructives projetées, on peut considérer que cette époque est révolue, et que la RT 2012 permet, grâce à la richesse de ses règles de calcul, d'estimer de manière réaliste les consommations énergétiques associées à un projet de bâtiment (la consommation réelle restant cependant dépendante des habitudes des utilisateurs et de la météo).

Il est important de garder à l'esprit que la réglementation thermique n'est *pas un outil de conception*, ni même un outil de dimensionnement des équipements techniques ; c'est uniquement un outil *règlementaire*.

Enfin, la réglementation prévoit une procédure particulière pour promouvoir les innovations techniques lorsque les règles de calcul ne semblent pas adéquates : ce sont les dispositions du titre V de l'arrêté, qui prévoit que les projets particuliers puissent sortir du cadre de calcul habituel.[1]

L'avenir de la réglementation thermique

La Commission européenne encourage les États membres à progresser vers la sobriété énergétique, avec comme objectif qu'à fin 2020 tous les nouveaux bâtiments soient à consommation d'énergie quasi-nulle.[2]

Le plan Bâtiment Grenelle a lancé début 2012 un groupe de travail « Réglementation Bâtiment Responsable 2020 » chargé des retours d'expérience sur la RT 2012 et de la définition des orientations de la future réglementation thermique 2020. On peut estimer, vu le rythme de l'évolution des techniques, que dans la prochaine réglementation thermique les bâtiments neufs, sauf exceptions, produiront plus d'énergie qu'ils n'en consommeront.

Les spécialistes proposent d'étendre le champ de la réglementation thermique au-delà de la seule efficacité énergétique et thermique, en ajoutant à l'avenir des prescriptions inspirées des démarches de certification environnementale.

Les objectifs seraient notamment de :

- prendre en compte le bilan carbone en phase construction et en phase exploitation, sur tout le cycle de vie du bâtiment, y compris l'impact carbone de l'approvisionnement des matériaux depuis leur lieu de production ;

---

1 Titre V de l'arrêté du 26 octobre 2010 modifié relatif aux caractéristiques thermiques et aux exigences de performance énergétique des bâtiments nouveaux et des parties nouvelles de bâtiment.
2 Voir la Recommandation (UE) 2016-1318 de la Commission du 29 juillet 2016 concernant des lignes directrices destinées à promouvoir des bâtiments dont la consommation d'énergie est quasi-nulle et des meilleures pratiques garantissant que tous les nouveaux bâtiments seront à consommation d'énergie quasi-nulle d'ici à 2020

- améliorer la qualité de l'air intérieur (polluants, contrôle des excès d'humidité) grâce à la ventilation et grâce au choix de matériaux peu émissifs ;
- améliorer le confort d'été ;
- améliorer la gestion de l'eau ;
- améliorer la qualité acoustique.

Une idée sous-jacente est que le « bâtiment responsable 2020 » doit engendrer des économies en matière de dépenses de santé publique, en contribuant à préserver la santé de ses occupants.

En termes énergétiques, les spécialistes proposent d'améliorer l'intégration énergétique du bâtiment dans son territoire : optimisation des *puissances* consommées (notamment des pics) et pas seulement de la *consommation*, délestage et effacement des pointes, raccordement aux réseaux urbains, capacité d'autonomie énergétique, etc.

Ils proposent par ailleurs de développer des indicateurs de performance permettant d'évaluer ces nouveaux thèmes : indicateur bilan carbone, indicateur sur les pics de puissance consommée, indicateur santé, etc.[1]

En novembre 2016 le ministère a lancé l'expérimentation du nouveau label « Bâtiments à énergie positive et réduction carbone (E^+C^-) », qui est l'aboutissement de ces réflexions et qui préfigure la règlementation thermique du futur. Ce label est basé sur le *Référentiel Énergie-carbone – Méthode d'évaluation de la performance énergétique et environnementale des bâtiments neufs*, couramment appelé Référentiel E^+C^-.

La loi sur la transition énergétique a rendu obligatoire l'application de ce référentiel aux bâtiments neufs publics, sauf « disproportion manifeste » entre les avantages et les inconvénients. Ce principe dit d'« exemplarité des bâtiments publics » reste donc assez flou juridiquement, et le Ministère – consulté sur le manque de clarté du cadre règlementaire – a confirmé que le respect du référentiel E^+C^- n'est pas une obligation stricte mais un objectif dont la faisabilité est à apprécier au cas par cas.[2]

Pour en savoir plus sur l'avenir de la RT et sur le référentiel E^+C^-

Consulter les rapports d'étape du groupe « Réflexion Bâtiment Responsable 2020-2050 », sur www.planbatimentdurable.fr, rubrique Nos travaux/Nos publications.

Sur l'expérimentation du nouveau label, consulter http://www.batiment-energiecarbone.fr/. Le référentiel E^+C^- figure dans la rubrique Documentation.

3.12.3. La réglementation thermique des bâtiments existants

L'obligation de respecter une réglementation thermique lors des travaux de rénovation des bâtiments existants n'existe que depuis 2007.

Cette réglementation ne s'applique que lorsque le propriétaire décide de lancer des travaux susceptibles d'entraîner une amélioration de la performance énergétique, ou lors d'un ravalement. Elle ne s'applique donc pas pour un simple réaménagement intérieur sans remplacement de menuiseries et sans isolation.

---

1 Cap sur le futur « Bâtiment responsable », Rapport de recommandations #3 du groupe RBR 2020-2050, septembre 2014, sur www.planbatimentdurable.fr.
2 Voir la rubrique FAQ du site http://www.batiment-energiecarbone.fr/.

Il faut distinguer le cas d'une rénovation classique et d'une rénovation lourde.

3.12.3.1. Rénovation classique : la RT existant dite élément par élément

Cette réglementation[1], qui s'applique dans la majorité des projets de rénovation, définit les performances minimales à respecter pour chaque élément remplacé ou installé : une menuiserie, ou un isolant installé, une paroi vitrée, une installation de chauffage, de refroidissement, une ventilation, etc. Il n'est pas demandé de calcul thermique global du bâtiment.

Pour les parois isolées, ces performances sont définies par le coefficient de résistance thermique R minimal à respecter.

Pour les menuiseries, les performances sont définies par le coefficient Uw maximal, en $W/m^2.K$.

Pour les équipements de chauffage, de refroidissement et de ventilation, les performances minimales sont définies.

Après de longues années d'attente, le niveau de performance exigé par cet arrêté a enfin été relevé en 2017. Les spécialistes jugent cependant que ce niveau d'exigence n'est pas assez ambitieux.

Cette règlementation s'applique en particulier pour toutes les interventions sur un bâtiment construit avant 1948.

Par mesure de simplification, elle constitue aussi depuis 2014 le cadre règlementaire [2] pour les bâtiments neufs de moins de 50 m^2.

3.12.3.2. Rénovation lourde des bâtiments de plus de 1 000 m² : la RT existant globale

Pour les opérations de rénovation lourde de bâtiments de plus de 1 000 m^2 achevés après 1948, la réglementation thermique[3] impose un objectif de performance énergétique globale, à justifier par étude thermique, ainsi que des exigences minimales par composant, appelés « garde-fous ».

Cette réglementation s'applique aux rénovations dont le montant travaux est supérieur à 25 % de la valeur du bâtiment, valeur à calculer suivant des règles définie par arrêté.[4]

Cette réglementation présente certaines ressemblances avec la RT 2005.

Attention cette réglementation est amenée à évoluer prochainement.

Pour certaines opérations, il n'est pas évident de savoir lequel de ces deux volets de la réglementation thermique des bâtiments existants il convient d'appliquer. Le CSTB et l'Ademe ont réalisé une fiche d'application permettant de s'y retrouver dans ces cas limite.[5]

---

1 Arrêté du 3 mai 2007 relatif aux caractéristiques thermiques et à la performance énergétique des bâtiments existants.
2 Article 1 de l'arrêté du 26 octobre 2010 modifié relatif aux caractéristiques thermiques et aux exigences de performance énergétique des bâtiments nouveaux et des parties nouvelles de bâtiment.
3 Arrêté du 13 juin 2008, relatif à la performance énergétique des bâtiments existants de surface supérieure à 1 000 m^2 lorsqu'ils font l'objet de travaux de rénovation importants.
4 Arrêté du 20 décembre 2007 relatif au coût de construction pris en compte pour déterminer la valeur du bâtiment, mentionné à l'article R131-26 du Code de la construction et de l'habitat. Il existe aussi une Fiche d'application sur le sujet de ce calcul, produite par le CSTB et l'Ademe, disponible sur www.rt-batiment.fr.
5 Fiche d'application RT ex : Précisions sur l'application des deux volets de la réglementation thermique des bâtiments existants, disponible sur www.rt-batiment.fr.

L'attestation

Depuis 2013, si l'opération de rénovation est soumise à permis de construire ou à déclaration préalable, une attestation de respect de la réglementation thermique est à produire par le maître d'ouvrage à l'achèvement des travaux de réhabilitation, tout comme dans le cadre de la RT 2012.[1]

On a là un exemple des nouveaux marchés qui s'offrent aux professionnels, en marge des missions de base de maîtrise d'œuvre.

3.12.3.3. Les cas des surélévations et des extensions de bâtiments existants

Dans le cas des extensions de bâtiments existants, la règlementation thermique a évolué fin 2014 pour autoriser des assouplissements. Ces assouplissements compliquent cependant beaucoup les règles, et obligent à distinguer de nombreux cas, dans ce « maquis règlementaire » :

- extensions de maisons individuelles inférieures à 50 m^2 : application de la RT Existant « Élément par élément » ;
- extension de maisons individuelles entre 50 et 100 m^2 : application partielle de la RT 2012 (en résumé, obligation de respect du $Bbio_{max}$ et des articles 20, 22 et 24 de l'arrêté du 26 octobre 2010, mais pas de respect du Cep_{max} ni de la température de confort d'été Tic) ;
- extension de bâtiments autres que maisons individuelles jusqu'à 50 m^2 : application de la RT Existant « Élément par élément »,
- extension de bâtiments autres que maisons individuelles jusqu'à 150 m^2 et sans dépasser 30 % de la surface RT des locaux existants : application là aussi de la RT existant Élément par élément[2] ;
- pour les autres extensions, application de la RT 2012.

De manière un peu plus synthétique :

Réglementation thermique à appliquer pour les extensions				
Taille de l'extension :	< 50 m^2	50 à 100 m^2	100 à 150 m^2	> 150m^2
Maison individuelle	RT existant élément par élément	RT 2012 partielle : respect du Bbiomax	RT 2012	RT 2012
Autre que maison individuelle, avec Extension < 30 % de la SRT des locaux existants		RT existant élément par élément		
Autre que maison individuelle, avec Extension > 30 % de la SRT des locaux existants		RT 2012		

L'Ademe et le CSTB ont établi une fiche d'application, pour aider à identifier la règlementation applicable dans ces cas d'extensions de bâtiments existants.[3]

---

1 Articles R131-28-2 à R131-28-4 du Code de la construction et de l'habitation.
2 Article 52 de l'arrêté du 26 octobre 2010 modifié relatif aux caractéristiques thermiques et aux exigences de performance énergétique des bâtiments nouveaux et des parties nouvelles de bâtiment.
3 Fiche d'application Extension nouvelle d'un bâtiment existant, sur www.rt-batiment.fr.

3.12.3.4. Les cas des ravalements, des réfections de toiture et des travaux visant à rendre un local habitable

Depuis 2016[1], en cas de ravalement important d'un bâtiment existant (ravalement portant sur plus de la moitié de la surface de façade), des travaux d'isolation thermique sont obligatoires, sauf pour les bâtiments dont la façade présente un intérêt patrimonial ainsi que dans certains autres cas de « disproportion manifeste » entre intérêt et inconvénients.

L'isolation est aussi obligatoire en cas de réfection de plus de la moitié de la toiture.

Ces deux obligations s'appliquent aux bâtiments d'habitation, de bureaux, de commerce, d'enseignement et aux hôtels.

Même obligation de travaux d'isolation lors de travaux d'aménagement d'un local pour le rendre habitable.

Le législateur ne s'est malheureusement pas embarrassé d'insérer cette obligation dans les deux arrêtés de la RT existante, nouvel exemple du manque d'ergonomie de la règlementation.

Pour en savoir plus sur l'obligation d'isolation en cas de ravalement

Consulter la fiche d'information de l'Ademe *Ravalement, rénovation de toitures, aménagement de pièces, quand devez-vous isoler ?*, février 2017, disponible sur www.ademe.fr (rechercher sur Google « ademe / quand devez vous isoler »).

3.12.4. Récapitulatif des quatre règlementations thermiques

On peut résumer de manière extrêmement simpliste le cadre règlementaire :

Aperçu des quatre différentes règlementations thermiques				
	Réglementation			
	RT 2012	**E⁺C⁻**	**RT existant dite Elément par élément**	**RT existant dite globale**
Champ d'application actuel (vision simplifiée)	Bâtiments neufs privés	Bâtiments neufs publics (sauf disproportion manifeste avantages/inconvénients)	Rénovation partielle d'un bâtiment existant ou d'un bâtiment de moins de 1000 m²	Rénovation lourde d'un bâtiment de plus de 1000 m²

3.13. La réglementation acoustique

Dans les bâtiments d'habitation neufs

La réglementation acoustique des habitations comporte des exigences :
- d'isolation acoustique entre logements ;
- d'isolation aux bruits d'impact ;
- d'isolation aux bruits extérieurs ;

---

1 Articles R131-28-7 à 11 du Code de la construction et de l'habitation.

◦ et des exigences relatives aux performances acoustiques des équipements (chaufferies, ascenseurs, CTA, etc.).[1]

Les non-conformités sont très nombreuses dans ce domaine sur les chantiers, aussi l'administration a-t-elle introduit à compter de 2013 l'obligation pour le maître d'ouvrage de produire une attestation de prise en compte de la réglementation acoustique à l'achèvement des travaux, ceci pour les bâtiments d'habitation collectifs neufs, les maisons individuelles neuves accolées ainsi que les habitations individuelles neuves contiguës ou superposées à un local d'activité.

Un arrêté[2] précise les modalités du contrôle à prévoir au cours du chantier (programme des mesures à effectuer), ainsi que le modèle de l'attestation.

Pour les autres bâtiments neufs

La réglementation acoustique évoquée ci-dessus ne s'applique pas aux bâtiments tertiaires.

Il existe cependant trois arrêtés qui encadrent les performances acoustiques pour les hôtels, les établissements d'enseignement et les établissements de santé.[3]

Pour les travaux importants sur les bâtiments existants

Depuis 2016, des obligations d'amélioration acoustique s'imposent aux bâtiments existants d'habitation, d'enseignement, d'hébergement et soins ainsi qu'aux hôtels, lorsqu'ils font l'objet de travaux importants.[4]

4. Droit de l'urbanisme et autorisations administratives

On parle d'*urbanisme règlementaire* pour désigner le cadre règlementaire imposé par le Code de l'urbanisme aux projets.

On parle d'*urbanisme individuel* pour décrire les procédures administratives auxquelles sont soumis les projets, procédures qui constituent les outils de contrôle de l'administration.

Point de vigilance

Le droit de l'urbanisme est un domaine extrêmement instable juridiquement. Au cours des vingt dernières années, il a été réformé un nombre incalculable de fois : loi SRU, loi ALUR, ordonnance du 23 septembre 2015 de recodification du Code de l'urbanisme et décret du 28 décembre 2015 qui a totalement réformé le contenu des PLU.

Rien qu'en 35 mois, de septembre 2015 à juillet 2018, on a pu dénombrer *a minima* 24 textes modifiant la partie du Code de l'urbanisme qui intéresse les maîtres d'œuvre : ordonnance du 23 septembre 2015, décret

---

1 Le texte de référence est l'arrêté du 30 juin 1999 relatif aux caractéristiques acoustiques des bâtiments d'habitation.
2 Arrêté du 27 novembre 2012 relatif à l'attestation de prise en compte de la réglementation acoustique applicable en France métropolitaine aux bâtiments d'habitation neufs. Voir aussi les articles R111-4-2 et R111-4-3 du Code de la construction et de l'habitation.
3 Arrêté du 25 avril 2003 relatif à la limitation du bruit dans les hôtels, arrêté du 25 avril 2003 relatif à la limitation du bruit dans les établissements d'enseignement, et arrêté du 25 avril 2003 relatif à la limitation du bruit dans les établissements de santé.
4 Article R111-23-4 du Code de la construction et de l'habitation.

du 28 décembre 2015, décret du 5 janvier 2016, décret du 1er février 2016, décret du 17 mars 2016, décret du 25 mars 2016, décret du 31 mai 2016, loi du 20 juin 2016, loi du 7 juillet 2016, ordonnance du 3 août 2016, loi du 3 août 2016, loi du 8 août 2016, décret du 11 août 2016, décret du 25 novembre 2016, loi du 28 décembre 2016, décret du 26 janvier 2017, loi du 27 janvier 2017, décret du 27 mars 2017, décret du 29 mars 2017, décret du 25 avril 2017, décret du 10 mai 2017, décret du 10 novembre 2017, décret du 27 février 2018 et décret du 17 juillet 2018 ; et encore cette liste ne porte-t-elle que sur les sujets qui nous intéressent ici ! Cette frénésie législative donne le tournis. On pourrait penser qu'après toutes ces modifications, le système a enfin atteint un point d'équilibre et satisfait les pouvoirs publics ; mais un rapport parlementaire de janvier 2017 propose justement de réformer le droit de l'urbanisme !

On retiendra que s'il est un domaine dans lequel il est impératif de consulter les textes sources sur Légifrance, c'est bien celui-ci. On veillera aussi sur Légifrance à bien choisir la date d'entrée en vigueur de l'article consulté.

4.1. Vocabulaire d'urbanisme règlementaire

Les règles d'urbanisme s'appliquent sur tout le territoire français.

4.1.1. Le règlement national d'urbanisme (RNU)

En 1955 a été instauré le règlement national d'urbanisme.[1] C'est ce règlement qui s'applique dans les communes rurales qui ne se sont pas dotées d'un PLU.

Le RNU contient des règles relatives à la localisation, à l'implantation et à la desserte des constructions.

Ce règlement est souvent considéré comme en partie responsable du mitage des paysages, très consommateur d'espace.

4.1.1.1. Règles relatives à la localisation des constructions

En application du RNU, certaines parties du territoire ne sont pas constructibles, ou seulement sous certaines conditions, notamment pour des raisons liées à l'hygiène et à la sécurité.

Hygiène : des terrains jouxtant une activité polluante, une activité bruyante ou un élevage industriel sont par exemple inconstructibles. Les services instructeurs apprécient au cas par cas la constructibilité.

Sécurité : des risques naturels ou technologiques rendent inconstructibles des terrains, même en l'absence d'un plan de prévention des risques.

Les espaces naturels sont aussi bien entendu inconstructibles.

Règle d'or dite règle de la constructibilité limitée

Dans le cadre du RNU, cette règle fondamentale édicte qu'il est interdit de construire en dehors des zones déjà urbanisées de la commune. On parle des PAU : les parties actuellement urbanisées de la commune. Le texte n'interdit cependant pas la construction dans le prolongement des parties actuellement urbanisées.

---

1 Article R111-1 et suivants du Code de l'urbanisme.

Cette règle, issue de la Décentralisation (1983), est parfois d'interprétation difficile.

La jurisprudence considère par exemple qu'un simple lieu-dit constitué par une maison de maître accompagnée de bâtiments agricoles ne fait pas partie des PAU de la commune, et ses abords restent donc inconstructibles.

Des dérogations à cette règle sont possibles pour l'activité agricole : des bâtiments liés à l'activité agricole peuvent être autorisés, et même l'habitation de l'agriculteur s'il est en mesure de prouver qu'il doit être présent sur place du fait de son activité d'élevage.

Des dérogations sont aussi possibles pour implanter des équipements collectifs.

4.1.1.2. Règles relatives à la desserte des constructions

Pour être constructible dans le cadre du RNU, le terrain doit être desservi par une *voie routière* et des *réseaux* VRD correspondant à l'importance des constructions projetées.

Il faut aussi que le terrain ait un *accès* depuis la voie routière, accès adapté à la construction projetée. La situation de l'accès au terrain peut rendre un terrain inconstructible. Pourront par exemple être considérés inconstructibles par le service instructeur des terrains, bien que desservis par une voie routière :

* dont l'accès depuis la voie serait trop étroit,
* dont l'accès serait dangereux car situé dans un virage avec peu de visibilité,
* dont l'accès serait dangereux car situé sur un axe à fort trafic rapide.

Ces règles du RNU sont dites *permissives*, c'est-à-dire qu'elles permettent une interprétation par le service instructeur, par opposition aux règles dites *impératives*, c'est-à-dire qui ne prêtent pas à interprétation.

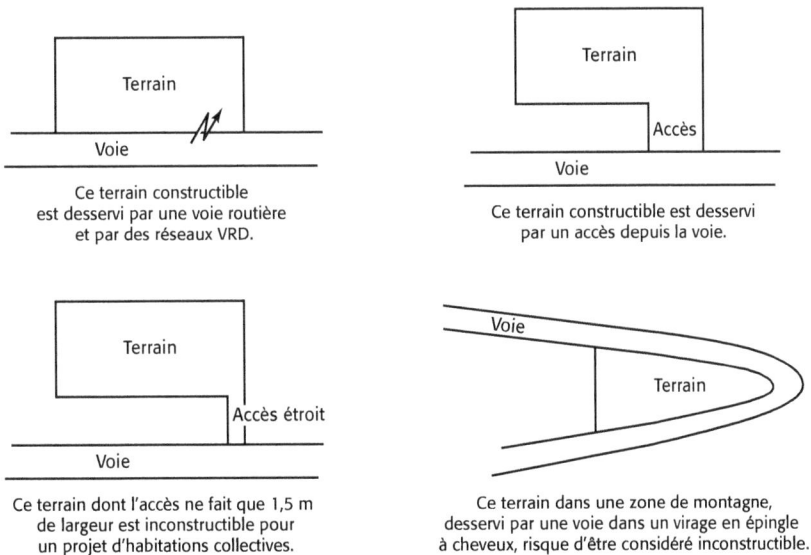

Ce terrain constructible est desservi par une voie routière et par des réseaux VRD.

Ce terrain constructible est desservi par un accès depuis la voie.

Ce terrain dont l'accès ne fait que 1,5 m de largeur est inconstructible pour un projet d'habitations collectives.

Ce terrain dans une zone de montagne, desservi par une voie dans un virage en épingle à cheveux, risque d'être considéré inconstructible.

Figure 59. Quelques situations d'accès au terrain.

4.1.1.3. Règles relatives à l'implantation et au volume des constructions

Le règlement impose des distances de prospect entre bâtiments et par rapport aux voies.

4.1.1.4. Règles relatives à l'aspect extérieur des constructions

Les services instructeurs peuvent s'opposer à un projet s'ils estiment qu'il peut porter atteinte à « l'intérêt des lieux avoisinants » ; règle évidemment assez subjective, qui est précisée par toute une jurisprudence.

Dans l'instruction des demandes de permis, le maire peut déroger à certaines règles du RNU pour des raisons motivées, si la dérogation ne porte pas une atteinte déraisonnable à la règle.

Il est par exemple arrivé que des tours de bureaux soient autorisées en dérogation, sur des communes soumises au règlement national d'urbanisme.

4.1.1.5. Les cartes communales

Dans les communes soumises au RNU, le maire peut instaurer une *carte communale*.[1] Ce document, constitué d'une carte, d'un rapport de présentation et d'annexes éventuelles, divise la commune en zones constructibles et inconstructibles, afin d'éviter tout problème d'interprétation du RNU. Seuls ces deux statuts existent : constructible ou inconstructible, contrairement aux nombreux types de zones figurant dans les PLU.

> **Règle d'or**
>
> Il n'y a pas de règlement local associé à une carte communale, c'est juste une modalité d'application du RNU.

L'élaboration d'une carte communale est souvent préférée au PLU par les communes rurales car elle est beaucoup moins chère à réaliser.

La carte communale peut être partielle ou porter sur tout le territoire de la commune. L'établissement et l'approbation peuvent prendre couramment 2 ans, voire plus. Pour mettre en place une carte communale, la commune doit en effet lancer une enquête publique.

La carte communale fait ensuite l'objet d'une double approbation, par le conseil municipal et par le préfet.

Au moment de cette approbation, les compétences en matière d'urbanisme sont transférées : le maire instruit dorénavant au nom de la commune et sous la responsabilité de la commune, alors qu'en l'absence de carte communale, dans le cadre du RNU, le maire instruisait au nom de l'État.

Les communes dotées d'une carte communale peuvent conserver cette organisation sur le long terme et rien ne les oblige à passer un jour en PLU.

Sur le géoportail de l'urbanisme, les communes dotées d'une carte communale apparaissent en couleur verte.

---

1   Article R161-1 et suivants du Code de l'urbanisme.

4.1.2. Du POS au PLU

En 1967 ont été créés les plans d'occupation des sols (POS). À partir de cette date, le règlement national d'urbanisme ne s'applique plus dans les communes dotées d'un POS.

La loi SRU (solidarité et renouvellement urbain) du 13 décembre 2000 a transformé les POS en plans locaux d'urbanisme (PLU). Le nom a été changé pour insister sur la présence de nouveaux objectifs assignés aux PLU, objectifs qui étaient absents des POS :

- le développement durable et les économies d'énergie ;
- la mixité des usages (habitation versus bureaux) ;
- et la mixité sociale (favoriser le logement social).

Point de vigilance

La loi SRU n'avait pas supprimé les POS existants, mais elle avait prévu que les communes ou intercommunalités qui n'ont pas initié l'élaboration d'un PLU repassent automatiquement au RNU jusqu'à l'approbation d'un PLU ! Ces cas restent rares, car les communes concernées ont initié un PLU pour échapper à cette règle.[1] On retiendra que tous les POS sont donc maintenant caducs.

4.1.3. RNU versus PLU

On a donc deux régimes possibles dans une commune française donnée :

- soit la commune est soumise au RNU (éventuellement avec une carte communale), ce qui est le cas d'environ la moitié des communes françaises ; ce sont des communes rurales, représentant environ 25 % de la population ;
- soit la commune est dotée d'un PLU.

Le RNU n'est donc pas applicable en présence d'un PLU.

Point de vigilance

Deux bémols cependant à cette règle :

Certains articles du RNU sont dits *d'ordre public*, c'est-à-dire qu'un tribunal peut les appliquer même dans une commune dotée d'un PLU, si le PLU a omis de prendre en compte les principes associés. Il s'agit des articles du RNU relatifs à la sécurité, à la salubrité publique, à la protection des sites et vestiges archéologiques, à la protection de l'environnement et à l'aspect extérieur des constructions. On dit que ces articles sont *opposables*.

Deuxième point d'attention, depuis 2015, les PLU intercommunaux ont la possibilité de renvoyer à l'application du RNU pour certaines zones rurales de leur territoire.

4.1.4. Les plans locaux d'urbanisme (PLU)

4.1.4.1. Quel est l'intérêt du PLU ?

La réalisation d'un PLU est longue et coûteuse. Les cabinets spécialisés qui les réalisent doivent faire appel à de nombreuses compétences dans des domaines aussi divers que le droit de l'urbanisme, l'architecture, les VRD, l'assainissement, l'acoustique, le droit de l'environnement, etc.

---

1 Article L174-1 du Code de l'urbanisme.

Alors quel est l'intérêt pour une commune de se lancer dans un PLU ?

Le PLU permet d'instaurer de nombreuses règles qui ne figurent pas dans le RNU, il donne donc des outils aux communes pour règlementer de manière très détaillée leur urbanisme.

Les PLU sont encore un exemple d'inflation règlementaire : dans certaines communes, comme à Paris, même les spécialistes les jugent d'une grande complexité, jusqu'à n'être compréhensibles sur certains points que par les services de la Ville.

4.1.4.2. Le contenu type d'un PLU[1]

Tout PLU doit obligatoirement contenir :

- un *rapport de présentation*, souvent assorti d'illustrations, document un peu fastidieux qui explique ce qui a motivé les exigences du PLU ; ce rapport n'est pas opposable : un permis de construire ne peut pas être refusé à cause du non respect du rapport ;
- un *projet d'aménagement et de développement durable* (PADD) : c'est le projet de ville des élus, qui doit décrire les intentions des élus pour la ville ; ce PADD non plus n'est pas opposable, il ne comporte normalement pas de prescriptions règlementaires ;
- les *orientations d'aménagement et de programmation* (OAP) : ce document facultatif consiste à délimiter des îlots pour lesquels les élus précisent l'évolution qu'ils souhaitent ; les demandes de permis de construire doivent être cohérentes avec les objectifs des OAP, mais n'ont pas à respecter en détail les OAP ;
- un *règlement* et ses *pièces graphiques* (les plans de zonage ou carte du PLU) : documents opposables, auxquels les dossiers de permis de construire doivent être strictement conformes ; c'est donc ce document qui intéressera le plus le maître d'œuvre ;
- des annexes, listant les servitudes d'utilité publique ;
- éventuellement un *programme d'orientations et d'actions* (POA) qui porte sur la politique en matière d'habitat et de transport.

4.1.4.3. La structure type du règlement du PLU

Le règlement est la partie opposable du PLU. La structure de ce texte est régie par la loi.

Jusqu'en 2015, les règlements des PLU suivaient une trame type basée sur une série de 16 articles thématiques, qu'on rencontrera dans nombre de PLU existants. Cette organisation a été réformée en 2015, et les futurs PLU seront dorénavant organisés comme suit :

I. Destination des constructions, usage des sols et natures d'activité
    Cette partie du règlement du PLU répond à la question : où peut-on construire ?

II. Caractéristiques urbaines, architecturales, environnementales et paysagères
    Cette partie traite de la volumétrie, de l'implantation, des espaces non-bâtis et du stationnement. Elle répond à la question : comment la construction s'insère-t-elle dans son environnement ?

III. Équipement et réseaux
    Cette partie traite des conditions de desserte des terrains par les voies et réseaux.

---

1 Article L151-1 et suivants et article R151-1 et suivants du Code de l'urbanisme.

4.1.4.4. Le plan de zoning du PLU

La carte du PLU découpe la commune en différentes zones :

- zones urbaines : zones U ; il s'agit des zones déjà urbanisées et des zones non construites actuellement mais pouvant l'être car elles sont viabilisées (ou en cours de viabilisation) en termes de VRD ; le règlement est modulé en secteurs (UA, UB, UC par exemple), avec des prescriptions différentes ;
- zones à urbaniser : zones AU ; ce sont des zones qui ne sont pas encore viabilisées, et qui seront équipées en VRD à l'occasion d'une ZAC, à l'occasion d'un permis de construire groupé, ou à l'occasion d'un lotissement, trois procédures qui permettent de faire financer par le programme de construction la viabilisation des terrains ; un échéancier peut figurer dans le PLU ;
- zones agricoles : zones A, qui peuvent être des zones d'activité agricole ou des zones d'ancienne activité agricole ;
- et zones naturelles et forestières : zones N.

4.1.4.5. Les périmètres de servitudes complémentaires

À l'intérieur d'une zone du PLU, certains secteurs peuvent être assortis de servitudes complémentaires venant s'ajouter aux contraintes de la zone. Ces servitudes peuvent être de natures très diverses. En voici quelques exemples.

- Le classement en *espaces boisés classés* : EBc. Une zone N sans EBc autorise à couper les arbres, une zone EBc l'interdit.

  Le classement d'arbres isolés est aussi possible, mais cette possibilité est malheureusement rarement utilisée (alors qu'elle est largement répandue dans d'autres pays, en Angleterre par exemple).
- Les PLU peuvent prévoir des *emplacements réservés*.

  La commune prévoit qu'un emplacement doit être réservé pour un équipement public futur, pour un élargissement de voie, pour un espace vert ou encore pour du logement social. Cet emplacement n'appartient pas à la commune, mais elle souhaite l'acquérir ou le réserver pour un autre bénéficiaire.

  Le propriétaire peut mettre en demeure la collectivité d'acquérir l'emplacement réservé, mais cela est risqué car le juge peut fixer lui-même le prix et transférer d'office la propriété.
- Les servitudes propres aux *sites patrimoniaux remarquables* prévus par le Code du patrimoine sont indiquées dans le PLU.
- Le PLU peut délimiter des *secteurs de performance énergétique*, sur lesquels la commune peut exiger des performances particulières. Cette possibilité offerte par la loi, bien qu'elle parte d'une bonne intention, peut laisser perplexe : vu le nombre des communes françaises, est-il souhaitable que chaque ville de France ait la liberté de définir sa propre réglementation thermique ?

Point de vigilance

Bien que la trame soit identique, les dispositions contenues dans les PLU sont très différentes d'une commune à l'autre. On ne peut pas se baser sur des dispositions déjà rencontrées dans une autre commune et supposer qu'elles s'appliquent à nouveau.

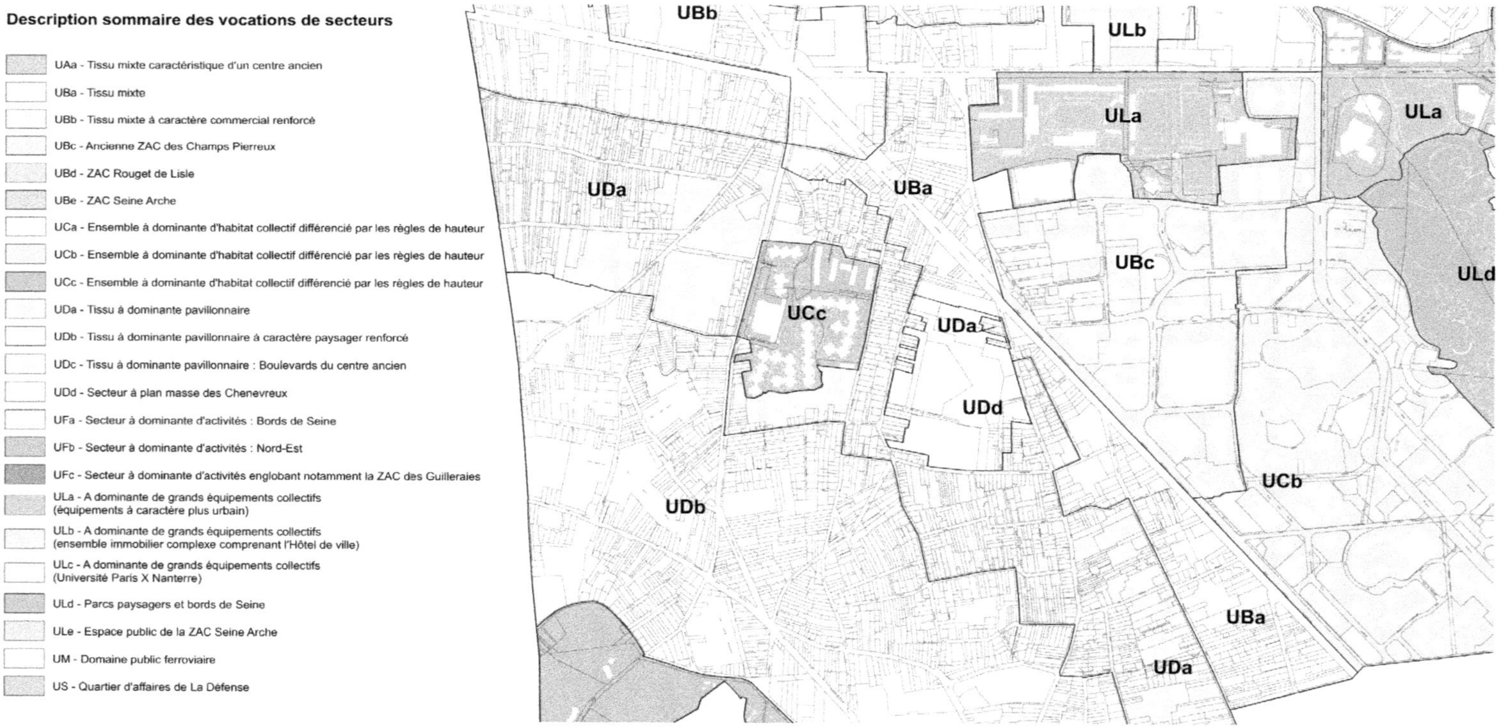

Description sommaire des vocations de secteurs

UAa - Tissu mixte caractéristique d'un centre ancien

UBa - Tissu mixte

UBb - Tissu mixte à caractère commercial renforcé

UBc - Ancienne ZAC des Champs Pierreux

UBd - ZAC Rouget de Lisle

UBe - ZAC Seine Arche

UCa - Ensemble à dominante d'habitat collectif différencié par les règles de hauteur

UCb - Ensemble à dominante d'habitat collectif différencié par les règles de hauteur

UCc - Ensemble à dominante d'habitat collectif différencié par les règles de hauteur

UDa - Tissu à dominante pavillonnaire

UDb - Tissu à dominante pavillonnaire à caractère paysager renforcé

UDc - Tissu à dominante pavillonnaire : Boulevards du centre ancien

UDd - Secteur à plan masse des Chenevreux

UFa - Secteur à dominante d'activités : Bords de Seine

UFb - Secteur à dominante d'activités : Nord-Est

UFc - Secteur à dominante d'activités englobant notamment la ZAC des Guilleraies

ULa - A dominante de grands équipements collectifs (équipements à caractère plus urbain)

ULb - A dominante de grands équipements collectifs (ensemble immobilier complexe comprenant l'Hôtel de ville)

ULc - A dominante de grands équipements collectifs (Université Paris X Nanterre)

ULd - Parcs paysagers et bords de Seine

ULe - Espace public de la ZAC Seine Arche

UM - Domaine public ferroviaire

US - Quartier d'affaires de La Défense

Figure 60. Un exemple de plan de zonage, extrait du PLU de la ville de Nanterre.

4.1.4.6. Procédure d'élaboration des PLU

En application de la loi ALUR, ça n'est maintenant plus la commune qui est compétente pour l'élaboration du PLU, mais un *établissement public de coopération intercommunale* : le PLU devient intercommunal ; on parle de *PLUI*. Cette évolution est sans doute un progrès dans la mesure où elle permet :

- d'une part de prendre en compte des problématiques intercommunales (trame verte, transports publics, etc.)
- et d'autre part de mutualiser les moyens d'étude, un PLU étant coûteux à réaliser.

Cependant des dérogations sont possibles : si un nombre suffisant d'élus s'y oppose, les PLU peuvent rester communaux.

Les PLU ne peuvent pas être partiels : ils couvrent toute l'intercommunalité, à l'exception des éventuels secteurs sauvegardés (voir plus bas le § sur le Code de patrimoine).

La population doit pouvoir participer aux étapes de l'élaboration du PLU, notamment grâce à l'enquête publique.

Lors de l'approbation du PLU sur une commune préalablement soumise au RNU, la compétence passe à la commune : le maire devient compétent pour instruire les dossiers au nom de la commune, et non plus au nom de l'État.

En 2016 la durée moyenne d'élaboration d'un PLU était de 3,5 ans[1], il s'agit donc d'une procédure complexe.

4.1.4.7. Révisions et modifications du PLU

Il existe une procédure de *révision* du PLU, qui doit s'appliquer à chaque fois que l'autorité compétente veut changer les orientations du PADD, réduire un espace boisé classé, une zone agricole ou une zone naturelle.

Cette procédure est identique à un nouveau PLU, elle est donc lourde.

Il existe aussi des procédures de *modification* du PLU, qui sont plus simples, et parmi lesquelles on distingue la *modification de droit commun* et la *modification simplifiée*.

4.1.4.8. Opposabilité du PLU

Dans l'instruction des dossiers, le service instructeur utilise le règlement accompagné de son plan de zonage du PLU. Il n'utilise pas les textes non opposables du PLU, comme le rapport de présentation et le PADD.

Les OAP sont aussi opposables mais le projet n'a pas à être strictement *conforme* à l'OAP ; il suffit que le projet soit *compatible* ; en urbanisme le terme « conforme » correspond à un strict respect des dispositions alors que le terme « compatible » renvoie à une cohérence générale.

Des *adaptations mineures* au règlement du PLU peuvent être accordées par le service instructeur, par exemple dans le cas de parcelles de forme complexe.[2]

Mais au contentieux ces permis sont souvent annulés par les juges.

---

1 Source : www.logement.gouv.fr.
2 Article L152-3 du Code de l'urbanisme.

4.1.5. Les SCOT

Le PLU doit être établi dans le cadre du Schéma de cohérence territorial, le SCOT.[1]

Le SCOT est toujours intercommunal.

Il a été introduit par la loi SRU de 13 décembre 2000, comme les PLU. Il a remplacé les anciens Schémas directeurs. Les orientations du SCOT couvrent un champ extrêmement large.

4.1.5.1. Principe de l'urbanisation limitée dans les communes non couvertes par un SCOT

La grande nouveauté avec les SCOT c'est que la loi SRU a prévu qu'en l'absence de SCOT la commune n'a pas le droit d'accorder de permis de construire sur ses zones AU (zones à urbaniser). Ce point encourage fortement les communes à créer des SCOT.[2]

Une manière courante d'urbaniser les zones AU est de créer une ZAC, avec désignation d'un aménageur, chargé de réaliser la viabilisation des terrains. L'aménageur se rémunère en vendant des charges foncières à des promoteurs c'est-à-dire des droits à construire sur un lot.

Les communes sans SCOT peuvent créer des ZAC mais pas les réaliser concrètement.

4.1.5.2. Élaboration des SCOT

Pour élaborer un SCOT, les communes se regroupent librement sous une forme intercommunale et proposent au préfet un périmètre d'un seul tenant et sans enclave, périmètre qui peut être à cheval sur plusieurs départements.

Les PLU devant maintenant être eux aussi intercommunaux, certains spécialistes considèrent que l'intérêt des SCOT est amoindri. Mais compte tenu de l'impossibilité d'urbaniser les zones AU sans SCOT, de nombreuses intercommunalités se sont lancées dans l'élaboration d'un SCOT.

Les PLU doivent ensuite être compatibles avec le SCOT.

4.1.6. Les règlementations d'urbanisme spécifiques

Il existe des servitudes complémentaires, qui s'ajoutent au règlement national d'urbanisme.

4.1.6.1. Loi littoral de 1986

Elle est applicable sur toutes les communes qui touchent la mer, même ponctuellement, qui touchent un estuaire jusqu'à la limite de la salure des eaux, et sur les lacs de plus de 1000 ha.[3]

Certaines dispositions s'appliquent à l'ensemble du territoire de la commune.

Certaines dispositions s'appliquent aux espaces proches du rivage.

Enfin d'autres dispositions s'appliquent dans la bande des 100 m de la limite haute du rivage.

La loi littoral permet aux juges d'annuler un permis de construire même s'il était conforme au PLU ; de nombreux PLU ne sont en effet toujours pas conformes à la loi littoral.

---

1 Article R141-1 et suivants du Code de l'urbanisme.
2 Article L142-4 du Code de l'urbanisme.
3 Article L121-1 et suivants du Code de l'urbanisme.

4.1.6.2. Loi montagne[1]

Elle encadre l'urbanisation et la construction de routes nouvelles.

4.1.6.3. Loi bruit[2]

Elle porte sur les aménagements aux abords des aérodromes. Toute construction est interdite dans un périmètre autour des aérodromes. Dans un second périmètre des constructions sont possibles moyennant des mesures d'isolation acoustique renforcées.

4.1.7. Autres contraintes locales

Outre la réglementation de l'urbanisme, il faut respecter les servitudes d'utilité publique qui peuvent parfois exister, définies par des arrêtés préfectoraux ou municipaux. On doit normalement les trouver en annexe au PLU.

Il peut s'agir par exemple :
- d'un règlement de ZAC,
- de plans de prévention des risques, établis par les préfectures notamment :
    – les PPRI (plans particuliers contre les risques d'inondation),
    – et les plans de prévention des risques technologiques,
- ou encore des règlements sanitaires départementaux, en pratique assez similaires d'un département à l'autre car issus d'un règlement type.[3]

Les règlements sanitaires départementaux sont surtout utilisés par les maîtres d'œuvre lors des études CVC Plomberie. Ils comportent des dispositions extrêmement hétéroclites, par exemple sur le battage des tapis, la protection des cressonnières ou la fabrication des crèmes glacées…

4.1.8. Avoir accès aux documents d'urbanisme

Les documents locaux d'urbanisme, en particulier les PLU et les SCOT, vont progressivement être mis en ligne sur le « géoportail » de l'urbanisme, www.geoportail-urbanisme.gouv.fr, géré par l'IGN. Actuellement seule une partie des documents y figure.

4.1.9. Bribes de vocabulaire pour lire le RNU et les PLU

Alignement : la règle de l'alignement, qui vise à interdire aux constructions d'empiéter sur le domaine public, est l'une des plus anciennes règles contenues dans le Code de l'urbanisme.

Distance de prospect : distance minimale entre une façade et le bâtiment ou l'obstacle qui lui fait face, mesurée perpendiculairement. Le but des règles de prospect est de préserver l'apport de lumière naturelle.

---

1 Article L122-1 et suivants du Code de l'urbanisme.
2 Article L112-3 et suivants du Code de l'urbanisme.
3 Le règlement type est consultable sur Légifrance dans la circulaire du 9 août 1978 relative à la révision du règlement sanitaire départemental type. Attention toutefois, s'agissant d'un texte non règlementaire , les articles modifiés par une circulaire ultérieure ne sont pas à jour quand on consulte le fac simile de la version d'origine en ligne.

Gabarit : profil-enveloppe, épure, que doit respecter un bâtiment projeté, limité par une verticale et surmonté d'un couronnement.

Pour mémoire, depuis 2015 les PLU peuvent autoriser des « *dépassements des règles relatives au gabarit (…) pour les constructions faisant preuve d'exemplarité énergétique ou environnementale ou qui sont à énergie positive* ».[1]

Égout de toit : altitude de la gouttière ou du chéneau.

Vues principales : celles qui concernent les pièces où l'on séjourne. Elles exigent un prospect plus important que les vues secondaires.

Vues secondaires : celles relatives aux locaux de service, y compris dans certains PLU aux cuisines.

COS : depuis la loi ALUR[2] les PLU ne peuvent plus imposer un coefficient d'occupation des sols (COS). En conséquence, depuis 2014, tous les articles de PLU édictant un COS sont illégaux. Les services instructeurs ne doivent plus tenir compte de l'existence du COS lors des instructions.

4.2. L'urbanisme opérationnel : ZAC et lotissement

4.2.1. Les ZAC

Les ZAC[3] sont des outils d'aménagement utilisés par les pouvoirs publics, contrairement aux lotissements, qui sont généralement d'initiative privée.

Elles permettent à un aménageur de viabiliser des terrains et de se rémunérer en vendant à des promoteurs des charges foncières.

4.2.2. Les lotissements

Un lotissement n'est jamais une construction, c'est une opération faite en vue de futures constructions. C'est une opération qui consiste à diviser un terrain pour fabriquer des lots à bâtir. Si un terrain non constructible est divisé en lots sans qu'ils ne soient constructibles, ce n'est pas un lotissement.

Les tribunaux sont généralement très stricts en matière de lotissements, car les lotissements défectueux (voiries ou réseaux défaillants) ont été extrêmement nombreux tout au long du xxe siècle, d'où provient d'ailleurs l'expression « être bien mal loti ».

Quand il n'est pas nécessaire de créer une voie ni des réseaux VRD, il s'agit d'un *lotissement sans travaux*, qui est seulement soumis à déclaration préalable.

Quand il est nécessaire de faire des travaux de VRD pour créer et viabiliser les lots, il s'agit d'un *lotissement avec travaux*, soumis à permis d'aménager.

---

1   Article L151-28§3 du Code de l'urbanisme.
2   Loi n° 2014-366 du 24 mars 2014 pour l'accès au logement et un urbanisme rénové (ALUR).
3   Article R311-1 et suivants du Code de l'urbanisme.

4.2.3. Le régime des opérations d'intérêt national (OIN)

Les opérations d'intérêt national sont des opérations d'urbanisme gérées directement par l'État. Par décret, l'État se substitue aux communes pour gérer l'urbanisme opérationnel sur le périmètre concerné.

Sur ce périmètre, c'est l'État qui délivre les autorisations d'occupation des sols et non la commune. C'est aussi l'État qui décide de la création d'une ZAC, et non la commune.

Les villes nouvelles, les aéroports d'Orly et Roissy ou le quartier d'affaire de La Défense en sont des exemples.

Ces opérations sont généralement gérées par un établissement public d'aménagement.

4.3. Les procédures administratives

C'est le contrôle de l'application de la réglementation.

On distingue les procédures au titre du Code de l'urbanisme des procédures au titre du Code de la construction, du Code du patrimoine ou du Code de l'environnement.

4.3.1. Quelques mots d'urbanisme individuel : les procédures au titre du Code de l'urbanisme

4.3.1.1. Le certificat d'urbanisme

Le *certificat d'urbanisme d'information* est un outil qui permet de demander à l'administration les règles applicables à un terrain. Il se présente sous la forme d'un cerfa. Le demandeur n'a pas besoin d'être propriétaire du terrain. Sous un mois la mairie indique la réglementation opposable au terrain et quelles seront les taxes prévues en cas de demande de permis, par exemple la taxe d'aménagement.

On peut en outre indiquer à l'administration qu'on souhaiterait réaliser un projet, projet que l'on décrit sommairement. On parle alors de demande de *certificat d'urbanisme opérationnel*. Le délai de réponse est alors de deux mois et l'administration indique si le projet semble a priori réalisable ou non.

4.3.1.2. Le permis de construire

La procédure du permis de construire

Avant l'instauration de la procédure du permis de construire par une loi de 1943, le pétitionnaire devait obtenir toute une série d'autorisations liées à des règlementations diverses auprès de différentes administrations. Depuis l'instauration de la procédure du permis de construire un seul dossier est déposé et l'administration se charge de consulter les services nécessaires.

La commune est *guichet unique*, on y dépose toujours la demande.

Champ d'application du permis de construire

En matière de construction neuve, le principe général est que toutes sont soumises à permis de construire, sauf :

- une liste d'exceptions qui sont dispensées de toutes formalités au titre du Code de l'urbanisme (liste à consulter car elle évolue souvent[1]),
- et sauf une liste de cas soumis à déclaration préalable, liste à consulter là aussi.[2]

Les bases-vie de chantier sont dispensées de formalités pendant la durée du chantier.

Point de vigilance

La dispense de formalité au titre du Code de l'urbanisme ne dispense pas pour autant des formalités au titre d'autres règlementations : réglementation ERP, réglementation ICPE, Code du patrimoine.

De plus, les travaux dispensés de toutes formalités doivent néanmoins respecter le RNU ou le PLU et les servitudes applicables.

Les justificatifs particuliers à joindre à la demande de permis de construire

Dans de nombreux cas, des pièces justificatives sont à annexer par le maître d'ouvrage à la demande de permis de construire.[3] Certaines de ces pièces sont courantes, comme l'attestation de respect de la réglementation thermique, d'autres sont beaucoup plus rarement rencontrées. On peut par exemple rencontrer les exigences suivantes :

- étude d'impact exigée par le Code de l'environnement, ou décision de dispense ;
- dossier d'évaluation des incidences du projet sur un site Natura 2000 ;
- attestation de conformité d'un projet d'assainissement non collectif ;
- attestation du contrôleur technique relative aux règles parasismiques et paracycloniques ;
- étude de sécurité publique ;
- bilan de concertation ;
- attestation dans le cadre d'un site ou sol pollué ;
- attestation de respect de la réglementation thermique.

Certaines de ces pièces annexes sont couramment sur le chemin critique du planning du projet.

Travaux et changement de destination sur les constructions existantes

Pour les travaux sur l'existant, le principe est inversé : le principe est que toutes sont dispensées de toutes formalités au titre du Code de l'urbanisme, sauf :

- une liste d'exceptions qui sont soumises à permis de construire,[4]
- et sauf une liste de cas soumis à déclaration préalable.[5]

Les travaux d'entretien ou de réparations à l'identique de l'existant sont dispensés de formalités.

Point de vigilance

Un projet de reconstruction d'un bâtiment en ruine peut être considéré par l'administration comme un projet neuf et non comme des travaux sur l'existant. Cela peut faire une grosse différence si le terrain est inconstructible.

---

1 Article R421-2 et suivants du Code de l'urbanisme.
2 Article R421-9 et suivants du Code de l'urbanisme.
3 Article R431-16 du Code de l'urbanisme
4 Article R421-14 et suivants du Code de l'urbanisme.
5 Article R421-17 et suivants du Code de l'urbanisme.

Audit des dossiers de permis de construire

Le droit de l'urbanisme est si complexe que, sur les grosses opérations, les maîtres d'ouvrage font parfois auditer le dossier PC de l'architecte par un cabinet d'avocats spécialisés, qui vérifie si le dossier a toutes ses chances d'être accepté et propose si nécessaire à l'architecte des modifications du dossier.

Permis précaire

La procédure de *permis précaire*[1] permet, à titre exceptionnel, de déroger à certaines règles d'urbanisme pour l'érection d'une construction temporaire justifiée par une « nécessitée caractérisée », par exemple un centre d'hébergement d'urgence.

4.3.1.3. Le permis de démolir

En cas de permis de construire avec démolitions, il n'est pas nécessaire de déposer un permis de démolir distinct du permis de construire.

4.3.1.4. La déclaration préalable

On a vu ci-dessus les cas de dépôt de déclaration préalable, dans le neuf et dans l'existant. On peut retenir qu'il s'agit notamment des modifications de façade.

4.3.1.5. Le permis d'aménager

Le permis d'aménager est une procédure s'appliquant à divers aménagements extérieurs[2], notamment :

- lorsqu'on surélève ou lorsqu'on abaisse le niveau du sol d'un terrain sur une profondeur ou une hauteur excédant 2 mètres et sur plus de 2 ha ;
- lorsqu'on crée ou agrandit un terrain de camping de plus de 20 personnes ou de plus de 6 tentes, caravanes ou mobil-homes ;
- pour l'aménagement d'un terrain de sport à partir de 2 ha ;
- pour les parkings au sol de plus de 50 places ;
- pour la plupart des lotissements.

Le principe est que tous les aménagements de terrain sont dispensés de formalités, sauf ceux figurant sur une liste.

Point de vigilance

Le recours à un architecte ou à un paysagiste concepteur est obligatoire pour la conception des lotissements à partir de 2 500 m². L'architecte élabore le dossier de demande de permis d'aménager.[3]

---

1 Article L433-1 et suivants du Code de l'urbanisme.
2 Article R421-19 du Code de l'urbanisme.
3 Articles L441-4 et R441-4-2 du Code de l'urbanisme.

4.3.1.6. Le rôle de l'ABF dans les procédures administratives

L'architecte des bâtiments de France, en poste au sein du service départemental de l'architecture et du patrimoine, est l'interlocuteur des maîtres d'œuvre et maîtres d'ouvrage pour la protection du patrimoine aux abords des monuments historiques.

Le rôle donné par la loi à l'ABF est de vérifier s'il y a *visibilité* ou *covisibilité* entre le projet du pétitionnaire et le monument historique, à l'intérieur du périmètre des abords.[1] Le service instructeur n'a pas à évaluer ce point, il doit se contenter de transmettre le dossier à l'ABF. Si l'ABF considère qu'il n'y a ni visibilité ni covisibilité il retourne le dossier en précisant qu'il n'a pas de remarque.

Si l'ABF considère qu'il y a visibilité ou covisibilité, il donne ou refuse son accord ; on rencontre parfois le terme d'*avis conforme* de l'ABF. S'il refuse son accord le maire est obligé de refuser le permis de construire.

Point de vigilance

Le refus de l'ABF ne peut être motivé qu'en démontrant que le projet serait de nature à diminuer la valeur du monument historique. L'ABF ne peut pas refuser un projet indépendamment du monument historique objet du périmètre, ce refus serait illégal.

Par exemple si le projet vise à démolir un bâtiment existant intéressant patrimonialement mais non classé ni inscrit, l'ABF ne peut le refuser que s'il montre que le bâtiment existant participe à la mise en valeur du monument historique protégé.

Les bâtiments classés sont listés en annexe au PLU.

Il est conseillé de rencontrer l'ABF avant de déposer le permis de construire, si l'on est dans un périmètre d'abords.

Voir aussi plus bas le § consacré aux procédures au titre du Code du patrimoine, avec la définition de la notion d'abords.

4.3.1.7. Les délais d'instruction des permis et déclarations au titre du Code de l'urbanisme

Le Code de l'urbanisme distingue trois types de délai d'instruction[2] des autorisations :
* le délai de droit commun ;
* le délai modifié, applicable dans certains cas ;
* et le délai exceptionnellement prolongé.

Les cas particuliers étant nombreux, il faut se reporter au texte.

Le *délai de droit commun* est de :
* un mois pour les déclarations préalables ;
* deux mois pour les permis de construire d'une maison individuelle ou de ses annexes ainsi que pour les permis de démolir ;
* trois mois pour les autres permis de construire et pour les permis d'aménager.

Le délai d'instruction est majoré s'il y a lieu de consulter une commission départementale ou régionale, ainsi que dans divers autres cas particuliers.

---

1   Article R621-96-3 du Code du patrimoine.
2   Article R423-23 et suivants du Code de l'urbanisme.

Le délai d'instruction des permis de construire est porté à :

* quatre mois lorsqu'un permis de construire porte sur un projet situé dans le *périmètre de protection* d'un immeuble classé ou inscrit au titre des monuments historiques, pour permettre la consultation de l'ABF ;
* cinq mois lorsqu'un permis porte sur un immeuble *inscrit* au titre des monuments historiques ;
* cinq mois aussi (depuis 2015) lorsqu'un permis de construire porte sur un ERP.

Si le PLU est en cours de révision, l'administration peut *surseoir à statuer* sur un dossier de permis de construire.

Origine des délais et pièces manquantes

Pour tous les types de dossiers (PC, DP, PD, permis d'aménager), le point de départ du délai d'instruction est la date de dépôt en mairie à condition que le dossier soit complet. Le récépissé de dépôt ne signifie pas que le dossier est complet. Si la mairie n'a rien réclamé pendant un mois, le délai court à compter de la date de dépôt.

Si la commune demande une pièce manquante au cours du premier mois, un nouveau délai court de trois mois pour produire la pièce manquante.[1] Au bout de trois mois il y a refus de PC tacite.

Si la pièce manquante est bien fournie sous trois mois, la date de fourniture est le point de départ du délai d'instruction.

4.3.1.8. L'obtention des autorisations et les attendus du PC

Il est important de prendre en compte dans les études les exigences exprimées par l'administration lors de la délivrance du PC et ceci tout particulièrement pour les projets d'ERP.

En ERP, ces exigences portent souvent sur la sécurité incendie : l'administration rappelle des prescriptions règlementaires, et peut imposer des dispositions auxquelles le maître d'œuvre n'a pas forcément pensé. On appelle ces exigences les *attendus* du PC.

Il faut donc déposer le dossier PC suffisamment tôt (idéalement en fin d'APS ou au plus tard en APD) pour pouvoir prendre en compte ces attendus du permis de construire dans le dossier PRO, afin qu'ils soient inclus aux marchés de travaux.

Par ailleurs, le silence de l'administration vaut accord tacite, sauf si l'ABF a communiqué des réserves ou a refusé le projet.

Refus de permis de construire et indemnisation

Les servitudes d'urbanisme peuvent avoir des conséquences financières très importantes pour les maîtres d'ouvrage.

Or, depuis 1943, les servitudes d'urbanisme ne sont jamais indemnisables : aucune compensation financière ne peut être demandée par le maître d'ouvrage, contrairement aux servitudes d'utilité publique, qui – elles – peuvent être parfois indemnisables.

---

1 Article R423-38 du Code de l'urbanisme.

Ouverture du chantier

Au début des travaux le maître d'ouvrage doit envoyer au maire une *déclaration d'ouverture de chantier*.

Interruption de chantier et caducité du permis de construire

Les travaux doivent commencer avant trois ans à compter de l'accord du PC, sinon il est caduc.

On peut interrompre le chantier, même plusieurs fois, mais jamais pendant plus d'un an.

Pour prouver à l'administration que le chantier n'est pas interrompu, les juges considèrent que les travaux réalisés ne doivent pas être de faible importance ; le maître d'ouvrage doit montrer une volonté manifeste de réaliser les travaux, sans quoi le permis sera néanmoins caduc.

4.3.2. Les procédures au titre du Code du Patrimoine

Comme on l'a vu plus haut, un bâtiment peut être classé ou simplement inscrit au titre des monuments historiques.

4.3.2.1. Les travaux sur les immeubles classés au titre des monuments historiques

Les travaux[1] sur les immeubles classés ne sont pas soumis à permis de construire, mais à une autorisation administrative particulière, relevant du préfet de région, la *demande d'autorisation de travaux sur immeuble classé*.

Tous les travaux sont soumis à cette procédure, même les travaux de ravalement ou de mise aux normes.

Le maître d'œuvre choisi par le maître d'ouvrage doit généralement être un architecte en chef des monuments historiques (ACMH), mais il y a cependant des exceptions à ce principe.

Au cours de l'élaboration du programme des travaux, ou lors de l'APS, le maître d'ouvrage doit consulter la DRAC (direction régionale des affaires culturelles). C'est la phase dite de *concertation préalable*. La DRAC exerce un *contrôle scientifique et technique* sur le programme des travaux.

Au cours de l'APD, la demande d'autorisation de travaux est déposée.

La DRAC exerce ensuite un droit de regard sur les travaux au titre du contrôle scientifique et technique.

En fin de travaux, un dossier de récolement, qui va bien au-delà d'un simple DOE, doit être transmis à l'administration. La DRAC vérifie alors la conformité des travaux à l'autorisation accordée, et le préfet délivre une attestation nécessaire au versement du solde des éventuelles subventions et nécessaire pour obtenir certaines déductions fiscales.

---

1   Voir les articles R621-11 à R621-44 du Code du patrimoine. On pourra aussi consulter le résumé de ces articles sur service-public.fr.

4.3.2.2. Les travaux sur les immeubles inscrits au titre des monuments historiques

Les simples travaux d'entretien ordinaire sur un immeuble inscrit ne nécessitent aucune autorisation administrative.

Tous les autres travaux portant sur un immeuble ou une partie d'immeuble inscrits sont toujours soumis à permis de construire.[1] Il n'y a pas de procédure administrative distincte à respecter dans le cadre du Code du patrimoine ; l'administration se charge, dans le cadre de l'instruction du permis de construire, de consulter le service en charge des monuments historiques.

> **Règle d'or des travaux sur immeuble inscrit**
>
> Tous travaux sur un immeuble inscrit au titre des monuments historiques nécessitent un permis de construire.

4.3.2.3. La notion d'abords

La notion « d'abords » des immeubles protégés, notion existant depuis la loi de 1913, a été modifiée en 2016 ; il ne s'agit plus simplement d'une zone de 500 m autour de l'immeuble protégé mais, plus intelligemment, d'un *ensemble cohérent* d'immeubles : « *les immeubles ou ensemble d'immeubles qui forment avec un monument historique un ensemble cohérent ou qui sont susceptibles de contribuer (…) à sa mise en valeur sont protégés au titre des abords* ».[2] Dans cette zone des abords les projets affectant l'aspect extérieur d'un immeuble font l'objet d'un avis de l'ABF (architecte des bâtiments de France).

4.3.2.4. Les sites patrimoniaux remarquables

Les anciens *secteurs sauvegardés* (mis en place par la loi Malraux en 1962) et les anciennes *aires de valorisation de l'architecture et du patrimoine* (mises en place par la loi Grenelle II) ont été remplacés en 2016 par un unique nouveau régime, les *sites patrimoniaux remarquables*[3] (SPR). Deux servitudes d'utilité publique peuvent couvrir un site patrimonial remarquable :

* le *plan de sauvegarde et de mise en valeur* (PSMV), qui constitue le mode de protection le plus élevé,
* et le *plan de valorisation de l'architecture et du patrimoine* (PVAP).

Le plan de sauvegarde et de mise en valeur est un véritable document d'urbanisme, comme un PLU sur son périmètre. C'est une exception à la règle suivant laquelle le PLU s'applique à la totalité de son territoire. À Paris par exemple il existe deux PSMV : le quartier du Marais et une partie du 7e arrondissement.

Dans le périmètre d'un SPR, les travaux affectant l'aspect extérieur sont soumis à autorisation. Le permis de construire ou l'absence d'opposition à la déclaration préalable tiennent lieu d'autorisation ; c'est en effet l'administration qui se charge, dans le cadre de ces procédures d'urbanisme, de consulter l'ABF afin de recueillir l'autorisation nécessaire.

---

1 Article R421-16 du Code de l'urbanisme.
2 Article L621-30 du Code du patrimoine.
3 Articles L631-1 à L633-1 du Code du patrimoine.

4.3.2.5. Les zones du patrimoine mondial de l'UNESCO

On trouvera aussi dans le Code du patrimoine la notion de *zone tampon*[1], zone de protection autour des biens inscrits au patrimoine mondial de l'UNESCO.

4.3.3. Les procédures au titre du Code de la construction et de l'habitation

4.3.3.1. La DACAM

Le Code de la construction et de l'habitation indique que les travaux qui conduisent à la création, l'aménagement ou la modification d'un ERP ne peuvent être exécutés qu'après autorisation délivrée par l'autorité administrative, qui vérifie leur conformité.[2]

Cette procédure administrative est appelée demande d'autorisation de construire, d'aménager ou de modifier un ERP (DACAM).

La DACAM comporte deux volets :

* un volet accessibilité PMR, comprenant notice accessibilité et plan,
* un volet sécurité incendie, comprenant notice sécurité incendie et plan.

Point fondamental, lorsque les travaux font l'objet d'un permis de construire, celui-ci remplace la DACAM, et aucune DACAM n'est à déposer.

> **Règle d'or de la DCAM**
>
> S'il faut un permis de construire, il n'y a pas besoin de DACAM.

Les DACAM se rencontrent donc sur les petits aménagements ne nécessitant pas un permis de construire, par exemple :

* remplacement de la chaufferie d'un ERP existant ;
* mise en conformité d'un ERP existant avec la réglementation accessibilité PMR ;
* réaménagement de locaux d'un ERP existant.

4.3.3.2. DACAM et Déclaration préalable

Certains types de travaux ne nécessitent pas de dossier de permis de construire, mais nécessitent à la fois une DACAM et une Déclaration préalable.

Par exemple un réaménagement de locaux dans un ERP existant avec création d'une porte modifiant la façade extérieure ; ou encore la mise en conformité PMR d'un ERP avec pose d'une porte automatique modifiant la façade.

---

1   Article L612-1 du Code du patrimoine.
2   Article L111-8 du Code de la construction et de l'habitation.

4.3.3.3. DACAM et maintenance dans un ERP

L'administration a rappelé que les travaux de maintenance à l'identique dans un ERP ne nécessitent pas de dépôt de DACAM.[1] Concernant les travaux de maintenance avec modification des installations électriques, le critère retenu est l'impact éventuel sur les protections différentielles du tableau distribution électrique : l'administration considère que pour les interventions sans impact sur les protections différentielles, on reste dans le cadre de la maintenance, et une DACAM n'est donc pas nécessaire.

4.3.4. Les procédures au titre du Code de l'environnement

4.3.4.1. Les ICPE

Le régime des installations classées pour la protection de l'environnement (ICPE), déjà évoqué plus en détail plus haut dans le présent chapitre, concerne des installations particulières qu'on ne rencontre que sur une minorité de projets.

Dans les cas rencontrés, pour savoir si une démarche administrative est nécessaire, consulter la nomenclature des installations ICPE, disponible sur le site Internet du ministère de l'Environnement et sur celui de l'Inéris.[2]

4.3.4.2. Les dossiers Loi sur l'eau

Pour connaître les démarches administratives à charge du maître d'ouvrage, consulter la nomenclature[3] dédiée.

4.3.5. Autres démarches administratives

Suivant la nature du projet, le maître d'ouvrage est susceptible d'avoir d'autres démarches à entreprendre, qui peuvent avoir un fort impact sur le planning notamment la démarche d'évaluation environnementale, qui comporte une étude d'impact.

---

1 Note d'information sur les modalités d'application des dispositions du § 2 de l'article GN 10, disponible sur www.interieur.gouv.fr.
2 Pour plus de détails, voir plus haut les lignes consacrées à ce sujet.
3 On trouvera cette nomenclature à l'article R214-1 du Code de l'environnement.

CHAPITRE 2

Les données d'entrée de la conception

Ce chapitre doit permettre :

- de connaître les principales données de base nécessaires à la production des études ;
- de savoir pour quels types de projet elles sont nécessaires ;
- de savoir exploiter ces données.

Le plus important est d'avoir le réflexe de demander les bonnes données au bon moment, et même d'anticiper les besoins.

1. Le programme

Il est indéniable que la qualité et la pertinence du programme sont essentielles pour le bon déroulement des études. Le programme n'a pas besoin d'être volumineux, l'important est que le maître d'œuvre y trouve les renseignements dont il a besoin.

« *Pas de programme pas de projet, mauvais programme mauvais projet.* »[1]

Identifier les priorités du client

Au-delà du détail du programme, il est fondamental pour le maître d'œuvre de bien comprendre les *priorités du client*. D'un client à l'autre et d'un projet à l'autre, les priorités diffèrent du tout au tout, et le maître d'œuvre doit en tenir compte dans sa pratique.

Si le projet consiste par exemple à rénover une église de campagne pour le compte d'une association, laquelle a mis cinq années à réunir par collecte les fonds nécessaires aux travaux, la priorité absolue sera probablement le *respect du budget*.

---

1   Michel Huet, *L'architecte maître d'œuvre.*

Si au contraire le projet consiste à rénover dans un délai très serré un grand magasin, pour permettre sa réouverture à une période propice commercialement, la priorité absolue sera probablement la *tenue des délais*. Idem pour un établissement scolaire dont l'ouverture serait programmée.

Enfin, dernier exemple, si le projet consiste à installer un musée dans un bâtiment classé, sous maîtrise d'ouvrage d'un établissement public, la priorité sera généralement la *qualité des travaux*.

On perçoit, à travers ces exemples, combien il est important que le maître d'œuvre identifie bien les priorités du client. Dans les exemples ci-dessus, proposer au grand magasin une adaptation du projet suite à un aléa de chantier, adaptation qui améliorerait le résultat final mais allongerait les délais, serait une grave erreur d'appréciation de la part du maître d'œuvre. De même, proposer à l'association citée plus haut un surcoût permettant de mieux tenir les délais serait indéniablement inapproprié.

La connaissance des priorités évitera au maître d'œuvre de s'arc-bouter sur un point au détriment de la véritable priorité du client.

Les programmes particuliers

Suivant la nature des projets, des éléments de programme précis peuvent être nécessaires, requérant que le maître d'ouvrage s'entoure de programmistes spécialisés dans certains domaines. Le recours à un spécialiste pour les programmes spécifiques est un investissement hautement rentable pour le maître d'ouvrage : la pertinence et la précision du programme évitent des travaux supplémentaires futurs.

Quelques exemples :

- Pour un restaurant, il est nécessaire de disposer d'un programme technique détaillé des cuisines, à établir par un spécialiste de ces questions.
- Pour un musée, un programme muséographique détaillé est de toute évidence indispensable.
- Pour un parking, s'adresser à un programmiste spécialisé peut s'avérer utile, notamment pour les conseils d'optimisation qu'il fournit.

Obtenir la formalisation du programme en marchés privés de maîtrise d'œuvre

Il est très souhaitable que le programme, ou au moins une première version de programme sommaire, figure dans le contrat de maîtrise d'œuvre. Cela permettra de justifier une demande d'honoraires complémentaires en cas de modifications importantes du programme au cours des phases d'étude.

Si le programme n'est pas formalisé lors de la rédaction du contrat de maîtrise d'œuvre, il faut veiller à ce que sa transmission par le maître d'ouvrage ne tarde pas et soit faite officiellement.

Il est extrêmement courant que des maîtres d'ouvrage transmettent au fil de l'eau verbalement ou par mail des exigences qui relèvent du programme. Dans ce cas, le maître d'œuvre a fortement intérêt à demander que ces éléments soient intégrés à un document programmatique de référence, indicé, daté et mis à jour au fur et à mesure des nouvelles exigences.

Règle d'or de la formalisation du programme

Demander au maître d'ouvrage d'intégrer formellement au programme, ou à un document dédié, et indicé, les exigences de nature programmatique qu'il transmet au fil de l'eau.

Réagir au déficit de programme en marchés privés de maîtrise d'œuvre

Il arrive que certains maîtres d'ouvrage sous-estiment l'importance du programme et ne communiquent qu'un programme insuffisant. Si les relances réalisées n'améliorent pas la situation, une solution pour le maître d'œuvre peut être de *proposer une mission de programmation préliminaire* au maître d'ouvrage. Cette mission peut nécessiter que le maître d'œuvre s'entoure de spécialistes pour certains types de bâtiments. Il convient ensuite d'obtenir la validation par le maître d'ouvrage du programme établi, logiquement avant de commencer l'APS.

Il est toutefois à souligner que cette solution – consistant à proposer une mission d'assistance à la programmation – est à éviter pour les programmes très particuliers et liés au processus d'exploitation du bâtiment, par exemple bâtiments industriels dont l'aménagement est lié au process, ICPE, hôpital, théâtre, etc. : le maître d'œuvre prendrait une trop grande responsabilité en cas de dysfonctionnements futurs de l'exploitation du bâtiment.

Le statut du programme en marchés publics de maîtrise d'œuvre

En marchés publics, le programme doit être établi avant la mise en concurrence des maîtres d'œuvre.

La loi MOP a introduit la possibilité pour le maître d'ouvrage public de « préciser » le programme au cours des phases APS et APD. Si la phase esquisse est essentielle pour vérifier la faisabilité du programme sommaire initial, le maître d'ouvrage peut profiter des études APS et APD pour mettre au point son programme puis le figer en fin d'APD, en parallèle de la détermination définitive des honoraires.

C'est donc seulement à partir du début du PRO que la notion de modification de programme apparaît :

« Le maître d'ouvrage élabore le programme et fixe l'enveloppe financière prévisionnelle de l'opération avant tout commencement des études d'avant-projet par le maître d'œuvre.

Il peut préciser le programme et l'enveloppe financière avant tout commencement des études de projet par le maître d'œuvre.

L'élaboration du programme et la fixation de l'enveloppe financière prévisionnelle peuvent se poursuivre pendant les études d'avant-projet pour :

1° Les opérations de réhabilitation ;

2° Les opérations de construction neuve portant sur des ouvrages complexes, sous réserve que le maître d'ouvrage l'ait précisé dans les documents de la consultation du marché public de maîtrise d'œuvre.

Les conséquences de l'évolution du programme et de l'enveloppe financière prévisionnelle sont prises en compte par une modification conventionnelle du marché public de maîtrise d'œuvre. »[1]

---

1   Art. L2421-3 à L2421-5 du Code de la commande publique.

Les documents locaux d'urbanisme

Pour mémoire, le PLU, le cadastre, les règlements locaux tels que règlement de ZAC par exemple, constituent une donnée entrante importante.

Le programme en BIM

De plus en plus de maîtres d'ouvrage professionnels entament la démarche BIM dès la phase programme : le programme architectural se traduit alors par une maquette numérique, que certains désignent « LOD 000 » (*level of development 000*).

2. Le relevé de géomètre

La fourniture d'un fond de plan du site et en rénovation, de plans, coupes et élévations de l'existant, est une obligation du maître d'ouvrage. Demander un relevé de géomètre de l'existant fait partie des *devoirs de conseil* du maître d'œuvre.

Néanmoins, pour les opérations les moins complexes (rénovation d'un appartement ou d'une maison), il est d'usage que les architectes réalisent eux-mêmes, dans le cadre de leur mission, le tracé des existants, soit manuellement comme dans le passé, soit grâce à des outils numériques. La difficulté est de savoir jusqu'où peut aller le maître d'œuvre dans ce sens, car la prise en charge du relevé des existants, outre la charge de travail qu'elle représente, constitue une prise de responsabilité importante, qui peut avoir de graves conséquences juridiques.

Prendre garde aussi aux plans cadastraux, qui sont bien souvent inexacts.

Pour en savoir plus sur les relevés établis par le maître d'œuvre

Consulter le site d'un prestataire, comme www.measurix.com

Un télémètre laser est connecté à une tablette graphique. Le fichier obtenu peut servir de base à une maquette numérique BIM.

Le maître d'œuvre ne doit pas prendre un géomètre en sous-traitance, le relevé des existants étant du ressort du maître d'ouvrage. Mais il peut être amené à préparer pour son client le cahier des charges des relevés de géomètre, ce qui lui permet d'obtenir des relevés conformes à ses besoins.

Les cabinets de géomètre utilisent des technologies modernes de relevés de nuages de points par scan 3D. Il existe même des techniques de relevé des espaces extérieurs par drone.

Pour en savoir plus sur les outils des géomètres

Consulter le site d'un des fabricants les plus en pointe, Viametris, qui conçoit des appareils intégrant un système de cartographie mobile, scanner laser et traitement de la donnée : www.viametris.com.

2.1. Monter le cahier des charges des relevés de géomètre

Le dossier des relevés de géomètre nécessaires devrait comporter :

- un plan topographique du site ;

et en rénovation :

* un plan par niveau des intérieurs ;
* des élévations et coupes.

Point de vigilance

Le cahier des charges doit veiller à lister le degré de détail des relevés souhaités. Par exemple dans l'existant, il convient de préciser si le géomètre doit relever les radiateurs, les sens d'ouverture des portes, les corniches en coupe, les chéneaux, ou pour un bâtiment historique de préciser s'il doit relever les modénatures des façades, les statues, etc. Penser aussi à demander le relevé des poutraisons apparentes et, en extérieur, des regards, des plaques d'égouts et autres émergences de réseaux enterrés.

Autres missions du géomètre

Outre les relevés classiques, un géomètre peut se voir confier d'autres missions, par exemple :

* de plus en plus couramment : établissement de la maquette numérique de l'existant, suivant un niveau de définition et un format informatique précisés au cahier des charges (format REVIT, IFC, etc.) ;
* état de division en volume, pour officialiser la limite entre plusieurs propriétaires ou concessionnaires ;
* bornage de terrain, pour matérialiser sur le terrain les limites cadastrales ;
* relevé des émergences de réseaux existants, avec leur direction, par ouverture des regards, tampons et chambres de tirage existants ;
* relevé de réseaux enterrés par différents procédés de détection, avec indication des classes de précision au sens de la règlementation DT/DICT ;
* contrôle de l'absence de mouvement des existants ou des avoisinants lors de chantiers sensibles.

2.2. Les systèmes de coordonnées des relevés de géomètre – Vocabulaire de topographie

L'intérêt de connaître quelques notions de base en topographie est :

* de bien renseigner ses cartouches, en évitant d'y faire figurer des indications fantaisistes, comme c'est fréquemment le cas ;
* de comprendre et maîtriser les problèmes de SCU AutoCad ;
* d'éviter des confusions entre systèmes de nivellement, confusions qui peuvent être catastrophiques dans un projet si elles ne sont pas détectées rapidement.

Exemple : le maître d'œuvre reçoit en donnée d'entrée un plan issu d'un ancien système de nivellement sans avoir conscience de cette particularité. Dans le cadre de son projet, il prend en compte le plan de prévention des risques d'inondation localement applicable. Ce PPRI comporte des cotes dans le système de nivellement moderne, IGN69. Le maître d'œuvre réalise esquisse, APS, APD et PC sans se rendre compte de la confusion. Lorsqu'il s'en aperçoit, ce peut être tout un pan du projet qui est à réadapter pour mise en conformité au PPRI !

2.2.1. Connaître le système RGF93 et les projections associées

Les plans de géomètre, de même que les cartes géographiques, utilisent un système géodésique et un système de projection.

Le *système géodésique* est le repère orthonormé tridimensionnel utilisé. En France, le système géodésique officiel est le « RGF93 » (réseau géodésique français). Il a remplacé l'ancien système géodésique NTF (nouvelle triangulation de la France) utilisé de la fin du xixe siècle à la fin du xxe siècle.

Des plans AutoCad sont *géoréférencés* s'ils sont rattachés au même système de coordonnées dans le plan, ce qui les rend aisément superposables (par insertion en référence externe).

Le *système de projection* permet de représenter sur une surface plane le relief tridimensionnel de la Terre. Il existe différents types de projections, en particulier les projections cylindriques et les projections coniques. *Lambert 93* est le système moderne de projection associé au système géodésique RGF93. Il a remplacé les anciens systèmes de projection Lambert, c'est-à-dire :

- les anciennes projections « Lambert zones » (I : Nord, II : Centre, III : Sud et IV : Corse) ;
- et une projection unique pour la France entière qui était appelée « Lambert II étendu » ou « Lambert II cartographique ».

Outre Lambert 93, il existe un autre ensemble de projections modernes dites « coniques conformes 9 zones », pouvant être associées au système géodésique RGF93. Ces projections sont couramment utilisées en bâtiment. (Voir ci-dessous le zoom sur ce sujet.)

Le nouveau système géodésique RGF93 présente un certain nombre d'avantages :

- il est directement compatible avec les observations GPS, sans calculs de conversion ;
- il permet une plus grande précision des mesures, grâce à l'exploitation des données GPS, et en évitant les sources d'imprécisions qui provenaient des conversions dans les anciens systèmes de coordonnées ;
- il est cohérent avec les systèmes géodésiques des autres pays européens (dit ETRS), ce qui facilite notamment les projets transfrontaliers ;
- il couvre toute la France, alors que l'ancien système la divisait en neuf zones, ce qui posait des problèmes de discontinuité aux frontières entre les zones.

Depuis 2009[1], l'utilisation de ce système de coordonnées moderne est obligatoire pour tous les échanges de données dans la « sphère publique » en France métropolitaine. Il doit être utilisé par l'État, les collectivités locales et les entreprises chargées d'une mission de service public.

Par extension, tous les maîtres d'ouvrage et maîtres d'œuvre ont très fortement intérêt à travailler eux aussi dans ce nouveau système de coordonnées légal.

Il existe des formules et des logiciels de conversion permettant de transformer un ancien fichier dans le nouveau système de repérage. Il est cependant conseillé de confier cette conversion à un géomètre.

---

1   Décret n° 2000-1276 du 26 décembre 2000 portant application de l'article 89 de la loi n° 95-115 du 4 février 1995 modifiée d'orientation pour l'aménagement et le développement du territoire relatif aux conditions d'exécution et de publication des levés de plans entrepris par les services publics. Texte peu ergonomique, préférer le site Internet de l'IGN.

Point de vigilance

À Paris, les services de la Ville continuent souvent à utiliser l'ancien système de coordonnées, malgré son caractère « illégal », car la transformation de tous les plans de l'existant est complexe. Ils empirent ainsi le problème, en créant de nouveaux fichiers non conformes aux nouvelles règles.

Savoir reconnaître dans quel système géodésique a été établi un plan AutoCad

Normalement le cartouche du fichier donne la réponse, mais en cas de doute, une indication intéressante est donnée par le nombre de chiffres des coordonnées X et Y des points du fichier AutoCad :

- si les coordonnées X et Y ont sept chiffres avant la virgule, on est dans le nouveau système RGF93 ;
- si les coordonnées X et Y ont six chiffres avant la virgule, on est dans un système de coordonnées antérieur au décret de 2006 ; l'ancien système nécessitait de diviser la France en un certain nombre de zones (d'où le nom Lambert zones) du fait de cette limitation à six chiffres, alors que le nouveau système couvre toute la France métropolitaine ;
- si les coordonnées X et Y ont trois, quatre ou cinq chiffres avant la virgule, on est dans un système local de coordonnées.

Pour en savoir plus

Consulter la rubrique Réseaux matérialisés / Géodésie / RGF 93 sur le site Internet de l'IGN, https://geodesie.ign.fr/.

Zoom

Choisir entre les systèmes de projection Lambert 93 et projections coniques conformes 9 zones

Le décret autorise, outre l'usage de la projection Lambert 93, l'utilisation d'autres projections, dites coniques conformes 9 zones, elles aussi associées au système géodésique moderne RGF93.

Qu'est-ce que ce système de projection alternatif et à quels usages est-il destiné ?

Dans les deux systèmes de projection, les objets sont localisés au même endroit, mais le système de projection officiel Lambert 93 introduit une *altération linéaire* des longueurs dans certains départements, particulièrement en Corse, dans les Pyrénées-Orientales, dans le Nord et le Pas-de-Calais. Cette altération linéaire peut atteindre dans ces départements 1 m/km, donc 10 cm sur un bâtiment de 100 m de longueur. Les systèmes de projection coniques conformes 9 zones permettent d'éviter cette altération linéaire, raison pour laquelle ils restent tolérés officiellement malgré les réticences de l'IGN, qui encourage l'utilisation de la projection Lambert 93, standard officiel.

Comment choisir entre les deux systèmes ?

La projection Lambert 93 est parfaite pour les cartographes, les géographes et les travaux VRD. Pour les projets bâtiment, l'altération linéaire qu'elle entraîne est gênante dans de nombreux départements.

Choisir entre les systèmes de projection Lambert 93 et projections coniques conformes 9 zones (suite)

La décision est normalement du ressort du maître d'ouvrage, car elle impacte la cohérence de ses fichiers à long terme, surtout s'il s'agit d'un maître d'ouvrage gérant plusieurs sites.

On peut cependant retenir que le standard est Lambert 93 mais que, dans de nombreuses régions, les coniques conformes sont mieux adaptées aux projets bâtiments. Demander conseil à son géomètre et, en cas de doute, utiliser les coniques conformes.

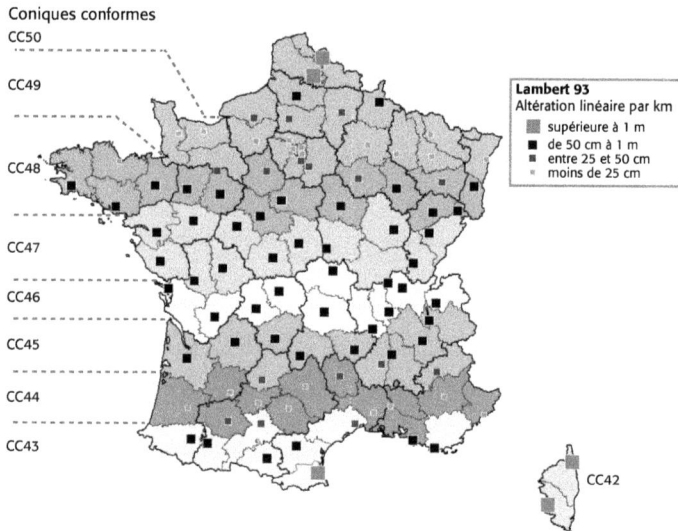

Figure 61. L'altération linéaire en Lambert 93 aux chefs-lieux de départements (source : Certu).

Pour en savoir plus

Voir les articles sur ce sujet sur http://geodesie.ign.fr et sur www.certu.fr.

2.2.2. Les systèmes de nivellement

Les systèmes de nivellement, ou systèmes altimétriques, permettent de donner l'altimétrie d'un point du plan.

Historiquement, le niveau 0 a d'abord été au XIXe siècle le niveau de la Méditerranée, choisie pour ses faibles marées, dans l'anse Calvo à Marseille. Le premier nivellement général de la France a été réalisé par Paul Adrien Bourdalouë (1798-1868) de 1857 à 1864.

Le second nivellement général a été établi de 1884 à 1922 par Charles Lallemand (1857-1938), avec un « zéro » basé sur l'observation du « maréographe » sur l'échelle du fort Saint-Jean de Marseille.

Le système de nivellement légal est actuellement le système IGN 1969 en France métropolitaine, parfois appelé « NGF IGN 69 » (comme « nivellement général de la France ») , dont le « zéro » est toujours basé sur le maréographe de Marseille.

En Corse, on utilise le NGF IGN 78, basé sur le maréographe d'Ajaccio.

Attention, on pourra encore rencontrer les systèmes de nivellement antérieurs lors des consultations de plans d'archive :

- le système de nivellement *orthométrique Lallemand*, aussi appelé *nivellement Ville de Paris*, utilisé notamment sur tout le territoire français pendant la première moitié du xxᵉ siècle, diffère d'environ 33 cm du nivellement IGN 69 ;
- le système de nivellement *Bourdaloüe*, utilisé à partir de 1857.

Point de vigilance

À Paris, de nombreux acteurs publics utilisent toujours le système de nivellement orthométrique Lallemand/Ville de Paris, et il est courant qu'un projet, même dans le neuf, soit traité dans ce système de nivellement.

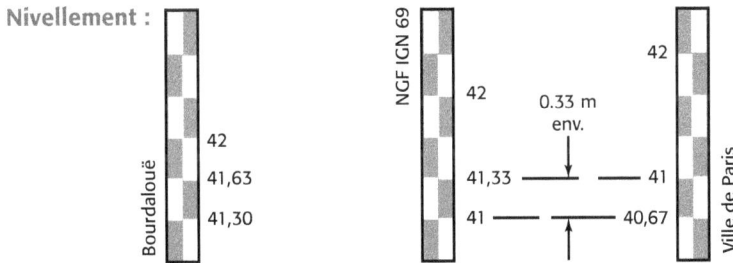

Figure 62. Systèmes de nivellement.

Les différences à prendre en compte pour Paris pour un même point sont environ :
- système Bourdaloüe : − 30 cm pour obtenir IGN 69 ;
- système Ville de Paris : + 33 cm pour obtenir IGN 69 ;
  + 64 cm pour obtenir Bourdaloüe.

En résumé :

	Système géodésique	Système de projection	Système de nivellement
Ancien	NTF	Lambert zones et Lambert II étendu ou cartographique	Orthométrique Lallemand, aussi appelé Ville de Paris
Actuel, et légal depuis décret de 2006	RGF93	Lambert 93 ou coniques conformes	IGN 69

En conclusion, **cinq recommandations fondamentales pour éviter les erreurs :**

Les règles d'or de l'utilisation des relevés de géomètre

- Il faut normalement utiliser le nouveau système géodésique RGF93 projection Lambert 93 ou projections coniques conformes (CC), mais on peut être amené à travailler avec des fichiers existants établis dans les anciens systèmes de coordonnées.
- En altimétrie, il faut normalement utiliser le nivellement IGN 69, mais à Paris on peut être amené à travailler avec des fichiers existants dans l'ancien système de nivellement.
- Toujours vérifier avec soin dans quels systèmes sont établies les données d'entrée, à la fois en coordonnées et en nivellement.
- Veiller à *toujours* citer précisément le système de coordonnées et le système de nivellement utilisés sur ses propres *cartouches*.
- Alerter cotraitants, sous-traitants et maître d'ouvrage sur les particularités éventuelles des coordonnées et du nivellement pour éviter toute confusion.

Exemples réellement rencontrés de cartouches mal renseignés

- « Coordonnées Lambert, nivellement NGF » : Lambert ne signifie rien en soi et on ne sait pas quel est le système de projection utilisé.
- « Coordonnées Lallemand, nivellement normal » : Lallemand est un système de nivellement et non de coordonnées et nivellement normal ne veut rien dire.
- « RGF Lambert 93 CC49 » : Lambert 93 et CC49 sont deux systèmes de projection incompatibles, on ne peut pas être à la fois en projection Lambert 93 et conique conforme.

3. Les diagnostics amiante et plomb

3.1. L'amiante

Pour tout projet dans un bâtiment existant construit avant 1997, tant en rénovation qu'en démolition, le maître d'ouvrage doit fournir dès la phase conception un repérage amiante avant travaux. Ce diagnostic, qui est un document fondamental, est souvent incomplet (voire parfois même absent dans certains projets de copropriété ou avec des maîtres d'ouvrage particuliers), et le maître d'œuvre doit être vigilant sur ce point, surtout sur les chantiers importants. En cas d'absence ou d'insuffisance de repérage, la responsabilité civile et pénale du donneur d'ordre (le maître d'ouvrage) peut être engagée pour mise en danger de la vie d'autrui. La norme en vigueur, dont les exigences ont été renforcées en 2017, permet donc de limiter cette responsabilité du donneur d'ordre.

Dans la terminologie officielle, les rapports de diagnostic amiante utilisés par le maître d'œuvre peuvent être de deux natures[1] :

---

1 NF X46-020 : Repérage amiante – Repérage des matériaux et produits contenant de l'amiante dans les immeubles bâtis – Missions et méthodologie, article 4.2.

- « repérage avant réalisation de travaux dans les immeubles bâtis » (mission Travaux), ou
- « repérage avant démolition d'immeuble bâti » (mission Démolition).

Point de vigilance

Seuls ces deux types de rapport sont exploitables pour le maître d'œuvre. Les rapports dits « repérage avant-vente » et « repérage en vue de compléter ou de constituer les dossiers techniques amiante et dossiers amiante parties privatives » ne conviennent pas, car ils sont moins détaillés.

Obligations du donneur d'ordre vis-à-vis du repérage amiante

D'après la norme, le donneur d'ordre doit communiquer à l'opérateur le programme détaillé des travaux. L'opérateur établit ensuite son programme de repérage avant travaux, qu'il transmet au donneur d'ordre pour avis. Le donneur d'ordre doit vérifier la cohérence entre le programme des travaux et le programme de repérage et transmettre ses éventuelles observations à l'opérateur.

L'opérateur reste cependant seul responsable de la définition des prélèvements à réaliser.

Conseils pour une analyse critique du diagnostic amiante

Les pages consacrées aux résultats des analyses en laboratoires, qui constituent une partie volumineuse du rapport, n'intéressent pas le maître d'œuvre et sont difficilement vérifiables.

Ce qu'il est important d'examiner, ce sont les plans ou les croquis de localisation de l'amiante, et sa nature, par exemple :

- colle de carrelage ;
- colle de revêtement souple de sol ;
- flocage en plafond ;
- réseau en fibrociment ;
- cheminée en fibrociment ;
- mastic de joints de vitrages ;
- joint bitumineux entre ouvrages béton ;
- calorifugeage de réseaux,
- et même parfois : peinture contenant de l'amiante, aussi surprenant que cela puisse paraître.

Si le rapport ne comporte pas de plans ou de schémas de localisation, il faut demander qu'il soit complété. En effet, même si le maître d'œuvre arrivait à s'en passer, les ouvriers sur le chantier auront besoin de plans de localisation , qui sont imposés par la norme sur le repérage amiante.[1]

Les plans ou schémas de localisation doivent être limpides pour quelqu'un qui connaît les lieux. Il ne doit pas y avoir d'ambiguïté sur la localisation, qui est généralement repérée par un **a** en rouge.

Le rapport doit montrer clairement dans chaque zone impactée le type d'amiante dont il s'agit ; à la lecture, il faut qu'on comprenne si c'est le plafond, le sol, etc. qui est touché.

---

1 *Idem*, article D.6.2.

Enfin, il faut vérifier l'exhaustivité du repérage, par rapport au périmètre projet. Même s'il n'existe qu'un local de quelques mètres carrés non diagnostiqué, le maître d'œuvre doit demander un complément pour obtenir un diagnostic exhaustif.

Exemple vécu : tout le périmètre projet d'un grand bâtiment est diagnostiqué sauf des toilettes. Une investigation complémentaire est demandée. Les toilettes se révèlent amiantées !

L'*exhaustivité* du repérage est une obligation règlementaire imposée au diagnostiqueur.[1]

On évoquera au chapitre 5 l'exploitation du diagnostic amiante par le maître d'œuvre.

3.2. Le diagnostic plomb

Pour mémoire, le plomb est dangereux pour les jeunes enfants et les femmes enceintes.

Comme pour l'amiante, le rapport doit être clair et exhaustif pour les projets dans l'existant : il localise les peintures au plomb et leur état de dégradation sur un plan de repérage.

Le rapport plomb n'est nécessaire que pour les bâtiments ou partie de bâtiments antérieurs à fin 1948, date d'*interdiction de la peinture au plomb*. En pratique, il faut demeurer conscient que, si les entreprises ont normalement cessé d'utiliser de la peinture au plomb à cette date, des particuliers ont continué à en appliquer bien longtemps après l'interdiction.

Outre les peintures au plomb, on peut rencontrer des canalisations d'eau en plomb, canalisations qui seront alors à remplacer.

Le maître d'œuvre doit demander à son maître d'ouvrage d'intégrer le diagnostic Plomb aux pièces des marchés de travaux.

Comment exploiter le diagnostic plomb ?

L'exploitation des résultats est plus complexe que pour l'amiante, car plusieurs techniques de gestion du plomb existent, entre lesquelles le maître d'œuvre doit effectuer un choix, en accord avec le maître d'ouvrage.

Pour les locaux existants conservés et rénovés

- **Le recouvrement des surfaces**
  Cette technique consiste à rendre inaccessible les peintures plombées situées sur un mur ou un cloisonnement conservé : recouvrement par peinture, recouvrement par doublage ; cette solution est peu onéreuse, mais la présence du plomb n'est pas supprimée ; des précautions particulières sont à prendre par l'entreprise pour la préparation des supports (brumisation ou aspiration, EPI). L'inconvénient du doublage, c'est qu'à long terme la présence de plomb ne sera pas détectée par les diagnostiqueurs sans sondage destructif. Ces solutions sont parfaitement règlementaires, cependant on ne peut pas les recommander. Le maître d'ouvrage peut les imposer pour des raisons économiques.
- **L'enlèvement** par remplacement d'éléments
  Cette technique peu onéreuse consiste à évacuer en décharge un élément comprenant du plomb : porte, fenêtre, plinthe, radiateur, etc. Cette technique génère des volumes importants de déchets.

---

1   Articles 2 et 3 de l'arrêté du 12 décembre 2012 relatif aux critères d'évaluation de l'état de conservation des matériaux et produits de la liste A contenant de l'amiante et au contenu du rapport de repérage.

- **Le retrait du plomb** par décapage chimique, ou par décapage mécanique (ponçage), ou par grenaillage/sablage (par exemple pour un pont)

Ces techniques consistent à éliminer le plomb présent sur un support à conserver. C'est ce qu'on appelle le *déplombage*. Le coût des travaux est bien supérieur aux méthodes de recouvrement et d'enlèvement, car les travaux sont très contraignants pour l'entreprise, mais on obtient un résultat sans plomb. C'est la solution souhaitable, si le maître d'ouvrage l'accepte, pour le traitement d'un mur conservé, d'une menuiserie historique à conserver ou encore d'une structure métallique.

Pour les bâtiments démolis et pour les cloisonnements intérieurs démolis

Il n'existe pas actuellement d'obligation de retrait du plomb avant démolition. Le plomb se trouve donc mêlé aux déchets de démolition ; le type de décharge dépend du résultat de tests normalisés.

L'entreprise doit prendre des précautions particulières : EPI, et surtout humidification en cours de démolition.

Conseil pratique

En présence de plomb dans les locaux existants, compte tenu des diverses solutions possibles, le maître d'œuvre doit préciser la méthode que l'entreprise doit appliquer. La prestation doit être décrite et localisée, pour éviter les travaux supplémentaires.

Pour les murs à conserver, proposer de préférence le déplombage plutôt que le recouvrement.

Pour en savoir plus

Consulter le guide OPPBTP très complet et détaillé, car destiné aux entreprises, téléchargeable gratuitement sur : www.preventionbtp.fr/Documentation/Explorer-par-produit/Information/Dossiers-prevention/Le-risque-plomb

---

Règle d'or des diagnostics amiante et plomb

Dans un projet de rénovation dans l'existant, ainsi que dans un projet comportant des démolitions, ne jamais réaliser un PRO sans avoir reçu un rapport amiante et un rapport plomb clairs et exhaustifs sur le périmètre projet.

4. Les diagnostics techniques

Pour les projets dans l'existant, des diagnostics techniques peuvent être nécessaires, qui ne font pas partie de la mission de base, c'est-à-dire que leur rémunération doit normalement s'ajouter au forfait de maîtrise d'œuvre et n'entre pas en compte dans le calcul du taux de maîtrise d'œuvre[1] :

- diagnostic Structure, portant notamment sur le fonctionnement des structures existantes, leur logique constructive ;

---

1 Art. R2431-4 et R2431-5 du Code de la commande publique.

- diagnostic courants forts-courants faibles, comportant notamment les synoptiques de raccordement des installations ;
- diagnostic CVC plomberie, et analyse des performances thermiques des existants ;
- tracé du cheminement des réseaux aériens ;
- tracé du cheminement des réseaux enterrés, etc.

L'élément de mission des études de diagnostic (DIA en abrégé) est explicitement prévu dans l'arrêté d'application de la loi MOP, avant l'APS, pour les projets dans l'existant.[1]

Pour autant, dans le cadre de sa démarche commerciale, l'équipe de maîtrise d'œuvre est parfois contrainte de réaliser les diagnostics nécessaires pour le prix de la mission de base, en particulier pour les projets de petite ou moyenne taille.

Point de vigilance

Ces diagnostics techniques ne doivent pas être confondus avec le « dossier de diagnostic technique » (au sens du Code de la construction[2]) exigible en cas de vente d'un bâtiment, et qu'on préférera appeler diagnostics règlementaires.

Les diagnostics règlementaires, bien que portant sur de nombreux points, restent superficiels et peu instructifs pour le maître d'œuvre.

Conseil pratique

Les diagnostics techniques sont des éléments de mission complexes à réaliser, et peuvent rebuter certains maîtres d'œuvre.

Il est néanmoins fondamental que le maître d'œuvre les réalise lui-même, en s'entourant des compétences nécessaires. Un diagnostic réalisé par un tiers pour le compte du maître d'ouvrage ne renseignera généralement pas le maître d'œuvre aussi bien qu'une mission qu'il aura réalisée lui-même.

Il convient, lors du rendu de la mission, d'informer le maître d'ouvrage des éventuelles investigations complémentaires qui pourraient s'avérer nécessaires, par exemple des sondages destructifs visant à identifier la composition des existants (sondages à confier par le maître d'ouvrage à une entreprise ou à un prestataire spécialisé).

5. L'étude de faisabilité des approvisionnements en énergie (EFAPE)

Cette étude, dont l'obligation a été renforcée par la RT 2012 comme on l'a vu précédemment, recense les possibilités d'utilisation des différents types d'énergie, dans le but d'encourager l'utilisation d'énergies renouvelables. Le contenu détaillé de l'étude est très encadré, la méthodologie d'étude étant décrite par un arrêté.[3]

---

1 Annexe II §1 de l'arrêté MOP (arrêté du 21 décembre 1993 précisant les modalités techniques d'exécution des éléments de mission de maîtrise d'œuvre confiés par des maîtres d'ouvrage publics à des prestataires de droit privé).
2 Article L271-4 du Code de la construction et de l'habitation.
3 Articles R111-22 et R111-22-1 du Code de la construction et de l'habitation et arrêté du 18 décembre 2007 relatif aux études de faisabilité des approvisionnements en énergie pour les bâtiments neufs et parties nouvelles de bâtiments et pour les rénovations de certains bâtiments existants en France métropolitaine.

Lors du dépôt du permis de construire, le maître d'ouvrage doit attester qu'il a bien réalisé cette étude.

En pratique, les logiciels métier utilisés par les BET CVC permettent maintenant de sortir assez simplement un rapport d'étude d'approvisionnement en énergie, en parallèle de l'étude thermique du projet. L'EFAPE est donc toujours réalisée par le BET CVC de la maîtrise d'œuvre et pas par un autre prestataire.

On peut considérer qu'il s'agit d'une mission complémentaire hors mission de base, mais certains maîtres d'œuvre l'incluent à la mission de base à titre commercial.

Pour réaliser cette étude, le BET CVC en charge du projet a besoin de connaître le critère de choix du maître d'ouvrage entre les différentes énergies envisageables : coût d'investissement initial ? coût global sur trente ans ? bilan carbone ? stratégie de communication environne-mentale ? coût d'exploitation ? Le choix de ce critère est important, car la recommandation de l'étude sera différente suivant le critère choisi.

Pour quels projets dans le neuf est-elle obligatoire ?

Elle est obligatoire pour la « *construction de tout bâtiment nouveau, à l'exception des catégories suivantes :*

- *les constructions provisoires prévues pour une durée d'utilisation égale ou inférieure à deux ans ;*
- *les bâtiments à usage agricole, artisanal ou industriel, autres que les locaux servant à l'habitation, qui ne demandent qu'une faible quantité d'énergie pour le chauffage, la production d'eau chaude sanitaire ou le refroidissement ;*
- *les bâtiments servant de lieux de culte ;*
- *les extensions des monuments historiques classés ou inscrits à l'inventaire en application du Code du patrimoine. » ;*
- *les bâtiments indépendants dont la surface de plancher totale nouvelle est inférieure à 50 m² ;*
- *les bâtiments auxquels la réglementation thermique (…) impose le recours à une source d'énergie renouvelable. »*[1]*, c'est-à-dire les maisons individuelles ou accolées*[2] *;*
- *les « bâtiments et parties de bâtiment dont la température normale d'utilisation est inférieure ou égale à 12 °C ».*[3]

Le seuil de 50 m² s'applique depuis janvier 2014. Les parties nouvelles de bâtiments existants échappent à l'obligation.

Pour quels projets dans la rénovation de l'existant est-elle obligatoire ?

Dans l'existant, avec les mêmes catégories d'exemption listées ci-dessus, l'étude de faisabilité des approvisionnements en énergie est obligatoire pour les projets de rénovation :

- portant sur un bâtiment de SHON > 1 000 m² ;
- et dont le budget travaux est supérieur à 25 % de sa « valeur ».[4]

---

1 Article R111-22 du Code de la construction et de l'habitation.
2 Article 16 de l'arrêté RT 2012 (arrêté du 26 octobre 2010 relatif aux caractéristiques thermiques et aux exigences de performance énergétique des bâtiments nouveaux et des parties nouvelles de bâtiments).
3 Article 1 de l'arrêté du 18 décembre 2007 relatif aux études de faisabilité des approvisionnements en énergie pour les bâtiments neufs et parties nouvelles de bâtiments et pour les rénovations de certains bâtiments existants en France métropolitaine.
4 Articles R131-25 et 26 du Code de la construction et de l'habitation.

Pour le calcul de cette « valeur », qui est un nouvel exemple de complexité de la réglementation, il existe une fiche d'application produite par le CSTB et l'Ademe.[1]

À quel moment réaliser l'étude de faisabilité des approvisionnements en énergie ?

Cette étude doit permettre au maître d'ouvrage de comparer différentes solutions d'énergie, solutions qui sont à étudier en APS. Or, pour être réalisée, cette étude nécessite quelques données sur le projet indisponibles avant l'APS. Cette étude est donc idéalement à réaliser en tout début d'APS.

6. Le rapport géotechnique

La mission du géotechnicien[2] est définie par la norme NF P94-500.[3] Le maître d'ouvrage ne doit pas juger son coût dans l'absolu, mais le comparer aux surcoûts qu'engendreraient des aléas géotechniques non maîtrisés. Les retours d'expérience et les assureurs montrent que c'est là un investissement extrêmement rentable, grâce à la diminution des risques chantier qu'il induit.

Les risques géotechniques sont notamment dus au fait que le sous-sol est à la fois un milieu non visible, donc mal connu, et un milieu extrêmement complexe, car de composition très hétérogène.

Les éléments de mission pouvant être confiés par le maître d'ouvrage au géotechnicien sont représentés par une nomenclature : G1, G2, G3, etc. Le livrable du géotechnicien s'appelle le rapport de sol.

En matière de contractualisation, le maître d'ouvrage missionne habituellement directement le géotechnicien, mais il peut aussi confier la mission géotechnique au maître d'œuvre en mission complémentaire.

Point de vigilance

La mission « G0 » n'existe plus depuis 2006 et les termes G11 et G12 n'existent plus depuis 2014. Le nom et le contenu des missions ont été modifiés, pour mieux correspondre aux phases de maîtrise d'œuvre ; on trouvera plus bas un comparatif entre nouvelle et ancienne nomenclature.

De manière synthétique, les différentes missions comprennent les prestations suivantes.

Mission G1 : Études géotechniques préalables

Cette première étape comporte deux phases :
* la phase étude de site (ES) est principalement une *analyse documentaire du contexte géotechnique du site* permettant une première identification des risques géotechniques majeurs propres au site, qui peuvent compromettre la faisabilité même d'un projet ;

---

1 Fiche d'application « Calcul de la valeur d'un bâtiment », disponible sur www.rt-batiment.fr
2 Les habitudes évoquées ici correspondent au monde du Bâtiment, plus qu'au monde des ouvrages d'art.
3 NF P 94-500 Missions d'ingénierie géotechnique : classification et spécifications.

- la phase Principes Généraux de Construction (PGC), cohérente avec une phase Étude préliminaire ou APS du bâtiment, permet de définir le programme de sondages, et d'en appliquer les résultats au projet. L'objectif principal de la mission est de fournir les *principes de fondation envisageables*, ainsi que les *hypothèses géotechniques* à prendre, dans le cas particulier du projet.

Pour réaliser la mission PGC, il est indispensable que le géotechnicien ait communication du projet. Un « rapport de sol » issu d'un autre projet à proximité, s'il peut être utile au BET Structure, ne donnera jamais les mêmes informations qu'une G1 réalisée au regard du projet.

Le rapport G1 est utilisé par le BET Structure dès l'APS, il doit donc être réalisé avant l'APS ou en début d'APS.

Quels sont les essais et sondages les plus courants réalisés au cours des G1 ?

- Les *essais pressiométriques* Ménard, utilisés pour tous les terrains sauf rocheux, consistent à mesurer la déformation latérale de la paroi du forage, grâce à une cellule de mesure protégée par une enveloppe en caoutchouc. La cellule est gonflée avec de l'eau, ce qui entraîne une déformation radiale du terrain. Ces essais sont très courants, simples à exécuter, rapides et d'un coût modéré. En France, ce sont les essais de référence utilisés pour le calcul des fondations.

- Les *sondages carottés* consistent à extraire une carotte du terrain, pour en analyser la composition en laboratoire. Ces sondages sont très courants, et complémentaires des essais pressiométriques. Les essais en laboratoires permettent de déterminer les caractéristiques physiques des matériaux, paramètres qui sont nécessaires aux calculs des fondations. Un certain délai est nécessaire pour la réalisation de ces essais en laboratoires, après les carottages et avant la rédaction du rapport final.

- Les *essais par pénétromètre*, moins courants mais d'un usage de plus en plus fréquent, utilisent un appareil composé d'une tige métallique terminée par un cône. Le système mesure d'une part l'effort exercé par le sous-sol sur la pointe conique du pénétromètre, et d'autre part le frottement latéral exercé par le sous-sol sur le fût.

- Les *mesures piézométriques* consistent à mesurer le niveau de la nappe phréatique dans un sondage réalisé par ailleurs. Ces mesures sont réalisées périodiquement sur une longue période, typiquement sur un an, pour mesurer les variations saisonnières, les plus hautes eaux et les plus basses eaux. Le relevé des mesures est la *chronique piézométrique*. Cette prestation est elle aussi très courante. Pour certains projets une étude modélisation de profil de nappe phréatique peut être nécessaire.

- Les autres *essais hydrauliques* (notamment les essais de pompage, les essais d'eau Lugeon et les essais Lefranc) sont utilisés notamment :

  - pour tester une faisabilité géothermique en mesurant les débits pompés ;

  - en données d'entrée pour les études de comportement de la nappe dans les projets complexes dans la nappe phréatique.

- Les *fouilles de reconnaissance* sont utilisées dans les projets dans l'existant, pour recueillir des données sur les fondations présentes. Elles consistent à creuser une fouille pour mettre au jour les fondations afin d'identifier leurs matériaux et leur géométrie. Ceci permet par exemple :

  - de déterminer la capacité des fondations existantes à subir une augmentation des charges ;

– d'étudier l'implantation de nouvelles fondations à proximité immédiate des fondations existantes ;

– d'étudier l'implantation d'une fosse d'ascenseur près des fondations existantes.

Pour désigner ces fouilles de reconnaissance, on utilise aussi parfois le terme de « mission G5 diagnostic technique » (voir plus bas).

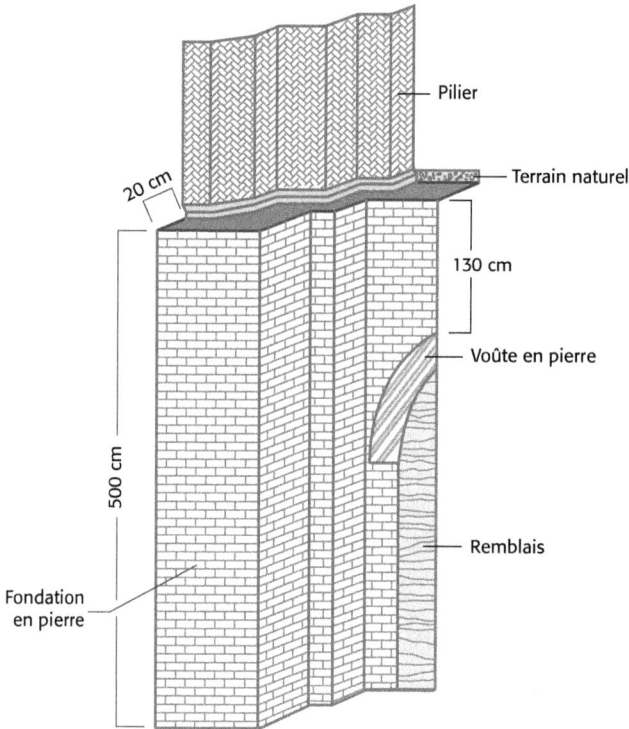

Figure 63. Exemple de compte rendu d'une fouille de reconnaissance de fondation.

Outre les fouilles physiques, il existe aussi pour identifier les fondations existantes des méthodes plus modernes basées sur des champs électromagnétiques.

Les essais listés ci-dessus sont les plus courants. Il existe d'autres types d'essais moins utilisés.

Mission G2 : Études géotechniques de conception

Elle comprend suivant la norme NF P94-500 trois phases :

* la phase avant-projet AVP, qui est la contribution du géotechnicien à l'AVP du maître d'œuvre. Au cours de cette phase, les principes de construction des ouvrages géotechniques sont définis (fondations, mais aussi terrassements, soutènements, pentes et talus, assises de dallages et de voiries, améliorations des sols, dispositions vis-à-vis des nappes et des avoisinants). Un premier prédimensionnement est réalisé ;

* la phase projet PRO, qui est la contribution du géotechnicien au PRO du maître d'œuvre. Elle comprend une optimisation des dimensionnements, qui permet de diminuer le coût des fondations ;

- la phase DCE/ACT, qui est la contribution du géotechnicien à la finalisation du DCE (lequel, pour mémoire, n'est pas une phase loi MOP : la norme géotechnique est donc curieusement rédigée sur ce point) et au déroulement de l'ACT. Cette prestation du géotechnicien peut être utile pour les projets très complexes, par exemple avec des variantes proposées par les entreprises.

Conseil pratique

Il ne paraît pas opportun de réaliser une G2 *après* la signature d'un marché de travaux global et forfaitaire. En effet, que le géotechnicien recommande d'augmenter ou de diminuer le dimensionnement des fondations prévues au marché, dans les deux cas cela posera problème vis-à-vis du marché signé.

À l'époque des versions précédentes de la norme, il arrivait parfois pour les projets « simples » que la G2 ne soit pas réalisée. Cette omission est très risquée, tout particulièrement pour les projets importants ou avec un contexte géologique complexe : la G2 est indispensable et permet normalement d'optimiser le coût des fondations.

Mission G3 : Études et suivi géotechnique d'exécution

Cette mission comporte les études d'exécution des fondations. Elle relève donc de l'entreprise, et il est utile de le rappeler dans le CCTP du lot en charge des fondations.

Mission G4 : Supervision géotechnique d'exécution

Cette mission comprend le visa des documents d'exécution relatifs aux fondations, accompagné de visites de chantier. Pour les petits projets, en pratique, elle n'est souvent pas réalisée par le géotechnicien, le BET Structure se chargeant de ces visas. Néanmoins, pour les gros projets ou les projets avec un contexte géotechnique complexe (par exemple présence d'avoisinant fragile, zone sismique, zone argileuse), il est nécessaire de demander au maître d'ouvrage de missionner le géotechnicien pour une G4.

Il existe aussi la G5 : diagnostic géotechnique.

Cette mission ponctuelle peut être lancée en début de phase conception, ou indépendamment de tout projet, après un sinistre dans l'existant. Elle vise à identifier l'influence d'un élément souterrain existant, typiquement une fondation existante, ou encore un mur de soutènement existant. Des fouilles de reconnaissance de fondations existantes, par exemple, peuvent être considérées comme une mission G5.

En résumé :

Les documents essentiels sont le rapport G1 et l'AVP G2, réalisés par le géotechnicien spécialement pour le projet et en tenant compte des descentes de charge du projet.

Ces rapports sont indispensables au BET Structure pour étudier et décrire les fondations. S'en dispenser engagerait la responsabilité de l'équipe de maîtrise d'œuvre. D'où la règle fondamentale :

Règle d'or du rapport de sol

Si un PRO comporte des fondations, ne jamais le réaliser sans avoir reçu *a minima* le rapport géotechnique AVP G2 et de préférence le PRO G2.

Comparaison de la nouvelle version de la norme avec l'ancienne

De 2006 à 2014, les missions en phase conception étaient désignées par les termes G11, G12 et G2 (pour mémoire la G0 n'existait plus depuis 2006) :

- la G11 correspondait à l'étude du site, menée indépendamment du projet ;
- la G12 correspondait à l'application au projet, avec prédimensionnement de fondations ;
- et la G2 à la phase PRO.

Comparatif des évolutions du contenu des missions géotechniques						
Norme NF P 94-500 de 2006	G11	G12 compris prédimensionnement		G2	G3	G4
Norme NF P 94-500 de nov. 2013	G1		G2			G3	G4
	ES	PGC	AVP compris prédimensionnement	PRO	DCE/ACT		

La différence fondamentale introduite par la nouvelle norme, c'est que l'étape (fondamentale) de prédimensionnement des fondations est passée de la phase G1 (plus précisément G12) à la phase G2 (plus précisément AVP).

Si le maître d'ouvrage se limite à commander une G1, le maître d'œuvre se trouve donc sans prédimensionnement des fondations, ce qui pose problème.

On peut se demander si l'une des motivations de cette modification de la norme n'est pas la volonté de la profession géotechnique d'encourager la réalisation de G2 qui étaient rarement lancées auparavant.

Dans quels cas peut-on se passer de géotechnicien ?

À toute règle ses exceptions. Pour un pavillon sur un « bon sol » ou une véranda, on ne fait souvent pas appel à un géotechnicien, on se contente de se baser sur les règles de l'art (DTU). D'où la question : à partir de quelle situation peut-on se passer d'un géotechnicien ?

Cette question est complexe, et sa réponse est surtout basée sur l'expérience. On peut considérer qu'au-delà de la maison individuelle (ou assimilable) le géotechnicien est indispensable. Et même pour une maison individuelle, dans certains cas, il faut se poser la question. Autant un auto-constructeur peut décider de se passer d'étude de sol, autant un maître d'œuvre professionnel prend un risque important en s'en dispensant.

Le mieux est de demander son avis au BET Structure ou, si le projet se fait sans BET, de consulter les entreprises pressenties.

Consulter aussi l'annexe de la norme NF P94-500 portant sur la géotechnique appliquée au cas des maisons individuelles.

Sur ce sujet des cas « simples », on peut consulter un ouvrage très didactique : Menad Chenaf et Nicolas Ruaux, *Fondations – Conception, dimensionnement et réalisation – Maisons individuelles et bâtiments assimilés*, CSTB.

Aussi surprenant que cela puisse paraître, même pour un parking au sol constitué d'une simple voirie sans aucune fondation, les spécialistes VRD recommandent de réaliser une étude de sol, afin de vérifier la portance des couches de sol.

Quelles sont les situations « à risque » en termes de géotechnique ?

Les projets à risque, indépendamment de la taille du projet, sont notamment :

- les projets en zone sismique (consulter www.planseisme.fr) ;
- les projets avec fondations dans la nappe phréatique ;
- les sous-sols argileux : le retrait des argiles en cas de sécheresse, et leur gonflement, sont responsables de très nombreux sinistres ; depuis 2018, la nécessité d'une étude géotechnique est devenue une obligation légale[1] ;
- les zones de fontis et d'anciennes carrières de gypse (consulter http://infoterre.brgm.fr/).

Par ailleurs, l'hétérogénéité du terrain identifiée grâce aux analyses documentaires est un facteur conduisant à augmenter la quantité de sondages. Ainsi, dans une ancienne zone de remblais, on réalisera beaucoup plus de sondages qu'en pleine campagne.

Zoom sur...

... les fontis

Les fontis sont des décompressions du sous-sol, dues à la dissolution de gypse ou à d'anciennes carrières de gypse, notamment présents à Paris et en Seine-Saint-Denis. Ils peuvent comporter des cavités assez grandes pour qu'un homme puisse y entrer ! Dans les zones de fontis, il convient de réaliser avant le projet une campagne de reconnaissance avec un maillage serré au droit des futurs appuis. Les investigations sont ensuite suivies d'une campagne d'injections, réalisées avec différents types de coulis de ciment.

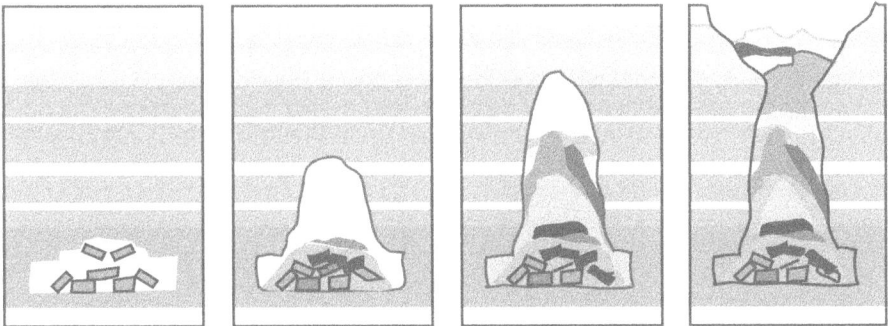

Figure 64. Mécanisme de création des fontis.

Savoir rédiger un cahier des charges de mission du géotechnicien

D'après la norme NF P 94-500, c'est au géotechnicien de définir le programme des investigations. Mais dans la pratique, c'est souvent au maître d'œuvre qu'il est demandé de rédiger le cahier des charges de la mission du géotechnicien.

La procédure logique est de faire rédiger ce cahier des charges au BET Structure. Nul n'est mieux placé que lui pour connaître les enjeux structurels du projet, les ordres de grandeurs des descentes de charge, le positionnement des porteurs et les données attendues dont il sera

---

1 Art. L112-20 et suivants du Code de la construction et de l'habitation.

l'utilisateur. Le programme des investigations doit cependant être validé par le géotechnicien conformément à la norme.

Néanmoins, il peut se présenter des cas où – le BET Structure n'étant pas encore désigné – on souhaite lancer sans tarder la mission géotechnique dans le but de disposer du rapport géotechnique au moment opportun.

Se pose alors l'épineuse question de rédiger le cahier des charges en l'absence du BET Structure. On trouvera ci-dessous quelques conseils pour réaliser cet exercice plus complexe qu'il n'y paraît.

Conseils pratiques pour le cahier des charges de la mission géotechnique

Première règle : éviter de prévoir une G1 sans G2.

Deuxième règle : demander que le géotechnicien valide et précise dans son offre de mission le programme des sondages et essais (in situ et en laboratoire), ou qu'il le modifie s'il le juge inadapté. Typiquement, il faut demander que le géotechnicien valide ou corrige la profondeur des sondages.

Troisième règle : renvoyer systématiquement vers la norme NF P 94-500.

Il est utile de préciser explicitement que le géotechnicien fournira un prédimensionnement sommaire des fondations courantes du projet, car la norme évoque seulement des « *principes généraux de construction* » et une « *ébauche dimensionnelle de quelques ouvrages géotechniques types* ».

Regrouper en données d'entrée :

- plan de localisation ;
- plans et coupes projet.

Les coupes doivent montrer l'altimétrie du terrain naturel et le nombre de niveaux de plancher. Les plans doivent montrer une première hypothèse d'emplacement des porteurs.

Pour un projet dans l'existant avec un ensemble d'ouvrages localisés, fournir un plan de localisation des ouvrages structurels pressentis et présenter la nature de ces ouvrages (fosse d'ascenseur, poteaux à créer, etc.).

On peut demander dans le cahier des charges typiquement :

- quelques essais pressiométriques (entre 3 et une dizaine suivant la taille du projet par exemple) ;
- quelques sondages carottés (au moins 2, moins nombreux que les pressiométriques), suivis d'essais en laboratoires ;
- au moins un piézomètre avec relevés sur un an.

Une profondeur de 25 m est courante pour les sondages, à adapter en fonction de la présence éventuelle de niveaux de sous-sols dans le projet et à faire confirmer par le géotechnicien dans son offre.

Suivant la taille du projet, prévoir une G2 PRO et une G4 en tranches optionnelles ou non.

Le tableau page suivante récapitule les missions géotechniques en bâtiment.

7.   Gérer les terres polluées

Pour les projets nécessitant des excavations avec évacuation des terres, il faut se poser la question de l'éventuelle nécessité d'un *diagnostic pollution*, appelé aussi diagnostic « qualité des sols et du sous-sol ».

En effet, les terres évacuées sont considérées comme un déchet, et leur coût d'élimination est très différent suivant la nature des terres. Si les terres sont polluées, le coût d'élimination risque d'être important. Pour fixer un ordre de grandeur, un terrain de 5 000 m² peut nécessiter 2 M€ de gestion des terres polluées !

Mission	Contenu	À la charge financière de qui ?	À réaliser dans quels cas ?	À quel moment réaliser cette mission ?	Données d'entrée nécessaires au géotechnicien	Objectif principal	Utilité du rendu
G1	Étude de site	MOA	Obligatoire pour tout projet avec des fondations (sauf cas simple, comme maison individuelle simple, etc.).	Idéalement avant l'APS.	Plan de localisation. Plans et coupes esquisse, avec hypothèse de localisation des porteurs et altimétrie des planchers.	Identification du contexte géologique.	Indispensable au BET Structure pour réaliser son APS.
	Principes généraux de construction					Définition du type de fondations.	
G2	Avant-projet	MOA	Obligatoire puisque comprend le prédimensionnement sommaire des fondations.	Durant l'APS ou durant l'APD.	Le dossier APS : plans, coupes, lot Structure. Si possible : descentes de charge sur chacun des porteurs.	Prédimensionnement sommaire des fondations.	Les conclusions sont à intégrer par le BET Structure dans son rendu.
	Projet	MOA	Pour les grands projets et pour ceux avec un contexte géologique complexe. Pour les projets de moyenne importance, pour optimiser le coût des fondations.	Durant le PRO.	Les plans et coupes Structure PRO.	Optimiser le coût des fondations.	Les conclusions sont à intégrer par le BET Structure dans son PRO.
G3	DCE/ACT	MOA	Pour les projets complexes avec variantes.	En fin de PRO et durant l'ACT.		Assister MOE et MOA en phase ACT.	
	Études d'exécution	Entreprise en charge des fondations.	Pour tout projet avec des fondations.*				
G4	Visas	Théoriquement MOA, mais il vaut mieux l'avoir précisé lors de l'établissement du contrat de MOE. Couramment intégré à la mission de MOE.	Pour les grands projets, ceux avec un contexte géologique complexe. Nécessite la réalisation préalable d'une G2 par le géotechnicien.				
G5	Diagnostic géotechnique	MOA	En cas de nécessité particulière, soit dans le cadre d'un projet, soit indépendamment de tout projet, par exemple suite à un sinistre	À tout moment : préalablement à un projet, en cas de sinistre, etc.	Contenu précis de la problématique à résoudre.	Identifié au cas par cas.	

* Parfois, l'entreprise ignore la dénomination « G3 », mais – peu importe – ce qui compte, c'est que les études d'exécution des fondations soient faites correctement.

Grâce au diagnostic qualité des sols et du sous-sol, on sera à même de prévoir le coût pour le projet de l'élimination des terres.

Il est important d'identifier ces coûts dès l'APS, car ils peuvent être conséquents, et le volume des terres à éliminer est directement lié à la consistance même du projet : nivellement et nombre de sous-sols. Si on découvre en PRO un surcoût important d'élimination des terres, le maître d'ouvrage peut remettre en question tout le projet et demander de lourdes reprises d'études.

Le diagnostic, à confier à un bureau d'étude certifié en sites et sols pollués (tous les géotechniciens ne sont pas compétents pour ces analyses), déterminera notamment :

- les teneurs en métaux lourds ;
- les teneurs en hydrocarbures ;
- les teneurs en PCB, etc. ;

et donnera des recommandations pour la *réhabilitation du site* si nécessaire. Le diagnostic consiste à prélever des terres à la tarière ou avec un engin de chantier et à les analyser en laboratoire.

Les études relatives à la pollution des terrains sont régies par la série de normes NF X 31-620 Qualité du sol - Prestation de services relatives aux sites et sols pollués.

Point de vigilance

Le coût d'élimination des terres est généralement évalué au mètre cube de terres foisonnées, et le volume des terres foisonnées diffère du volume mesuré sur plans (le coefficient de foisonnement dépendant du type de terres : plus faible pour du sable, plus fort pour des pierres).

Dans quels cas demander un diagnostic pollution des sols au maître d'ouvrage ?

Si le terrain a accueilli dans le passé une installation classée (dans le jargon administratif, s'il appartient à un « SIS », secteur d'information sur les sols), le Code de l'environnement[1] exige une étude de sol, dont le contenu est règlementé. Une attestation d'un bureau d'étude certifié devra être jointe au dossier de permis de construire, garantissant la réalisation de cette étude des sols et sa prise en compte dans la conception du projet.[2]

La présence d'un secteur d'information sur les sols est indiquée au PLU.

Plus généralement, si le site du projet est un ancien site industriel (ou militaire), il est sage de recommander un diagnostic pollution des sols. Il existe une base de données des sols pollués, la BASOL[3], évidemment non exhaustive.

Sans information précise sur l'histoire du site, il faut faire une analyse de risque en fonction du site et du volume d'excavations prévues par le projet. On peut considérer qu'à partir de 1 500 m³ le sujet est à évoquer avec le maître d'ouvrage.

Pour en savoir plus sur les terres polluées

Consulter le site Internet du ministère de l'Écologie, du Développement durable, des Transports et du Logement, rubrique Prévention des risques/Risques technologiques/Sites et sols pollués.

---

1 Article L125-6 du Code de l'environnement
2 Code de l'environnement, articles L556-1 à 3 et R556-1 à 3.
3 http://basol.developpement-durable.gouv.fr.

8.   Le plan de synthèse VRD

Le plan des réseaux VRD existants est une donnée importante pour tout projet en extérieur. (Se reporter à la fin du chapitre 3, § « Le guichet unique réseaux et canalisations et les plans de synthèse VRD ».)

9.   Le diagnostic des matériaux de démolition

9.1.   Une obligation règlementaire

Pour les projets comportant des démolitions, il est parfois obligatoire[1] et souvent souhaitable pour le maître d'ouvrage de faire réaliser un diagnostic des matériaux de démolition. Ce diagnostic est obligatoire notamment pour toute démolition de plus de 1 000 m² de plancher.

Il s'agit d'une évaluation par un spécialiste du volume des déchets de chaque nature que généreront les travaux de démolition.

Ce diagnostic ne peut pas être réalisé avant l'APD, car il nécessite des plans de démolition précis et définitifs. Il constitue une donnée de base pour le dossier PRO du lot démolition.

En permettant aux entreprises de mieux identifier les volumes à évacuer, il induit une réduction des coûts des travaux du lot démolition.

Le diagnostic matériaux de démolition facilite le réemploi des matériaux de déconstruction, dans le cadre d'une démarche *cradle to cradle*.

9.2.   La démarche DRIM

Depuis le développement du BIM, certains maîtres d'ouvrage dont le projet comprend des démolitions font réaliser des maquettes numériques du bâtiment à déconstruire. Ces maquettes numériques comprennent toutes les informations utiles sur le bâtiment à déconstruire : localisation, nature et caractéristiques connues de tous les composants du bâtiment, dont certains pourront être recyclés et d'autres réutilisés.

La maquette numérique peut ensuite être utilisée pour étudier le phasage et la méthodologie de la déconstruction.

L'Angleterre est en pointe sur ce sujet avec le projet DRIM (*deconstruction and recovery information modeling*), qui fait l'objet de recherches universitaires.

***Pour en savoir plus sur le* deconstruction and recovery information modeling**

Pour le projet DRIM, consulter www.drim-toolkit.co.uk.

Pour l'arrivée en France de cette démarche, consulter https://resolving.com/Fr/news-suez-batirim.

---

1   Code de la construction et de l'habitation, art. R111-43 à R111-49.

10. Le cahier des charges fonctionnel du coordonnateur SSI

La mission de coordonnateur SSI est définie par les normes encadrant la conception des SSI.[1]

Cette mission peut être effectuée par le maître d'œuvre, mais elle est généralement confiée par le maître d'ouvrage à un BET spécialisé. Quoi qu'il en soit, cette mission ne fait pas partie de la mission de base de maîtrise d'œuvre.

Dans quels cas la désignation d'un coordonnateur SSI est-elle nécessaire ?

En théorie, il faut un CSSI dès qu'il y a un SSI, mais en pratique la réponse est moins évidente, et pas universelle.

En vue de répondre à cette question, on peut proposer différents critères :

- si le SSI est de catégorie A ou B, il faut sans aucun doute un coordonnateur SSI ;
- si le SSI comporte des asservissements (c'est-à-dire que le SSI commande des équipements, par exemple du désenfumage ou des portes de compartimentage), il faut un coordonnateur SSI ;
- si le SSI est de catégorie C, D ou E, il faut analyser au cas par cas la complexité du projet de SSI. Interroger le BET en charge de la description du lot contenant le SSI (lot courants faibles en général).

Cela dépend aussi de la compétence des acteurs, car même pour une installation simple, il peut être utile qu'un coordonnateur SSI assiste le maître d'ouvrage pour clarifier la définition du SSI.

Dans le cas des ERP de 5e catégorie, l'article PE 32 indique : « *Seules l'installation, la modification ou l'extension d'un système de sécurité incendie de catégorie A, dans les établissements dont la mise en sécurité comporte au moins une fonction de mise en sécurité en supplément de la fonction évacuation, font l'objet d'une mission de coordination. (…) Si le coordonnateur SSI n'est pas requis, le document attestant de la réception technique est établi par l'entreprise intervenante.* »

Qu'en est-il en rénovation dans l'existant ?

Pour les projets modifiant une installation SSI existante, le recours à un CSSI est aussi nécessaire. Si l'installation est récente, l'idéal est de retrouver le CSSI qui l'a conçue, mais c'est là un choix de maître d'ouvrage.

Pour les SSI d'une certaine importance (par exemple catégorie A), il est crucial d'être conscient et de faire comprendre au maître d'ouvrage que même une modification mineure de l'installation nécessite un CSSI. En effet, c'est le CSSI qui définit la programmation de la baie SSI pour l'entreprise et qui met à jour le dossier d'identité SSI. En son absence, l'établissement risque fort de se retrouver avec une installation en dysfonctionnement ou sans dossier à jour.

> **Règle d'or de la modification du SSI existant**
>
> Toute modification – même mineure – d'un SSI de catégorie A existant nécessite un CSSI.

---

1 Art. 5.3 de la Norme NF S61-931 Systèmes de sécurité incendie (SSI) – Dispositions générales.

Quel est le rôle du coordonnateur SSI en phase conception ?

En phase conception, le coordonnateur SSI intervient après l'APS. Il définit la catégorie de SSI et le type d'alarme adapté au projet. Sur la base des plans projet APS validés, il définit le *zoning* de l'installation SSI, c'est-à-dire qu'il définit (s'il y en a) :

- les zones de détection (ZD) ;
- les zones de désenfumage (ZF) ;
- les zones de compartimentage (ZC) ;
- les zones d'alarme (ZA).

Il définit aussi les scenarii du SSI, par exemple : en cas de détection de feu dans une zone, déclenchement du désenfumage et compartimentage par fermeture des portes.

Quel est le rendu du coordonnateur SSI en phase conception ?

Le coordonnateur SSI formalise la conception du SSI dans un document fondamental, le *cahier des charges fonctionnel du SSI*.

Ce document fournit toutes les informations nécessaires à la conception technique du SSI, c'est-à-dire essentiellement :

- la présentation détaillée des fonctions du SSI ;
- la présentation détaillée des zones (ZD, ZF, ZC et ZA) du SSI.

Comment et par qui est utilisé le cahier des charges fonctionnel du coordonnateur SSI ?

Le coordonnateur SSI émet son cahier des charges en début d'APD et le remet ensuite à jour en fonction des évolutions du projet en cours d'APD, de PRO et si nécessaire ultérieurement.

Ce document est nécessaire comme donnée entrante APD pour le BET en charge du lot SSI et, le cas échéant, pour le BET en charge du lot désenfumage.

Quelle est l'importance de ce cahier des charges SSI ?

La cohérence de ce document avec le détail du projet est fondamentale pour le bon déroulement des travaux. Un cahier des charges imprécis ou incohérent pose de graves problèmes sur le chantier et conduit à des dysfonctionnements du SSI.

Malgré le caractère « rébarbatif » du document, il est important que ce document soit relu attentivement par l'architecte ou par un autre membre de l'équipe de maîtrise d'œuvre connaissant bien le détail du projet, pour en vérifier le contenu. L'important n'est pas de vérifier les aspects purement techniques, mais de vérifier la désignation des locaux et la cohérence avec la notice de sécurité incendie du projet.

Il faut savoir qu'on peut être coordonnateur SSI sans habilitation particulière, il y a donc de bons et de moins bons coordonnateurs SSI… comme il y a de bons et de moins bons maîtres d'œuvre.

Règle d'or du cahier des charges fonctionnel du CSSI

Si un projet comporte un SSI de catégorie A ou B, ne jamais réaliser le PRO sans avoir reçu le cahier des charges fonctionnel du coordonnateur SSI.

Relire en détail le cahier des charges fonctionnel du CSSI pour en vérifier la cohérence avec le projet.

11. L'étude de sécurité publique

Pour certains projets importants d'ERP, le maître d'ouvrage a l'obligation de faire réaliser une étude sécurité publique.[1] Cette étude, réalisée par des cabinets spécialisés, analyse le projet sous l'angle de la sécurité publique, notamment antiterroriste, et émet des prescriptions à respecter par le maître d'œuvre et le maître d'ouvrage.

C'est au maître d'ouvrage d'identifier les cas où cette étude est obligatoire, mais on peut retenir que cela concerne notamment les projets situés dans une agglomération de plus de 100 000 habitants et :

- soit créant plus de 70 000 m^2 de plancher ;
- soit créant un ERP de 1re ou 2e catégorie ;
- soit modifiant les accès d'un ERP de 1re ou 2e catégorie ;
- soit augmentant de plus de 10 % l'emprise au sol d'un ERP de 1re ou 2e catégorie.

Cette liste n'est pas exhaustive ; il existe d'autres cas, notamment pour les enseignements d'enseignement du second degré et pour les projets de rénovation urbaine.

L'étude de sécurité publique, pour être pertinente, doit utiliser comme donnée d'entrée des plans et coupes de niveau APS. Le bon moment pour la réaliser est donc entre l'APS et l'APD, ou durant l'APD.

12. Les rapports du bureau de contrôle

Lors de la réalisation du dossier PRO, si l'opération comporte un bureau de contrôle, il aura normalement réalisé son rapport initial (RICT), analysant l'APD. Il convient alors de faire le tri parmi les remarques du bureau de contrôle entre :

- les remarques, généralement nombreuses, qui relèveront des études d'exécution des entreprises ;
- et les remarques de la compétence de la maîtrise d'œuvre, à prendre en compte dans le PRO.

Le RICT doit être inclus dans le DCE, afin de s'imposer contractuellement aux entreprises.

13. Associer le coordonnateur SPS aux études

En phase étude, le coordonnateur SPS doit être sollicité en APD et en PRO[2] sur les thèmes suivants :

- plan d'installations de chantier : clôtures, accès au chantier, emplacements pour bennes, locaux de vie des ouvriers ;
- phasage des travaux ;

---

1   Voir Code de l'urbanisme, articles R114-1 et R114-2.
2   La loi prévoit sa désignation dès l'APS, mais en pratique son intervention est rarement utile dans cette phase.

- prise en compte de la maintenance future, notamment les accès pour les agents de maintenance ;
- méthodologies de désamiantage et de déplombage dans l'existant, etc.

Pour mémoire si le maître d'ouvrage est un particulier, il n'y a pas de coordonnateur SPS : le maître d'œuvre assure lui-même la coordination SPS en phase études.[1]

14. L'histoire du bâtiment (dans l'existant)

Pour les projets dans un bâtiment existant historique, il est indispensable de réaliser des investigations sur l'histoire du bâtiment. Ces investigations permettront d'évaluer les méthodes constructives et les matériaux utilisés à l'origine.

Pour en savoir plus sur les données d'entrée de la conception

Consulter aussi plus bas le chapitre 4 relatif à la qualité environnementale du bâtiment, § Analyse de site.

---

1   Article L4532-7 du Code du travail

CHAPITRE 3

Les bases sur les lots techniques

Le but de ce chapitre est, d'une part, de donner un *vocabulaire de base* au maître d'œuvre pour lui permettre de dialoguer avec les techniciens et, d'autre part, d'attirer son attention sur les *enjeux* de chaque spécialité.

Pour chaque spécialité, cette partie n'est aucunement destinée aux praticiens du domaine, qui la trouveraient forcément incomplète. Elle est destinée aux architectes et aux maîtres d'œuvre non spécialistes ou appartenant à une autre spécialité.

On s'est attaché tout particulièrement, non au cœur de la technique, mais à ses interfaces avec les autres techniques et avec la conception architecturale.

Enfin, un dernier objectif du présent chapitre est de permettre au maître d'œuvre non spécialisé de savoir reconnaître ce que sont les équipements techniques qu'il rencontre soit sur le chantier, soit dans l'existant. Il est toujours préférable, devant une entreprise, de ne pas confondre une baie informatique et un groupe électrogène…

1. Vocabulaire du lot Structure

Le domaine des études Structure comporte les Structures métal, les Structures béton et les Structures bois. Le terme de génie civil a un sens plus large puisqu'il englobe des travaux sans caractère nécessairement structurel (routes par exemple). En anglais, le domaine des structures s'appelle *Structural Engineering*.

On trouvera ci-dessous quelques termes souvent rencontrés.

1.1. Quelques termes génériques

Schéma statique

Le schéma statique d'une structure est la représentation schématique en trois dimensions de cette structure, sous forme de barres articulées ou encastrées.

Pour mémoire :

- les liaisons articulées permettent une libre rotation et ne transmettent pas de moment fléchissant,
- les liaisons encastrées interdisent la rotation et transmettent un moment de réaction,
- les appuis glissant autorisent une translation, permettant ainsi la dilatation d'un ouvrage.

Figure 65. Exemple de liaison articulée.

Le schéma statique montre les degrés de liberté de chaque articulation, ou nœud. C'est en quelque sorte le principe structurel du bâtiment, le cœur de l'étude Structure. Si une entreprise propose de modifier le schéma statique prévu au marché, il faut être extrêmement méfiant, car cela équivaut à ce qu'elle reprenne intégralement toute l'étude de maîtrise d'œuvre, y compris les interfaces avec les autres lots et les validations par le bureau de contrôle, le cas échéant. Les conséquences indirectes peuvent être considérables.

On rencontre aussi le terme de *schéma structurel*.

Quels sont, en première approche, les ordres de grandeur des portées habituellement rencontrées dans les schémas statiques, pour les différents types de structure ?

« Les bâtiments à ossature bois ordinaires ont le plus souvent une ligne de poteaux ou un mur porteur tous les 3 à 5,5 m ; les bâtiments de dimensions commerciales en acier ou béton, tous les 7,5 à 15 mètres. Dans les halls d'exposition, les salles de spectacle, et autres espaces du même type, la portée peut atteindre 27 mètres voire plus. »[1]

Descente de charges

La descente de charges du bâtiment sur une fondation est le torseur des efforts appliqué par la superstructure, c'est-à-dire la force appliquée, avec trois coordonnées, et le moment appliqué, lui aussi avec trois coordonnées, soit un total de 6 coordonnées.

---

1   Matthew Frederick, *101 petits secrets d'architecture qui font les grands projets.*

Noyau de contreventement

Le contreventement est la structure qui résiste aux poussées horizontales que subit l'immeuble. Un cadre peut par exemple être contreventé par une croix de Saint-André.

Dans les immeubles neufs, une manière courante d'assurer le contreventement de la structure est d'utiliser les cages d'escalier et trémies d'ascenseurs, en leur assurant une rigidité qui permet de résister aux efforts horizontaux. Les cages d'escalier assurant ce rôle de contreventement sont appelées *noyaux de contreventement*.

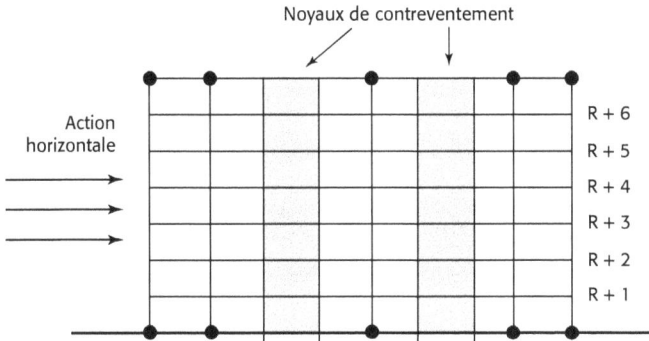

Figure 66. Noyaux de contreventement.

Figure 67. Dans ces immeubles, le noyau de contreventement est constitué par une trémie d'ascenseur en béton.

1.2. Structures métalliques

Vocabulaire des poutrelles

Les poutrelles courantes sont désignées par un sigle :
- IPN : poutrelles en I normales. L'épaisseur des ailes est variable.
- IPE : poutrelles en I européennes. Les ailes ont une épaisseur fixe. Elles sont beaucoup plus utilisées aujourd'hui que les IPN. Il existe aussi des variantes dites IPE-A et IPE-O.

- HEA, HEB et HEM : poutrelles HE, dite gamme européenne. La différence entre ces trois types réside dans l'épaisseur relative des ailes et de l'âme. Leur profil est de forme carrée. Les HEA sont les plus utilisées.

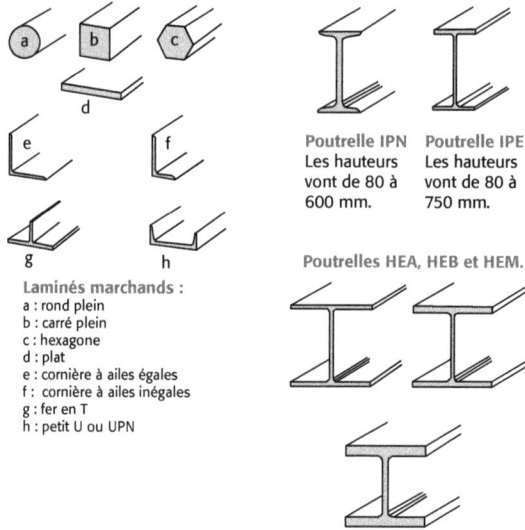

Poutrelle IPN Les hauteurs vont de 80 à 600 mm.

Poutrelle IPE Les hauteurs vont de 80 à 750 mm.

Poutrelles HEA, HEB et HEM.

Laminés marchands :
a : rond plein
b : carré plein
c : hexagone
d : plat
e : cornière à ailes égales
f : cornière à ailes inégales
g : fer en T
h : petit U ou UPN

Figure 68. Dénomination des poutrelles courantes.

Les poutres reconstituées soudées (PRS) sont des poutrelles fabriquées *sur mesure* par soudage de tôles et larges plats entre eux. Elles permettent de s'ajuster au besoin précis d'un projet. Elles peuvent prendre des formes classiques en I ou H, ou des profils particuliers : âme décentrée, âme cintrée, âme trapézoïdale, etc.

Les poutrelles alvéolaires ou ajourées, créées par découpage de l'âme, sont plus légères (jusqu'à 30 % d'allègement), pour un même moment d'inertie. L'évidement peut être de forme circulaire, hexagonale, ou sinusoïdale.

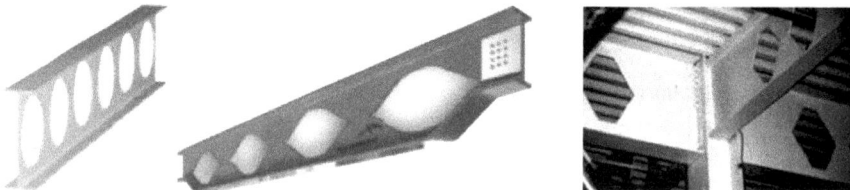

Figure 69. Poutrelles alvéolaires à évidement circulaire, sinusoïdal ou hexagonal (source : Construiracier).

Enfin, les poutrelles IFB et SFB ont de larges âmes inférieures et sont utilisées comme structure métallique de plancher-dalle.

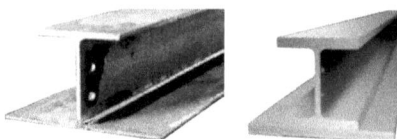

Figure 70. Poutrelle IFB et poutrelle SFB (source : Construiracier).

Nuance et qualité d'acier

La classification des aciers couramment utilisée dans le bâtiment désigne les aciers par leur nuance et leur qualité.[1]

La *nuance* d'un acier dépend de sa composition chimique et détermine sa résistance à la traction. La nuance la plus couramment utilisée dans la construction est le S235.

La lettre « S » représente l'acier de construction, par opposition à d'autres types d'acier.

La valeur 235 correspond à la limite d'élasticité minimale exprimée en MPa.

On désigne également pour chaque nuance des classes de *qualité* (qui vont de la basse qualité à la très haute qualité) : JR, JO, J2. Les qualités des aciers se distinguent notamment par leur degré de soudabilité.

Il existe aussi une deuxième nomenclature des nuances d'acier, dite numérique, moins couramment utilisée.

Facteur de massiveté

Pour une structure en acier, cette grandeur, exprimée en m^{-1}, exprime le rapport entre la surface exposée au feu et le volume de la structure.

Le facteur de massiveté influence le comportement au feu des structures acier : plus une structure est massive et mieux elle résistera au feu.

Protection au feu des structures acier

Une structure en acier peut être protégée au feu, en vue d'obtenir la stabilité au feu exigée par la réglementation, grâce à plusieurs procédés :
- flocage, si les contraintes esthétiques l'autorisent ;
- encoffrement ;
- peinture intumescente ;
- poteaux ronds remplis de béton.

Galvanisation

La galvanisation de l'acier est un procédé consistant à recouvrir l'acier d'une couche protectrice, par passage dans un bain de zinc.

Il existe deux procédés :
- la galvanisation en continu, qui produits des bobines d'acier galvanisé destiné à être prélaqué ;
- la galvanisation à chaud ou au trempé, qui consiste à tremper entièrement les pièces (poutre, garde-corps, etc.) dans un bain de zinc à 450° C.

Pour en savoir plus sur les structures métalliques

Consulter le site http://www.construiracier.fr/.

---

1   Suivant la norme européenne NF EN 10027 Systèmes de désignation des aciers.

1.3.   Structures béton

Classes d'exposition

Les dix-huit classes d'exposition du béton sont utilisées pour préciser à quels types d'agressions l'ouvrage sera soumis durant la vie du bâtiment, notamment vis-à-vis de la carbonatation et du gel[1]. Un béton immergé en mer doit être plus résistant qu'un béton utilisé pour un simple voile intérieur en habitation ; ce sont ces conditions d'utilisation que précisent les classes d'exposition du béton.

Les classes d'exposition sont désignées par des sigles : XF1, XC1, XC2, XS1, etc. Le choix de la classe d'exposition n'est pas sans incidence sur l'impact carbone du béton : les bétons plus performants ont un plus fort impact carbone.

Plancher collaborant

Un plancher collaborant est constitué d'un bac acier sur lequel est coulée une dalle en béton. Grâce à des connecteurs, le bac acier participe (collabore) à la résistance du béton. L'acier étant situé en sous-face, il travaille en traction, alors que le béton, situé au-dessus, travaille en compression.

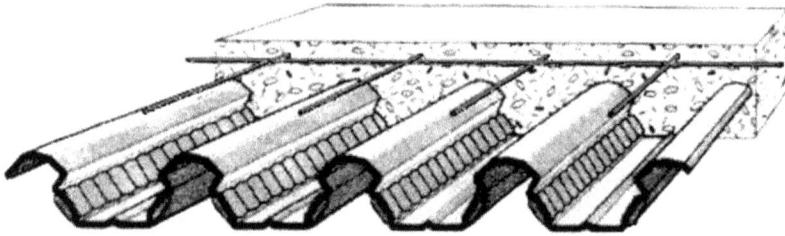

Figure 71. Principe d'un plancher collaborant.

Dalle

On confond souvent dalle, dallage et chape. Une dalle est un plancher béton porteur.

Dallage

Le dallage, au contraire, n'est pas porteur : il s'appuie de manière continue sur le sol. Il peut être en béton armé ou non armé.

Chape

Une chape est une couche de mortier destinée à aplanir ou niveler et à recevoir une couche supérieure. Elle n'est pas armée.

Cure du béton

La cure du béton consiste à protéger un béton qui vient d'être coulé contre les intempéries. La cure vise à limiter l'évaporation de l'eau à la surface du béton sous l'effet du vent et du

---

1   Ces classes sont issues de la norme NF EN 206 Béton - Spécification, performances, production et conformité.

soleil, pendant la phase de prise et de durcissement. Elle permet d'éviter le faïençage et la fissuration des bétons. Le béton jeune doit aussi être protégé de la pluie.

Suivant les cas, différentes méthodes sont utilisées pour réaliser cette cure :

* par temps chaud et sec :
    - pulvérisation fréquente d'eau,
    - application de toiles imbibées d'eau,
    - protection contre le soleil par des contreplaqués,
    - ruissellement d'eau sur un mur ;
* par temps froid : protection du béton contre le gel par des matériaux isolants ;
* application d'un produit de cure au pulvérisateur.

La cure est appliquée entre un et quinze jours suivant les cas.

Cette étape clé, qui concerne aussi dallages et chapes, est souvent négligée dans les petits chantiers à faible technicité, entraînant de nombreux sinistres.

Boîte d'attente

Une boîte d'attente est une réservation dans un mur en béton, contenant des aciers en attente repliés. Ces aciers, une fois dépliés, sont utilisés pour être liaisonnés à un nouvel ouvrage : plancher ou voile béton perpendiculaire.

Les aciers sont initialement pliés, pour permettre la mise en place du coffrage du mur.

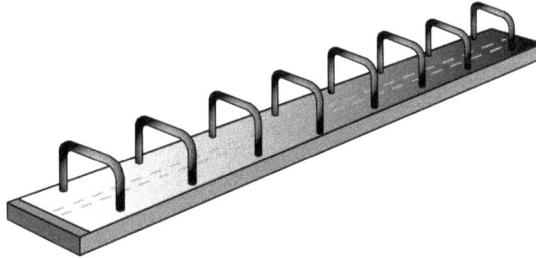

Figure 72. Boîte d'attente, avant sa mise en œuvre. Les arceaux seront noyés dans le mur en béton.

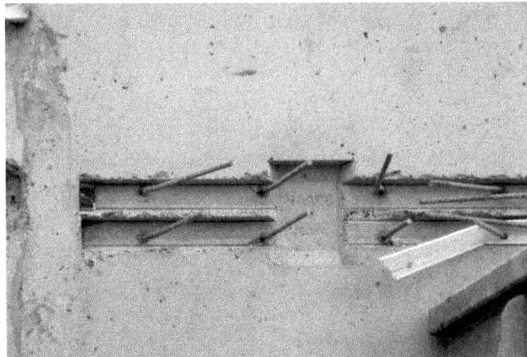

Figure 73. Après décoffrage du mur, les aciers repliés sur l'autre face de la boîte sont dépliés.

Plat carbone

Les plats carbone sont des plaques de très forte résistance, utilisées pour renforcer ponctuellement une structure béton en rénovation. Les plaques sont collées sur la structure béton, et sont équivalentes à l'ajout d'acier dans le béton. Cette solution de haute technologie, assez surprenante *a priori*, est particulièrement simple d'utilisation.

Pour en savoir plus

Consulter le site d'un fabricant, comme http://fra.sika.com, produit Sika CarboDur.

1.4. Structures bois

On peut grossièrement distinguer deux types de techniques de construction à ossature bois :
- la technique dite *poteau-poutre*, qui implique des pièces de fortes sections et des assemblages de charpentier,
- et la technique dite *ossature plateforme*, héritière des colombages, qui implique de petites sections de bois, des assemblages par clou et vis et des panneaux raidisseurs de contreventement.

Les panneaux bois contrecollés, ou panneaux bois lamellé-croisés (en anglais CLT : *cross laminated timber*), utilisables en planchers, murs ou support de toiture en grandes dimensions sont en outre en plein développement.

Ces panneaux sont constitués de planches en bois massif empilées en couches croisées à 90° et collées entre elles sur toute leur surface, ce qui leur confère de grandes qualités structurelles. Ils simplifient le chantier grâce à la préfabrication et à leurs grandes dimensions.

Les panneaux CLT ont été créés en 1947 et utilisés dans les années cinquante par Jean Prouvé. Ils sont notamment fabriqués par l'entreprise autrichienne Binderholz.

Les panneaux KLH sont fabriqués par l'entreprise autrichienne du même nom.

Tous bénéficient en France d'avis techniques du CSTB, ce qui permet de rester en « techniques courantes » vis-à-vis des assureurs (voir chapitre 1, § « Procédures d'évaluations »).

Pour en savoir plus sur les panneaux bois contrecollés

Pour une information sur les panneaux KLH, consulter www.klh.at/fr et www.lignatec.fr.

Pour une information sur les panneaux CLT, consulter www.woodeum.com et www.binderholz.com.

Pour en savoir plus sur les structures bois, et pour trouver un BET Structure Bois

Consulter le site du Comité national pour le développement du bois, www.cndb.org.

Pour en savoir plus sur les critères environnementaux dans le choix des bois tropicaux

Consulter le site de l'Association technique internationale des bois tropicaux : https://www.atibt.org/fr, et notamment son *Guide pratique à l'usage des acheteurs publics – Concevoir et mettre en œuvre une politique d'achat bois responsable.*

... les critères déterminants pour le choix d'une essence de bois

Quelles sont les caractéristiques à prendre en compte lors du choix d'une essence de bois ? Elles sont extrêmement nombreuses :

- L'aspect est évidemment essentiel si le bois est visible, ainsi que l'évolution dans le temps de cet aspect.
- La disponibilité est bien entendu un critère de choix important.
- Le prix entre forcément en jeu.
- La région de provenance est essentielle en termes d'impact carbone : bois indigènes (si possible du bois local) à préférer aux bois d'importation.
- Le mode de gestion des forêts : label FSC ou PEFC, qui sont indispensables, même s'ils sont souvent critiqués.
- Les propriétés physiques :
  - L'humidité du bois ou teneur en eau ;
  - La « stabilité du bois en service » et son retrait volumique, qui caractérisent son évolution dimensionnelle dans le temps ; on parle aussi de rétractabilité (à titre d'exemple, le pin maritime et le hêtre sont peu stables alors qu'à l'opposé le noyer est très stable) ;
  - La masse volumique peut être importante si l'on souhaite limiter le poids d'un élément ; elle varie du balsa (160 kg/m^3) à l'azobé (1 070 kg/m^3).
- Les caractéristiques de résistance mécanique sont essentielles, on distingue :
  - La contrainte de rupture en compression axiale (de 9 MPa pour le balsa à 110 MPa pour l'ipé) ;
  - La contrainte de rupture en flexion parallèle aux fibres (de 15 MPa pour le balsa à 227 MPa pour l'azobé) ;
  - Le module d'élasticité longitudinale en flexion (de 5 140 MPa pour le balsa à 26 610 MPa pour le cumaru), qui caractérise la déformation des éléments travaillant en flexion (poutres, solives, etc.) ;
  - La résistance aux chocs en flexion dynamique ;
  - La dureté Brinell parallèle aux fibres, qui mesure la résistance à la pénétration d'une bille d'acier ;
  - La dureté Monnin, qui mesure la résistance à la pénétration d'un cylindre d'acier (du balsa à l'ipé).

    Ces caractéristiques permettent de classer les bois en bois durs (par exemple le chêne), bois mi-durs (par exemple le hêtre), bois tendres ou blancs (par exemple le peuplier), bois résineux et bois fruitiers (par exemple le noyer).
- Le type d'emploi de l'essence : charpente et structure, parquet ou parquet à lourd trafic, mobilier urbain, bardage, menuiserie extérieure, menuiserie intérieure, lambris, meubles et ébénisterie, contreplaqué, moulure, placage décoratif.
- Le pH du bois peut être important si le bois est en contact avec un métal dont il risque d'entraîner la corrosion (par exemple le douglas, de pH 2.9, donc acide, peut entraîner la corrosion d'une couverture zinc qu'il supporterait ; à l'opposé le frêne a un pH de 6).
- La résistance aux champignons et aux insectes lignivores (on parle de durabilité naturelle du bois).
- La facilité d'usinage (sciage, perçage, etc.).
- La réaction au feu.
- La résistance thermique.

1.5. Vocabulaire des fondations

1.5.1. Les fondations superficielles, ou ordinaires

Elles sont utilisées quand le « bon sol » est peu profond, pour les petits bâtiments présentant de faibles descentes de charges : au maximum deux étages sur rez-de-chaussée. Elles sont généralement constituées par une semelle en béton armé, posée sur un béton de propreté et sur laquelle s'appuie le soubassement du bâtiment.

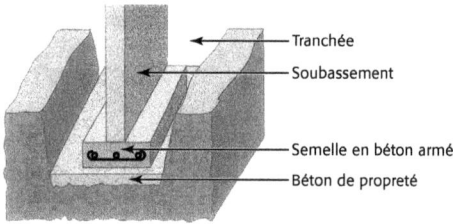

Figure 74. Constitution d'une fondation superficielle.[1]

Les *semelles* peuvent être :

- des semelles *filantes*, c'est-à-dire disposées linéairement sous un mur, encore appelées semelles continues ;
- des semelles *isolées* ou *ponctuelles* placées sous un poteau ou sous un mur, circulaires, carrées ou rectangulaires.

La *hauteur d'encastrement* est l'épaisseur minimale des terres au-dessus du point bas de la fondation. Si elle est surmontée d'un dallage, il est pris en compte dans la hauteur d'encastrement.

L'*ancrage* est la profondeur de la semelle dans la couche porteuse du « bon » sol.

Les fondations superficielles doivent respecter une profondeur minimale d'encastrement pour éviter l'influence du gel. C'est la notion de *protection contre le gel* des fondations. En effet, le sol superficiel subit des déformations lors du gel et du dégel, déformations qui endommageraient les ouvrages s'ils n'étaient pas fondés hors gel. La profondeur minimale des fondations vis-à-vis de ce critère va de 50 cm en zone tempérée à 1 m en zone montagneuse.[2] Le type de sol est aussi à prendre en compte : certaines argiles présentent des risques de retrait et de gonflement, ce qui nécessite un enfouissement plus important.

Un *radier général* est une semelle de béton armé de grandes dimensions, qui porte tout ou une partie d'un ouvrage. Il est bien adapté aux cas des sols de faible portance et exempts de points durs (anciennes fondations).

Un *puits de fondation* est un massif de gros béton sur lequel vient se poser la semelle sous poteau ou sous mur.

Les *longrines* sont des poutres béton pouvant relier des fondations, qui servent de semelle et sur lesquelles on élève les maçonneries.

Les *dés* de fondations sont de petites fondations cubiques qui portent un élément (poteau) et l'isolent de la terre.

---

1 D'après Menad Chenaf et Nicolas Ruaux, *Fondations – Conception, dimensionnement et réalisation – Maisons individuelles et bâtiments assimilés*, CSTB.
2 Se référer à la norme Afnor FD P 18-326 Béton – Zones de gel en France.

Problématique de l'interaction entre fondations

La proximité d'un projet avec des fondations existantes est à prendre en compte dans le choix du type de fondations, les fondations à créer peuvent provoquer des poussées et des désordres sur des fondations existantes, si elles sont trop proches.

Pour en savoir plus sur les fondations superficielles

Si l'on n'est pas familiarisé avec les Eurocodes, consulter le DTU 13.12 Règles pour le calcul des fondations superficielles, ou Menad Chenaf et Nicolas Ruaux, *Fondations – Conception, dimensionnement et réalisation – Maisons individuelles et bâtiments assimilés*, CSTB.

1.5.2. Les fondations profondes et semi-profondes

Les fondations par micropieux

Les micropieux sont des fondations très courantes, de diamètre de forage inférieur à 25 cm. Ils sont extrêmement élancés (une longueur de 20 m est courante) et travaillent grâce à leur frottement latéral, en compression ou en traction. Ils ont été introduits en France dans les années 1960 par une entreprise italienne.

Ils sont par exemple utilisés :

- dans les locaux difficiles d'accès dans l'existant, car le matériel nécessaire est peu encombrant : on peut même travailler dans un sous-sol de 2 m sous plafond ;
- pour des reprises en sous-œuvre ;
- pour les confortements de fondations existantes ;
- pour des fondations de petits ouvrages : fosses d'ascenseurs, pylônes, poteaux (par exemple de mezzanines), voiles ;
- pour des fondations de petits bâtiments ;
- pour les fondations de radiers soumis à des sous-pressions.

Pour les réaliser, on pratique un forage tubé, dans lequel on insère une armature qui est ensuite scellée par injection de coulis de ciment. Puis le micropieu est solidarisé avec la superstructure qu'il supportera.

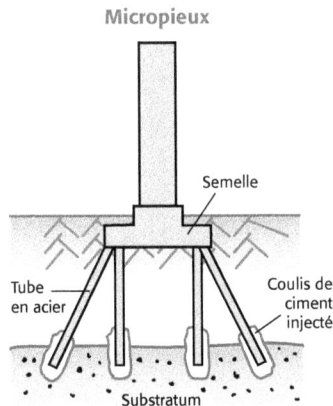

Figure 75. Exemple de groupe de micropieux.

Il existe plusieurs types de micropieux[1] (outre le type I qui n'est plus utilisé en France) :

- pour réaliser les micropieux de type II, le coulis de ciment est injecté de manière gravitaire ;
- pour les types III, il est injecté sous pression depuis la tête du micropieu, comme pour un tirant ;
- pour les types IV, il est injecté à une pression supérieure, en commençant par le bas et en remontant de manière répétitive.

Il existe de nombreuses autres variantes.

Les micropieux ne pouvant pas reprendre de moments fléchissants, ils sont souvent implantés par groupes de deux (sous un voile) ou trois (sous un poteau), ce qui résout le problème de la reprise des moments.

Pour en savoir plus sur les micropieux

Consulter la norme NF EN 14199 Exécution des travaux géotechniques spéciaux - Micropieux.

Les fondations par pieux

Ces fondations de diamètre plus important peuvent être battues (avec refoulement du sol) ou forées (sans refoulement du sol). Elles sont utilisées pour les bâtiments de plusieurs niveaux ou des ouvrages divers, sur des terrains de mauvaise qualité.

Pieux mis en place avec refoulement du sol

Les *pieux battus* sont des pieux en bois (dans le passé), en béton, en coulis, en fonte ou en acier, mis en place par battage, avec refoulement du sol. Leur mise en place comprime le sol le long du fût, ce qui permet de bénéficier d'un frottement maximal. On les appelle aussi *pieux façonnés à l'avance* ou *préfabriqués*.

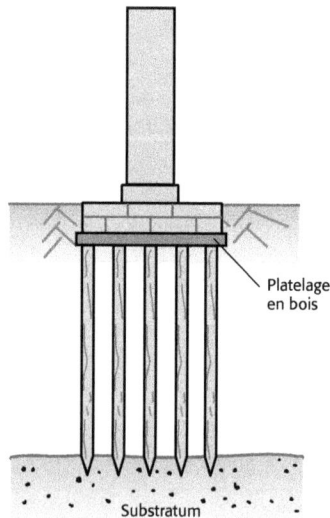

Figure 76. Pieux en bois (d'après *Dico TP*).

---

1   DTU 13-12.

Jusqu'au xixe siècle, les pieux étaient en bois et battus grâce à la force humaine : une trentaine d'hommes pouvait être nécessaire. Les pieux étaient battus jusqu'à refus, c'est-à-dire jusqu'à ce que l'enfoncement soit presque nul.

Les pieux en bois (notamment en robinier, bois indigène parmi les plus durs) sont actuellement l'objet d'un regain d'intérêt dans le monde de la construction écologique.

Les *pieux foncés* sont mis en place par vérinage et bénéficient eux aussi de la compression du sol refoulé.

Les *pieux à tube battu exécutés en place* sont constitués de tubes épais d'acier, obturés à leur base, battus à refus dans le sol, puis remplis de béton. Le tube est retiré au fur et à mesure du bétonnage. Ils sont considérés comme pieux battus car il n'y a pas d'extraction de terrain.

En termes de disposition, on peut rencontrer des pieux isolés, des groupes de pieux, ou des palplanches en béton.

Pour en savoir plus sur les pieux avec refoulement du sol

Consulter la norme NF EN 12699 Exécution des travaux géotechniques spécieux - Pieux avec refoulement du sol.

Pieux mis en place sans refoulement des sols

Les *pieux forés* sont réalisés en béton, coulé dans un forage.

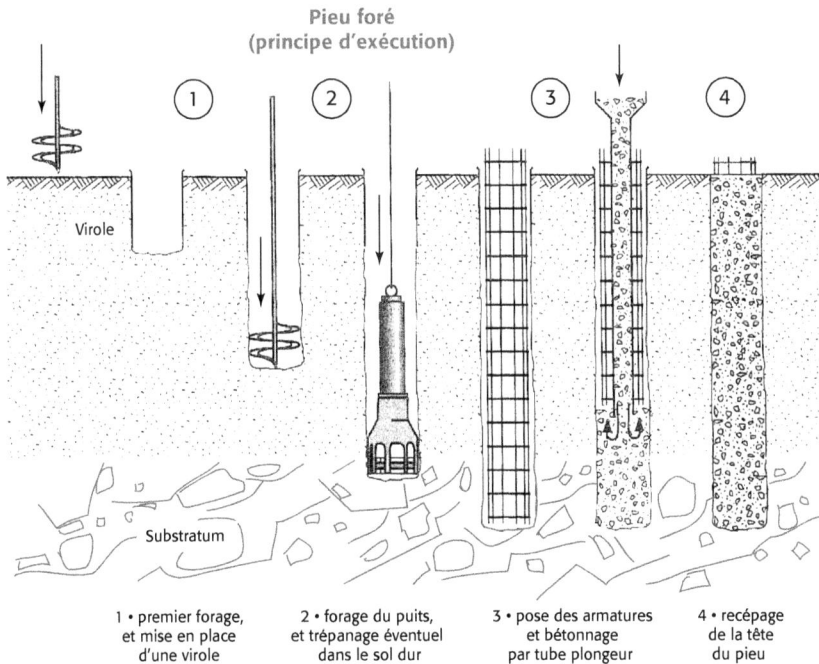

Figure 77. Pieu foré : principe d'exécution (d'après *Dico TP*).

Figure 78. Réalisation d'un pieu foré, fondation d'un immeuble.

Pour en savoir plus sur les pieux forés

Consulter la norme NF EN 1536 Exécution des travaux géotechniques spécieux - Pieux forés.

Les *puits de fondations*, méthode ancienne, consistent à creuser le sol pour y couler une fondation en gros béton (ou, dans le passé, en pierres).

Pieux forés et puits sont réalisés par substitution, en creusant le sol, qui a donc tendance à se décomprimer. Les frottements obtenus sont donc moins importants, mais certaines méthodologies de réalisation des pieux forés permettent d'augmenter la rugosité, par exemple pour les pieux vissés-moulés.

Dans cette même « famille », on classe les barrettes et les parois moulées, en béton, qui peuvent jouer le rôle de fondations, de soutènement et d'étanchéité.

Les *barrettes* sont utilisées pour reprendre des charges importantes, avec des efforts horizontaux ou des moments à reprendre, par exemple pour un grand immeuble. Elles peuvent avoir une section rectangulaire, ou en T, ou en croix (+).

Les *parois moulées* sont des ouvrages linéaires directement bétonnés dans un sol excavé, après mise en place dans une tranchée d'une cage d'armature. La stabilité provisoire de la tranchée est assurée par l'injection de boues spéciales. Les parois moulées sont notamment utilisées pour réaliser des sous-sols, typiquement des parkings, dans la nappe phréatique. Elles sont alors aussi utilisables comme fondations pour des étages de superstructure.

Pour en savoir plus sur les parois moulées

Consulter la norme NF EN 1538 Exécution des travaux géotechniques spécieux - Parois moulées.

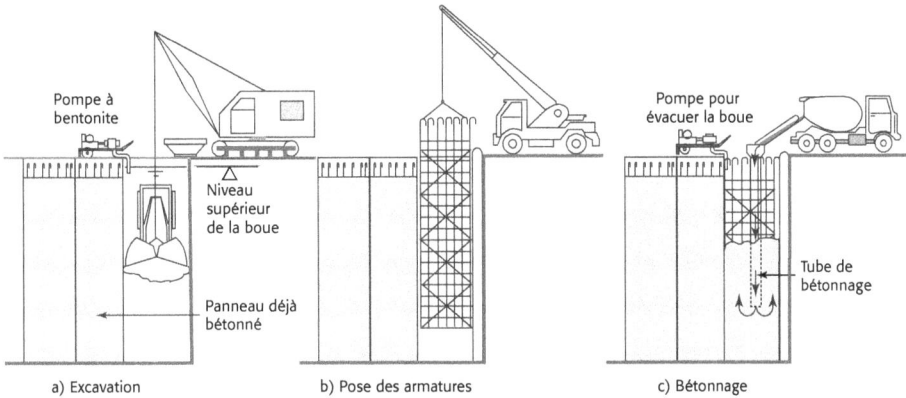

Figure 79. Principe de réalisation d'une paroi moulée.

Dans les milieux urbains à proximité d'avoisinants, les sous-sols sont réalisés suivant la technique dite en *down* ou en taupe permettant d'assurer en permanence le butonnage des parois, et donc d'éviter tout risque pour les immeubles voisins.

On appelle *recépage* des pieux ou micropieux l'opération qui consiste à éliminer le béton de mauvaise qualité qu'on trouve en tête des pieux en béton. En effet, au fur et à mesure qu'on coule le béton des pieux, un mélange d'eau, de boue, de béton et d'éboulis se forme, qui est refoulé vers la surface. Ce mélange ne présente pas les qualités mécaniques requises et il doit être éliminé : c'est l'opération de recépage. Cette étape, qui nécessite des méthodes destructrices, n'est pas toujours facile à réaliser sur le terrain.

Dans le cas des pieux métalliques battus, l'opération de recépage consiste cette fois à couper la partie supérieure du pieux, qui a été fissurée par le battage.

Figure 80. Réalisation d'une paroi moulée : a) excavation.

Figure 81. Réalisation d'une paroi
moulée : b) pose des armatures.

1.5.3. Les soutènements

Les *parois berlinoises* sont des ouvrages de soutènement réalisés par des profilés métalliques mis en place dans des forages et scellés en pied. Des planches en bois ou des plaques métalliques sont mises en place au fur et à mesure entre les profilés supports (variante béton possible, dite *paroi parisienne*). Les profilés sont maintenus par des tirants ou des butons.

Elles peuvent être utilisées en phases provisoires ou plus rarement en définitive, pour participer aux fondations ou servir d'écrans étanches, mais généralement hors de la nappe phréatique, contrairement aux parois moulées.

Des *palplanches* métalliques peuvent constituer une alternative pour assurer un soutènement en phase chantier.

Les tirants, provisoires ou définitifs

Ils sont constitués de câbles sous tension ancrés dans le terrain. Les tirants provisoires ne posent pas de problème particulier, mais les tirants définitifs sont sources de problèmes de maintenance à long terme. Ils sont donc à éviter dans les bâtiments.

Le *jet grouting*

Ce procédé de renforcement des sols utilise un jet de fluide projeté à haute vitesse pour déstructurer un terrain et le mélanger avec un coulis liquide.

Il ne s'agit pas exactement d'une technique d'injection, mais plutôt d'un procédé de mélange terrain-coulis visant à former un « béton de sol » in situ dans la masse du terrain.

L'idée du *jet grouting* est née au Royaume-Uni à la fin des années 1950. Ce procédé est encore assez peu courant en France et ne peut être mis en œuvre que par des sociétés très spécialisées.

1.6. Les Eurocodes

Avant les Eurocodes, les calculs des structures étaient régis en France principalement :

- par le règlement BAEL 91 (modifié en 1999) pour le béton armé ;
- par les règles CM66 pour les structures métalliques, avec leur additif de 1980 ;
- en marchés publics par des fascicules du Cahier des clauses techniques générales (CCTG) de l'État ;
- par les règles de calcul DTU relatives aux structures ;
- par les règles N 84 Action de la neige ;
- par les règles NV 65 Action du vent ;
- par les règles PS92 de construction parasismique.

Afin de faciliter l'accès des bureaux d'études de chaque pays au marché européen, la Commission européenne a uniformisé les règles de calcul Structure en créant les Eurocodes, normes Structure unifiées s'appliquant aux bâtiments et au génie civil. Ce travail de normalisation avait commencé dans les années 1970 au sein de diverses associations professionnelles, et fut développé dans les années 1980 par la Commission.

Le programme de rédaction et d'approbation des Eurocodes s'est achevé en 2005 ; ils sont donc maintenant tous opérationnels et leur utilisation est obligatoire dans les marchés publics.[1]

Les Eurocodes ayant remplacé les règles de calcul nationales, il est judicieux, quand on missionne un BET Structure, de se faire confirmer (et de rappeler dans le cahier des charges le cas échéant) qu'il utilise bien les Eurocodes, certains petits BET continuant parfois encore récemment à utiliser les anciennes règles.

Point de vigilance

En pratique, les Règles de calculs neige et vent sont encore souvent utilisées par les professionnels pour certains éléments non structurels, comme le lot Couverture, par soucis de simplicité.

Certains paramètres, dits paramètres déterminés nationalement (PDN), sont fixés par chaque pays et constituent l'annexe nationale des Eurocodes pour le pays. Ces annexes nationales comprennent notamment les paramètres de sécurité, les sollicitations climatiques, le choix des méthodes de calcul, etc.

Les Eurocodes comportent des annexes informatives, qui présentent des méthodes d'application facultative, pas toujours pleinement validées.

En France, c'est le CSTB qui publie les Eurocodes avec l'annexe nationale française.

---

1 Ceci a été rappelé dans la Recommandation sur la rédaction des spécifications techniques dans les marchés publics de travaux de Bâtiment, mai 2012, V1.0, Groupe d'étude des marchés Ouvrages, Travaux et Maîtrise d'œuvre, Observatoire économique de l'Achat Public, Ministère de l'Économie.

Il existe au total 58 Eurocodes, comprenant près de 5 000 pages, regroupés en 10 familles :
- Eurocode 0 : Bases de calcul des structures (NF EN 1990, 2 normes) ;
- Eurocode 1 : Actions sur les structures (NF EN 1991, 10 normes) ;
- Eurocode 2 : Calcul des structures en béton (NF EN 1992, 4 normes) ;
- Eurocode 3 : Calcul des structures en acier (NF EN 1993, 20 normes) ;
- Eurocode 4 : Calcul des structures mixtes acier-béton (NF EN 1994, 3 normes) ;
- Eurocode 5 : Conception et calcul des structures en bois (NF EN 1995, 3 normes) ;
- Eurocode 6 : Calcul des ouvrages en maçonnerie (NF EN 1996, 4 normes) ;
- Eurocode 7 : Calcul géotechnique (NF EN 1997, 2 normes) ;
- Eurocode 8 : Calcul des structures pour leur résistance aux séismes (NF EN 1998, 6 normes) ;
- Eurocode 9 : Calcul des structures en aluminium (NF EN 1999, 5 normes).

Chaque famille d'Eurocode est constituée d'une partie générale (partie 1-1), d'une partie concernant le comportement au feu (partie 1-2), d'une partie 2 concernant les ponts (le cas échéant) et d'autres parties spécifiques.

Chaque Eurocode est référencé par un nom du type NF EN 19--, par exemple NF EN 1992-1-1 pour les règles générales du calcul des structures en béton.

La liste à jour des Eurocodes peut être consultée sur le site Internet de l'Afnor, mais leur téléchargement est payant.

Point de vigilance

Ce corpus constitue un ensemble cohérent, avec des méthodes unifiées pour tous les ouvrages. Ces textes ne doivent jamais être « panachés » avec les règles antérieures. On ne doit notamment jamais citer dans un même CCTP à la fois un Eurocode et une règle de calcul antérieure, comme le BAEL 91.

1.7.   Qu'est-ce qui a changé avec les Eurocodes ?

La création des Eurocodes aura été une entreprise de longue haleine, rendue complexe par le poids des traditions nationales dans un domaine de forte technicité.

La transition vers l'utilisation par tous des Eurocodes ne va pas non plus sans difficulté, tant sont grandes les habitudes.

Les lignes qui suivent présentent les enjeux des modifications essentielles introduites par les Eurocodes dans les principaux domaines.[1]

L'Eurocode 0 et la durée d'utilisation du projet

L'Eurocode 0 – *Bases des calculs des structures* a introduit une notion nouvelle, la durée d'utilisation du projet. Il distingue des catégories de durée d'utilisation de projet :

---

[1] Sur ce sujet, on pourra se référer pour plus de détails à l'ouvrage suivant : Jean Moreau de Saint-Martin et Jean-Armand Calgaro (sous le direction de), *Les Eurocodes – Conception des bâtiments et des ouvrages de génie civil*, Le Moniteur Éd., Paris, 2005.

Catégorie de durée d'utilisation de projet	Durée indicative d'utilisation de projet (années)	Exemples
1	10	Structures provisoires
2	10 à 25	Éléments structuraux remplaçables (poutres de roulement, appareils d'appui)
3	15 à 30	Structures agricoles et assimilées
4	50	Structures de bâtiments et autres structures courantes
5	100	Structures monumentales de bâtiments, ponts et autres ouvrages de génie civil

En général, on retient la catégorie 4 pour le Bâtiment.

Les bétons et l'Eurocode 2

Quelles sont les principales différences introduites par l'Eurocode 2 pour le calcul des bétons ?

Le fonctionnement du béton reste bien sûr le même, et les quantités de béton et d'acier sont peu modifiées, mais le formalisme de justification change un peu par rapport au BAEL. Le volume des études permettant de justifier l'ouvrage augmente un peu dans de nombreux cas, d'où la nécessité de se faire confirmer l'utilisation des Eurocodes quand on missionne un bureau d'étude.

Le clivage entre béton armé et précontraint disparaît : l'Eurocode 2 traite des deux cas.

Une nouveauté introduite par les Eurocodes est la plus grande attention à l'exigence de *durabilité* des bétons en fonction de la catégorie de durée d'utilisation de projet. Cette catégorie a des conséquences sur les enrobages et sur le contrôle de l'ouverture des fissures, ce qui peut conduire à une légère réduction des coûts. La durabilité souhaitée pour le béton peut influer sur le choix du type de béton, d'où la nécessité de préciser les hypothèses retenues.

La construction acier et l'Eurocode 3

Pour la construction en acier, l'Eurocode 3 est beaucoup plus « moderne », novateur, complet, mais aussi plus complexe que les règles antérieures CM66. Il représente un corpus énorme de près de 900 pages.

Par rapport aux CM66, l'Eurocode 3 comprend de très nombreuses règles détaillées et expliquées. Il définit de nombreuses classifications, qui permettent de choisir la meilleure méthode pour chaque cas. Il traite une grande quantité de cas qui étaient absents des CM66. Sur beaucoup de points, l'Eurocode 3 est également plus précis que les CM66. Par ailleurs, il propose dans de nombreux cas des variantes de calcul intéressantes.

Les structures bois suivant l'Eurocode 5

Contrairement au béton et à l'acier, les structures bois n'étaient pas auparavant calculées suivant l'approche « semi-probabiliste » utilisée dans les Eurocodes et caractérisée par l'étude d'états limites (ELS et ELU).

C'est donc une approche radicalement nouvelle pour la filière bois massif et lamellé-collé, approche dont le but est d'optimiser les structures.

Jusqu'à présent, la conception des structures bois était basée sur le concept de contrainte admissible. Il n'existait pas de texte de référence unique, mais un ensemble de règles un peu éparpillées, autour des règles dites CB 71.

La vocation de l'Eurocode 5 est de remplacer les règles de calculs antérieures ; il n'a pas pour vocation d'être utilisé par les artisans utilisant le bois de manière traditionnelle en maison individuelle ou pour de petits ouvrages, sans calculs de justification et grâce à un surdimensionnement sécuritaire. Ce sont bien les bureaux d'études bois qui effectuaient *déjà* des calculs qui doivent s'adapter aux nouvelles règles de calcul.

A priori, l'introduction des concepts d'états limites dans le domaine de la conception bois peut paraître fastidieuse aux BET.

Elle présente cependant des avantages :

• elle prend mieux en compte les paramètres pouvant jouer sur la solidité et sur la pérennité des structures bois et devrait donc limiter les pathologies ;

• elle permet de choisir entre une approche optimisée et une approche simple et robuste ;

• elle étend le domaine d'emploi des structures bois.

L'Eurocode 6 et les structures en maçonneries

Cet Eurocode restera d'une utilisation marginale, comme le DTU 20.1 qu'il remplace, car il est rare qu'on calcule des maçonneries de manière réellement structurelle.

L'Eurocode 8 et les études parasismiques

Pour les calculs sismiques, il y a beaucoup d'analogie avec les règles de calcul antérieures. Mais l'Eurocode est plus détaillé ; il permet de choisir entre plusieurs options et de calculer des coefficients pour coller au plus près à la situation réelle.

Ce sont surtout les données d'entrée du calcul qui ont été bouleversées (voir ce qui suit).

1.8. Enjeux de la construction parasismique

Une discipline bouleversée en 2010 par l'arrivée d'un nouveau zonage

La réglementation française a évolué en 2010, en parallèle de l'introduction de l'Eurocode 8. Le nombre de communes concernées par les règles parasismiques est passé de 5 000 à 20 000 : le calcul parasismique est donc devenu obligatoire pour certains bâtiments dans des régions à faible sismicité où les BET n'avaient pas l'habitude de l'appliquer, par exemple en Bretagne.

Le nouveau zonage[1] définit cinq zones de sismicité, de la zone 1 de très faible sismicité à la zone 5 particulièrement exposée (Antilles). Ce n'est pas l'Eurocode qui a introduit le nouveau zonage : l'Eurocode est une méthode de calcul, qui utilise le zonage comme donnée d'entrée. Pour chaque zone de sismicité, l'arrêté définit l'accélération maximale de référence à prendre en compte dans les calculs, a_{gr}.

Il est important d'être sensibilisé à cette évolution de la réglementation, car il arrive qu'elle soit négligée par certains BET par manque d'habitude, dans les zones à faible sismicité.

---

1 Le nouveau zonage figure dans l'art. D563-8-1 du Code de l'environnement et sur www.planseisme.fr.

Zonage sismique de la France

en vigueur depuis le 1ᵉʳ mai 2011

(art. D. 563-8-1 du Code de l'environnement)

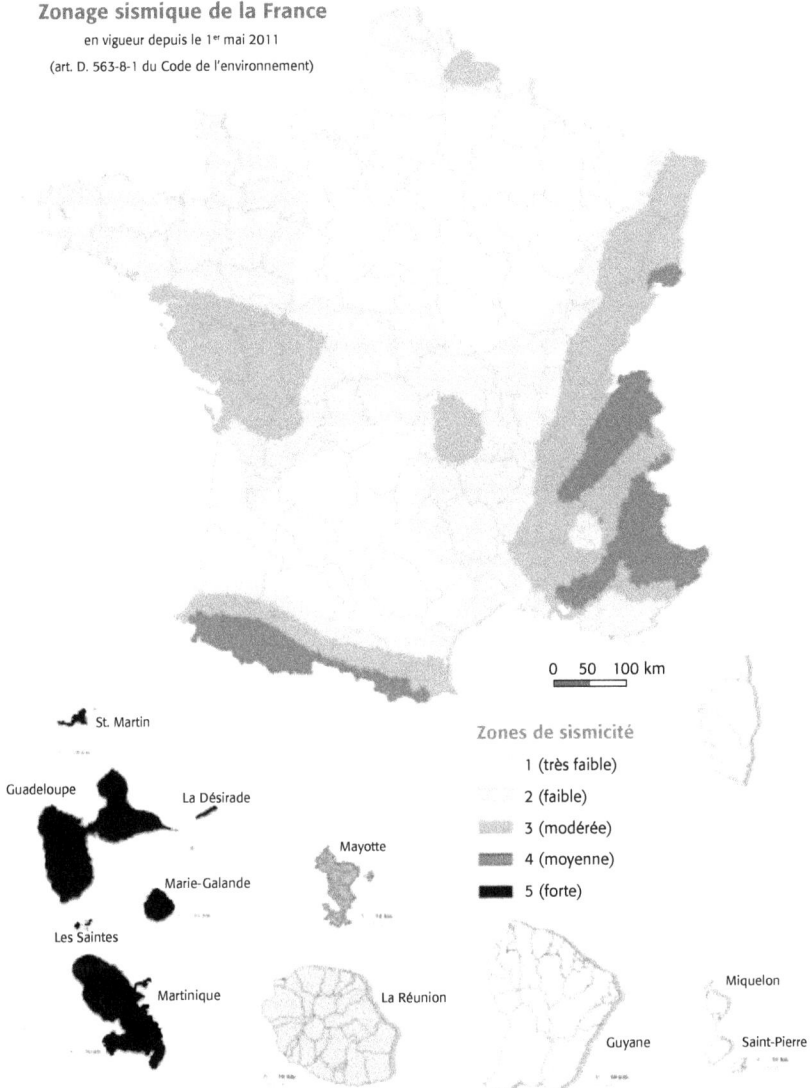

0 50 100 km

Zones de sismicité

1 (très faible)
2 (faible)
3 (modérée)
4 (moyenne)
5 (forte)

St. Martin
Guadeloupe
La Désirade
Marie-Galande
Les Saintes
Martinique
Mayotte
La Réunion
Guyane
Miquelon
Saint-Pierre

Figure 82. Zonage sismique de la France.

Trois critères entrent en jeu pour définir les actions sismiques à prendre en compte :

- la zone de sismicité ;
- le type de sol ;
- le type de bâtiment.

L'impact de la nature du sol

La nouvelle approche est basée sur des retours d'expérience, qui ont montré l'impact de la nature du sol, prise en compte par un nouveau coefficient S (paramètre de sol) dans l'Eurocode : le risque sismique est diminué sur les bons sols (rocheux) alors que les mauvais sols (meubles) sont pénalisés. L'Eurocode 8 distingue ainsi cinq classes de sol, de A à E.

Les catégories d'importance de bâtiments

La réglementation[1] a introduit des catégories d'importance de bâtiment, en fonction de leur vulnérabilité.

Catégorie d'importance des bâtiments	Description
I	Bâtiments dans lesquels il n'y a aucune activité humaine nécessitant un séjour de longue durée.
II	– Habitations individuelles. – ERP de catégories 4 et 5 hors établissements scolaires. – Habitations collectives de hauteur inférieure à 28 m. – ERT de hauteur inférieure à 28 m et de moins de 300 personnes. – Parcs de stationnements ouverts au public.
III	– ERP de catégories 1, 2 et 3. – Habitations collectives et bureaux de hauteur supérieure à 28 m. – Bâtiments pouvant accueillir plus de 300 personnes. – Établissements sanitaires et sociaux. – Centres de production collective d'énergie (à partir de certains seuils). – Établissements scolaires.
IV	– Bâtiments indispensables à la sécurité civile, la défense nationale et le maintien de l'ordre public. – Bâtiments assurant le maintien des communications, la production et le stockage d'eau potable, la distribution publique de l'énergie. – Bâtiments assurant le contrôle de la sécurité aérienne. – Établissements de santé nécessaires à la gestion de crise. – Centres météorologiques.

À chaque catégorie d'importance de bâtiment est associé un coefficient qui vient moduler l'action sismique.[2]

Les données d'entrée des calculs

En zone sismique, les bâtiments doivent être en mesure d'encaisser des actions sismiques, qui sont principalement des mouvements brusques horizontaux (accélérations du sol rocheux).[3]

Ceci peut obliger à prévoir des appuis glissants capables d'encaisser ces mouvements.

Les règles de calcul dans le neuf

L'Eurocode 8 est la règle de calcul de base pour les BET. Mais pour certaines constructions simples, les BET ont le droit d'utiliser des règles simplifiées, les règles PS-MI « Construction parasismique des maisons individuelles et bâtiments assimilés »[4], basées sur des règles forfaitaires.

---

1 Arrêté du 22 octobre 2010 relatif à la classification et aux règles de construction parasismique applicables aux bâtiments de la classe dite « à risque normal ».
2 Art. 2 de l'arrêté ci-dessus.
3 Idem, art. 4.
4 Et pour les Antilles, le Guide CP-MI Antilles.

L'arrêté précise, et c'est là l'essentiel, dans quel cas un calcul sismique doit être effectué, et suivant quelles règles :

Zone de sismicité	Catégories d'importance des bâtiments			
	I	II	III	IV
Zone 1	Aucune exigence			
Zone 2	Aucune exigence		Eurocode 8 et annexes nationales obligatoires	Eurocode 8 et annexes nationales obligatoires
Zone 3	Aucune exigence	Règles PS-MI possibles	Eurocode 8 et annexes nationales obligatoires	Eurocode 8 et annexes nationales obligatoires
Zone 4		Règles PS-MI possibles	Eurocode 8 et annexes nationales obligatoires	Eurocode 8 et annexes nationales obligatoires
Zone 5		Règles CP-MI possibles	Eurocode 8 et annexes nationales obligatoires	Eurocode 8 et annexes nationales obligatoires

Les étapes successives de l'étude parasismique, qui consistent dans un premier temps à déterminer des paramètres puis à les utiliser dans le calcul, peuvent se résumer par le schéma suivant.

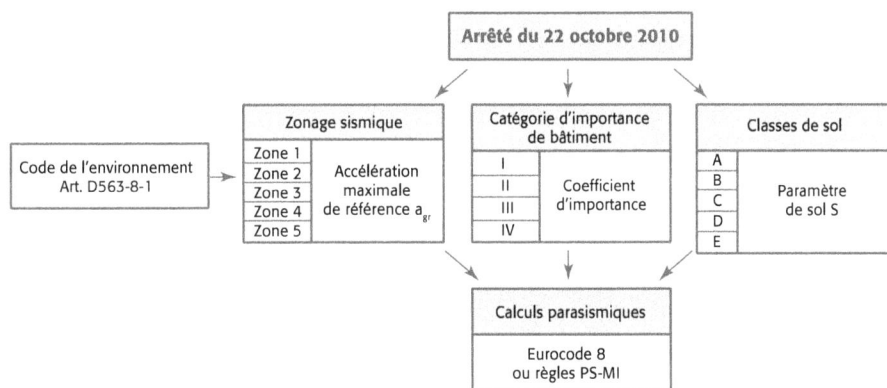

Figure 83. Paramètres de l'étude parasismique.

Qu'en est-il des bâtiments existants ?

Si des travaux importants sont réalisés sur l'existant, il peut être nécessaire de prendre en compte les actions sismiques, avec toutefois une minoration de l'action sismique par rapport au cas du neuf.

Les cas d'application dans l'existant dépendent notamment[1] :

- de la zone de sismicité ;
- de la catégorie d'importance du bâtiment ;
- de la surface de plancher éventuellement créée ;
- de la surface de plancher éventuellement supprimée ;
- et de l'éventuel souhait du maître d'ouvrage d'améliorer son niveau de sécurité.

---

1 Art. 3 de l'arrêté ci-dessus.

L'arrêté distingue les éléments structuraux du bâti existant (murs, planchers, etc.) et les éléments non structuraux (cheminées, cloisons, éléments de façade, plafonds suspendus, etc.).

Zoom sur...

... la liquéfaction des sols

Dans certaines conditions, les vibrations provoquées par un séisme conduisent à la perte totale de la résistance du sol, qui se comporte alors comme un liquide. C'est ce qu'on appelle le phénomène de liquéfaction des sols, bête noire des BET Structure.

Ce phénomène a des effets ravageurs : glissement de terrain, rupture de barrage, basculement d'immeubles. Un des objectifs du calcul parasismique est de se prémunir contre ces phénomènes.

Toutefois, la liquéfaction ne peut être provoquée par un séisme que dans certains types de sols sableux ou argileux.

Pour en savoir plus sur la construction parasismique

Consulter le site www.planseisme.fr, réalisé par le Programme national de prévention des risques sismiques ; site très clair et complet.

Consulter sur ce même site :

- le guide *Dimensionnement parasismique des éléments non structuraux du cadre bâti*, édition 2014,
- le guide *Diagnostic et renforcement du bâti existant vis-à-vis du séisme*, édition 2013.

1.9. Zoom sur la suspension antivibratile des bâtiments

La suspension antivibratile est une méthode permettant de protéger les locaux des vibrations.

Dans quels cas faut-il se poser la question de l'éventuelle nécessité d'une suspension antivibratile ?

Pour tout projet situé à proximité d'une ligne de métro, d'une voie ferrée ou d'une autre source potentielle de vibrations importantes (voie rapide routière par exemple). En effet, ces vibrations risquent de générer un inconfort pour les usagers. Cet inconfort est tout particulièrement à éviter pour certains types de programmes : habitations, hôtels, bureaux, salles de spectacles, et certains locaux sensibles comme des salles informatiques.

Ces vibrations qu'on cherche à éviter ne sont pas forcément bruyantes, et elles ne doivent pas être confondues avec la problématique des nuisances sonores.

Pour tout projet comportant un tel risque de nuisances vibratoires, la première étape consiste à lancer un diagnostic par un acousticien, afin de quantifier les risques de nuisances.

Ce diagnostic consiste à réaliser des mesures vibratoires sur le site, et à en déduire le niveau vibratoire qui sera subi par le futur bâtiment.

Choisir la technologie antivibratile

Pour éviter la transmission au futur bâtiment des vibrations du site, la solution consiste à le « mettre sur ressorts », ce qui le désolidarise de l'infrastructure vibrante, en atténuant les vibrations sur une zone de fréquences vibratoires.

Cette mise sur ressorts est réalisée grâce à plusieurs technologies :

- les tapis en polyuréthane ;
- les boîtes à ressorts.

La coupure acoustique, qui est la surface séparant les locaux « nobles » (habitations, hôtels, bureaux,…), à protéger, et les locaux non protégés (commerces, locaux techniques, parkings, fondations), est décrite par le BET Structure suivant les préconisations de l'acousticien.

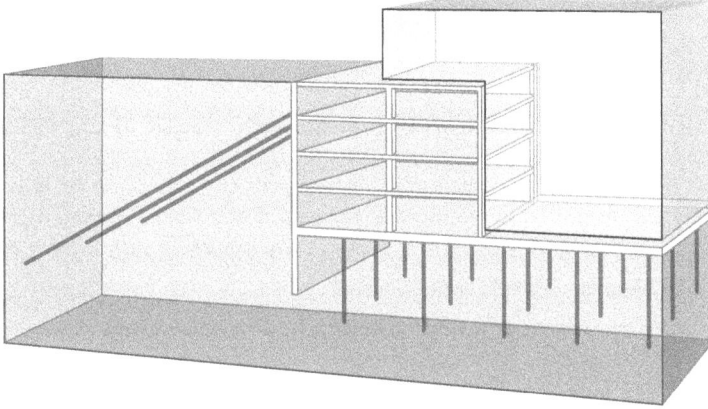

Figure 84. Exemple de délimitation d'une coupure acoustique
entre une zone de parking souterrain et une zone de bureaux.

Cette coupure présente un certain encombrement : on pourra retenir qu'en amont de l'étude acoustique il faut réserver à titre de mesure conservatoire 1 m verticalement et 15 cm horizontalement sur tout le pourtour du bâtiment.

Figure 85. Exemple de coupure acoustique réalisée par des boîtes à ressort insérées
entre un rez-de-chaussée et un premier étage.

Aussi étonnant que cela puisse paraître, les boîtes à ressorts peuvent nécessiter un remplacement à long terme. Cette opération est réalisée en positionnant des vérins de part et d'autre de la boîte, et en « soulevant » le bâtiment pendant le remplacement de la boîte à ressorts.

Pour en savoir plus

Consulter le site du principal fabricant de boîtes à ressorts : www.gerb.com, et pour les tapis antivibratiles : www.angst-pfister.com

---

1.10. Construire aux abords des sites avec risque d'explosion

Un autre cas où une expertise Structure spécialisée peut être nécessaire est la construction d'un bâtiment aux abords d'un site industriel présentant un risque d'explosion.

Un plan de prévention des risques technologiques (PPRT) fournit alors les prescriptions à respecter par les bâtiments dans la zone concernée.

Les structures peuvent nécessiter un renforcement. Le plan du bâtiment et les lots de second œuvre sont aussi impactés par les prescriptions.

Pour en savoir plus

Consulter le site de l'Inspection des installations classées : http://www.installationsclassees.developpement-durable.gouv.fr

---

Le domaine des Fluides, abordé dans les pages suivantes, regroupe principalement l'électricité courants forts et courants faibles et la CVC Plomberie.

On rencontre aussi le terme anglais MEP : *mechanical, electrical and plumbing* (*mechanical* designant ici les équipements techniques CVC).

2. Vocabulaire et enjeux des courants forts

Le domaine de l'électricité se décompose en deux spécialités : les courants forts et les courants faibles.

Les courants forts servent à transporter de l'énergie électrique, contrairement aux courants faibles qui servent à transporter de l'information.[1]

L'objectif du présent chapitre est de donner quelques notions de base en courants forts qui permettront de dialoguer avec un BET électrique et de comprendre les enjeux des études courants forts, notamment dans leur lien avec les autres spécialités.

2.1. Les domaines de tension, en courant alternatif

Jusqu'à 50 V on parle de très basse tension (TBT), communément appelée « courants faibles ».

---

1 En fait, les courants forts peuvent accessoirement transporter aussi des informations, c'est ce qu'on appelle les courants porteurs.

De 50 à 500 V, on parle de basse tension A (BTA).

De 500 à 1 000 V, on parle de basse tension B (BTB).

De 1 kV à 50 kV, on parle de haute tension A (HTA).

Au-delà de 50 kV, on parle de haute tension B (HTB).

Le terme « moyenne tension » n'existe plus officiellement et ne doit donc plus être utilisé.

Dans la plupart des installations électriques, l'origine de l'alimentation est un point de livraison Enedis. Concernant ces points de livraison, quelles sont les différentes situations susceptibles d'être rencontrées ?

2.2. Connaître les puissances limites des points de livraison ENEDIS[1]

• Jusqu'à 36 kVA compris, on parle d'un branchement à puissance limitée, anciennement appelé *« tarif bleu »* ; la norme définit deux types de branchements[2] :

    – si le point de livraison se situe dans les locaux de l'utilisateur, on parle de branchement de type 1 ;

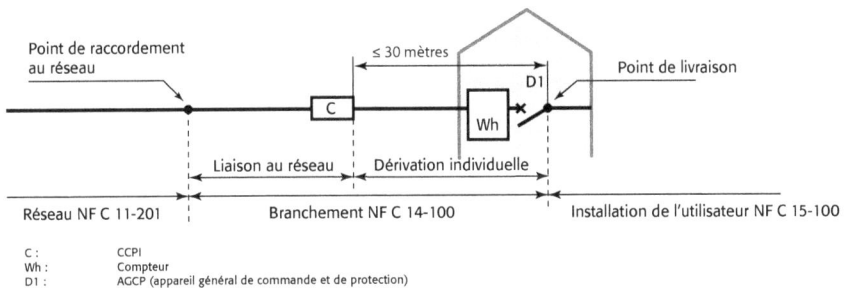

Figure 86. Branchement individuel de type1 à puissance limitée (d'après la norme NF C14-100).

    – si le point de livraison se situe en dehors des locaux de l'utilisateur (par exemple habitation individuelle avec compteur en limite de parcelle), on parle de branchement de type 2 ;

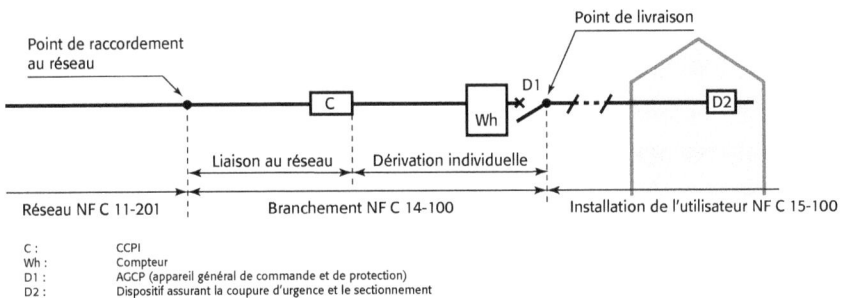

Figure 87. Branchement individuel de type 2 à puissance limitée (d'après la norme NF C14-100).

---

1 ERDF, le service public de distribution de l'électricité, s'appelle désormais Enedis.
2 NF C14-100.

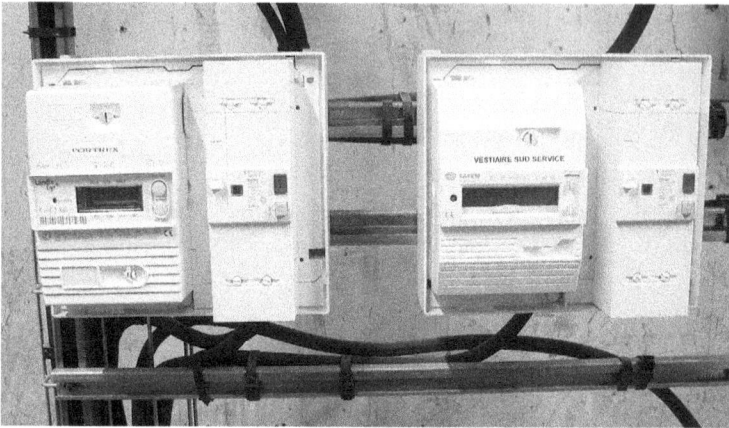

Figure 88. Exemples de compteurs de branchements à puissance limitée (ex-tarif bleu).

- de 36 à 250 kVA, on parle d'un branchement à puissance surveillée, anciennement « *tarif jaune* » ;

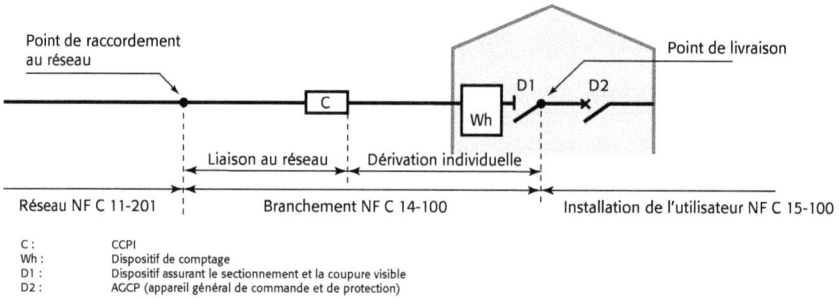

C :	CCPI
Wh :	Dispositif de comptage
D1 :	Dispositif assurant le sectionnement et la coupure visible
D2 :	AGCP (appareil général de commande et de protection)

Figure 89. Branchement à puissance surveillée (d'après la norme NF C14-100).

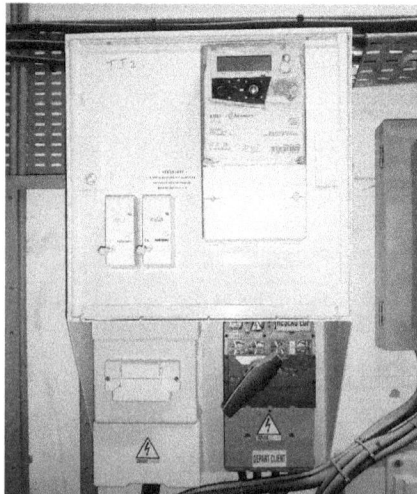

Figure 90. Exemple de compteur de branchement à puissance surveillée (ex-tarif jaune).

• à partir de 250 kVA, on parle de point de livraison haute tension, anciennement « *tarif vert* ».[1]

Figure 91. Exemple de compteur pour point de livraison haute tension
(ex-tarif vert, l'étiquette en façade est verte).

On rencontre par exemple des tarifs verts dans les immeubles tertiaires, dans les grands restaurants, dans les centres commerciaux.

Basse tension	**Basse tension**	**Haute tension (HTA)**
Tarif bleu	Tarif jaune	
3 kVA 36 kVA	250 kVA	
Branchement à puissance limitée	Branchement à puissance surveillée	Point de livraison haute tension

2.3. Les installations – Les configurations courantes

Quelles sont les principales installations électriques courants forts présentes dans un bâtiment ? Quel est leur rôle dans le réseau électrique du bâtiment ? Quelles sont les différentes configurations (on parle de « *synoptique* ») d'installations électriques susceptibles d'être rencontrées ?

Dans tous les cas, on trouvera :
• un (voire plusieurs) tableau divisionnaire (encore appelé tableau électrique, ou tableau basse tension, ou tableau de distribution, ou armoire électrique, ou tableau de répartition, ou encore coffret de distribution s'il est de petite taille). Le tableau divisionnaire regroupe l'ensemble des protections (les disjoncteurs) alimentant une zone. Un tableau peut aussi être dédié aux alimentations de certains équipements particuliers (par exemple armoire électrique dédiée aux équipements CVC). Outre les protections, les tableaux électriques peuvent comporter des répartiteurs de communication (courants faibles) et des systèmes de comptage, de plus en plus courants puisqu'imposés par la RT 2012 ;

---

1 Source : www.enedis.fr

Figure 92. Un exemple de tableau divisionnaire.

- la distribution terminale, constituée par l'ensemble de tous les câbles allant du tableau divisionnaire aux équipements à alimenter (appareils d'éclairage, prises électriques, etc.).

Suivant le cas, il existe deux types d'alimentation pour les tableaux de distribution.
- Premier cas, les tableaux divisionnaires sont alimentés par un point de livraison Enedis, avec un compteur.

Cette configuration se rencontre par exemple pour un appartement, une maison individuelle, un petit bâtiment tertiaire, un petit commerce.

Exemple : cette maison individuelle est équipée d'un unique tableau divisionnaire, alimenté par un branchement Enedis à puissance limitée ; en amont, l'alimentation Enedis provient d'un poste de distribution publique (poste haute tension Enedis) située dans le quartier.

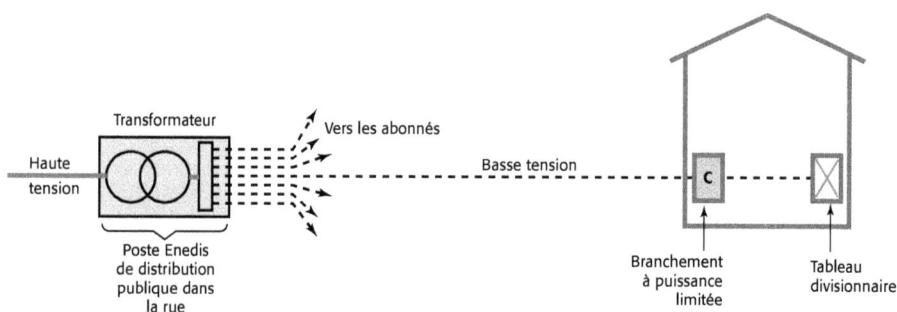

Figure 93. Exemple d'une maison individuelle.

Dans un immeuble abritant plusieurs occupants, qu'il s'agisse d'habitation ou de bureaux, la configuration est analogue : Enedis assure la distribution à travers les parties communes jusqu'au compteur individuel (branchement) de chaque occupant.

• Deuxième cas, les tableaux divisionnaires sont alimentés par un TGBT (tableau général basse tension) qui alimente plusieurs tableaux divisionnaires, et qui peut aussi alimenter directement certains gros équipements : ascenseurs, escaliers mécaniques, moteurs de désenfumage dans certains cas.[1] Un TGBT regroupe les protections de départs alimentant les tableaux divisionnaires.

Point de vigilance

Il arrive qu'on appelle « TGBT » par abus de langage un simple tableau divisionnaire basse tension. Dans un bâtiment comportant un TGBT et des tableaux divisionnaires, seul mérite véritablement le terme de TGBT le tableau situé au sommet de l'architecture basse tension du bâtiment et alimentant différents tableaux divisionnaires.

Figure 94. Un exemple de TGBT.

Figure 95. Un exemple de TGBT d'une ancienne génération.

---

1   Voir chapitre « Désenfumage mécanique », et article EL12 du Règlement ERP..

Nota : dans certains grands bâtiments existant, entre les tableaux de distribution et le TGBT viennent s'insérer une strate supplémentaire, les armoires principales. Ces armoires principales sont alimentées par le TGBT et alimentent les tableaux divisionnaires, qu'on nomme alors parfois « armoires secondaires ».

En amont, d'où peut être alimenté ce TGBT ?

Il peut lui-même être alimenté :

- par un point de livraison Enedis basse tension (avec un compteur) ; on peut par exemple rencontrer cette configuration dans un petit bâtiment tertiaire, un commerce de moyenne surface, un petit hôtel.

  Exemple : le petit immeuble de bureau de la Figure 96 comporte un TGBT qui alimente les tableaux divisionnaires situés à chaque étage, ainsi que l'ascenseur et un tableau dédié aux installations CVC ; ce TGBT est alimenté par un branchement Enedis à puissance surveillée ; en amont, ce branchement est alimenté par Enedis depuis un poste de distribution publique situé dans le quartier ;

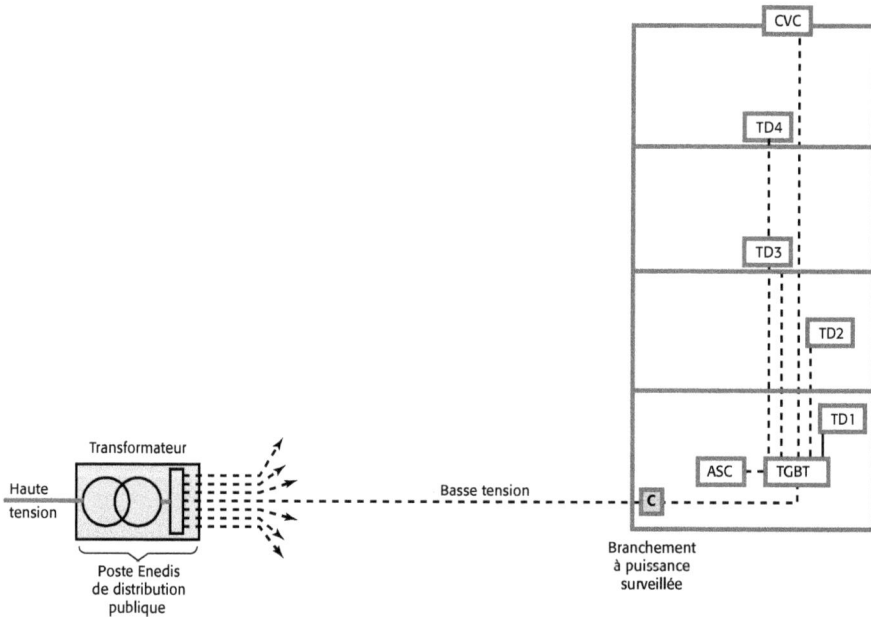

Figure 96. Exemple d'un petit bâtiment de bureau.

- ou par un poste haute tension privé, c'est-à-dire n'appartenant pas à Enedis mais au propriétaire du bâtiment. C'est le cas si le bâtiment nécessite plus de 250 kVA comme vu ci-dessus.

  Dans ce dernier cas, le poste haute tension privé est :

  - soit dans le cas général alimenté en haute tension par un point de livraison Enedis haute tension. Le poste Enedis origine de l'alimentation peut être situé :

    - dans un local Enedis attenant au poste privatif ;

– ou dans le même local, derrière un grillage – on parle alors de poste mixte ou de poste partagé (ce cas se rencontre dans l'existant, mais pas dans le neuf) ;

– ou dans le quartier.

On peut par exemple trouver cette configuration avec poste haute tension privé dans un grand immeuble tertiaire, une usine, une clinique, un restaurant, un grand magasin. Exemple : le grand magasin de la Figure 97 possède un TGBT qui alimente l'ensemble de ses tableaux divisionnaires, de ses ascenseurs, de ses escaliers mécaniques et ses armoires CVC ; il possède aussi un poste HT privatif, qui alimente le TGBT ; ce poste comporte un point de livraison Enedis haute tension ; en amont, l'alimentation Enedis provient d'un poste de distribution publique que Enedis possédait dans le quartier (variante : le projet a dû intégrer un local pour accueillir le poste Enedis à côté du poste privatif) ;

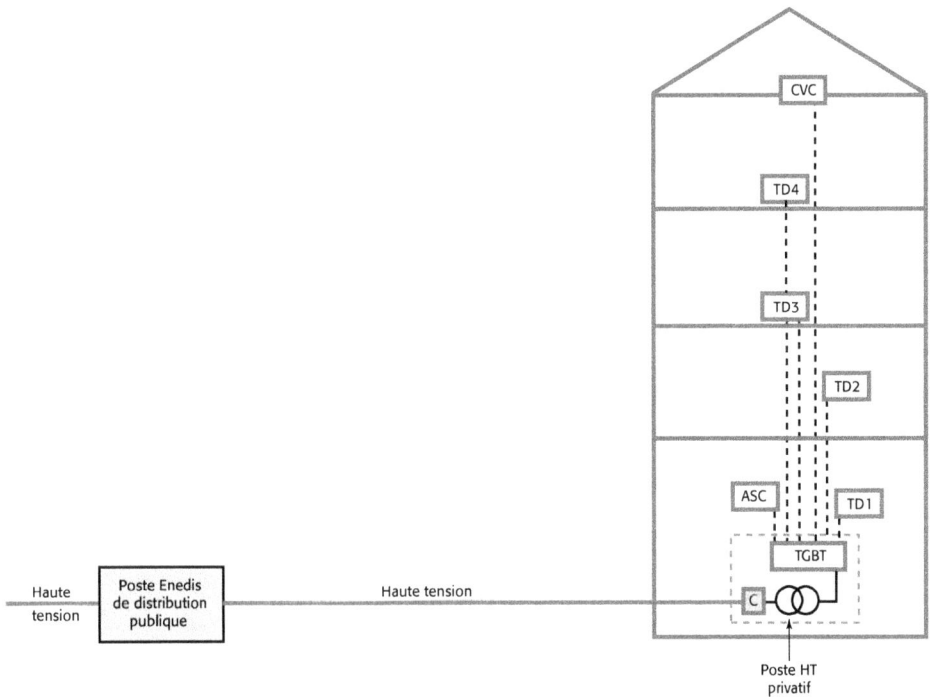

Figure 97. Exemple d'un grand magasin.

– soit pour les sites importants, le poste haute tension privé est alimenté par d'autres postes haute tension appartenant au même propriétaire. Un poste haute tension privatif peut être alimenté par un autre poste HT privatif de deux manières :

– en antenne ;

– en boucle ou en coupure d'artère.

On peut rencontrer typiquement une boucle haute tension reliant les différents postes haute tension du site. Cette boucle facilite la maintenance en permettant la continuité d'exploitation lors d'un incident ou d'une opération de maintenance sur un câble.

Cette configuration se rencontre par exemple dans un grand hôpital comportant plusieurs bâtiments, un site industriel, un aéroport.

Exemple : ce site industriel comportant quatre bâtiments est alimenté par un point de livraison Enedis haute tension ; le site comporte quatre postes HT privatifs raccordés en boucle ; chaque poste HT privatif alimente un TGBT réservé à un bâtiment et alimentant les tableaux divisionnaires et les gros équipements de ce bâtiment.

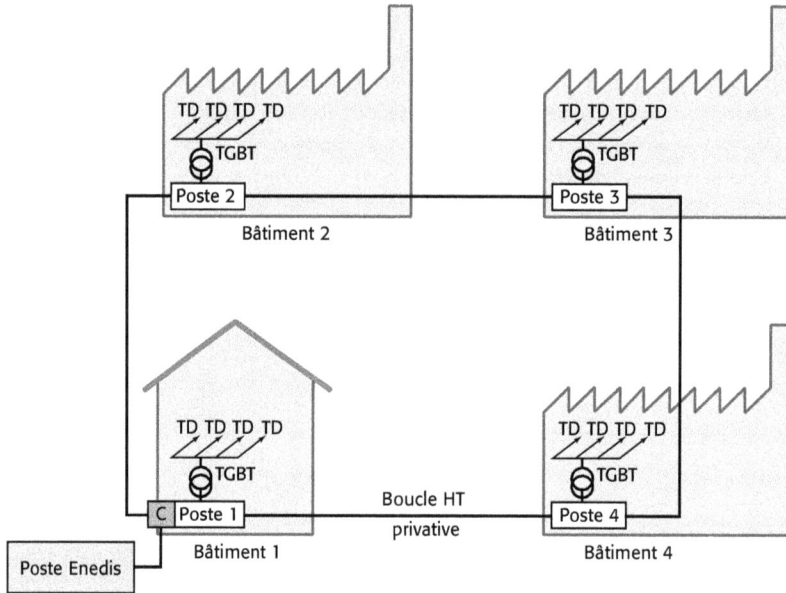

Figure 98. Exemple d'un site industriel.

2.4. Le domaine de la haute tension

2.4.1. Le réseau public de distribution

Pour éviter les pertes d'énergie en ligne, le courant électrique est transporté à très haute tension (225 kV, 90 kV ou 63 kV) ; en France, c'est l'organisme RTE[1] qui assure ce transport. La tension est ensuite abaissée afin de permettre son utilisation. Si le courant était transporté sur de grandes distances à des tensions inférieures, les pertes en ligne par effet Joule seraient beaucoup trop importantes. Il faut cependant savoir que ces pertes en ligne sont déjà considérables, ce qui milite pour le développement des énergies renouvelables produites localement.[2]

Afin de permettre le transport de l'électricité, des transformateurs sont disposés à la sortie des centrales de production, pour augmenter la tension.

---

1   Réseau de transport d'électricité.
2   Voir l'ouvrage *Le Manifeste Negawatt*.

Inversement, la tension est abaissée par plusieurs transformateurs successifs pour permettre son utilisation par les différents types de clients. Le terme « *poste de distribution publique* » désigne le poste Enedis qui alimente les clients.

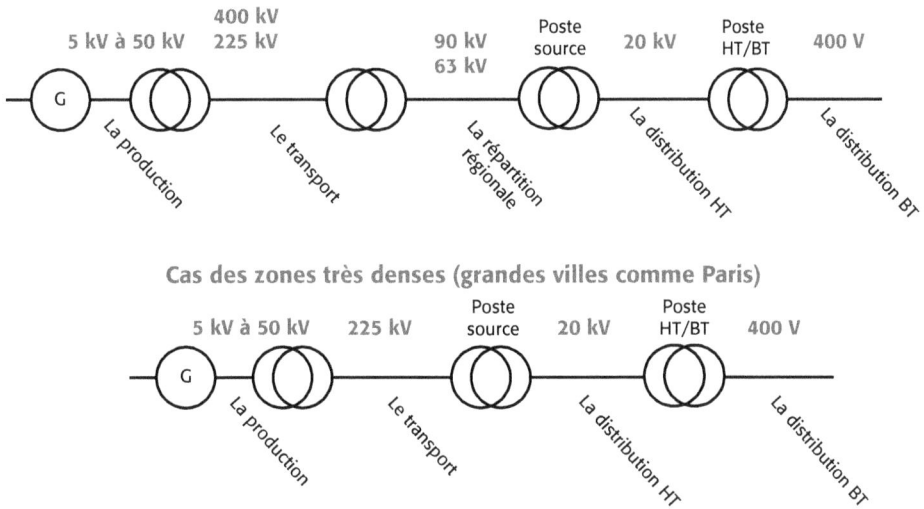

Figure 99. Structure du réseau public de distribution.

Pour en savoir plus sur les postes de distribution publique

On peut consulter sur www.enedis.fr les fiches SEQUELEC *Guide pratique à l'usage des maîtres d'ouvrage de construction - Réalisation de postes HTA/BT de distribution publique.*

Comme on l'a vu ci-dessus, suivant la puissance nécessaire, un bâtiment sera alimenté par un branchement basse tension ou par un point de livraison haute tension. Dans ce second cas, le bâtiment comportera – en aval du point de livraison haute tension – des installations haute tension privatives, qui vont abaisser la tension pour permettre son utilisation.

La haute tension utilisée dans les bâtiments s'appelle HTA – l'ancienne dénomination « moyenne tension » n'est plus officielle –, dénomination qui couvre le domaine allant de 1 kV à 50 kV en courant alternatif.[1] La tension la plus usuelle de livraison Enedis est le 20 kV, mais il existe d'autres cas, par exemple 15 kV.

2.4.2.   Que trouve-t-on dans un poste haute tension privatif ?

Un poste HT dans un bâtiment est constitué principalement des équipements suivants :
- des cellules HT (encore appelées tableaux HT) : ce sont des appareils qui assurent l'interface entre un câble HT et un appareillage. Elles permettent par exemple de raccorder des câbles HT entre eux, de réaliser un comptage, de raccorder un disjoncteur, d'assurer le rôle

---

1   Voir décret n° 88-1056 du 14 novembre 1988 pris pour l'exécution des dispositions du livre II du Code du travail (titre III : Hygiène, sécurité et conditions du travail) en ce qui concerne la protection des travailleurs dans les établissements qui mettent en œuvre des courants électriques, article 3.

d'interrupteur, de raccorder un transformateur, etc. – c'est un petit peu à la haute tension ce que la boîte de raccordement est à la basse tension. Alors que les anciennes cellules HT étaient « à coupure dans l'air » ou utilisaient de l'huile comme diélectrique, de nos jours elles utilisent comme diélectrique le gaz SF6 (hexafluoride), bien plus isolant que l'air.

Pour éviter les manœuvres intempestives, les cellules HT peuvent comporter des enclenchements par clés.

Les cellules sont accolées les unes aux autres dans le poste ;

Figure 100. Exemple d'un ensemble de cellules haute tension.

Figure 101. Deuxième exemple de cellules haute tension.

- un ou des transformateurs : alimentés depuis les cellules HT, ils abaissent la tension et alimentent ainsi le TGBT. Les transformateurs sont représentés sur les schémas électriques par le symbole :

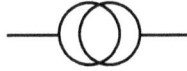

Le dimensionnement d'un transformateur est donné en kVA.

- un (ou des) tableau général basse tension (TGBT) : comme on l'a vu, cette armoire est alimentée en basse tension par le transformateur, et alimente elle-même les tableaux divisionnaires répartis dans tout le bâtiment. Il peut aussi arriver que le TGBT ne soit pas situé dans le local du poste HT, mais dans un local séparé, ce qui permet à un électricien habilité seulement en basse tension d'accéder au local TGBT.

Figure 102. Exemple de transformateur HT/BT.

Figure 103. Troisième exemple de TGBT (ici, une ancienne génération de matériel).

On peut aussi trouver dans un poste HT d'autres installations :

- un tarif vert Enedis, point de livraison haute tension, si le poste privatif est directement alimenté par Enedis ;
- une ventilation mécanique, si la ventilation naturelle – toujours préférable – n'a pu être mise en œuvre ;

- un PASA, c'est-à-dire un permutateur automatique de sources d'alimentations ; cette unité électronique assure automatiquement le basculement d'une source d'alimentation HT à une autre ;
- un raccordement à une GTB, ou à un autre dispositif de télésurveillance ;
- des équipements Enedis si le poste est mixte ou partagé : il existe en effet dans l'existant des postes HT séparés entre une partie appartenant à Enedis et une partie privative (cette situation est cependant interdite par Enedis dans le neuf).

Les postes haute tension sont aussi appelés « HT/BT », pour désigner le fait qu'ils transforment la haute tension en basse tension.

Pour en savoir plus sur la haute tension

Consulter la norme NF C13-100 et la norme NF C13-200.

Consulter les sites Internet de fabricants, comme www.schneider-electric.fr, www.abb.fr (produit : Uniswitch par exemple) ou www.ormazabal.fr

---

Figure 104. Exemple de poste HT mixte : partie Enedis à gauche et partie privative à droite.

2.5. Connaître les normes de base en électricité

Dans le domaine des courants forts, les normes sont des textes de référence fondamentaux auxquels les concepteurs se réfèrent constamment, plus encore que dans les autres spécialités (sauf le domaine des SSI, où les normes ont aussi un rôle prépondérant).

Les principales normes utilisées pour la conception des installations courants forts dans les bâtiments sont :

- pour le domaine des postes HT privatifs, les normes :
    - NF C13-100 *Poste de livraison établis à l'intérieur d'un bâtiment et alimentés par un réseau de distribution publique HTA,*

- et NF C13-200 *Installations électriques à haute tension – Règles complémentaires pour les sites de production et les installations industrielles, tertiaires et agricoles* ;

• pour la basse tension privative, la norme NF C15-100 *Installations électriques à basse tension*, texte de base pour tout électricien ; cette norme était souvent critiquée par les professionnels du fait de la lourdeur de ses exigences ; dans le cadre des mesures de simplification des normes de construction, une petite révolution a eu lieu en 2016[1] : cette norme n'est maintenant plus applicable intégralement aux bâtiments d'habitation, seules les exigences relevant de la sécurité électrique et du bon fonctionnement sont exigibles, alors que les exigences relevant davantage du confort (par exemple le nombre de prises par pièce) ne sont maintenant plus exigibles ;

• la norme NF C14-100 *Installation de branchement à basse tension* pour les branchements basse tension Enedis, du point de raccordement au réseau Enedis jusqu'au point de livraison aux utilisateurs ; on y trouve notamment les directives pour la conception des branchements collectifs en habitation, ainsi que les directives pour le raccordement des installations photovoltaïques ;

• la norme NF C17-200 *Installations d'éclairage extérieur – Règles* pour les installations d'éclairage public extérieur ; elle concerne donc surtout la partie éclairage des études VRD.

Ces normes sont émises pour la France par l'UTE (Union technique de l'électricité), l'équivalent de l'Afnor pour le domaine électrique.

2.6. Quelques concepts clés pour comprendre les études courants forts

2.6.1. Concepts fondamentaux liés à la réglementation incendie

Il est d'autant plus important de bien maîtriser ces concepts qu'ils sont couramment utilisés de manière abusive, avec des risques de confusion et de malentendu. Ainsi en est-il du concept de source de sécurité, souvent utilisé à tort pour désigner une source de remplacement, ce qui n'a rien à voir.

Source normale

Source constituée généralement par un raccordement au réseau électrique de distribution publique haute tension ou basse tension.[2]

Source de remplacement

Source délivrant l'énergie électrique permettant de poursuivre tout ou partie de l'exploitation de l'établissement en cas de défaillance de la source normale. Durant la période d'exploitation de l'établissement, l'énergie électrique provient soit de la source normale, soit de la source de remplacement (si cette dernière existe).

Cet ensemble est appelé « source normal-remplacement ».

---

1. Arrêté du 3 août 2016 portant réglementation des installations électriques des bâtiments d'habitation ; ce nouvel arrêté a abrogé l'ancien arrêté de 1969 qui imposait la conformité intégrale des bâtiments d'habitation à la norme NF C15-100.
2. Article EL3 du règlement de sécurité dans les ERP.

Source de sécurité

Source prévue pour maintenir le fonctionnement des matériels concourant à la sécurité contre les risques d'incendie et de panique en cas de défaillance de la source « normal-remplacement ».

> **Règle d'or de la source de sécurité**
>
> Le terme « sécurité » est réservé à la sécurité incendie, le terme « remplacement » à l'exploitation.

Alimentation normale

C'est l'alimentation électrique qui provient de la source normale, c'est-à-dire qui ne provient pas d'une source de sécurité.

Alimentation de remplacement

C'est l'alimentation qui provient de la source de remplacement, source prévue pour permettre la continuité d'exploitation en cas de défaillance de la source normale. Ce qui est important dans cette notion, c'est que la source de remplacement alimente des équipements qui ne participent pas à la sécurité incendie, ce qui ne veut pas dire qu'ils ne sont pas importants. Ainsi dans un aéroport les panneaux d'affichage des avions au départ, ou dans un commerce les caisses, sont des équipements fondamentaux, mais qui ne relèvent pas de la sécurité incendie. On ne doit pas, pour des équipements de ce type, parler d'alimentation de sécurité.[1]

Pour caractériser la fiabilité d'une installation dans le cadre de la conception d'une alimentation de remplacement, on utilise parfois les concepts suivants :

* temps moyen entre pannes (en anglais MTBF – *mean time between failures*),
* et moyenne des temps de réparation (en anglais MTTR – *mean time to repair*).

Alimentation électrique de sécurité (AES)

En électricité, le terme de « sécurité » doit être compris comme signifiant « sécurité incendie ». L'AES est la source qui fournit l'énergie électrique nécessaire au fonctionnement des installations concourant à la sécurité incendie (installations « de sécurité »). L'AES permet à ces installations d'assurer leur fonction aussi bien en marche normale, lorsque l'énergie provient de la source normal-remplacement, qu'en marche en sécurité lorsque l'énergie provient de la source de sécurité. Une AES peut par exemple être constituée par un groupe électrogène, ou par un ensemble de batteries.[2]

Ces installations de sécurité à alimenter (sauf cas particulier) par AES sont :

* les SSI (les baies sont vendues avec leurs propres batteries) ;
* le désenfumage ;
* les ascenseurs devant être utilisés pour l'évacuation (ce qui est rare) ;
* les secours en eau (sprinklage, surpresseurs de RIA, etc.) ;
* les pompes d'exhaure ;

---

1 Article EL3 du règlement de sécurité dans les ERP.
2 Les AES sont régies par la norme NF S 61-940.

- les autres équipements, spécifiques à l'établissement, concourant à la sécurité incendie et les moyens de communication destinés à donner l'alerte interne (sonorisation de sécurité par exemple) et externe.

Dernière installation de sécurité : l'éclairage de sécurité, qui n'est – contrairement aux autres – pas alimenté par l'AES.[1]

Tableau général de sécurité (TGS)

Cette notion découle des réglementations ERP[2] et IGH[3].

Le tableau général de sécurité regroupe l'alimentation des installations concourant à la sécurité incendie (citée ci-dessus), sauf l'éclairage de sécurité. En pratique, c'est souvent le désenfumage qui constitue l'essentiel des départs du TGS.

L'important à retenir est que ce TGS doit être installé dans un *local dédié* et coupe-feu.

Figure 105. Exemple de TGS, dans un local dédié.

Les articles EL du règlement ERP permettent à l'électricien de déterminer si le projet nécessite un local TGS ou non. Les dérogations, qui consistent à raccorder les installations de sécurité au TGBT en se dispensant d'un TGS, dépendent notamment de la puissance du désenfumage et de la catégorie de l'établissement, on est donc ici face à une problématique qui nécessite une collaboration entre le lot CVC et le lot courants forts. Le règlement précise :

« dans les cas où l'absence de groupe électrogène est admise dans la suite du présent règlement, les installations électriques suivantes peuvent être alimentées par une dérivation issue directement du tableau principal du bâtiment ou de l'établissement :

---

1 Article EL3 du règlement de sécurité dans les ERP.
2 Art. EL15 du règlement de sécurité dans les ERP.
3 Art. GH43§3 de l'arrêté du 30 décembre 2011 portant règlement de sécurité pour la construction des immeubles de grande hauteur et leur protection contre les risques d'incendie et de panique.

- *installation de désenfumage mécanique des établissements de 1ʳᵉ et 2ᵉ catégories dont la puissance totale des moteurs des ventilateurs d'extraction des deux zones de désenfumage les plus contraignantes est inférieure à 10 kW ;*
- *installation de désenfumage mécanique des établissements de 3ᵉ et 4ᵉ catégories ;*
- *les secours en eau et les pompes d'exhaure, sauf dispositions aggravantes prévues dans la suite du présent règlement.* »[1]

Éclairage normal

C'est l'éclairage alimenté par la source normale, par opposition à l'éclairage de sécurité.

Éclairage de sécurité

C'est l'éclairage qui est alimenté par une source de sécurité en cas de disparition de la source normale. En temps normal, il doit être à l'état de veille. Il se déclenche en cas de défaillance de la source normale et doit pouvoir fonctionner pendant une heure.

Il a deux fonctions :

- l'éclairage de sécurité d'évacuation, constitué par les panneaux ou blocs[2] éclairant les cheminements, les changements de direction et les issues de secours. Les indications de balisage ne sont pas forcément des appareils lumineux, elles peuvent être des panneaux opaques éclairés par des blocs situés à proximité et remplissant le rôle d'éclairage de sécurité ;
- l'éclairage de sécurité d'ambiance ou d'anti-panique, qui a pour fonction de donner un niveau minimum d'éclairage.

Pour assurer ces deux fonctions, l'éclairage de sécurité est basé sur deux solutions techniques[3] :

- la source centrale composée d'une batterie d'accumulateurs ;
- ou des blocs autonomes, solution la plus courante ; ces blocs disposant de leur propre batterie, ils n'ont pas besoin d'être alimentés par des câbles CR1.

Attention : dans certaines configurations et grands établissements, le règlement impose la source centrale.

Figure 106. Exemple de bloc autonome d'éclairage de secours.

L'éclairage de sécurité nécessite dans les ERP du premier groupe (catégories 1 à 4) ainsi qu'en ERT une maintenance assez lourde[4] (vérifications périodiques), qui peut être automatisée avec certains modèles (système SATI, qui réalise automatiquement les tests et représente maintenant 70 % du parc installé).

---

1 Art. EL12 du règlement de sécurité dans les ERP.
2 Art. CO 42 et EC 8 du règlement de sécurité incendie dans les ERP.
3 Art. EC11 et EC12 du règlement de sécurité dans les ERP.
4 Art. EC14§3 du règlement de sécurité dans les ERP et pour les ERT : article 11 de l'arrêté du 14 décembre 2011 relatif aux installations d'éclairage de sécurité.
   Il existe aussi un arrêté du 26 février 2003 relatif aux circuits et installations de sécurité, qui traite longuement de l'éclairage de sécurité (encore un exemple du manque d'ergonomie de la réglementation).

Certains fabricants proposent maintenant des appareils d'éclairage normal jouant aussi le rôle d'éclairage de sécurité.

En habitation, quand le règlement exige un éclairage de sécurité (voir le chapitre 1) on utilise des blocs autonomes d'éclairage de sécurité pour habitation (BAEH), dotés d'une autonomie de 5 h. Cette autonomie longue permet d'assurer un éclairage en cas de panne durant la nuit, jusqu'au dépannage le lendemain.

Pour en savoir plus sur l'éclairage de sécurité

Pour les ERP du premier groupe, consulter les articles EC7 à EC15 du règlement de sécurité dans les ERP.

Pour les ERP de 5ᵉ catégorie, consulter l'article PE24 et pour ceux avec locaux de sommeil l'article PE36.

Pour les ERT, consulter l'arrêté du 14 décembre 2011 relatif aux installations d'éclairage de sécurité.

2.6.2. Un peu de vocabulaire technique en courants forts

Les groupes électrogènes

Il existe des normes à respecter pour qu'un groupe électrogène soit considéré « de sécurité ». Les groupes électrogènes qui ne respectent pas ces normes n'assurent pas une alimentation concourant à la sécurité incendie (AES), mais une alimentation « de remplacement » (par exemple continuité de fonctionnement de chambres froides, de baies informatiques, etc.).

Penser, lors de la conception, aux cheminées de rejet des gaz et aux procédures de dépotage des carburants.

On rencontre couramment des groupes électrogènes dans les hôpitaux.

Figure 107. Exemple de groupes électrogènes de forte puissance.

Les onduleurs

Comme les groupes électrogènes, les onduleurs peuvent être soit des alimentations électriques de sécurité, soit des alimentations de remplacement. Les systèmes d'alimentation sans interruption (ASI) utilisent des onduleurs.

Figure 108. Quelques exemples d'onduleurs (source : Eaton).

Batteries de condensateurs

L'*énergie réactive* est un phénomène électrique, lié au concept de cosφ, qui engendre une surconsommation électrique. Les batteries de condensateurs sont des équipements qui permettent, en tarif vert et en tarif jaune, d'optimiser le fonctionnement des installations en compensant ce phénomène d'énergie réactive, sans toutefois le supprimer. La compensation de l'énergie réactive permet donc de diminuer le coût de la facture d'électricité.

Figure 109. Exemple de batterie de condensateurs (source : Legrand).

Gaine technique logement (GTL)

Dans les logements neufs ou totalement rénovés, tant collectifs qu'individuels, la norme NF C15-100[1] impose que le tableau divisionnaire soit unique et soit implanté dans une « gaine technique logement », dont les caractéristiques, notamment les dimensions et l'altimétrie, sont imposées.

---

1   Norme NF C15-100-07, article 771-558.

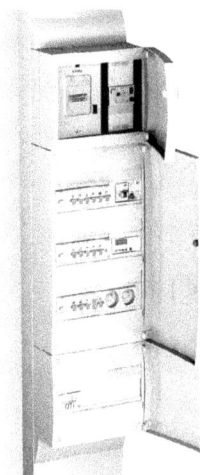

Figure 110. Exemple de gaine technique logement.

Cette gaine accueille aussi le compteur Enedis et son « disjoncteur d'abonné » (le disjoncteur général de l'installation privative) ainsi que les arrivées courants faibles du logement.

Pour en savoir plus

Consulter la fiche SEQUELEC sur la gaine technique logement sur www.enedis.fr.

Consulter les normes NF C15-100-07 et NF C14-100.

Schéma unifilaire

Ce terme désigne simplement les schémas sur lesquels les câbles sont représentés par un unique trait.

Câble CR1 C1

Les câbles CR1 C1 sont les câbles résistant au feu. Ils existent en courants forts et en courants faibles. Ils sont utilisés pour l'alimentation des installations de sécurité en ERP[1], par exemple l'éclairage de sécurité. Ces câbles sont de couleur orange. Leur prix est évidemment supérieur à celui des câbles standards.

Les régimes de neutre

Le régime de neutre, ou schéma de mise à la terre, est une notion complexe, qui caractérise le type de courant électrique, dans son rapport avec les circuits de mise à la terre. Un livre entier pourrait être consacré aux subtilités de ces notions. (Voir le zoom ci-dessous.)

La barrette de connexion des neutres permet aux électriciens de savoir de quel régime de neutre relève un poste HT.

---

1   Article EL 16§1 du Règlement ERP.

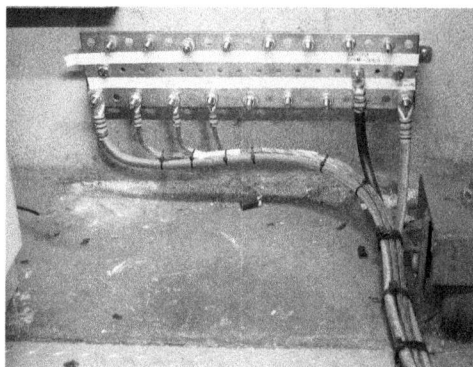

Figure 111. Connexion des neutres (les câbles sont vert et jaune).

Zoom sur...

... les régimes de neutre

En résumé, le schéma de mise à la terre caractérise :

- d'une part, le mode de raccordement à la terre du secondaire du transformateur HT/BT (le secondaire est la partie basse tension du transformateur) ;
- d'autre part, la manière de relier les masses des installations à la terre (conducteur vert et jaune).

Chaque régime de neutre est désigné par deux lettres :

- La première lettre indique la situation du neutre du secondaire du transformateur par rapport à la terre :
  - T pour neutre raccordé à la terre ;
  - I pour neutre isolé de la terre.
- La deuxième lettre indique la situation des masses des récepteurs :
  - T pour masse reliée à la terre ;
  - N pour masse reliée au neutre.

En combinant ces deux lettres, trois cas sont possibles :

- TT : neutre du transformateur raccordé à la terre, masses des récepteurs raccordées à la terre ;
- TN : neutre du transformateur raccordé à la terre, masses des récepteurs raccordées au neutre ;
- IT : neutre du transformateur isolé ou impédant, masses des récepteurs raccordées à la terre.

Le régime TN comprend des variantes : TNC et TNS.

Ce qu'il faut savoir, c'est qu'une installation fonctionnant dans un certain régime de neutre ne pourra pas être raccordée à une installation d'un autre régime de neutre sans passer par un transformateur d'isolement ; il est donc indispensable de se montrer vigilant pour les projets dans l'existant. Mais, même pour les maîtres d'œuvre travaillant dans le neuf, une vigilance est nécessaire car les installations concourant à la sécurité incendie relèvent dans certains cas d'un régime de neutre particulier, le régime IT.

Zoom sur...

... les régimes de neutre (suite)

Il existe donc principalement trois régimes de neutre :

Le schéma TT

C'est le régime de neutre courant, présent dans toutes les petites installations (habitation par exemple, et livraison Enedis basse tension). Il présente l'avantage, dans les sites existants, de permettre à l'exploitant de procéder à de petites modifications (ajout d'un départ, etc.) sans avoir besoin d'en justifier la conformité par une note de calcul.

Les schémas TN, TNS et TNC

C'est le régime de neutre « moderne » des installations optimisées économiquement (en présence d'un poste HT privatif). Pour un projet neuf, il revient moins cher qu'un régime TT et est donc souvent prescrit.

Le schéma IT

Ce régime de neutre est utilisé dans certaines installations qui ne doivent pas subir de disjonction générale à cause d'un défaut local. C'est par exemple le régime de neutre des installations de sécurité comme les TGS, dans certains cas. Dans ces installations, un contrôleur permanent d'isolement (CPI) signale l'apparition du premier défaut d'isolement. Ce régime de neutre nécessite la disponibilité d'un agent de maintenance. On essaie donc de l'éviter au maximum, et il est par conséquent de moins en moins utilisé.

Pour en savoir plus sur les régimes de neutre

On peut consulter notamment la norme NF C15-100-04, ainsi que la norme UTE C15-106, §3.

L'intensité de court-circuit

L'intensité de court-circuit (abrégée I_{cc}) est une grandeur théorique qui correspond au courant mesurable en un point de l'installation électrique si ce point était relié directement à la terre.

La connaissance du courant de court-circuit est très importante pour le dimensionnement des organes de sécurité (disjoncteurs). La connaissance de la valeur du courant de court-circuit I_{cc} à tous les endroits d'une installation où l'on veut placer un dispositif de protection (fusible ou disjoncteur) chargé de l'interrompre permet de s'assurer que le pouvoir de coupure du fusible ou du disjoncteur est bien supérieur au courant de court-circuit à cet endroit, l'incapacité d'un fusible ou d'un disjoncteur à interrompre un courant de court-circuit pouvant produire des résultats nuisibles.

Pour en savoir plus sur les calculs des intensités de court-circuit

Consulter le site d'un éditeur de logiciels de calcul, par exemple www.alpi.fr/logiciels.html pour le logiciel *Caneco*.

La vérification initiale des installations électriques

La vérification initiale des installations électriques est une procédure de vérification détaillée instituée par le Code du travail et décrite par des arrêtés[1], ainsi que dans la norme C15-100. Le maître d'ouvrage a l'obligation de la faire réaliser à la fin des travaux, avant la livraison du bâtiment à ses utilisateurs.

Étant imposée par le Code du travail, elle a donc un champ d'application extrêmement large et s'applique quasiment à tous les types d'établissements, hors habitations. Cette vérification, qui est spécifique aux installations courants forts, comporte un examen visuel et des essais, qui sont décrits en détail dans l'arrêté. Cette vérification est ensuite suivie de vérifications périodiques. Elle permet de s'assurer que les installations ne comportent pas de risques électriques pour les travailleurs (et par extension pour le public).

Par exemple, la vérification permettra de garantir qu'il n'existe pas de câble dénudé accessible, ou dans un ERP qu'aucun équipement n'est dangereux pour un enfant.

Point de vigilance

Cette réglementation ne doit pas être confondue avec l'article GE 8 du règlement de sécurité incendie dans les ERP, qui prescrit les vérifications techniques exigibles dans les ERP (lesquelles vérifications portent sur toutes les installations et pas seulement courants forts, et se traduisent à la fin du chantier par le RVRAT du bureau de contrôle).

Consuel

Le Consuel (Comité national pour la sécurité des usagers de l'électricité) est un organisme qui contrôle les installations électriques neuves à raccorder au réseau Enedis. Son passage est donc un préalable obligatoire au raccordement par Enedis d'une nouvelle installation.

Pour en savoir plus en courants forts

- www.legrand.fr avec notamment un Guide de l'électricité, centré surtout sur l'habitat.
- Norme NF C15-100 : c'est véritablement le texte fondamental, à tel point qu'on peut dire qu'« être un électricien » est synonyme de maîtriser ce texte.
- Les articles EL et EC du Règlement ERP.
- Décret n° 88-1056 du 14 novembre 1988, en particulier son art. 2 comportant un ensemble de définitions.
- Pour le chantier : norme UTE C18-510, qui regroupe un ensemble de prescriptions relatives à la sécurité concernant les manœuvres et actions sur ou à proximité des installations électriques.

---

[1] Voir décret n° 88-1056 du 14 novembre 1988 pris pour l'exécution des dispositions du Livre II du Code du travail (Titre III : Hygiène, sécurité et conditions de travail) en ce qui concerne la protection des travailleurs dans les établissements qui mettent en œuvre des courants électriques, art. 53, arrêté du 10 octobre 2000 fixant la périodicité, l'objet et l'étendue des vérifications des installations électriques au titre de la protection des travailleurs ainsi que le contenu des rapports relatifs auxdites vérifications, et arrêté du 26 décembre 2011 relatif aux vérifications ou processus de vérification des installations électriques ainsi qu'au contenu des rapports.

2.7. Quelques notions dans le domaine de l'éclairage

Le but du présent chapitre est de permettre aux maîtres d'œuvre (architectes et électriciens notamment) travaillant avec un éclairagiste de comprendre les problématiques et les enjeux de sa discipline. C'est là un domaine au premier abord simple, mais en vérité assez complexe quand on s'y plonge. Un peu de vocabulaire facilite le dialogue entre spécialités.

2.7.1. Principales grandeurs physiques et concepts

Autrement appelées *grandeurs photométriques*.

Température de couleur

La lumière est caractérisée par sa température de couleur, exprimée en kelvin (K), qui traduit l'*ambiance* donnée par l'éclairage. Les lumières chaudes donnent une ambiance plus chaleureuse que les lumières froides.

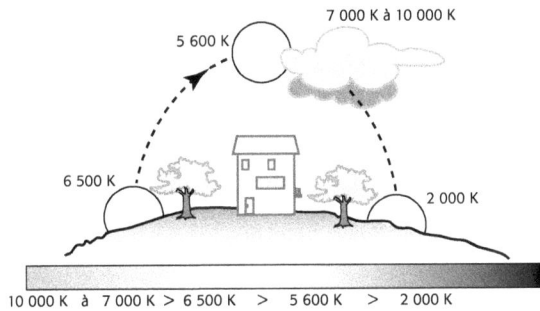

Figure 112. Ordres de grandeur de températures de couleur de la lumière naturelle.

Quelques ordres de grandeur :
- 2 500-3 500 K : coucher de soleil, lampe à incandescence ; lumière « chaude », riche en radiations rouges ;
- 4 000-5 000 K : lumière du jour par temps clair ; blanc neutre ;
- 6 000-8 000 K : ciel nuageux ; lumière « froide » riche en radiations bleues.

Cette valeur figure sur les fiches techniques et emballages des sources lumineuses.

Point de vigilance

Cette notion est trompeuse, car en vérité une source de couleur froide (par exemple une flamme de gaz bleue) a une température (thermique) réelle plus chaude qu'une source de couleur chaude (par exemple une flamme de feu de cheminée orangée).

Rendu des couleurs

L'indice de rendu des couleurs caractérise la propension d'une source lumineuse à déformer ou non les couleurs. Il est mesuré par le sigle IRC ou en anglais *Ra*, sans unité, avec IRC = 100 pour la lumière du jour, dotée d'un excellent rendu des couleurs. Typiquement, l'éclairage jaune souvent rencontré dans les tunnels (lampes à sodium) a un mauvais rendu des couleurs, de l'ordre de 25 : il ne permet pas de distinguer toutes les couleurs de l'arc-en-ciel.

Un IRC > 80 est considéré comme bon ; entre 60 et 80, il est considéré comme moyen ; en dessous de 60, il est considéré comme médiocre.

Cette notion joue un rôle important dans le choix des sources lumineuses, et figure sur leur fiche technique. Certains programmes exigent un très bon IRC, par exemple les musées et les restaurants d'un certain niveau.

Qu'est-ce que le code couleur ?

Les fabricants utilisent un code couleur a priori énigmatique à trois chiffres pour caractériser les sources lumineuses.

Le premier chiffre désigne l'IRC, les deux suivants désignent la température de couleur.

Par exemple : une lampe fluocompacte « de code couleur 827 » signifie que son IRC est compris entre 80 et 89, et que sa température de couleur est de 2 700 K ; une lampe au sodium haute pression « de code couleur 621 » signifie que son IRC est compris entre 60 et 69, et que sa température de couleur est de 2 100 K.

Le code couleur WH (*white*) désigne une lumière blanche, d'IRC supérieur à 95, utilisée pour des applications spécialisées.

Flux lumineux d'une source

Il est mesuré en lumen (symbole : lm). Cette grandeur caractérise la « quantité » de lumière émise par seconde dans un cône (pour être précis : dans un angle solide d'une valeur de 1 stéradian). Elle figure sur les fiches techniques des sources lumineuses.

Pour fixer quelques exemples d'ordres de grandeur :
- dans les ERP des quatre premières catégories, le règlement exige que les sources d'éclairage de sécurité d'évacuation assurent un flux de 45 lumens[1] ;
- une lampe fluocompacte de 36 W émet autour de 3 000 lm ;
- une lampe à halogénures métalliques autour de 200 000 lm.

Efficacité d'une source

L'efficacité lumineuse est le quotient du flux lumineux par la puissance électrique utilisée par l'appareil d'éclairage : Φ/P. Mesurée en lumens par watt (lm/W), elle caractérise le rendement énergétique de la source lumineuse, en prenant en compte la consommation de la lampe et de ses appareillages annexes. C'est donc un critère fondamental de choix des appareils.

Point de vigilance

Certains spécialistes jugent plus pertinent, pour évaluer l'efficacité énergétique d'un projet de mise en lumière, d'utiliser un critère basé sur des watts par lux et par mètre carré : $W/(lx.m^2)$.

Éclairement

Il est mesuré en lux (symbole : lx). Cette grandeur caractérise la lumière reçue par une surface, par mètre carré. C'est donc le flux lumineux, divisé par la surface : $E = \Phi/S$, c'est-à-dire une densité de flux lumineux tombant sur une surface.

---

1   Article EC 9 du règlement de sécurité dans les ERP.

L'éclairement dépend donc à la fois de l'appareil d'éclairage et de sa position ; ce n'est pas une caractéristique pouvant figurer sur la fiche technique d'un produit, mais le résultat d'une « mise en lumière ». Cette valeur jour un rôle important pour vérifier l'adéquation d'un projet d'éclairage par rapport à l'activité prévue dans les locaux et par rapport aux réglementations, en particulier les réglementations accessibilité (voir plus bas le § relatif aux contraintes règlementaires dans les projets d'éclairage).

Quelques ordres de grandeurs :

- espace extérieur en plein soleil : 100 000 lx ;
- espace extérieur à l'ombre ou temps nuageux : 5 000 à 10 000 lx ;
- bureau : 200 à 400 lx ;
- espace intérieur : 100 à 300 lx ;
- rue la nuit : 5 à 30 lx ;
- nuit de pleine lune : 0,25 lx.

Figure 113. Ordres de grandeurs de niveaux d'éclairement.

Luminance

Les objets éclairés renvoient à l'œil de la lumière, généralement en la modifiant. Ils se comportent donc comme des sources lumineuses secondaires – c'est le principe de l'éclairage indirect.

La luminance caractérise la lumière émise par une surface éclairée, et visible par l'œil humain. Cette grandeur est mesurée en candela par mètre carré (symbole : cd/m2). Dans le cas simple où la surface S émettrice est perpendiculaire au regard, la luminance est l'intensité lumineuse divisée par la surface S. Ce n'est donc pas une grandeur associée à une lampe ou à un luminaire, mais un concept intervenant dans les calculs d'éblouissement.

L'UGR (*Unified Glare Rating*) est une méthode d'évaluation de l'éblouissement engendré par un projet d'éclairage.

2.7.2. Les sources lumineuses

Il existe trois grandes familles de sources lumineuses :
- les lampes à incandescence ;
- les lampes à décharges ;
- les LED.

2.7.2.1. Lampes à incandescence

L'incandescence consiste à faire chauffer un filament à haute température, pour qu'il émette de la lumière. La lumière produite est d'excellente qualité en termes de rendu des couleurs (IRC proche de 100). Néanmoins, ce type de lampes présente, comme on le sait, plusieurs inconvénients : un faible rendement énergétique (déperditions d'énergie sous forme de chaleur) et une durée de vie limitée qui implique des coûts de maintenance élevés.

La chaleur émise, outre la perte énergétique qu'elle représente, engendre une augmentation des besoins en climatisation dans les bureaux et commerces.

Les lampes à incandescence comprennent :
- les lampes classiques, *à filament*, inventées en 1879 par Thomas Edison, et qui sont interdites par une directive européenne[1] ;

Figure 114. Lampe à incandescence.

- et les lampes *halogènes*, apparues en 1960, elles aussi très gourmandes en énergie, mais toutefois d'une meilleure efficacité énergétique que les lampes classiques.

L'adjonction de substances halogènes permet de réduire la décomposition du filament tungstène et d'augmenter sa température, ce qui augmente la durée de vie et l'efficacité lumineuse de la source.

Parmi les sources halogènes, certaines sont alimentées en très basse tension, grâce à un transformateur, d'autres sont alimentées directement en 230 V. Dans les deux cas, ces lampes halogènes peuvent être avec ou sans réflecteur. Elles sont particulièrement courantes dans les commerces existants, par exemple pour l'éclairage extérieur de la façade, très « énergivore ».

Malgré les progrès que ces lampes ont connus, il est évidemment déconseillé de les prescrire, du fait de leur faible efficacité énergétique.[2]

---

1 Règlements 244/2009 et 245/2009, d'application de la directive cadre dite EuP (*Ecodesign Requirements for Energy Using Products*).
2 Il existe aussi de nouvelles lampes halogènes dites « haute efficacité », qui utilisent un revêtement spécial pour améliorer l'efficacité lumineuse.

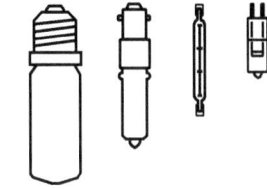

Figure 115. Lampes halogènes.

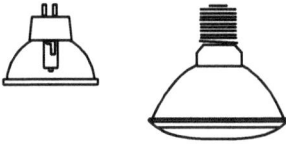

Figure 116. Lampes halogènes à réflecteur.

2.7.2.2. Lampes à décharges, ou fluorescentes

Le principe de la fluorescence est utilisé dans les lampes à décharges.

Qu'est-ce que la fluorescence ?

C'est l'émission d'un rayonnement visible lorsque des atomes préalablement excités par un rayonnement (ultraviolet) recouvrent leur état fondamental par étapes successives. Le fondement théorique de ce mécanisme physique s'explique grâce à la mécanique quantique.

Dans les lampes à décharges, la lumière est produite dans un gaz par des décharges électriques entre deux électrodes. Elles ont besoin d'un appareillage auxiliaire pour fonctionner, qu'on appelle *ballast*.

Ces lampes sont caractérisées par un grand rendement énergétique, qui permet une faible consommation, et par une durée de vie relativement importante (allant jusqu'à 100 000 heures). Ceci permet de réduire le coût des opérations de maintenance. Les inconvénients des lampes à décharges sont leur moins bon indice de rendu des couleurs, et leur délai d'allumage.

On peut diviser ces lampes en basse pression et haute pression.

Les lampes à décharges à *basse pression* comprennent (en se limitant aux cas les plus courants) :

- les lampes *à vapeur de sodium basse pression* : lampes de couleur orangée monochromatique, dotées d'un mauvais indice de rendu des couleurs mais d'une très bonne efficacité lumineuse ; inventées en 1932, elles sont utilisées quand le rendu des couleurs n'est pas exigé : autoroutes, routes, tunnels, ports ;
- les *tubes fluorescents* classiques (« néons »), couramment utilisés, commercialisés pour la première fois en 1937, et basés sur l'excitation d'atomes de mercure ; les plus courants sont les T8 et T5. Le tube T5 est un très bon matériel en termes d'efficacité énergétique, tout en ayant un bon indice de rendu des couleurs : c'est un peu la « star » des lampes efficaces. La famille des tubes T8 comporte de nouveaux produits très efficaces, les anciens tubes standards T8 étant à éviter pour leur faible efficacité lumineuse ;

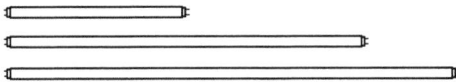

Figure 117. Tubes fluorescents.

- les lampes *fluocompactes* courantes, apparues initialement en 1979, et basées sur la miniaturisation des tubes fluorescents ; elles nécessitent un ballast et un starter, qui peuvent être tous deux intégrés à la lampe, tous deux distincts, ou avec starter intégré et ballast séparé ; elles constituent, avec les tubes fluorescents, les lampes les plus courantes dans les projets de bureaux ;

Figure 118. Lampes fluocompactes.

- les lampes *à induction*, apparues sur le marché en 1990, dans lesquelles un mélange de gaz et de vapeurs métalliques constitue la boucle d'induction d'un générateur à haute fréquence. Les atomes excités par l'échange d'énergie génèrent un rayonnement UV qui est alors converti en lumière visible par des matériaux fluorescents. Leur durée de vie étant très longue, elles sont utilisées dans les endroits d'accès difficile (tunnels, tours).

Les lampes à décharge à *haute pression* (en anglais HID – *High Intensity Discharge*) sont principalement constituées par les lampes :

- *à vapeur de sodium haute pression* (ou SHP, pour sodium haute pression), inventées en 1964, notamment utilisées en éclairage public, routier et industriel, du fait de leur bonne efficacité lumineuse et malgré leur faible indice de rendu des couleurs ; elles nécessitent un temps de mise en route de plusieurs minutes ; elles utilisent un ballast et un starter ;

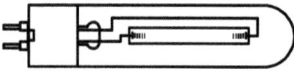

Figure 119. Lampe à vapeur de sodium haute pression.

- *à vapeur de mercure*, inventées en 1935, lesquelles ne sont plus prescrites aujourd'hui car leur efficacité lumineuse est faible, leur rendu des couleurs est pauvre et leur durée de vie est courte ; elles sont courantes dans l'existant, en éclairage public ;
- ou *à iodures métalliques* (ou *halogénures*, et en anglais *metal halide*), lampes de forte puissance inventées en 1960, d'une température proche de la lumière naturelle, utilisées dans l'industrie cinématographique, la photographie, l'éclairage scénique, les musées, les commerces, l'éclairage des places publiques et monuments, etc. ; elles sont utilisées quand la priorité est donnée à la *qualité chromatique* et au rendu des couleurs (attention toutefois, certains modèle possèdent un IRC relativement médiocre, pouvant aller jusqu'à 65) ; elles existent dans une large palette de couleurs, permettant de varier les effets ; l'ampoule contient de la vapeur de mercure haute pression dans laquelle on a ajouté des halogénures métalliques (le plus souvent des iodures) ; elles nécessitent un ballast et un système d'allumage et elles existent sous deux formes : ancienne génération à brûleur à quartz et nouvelle génération à brûleur céramique ; ces lampes représentent actuellement une bonne alternative aux halogènes dans les commerces et, outre leur meilleure efficacité énergétique, elles ont une durée de vie 3 à 5 fois plus longue.

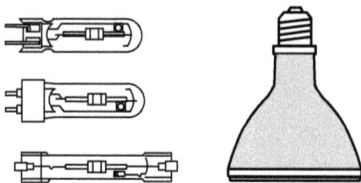

Figure 120. Lampes aux halogénures métalliques.

2.7.2.3. Lampes à LED

Après avoir été pendant des années les lampes de l'avenir, elles sont maintenant les lampes les plus couramment utilisées. Leur avantage est double : faible consommation et très longue durée de vie.

Les LED offrent de grandes possibilités de design, grâce à leurs nuances de couleurs pilotables électroniquement et à leur miniaturisation. Elles se présentent sous de très nombreuses formes : 220 V, très basse tension, sphériques, etc.

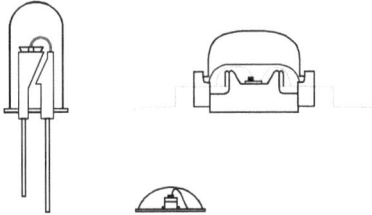

Figure 121. Détail de LED.

Figure 122. En éclairage public extérieur les LED sont maintenant omniprésentes.

Pour quels usages les LED sont-elles adaptées ?

Pendant des années le syndicat de l'éclairage a publié tous les six mois une grille de maturité des LED, montrant l'évolution des techniques et les taux de pénétration du marché usage par usage. Aujourd'hui, les sources LED sont si universellement utilisées que cette analyse n'est plus d'actualité : les LED sont adaptées à quasiment tous les usages.

2.7.2.4. Comparaison de l'efficacité lumineuse

Le tableau ci-dessous donne des ordres de grandeur de l'efficacité de ces différents types de lampes, en lumen par watt. Il faut cependant garder à l'esprit que l'efficacité énergétique, si elle peut être le meilleur critère de choix dans certains programmes (par exemple en éclairage public), ne peut pas être le seul critère de choix pour d'autres programmes. Par exemple pour un musée, les critères chromatiques (IRC) sont fondamentaux, et l'efficacité énergétique ne suffit pas à choisir une lampe.

Les lampes à ballast externe sont généralement plus efficaces que les lampes à ballast interne ; un autre intérêt du ballast externe vient du fait que la durée de vie du ballast est plus longue que celle de la lampe, la séparation des deux appareils permet donc une optimisation de la maintenance.

En outre, les nouvelles générations de ballast, dits électroniques, sont beaucoup plus efficaces énergétiquement que les anciens ballasts, électromagnétiques, que la législation européenne vise à éliminer progressivement.

Types de lampe	Plages d'efficacité lumineuse globale (source et appareillage)	Utilisations
Lampe à incandescence	10 lm/W	Plus prescrites
Lampe halogène 220 V	20 à 40 lm/W	Plus prescrites
Lampe à vapeur de sodium basse pression	100 à 180 lm/W	Routes, tunnels, industries…
Tube fluorescent T5 et T8	80 à 110 lm/W	Bureaux, commerces…
Lampe fluocompacte à ballast interne	30 à 70 lm/W	Bureaux, commerces, habitations…
Lampe fluocompacte à ballast externe	50 à 100 lm/W	Bureaux, commerces…
Lampe à induction	50 à 80 lm/W	Accès difficiles (tunnels, tours…) Rare
Lampe à vapeur de sodium haute pression	80 à 150 lm/W	Éclairage public, routes, industries…
Lampe à vapeur de mercure haute pression	30 à 60 lm/W	Plus prescrites
Lampe aux halogénures métalliques	70 à 90 lm/W	Commerces, musées, éclairage scénique
LED	70 à 110 lm/W	Voir tableau précédent

2.7.2.5. Comparaison des durées de vie des lampes

Les LED, les lampes à sodium haute pression et les tubes T5/T8 sont les plus sources les plus intéressantes en termes de durée de vie :

Types de lampe	Durée de vie
Lampe à incandescence	1 000 h
Lampe halogène	2 000 à 4 000 h
Lampe à vapeur de sodium basse pression	18 000 h
Lampe fluocompacte	15 000 à 20 000 h
Lampe aux halogénures métalliques	6 000 à 26 000 h

Types de lampe	Durée de vie
Lampe à vapeur de sodium haute pression	20 000 à 40 000 h
Tube fluorescent T5 et T8	10 000 à 45 000 h
LED	50 000 h
Lampe à induction (rare)	60 000 h

2.7.3. Les luminaires

Les luminaires qui accueillent les lampes comportent un *système optique* destiné à modifier le flux lumineux émis par la lampe. Ce système optique peut être constitué de réflecteurs, de réfracteurs, de diffuseurs, filtres, etc.

Un des objectifs de ces optiques est d'empêcher la dispersion de la lumière ; par exemple en éclairage extérieur, éviter d'envoyer une partie du flux lumineux vers ciel.

L'optique est caractérisée par un schéma de répartition du flux lumineux, appelé sur les fiches techniques *données photométriques*. On parle par exemple pour les spots de faisceau intensif, semi-intensif, extensif, etc.

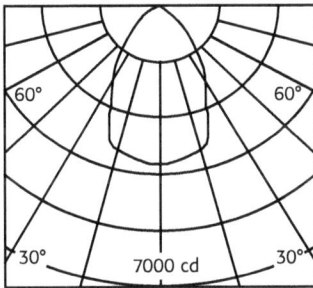

Figure 123. Exemple de schéma photométrique figurant sur la fiche technique d'un luminaire.

Tout l'art de l'éclairagiste est de choisir les emplacements, les combinaisons et les orientations des luminaires pour optimiser leur utilisation (on parle de *facteur d'utilisation*) et éviter les risques d'éblouissement.

On classe[1] les luminaires en :
- éclairage diffus : dirigé dans toutes les directions ;
- éclairage direct : dirigé vers le bas ;
- éclairage semi-direct : dirigé principalement vers le bas et partiellement vers le haut ;
- éclairage direct/indirect : dirigé à la fois vers le bas et vers le haut ;
- éclairage semi-indirect : dirigé principalement vers le haut et partiellement vers le bas ;
- éclairage indirect : dirigé vers le haut.

---

1 Classification de la Commission internationale de l'éclairage.

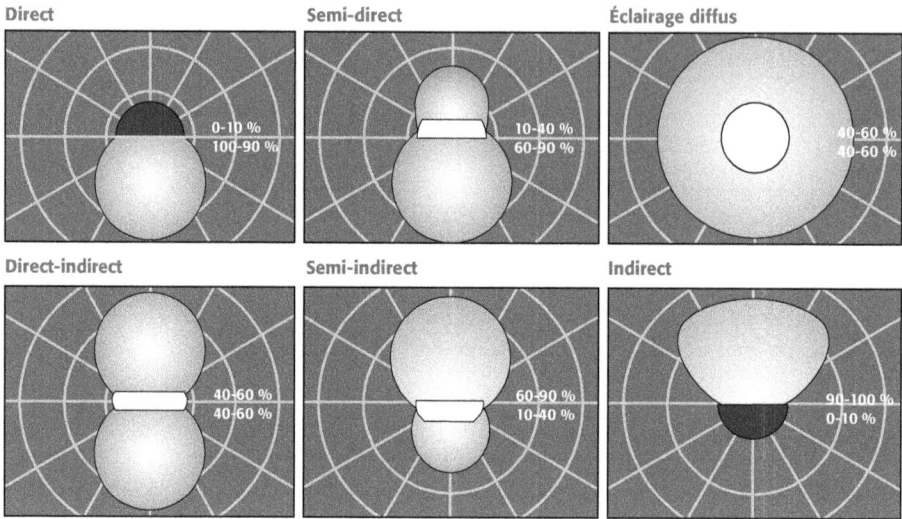

Figure 124. Types de luminaires.

2.7.4. Optimiser l'utilisation de l'éclairage naturel dans les projets

Quelques concepts

Le *facteur lumière du jour* (FLJ) est le rapport entre l'éclairement reçu grâce à la lumière naturelle à l'intérieur du bâtiment en un point et l'éclairement reçu à l'extérieur du bâtiment, par temps couvert (sous un ciel normalisé). Le facteur lumière du jour est généralement calculé à la hauteur d'un plan de travail, dans une zone « de premier rang » proche des fenêtres.

En termes d'ordre de grandeur :

Facteur lumière du jour	< 1 %	1 à 2 %	2 à 5 %	5 à 10 %	> 10 %
	Trop sombre	FLJ faible	Bon FLJ	Très bon FLJ	Risque d'éblouissement
Position typique	Fond de pièce	Quelques mètres des fenêtres		À proximité des fenêtres	

Le FLJ étant un concept lié à un ciel couvert normalisé, il ne tient compte ni de l'orientation du bâtiment (pas de soleil) ni du climat local. Il est basé sur un ciel couvert ; or, dans le Sud de la France cela ne concerne que 30 % des jours de l'année. Son utilisation peut donc conduire à concevoir des ouvertures identiques sur toutes les façades et à surdimensionner les fenêtres puisqu'on prend un ciel couvert comme référence, avec un risque de surchauffe et d'éblouissement. C'est donc un concept limité.

L'*autonomie en lumière du jour* (*Daylight Autonomy*, ou DA) est la proportion d'heures d'occupation des locaux sur l'année où la lumière naturelle suffit à assurer le niveau d'éclairement nécessaire. Ce concept prend en compte l'évolution de l'éclairage naturel au fil des saisons. On considère généralement qu'une DA de 50-60 % est satisfaisante pour des bureaux occupés de 8 h à 18 h.

La conception des bâtiments doit permettre :

- dans un premier temps de profiter au maximum de la lumière naturelle ;
- dans un deuxième temps de compléter l'éclairage naturel par un éclairage artificiel nécessaire et suffisant, commandé par des automatismes qui optimisent les consommations électriques.

Optimiser les apports en lumière naturelle

La *largeur* du bâtiment est définie en esquisse. Au-delà de 4,5 m de profondeur, les locaux bénéficient peu de la lumière naturelle. Il est donc essentiel pour l'utilisation de la lumière naturelle de ne pas concevoir des bâtiments trop profonds. Pour donner un ordre de grandeur, 20 m de profondeur est un maximum jamais dépassé (une profondeur inférieure est hautement souhaitable).

Le *dimensionnement des ouvertures* est un équilibre entre utilisation de la lumière naturelle et isolation thermique.

La *disposition des locaux* en plan et en fonction de l'orientation des façades joue un rôle important : les locaux de vie ont davantage besoin de lumière naturelle que les circulations et les locaux techniques (attention toutefois sur ce point : les locaux techniques CVC ont besoin de surfaces d'échange avec l'extérieur).

Les *protections solaires* sont à prévoir pour préserver le confort d'été et limiter l'éblouissement. Pour mémoire, toujours préférer des protections solaires extérieures, meilleures en termes thermiques.

Les automatismes de commande de l'éclairage

Les dispositifs de conduite de l'éclairage peuvent donc être de plusieurs types :

- commande marche/arrêt ;
- asservissement à des détecteurs de présence ;
- asservissement à une horloge ;
- asservissement à la luminosité naturelle.

Les horloges, détecteurs de présence, capteurs de luminosité (cellule photoélectrique) permettent de réaliser d'importantes économies d'énergie, et sont complémentaires de luminaires efficaces.

Ces automatismes, ou dispositifs de conduite, peuvent commander l'allumage et l'extinction mais ils peuvent aussi commander le réglage de la lumière émise. Certains tubes fluorescents, ou des lampes à LED, peuvent ainsi être associés à un système de modulation du flux lumineux basé sur des détecteurs de luminosité ambiante (on parle de source graduable), ce qui augmente considérablement l'efficacité énergétique. Grâce à ces systèmes, la disponibilité de l'éclairage naturel peut être prise en compte automatiquement, tout en laissant toujours aux utilisateurs la possibilité du réglage manuel.

Les détecteurs de présence, à infrarouges ou ultrasons, qui commandent l'allumage et l'extinction, sont adaptés pour les circulations, les sanitaires, les lieux souvent inoccupés.

On appelle *horloges astronomiques* des horloges programmables (très bon marché) de gestion de l'éclairage, capables de s'adapter aux horaires quotidiens de lever et coucher du soleil. Elles peuvent être synchronisées par GPS, par radio, etc. et sont bien adaptées aux grands sites et à l'éclairage public.

Figure 125. Un exemple de détecteur de présence infrarouge
pour lieu de passage sans luminosité naturelle (source : Legrand).

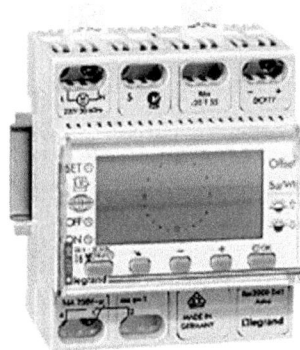

Figure 126. Un exemple d'horloge astronomique,
ou interrupteur horaire programmable (source : Legrand).

Conseil pratique

Ce domaine des commandes d'éclairage est souvent négligé lors de la conception et constitue certainement un enjeu de progrès futurs. Même les maîtres d'œuvre les plus attentifs aux économies d'énergie peuvent malgré eux concevoir des locaux dont l'éclairage restera allumé en plein jour, du fait d'une conception pas assez fine des commandes d'éclairage.

Prendre le temps d'examiner en détail avec la personne en charge du lot courants forts les commandes d'éclairage prévues, et s'interroger sur leur pertinence en fonction de la nature de chaque local.

Pour en savoir plus sur les automatismes de commande d'éclairage

Voir par exemple sur le site Internet d'Osram la *Dali Box DayLight*, qui gère l'éclairage à la fois en fonction de la présence des personnes et en fonction de la disponibilité de l'éclairage naturel, ou voir le site de Legrand, rubrique professionnel/tertiaire/inter éco.

2.7.5.　Les aspects sécurité et la robustesse des luminaires

Le texte de base pour la sécurité électrique des luminaires est la norme NF EN 60598.

Son respect est imposé dans les ERP des quatre premières catégories par l'article EC 5 du règlement de sécurité des ERP.

La marque « NF Luminaire » en garantit le respect.

Classe électrique – protection contre les chocs électriques

Cette notion définit la résistance des luminaires à un choc électrique. Les luminaires sont répartis en classes :

- classe I : luminaires avec mise à la terre des parties métalliques accessibles ;
- classe II : double isolation ou isolation renforcée, c'est le cas le plus courant pour les luminaires professionnels ;
- classe III : luminaires alimentés en très basse tension de sécurité (inférieure à 50 V), destinés aux lieux très humides.

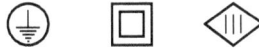

Figure 127. Symboles des classes I, II et III.

Indice de protection (IP)

Cette notion, qui s'applique à bien d'autres appareils que les luminaires, caractérise le degré de protection procuré par les enveloppes des appareils. Le premier chiffre caractérise la protection contre les corps solides et les poussières, le deuxième la *protection contre l'humidité*. C'est un critère de choix en fonction de l'implantation prévue pour les luminaires. Cette problématique est bien connue pour la résistance à l'humidité, mais peut-être moins pour la résistance aux poussières ; or, cet aspect est fondamental lui aussi pour la pérennité de l'installation : un luminaire peu résistant aux poussières et placé dans un environnement poussiéreux (parking par exemple) aura de moins bonnes performances photométriques dans le temps.

Quelques exemples courants pour des luminaires :

- IP20 : convient en intérieur ;
- IP66 : convient aussi en extérieur.

On considère qu'un luminaire peut être implanté en extérieur, avec projection d'eau, à partir d'IP44.

Indice de protection (IK)

Cet indice caractérise le degré de protection contre les chocs physiques ; c'est un critère de choix pour les luminaires *antivandalisme* notamment. IK00 caractérise les appareils les moins résistants, et IK10 les plus résistants.

Exemples courants pour les luminaires : IK05, IK 07, IK08, IK09 et IK10.

Il existe aussi un indice VK, qui caractérise la résistance antivandalisme. Il intègre la résistance mécanique au-delà de IK10, ainsi que les autres caractéristiques de résistance au vandalisme.

Test au fil incandescent[1]

Ce test, exigible dans certains cas, évalue la capacité d'un luminaire à résister à un incendie. Durant 30 secondes, un fil incandescent est appliqué sur les différentes parties du luminaire. La température du fil incandescent pour le test est de 960 °C, 850 °C, 750 °C ou 650 °C.

---

1   Norme NF EN 60695-2-11.

Pour en savoir plus sur les lampes

Consulter le site Internet de fabricants, comme www.lighting.philips.fr, www.osram.fr, www.thornlighting.fr ou www.gelighting.com/eu

---

2.7.6. Les contraintes règlementaires des projets d'éclairage

On rappelle ici pour mémoire les principales règlementations impactant la conception de l'éclairage *normal*. Pour quelques rappels sur l'éclairage de sécurité, se référer au chapitre 1.

Les valeurs d'éclairement citées dans la règlementation doivent s'entendre comme un niveau *moyen* à garantir au sol, et non comme une valeur minimale en tout point.[1]

Niveaux d'éclairement en ERP neuf

La réglementation sur l'accessibilité PMR des ERP neufs est très exigeante sur les niveaux d'éclairement. Dans la plupart des cas, les valeurs qu'elle impose sont dimensionnantes pour les installations d'éclairage en ERP, à tel point qu'on peut se demander s'il ne serait pas pertinent de revoir ce texte pour plus de sobriété énergétique dans certains types d'ERP :

« • *20 lux pour le cheminement extérieur accessible ainsi que les parcs de stationnement extérieurs et leurs circulations piétonnes accessibles ;*
- *20 lux pour les parcs de stationnement intérieurs et leurs circulations piétonnes accessibles ;*
- *200 lux au droit des postes d'accueil ou des mobiliers en faisant office ;*
- *100 lux pour les circulations intérieures horizontales ;*
- *150 lux pour chaque escalier et équipement mobile.* » en intérieur[2]

Il est intéressant, à titre de benchmark, de constater qu'aux Pays-Bas de nombreux restaurants se contentent de quelques lux, de même que les pubs au Royaume-Uni.

Cette même liste de niveaux d'éclairement est aussi applicable pour les parties communes des immeubles d'habitation neufs[3], avec comme précision supplémentaire : *100 lux à l'intérieur des locaux collectifs* (et avec suppression de la mention des postes d'accueil).

Niveaux d'éclairement en ERP existant

Là encore c'est la règlementation accessibilité qui est dimensionnante[4], en exigeant :

« • *20 lux pour le cheminement extérieur accessible ainsi que les parcs de stationnement extérieurs et leurs circulations piétonnes accessibles ;*
- *20 lux pour les parcs de stationnement intérieurs et leurs circulations piétonnes accessibles ;*

---

1 Cette clarification a été apportée par le ministère ; voir www.accessibilite-batiment.fr, rubrique questions/réponses ; le pas du maillage des mesures y est précisé.
2 Art. 14 de l'arrêté du 20 avril 2017 relatif à l'accessibilité aux personnes handicapées des établissements recevant du public lors de leur construction et des installations ouvertes au public lors de leur aménagement.
3 Art. 10 de l'arrêté du 1er août 2006 modifié pris pour l'application des articles R111-18 à R111-18-7 du Code de la construction et de l'habitation – Accessibilité aux personnes handicapées des bâtiments d'habitation collectifs et des maisons individuelles lors de leur construction.
4 Arrêté du 8 décembre 2014 fixant les dispositions prises pour l'application des articles R.111-19-7 à R.111-19-11 du Code de la construction et de l'habitation et de l'article 14 du décret n° 2006-555 relatives à l'accessibilité aux personnes handicapées des établissements recevant du public situés dans un cadre bâti existant et des installations existantes ouvertes au public.

- *200 lux au droit des postes d'accueil ;*
- *100 lux pour les circulations intérieures horizontales ;*
- *150 lux pour chaque escalier et équipement mobile.* » en intérieur.

Niveaux d'éclairement en ERT

Le Code du travail impose aux ERT des valeurs différentes[1] :

Locaux affectés au travail et leurs dépendances	Valeurs minimales d'éclairement
Voies de circulation intérieures	40 lux
Escaliers et entrepôts	60 lux
Locaux de travail, vestiaires, sanitaires	120 lux
Locaux aveugles affectés à un travail permanent	200 lux
Espaces extérieurs	
Zones et voies de circulation extérieures	10 lux
Espaces extérieurs où sont effectués des travaux à caractère permanent	40 lux

Le texte de référence pour les locaux professionnels est la norme sur l'éclairage des lieux de travail, qui fournit des prescriptions beaucoup plus détaillées, profession par profession.[2]

Règlementation sur l'éclairage nocturne

Afin de préserver la biodiversité l'éclairage nocturne des espaces publics extérieurs, des façades et des vitrines commerciales est règlementé.

Les prescriptions portent sur les horaires et sur les caractéristiques de l'éclairage.[3]

Règles issues du Règlement ERP

Pour mémoire, les articles EC (comme éclairage) du Règlement ERP sont applicables aux ERP du premier groupe (catégorie 1 à 4). Consulter le chapitre 1 pour plus de détails.

3. Vocabulaire et enjeux des courants faibles

L'appellation *courants faibles* désigne les installations électriques de tension inférieure à 50 V, destinés au transport d'information et non d'énergie. Ce domaine est aussi désigné par le terme un peu désuet de « télécommunications » , ou par le terme VDI (voix, données, images). Il est étroitement lié à l'informatique.

Ce domaine a la particularité d'être intimement lié au programme du maître d'ouvrage. En effet, les installations courants faibles sont définies par la nature de l'exploitation ultérieure des locaux. C'est donc le domaine par excellence où un programme détaillé est indispensable.

---

1   Article R4223-4 du Code du travail.
2   Norme NF EN 12464-1 Lumière et éclairage – Eclairage des lieux de travail – Lieux de travail intérieurs.
3   Arrêté du 27 décembre 2018 relatif à la prévention, à la réduction et à la limitation des nuisances lumineuses.

Une autre particularité de cette spécialité est d'être en constante évolution, avec une apparition régulière de nouvelles technologies.

Par ailleurs, les exigences minimales en termes de réseaux courants faibles dans les bâtiments d'habitation et les locaux à usage professionnel sont règlementées par un arrêté.[1]

3.1. En habitation individuelle

Les courants faibles sont réduits à leur plus simple expression :
- un réseau de prises téléphoniques raccordé à une arrivée du réseau concédé ;
- des installations diverses comme interphone, fibre optique, antenne TV, etc.

3.2. En habitation collective

Là encore, les courants faibles ne posent pas de problèmes particuliers :
- l'opérateur concédé amène son câble dans l'immeuble jusqu'à un ou des « sous-répartiteurs d'immeuble » (SRI) ;
- sur chaque palier, un sous-répartiteur ou une boîte de dérivation permet le raccordement au réseau de prises téléphoniques privatifs des appartements.

Des réseaux de fibres optiques sont de même distribués vers les appartements, ainsi que des installations diverses (antennes, interphones, etc.). Câble cuivre et fibre sont désormais des obligations règlementaire s ; dans l'arrêté, le nombre minimal de prises de communication dépend de la taille du logement.

3.3. En ERT et ERP

Les installations courants faibles peuvent notamment comprendre les installations suivantes.

3.3.1. Téléphonie

Le réseau téléphonique historique est basé sur le principe du réseau téléphonique commuté (RTC).

Le réseau Orange/France Télécom est constitué de centraux téléphoniques (ou nœuds de raccordement abonnés) qui peuvent occuper plusieurs dizaines de mètres carrés, et sont reliés entre eux par des rocades. Depuis ces centraux, les réseaux alimentent les bâtiments du quartier.

---

1 Arrêté du 16 décembre 2011 relatif à l'application de l'article R111-14 du Code de la construction et de l'habitation. Voir aussi cet article du Code.

À l'intérieur du bâtiment, le concessionnaire possède un ou plusieurs sous-répartiteurs d'immeuble (SRI) comme on vient de le voir. Depuis ces sous-répartiteurs, le réseau privatif alimente les prises téléphoniques de chaque occupant.

Le réseau privatif comporte lui-même, dans les bâtiments tertiaires d'une certaine taille, des répartiteurs téléphoniques. Dans ces répartiteurs, des jarretières téléphoniques (petits câbles fins) relient des réglettes.

Figure 128. Exemple de répartiteur téléphonique, avec réglettes et jarretières.

Les câbles utilisés par ce réseau téléphonique traditionnel sont des multiples de paires : câble 64 paires, 24 paires, 4 paires, 2 paires, etc.

Les bâtiments ou sites les plus importants comportent eux-mêmes un *autocom* privé, plus précisément un autocommutateur téléphonique privé, ou PBX (pour *Private Branch Exchange*).

Les avantages de l'autocom privé sont notamment :

- de disposer de plus de lignes en interne qu'on ne paie de lignes en externe ;
- de rendre gratuites les communications au sein de l'entreprise ;
- de permettre de nombreux services internes (conférences, transferts d'appels, messagerie, etc.).

De nos jours, les installations neuves dans les ERT d'une certaine taille ne sont plus réalisées *via* ce réseau téléphonique commuté, mais utilisent la téléphonie sur IP, ou voix sur IP.

La téléphonie sur IP nécessite des autocoms particuliers, dits IP-PBX (pour *Internet Protocol - Private Branch Exchange*), par opposition aux autocoms classiques du réseau commuté, dits PBX.

Cette technologie permet des économies importantes au sein des entreprises.

Un PCBX est un autocom bâti sur un PC utilisant un logiciel dédié, comme le logiciel Asterisk.

Pour en savoir plus sur la téléphonie sur IP

Consulter le site d'un exemple de logiciel : www.asterisk.com

Consulter le site de fabricants comme www.panasonic.fr ou www.cisco.com (rubrique Voix et conférences).

3.3.2. Réseaux informatiques locaux

Dans les entreprises, les réseaux informatiques locaux sont basés sur des baies informatiques qui alimentent la distribution terminale des postes de travail.

Les baies informatiques abritent des *éléments actifs*, qui assurent la gestion des données.

Un réseau local est aussi appelé LAN (*Local Area Network*), par opposition au WAN (*World Area Network*), réseau international pouvant interconnecter des réseaux et des serveurs entre eux.

On rencontre aussi le terme VDI, voix données images, qui désigne les réseaux informatiques ou plus généralement courants faibles.

3.3.2.1. Composition des réseaux locaux

Les réseaux locaux entre postes informatiques, dits *Ethernet*, nécessitent à la fois du matériel et des logiciels :

- les postes informatiques eux-mêmes ;
- le câblage constitue l'infrastructure physique, avec le choix entre paires téléphoniques, câble coaxial ou fibre optique. Le câblage détermine le type de concentrateurs utilisés, qui constituent les nœuds des réseaux en étoile ;
- des baies informatiques comportant des *switches* ;
- un ou des serveurs ;
- un pont, un routeur ou passerelle constituent les moyens de communication qui permettent à un des utilisateurs de « sortir » du réseau local pour atteindre d'autres réseaux locaux ou des serveurs distants, Internet ou autres ;
- la méthode d'accès décrit la façon dont le réseau arbitre les communications des différents postes informatiques sur le câble : ordre, temps de parole, organisation des messages. La méthode d'accès est essentiellement matérialisée dans les cartes d'interfaces, qui connectent les stations au câble ;
- les protocoles de réseaux sont des logiciels qui « tournent » à la fois sur les différentes stations et leurs cartes d'interfaces réseaux. Le protocole est le langage de communication entre deux machines connectées sur le réseau ;
- le système d'exploitation du serveur réseau, souvent nommé gestionnaire du réseau, est installé sur le ou les serveurs. Il gère les partages, droits d'accès, etc. ;
- le système de gestion et d'administration du réseau envoie les alarmes en cas d'incidents, comptabilise le trafic, mémorise l'activité du réseau et aide le superviseur à prévoir l'évolution de son réseau ;
- le système de sauvegarde est un élément indispensable qui fonctionne de diverses manières, soit en recopiant systématiquement tous les fichiers du ou des serveurs, soit en faisant des sauvegardes périodiques.

La construction d'un réseau local étant très liée aux besoins des utilisateurs, il est fréquent que les immeubles de bureaux neufs soient livrés sous forme de grands plateaux, sans le cloisonnement des locaux techniques destinés à accueillir les baies informatiques. Les locaux techniques, les baies informatiques et la distribution terminale sont alors réalisés dans un second temps, une fois les besoins des utilisateurs précisément connus.

3.3.2.2. Le câblage des réseaux Ethernet

Les réseaux locaux sont basés sur trois types de câbles : les paires torsadées, les câbles coaxiaux (en voie de disparition) et la fibre optique.

Les paires torsadées

Ces câbles sont utilisés à la fois pour la distribution terminale, entre baie informatique et stations (on parle de câbles RJ45), et pour des rocades à plus longue distance.

Les connecteurs RJ45 représentent la connectique la plus courante pour les câbles à paires torsadées en informatique. Il en existe de la plus mauvaise à la meilleure qualité.

> Pour la distribution terminale cuivre entre une baie informatique et les équipements terminaux, une distance maximale de 100 m de câble doit impérativement être respectée. C'est cette règle qui dicte l'implantation des baies informatiques en plan.

Les fibres optiques

La fibre optique est plus chère, autorise des débits supérieurs et est utilisée pour interconnecter des réseaux entre eux ou sur de longues distances.

Il existe deux types de fibres optiques :
* le monomode (SMF) utilise un seul canal de transfert à l'intérieur du conducteur et permet des transferts jusque 100 Gb/s par kilomètre. Le chemin est parfaitement linéaire, il n'y a aucune dispersion du signal. Par contre, la source d'émission est une diode laser, plus chère et plus difficile à mettre en œuvre ;
* le multimode (MMF) utilise une simple diode LED moins chère mais avec un signal non rectiligne. Les rayons utilisent différents trajets suivant les angles de réfraction et donc différents temps de propagation : le signal doit être reconstruit à l'arrivée. Principalement utilisées pour les réseaux internes, les performances de ces fibres sont de l'ordre du Gb/s.

Par ailleurs, on appelle *recette* le test des câbles courants faibles, réalisé en fin de travaux par l'entreprise, avant la mise en service.

3.3.2.3. Topologie des réseaux locaux

Les anciens réseaux locaux utilisaient :
* la topologie réseau en bus : les ordinateurs étaient reliés à une boucle appelée bus ;
* la topologie réseau en anneau : technologie dite *token-ring* développée par IBM en 2000.

De nos jours, les réseaux locaux installés utilisent une troisième version, la topologie en étoile : toutes les stations sont connectées à un concentrateur, un point central. Les stations émettent vers ce concentrateur qui renvoie les données vers tous les autres ports réseaux (*hub*, qui ne sont plus utilisés) ou uniquement au destinataire (*switch*).

Il existe aussi des réseaux sans fils.

3.3.2.4. Types de serveur

Un serveur peut jouer trois rôles :

* serveur de fichiers, pour enregistrer les fichiers des utilisateurs ;
* serveur d'application, qui permet d'héberger une application utilisée par les postes clients ;
* serveur d'impression, pour partager des imprimantes.

Il est aussi courant qu'un serveur joue ces trois rôles à la fois.

3.3.2.5. Les concentrateurs Ethernet, ou éléments actifs

Les réseaux informatiques locaux sont gérés par des baies informatiques qui comportent des éléments actifs, ou concentrateurs.

Figure 129. Exemple de baie informatique, accueillant différents éléments actifs.

Ces éléments actifs, qui peuvent être de différentes sortes, sont choisis en fonction de la topologie du réseau, de son importance et de son interconnexion avec d'autres réseaux. Ils nécessitent une alimentation électrique spécifique, en très basse tension.

Les *hubs*

Un *hub* (en français, « répétiteur ») est un élément actif qui se contente d'amplifier le signal pour le retransmettre sur tous ses ports. Ces équipements sont maintenant obsolètes et ne sont plus utilisés dans les nouvelles installations. Ils sont remplacés par des *switches*. On peut les rencontrer dans l'existant, mais ils ne sont pratiquement plus commercialisés.

Les *switches*

Les *switches* (en français, « commutateurs ») sont les éléments actifs les plus couramment utilisés dans les baies informatiques de réseaux locaux.

En recevant une information, un *switch* décode les données pour ne les envoyer que vers le port Ethernet destinataire, ce qui réduit le trafic sur l'ensemble du câblage réseau par rapport à un *hub* qui renvoie les données sur tous les ports.

Figure 130. Exemple de *switch*.

Les routeurs

Les *hubs* et *switches* ne gèrent que les échanges de données entre équipements dans la même « classe » d'adresse IP d'un même sous-réseau. Un routeur permet de transférer les données entre des réseaux de classes d'adresses différentes, c'est-à-dire d'un réseau à un autre réseau. Il détermine également des routes (le routage) pour communiquer avec d'autres routeurs qui ne sont pas directement connectés avec lui.

Comme les adresses des sites Internet sont dans des classes différentes des ordinateurs en réseau local, la connexion d'un réseau local à Internet utilise obligatoirement un routeur.

3.3.2.6. Les terminaux points de vente (TPV)

Dans les commerces, il est possible de raccorder les points de vente grâce à un réseau local de la même manière.

Pour en savoir plus sur les réseaux locaux informatiques

Consulter le site de fabricants comme www.cisco.com

3.3.3. Les systèmes de GTB

Dans les grands bâtiments, un système de gestion technique du bâtiment peut être installé, pour faciliter et optimiser la maintenance. On rencontre aussi le terme *gestion technique centralisée* (GTC).

La conception d'un tel système nécessite un programme. Ce programme — pour être pertinent — doit prendre en compte la manière dont la maintenance future sera réalisée.

Ce système comporte couramment :
* un système central ;
* un poste opérateur (qui peut être déporté *via* Internet) ;
* des unités de traitement locales (UTL) réparties sur le terrain ;
* les raccordements aux installations diverses sur lesquelles le système de GTB collecte des informations.

Ces équipements sur lesquels on collecte des données sont par exemple : un TGBT, un tableau divisionnaire particulièrement important, des commandes d'éclairage, des CTA, des groupes froids, des chambres froides, une chaufferie, des portes automatiques, des ascenseurs, des escaliers mécaniques, des compteurs d'énergie, etc.

Dans sa version la plus rudimentaire, la GTB se contente de *collecter* des informations, qui peuvent par exemple être utilisées pour calculer un bonus/malus dans le cadre d'un contrat de maintenance.

Une version plus élaborée permet d'*agir à distance* sur les équipements.

L'intérêt principal des GTB était dans le passé l'optimisation de la maintenance des grands bâtiments, notamment en termes de délai de dépannage. Depuis peu, les GTB ont pour nouvel objectif l'optimisation des consommations énergétiques du bâtiment. Par exemple dans un grand bâtiment existant, l'installation d'une GTB peut permettre à l'exploitant de trouver des pistes d'économies d'énergie en identifiant les équipements les moins performants, et en adaptant leur fonctionnement. Une telle démarche peut être rentable à court terme.

Trois points méritent une attention toute particulière lors de la conception, outre les solutions techniques elles-mêmes :

- les équipements à raccorder doivent comporter une interface compatible avec le protocole utilisé par la GTB : l'interface est à imposer à tous les lots concernés ;
- la liste des équipements (on parle de *points GTB*) à raccorder relève du programme, et doit donc être soit issue du maître d'ouvrage, soit validée par ses soins ;
- l'ergonomie de l'interface homme/machine est assurément cruciale.

Le terme *domotique* désigne de petites GTB destinées à l'habitation individuelle. On ne saurait trop se méfier de ces installations excessivement complexes dans l'habitat : la charge de maintenance qu'elles engendrent à long terme risque fort d'être contraignante. L'intérêt des GTB est de collecter des informations sur des équipements distants, or dans l'habitat il n'y a pas d'équipement distant !

3.3.4. Les autres systèmes courants faibles

Suivant la nature du programme, un bâtiment peut comporter des installations courants faibles très diverses, par exemple :

- installations de sonorisation, par exemple dans un hypermarché ;
- installations de vidéosurveillance, éventuellement avec enregistrement ;
- systèmes d'alarme intrusion ;
- systèmes de contrôle d'accès, etc.

Par ailleurs, les SSI, bien que faisant partie des courants faibles, constituent une famille d'installations bien à part. Pour une présentation des SSI, voir au chapitre 1 les pages dédiées au vocabulaire des SSI et au chapitre 2 celles sur le cahier des charges fonctionnel du CSSI.

4. Vocabulaire et enjeux en CVC

« Il faut isoler les thermiciens. »
André Pouget

La spécialité CVC, aussi appelée CVC-D (comme désenfumage), comprend les domaines suivants :

- ventilation ;
- chauffage ;
- climatisation ;
- désenfumage.

Ces domaines ne sont pas toujours dissociables : certains équipements peuvent contribuer à la fois au chauffage et à la ventilation, d'autres à la fois à la ventilation et au désenfumage, etc.

On rencontre parfois, pour désigner la CVC, le terme anglais *HVAC* (*heating, ventilation and air conditioning*).

Ce domaine est si vaste, et les technologies si nombreuses, que les présentes pages ne pourront que donner quelques éclairages forcément réducteurs, et un peu de vocabulaire. Les solutions techniques présentées ici ne donnent pas une vue exhaustive des possibilités : seules les installations les plus courantes sont citées – les installations présentent une diversité déconcertante, et le Linné qui en créerait la nomenclature n'est pas encore apparu !

Pour avoir une vue synthétique de cette spécialité, on décompose les installations de manière simpliste en plusieurs fonctions de base :

- la ventilation ;
- la production de chaud ;
- la distribution de chaud ;
- la production de froid ;
- la distribution de froid ;
- le désenfumage.

4.1.   La ventilation

Avant les années 1980, les bâtiments étaient mal isolés, peu étanches à l'air, et les locaux étaient donc naturellement ventilés.

Depuis les années 1980, les bâtiments sont de mieux en mieux isolés, et les flux d'air parasites deviennent bien plus faibles.

La qualité de l'air intérieur s'est donc fortement dégradée : l'air est pollué par les dégagements des vernis, peintures, produits d'entretien…, par les acariens, les moisissures, le tabac, les pollens et par le dioxyde de carbone émis par les occupants.

En pratique, dans la majorité des bâtiments existants, la qualité de l'air intérieur est inférieure à la qualité de l'air extérieur, même en ville.

Cette pollution de l'air intérieur est la cause de nombreux problèmes de santé (asthme, rhinites, allergies, etc.), d'où la nécessité de ventiler les locaux.

Avec la RT 2012, les bâtiments neufs seront encore plus étanches à l'air, ce qui rendra plus cruciale encore l'efficacité des installations de ventilation pour préserver la qualité de l'air intérieur.

Ce domaine de la qualité de l'air intérieur est actuellement l'objet de nombreuses recherches scientifiques.

Pour en savoir plus sur la pollution de l'air intérieur

Consulter le site de l'Observatoire de la qualité de l'air intérieur, www.oqai.fr

Voir aussi plus bas le chapitre Qualité environnementale du bâtiment, thème « Santé et Qualité de l'air intérieur ».

L'installation de ventilation peut être constituée par :

* un système d'extraction simple flux ;
* une centrale de traitement d'air double flux ;
* une ventilation naturelle.

4.1.1. Les centrales de traitement d'air (CTA)

Les centrales de traitement d'air préparent l'air apporté aux locaux. Elles le filtrent (car l'air extérieur peut comporter des polluants), le rafraîchissent ou le chauffent suivant les cas, l'humidifient et le distribuent dans les réseaux de gaines vers les locaux à ventiler.

Les CTA à double flux à récupération d'énergie comportent de plus des échangeurs de chaleur permettant de préchauffer l'air neuf grâce à la chaleur récupérée sur l'air extrait. Elles ont supplanté depuis quelques années les installations d'extraction simple flux, qui ont l'inconvénient d'évacuer de la chaleur en même temps qu'elles extraient l'air vicié. Cette récupération d'énergie sur l'air extrait peut être réalisée grâce à des échangeurs, qui peuvent être de trois types :

* échangeurs à plaques à courants croisés : les plus économiques, mais à plus faible rendement énergétique, de l'ordre de 60%,
* échangeurs à plaques à contre-courants : avec un bien meilleur rendement, de l'ordre de 90%, mais plus encombrants que les précédents,
* échangeurs à roue : d'un rendement fort (autour de 85%), ils permettent d'atteindre des débits plus élevés que les échangeurs à plaques, mais ils ne garantissent pas l'étanchéité totale entre air neuf et air extrait.

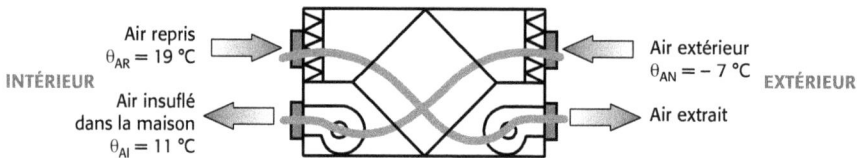

INTÉRIEUR

Air repris
$\theta_{AR} = 19\ °C$

Air insufflé
dans la maison
$\theta_{AI} = 11\ °C$

Air extérieur
$\theta_{AN} = -7\ °C$ **EXTÉRIEUR**

Air extrait

Figure 131. Détail du principe de fonctionnement d'une CTA double flux.

Les CTA double flux à récupération d'énergie et à haut rendement sont courantes, même dans l'habitat neuf, les extracteurs simple flux gardant cependant toute leur pertinence dans certains cas :

* pour les petites surfaces, comme un appartement existant, car les gaines d'une CTA double flux seraient beaucoup trop encombrantes ;
* pour les projets de rénovation de bâtiments existants, quand le passage des gaines s'avère trop contraignant ;
* pour les bâtiments existants peu étanches à l'air, car les entrées d'air parasites perturberaient le fonctionnement de la ventilation.

A contrario, les CTA double flux sont tout particulièrement recommandées dans les zones polluées ou bruyantes où l'on ne vit pas la fenêtre ouverte.

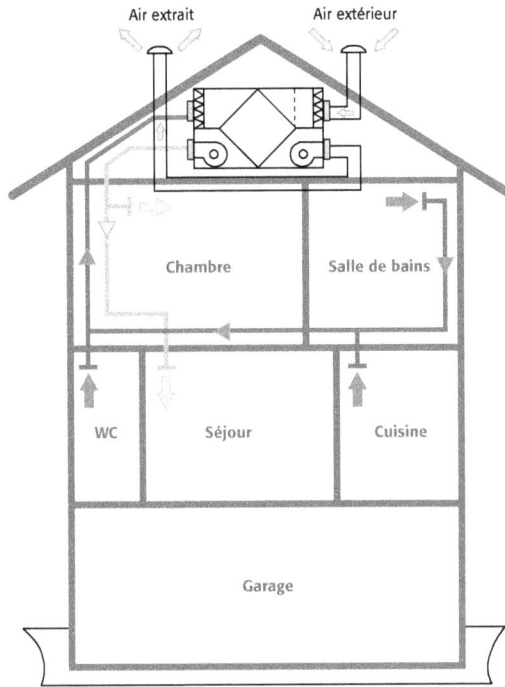

Figure 132. Principe d'une CTA double flux à récupération d'énergie.

Quelle est la part de marché actuelle des CTA double flux ?

Actuellement, les CTA double flux à récupération d'énergie représentent la norme courante pour les immeubles tertiaires neufs.

En maison individuelle neuve, la pénétration du marché est plus faible.

Pour les grands bâtiments, on distingue les CTA installées en local technique et les unités de toiture.

4.1.1.1. Les CTA en local technique

Alors que les CTA pouvaient encore au début du XXIe siècle être insérées dans un faux-plafond, les progrès réalisés en matière de récupération d'énergie sur l'air extrait se sont accompagnés d'un accroissement important de la taille des CTA. Deux exemples réels de dimensions de locaux CTA :

- une CTA double flux traitant 200 m² de commerces a nécessité un local dédié de 10 m²,
- la Philharmonie de Paris possède un local CTA de 1 000 m², contenant une trentaine de CTA.

Les gaines sont plus grosses que dans le passé, plus nombreuses, et calorifugées. Il est important de connaître cette évolution, car les architectes dotés d'une longue expérience sont parfois étonnés par les demandes de locaux techniques du thermicien, si importantes par rapport à leurs anciennes habitudes.

D'autres types de CTA sont même de la taille d'un bungalow, avec portes d'accès pour la maintenance.

> **Règle d'or**
>
> En ERP, les locaux CTA sont toujours des locaux *à risques courants* au sens des articles CO ; ce ne sont jamais des locaux à risques particuliers.

Une CTA est constituée :
- d'un caisson de ventilation ;
- d'un caisson de récupération de chaleur pour les CTA double flux ;
- de filtres ;
- d'un by-pass permettant d'éviter de réchauffer l'air entrant en été si la température intérieure est supérieure à la température extérieure ;
- éventuellement, d'un caisson de chauffage à eau ou électrique (ce dernier est moins intéressant énergétiquement) ;
- éventuellement, d'un caisson de refroidissement ;
- éventuellement, d'un caisson d'humidification ;
- éventuellement, de registres de réglage ;
- éventuellement, de pièges à sons, constitués de plaques en matériaux acoustiques disposés parallèlement au flux d'air sortant.

Outre les CTA à débit constant, qui traitent tous les locaux de leur zone de la même manière, il existe des CTA à débit variable, qui permettent d'adapter le débit d'insufflation au cas particulier de chaque local traité, grâce à une installation de régulation. Le débit total est réduit de près d'un tiers par rapport à une CTA à débit constant. Les consommations électriques sont donc réduites, ainsi que l'encombrement de la CTA et des gaines.

Pour la distinction faite par le règlement ERP entre *ventilation de confort* et *VMC*, on consultera les articles CH du règlement ERP.[1] Attention, le règlement ERP fait un usage particulier du terme *VMC*.

Point de vigilance : prises d'air et sécurité publique

Pour les projets d'ERP soumis à étude de sécurité publique (voir au chapitre 2 le § sur ce sujet), les experts recommandent généralement, dans le cadre de leur étude, de placer les prises d'air en étage et jamais à hauteur d'homme, pour éviter un acte de malveillance.

---

1 Article CH 28 de l'arrêté du 25 juin 1980 portant approbation des dispositions générales du règlement de sécurité contre les risques d'incendie et de panique dans les établissements recevant du public (ERP).

Figure 133. Exemple de CTA double flux en local technique.

Figure 134. Autre exemple de CTA double flux en local technique.
On voit les quatre réseaux d'air et les deux boucles d'eau (chaude et froide).

Zoom sur...

... la régulation de l'hygrométrie

Dans certains types de bâtiment comme les musées et les usines d'électronique, l'hygrométrie ambiante est régulée. Pour assurer ce contrôle de l'hygrométrie, les CTA comportent un caisson d'humidification, raccordé à une arrivée en vapeur d'eau.

Aussi étonnant que cela puisse paraître, cette régulation nécessite un apport en production de froid même en hiver et un apport en production de chaud même en été, car seule la combinaison du froid et du chaud permet de réguler correctement l'hygrométrie.

4.1.1.2. Les unités de toiture monoblocs, ou *Rooftop*

Ces grandes centrales de traitement d'air intègrent une batterie de production de froid et une batterie de production de chaud (couramment au gaz) pour le traitement de l'air. Elles n'ont donc pas à être raccordées à un circuit d'eau chaude ou d'eau glacée. Elles ont pour avantages de ne pas nécessiter de local technique, ce qui est un gain en mètres carrés, et de permettre une maintenance sans intervention dans les locaux du bâtiment, mais la durée de vie des équipements peut être inférieure à celle des équipements en locaux techniques.

Elles sont bien adaptées aux grands volumes à traiter : hôpitaux, hypermarchés, etc.

Figure 135. Exemple de *Rooftop* sur un hôpital.

4.1.2. Les réseaux de distribution d'air des CTA

Parmi les « curiosités » du lot CVC, on peut citer les gaines textiles de diffusion d'air, utilisées pour le chauffage ou pour le rafraîchissement dans les bâtiments tertiaires (commerces notamment) ou agricoles.

Figure 136. Exemple d'une réseau de distribution d'air neuf par gaine textile.

Ces gaines textiles diffusantes présentent plusieurs avantages en présence de grands volumes ou de grandes hauteurs sous plafond :

- elles permettent d'assurer une distribution homogène de l'air dans le volume, au plus près des besoins, par opposition à des grilles latérales qui n'assureraient pas une distribution homogène, et qui créeraient des courants d'air dans le volume ;
- elles sont plus économiques que des gaines métalliques qui couvriraient le même linéaire ;
- elles sont plus hygiéniques que des gaines métalliques car elles sont lavables.

4.1.3. Les VMC dans l'habitat

L'habitat collectif

On peut rencontrer différentes configurations dans l'habitat collectif :

- centrales double flux avec ventilateurs et échangeur centralisés (typiquement dans l'habitat social ; les installations sont centralisées pour faciliter la maintenance),

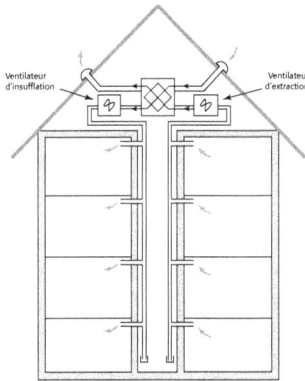

Figure 137. Ventilateurs et échangeur centralisés.

- centrales double flux avec ventilateurs et échangeurs décentralisés[1] (typiquement dans de petits immeubles d'habitat intermédiaire en R+3 sans gaine technique ; chaque appartement possède son installation individuelle),

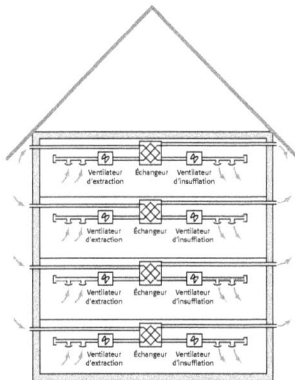

Figure 138. Ventilateurs et échangeur décentralisés.

---

1 *Décentralisés* dans chaque appartement ; à ne pas confondre avec les VMC *décentralisées* pièce par pièce.

- centrales double flux avec ventilateurs centralisés et échangeurs décentralisés (typiquement dans des immeubles d'habitat privé, où chaque copropriétaire est sensibilisé à l'entretien de son échangeur).

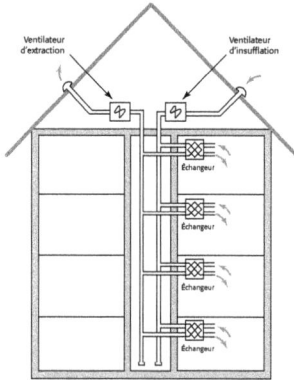

Figure 139. Ventilateurs centralisés et échangeurs décentralisés.[1]

L'habitat individuel

Dans l'habitat individuel, on utilise plutôt le terme VMC (ventilation mécanique contrôlée) que le terme CTA, bien que le principe soit le même.

Les centrales sont de petite taille et ne nécessitent pas un local technique.

Zoom sur...

... les VMC double flux dans les maisons individuelles

Il existe actuellement deux types de certification des VMC double flux pour l'habitat individuel : la certification NF 205 et la certification PHI (Passivhaus Institut). Il est indispensable de prescrire un modèle certifié, car hors certification, aucune règle n'encadre les mesures de performance et aucune comparaison n'est donc possible avec d'autres modèles. Préférer la certification PHI : les règles de mesure des performances sont plus proches des conditions réelles et le nombre de modèles certifiés est très largement supérieur à la NF 205.

Une VMC double flux peut être prescrite par un maître d'œuvre non spécialisé moyennant certains points de vigilance :

- choisir un caisson à rendement élevé (au moins 80 %) et faible consommation électrique (moins de $0,40\mathrm{Wh/m^3}$),
- ne pas surdimensionner la puissance, au risque d'assécher l'air de la maison,
- vérifier en coupe la hauteur nécessaire en faux-plafond pour le passage des gaines,
- veiller au nombre et au positionnement des bouches dans les pièces (bouche d'extraction au-dessus de la production de polluants),
- positionner la centrale et les collecteurs de distribution de manière à minimiser les longueurs de gaines,
- point essentiel : positionner la centrale pour rendre très aisée la maintenance (notamment le remplacement des filtres),
- prévoir un accès aux gaines pour leur nettoyage (tous les dix ans),

---

1 Pour ces trois schémas : d'après www.programmepacte.fr (rapport Ventilation double flux, performance et retour d'expériences de février 2015)

Zoom sur...

... les VMC double flux dans les maisons individuelles (suite)

- placer la centrale et faire cheminer les gaines à l'intérieur du volume chauffé et étanche à l'air,
- choisir des gaines rigides ou semi-rigides, bannir les gaines souples (fragiles et sujettes aux pertes de charge),
- vérifier la nécessité d'un système de dégivrage avec le fabricant,
- prévoir des pièges à sons suivant les recommandations du fabricant,
- inclure au marché de travaux des essais de mise en service, avec mesure des débits à l'anémomètre à fil chaud, plus fiable que l'anémomètre à hélice ; certains fabricants proposent la mise service.

Pour en savoir plus sur les VMC dans l'habitat

Pour un aperçu, accessible aux non-spécialistes, sur les VMC dans l'habitat, on pourra utiliser les fascicules édités par le Programme d'accompagnement des professionnels « Règles de l'art Grenelle Environnement 2012 »[1] :

- *VMC simple flux en habitat collectif - rénovation,*
- *VMC simple flux en habitat individuel - rénovation,*
- *VMC double flux en habitat collectif - neuf,*
- *VMC double flux en habitat individuel - neuf.*

Voir aussi sur le même site le rapport *Ventilation double flux, performance et retour d'expériences* de février 2015.

4.1.4. Extracteurs

Les petites installations de ventilation simple flux, qui ne traitent que quelques sanitaires, ou une cuisine, s'appellent des extracteurs, ou *caissons d'extraction*.

S'il s'agit simplement de traiter une salle de bains, on parlera plutôt d'un simple *aérateur*.

Les VMC simple flux hygroréglables B adaptent le débit d'extraction au taux d'humidité, ce qui permet de réduire la consommation.

4.1.5. La ventilation double flux décentralisée pièce par pièce

En rénovation, en particulier dans les bâtiments anciens, il est souvent difficile de faire cheminer les encombrantes gaines de ventilation exigées par les centrales de traitement d'air double flux.

Or le remplacement des menuiseries risque, en l'absence de ventilation, de créer des désordres : moisissures, condensation, champignons et pollution de l'air intérieur.

Les appareils de ventilation double flux *décentralisés* pièce par pièce permettent d'améliorer la qualité de l'air intérieur tout en récupérant les calories sur l'air extrait, et ceci sans nécessiter aucune gaine (ou pour certains modèles avec de courtes gaines). Ces appareils compacts sont directement raccordés à l'extérieur par un simple carottage à travers le mur extérieur.

---

1 Sur www.programmepacte.fr, rubrique Recommandation professionnelles, Équipements techniques.

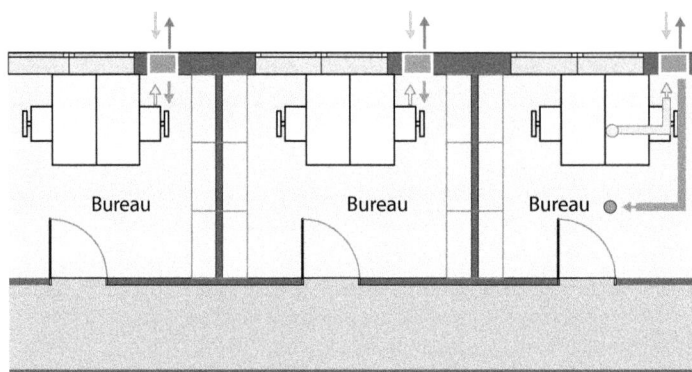

Figure 140. Principe d'une ventilations double flux décentralisée pièce par pièce
(source : www.meltem.com).

Les pionniers ont su développer des produits performants, qui sont maintenant en plein boom outre-Rhin et commencent à arriver en France.

Ces appareils, initialement réservés à l'habitat, ont trouvé outre-Rhin un nouveau marché dans les salles de classes, salles de réunion et cantines existantes, locaux à fort effectif et mal ventilés.

Pour en savoir plus sur la ventilation double flux décentralisée pièce par pièce

Les germanophones peuvent consulter le site de fabricants allemands, comme www.ltm-ulm.de/ (produit LTM Dezent), www.meltem.com, ou https://blumartin.de/.

4.1.6. La ventilation naturelle

Paradoxalement, la ventilation naturelle est à la fois la méthode classique de ventilation des locaux utilisée pendant des siècles par nos ancêtres et la *terra incognita* des études de ventilation, explorée seulement par une poignée de bureaux d'études et d'architectes à la pointe de l'innovation.

La ventilation naturelle, ça n'est pas la consigne donnée aux utilisateurs d'ouvrir régulièrement les fenêtres ! C'est un ensemble d'installations techniques sophistiquées, mais qui sont conçues pour éviter au maximum les consommations électriques des auxiliaires, en privilégiant l'utilisation des flux naturels d'air et de l'effet Venturi. Par exemple le système Navair de la société Astato combine ventilation totalement naturelle lorsque les conditions climatiques le permettent et assistance mécanique lorsque les flux naturels ne pourraient suffire règlementairement. Les entrées d'air et les bouches d'extraction sont hygroréglables : elles s'adaptent au degré d'humidité.

La difficulté de la ventilation naturelle, c'est :

- le risque d'avoir de la condensation et des moisissures si on ne ventile pas assez les locaux (indépendamment des aspects règlementaires) ;
- les déperditions énergétiques liées aux ouvrants de ventilation.

La ventilation exclusivement naturelle est très certainement la solution idéale pour les locaux non chauffés, comme par exemple un poste haute tension. Mais pour des locaux chauffés, elle présente malheureusement des inconvénients encore rédhibitoires pour la plupart des maîtres d'œuvre, tant que les techniques n'ont pas progressé grâce aux rares et courageux spécialistes.

Ce qu'on rencontre de plus en plus souvent, sous le nom de *free-cooling*, c'est une utilisation de la ventilation naturelle pour rafraîchir les locaux en complément d'un système classique de ventilation mécanique. Ainsi, en mi-saison, dans un bâtiment de bureaux, une ouverture automatique d'ouvrants la nuit permet d'évacuer passivement la chaleur. Les ouvrants de ventilation (entrée et sortie d'air) sont ouverts suivant un calendrier annuel programmé ; ils sont refermés :

- si la température extérieure est supérieure à 25°, pour éviter la surchauffe des locaux ;
- si la température extérieure baisse au-delà d'une température de consigne, pour éviter de refroidir excessivement les locaux ;
- en cas de forte pluie ou de vent.

Le système peut servir aussi pour le désenfumage naturel des locaux.

Pour en savoir plus sur la ventilation naturelle

Pour des exemples d'installations, consulter le site du fabricant Astato (www.astato.com), spécialiste des équipements de ventilation naturelle, ou le site du fabricant Souchier-Boullet (http://souchier-boullet.com/AeroPack-R-V2-Ventilation).

4.2. Le chaud

La production de chaleur peut être assurée par une chaudière fioul, une chaudière gaz, un réseau de chaleur urbain, une chaudière bois, des panneaux solaires associés à un plancher basse température, et d'autres moyens encore, notamment en maison individuelle.

En ce qui concerne les chaudières gaz et fioul, les modèles classiques, peu performants, sont maintenant remplacés par des chaudières *à condensation*, bien plus performantes (avec une part de marché comparable aux chaudières classiques).

Pour en savoir plus sur la production de chaleur

Voir des exemples de différents modèles sur le site de fabricants : www.viessmann.fr ou www.baxifrance.com

Pour les aspects règlementaires sur les chaufferies et sous-stations, consulter le texte de référence sur ce sujet, l'arrêté du 23 juin 1978[1], qui s'applique à tous types de bâtiments. Ce texte interdit notamment l'implantation d'un tableau divisionnaire dans un local chaufferie. Les prescriptions de cet arrêté étant identiques aux articles CH du Règlement ERP, on pourra se référer directement aux articles CH pour les projets d'ERP.

Certains documents utiles peuvent être consultés sur le site du COSTIC.[2]

Pour en savoir plus sur les chaufferies bois, consulter le guide RAGE très complet sur www.programmepacte.fr.

Il existe aussi de nombreux systèmes basés sur des pompes à chaleur. Ainsi, à Cherbourg, un quartier entier d'immeubles collectifs est chauffé à 84 % grâce à des pompes à chaleur exploitant les calories extraites de l'eau de mer du port.[3]

Pour la production d'eau chaude sanitaire (ECS) en maison individuelle, les cumulus classiques et les chauffe-eau solaires sont concurrencés par les chauffe-eau thermodynamiques individuels (CETI), basés sur le même principe que les pompes à chaleur.

---

1 Arrêté du 23 juin 1978 relatif aux installations fixes destinées au chauffage et à l'alimentation en eau chaude sanitaire des bâtiments d'habitation, de bureaux ou recevant du public.
2 www.costic.com
3 Système conçu par l'organisme de recherche France Energies Marines.

Zoom sur...

... la micro-cogénération

Les systèmes de conversion d'énergie comportent toujours de grandes déperditions de chaleur, qu'on appelle chaleur fatale ou secondaire : c'est typiquement la chaleur des fumées qui s'échappent par la cheminée.

La cogénération consiste à réutiliser cette chaleur pour produire de l'électricité, dont le surplus sera injecté sur le réseau Enedis. On produit donc simultanément, avec la même énergie, de la chaleur et de l'électricité. Cette technologie permet des rendements extrêmement importants, bien meilleurs que ceux résultant de production séparée de chaleur et d'électricité.

Un autre intérêt est de développer les productions locales d'électricité (liées au concept de « *smart grids* »), qui ont l'avantage de ne pas engendrer de pertes par effet Joule dans le transport (pertes dans les lignes haute tension).

De plus, la micro-cogénération produit de l'électricité en hiver, c'est-à-dire justement lors des pointes de demande d'électricité.

On entend souvent parler de ces « *smart grids* » sans comprendre concrètement de quoi il peut s'agir. Un exemple concret : en Allemagne, des chaudières à micro-cogénération de la société Lichtblick sont gérées par un réseau informatique, qui peut déclencher à distance la cogénération lors des périodes de pic de demande électrique en plein hiver.

Les systèmes de cogénération ont commencé à apparaître dans les années 1970 suite au premier choc pétrolier. Seules les grandes centrales étaient rentables dans le passé. Depuis quelques années, la *micro-cogénération*, c'est-à-dire une cogénération à l'échelle d'un bâtiment, a commencé à devenir rentable grâce aux progrès réalisés et se développe au Royaume-Uni, en Allemagne et aux Pays-Bas.

Un micro-cogénérateur peut par exemple équiper une chaudière à plaquettes bois, ou à gaz. Outre le chauffage du bâtiment, l'installation produira de l'électricité.

D'autres équipements sont basés sur une chaudière gaz à condensation, et améliorent son rendement. On parle parfois de chaudière « électrogène ».

Après avoir connu un certain développement dans les années 1990, la micro-cogénération stagne actuellement en France : il n'existait en 2012 quasiment aucun produit sur le marché français, les rares fournisseurs ayant fini par renoncer du fait des contraintes liées au tarif de rachat.

Un des objectifs de la RT 2012 est d'encourager la réapparition d'une filière et son développement. En octobre 2013 les conditions tarifaires de rachat de la production électrique ont été améliorées.[1]

Pour en savoir plus sur les chaudières utilisant la micro-cogénération, consulter des sites anglais :

www.baxi.co.uk, rubrique *Combined Heat and Power* (CHP).

www.viessmann.co.uk, rubrique *Combined Heating and Power Stations*.

Consulter les guides RAGE *Chaudière à micro-cogénération à moteur Stirling fonctionnant au gaz naturel en habitat individuel* sur le site du programme : www.programmepacte.fr.

Pour en savoir plus sur la mise en réseau des productions locales d'électricité, les germanophones pourront consulter le site d'un gestionnaire de réseau de cogénération : www.lichtblick.de.

---

1 Les conditions de rachats figurent dans l'arrêté du 3 novembre 2016 fixant les conditions d'achat et du complément de rémunération pour l'électricité produite par les installations de cogénération d'électricité et de chaleur valorisée à partir de gaz naturel implantées sur le territoire métropolitain continental et présentant une efficacité énergétique particulière.

Les réseaux de chaleur

La production de chaleur peut être assurée par un réseau de chaleur urbain, comme le réseau de vapeur CPCU à Paris. Dans ce cas, le réseau de chaleur urbain est connecté à la boucle d'eau chaude interne du bâtiment par un ensemble d'échangeurs, qui constituent une *sous-station*.

La (ou les) boucle(s) d'eau chaude interne, qui est calorifugée, assure la distribution dans le bâtiment.

Il existe de même des réseaux de froid urbain, qui assurent le rafraîchissement de bâtiments tertiaires, comme le réseau Climespace à Paris.

En 2017, la France comptait 761 réseaux de chaleurs urbains et 23 réseaux de froid.

Historiquement, les réseaux de chaleur urbains ont commencé à apparaître dans les années 1960 dans les grands ensembles HLM. Mais ils sont plus pertinents que jamais, car la production centralisée permet d'utiliser des techniques de production de chaleur plus performantes, difficilement utilisables en chauffage individuel.

Autre avantage, les réseaux de chaleur sont *évolutifs* à long terme en fonction des progrès des techniques de production, autorisant ainsi une évolution progressive vers les énergies renouvelables. Il est par exemple possible de remplacer la chaufferie fioul d'un réseau de chaleur par une chaufferie bois avec cogénération, alors qu'il serait impensable de faire passer au bois-énergie le millier de logements individuels desservis par ce réseau.

Des innovations se développent régulièrement, comme l'alimentation en chauffage d'un quartier par la chaleur récupérée d'un data center.[1]

Enfin, dernier avantage, les réseaux de chaleur dispensent les bâtiments desservis de la maintenance d'une installation de production de chaleur, tout en permettant une maintenance très pointue du système central de production, avec des optimisations de performance qu'on ne pourrait jamais obtenir sur un parc classique d'équipements, souvent mal entretenus.

La pertinence économique du raccordement d'un bâtiment à un tel réseau dépend :

- de la proximité du réseau urbain : la distance à parcourir jouera fortement sur le prix des travaux VRD de raccordement ;
- du prix de vente de l'énergie.

Quant à la pertinence environnementale de cette solution, elle dépend du « bouquet énergétique » du réseau de chaleur, très variable d'un réseau à l'autre. En 2017, les énergies renouvelables et de récupération (récupération de chaleur fatale et incinération de déchets) représentaient 56 % de l'énergie utilisée par les réseaux de chaleurs ; le gaz naturel représentait quant à lui 37 % de l'énergie utilisée.

Pour en savoir plus sur les réseaux de chaleur urbains

Consulter le site Internet de l'association de réseaux de chaleur urbains : www.amorce.asso.fr

Consulter www.dalkia.fr pour des exemples pratiques.

Le réseau de distribution de chauffage au sein du bâtiment

Un concept clé dans la conception des boucles de distribution de chaleur au sein du bâtiment est le ΔT (delta T), différence de température entre le départ de la boucle et son retour. Le ΔT

---

1   Quartier Val d'Europe à Marne-la-Vallée par exemple (www.dalkia.fr/fr/solutions/references/paris-val-europe.htm).

est beaucoup plus important pour une chaudière (environ 20°) que pour une pompe à chaleur (environ 7°).

Dans les immeubles d'habitation collectifs, la production de chaleur est généralement centralisée (chaufferie ou sous-station). On appelle alors *modules thermiques d'appartement* (ou sous-station d'appartement) un système permettant d'assurer les besoins en eau chaude sanitaire instantanée et les besoins en chauffage pour un appartement, à partir de la chaleur transmise par le réseau primaire de l'immeuble. L'eau potable transite au sein de l'immeuble sous forme d'eau froide uniquement, ce qui évite les risques de légionellose liés au transport d'eau chaude sanitaire sur de longues distances.

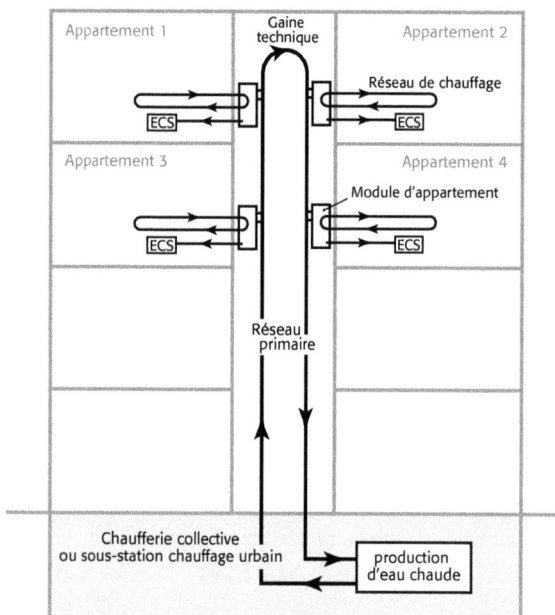

Figure 141. Principe de distribution de chaleur au sein d'un immeuble collectif, avec modules thermiques d'appartement.

Dans les grands sites, certaines boucles de distribution de chauffage peuvent être « permanentes », pour assurer le chauffage permanent de certains locaux, tandis que d'autres boucles peuvent être « à température variable » suivant les heures et les jours de la semaine, par exemple pour permettre le chauffage uniquement pendant les heures d'ouverture de bureaux.

Les boucles d'eau chaude peuvent alimenter des batteries chaudes de CTA, ou des radiateurs.

4.3.   Le froid

La production de froid, pour les projets en nécessitant, peut être assurée par :
- un système autonome ;
- un groupe froid, alimentant une boucle d'eau glacée ;
- des pompes à chaleur ;
- une installation de géothermie ;

sachant que le mieux est évidemment de ne pas climatiser les locaux – mais il y a parfois des impératifs liés au programme.

4.3.1. Les systèmes autonomes de climatisation ou systèmes à détente directe

Par « détente directe », il faut entendre les systèmes qui créent de l'air froid directement par la détente du fluide frigorigène, par opposition aux systèmes à eau glacée, dans lesquels le froid est véhiculé par un circuit d'eau glacée. Dans ces systèmes, le fluide frigorigène refroidit directement l'air. Il n'y a pas de réseau de boucle d'eau glacée.

Ce sont généralement des systèmes de puissance relativement faible ou moyenne.

4.3.1.1. Les climatiseurs autonomes mobiles

Ce sont des systèmes entièrement autonomes, sur roulettes, utilisés par exemple en location lors d'une panne de climatisation dans un local sensible. Ils sont monoblocs (et raccordés à l'extérieur par une gaine souple) ou constitués de deux éléments. Ils peuvent être réversibles, c'est-à-dire utilisables en mode chauffage.

4.3.1.2. Les climatiseurs de fenêtre (« *Windows* »)

Ce sont de petits appareils monoblocs directement encastrés dans un mur ou une fenêtre, destinés au rafraîchissement de petits locaux. Ils peuvent aussi être réversibles. Économiques et simples d'installation, ils sont par contre d'une esthétique contestable.

Outre les climatiseurs de fenêtres, il existe d'autres types de climatiseurs monoblocs.

4.3.1.3. Les *split systems* (climatiseurs à éléments séparés)

Ils sont constitués d'une unité extérieure et d'une unité intérieure, commandée par une télécommande infrarouge. Un fluide frigorigène circule entre ces deux unités. L'unité intérieure peut se présenter sous la forme d'une unité murale, de consoles, d'unités plafonnières ou de cassettes. Elle peut aussi être réversible. Un des avantages est que la source de nuisances sonores est implantée à l'extérieur des locaux.

Une distance maximale entre les deux unités est à respecter.

Ces systèmes sont destinés à de petites surfaces : petits commerces, petits bureaux. On les rencontre très couramment. Outre leur impact esthétique déplorable sur les façades, ces systèmes sont peu efficaces énergétiquement dans un grand bâtiment ; on les remplace donc lors des opérations de rénovation par une production centralisée de froid, avec des réseaux de distribution, système bien plus rentable énergétiquement.

Figure 142. Unités extérieures de *split systems* : un impact visuel déplorable.

Les *split systems* sont par ailleurs pertinents pour le rafraîchissement de certains locaux techniques informatiques qui doivent être préservés de toute fuite d'eau : en cas de fuite sur les tuyaux, le fluide frigorigène s'évapore et cause beaucoup moins de dégâts que ne le ferait un réseau d'eau glacée.

4.3.1.4. Les multi *split systems* (climatiseurs à éléments séparés)

Ce sont des appareils du même type que les *split systems*, mais avec plusieurs unités intérieures raccordées à une seule unité extérieure.

Les unités intérieures peuvent être murales, en consoles, plafonnières ou sous forme de cassette plafonnière. Jusqu'à une dizaine d'unités intérieures peuvent être raccordées.

Là encore, l'unité extérieure a un impact esthétique et doit être dissimulée.

Ces systèmes sont couramment utilisés pour des petits ensembles de bureaux, petits hôtels, professions libérales, etc.

4.3.1.5. Les *split systems* avec unités intérieures gainables

Cette variante du *split system* consiste à utiliser une unité extérieure raccordée à une ou plusieurs unités intérieures gainables[1], c'est-à-dire encastrées en faux plafond et raccordables à un réseau de gaines permettant la diffusion de l'air vers plusieurs zones.

Ces systèmes sont eux aussi utilisés pour de petits ensembles de locaux.

De nombreux accessoires peuvent être ajoutés sur les unités intérieures, par exemple des batteries permettant le chauffage de l'air à partir d'un circuit d'eau chaude ou grâce à une résistance électrique.

4.3.1.6. Les armoires de climatisation

Ce sont des équipements sophistiqués, intégrant dans un volume réduit les fonctions de rafraîchissement, régulation, déshumidification, chauffage et récupération d'énergie.

Elles sont soit à détente directe, soit sur réseau d'eau glacée.

Il en existe de très nombreux types. Elles sont par exemple utilisées dans des commerces ou dans des salles informatiques.

4.3.1.7. Les VRV ou DRV

Ces sigles désignent les systèmes à volume de réfrigérant variable, encore appelés à débit de réfrigérant variable. Le principe utilisé par ces systèmes relativement nouveaux pour produire du froid ou du chaud est de faire varier le débit du liquide frigorigène en fonction des besoins des locaux. Or, cette variation de débit s'accompagne d'une variation de consommation électrique. Cette technologie est donc très efficace en termes énergétiques.

Le système est composé d'unités extérieures accolées en toiture, relativement légères, et d'unités intérieures aussi nombreuses qu'il est nécessaire ; cela dispense d'un local technique, ce qui peut être intéressant en rénovation.

---

1   Les unités intérieures gainables, qui sont d'un aspect plus brut que celles destinées à être visibles, sont par ailleurs aussi utilisées (sur réseau d'eau glacée) pour le rafraîchissement de locaux techniques.

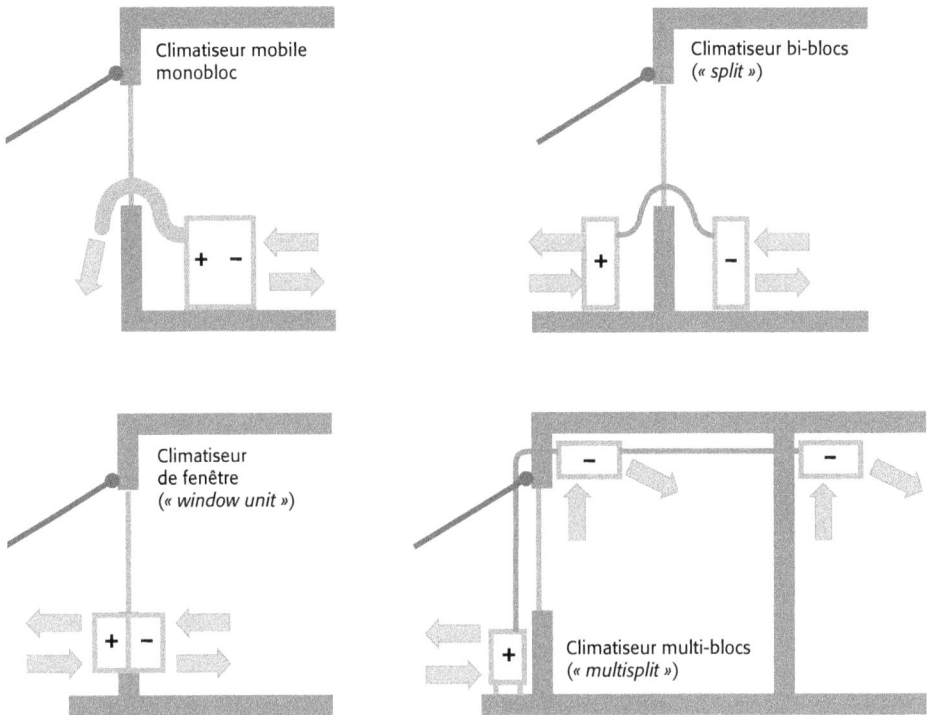

Figure 143. Différents types de systèmes à détente directe.

Figure 144. Unité extérieure de VRV.

Cette technologie basée sur la variation de débit s'appelle *Inverter* deux ou trois tubes. La technologie trois tubes permet une souplesse supplémentaire : certains locaux peuvent être rafraîchis et d'autres chauffés simultanément, ceci grâce à une « boîte de sélection », qui s'adapte aux besoins. Par exemple en demi-saison, dans un centre commercial, la zone d'un vestiaire peut être chauffée pendant qu'un magasin de luminaires est rafraîchi. Un bâtiment comportant des façades au nord et des façades au sud est la cible idéale de ce type de matériel. Outre la souplesse d'exploitation, cette technologie trois tubes améliore l'efficacité énergétique, car une zone peut profiter de l'excédent d'énergie d'une autre zone, comme dans le cas de pompes à chaleur sur boucle d'eau. Cette version trois tubes est cependant plus onéreuse que la version deux tubes.

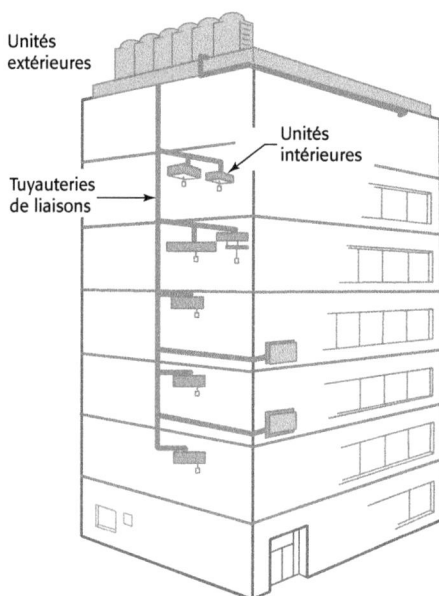

Figure 145. Principe des VRV.

Les unités intérieures et extérieures des VRV peuvent être raccordées à une GTB, permettant de les commander à distance.

Les unités intérieures sont murales, en consoles, plafonnières, en cassettes ou en unité gainable. Elles comportent des sondes leur permettant d'adapter leur production à l'état du local.

Ces systèmes sont utilisables dans tous types de bâtiments, de toutes tailles : hôpitaux, bureaux, centres commerciaux, hôtels, etc.

Les inconvénients des VRV :

- le prix reste un peu élevé ;
- du fluide frigorigène transite dans l'ensemble des locaux traités ; qu'en est-il d'une réglementation environnementale future éventuellement plus stricte ?
- il existe des contraintes sur la longueur des réseaux, qui nécessitent une étude précise du fabricant pour chaque configuration, en fonction du parcours réel des réseaux, parcours que le chantier devra respecter ;
- ces systèmes n'assurent pas de ventilation : il faut leur ajouter une installation de ventilation des locaux.

4.3.2. Les centrales de traitement d'air (CTA)

Comme vu au chapitre Ventilation, les centrales de traitement d'air peuvent jouer un rôle dans le rafraîchissement des locaux si elles sont équipées d'une batterie froide, ou caisson de refroidissement.

Pour les grands bâtiments, comme on l'a vu, les *Rooftops* peuvent même intégrer une batterie de production de froid.

4.3.3. La production d'eau glacée

Les refroidisseurs de liquide produisent de l'eau glacée, qui circule dans une boucle de distribution vers des batteries à eau, lesquelles utilisent cette eau glacée pour le traitement des locaux.

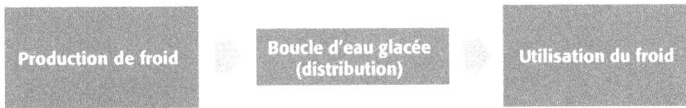

4.3.3.1. Les systèmes de production d'eau glacée

Ils peuvent être à condensation à air ou à condensation à eau.

Ils utilisent tous un *cycle fondamental* de la physique ; le froid est produit par un fluide enfermé dans la machine frigorifique ou en circuit, qui subit un cycle :

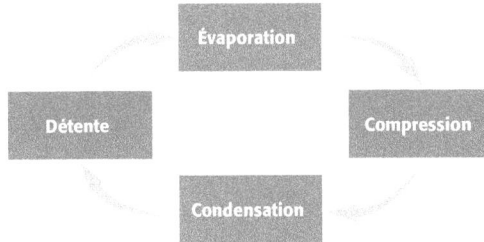

Ce même cycle est utilisé aussi par les pompes à chaleur.

Les groupes froid comprennent donc généralement les équipements suivants, qui permettent de réaliser ce cycle :

- un *évaporateur*, lieu où le fluide frigorigène entre en ébullition, se vaporise, en prélevant de la chaleur sur le milieu à refroidir, donc en produisant du froid ;
- un *compresseur*, pompe qui aspire les vapeurs basse pression issues de l'évaporateur, et les comprime à haute pression pour les envoyer vers le condenseur ; ce compresseur peut être à pistons, à spirales, à vis ou centrifuge ;
- un *condenseur*, lieu où le fluide frigorigène se condense, c'est-à-dire repasse à l'état liquide en cédant de la chaleur *via* l'air ambiant (refroidissement par air) ou *via* de l'eau (refroidissement par eau[1]) ; ce condenseur comporte souvent un ventilateur ;

---

1   Il s'agit là notamment des condenseurs à eau perdue, dans lesquels l'eau de refroidissement est évacuée à l'égout : systèmes évidemment à bannir mais susceptibles d'être rencontrés dans l'existant. Il s'agit aussi des condenseurs à eau de nappe (géothermie) ou même à eau de mer.

- un *détendeur*, organe de réglage de la pression, qui abaisse la pression du fluide frigorigène, pour l'amener à basse pression vers l'évaporateur.

Outres ces quatre composants fondamentaux, les groupes froid comportent divers composants, notamment des sondes de régulation, des pressostats[1] de sécurité, des contrôleurs de débit d'eau, un système de régulation gérant la condensation et une armoire électrique, qui relève du lot CVC et non du lot courants forts.

Figure 146. Exemple de groupe froid de 480 kW à condensation à air, installé en extérieur.

Figure 147. Exemple de groupe froid ancien, en local technique.

1   Appareil de régulation et de maintien automatique de la pression d'un fluide. Il est couplé à une pompe, dont il commande le fonctionnement.

Quelles sont les contraintes de localisation des groupes froid ?

Les groupes froid peuvent être installés, suivant les modèles :

• en extérieur, typiquement : en toiture ;

• en intérieur, dans un local présentant des grilles de ventilation vers l'extérieur ;

• ou en intérieur, en étant complétés par des échangeurs de chaleur installés en extérieur, qui permettent leur refroidissement. Ces échangeurs de chaleur peuvent être des tours aéro-réfrigérantes (TAR en abrégé) ou tours de refroidissement installées en toiture, ou des *dry coolers* (ou aérorefroidisseurs).

Figure 148. Exemple de *dry cooler*.

Dans les TAR à refroidissement *adiabatique*, de l'eau est utilisée pour refroidir le réseau. Certains systèmes de refroidissement adiabatique ont pu, dans le passé, être accusés de présenter des risques en termes de légionellose s'ils n'étaient pas correctement entretenus. Ce type d'installations doit donc être réservé aux maîtres d'ouvrage capables d'assurer une maintenance suivie.

Au contraire, les *dry coolers*, plus encombrants, ont l'avantage de présenter une sécurité totale en termes de légionellose, car ils fonctionnent en circuit fermé, sans utilisation d'eau pour le refroidissement : ils sont constitués de surfaces d'échange entre un circuit d'eau glycolée fermé et l'air extérieur.

Il existe de très nombreuses variétés d'installations, avec leurs avantages et inconvénients. Par exemple des équipements compacts jouent le rôle à la fois de groupes froid et de centrale de traitement d'air.

En local technique, il faut penser à prévoir un socle au lot maçonnerie, posé sur un matériau antivibratile.

4.3.3.2. Le circuit de distribution

Le froid est distribué grâce à une boucle d'eau glacée ou, dans le cas de risque de gel, d'eau glycolée, le glycol étant un additif qui empêche le gel.

Il est important que la boucle d'eau glacée soit bien calorifugée, pour éviter la condensation dont les réseaux d'eau glacée sont plus encore victimes que les réseaux d'eau potable.

Le circuit comprend, outre les deux tubes de la boucle, des équipements divers :

- pompes simples ou doubles ;
- thermomètres ;
- manomètres ;
- vases d'expansion ;
- soupapes de sécurité ;
- vannes ;
- filtres.

Les études CVC permettent de déterminer le diamètre de cette boucle, qui peut être couramment de 30-40 cm, calorifuge compris, ou même 60 cm dans un grand bâtiment. Aussi faut-il étudier les cheminements en conséquence.

On rencontre parfois une distribution en « *change-over* » : système dans lequel la même boucle de distribution est utilisée en période de chauffe pour la distribution d'eau chaude et en période de rafraîchissement pour la distribution d'eau glacée. Ce système économise une deuxième boucle de distribution, mais il est peu souple en exploitation.

Les sous-stations

Dans les grands bâtiments, des sous-stations permettent l'échange entre le circuit primaire et un circuit secondaire. Elles comportent des échangeurs et des pompes. Elles peuvent être implantées indifféremment en sous-sol ou en étage, n'ayant pas de gros besoins en échange avec l'air extérieur.

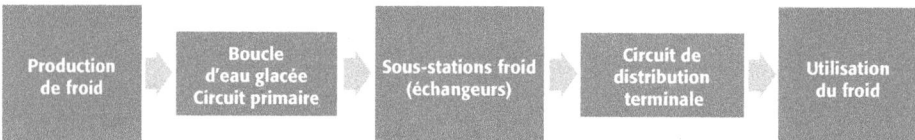

| Production de froid | → | Boucle d'eau glacée Circuit primaire | → | Sous-stations froid (échangeurs) | → | Circuit de distribution terminale | → | Utilisation du froid |

Figure 149. Exemple d'échangeur à plaques dans une sous-station froid alimentée par le réseau Climespace.

Variante avec piscine de stockage de glace

Sur les grands sites nécessitant une forte demande de pointe, une variante consiste à créer un stockage de glace (ou d'eau glacée) dans un bassin. Ce stockage à forte inertie thermique permet de lisser les besoins de production, et donc de diminuer le dimensionnement des équipements de production. La glace est reconstituée en particulier la nuit quand la température de l'air extérieur est plus favorable au fonctionnement des installations. Ce procédé est par exemple utilisé :

- dans l'industrie ;
- par Climespace à Paris pour ses propres installations[1] ;
- dans des grands hôtels.

Il n'est pas sans rappeler les installations de stockage intersaisonnier de chaleur.[2]

Variante production de froid par réseau urbain de froid

Certaines villes sont dotées de réseaux urbains d'eau glacée, comme Climespace à Paris. Ces réseaux restent cependant moins nombreux que les réseaux urbains de chaleur. Pour y raccorder un bâtiment tertiaire, il suffit de prévoir une sous-station comprenant les échangeurs entre le réseau urbain et le réseau d'eau glacée privatif, ainsi que les pompes du circuit privatif.

Cette solution évite les coûts de réalisation et de maintenance d'une production de froid privative. Sa pertinence économique dépend des travaux VRD éventuellement nécessaires, et de la négociation du prix de vente entre le maître d'ouvrage et le concessionnaire gérant le réseau urbain.

Pour en savoir plus sur les réseaux urbains de froid

Consulter par exemple www.climespace.fr, ou www.idex-groupe.com, rubrique Clients/collectivités

---

4.3.3.3. Les batteries d'utilisation du froid

L'utilisation du froid peut se faire :

- par une centrale de traitement d'air dotée d'une batterie froide ;
- par des *ventilo-convecteurs* ou des cassettes plafonnières : très courants notamment dans les bureaux, ces terminaux assurent le rafraîchissement des locaux, leur chauffage s'ils sont raccordés par ailleurs à une boucle d'eau chaude, et la filtration de l'air ; il existe des ventilo-convecteurs 2 tubes (une seule batterie peut être alimentée soit par la boucle d'eau glacée, soit par la boucle d'eau chaude) et des ventilo-convecteurs 4 tubes (avec une batterie froide et une batterie chaude) ; la régulation peut être très sophistiquée, en numérique à travers tout le bâtiment ;
- par des unités locales de traitement d'air ou des *modules de traitement d'air* (MTA) : ces équipements sont comparables aux ventilo-convecteurs, mais ils sont installés dans un local technique par zone ou par niveau et distribuent l'air dans des jeux de gaines vers les locaux, ce qui permet une évolutivité du cloisonnement des locaux (tout en nécessitant un local technique) ;
- par des planchers réversibles ou des plafonds rayonnant réversibles.

---

1 Pour en savoir plus, consulter par exemple www.climespace.fr
2 Installations innovantes développées notamment en Allemagne, consistant à chauffer un stock important d'eau grâce à des panneaux solaires thermiques.

Figure 150. Exemple de ventilo-convecteur.

4.3.4. Les machines à absorption

Les machines à absorption sont des productions d'eau glacée basées sur la propriété qu'ont certains gaz de se dissoudre facilement dans les liquides ; elles ne comportent pas de pièces mécaniques en mouvement. Ces machines ont été inventées au milieu du xixe siècle, et ont été supplantées par les installations à compression mécanique au début du xxe siècle. Néanmoins, elles existent toujours dans certains secteurs d'activité et elles font l'objet de recherches pour les coupler avec des capteurs solaires : l'énergie solaire participe dans ce cas à la production de froid, ce qui est intéressant puisque les pics de besoin en froid et de disponibilité du soleil sont simultanés.

Les mélanges de fluides les plus utilisés sont le mélange eau/ammoniac et le mélange bromure ou chlorure de lithium/eau.

Pour en savoir plus sur les machines à absorption

Consulter le site d'un fabricant spécialisé, www.yazakienergy.com

---

4.3.5. Les pompes à chaleur

Ce domaine est en plein développement et des innovations voient régulièrement le jour : veiller à prescrire du matériel présentant toutes les garanties de qualité.

On parle aussi d'« aérothermie » pour désigner les pompes à chaleur air/air et air/eau, ces dernières étant les plus courantes.

Le système comprend une unité extérieure et une unité intérieure, alimentant par exemple un plancher chauffant basse température, ou une pompe à chaleur monobloc.

Il est constitué d'un compresseur, d'un condenseur à air (ventilateur), d'un détendeur et d'un évaporateur à eau, tout comme les groupes froid.

La pompe à chaleur peut être réversible ou non réversible.

En variante, il existe des modèles avec ballons tampons, qui constituent une réserve d'eau chaude ou d'eau glacée et limite les démarrages et arrêts du compresseur.

Pour en savoir plus sur les pompes à chaleur

Pour un aperçu de la très grande variété des configurations possibles, rien qu'en habitat individuel, consulter sur www.programmepacte.fr :
- le guide RAGE 2012 *Schémathèque de pompes à chaleur en habitat individuel* d'octobre 2013,
- les guides RAGE *Pompes à chaleur air extérieur / air intérieur en habitat individuel* de septembre 2015.

Les pompes à chaleur sur boucle d'eau

Ce procédé est bien adapté aux grands bâtiments comportant des locaux à chauffer et d'autres à rafraîchir simultanément, du fait des expositions des différentes façades.

Il consiste à réaliser une boucle d'eau, sur laquelle sont raccordées des pompes à chaleur dans chaque local. Les pompes à chaleur situées au nord peuvent chauffer des locaux en utilisant la chaleur produite par les pompes à chaleur situées au sud qui, elles, rafraîchissent les locaux. Ces systèmes sont très économes en énergie en demi-saison. Il faut prévoir en appoint une chaudière pour l'hiver et, éventuellement suivant les programmes, un groupe froid pour l'été.

Les fabricants considèrent parfois les pompes à chaleur comme un système « à énergie renouvelable », mais il est permis de trouver le terme un peu abusif, quelles que soient les performances des systèmes.

4.3.6. Les systèmes à énergie renouvelable

4.3.6.1. La géothermie

La règlementation[1] distingue trois types de «gîtes» géothermiques :
- les gîtes géothermiques à haute température (plus de 150 °C), qui sont exploités principalement pour produire de l'électricité,
- les gîtes géothermiques à basse température (moins de 150 °C), qui sont exploités pour produire de l'électricité ou de la chaleur,
- les gîtes géothermiques dits de « minime importance » : moins de 100 m de profondeur et moins de 230kW.

On évoquera principalement ici la géothermie de minime importance, les autres techniques étant plus rares et ne relevant pas vraiment des métiers du bâtiment.

En 2015 le cadre règlementaire de la géothermie de minime importance a été simplifié, pour faciliter son développement. Elle permet de couvrir de très nombreux usages : chauffage urbain, chauffage individuel, eau chaude sanitaire, rafraîchissement, grâce à des pompes à chaleur réversibles, etc.

On distingue deux grandes familles de techniques :
- les techniques d'échange thermique avec le sol : une boucle échange avec le sol, horizontalement ou verticalement, encore appelées géothermie *statique* car l'eau de nappe n'est pas puisée ; on parle aussi d'échangeurs géothermiques *fermés* ;
- et les techniques basées sur le puisage d'eau dans l'aquifère, encore appelées échangeurs géothermiques *ouverts*.

---

1 Décret n°2006-649 du 2 juin modifié relatif aux travaux miniers, aux travaux de stockage souterrain et à la police des mines et des stockages souterrains

L'eau récupérée étant dans les deux cas à moins de 30 °C, on utilise des pompes à chaleur ou des échangeurs pour transférer l'énergie vers une boucle secondaire, alimentant couramment un plancher chauffant basse température ou un autre équipement.

Il existe de très nombreuses solutions, et les technologies des pompes à chaleur évoluent rapidement.

Géothermie horizontale

Des capteurs horizontaux sont implantés dans le sol, et un fluide frigorigène y circule en boucle. La distribution du chaud est généralement assurée par un plancher chauffant basse température, et peut contribuer au préchauffage de l'eau chaude sanitaire.

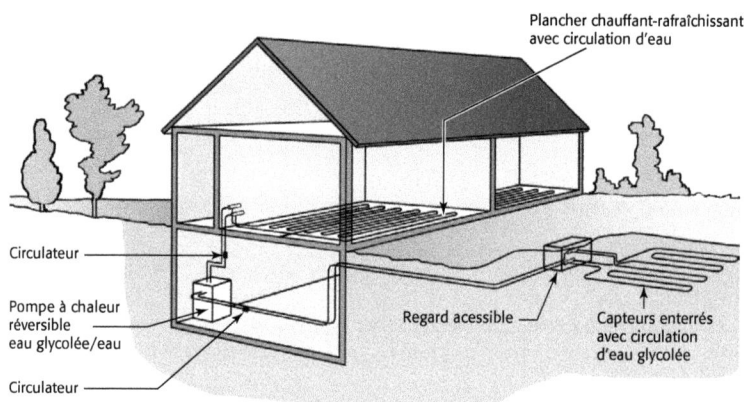

Figure 151. Géothermie avec capteur horizontal.[1]

C'est la chaleur du sous-sol qui fait passer le fluide frigorigène de l'état liquide à l'état gazeux, dans le capteur horizontal, implanté entre 0,6 et 1,2 m de profondeur.

Pour chauffer une maison individuelle, compter en surface de jardin entre 1 et 1,8 fois la surface de plancher de la maison.

Une partie importante du coût provient des grandes quantités de fluide frigorigène nécessaire (on peut d'ailleurs s'interroger sur les impacts environnementaux de ces fluides).

Cette technique est maintenant bien rodée depuis longtemps en maison individuelle, généralement pas pour des immeubles.

Systèmes statiques sur puits

Ce système, encore appelé sonde géothermique, est similaire au précédent, avec un forage au lieu des capteurs horizontaux. Le forage atteint entre 50 et 300 m, avec un diamètre entre 10 et 15 cm. La température du sol est constante à ces profondeurs, ce qui évite aux pompes à chaleur de subir les variations de température jour/nuit et au cours de l'année.

Les capteurs verticaux sont constitués par une boucle d'eau glycolée insérée en U dans un tube (sonde géothermique).

---

1 Source : www.programmepacte.fr, recommandation PRO RAGE PAC géothermique

En ordre de grandeur, deux sondes de 50 m de profondeur permettent de chauffer une maison de 120 m² de plancher.

Cette technique est maintenant rodée, en particulier aux États-Unis et Canada.

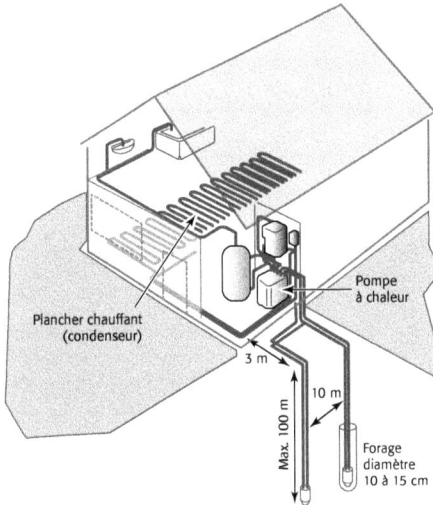

Figure 152. Pompe à chaleur avec capteurs verticaux.

Systèmes sur eau de nappe

Dans cette technique, comme dans les suivantes, ce n'est pas avec le sol que les échanges thermiques s'effectuent mais avec l'eau d'une *aquifère*, c'est-à-dire d'une couche géologique contenant une nappe souterraine.

La capacité d'une aquifère à être utilisée en géothermie dépend de paramètres qui sont mesurés par des essais de débit, ou *pompages d'essai*. Les essais déterminent :

- le débit exploitable de l'aquifère (on parle de « productivité »),
- la qualité des eaux, pour identifier les risques de colmatage dans le réseau,
- la température de l'eau de forage.

Une fois validée la faisabilité, le principe consiste à réaliser un doublet composé d'un puits de puisage (ou d'alimentation) et d'un puits de réinjection (ou d'absorption) à plus de cinq mètres l'un de l'autre, disposés dans le sens de l'écoulement d'une nappe phréatique.

Dans le puits de puisage, une pompe de circulation prélève l'eau et l'envoie vers un échangeur, où elle cède ses calories avant d'être réinjectée en mêmes quantités dans le deuxième forage du doublet. Ces eaux de forage constituent le *circuit primaire*.

Le *circuit secondaire* est constitué par le fluide de la pompe à chaleur. En mode chauffage, ce fluide est réchauffé dans l'échangeur. En mode rafraîchissement, il est refroidi dans l'échangeur.

Pour un bâtiment tertiaire d'une certaine importance, ce sont généralement ces systèmes qui sont proposés, plus que les versions précédentes mieux adaptées aux maisons individuelles ; il peut être nécessaire de multiplier les doublets de forages, pour atteindre la puissance requise.

Il existe par ailleurs des variantes avec rejet des eaux de nappe dans le réseau d'eaux pluviales ou dans un cours d'eau, mais elles ne peuvent être que déconseillées du fait de leur impact environnemental, outre le refus potentiel de l'administration.

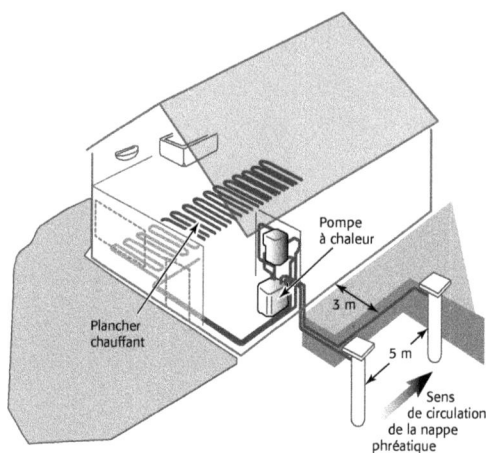

Figure 153. Géothermie sur eau de nappe.

Les étapes de la faisabilité géothermique sur eau de nappe

Il est important de comprendre les étapes successives du projet géothermique afin de savoir les présenter au maître d'ouvrage.

- **Analyse documentaire**

  L'étude commence par une phase d'analyse documentaire à faire réaliser avant l'APS : pour savoir si le site du projet présente un potentiel, les BET spécialisés commencent par consulter la Banque de données du sous-sol (BSS) du BRGM, accessible sur www.infoterre.brgm.fr, afin d'identifier les forages existant dans la zone et leur débit de pompage. Ces informations donnent une indication sur le potentiel du site, mais aussi sur les forages voisins pouvant perturber l'exploitation envisagée. Ils étudient ensuite les différentes aquifères exploitables, et proposent un choix, en fonction du budget envisageable et des contraintes techniques, notamment la température de la nappe.

- **Premier forage d'essai**

  L'étape suivante consiste à réaliser un forage de reconnaissance avec essai de pompage, ce qui nécessite un dossier administratif préalable dans le cadre du Code de l'environnement et du Code minier.[1] Ces essais constituent un point d'arrêt pour une décision de poursuivre ou non le projet.

- **Deuxième forage d'essai**

  Si les résultats sont satisfaisants, on peut réaliser le second forage et un essai en boucle entre les deux forages. On a alors toutes les informations permettant de finaliser le dimensionnement des équipements ; une étude par modélisation informatique des flux des nappes peut être nécessaire (modélisation hydrodynamique et thermique par modèle maillé).

- **Dossier administratif**

  Reste à établir le dossier administratif de demande d'autorisation d'exploitation et à réaliser d'autres doublets de forage si un seul n'est pas suffisant.

---

1 Réglementation en cours d'évolution : vérifier l'actualité.

... les aspects administratifs de la géothermie de minime importance

Jusqu'en 2015 la règlementation applicable à la géothermie était extrêmement touffue. Il fallait jongler entre les demandes d'autorisation au titre du Code minier, les demandes d'autorisation au titre du Code de l'environnement, vérifier la proximité de captages d'eau potable, s'assurer de la compatibilité avec les schémas directeurs divers des agences de l'eau issus de la loi sur l'eau et donnant lieu à des arrêtés, vérifier la compatibilité avec le PLU, etc.

La réforme de 2015 a simplifié le régime de la géothermie de minime importance.[1]

La plupart des forages géothermiques de moins de 10 m de profondeur sont maintenant exclus du Code minier. Un régime déclaratif allégé a de plus été créé au-delà de 10 m de profondeur, jusqu'à 200 m de profondeur et 500 kW.

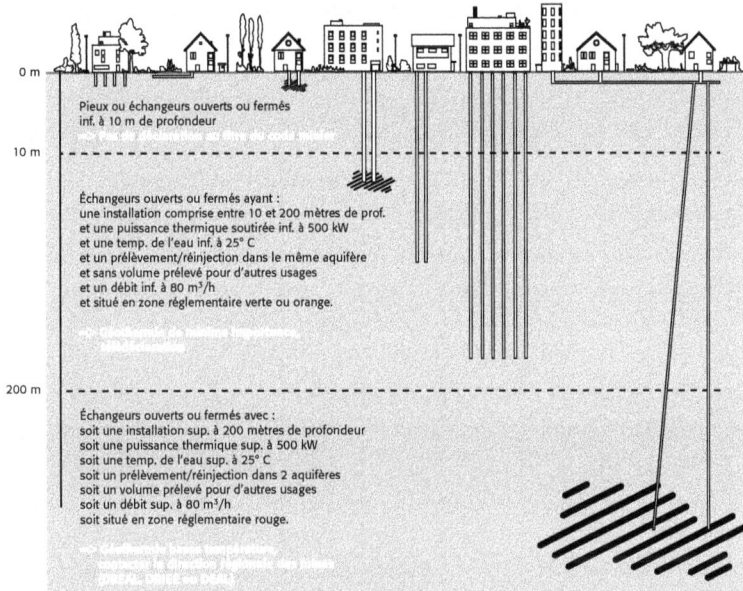

Figure 154. Récapitulatif du régime déclaratif allégé de la géothermie de minime importance.[2]

Les prescriptions à appliquer pour la géothermie de minime importance figurent dans deux arrêtés.[3] Une nouvelle carte règlementaire[4] distingue trois zones :

* une zone verte, sans prescriptions particulières mais avec obligation de faire appel à un foreur qualifié,
* une zone orange éligible à la géothermie de minime importance, mais avec obligation de consulter un expert géologue (attestation à fournir lors de la télédéclaration du projet),
* et une zone rouge, non éligible au régime simplifié de la géothermie de minime importance (ce qui ne veut pas dire que tout projet soit interdit).

---

1 Décret n°78-498 du 28 mars 1978 modifié relatif aux titres de recherches et d'exploitation de géothermie.
2 Source : regeocities.eu
3 Arrêté du 25 juin 2015 relatif aux prescriptions générales applicables aux activités géothermiques de minime importance et Arrêté du 25 juin 2015 relatif à l'agrément d'expert en matière de géothermie de minime importance.
4 Disponible sur www.geothermie-perspectives.fr/cartographie

Conseil pratique

La mission confiée au BET spécialisé en charge des aspects techniques doit inclure la gestion des contraintes administratives (et des délais d'instruction associés), avec des aspects qui peuvent relever de AMO.

Le géocooling

On parle de *géocooling* quand on utilise la température du sol pour rafraichir des locaux. Ce procédé peut utiliser des sondes verticales, horizontales ou un captage d'eau de nappe.

La géothermie basse énergie

Elle consiste à exploiter des nappes aquifères situées à des profondeurs entre 1,5 et 2,5 km.

Un forage à 600 m de profondeur représente déjà un ordre de grandeur de coût d'un million d'euros, réservé aux grands projets. Les utilisations les plus courantes sont les réseaux de chauffage urbain, le chauffage de serres et le chauffage de grands sites.

Quels sont les sites favorables à la géothermie ?

Les régions les plus favorables en ce qui concerne les nappes profondes sont le Bassin parisien et le Bassin aquitain.

Mais, comme on l'a vu, les nappes profondes représentent un investissement important, rarement réalisé.

C'est donc le potentiel des aquifères peu profondes qu'il serait intéressant de cartographier. Malheureusement, cette cartographie est difficile à réaliser à l'échelle nationale à cause :

- du caractère très discontinu et de la petite taille des aquifères peu profondes ;
- de l'absence de centralisation des données obtenues grâce aux sondages réalisés par chaque maître d'ouvrage.[1]

Conseil pratique

Compte tenu de ces éléments, il ne faut pas utiliser, pour analyser la pertinence d'une installation géothermique, les cartes de potentiel géothermique trouvées sur Internet et qui concernent les nappes profondes.

Chaque projet doit donc faire l'objet d'une étude particulière pour déterminer les aquifères exploitables sur le site.

Pour en savoir plus sur la géothermie

Consulter le site de référence www.geothermie-perspectives.fr conçu par le BRGM et l'Ademe, très complet.

Pour les pompes à chaleur géothermiques en maison individuelle, consulter les 5 Recommandations professionnelles RAGE - PAC géothermiques disponibles sur www.programmepacte.fr, qui détaillent les modalités de conception, de dimensionnement, d'installation, de mise en service et de maintenance des pompes à chaleurs géothermiques dans le neuf et en rénovation.

---

1 Sur le sujet de l'inventaire des ressources, voir www.géothermie-perspectives.fr, rubrique Comment ça marche/À la découverte des gisements/Inventaire des ressources.

4.3.6.2. Les puits climatiques

Le principe du puits canadien, ou puits climatique, consiste à utiliser la chaleur du sol pour préchauffer une arrivée d'air en hiver, ou pour recueillir de l'air frais en été (on parle parfois de « puits provençal »).

L'arrivée d'air peut être raccordée à une CTA double flux, ou à un moteur d'insufflation complété par une installation distincte d'extraction simple flux. Prévoir une vanne de by-pass manuelle ou motorisée, pour fermer l'arrivée du puits aux périodes où il serait contre-productif.

Attention aux régions exposées au risque radon : le radon est un gaz radioactif présent naturellement dans le sol, tout particulièrement dans le Massif central. Consulter la carte du risque radon sur www.irsn.fr, et prévoir une ventilation pour les caves et sous-sols.

Pour en savoir plus sur les puits climatiques

Consulter les trois guides RAGE de mars 2015 « Puits climatiques », disponibles sur www.programmepacte.fr : *Guide Conception et dimensionnement*, *Guide Installation et mise en service*, et *Guide Entretien et maintenance*.

4.4. Localiser les locaux techniques et les réseaux CVC

Il faut garder à l'esprit que la plupart des locaux techniques CVC[1] ont besoin de surfaces d'échanges avec l'extérieur : besoin en cheminées, en grille de prise d'air, en grille de rejet d'air. Il faut donc veiller à aborder le dialogue architecte-thermicien dès le début d'APS sur le sujet de l'implantation de ces locaux. Si les locaux sont implantés par l'architecte sans consultation du thermicien, leur positionnement risque fortement de poser problème. Ainsi, des locaux techniques CVC implantés au cœur du bâtiment, loin des façades, ou en sous-sol, ne peuvent convenir ni pour des centrales de traitement d'air, ni pour des moteurs de désenfumage, ni pour une chaufferie, à moins de prévoir de grandes gaines ou cheminées qui peuvent être très encombrantes.

Prendre garde également aux nuisances sonores des équipements et gaines.

Les réseaux chauds (et froids) doivent évidemment être calorifugés (ce qui implique de ne pas les coller aux murs) et ne doivent pas transiter dans un espace extérieur ou dans un local non chauffé.

Enfin, point parfois très contraignant, issu du Règlement sanitaire départemental (à consulter pour chaque site), dans les bâtiments autres que ceux à usage d'habitation les grilles de rejets d'air vicié doivent être situées à plus de huit mètres de tout ouvrant et de toute prise d'air neuf, ceci afin d'éviter un recyclage de l'air pollué.[2]

---

1   Les exceptions sont par exemple les sous-stations.
2   Article 63.1 du règlement sanitaire départemental type, consultable sur Légifrance dans la circulaire du 9 août 1978 relative à la révision du règlement sanitaire départemental type. Attention toutefois, s'agissant d'un texte non règlementaire , les articles modifiés par une circulaire ultérieure ne sont pas à jour quand on consulte le fac simile de la version d'origine en ligne

> **Règle d'or de l'implantation des locaux techniques CVC**
>
> En général, les locaux CVC doivent être implantés près de l'extérieur (façade, toiture).

Conseil pratique

Il faut anticiper le phasage de la mise en place pendant le chantier des CTA et des autres équipements de fortes dimensions : certains modèles sont encombrants, seront-ils acheminés par l'escalier ? seront-ils livrés en plusieurs morceaux ? la porte du local technique est-elle bien dimensionnée ?

4.5. Équipements CVC et impact acoustique

L'impact acoustique des équipements CVC (CTA, groupes froids, tours aéroréfrigérantes notamment) doit être étudié par les spécialistes, en fonction du type de programme et de l'environnement extérieur du projet.

Dans les sites sensibles aux vibrations (par exemple salles de concert), les socles des équipements CVC sont posés sur des ressorts et les réseaux fluides (eau chaude, eau glacée, etc.) sont suspendus à des ressorts. L'isolation phonique des locaux techniques peut être nécessaire.

Les réseaux aérauliques peuvent eux aussi être responsables de nuisances sonores, si le dimensionnement des gaines est trop faible ou le débit trop élevé.

Figure 155. Exemple de baffles acoustiques installées sur une tour aéroréfrigérante.

Figure 156. Exemple d'un réseau d'eau suspendu par ressort dans une salle de concert.

Pour aller plus loin en CVC

Consulter les articles CH du Règlement ERP.

Consulter le site de fabricants, par exemple Trane, Daikin, CIAT, France-Air, Airwell, Carrier.

Consulter l'arrêté du 23 juin 1978[1] sur les chaufferies et sous-stations.

Les thermiciens utilisent les bases de données du Comité scientifique et technique des industries climatiques (www.costic.com), mais l'accès nécessite un abonnement.

5. La plomberie

Cette spécialité ne pose généralement pas de problèmes complexes d'étude en interface avec les autres lots.

Eaux pluviales

À strictement parler les réseaux d'évacuation des eaux pluviales relèvent du lot Couverture.

Pour mémoire les systèmes d'évacuation des eaux pluviales par effet siphoïde, appelés également systèmes dépressionnaires, permettent de réduire les diamètres et les pentes des réseaux, et sont plus économes en réseaux enterrés.

Alors que les systèmes d'évacuation gravitaires sont dimensionnés pour évacuer un mélange d'eaux pluviales et d'air, les systèmes siphoïdes limitent les entrées d'air dans les conduits. L'eau occupe alors 100 % du volume et le débit d'évacuation est fortement augmenté grâce à un effet d'aspiration lié à l'absence d'air.

Ces systèmes font l'objet d'un Cahier des prescriptions techniques du CSTB. Ils sont souvent utilisés pour les bâtiments nécessitant des grands espaces sans poteaux (équipements sportifs, hangars…).

Pour en savoir plus sur les systèmes siphoïdes

Consulter le cahier technique du CSTB et le site de fabricants, comme Geberit (modèle Geberit Pluvia) ou Saint Gobain (modèle EPAMS).

Point de vigilance

Les systèmes siphoïdes relèvent d'avis techniques. Penser à vérifier :
* que le modèle choisi est couvert par un avis technique valide,
* et qu'on rentre bien dans le champ d'application autorisé par l'avis technique.

Le nettoyage régulier des toitures est indispensable – des effondrements ont déjà eu lieu suite à des mises en charge de toitures dotées d'évacuations siphoïdes mal entretenues.

---

1   Arrêté du 23 juin 1978 relatif aux installations fixes destinées au chauffage et à l'alimentation en eau chaude sanitaire des bâtiments d'habitation, de bureaux ou recevant du public.

Moyens de secours

Suivant les cas, la réglementation peut imposer la présence :

- de RIA (robinets d'incendie armés), qui doivent respecter une norme[1] ;
- de colonnes sèches, elles aussi normées[2] ;
- d'une installation de sprinklage.[3]

On rencontre notamment les installations de sprinklage dans les commerces à partir de 3 000 m² (sauf en 4e catégorie) et dans les grands parkings.

Faire attention au fait que certaines règles APSAD, bien que non obligatoires, sont généralement prises en compte et vont au-delà de la réglementation.

Pour en savoir plus

Consulter les normes, et en ERP le Règlement ERP (articles MS et articles spécifiques à chaque type d'activité).

Figure 157. Débouché de colonnes sèches sur la voirie.

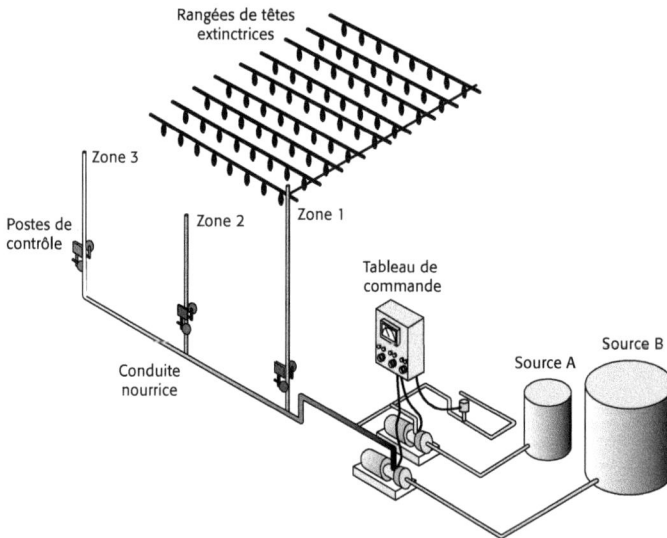

Figure 158. Principe d'une installation de sprinklage.

---

1 NF S62-201 : Matériels de lutte contre l'incendie – Robinets d'incendie armés équipés de tuyaux semi-rigides (RIA) – Règles d'installation et de maintenance de l'installation (Indice de classement : S62-201).
2 NF S61-759 : Matériel de lutte contre l'incendie – Colonnes d'incendie (sèches et en charge) – Installation et maintenance (Indice de classement : S61-759).
3 NF EN 12845 : Installations fixes de lutte contre l'incendie – Systèmes d'extinction automatiques du type sprinkleur – Calcul, installation et maintenance (Indice de classement : S62-233).

Figure 159. Cuve de sprinklage d'un hypermarché.

Figure 160. Exemple de tête de sprinklage.

6.   Le désenfumage mécanique

On se reportera au chapitre Réglementation, ci-dessus.

7.   Les aménagements extérieurs

7.1.   Les métiers des aménagements extérieurs

La spécialité des voiries et réseaux divers (VRD) est assimilable à ce qu'on appelle couramment les Travaux publics. Elle couvre donc les prestations d'ingénierie des aménagements extérieurs, tout particulièrement sur le domaine public.

Les maîtres d'œuvre spécialisés en aménagements extérieurs peuvent appartenir à trois « métiers » complémentaires :

- urbanistes (architectes urbanistes et urbanistes règlementaires) ;
- paysagistes concepteurs[1] ;

---

1   Le titre de paysagiste concepteur est protégé depuis 2017 : décret n° 2017-673 du 28 avril 2017 relatif à l'utilisation du titre de paysagiste concepteur.

• bureau d'étude VRD (on rencontre aussi le terme d'hydraulicien pour désigner la personne en charge des études de gestion des eaux pluviales).

De plus, les paysagistes eux-mêmes peuvent avoir besoin de s'associer les compétences d'un bureau d'étude spécialisé en espaces verts, qui les conseillera sur l'aspect technique de la plantation (type de terres à utiliser, arrosages, transplantations, etc.). En présence d'arbres existant sur le site, il peut être nécessaire de demander au maître d'ouvrage un *relevé phyto-sanitaire*, c'est-à-dire un relevé de la nature et de l'état de santé des arbres existants.

Enfin, en marge de ces domaines, on rencontre aussi le terme de « génie écologique » pour désigner les professionnels dont l'objet d'étude est le milieu naturel. Ils peuvent par exemple intervenir pour la restauration des cours d'eau, l'entretien des espaces naturels, la préservation de la biodiversité dans les projets d'infrastructure, le reboisement, la requalification des zones humides ou la dépollution des sols et des eaux. L'objectif principal de ces études est générale-ment de protéger ou de restaurer le bon fonctionnement d'écosystèmes.[1]

7.2. Périmètre du lot

Le lot VRD comprend les aménagements extérieurs, notamment :
• voiries ;
• trottoirs ;
• réseaux enterrés (assainissement, réseaux d'adduction d'eau, réseaux électriques dont l'éclairage, réseau gaz, etc.) ;
• signalisation horizontale et verticale ;
• mobilier ;
• espaces verts.

Il est important de retenir qu'un BET VRD ou, en travaux, un lot VRD ne traite *jamais* des prestations à l'intérieur des bâtiments. Dès qu'on entre dans un bâtiment, c'est un autre lot qui prend les prestations à sa charge. Le lot VRD ne comprend pas non plus les descentes d'eau pluviales (parfois désignées « eaux de toitures » par opposition aux réseaux gérant les eaux de ruissellement), qui relèvent du corps d'état couverture (ou éventuellement plomberie) jusqu'au sol.

7.3. Connaître les différents types d'assainissement

Il est important de savoir que l'assainissement d'un site peut être, suivant les zones :
• unitaire : c'est le cas des quartiers anciens, et de presque tout Paris ;
• séparatif : avec un réseau pour les eaux usées et un réseau distinct pour les eaux pluviales ; l'intérêt est de limiter les volumes à traiter par les stations d'épuration, très énergivores ;
• non collectif : chaque propriétaire a sa propre installation, en dehors des agglomérations.

---

1   Pour en savoir plus consulter www.agebio.org et www.entreprisesdupaysage.fr

---

Pour en savoir plus sur l'assainissement non collectif

Consulter le guide *Assainissement non collectif - Règles et bonnes pratiques à l'attention des installateurs* diffusé dans le cadre du Plan d'action national sur l'assainissement non collectif, et disponible sur www.assainissement-non-collectif.developpement-durable.gouv.fr

On remarquera cependant que ce guide est totalement muet sur le sujet de l'assainissement par phytoépuration. Sur ce sujet on pourra consulter le site www.aquatiris.fr

---

7.4.   La gestion des rejets d'eaux de pluie

Un des enjeux des études VRD est de limiter l'imperméabilisation des sols lors de la création de parkings. Les solutions comprennent la création de noues, l'utilisation de revêtements perméables, etc.

Afin de limiter le cout des infrastructures publiques d'assainissement (collecteurs, égouts, etc.), depuis quelques années les règlementations locales incitent les maîtres d'ouvrage à limiter fortement les rejets d'eaux pluviales de bâtiments neufs dans les réseaux publics.

Sur les solutions alternatives qui permettent de limiter ces rejets, voir plus bas le chapitre 4 sur la qualité environnementale du bâtiment

Un exemple concret représentatif : dans le département des Hauts-de-Seine, les PLU des communes renvoient sur ce sujet au « règlement du service départemental d'assainissement des Hauts-de-Seine ».

Ce texte précise :

> « *Sur le territoire des Hauts-de-Seine, la gestion des eaux pluviales à la parcelle, sans raccordement au réseau public doit être la première solution recherchée.*
>
> *Toutefois, lorsque la gestion totale de ces eaux à la parcelle n'est pas possible, le propriétaire peut solliciter l'autorisation de raccorder ses eaux de ruissellement au réseau pluvial à la condition que ses installations soient conformes aux prescriptions techniques (…) du présent règlement.*
>
> *Dans ce cas, seul l'excès de ruissellement peut être canalisé après qu'aient été mises en œuvre toutes les solutions susceptibles de favoriser la limitation des débits, telles que l'infiltration, la réutilisation des eaux claires, le stockage, les rejets au milieu naturel (…).*
>
> *L'excédent d'eaux de ruissellement n'ayant pu être infiltré est soumis à des limitations de débit de rejet, afin de limiter, à l'aval, les risques d'inondation ou de déversement d'eaux polluées au milieu naturel.*
>
> *Sur l'ensemble du département des Hauts-de-Seine, le débit de fuite, généré à la parcelle, ne doit pas excéder, pour une pluie de retour décennal :*
>
> *– 2l/s/ha dans le cas d'un rejet dans un réseau unitaire,*
>
> *– 10l/s/ha dans le cas d'un rejet dans un réseau d'eaux pluviales (…).*
>
> *Dans tous les cas, l'acceptation du raccordement des eaux pluviales de toute nouvelle construction sera subordonnée à la capacité d'évacuation du réseau existant. Le propriétaire ou l'aménageur doit justifier, par la production à l'Exploitant de notes de calcul appropriées, le dimensionnement suffisant des installations de rétention qu'il installe en amont du raccordement.* »[1]

---

1   www.hauts-de-seine.net

7.5. Le guichet unique réseaux et canalisations et les plans de synthèse VRD

Une procédure pour sécuriser les travaux

En préalable à tout projet comportant des aménagements extérieurs, et en particulier sur le domaine public, le maître d'ouvrage a l'obligation[1] de consulter les exploitants de réseaux VRD pour connaître l'emplacement de leurs réseaux sur le site. Ces concessionnaires sont très variés : Enedis, Orange, GRDF, la mairie de la commune, le gestionnaire des réseaux de feux tricolores, les gestionnaires de réseaux locaux de chaleur, le génie militaire, etc.

Une réforme de 2011[2], dite « anti-endommagement », motivée par les nombreux accidents (plus de 100 000 endommagements par an, dont 4 500 sur les seuls réseaux de gaz), a institué un guichet unique sur Internet, où s'effectue la consultation des exploitants de réseaux.

La procédure de consultation des plans des réseaux existants a pris le nom de *déclaration de projet de travaux* (DT). Progressivement, les plans géoréférencés des réseaux existant des exploitants sont disponibles en consultation sur le guichet unique.

Cette procédure de consultation des exploitants est à la charge du maître d'ouvrage, mais à partir d'une certaine complexité de projet il la confie à un BET VRD, désigné dans la réglementation *prestataire d'aide*, idéalement celui qui assure la maîtrise d'œuvre du lot VRD.

S'il est missionné, le BET VRD ira au-delà de la simple rédaction du formulaire administratif sur le guichet unique et proposera une mission particulière présentées ci-dessous : la mission « Plan de synthèse VRD des existants » ou « Enquête concessionnaires VRD ».

Pour jouer ce rôle, le BET VRD doit être formé et disposer d'une habilitation, l'*autorisation d'intervention à proximité des réseaux* (AIPR)

La mission Plan de synthèse VRD

Cette mission est indispensable pour les projets d'espaces publics extérieurs, et consiste principalement :

* à consulter le guichet unique pour recueillir la liste des exploitants de réseaux présents sur le site ;
* à rédiger et transmettre en ligne aux exploitants l'imprimé *Déclaration de projet de travaux* (DT) ;[3]
* à recevoir en retour les plans de réseaux géoréférencés transmis par les exploitants, qui précisent leur classe de précision : classe A si l'implantation est assez précisément connue, classe B en cas d'incertitude moyenne sur la position, classe C en cas d'incertitude supérieure à 1,5 m ;
* à réaliser un plan de synthèse ou une maquette de synthèse (dans le repère géodésique officiel RGF93 !) faisant apparaître tous les réseaux existants sur le fond de plan de l'existant.

Plusieurs relances peuvent être nécessaires, par exemple dans le cas courant où, par sa connaissance du site du projet, le BET constate que les réponses des exploitants ne sont pas exhaus-

---

1 Articles L554-1 à L554-2, R554-1 à R554-9 et R554-19 à R554-34 du Code de l'environnement.
2 Arrêté du 23 décembre 2010 relatif aux obligations des exploitants d'ouvrages et des prestataires d'aide envers le téléservice reseaux-et-canalisations.gouv.fr.
3 Art. R554-21 du Code de l'environnement.

tives ou qu'ils ont répondu qu'ils ne possédaient pas de réseaux sur le site alors que des équipements techniques leur appartenant sont pourtant clairement visibles sur le terrain.

Le résultat de cette mission est le plan de synthèse VRD de la zone, qui est le document de base de l'étude VRD du projet, et qui doit être une des pièces du dossier de consultation des entreprises.

Pour désigner l'appui à apporter au maître d'ouvrage sur ces sujets, on rencontre parfois le terme barbare de *responsable du projet pour l'application des dispositions des articles L554-1 et R554-1 du Code de l'environnement.*

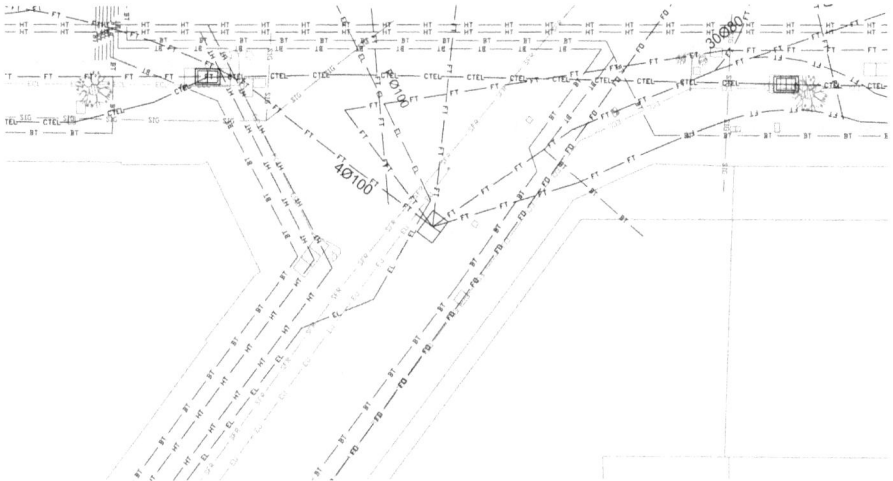

Figure 161. Zoom extrait d'un exemple de plan de synthèse VRD, montrant des réseaux concessionnaires sur un carrefour.

Plan de synthèse VRD et honoraires de maîtrise d'œuvre

Pour les projets de bâtiments sans aménagements extérieurs significatifs, il est courant que le maître d'œuvre réalise à titre commercial la prestation de gestion des DT et de plan de synthèse VRD, sans réclamer au maître d'ouvrage d'honoraires supplémentaires. Il n'en reste pas moins que la responsabilité des DT relève de la maîtrise d'ouvrage.

Point de vigilance : les investigations complémentaires

Une innovation importante introduite par la réforme de 2011 est l'obligation pour le maître d'ouvrage, si les réponses des exploitants comportent une classe de précision B ou C sur le positionnement des réseaux, de missionner un prestataire qualifié pour réaliser des investigations complémentaires[1] afin de localiser plus précisément les tronçons incertains.

Ces investigations complémentaires peuvent être réalisées au cours des études, ou bien faire l'objet d'un lot de travaux préliminaires inclus au(x) marché(s). Les textes prévoient des règles de répartition des coûts de ces investigations entre le maître d'ouvrage et l'exploitant du réseau.

Il existe toutefois de nombreux cas de dispense de ces investigations complémentaires, notamment en fonction de la nature des réseaux (présentant ou non des risques d'accident), de la taille du chantier et du lieu du projet.[2]

---

1   Art. R554-23 du Code de l'environnement.
2   Idem.

Au-delà de la simple obligation règlementaire, il faut être conscient que, dans un site urbain dense, se contenter d'un plan de synthèse VRD établi sans investigations sur le terrain fait courir le risque de s'exposer à de graves surprises en chantier. On a fort intérêt à demander au maître d'ouvrage des investigations complémentaires consistant au minimum à faire ouvrir les tampons, regards et chambres de tirage présents sur le site.

Règle d'or des investigations complémentaires

Dans un site urbain dense, le plan de synthèse VRD doit être complété par des investigations complémentaires avec ouverture des émergences, pour éviter des surprises en chantier. Certains géomètres réalisent ce type de mission.

La procédure de DICT

Ce plan de synthèse trouve son pendant en phase chantier dans les DICT, déclarations d'intention de commencement de travaux, que toute entreprise de travaux publics a l'obligation de transmettre aux mêmes exploitants de réseaux avant le début de ses travaux. Grâce à la DICT, l'entreprise indique aux exploitants son intention de commencer des travaux et leur demande communication des réseaux qu'ils possèdent dans la zone. Cette obligation incombe aussi aux sous-traitants.

La DICT est en quelque sorte la boucle de rattrapage de la déclaration du projet de travaux.

Pour en savoir plus

Consulter le guichet unique créé par l'INERIS sur ce sujet suite à la réforme de 2011, www.reseaux-et-canalisations.gouv.fr ; le site comporte des brochures explicatives claires sur le sujet.

Consulter sur ce même site le *Guide d'application de la règlementation anti-endommagement*, composé de trois fascicules détaillés, clairs et concrets :
- un fascicule 1 consacré aux procédures,
- un fascicule 2 consacré aux dispositions techniques, richement illustré et extrêmement utile, notamment pour identifier la nature d'un réseau,
- un fascicule 3 relatif aux formulaires et documents pratiques.

7.6. La loi sur l'eau

La loi sur l'eau et les milieux aquatiques (LEMA) de 2006 a modifié la partie législative du Code de l'environnement qui regroupe les dispositions de 39 lois précédemment dispersées, dont la loi sur l'eau de 1992. Un des objectifs de la LEMA est de permettre d'atteindre en 2015 le bon état écologique des eaux conformément à la réglementation européenne.

Les projets ayant un impact sur le milieu aquatique doivent faire l'objet d'un dossier loi sur l'eau.

Comment savoir si un projet est concerné ?

Le Code de l'environnement comporte une nomenclature[1] qui indique pour chaque type d'impact sur le milieu :
- s'il n'y a pas de procédure à engager ;

---

1   On trouvera cette nomenclature à l'art. R214-1 du Code de l'environnement.

- si une déclaration doit être réalisée : le service instructeur a alors deux mois pour répondre ;
- si une demande d'autorisation est nécessaire : une enquête publique doit alors être réalisée.

Le contenu des dossiers loi sur l'eau figure lui aussi dans le Code de l'environnement.[1]

Quelques exemples de travaux impactés par la loi sur l'eau

Les travaux suivants nécessitent un dossier loi sur l'eau (déclaration ou autorisation) :

- obstacle à l'écoulement des crues en bordure de cours d'eau ;
- modification du profil en long ou en travers d'un cours d'eau ;
- rejet d'eaux pluviales dans les eaux douces superficielles ou sur le sol ou dans le sous-sol, avec surface de bassin versant supérieur à 20 ha (autorisation) ;
- rejet d'eaux pluviales dans les eaux douces superficielles ou sur le sol ou dans le sous-sol, avec surface de bassin versant compris entre 1 et 20 ha (déclaration).

Ce dernier cas est le plus couramment rencontré par les maîtres d'œuvre bâtiment : il donne lieu aux bassins de rétention inesthétiques qu'on rencontre aux abords des parkings et ronds-points, ou à des méthodes alternatives d'infiltration.

---

1   Voir les articles R214-8 et R214-32.

CHAPITRE 4

La qualité environnementale du bâtiment

Qualité environnementale du bâtiment et développement durable

Le terme galvaudé de *développement durable* couvre un champ plus vaste que la qualité environnementale du bâtiment, puisqu'il comporte aussi des aspects sociétaux, qui ne concernent pas directement le maître d'œuvre, du moins dans sa pratique professionnelle de concepteur.

On parlera donc plutôt ici de *qualité environnementale du bâtiment*, c'est-à-dire de la prise en compte des enjeux environnementaux dans la conception (et la réalisation) du bâtiment.

Pourquoi s'intéresser à la qualité environnementale du bâtiment ?

Les bâtiments représentent 40 % de l'énergie consommée dans le monde, 25 % de l'eau consommée et 40 % des ressources en général. Ils sont responsables d'un tiers des émissions de gaz à effets de serre liés à l'énergie.[1]

Le monde de la construction a un tel impact environnemental, notamment en termes de bilan carbone, que la qualité environnementale est devenue en quelques années le principal enjeu des projets de bâtiments. Il n'est plus possible pour un maître d'œuvre de l'ignorer dans son activité.

Un critère de sélection

Autre raison pour le maître d'œuvre de s'intéresser à la qualité environnementale, la construction durable devient de plus en plus souvent un critère de sélection des équipes et des projets. Par exemple, ce peut être une condition pour obtenir un permis de construire dans certaines ZAC, ce peut être un critère de choix pour l'attribution d'un marché ou d'un concours. Certaines collectivités locales encouragent aussi la construction durable par des bonus de COS ou des accélérations de permis de construire.

---

1 Source : www.unep.org/sbci

Il est donc indispensable pour un maître d'œuvre d'intégrer les critères environnementaux à sa démarche de conception, que le projet soit destiné à la certification ou non.

Il n'est plus pensable de nos jours de présenter un projet à un jury de concours sans l'accompagner d'une démarche environnementale.

Comment définir la qualité environnementale du bâtiment ?

Si l'on voulait résumer de manière simpliste le cœur de la démarche environnementale du maître d'œuvre, on pourrait retenir que l'objectif fondamental est de *réduire tous les besoins* :

- besoins en énergie ;
- besoins en eau ;
- besoins en matériaux ;
- besoins en maintenance ;
- besoins en déplacements ;

et de *réduire les impacts* :

- impact carbone ;
- impacts sur le site et sur la biodiversité ;
- déchets de chantier et d'exploitation ;
- impacts sur la santé des occupants.

Se méfier des idées reçues et réexaminer la pertinence des solutions pour chaque projet

Pas plus que la conception en général, la qualité environnementale des bâtiments ne saurait être un catalogue de solutions toutes faites, applicables à tous les projets.

C'est un domaine de réflexions très complexe, où les avantages apportés par un dispositif peuvent souvent s'accompagner d'un inconvénient connexe. Ainsi, une façade vitrée engendre des déperditions thermiques, mais elle apporte de l'éclairage naturel et contribue aux économies d'éclairage artificiel : tout est affaire d'équilibre entre avantages et inconvénients.

Beaucoup d'humilité est donc indispensable dans ce domaine : il faut en permanence analyser la pertinence réelle des dispositifs, leur adéquation au cas particulier du projet, et faire appel aux spécialistes si nécessaire.

Suit un exemple réel, typique des conséquences d'une vision simpliste des problématiques environnementales.

Un des objectifs courants dans le domaine de la gestion de l'eau dans les espaces extérieurs est de limiter l'imperméabilisation des sols, afin de limiter la construction des coûteux ouvrages d'assainissement, dimensionnés pour les pluies d'orage.

Dans un projet d'espace public extérieur, les élus locaux, ayant bien assimilé cette règle, exigent qu'un soin particulier soit apporté à la perméabilité des sols. Ce n'est pas l'intérêt pour la biodiversité qu'ils mettent en avant, mais les conséquences de l'imperméabilisation sur les réseaux d'assainissement.

Au cours des études, la maîtrise d'œuvre rencontre le service gestionnaire de l'assainissement qui indique que, dans ce quartier, les égouts et collecteurs sont récents et très largement surdimensionnés. Ils indiquent qu'en conséquence une imperméabilisation des sols de l'espace public projeté n'aurait aucun impact positif ou négatif en termes de gestion des eaux, les réseaux étant déjà surdimensionnés (il reste cependant que la perméabilité des sols peut aussi avoir un impact positif sur la biodiversité).

Cet exemple montre qu'il faut se méfier des idées reçues plaquées artificiellement à la diversité des projets et des sites.

S'ouvrir à l'international

Dans ce domaine de la qualité environnementale du bâtiment, le maître d'œuvre qui souhaite progresser en compétences doit être conscient que la France n'est pas très en avance sur ce sujet, bien que la RT 2012 constitue un important progrès.

Les pays à la pointe en termes de compétences et d'innovations sont notamment l'Allemagne (on parle parfois de quinze ans d'avance !), l'Autriche, le Royaume-Uni, les pays nordiques et dans une moindre mesure les États-Unis (lesquels partent certes de loin en termes de consommations énergétiques).

Le maître d'œuvre qui veut progresser a donc intérêt, dans la mesure du possible, à être attentif aux pratiques, réflexions et innovations en provenance de ces pays.

La « Mecque » de l'architecture durable est souvent considérée comme étant la région autrichienne du Vorarlberg, région bouillonnante d'innovation et de dynamisme, dont les architectes sont connus sous le nom d'École du Vorarlberg.

Pour en savoir plus sur l'exemple du Vorarlberg

www.energieinstitut.at : le site de l'Institut de l'énergie du Vorarlberg, avec quelques pages en français. Sur le site de l'ordre, www.architectes.org, rubrique Exercer la profession/Développement durable/Outils d'évaluation, on trouvera une traduction française de la grille d'évaluation de l'Institut de l'énergie du Vorarlberg (avec très peu de détails, mais malgré tout intéressante).

www.v-a-i.at : le site de l'Institut d'architecture du Vorarlberg, extrêmement riche d'enseignements, malheureusement réservé aux germanistes.

www.baubook.at : site autrichien intéressant, malheureusement réservé aux germanistes, rubrique Vorarlberg.

Un peu de méthodologie

La démarche environnementale du maître d'œuvre sur un projet peut consister à :
* analyser le site du projet ;
* puis analyser les priorités du maître d'ouvrage en termes environnementaux ;
* et, en fonction de ces analyses, proposer des orientations, avec des priorités sur certaines cibles.

Le maître d'ouvrage décide alors si le projet fera l'objet d'une certification ou non ; mais, même sans certification, la démarche d'écoconception du maître d'œuvre garde tout son sens.

Pour les opérations certifiées, le maître d'ouvrage missionne généralement dès l'esquisse un AMO HQE. Ce prestataire commence par réaliser un diagnostic environnemental du site, décrivant ses avantages et ses contraintes.

Au cours du déroulement du projet, l'AMO HQE est l'interlocuteur de l'organisme certificateur.

Les thématiques présentées ci-dessous peuvent servir de base à la rédaction d'une notice environnementale, par exemple dans le cadre d'un concours.

1. Les grands thèmes de la qualité environnementale du bâtiment

1.1. L'analyse du site

L'analyse doit à la fois identifier les atouts du site et les contraintes qu'il fait peser sur le projet :

- nuisances pour les futurs utilisateurs (acoustiques, visuelles, olfactives) ;
- pollution du milieu naturel ;
- risques sanitaires pour les futurs utilisateurs (air pollué, ondes, etc.) ;
- risques naturels (radon, etc.) et technologiques.

On notera que le degré de détail de cette analyse est à adapter à la taille du projet.

Le milieu physique

Il est intéressant de connaître les particularités du site en matière de topologie, de nature du sol, d'hydrologie.

Pour les données sur les sous-sols, on peut utiliser http://infoterre.brgm.fr (par exemple pour la présence d'une aquifère utilisable en géothermie) ou www.geoportail.gouv.fr, site Internet de l'IGN et du BRGM, avec accès à des cartographies thématiques :

- la géologie ;
- les eaux souterraines ;
- les anciens sites industriels :
    - le BRGM met à disposition sur son site une base de données, la BASIAS (base des anciens sites industriels et activités de service),
    - il existe aussi une base de données des sols pollués, la BASOL, évidemment non exhaustive[1] ;
- les risques naturels (sismicité, cavité souterraines, mouvements de terrain, remontées de nappes).

Le site www.georisques.gouv.fr précise tous les risques identifiés sur chaque site.

On peut trouver les données sur les expositions du site aux ondes électromagnétiques sur www.anfr.fr, le site Internet de l'Agence nationale des fréquences, très instructif. On y trouve la position des antennes émettrices et les mesures de l'intensité des champs électromagnétiques réalisées dans tous les sites.

Le site professionnels.ign.fr/donnees fournit des ortho-images (images aériennes superposables à une carte) et des modèles 3D de courbes de niveau.

Le climat

La connaissance du climat du site est assurément fondamentale pour orienter la conception : potentiel d'ensoleillement, vents dominants, pluviométrie, etc.

---

1 http://basol.developpement-durable.gouv.fr.

Des données sur le climat peuvent être recherchées sur *Weather Online* : www.wofrance.fr et sur http://fr.weatherspark.com.

Les roses des vents, annuelles et mensuelles, sont consultables sur http://fr.windfinder.com[1].

Les écosystèmes

Il est intéressant d'identifier la présence éventuelle sur le site de flore et faune, et les atouts paysagers.

L'environnement bâti et humain

Consulter le PLUI[2]. L'ensemble des documents d'urbanisme (PLUI, servitudes d'utilité publique, schémas de cohérence territoriale, etc.) figureront progressivement sur www. geoportail-urbanisme.gouv.fr.

Penser à consulter le site Internet de la ville, du département et, le cas échéant, d'une éventuelle structure intercommunale (communauté de communes, d'agglomérations, communauté urbaine, syndicat intercommunal…), notamment pour connaître leurs priorités environnementales des collectivités locales et les potentialités du site.

Consulter le site www.cadastre.gouv.fr pour identifier les limites foncières.

Le site geo.data.gouv.fr permet de consulter les données en *open data*, dont la richesse est très variable d'un site à l'autre.

Les données démographiques, utiles pour les études urbaines, sont disponibles sur le site de l'INSEE.

Les réseaux

Il est intéressant d'identifier la présence éventuelle d'un réseau de chaleur urbain ou, de manière plus classique, du gaz de ville.

Les ressources locales

Y a-t-il des matériaux locaux (ardoises, …), des carrières, des forêts exploitées qui pourraient orienter le choix vers la construction bois ou vers le bois-énergie ?

Y a-t-il une industrie locale utile au projet ? une filière locale de valorisation des déchets ?

L'histoire du site

Le site remonterletemps.ign.fr fournit des cartes et photographies anciennes des sites.

Sur www.delcampe.net on peut acheter des cartes postales anciennes des sites à diverses époques.

Les sites monumentum.fr et atlas.patrimoines.culture.fr fournissent des données sur les monuments historiques et le patrimoine. Le site de référence sur les monuments historiques reste la fameuse base Mérimée.[3]

---

1 Rubrique « trouver une station météo », puis rubrique « statistiques ».
2 Plan local d'urbanisme intercommunal
3 www2.culture.gouv.fr/culture/inventai/patrimoine/

1.2.   Impact environnemental du projet sur le site et biodiversité

Une fois réalisée l'analyse du site, la seconde étape de la démarche d'écoconception du maître d'œuvre est de réfléchir à l'impact du projet sur le site.

La conception peut s'attacher à minimiser cet impact, grâce à la réflexion sur l'insertion paysagère.

Un exemple parmi tant d'autres : une maison sur pilotis aura un impact plus faible sur le biotope local qu'une maison traditionnelle.

Pour en savoir plus sur la prise en compte de la biodiversité en conception

Consulter le site http://www.biodiversité-positive.fr/moe/conception, réalisé par une filiale de Bouygues et par l'Institut du développement durable et responsable de l'Université catholique de Lille. Ce site comporte en particulier un ensemble de fiches pratiques extrêmement bien faites sur la prise en compte de la biodiversité dans les projets.

1.3.   Pratiquer la RT 2012 – Quelques pistes sur la gestion de l'énergie

En pratique, comment améliorer la performance énergétique d'un bâtiment neuf ou existant ?

La réponse est aussi complexe que l'acte de conception lui-même, et les thématiques listées ici ne constituent qu'une introduction forcément très réductrice, et une ouverture vers des recherches documentaires complémentaires.

Il n'existe pas une solution universelle en termes constructifs qui serait à privilégier pour améliorer les performances : un bâtiment basse consommation peut aussi bien être réalisé en béton, en structure métallique, en bois, etc. Ce sont la qualité de la conception, le dialogue architecte-thermicien et le soin apporté aux détails lors des études, puis sur le chantier, qui permettent d'atteindre la performance énergétique.

La conception doit être attentive à trois thèmes :

- la conception bioclimatique de l'enveloppe (le Bbio de la RT 2012) ;
- le choix d'équipements techniques performants ;
- le recours aux énergies renouvelables.

1.3.1.   Lisser les pics de consommation électrique

Avec la loi NOME[1], les tarifs de vente de l'électricité sont amenés, d'ici à quelques années, à augmenter de manière importante pour les pics de consommation des bâtiments tertiaires.

La consommation globale sur l'année du bâtiment n'est donc pas le seul critère à optimiser : les caractéristiques du pic de consommation annuel deviennent un critère d'analyse crucial.

Dans les prochaines années, les stratégies de lissage des consommations vont devenir un sujet d'étude de plus en plus important. C'est la problématique dite de l'*effacement des pics*.

---

1 Loi n° 2010-1488 du 7 décembre 2010 portant nouvelle organisation du marché de l'électricité.

Ainsi en Californie, il existe des climatiseurs qui augmentent de quelques degrés leur température de consigne quand ils reçoivent un signal d'augmentation du tarif électrique.

1.3.2. Le Bbio et la conception bioclimatique de l'enveloppe

1.3.2.1. Les grands principes, pour mémoire

En hiver, on cherche à capter la chaleur du soleil dont la hauteur est faible, à emmagasiner la chaleur grâce à une forte inertie des murs, et à la conserver grâce à l'isolation.

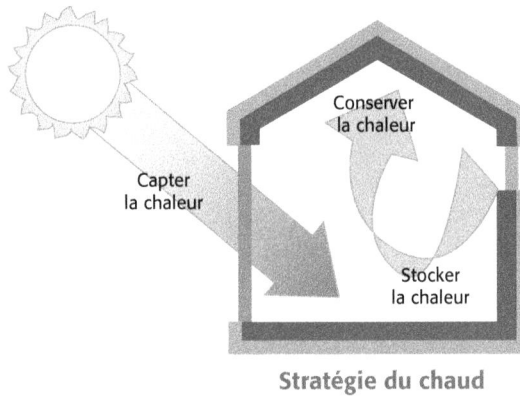

Stratégie du chaud

Figure 162. Les grands principes du confort d'hiver.

En été, on cherche à limiter les apports solaires au sud et surtout à l'ouest grâce aux protections solaires, à profiter de l'inertie du bâtiment et à évacuer la chaleur la nuit grâce à la ventilation traversante.

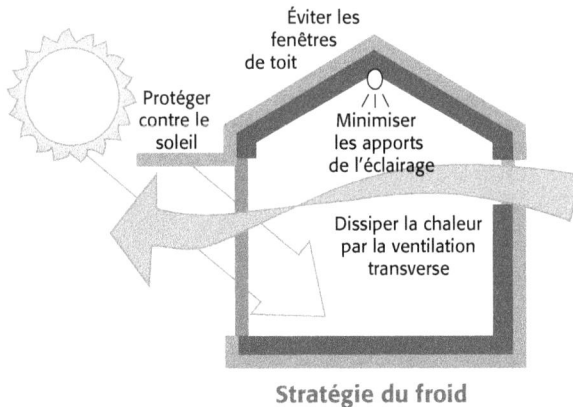

Stratégie du froid

Figure 163. Les grands principes du confort d'été.

1.3.2.2. L'orientation, la forme du bâtiment et la disposition des pièces

Les enjeux de l'orientation du bâtiment sont un exemple de la nécessité d'initialiser la réflexion thermique dès l'esquisse ; il est en effet trop tard en APS pour corriger une mauvaise implantation déjà décidée.

En milieu urbain existant, les contraintes du parcellaire et de l'insertion urbaine rendent généralement impossible la prise en compte de principes bioclimatiques pour l'orientation du bâtiment.

En urbanisme neuf (ZAC), la prise en compte du bioclimatisme est un enjeu très important.

En ce qui concerne la forme du bâtiment, la compacité est favorable thermiquement : les maisons victoriennes anglaises en bande sont ainsi plus favorables thermiquement que les pavillons contemporains au milieu de leur pelouse : les bâtiments mitoyens sont préférables thermiquement.

À volume égal, les formes compactes, sans redan, sont les plus favorables au Bbio.

Il est par ailleurs important que les murs aient une forte inertie, comme les bâtiments anciens.

Outre l'orientation, il est important d'étudier au cas par cas les façades en fonction de leur orientation. Il n'est plus possible de proposer le même type de façades et de protections solaires indifféremment sur les quatre faces d'un bâtiment comme on pouvait le faire dans le passé.

Enfin, la disposition des pièces au sein du bâtiment est essentielle : il est préférable de regrouper les locaux non chauffés plutôt que de les disperser ; les locaux techniques doivent de préférence être implantés au nord et les locaux de vie au sud. C'est ce qu'on appelle le *zonage thermique*.

En habitation, les principes de base sont bien connus et cohérents avec l'architecture traditionnelle :

- pièces à vivre au sud ;
- espaces tampons (buanderie, réserve, locaux techniques) au nord ;
- limitation de l'épaisseur des bâtiments pour garantir l'accès à l'éclairage naturel.

1.3.2.3. Une isolation renforcée

Alors que les isolants étaient quasiment absents jusqu'en 1982, leur épaisseur a depuis augmenté avec les versions successives de la réglementation thermique.

Des ordres de grandeur

Les épaisseurs d'isolants dépendent bien sûr fortement des matériaux et de la technique constructive. Il est pourtant utile en première approche d'avoir en tête des ordres de grandeur des pratiques actuelles :

- 15 à 30 cm sur les murs ;
- 30 à 40 cm sous toiture ;
- 15 à 30 cm sous plancher bas.

Outre l'isolation de l'enveloppe extérieure, la RT 2012 implique l'isolation des planchers et parois séparant des locaux chauffés et non chauffés. Il est donc nécessaire de bien analyser quels seront les éventuels locaux non chauffés, et d'essayer au maximum de les regrouper.

Comprendre l'intérêt de l'isolation par l'extérieur

Il existe trois types d'isolation thermique des murs :

- l'isolation thermique par l'extérieur (ITE) ;
- l'isolation thermique par l'intérieur (ITI) ;
- et l'isolation thermique répartie, c'est-à-dire dans l'épaisseur du mur, notamment en construction bois.

L'isolation par l'extérieur est banale dans de nombreux pays européens, et se pratique depuis longtemps en Allemagne. En France, un grand retard a été pris sur ce sujet et de nombreuses entreprises n'ont pas encore les compétences nécessaires.

L'isolation par l'extérieur est généralement la meilleure solution à retenir (sauf cas particuliers évoqués ci-dessous) pour les bâtiments neufs, avec pour variante non dénuée d'intérêt l'isolation thermique répartie.

Il n'y a cependant pas de solution universelle.

Point de vigilance

En isolation par l'extérieur, il ne doit jamais y avoir de voile d'air mobile entre le mur et l'isolant extérieur. Un voile d'air mobile crée en effet un effet cheminée qui évacue toutes les calories du mur.

On rencontre souvent ce problème sur les chantiers ; un exemple typique : l'entreprise fixe l'isolant avec des plots de collage, qui laissent un vide entre mur béton et isolant. C'est finalement comme si l'isolant était implanté à 15cm du mur : il perd toute son efficacité.

Quel est l'intérêt de l'isolation par l'extérieur pour les bâtiments neufs et pour la rénovation des bâtiments des trente glorieuses

En isolation par l'extérieur, le traitement des ponts thermiques est facilité. En effet, avec une isolation par l'intérieur, chaque plancher constitue un pont thermique qui doit recevoir un traitement particulier ; le traitement se complique dans les grands immeubles avec épais planchers structurels. L'isolation par l'intérieur est donc source de moisissures au droit des ponts thermiques.

Avec une isolation par l'extérieur, les planchers ne constituent plus des ponts thermiques : ils sont intégrés dans l'enveloppe isolée. Les balcons peuvent poser problème s'ils existent, mais le traitement des ponts thermiques constitués par les balcons se réalise (désolidarisation). Il faut aussi être vigilant sur les encadrements de fenêtres et portes, ainsi que les jonctions avec le sol extérieur.

D'autre part, l'isolation par l'extérieur, et c'est là le point principal, améliore la performance du bâti car elle permet de profiter de l'inertie du bâtiment.

En hiver, les murs du bâtiment isolé par l'extérieur se chargent de chaleur ; ils peuvent ensuite restituer cette chaleur au volume intérieur (vers l'extérieur, l'isolant bloque les flux), et ils se comportent donc un peu comme un poêle de masse. Au contraire, avec une isolation par l'intérieur, la masse des murs reste froide en hiver ; elle ne présente donc aucun apport thermique intéressant pour le bâtiment.

En été, avec une isolation par l'extérieur, la masse des murs du bâtiment reste relativement fraîche, comme dans un bâtiment ancien aux épais murs de pierre ; cette masse participe donc au confort d'été. Par contre, avec une isolation par l'intérieur, la masse des murs reste chaude ;

elle emmagasine le jour la chaleur du soleil, et constitue la nuit un manteau chaud n'apportant aucun bénéfice au volume intérieur en termes de confort d'été.

Depuis 2015, on peut de plus déroger aux règles d'urbanisme pour implanter une isolation en saillie des façades ou par surélévation des toitures.[1]

Règle d'or

> L'isolation par l'intérieur est à éviter, car source de ponts thermiques et de moisissures.

Bâtiments existants : conditions pour isoler par l'intérieur en évitant les désordres futurs

Dans le bâti ancien, quand l'isolation par l'extérieur est impossible du fait de l'intérêt patrimonial de la façade ou du fait de sa configuration particulière, il reste possible de réaliser une isolation thermique de qualité par l'intérieur, mais à condition de prêter une attention toute particulière à l'hygrométrie du mur existant, pour éviter toute condensation entre mur et isolant intérieur.

Il convient en particulier de :

* bien protéger le mur existant contre la pluie battante ;
* bien ventiler les locaux ;
* bien traiter les ponts thermiques.

Point de vigilance

En isolation par l'intérieur, ne pas oublier la membrane pare-vapeur, indispensable pour empêcher la condensation.

Certains maîtres d'œuvre suppriment une bande de plancher pour assurer une continuité de la pose de l'isolant.

Pour en savoir plus sur l'isolation par l'extérieur

On peut consulter www.groupement-mur-manteau.com, le site des entreprises pratiquant depuis longtemps l'isolation par l'extérieur, avec des suggestions sur les détails aux points singuliers.

Utiliser le Guide RAGE très complet : *Menuiseries extérieures avec isolation thermique par l'extérieur - neuf rénovation* - novembre 2014, disponible sur www.programmepacte.fr.

Pour en savoir plus sur l'isolation par l'intérieur

Pour les cas où l'isolation par l'intérieur est incontournable, consulter sur www.programmepacte.fr les deux guides RAGE, extrêmement détaillés et complets :
* *Isolation thermique par l'intérieur - rénovation* - juin 2015 ;
* *Isolation thermique par l'intérieur - neuf* - juin 2015.

Pour en savoir plus sur les pathologies liées à l'isolation par l'intérieur et sur leur prévention

Consulter l'intéressante étude de septembre 2013 *Évaluation des risques de pathologies liées à l'humidité au niveau des poutres encastrées dans un mur extérieur isolé par l'intérieur*, disponible aussi sur www.programmepacte.fr.

---

1 Article L152-5 du Code de l'urbanisme.

Que penser des isolants minces ?

Les produits minces réfléchissant (PMR), produits multicouches à base d'aluminium, sont à considérer comme des solutions d'appoint, par exemple pour isoler une porte de garage, mais ils ne peuvent pas être pris au sérieux comme isolation de base, leurs performances ne peuvent pas se comparer avec une véritable isolation.[1]

Et les aérogels de silice ?

Les aérogels de silice sont des isolants très performants, utilisés depuis des décennies dans l'aérospatiale et l'industrie et composés d'un solide renfermant 90 à 95 % d'air. Ils commencent à être utilisés dans le bâtiment. Ils nécessitent deux à trois fois moins d'épaisseur qu'un isolant classique pour obtenir la même résistance thermique R. Ils sont de plus très perméables à la vapeur d'eau, tout en étant hydrophobes.

Il ne s'agit cependant pas d'isolants biosourcés.

Les enjeux de l'isolation des toitures

Le calcul montre que l'épaisseur de l'isolant en toiture joue un rôle important dans le confort d'été. Il faut donc tout particulièrement éviter en toiture les isolants minces, peu performants en confort d'été.

En zone chaude, il faut éviter les fenêtres de toit.

Enfin, l'idéal, quand le principe constructif le permet, est de prévoir un espace de ventilation naturelle de quelques centimètres immédiatement en sous-face du matériau de toiture (tuiles, etc.) pour permettre l'évacuation de la chaleur.

L'intérêt des toitures végétalisées

Les toitures végétalisées, qui peuvent être extensives (c'est-à-dire sans entretien, ce qui est idéal), intensives (entretien à prévoir) ou semi-intensives, ont plusieurs avantages, outre leur intérêt architectural :

- elles contribuent au confort d'été en participant à l'inertie du bâtiment : si les anciennes réglementations thermiques ne permettaient pas de prendre en compte ce bénéfice dans les calculs – aussi étonnant que cela puisse paraître –, la RT 2012 prend maintenant en compte les toitures végétalisées dans ses règles de calcul. Elles ne contribuent cependant pas à l'isolation thermique en hiver, du fait de leur taux d'humidité ; ;
- elles contribuent à la biodiversité en milieu urbain ;
- elles améliorent l'isolation acoustique des locaux : le substrat et les végétaux amortissent les bruits, surtout par temps humide ;
- elles apportent un abattement sur les rejets d'eaux pluviales à l'égout, en emmagasinant une portion des eaux d'orage, et en retardant leur évacuation au réseau ; au total, une toiture végétalisée évite l'évacuation au réseau d'environ la moitié de la totalité des eaux de pluie ;
- en ville, elles contribuent à lutter contre l'effet « îlot de chaleur » (grâce à l'évapo-transpiration) ;
- la végétalisation protège l'étanchéité bitumineuse sous-jacente et améliore sa durée de vie.

---

1   Voir *La Maison écologique* n° 89 octobre-novembre 2015.

Pour en savoir plus sur les toitures végétalisées

Consulter le site du CSTB, riche en articles sur ce sujet.

Utiliser pour la conception le document de référence, les Règles professionnelles pour la conception et la réalisation des terrasses et toitures végétalisées, disponible sur www.adivet.net

---

1.3.2.4. Le traitement des ponts thermiques et l'étanchéité à l'air

L'étanchéité à l'air

La perméabilité à l'air, autrement dit les « courants d'air », peut être localisée :

- à la liaison entre murs et soubassements ;
- à la liaison entre toiture et parois intérieures ;
- à la liaison des parois verticales entre elles ;
- à la liaison entre les menuiseries extérieures et l'enveloppe, et au niveau des menuiseries elles-mêmes (volets roulants, trappes de désenfumage, etc.) ;
- au niveau des boîtiers électriques, et tableaux électriques ;
- au niveau du percement de l'enveloppe par un réseau traversant.

Ces courants d'air parasites sont dus à la fois au vent et au tirage thermique du bâtiment, dû à la différence de température entre intérieur et extérieur.

L'étude de la perméabilité à l'air a commencé dans les années 1980 aux États-Unis et en Norvège.

Pourquoi l'étanchéité à l'air est-elle importante ?

La perméabilité à l'air, outre son impact acoustique, cause d'importantes pertes énergétiques. Elle dégrade le confort thermique en créant une sensation de froid et de paroi froide.

Par ailleurs, en présence de vent, les systèmes de ventilation risquent des perturbations : ils deviennent moins efficaces, et en ventilation double flux l'échangeur peut être en partie court-circuité par les flux parasites. Certaines pièces ne sont alors plus ventilées. C'est d'ailleurs pour cette raison qu'on déconseille généralement d'investir dans une VMC double flux dans un logement existant perméable à l'air.

Les courants d'air peuvent de plus entraîner vers l'intérieur du bâtiment des polluants : fibres, poussières, moisissures, COV issus des matériaux d'isolation, surtout si ces isolants ne sont pas des matériaux « naturels ».

Les courants d'air parasites provoquent aussi, tout comme les ponts thermiques, de la condensation. Cette condensation est source de moisissures qui, en plus de leur impact sanitaire, peuvent endommager les isolants.

Enfin, pour les habitations situées dans une agglomération comportant des industries dangereuses (sites dits « Seveso avec servitude »), un plan de prévention des risques technologiques peut imposer la possibilité pour les habitants de se confiner en cas d'accident. Dans ce cas, l'étanchéité à l'air relève de la sécurité des personnes.

Prendre en compte l'étanchéité à l'air dans la conception

Pour atteindre les objectifs de performance, il faut, en APD et en PRO, décrire les détails de calfeutrement (la technique et sa mise en œuvre) à chaque intersection avec un point singulier, et à chaque jonction entre deux plans de l'enveloppe.

Les assemblages doivent être calfeutrés, avec utilisation aux points singuliers de bandes d'étanchéité et de scotch étanche à l'air (adhésif pare-vapeur).

Pour un rappel des contraintes règlementaire s, voir la Réglementation thermique (chapitre 1).

Conseil pratique pour les bâtiments à ossature bois

Dans le cas des bâtiments à ossature bois à isolation thermique répartie, l'étanchéité à l'air est dégradée par les réseaux techniques (fourreaux électriques, ...) qui percent le pare-vapeur. Une solution consiste à ajouter, côté intérieur du pare-vapeur, un espace de cheminement des réseaux, constitué par 5 cm d'isolant supplémentaire. Cette solution permet de ne pas percer le pare-vapeur.

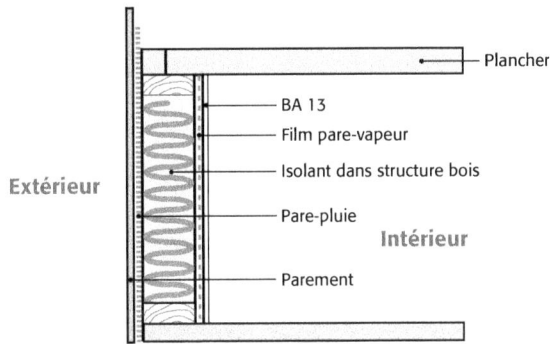

Figure 164. Exemple de coupe verticale sur isolation répartie.

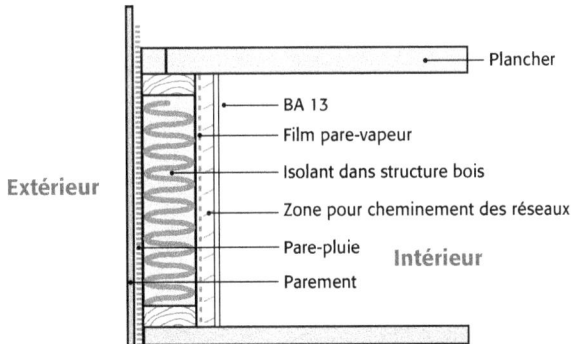

Figure 165. Coupe verticale : variante avec zone de cheminement des réseaux.

Les rupteurs thermiques

Les rupteurs de ponts thermiques sont des accessoires isolants qui sont disposés entre deux éléments de construction pour empêcher la propagation de la chaleur. Ils restent d'une utilisation encore rare du fait de leur coût, mais sont amenés à devenir plus courants.

Dans quels cas des rupteurs thermiques sont-ils utilisés ?

- En isolation par l'intérieur : à l'interface entre plancher et mur.
- En isolation par l'extérieur pour la fixation d'un élément rapporté, sans détériorer l'isolation :
  - fixation des balcons,
  - fixation d'un escalier extérieur,
  - fixation de stores extérieurs ou de brise-soleil,
  - fixation d'une pergola ou d'une véranda,
  - fixation d'une façade rapportée extérieure.

La mise en œuvre des rupteurs thermiques mérite un soin particulier, car ils sont en interface avec les structures porteuses, et ils peuvent avoir une incidence en termes de sécurité incendie et d'acoustique.

Par ailleurs, leur utilisation pose parfois problème en zones sismiques.

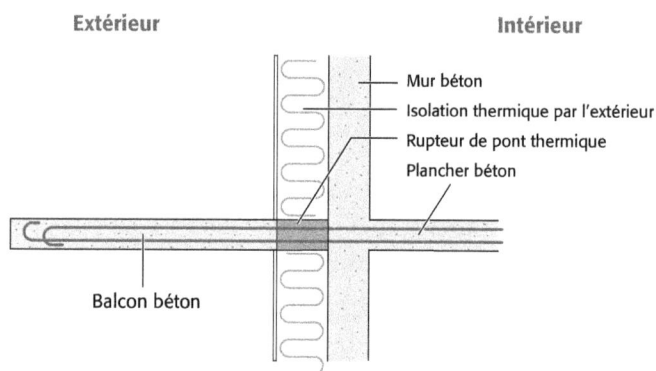

Figure 166. Exemple d'utilisation d'un rupteur de pont thermique en ITE.

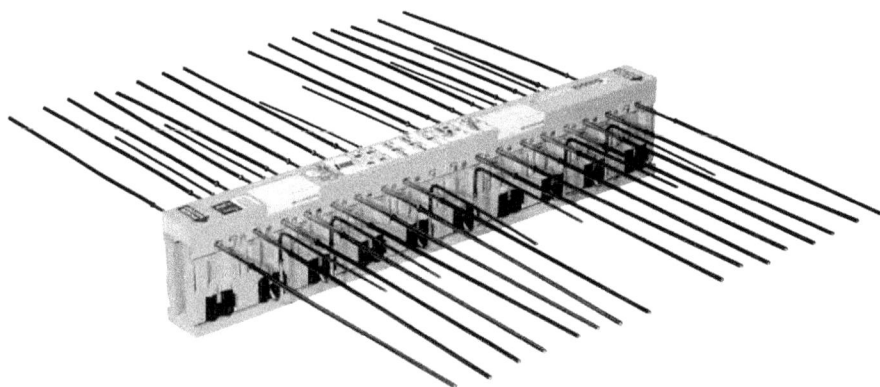

Figure 167. Exemple de rupteur de pont thermique en ITE (source : Schöck).

Pour en savoir plus sur les ponts thermiques et l'étanchéité à l'air

Le site Internet du CEREMA de Lyon (www.centre-est.cerema.fr), centre d'étude spécialisé dans ce domaine de l'étanchéité à l'air, est une mine d'informations sur le sujet. On peut notamment y télécharger des plans guides de détails architecturaux pour le traitement des ponts thermiques et pour l'amélioration de l'étanchéité à l'air.[1]

Voir le site Internet de l'association Effinergie.

Consulter le guide *Mise en œuvre des rupteurs de ponts thermiques sous avis techniques*, février 2013, disponible sur www.programmepacte.fr.

Consulter les sites de fabricants, comme www.schoeck.fr ou www.it-fixing.com.

Pour les mesures de la perméabilité à l'air, voir ci-dessous la partie relative aux travaux.

1.3.2.5. La gestion des apports solaires thermiques

Autrefois, les fenêtres étaient petites pour limiter les déperditions. Aujourd'hui, les menuiseries sont performantes, avec vitrages basse-émissivité (en anglais, *low-e*) au minimum, et triple vitrage au mieux. Les grandes baies vitrées au sud permettent de bénéficier d'apports solaires thermiques en hiver et d'éclairage naturel, mais une façade d'immeuble excessivement vitrée peut dégrader le confort thermique d'été et constitue un point faible dans l'isolation thermique de l'enveloppe. Tout est donc affaire d'équilibre en avantages et inconvénients, et face à une telle complexité les calculs permettent de proposer un optimum. En habitation, la RT 2012 donne une indication d'ordre de grandeur, en exigeant 1/6 de la surface du sol en surface vitrée.

L'implantation en extérieur des protections solaires est préférable en termes de confort d'été : les stores intérieurs sont inefficaces pour la protection contre les surchauffes, car ils emmagasinent la chaleur du soleil et la retransmettent au volume intérieur.

Dans les bâtiments tertiaires, la protection solaire peut aussi utiliser des verres à contrôle solaire ou des sérigraphies pour limiter les besoins en rafraîchissement. Les verres à contrôle solaire sont caractérisés principalement (il existe de nombreux autres paramètres) par deux valeurs clé :

- le *facteur solaire* F_s, qui caractérise la proportion d'énergie solaire qui traverse le vitrage, par rapport à l'énergie solaire totale incidente sur la paroi vitrée; plus ce taux est faible et plus le verre protège le volume intérieur de la chaleur solaire ; ainsi un verre doté d'un facteur solaire de 70 % pourra convenir pour un vitrage exposé au nord, alors qu'un facteur solaire de 30 % sera nécessaire pour un vitrage horizontal ou très exposé ;
- le *taux de transmission lumineuse* T_1, qui caractérise la proportion de la lumière qui traverse le vitrage ; plus ce taux sera élevé et plus le vitrage sera « performant » à la fois en termes d'éclairage naturel et de « discrétion » ou de « clarté » du vitrage ; les verres performants en termes de facteur solaire sont en effet souvent opacifiant, mais il existe des vitrages à la fois performants énergétiquement et peu opacifiants ; pour donner des ordres de grandeur, un taux entre 50 % et 70 % est généralement considéré comme acceptable architecturalement en termes de clarté ou de « neutralité » visuelle, alors qu'un taux beaucoup plus bas correspondra plus à un aspect « métallisé », « verre fumé » ou « verdâtre » de la façade vitrée.

---

1 http://www.centre-est.cerema.fr, rubrique Bâtiment - Construction > Étanchéité à l'air de l'enveloppe > Traitement des enveloppes > Carnets de détails du projet MININFIL.

Caractéristiques
énergétiques

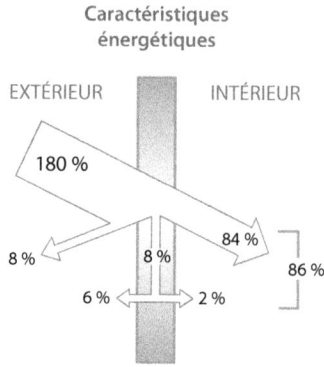

Figure 168. Définition du facteur solaire d'un vitrage.

Les grands principes à retenir restent de prévoir des protections solaires côté sud et de limiter les ouvertures côté ouest, pour se protéger de la chaleur du soir.

Point de vigilance

La conception des protections solaires nécessite une véritable étude et ne doit pas être négligée : insuffisantes ou mal orientées, elles entraînent des surchauffes d'été ; excessives, elles entraînent une perte d'éclairage naturel.

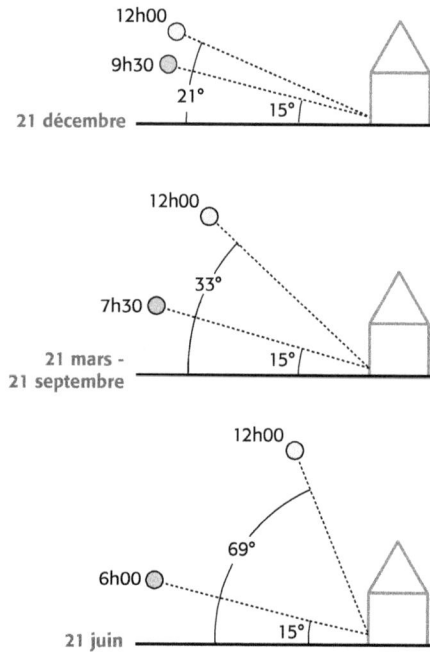

Figure 169. Hauteurs du soleil (au niveau du 45° de latitude nord).

Comment dimensionner les casquettes solaires

La donnée importante à connaître est la hauteur du soleil sur le site aux heures les plus chaudes en été. Il suffit de consulter les diagrammes de course solaire, qu'on peut par exemple trouver sur www.enertech.fr, rubrique Boîte à outils/Calculer et réaliser la basse consommation.

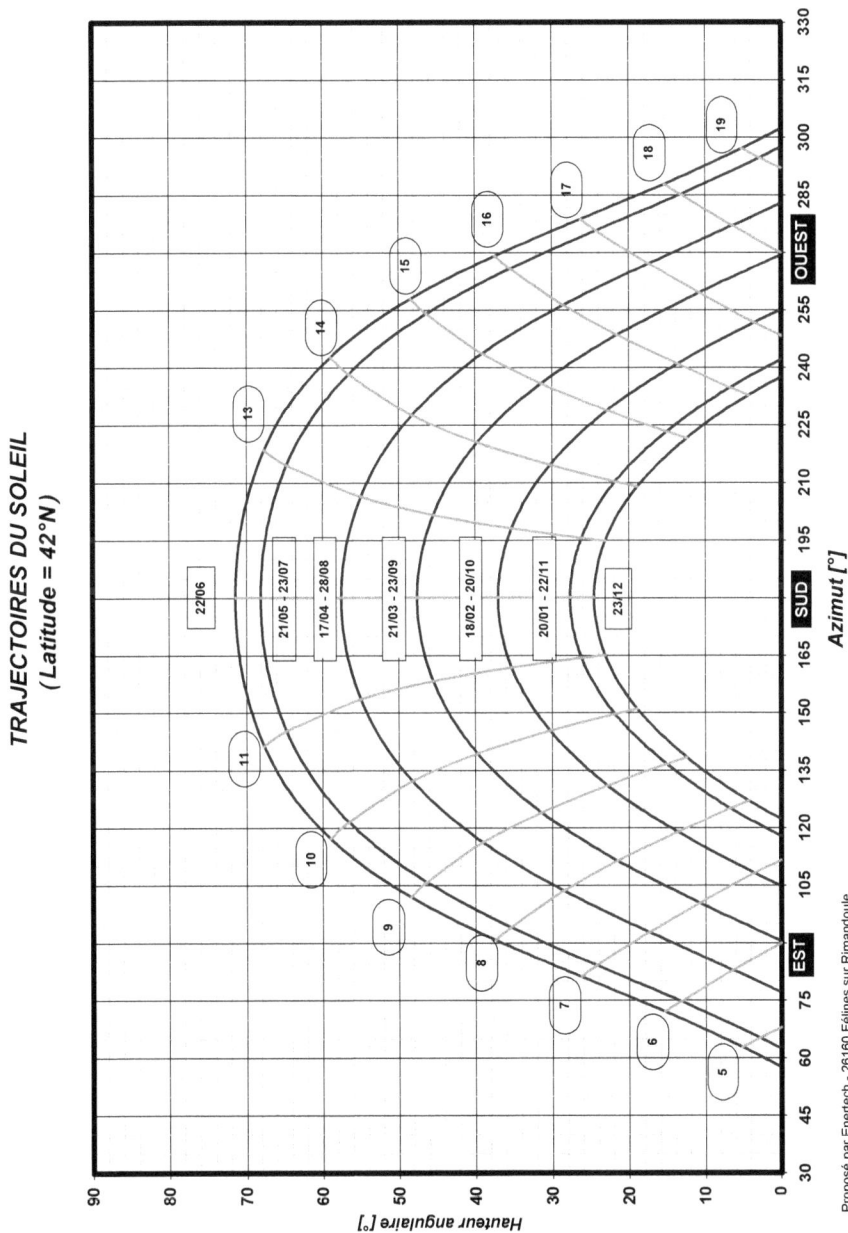

Figure 170. Diagramme des trajectoires du soleil.

Ce procédé innovant (bien qu'inventé dans les années 70) consiste à favoriser une circulation d'air entre les parois d'un triple-vitrage. L'air neuf extérieur pénètre dans la fenêtre par des ouvertures en partie haute, puis il se réchauffe en circulant entre les vitrages et réchauffe l'air intérieur. L'air circulant dans le vitrage est réchauffé par deux phénomènes :

- la récupération d'énergie liée aux déperditions de la fenêtre ;
- le rayonnement solaire.

Les gains thermiques sont importants, et ce système encore peu répandu se présente donc comme une alternative passive et beaucoup moins encombrante à la ventilation double flux.

Il existe des variantes avec assistance mécanique.

1.3.2.6. L'utilisation de l'éclairage naturel

Comme évoqué au chapitre Commandes d'éclairage, il ne suffit pas de privilégier l'éclairage naturel, il faut aussi prendre en compte cet apport dans les commandes d'éclairage, et permettre à l'utilisateur de passer en manuel.

1.3.3. Des équipements performants

1.3.3.1. Choisir les énergies renouvelables les plus pertinentes

Quand on propose au maître d'ouvrage le recours à une énergie renouvelable, il est important de savoir justifier sa proposition en fonction de la nature du projet, et de savoir la justifier en termes de rentabilité financière.

Un maître d'ouvrage sera particulièrement sensible à l'attention portée par son maître d'œuvre au choix des énergies les plus rentables dans la configuration précise du projet.

Il est donc important de savoir, pour chaque énergie renouvelable, dans quel cas elle est économiquement pertinente.

Conseil pratique

Les énergies renouvelables doivent faire l'objet d'une étude de pertinence économique.

Par ailleurs, il faut garder à l'esprit que, la meilleure des énergies renouvelables, ce sont tout simplement les apports solaires utilisés passivement grâce à la bonne conception bioclimatique de l'enveloppe.

La revente de la production électrique *via* le réseau Enedis nécessite l'installation d'un ou plusieurs onduleurs, ainsi qu'un compteur spécifique. La mise en exploitation est précédée du passage du Consuel.

L'autoconsommation individuelle ou collective, confidentielle récemment encore, est en plein boom actuellement grâce à l'évolution du cadre règlementaire survenue en mai 2017.

Ce nouveau cadre règlementaire va booster les projets photovoltaïques, projets qui redeviennent enfin rentables après des années d'équilibre économique difficile. Grâce à cette réforme c'est maintenant à nouveau une bonne idée de conseiller aux maîtres d'ouvrage une installation photovoltaïque.

La rentabilité d'une installation photovoltaïque dépend :

- de la situation géographique ;
- des ombres portées pouvant former masque : bâtiments voisins, arbres, montagnes ;
- de l'orientation et de l'inclinaison des cellules ;
- du modèle de cellules choisi ;
- de la nature des besoins électriques du programme (nature qui impactera le *taux d'autocon-sommation*, c'est-à-dire la part de la consommation produite sur place par rapport à la consommation totale).

En ce qui concerne l'orientation des cellules, la production optimale est obtenue plein sud avec 35° d'inclinaison. Le schéma ci-dessous rappelle la production obtenue dans les autres cas.

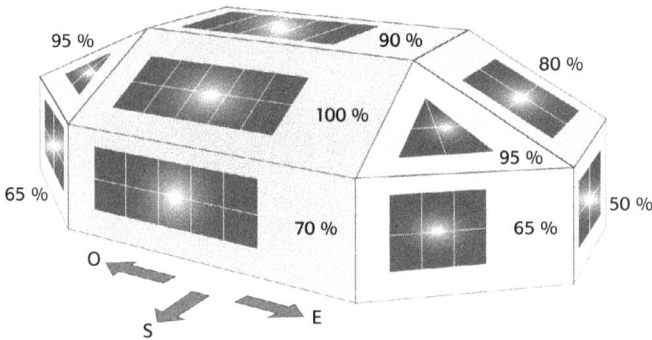

Figure 171. Production électrique comparée aux conditions d'exposition optimales.

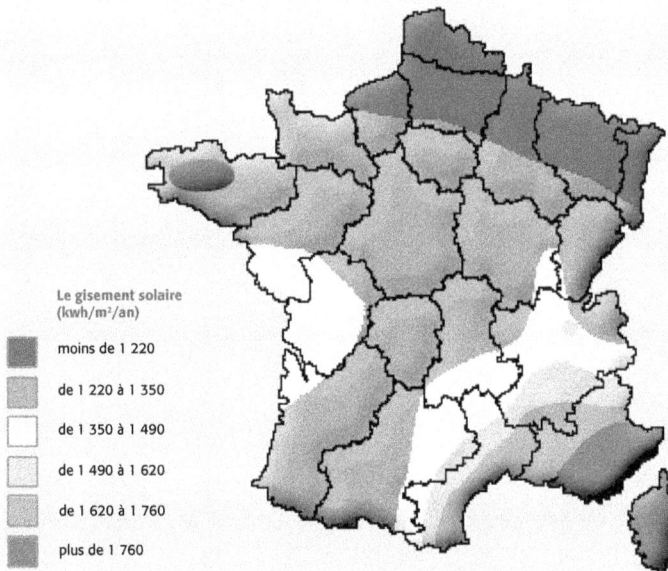

Le gisement solaire
(kwh/m²/an)

moins de 1 220

de 1 220 à 1 350

de 1 350 à 1 490

de 1 490 à 1 620

de 1 620 à 1 760

plus de 1 760

Figure 172. Carte schématique du potentiel d'énergie solaire.
Ce potentiel peut être utilisé en photovoltaïque ou en solaire thermique.

Figure 173. Exemple de cellules photovoltaïques insérées entre deux verres.

Une nouvelle technologie est par ailleurs en plein développement aux États-Unis et en Allemagne : le photovoltaïque *à concentration*. Cette technologie utilise des procédés de concentration des rayons lumineux (grâce à des miroirs paraboliques, des lentilles ou des cônes en plastique) pour augmenter l'efficacité de la production.

L'énergie solaire thermique

Elle exploite les apports solaires pour produire de l'eau chaude, utilisée pour chauffer l'eau chaude sanitaire ou pour contribuer au chauffage, tout particulièrement par plancher chauffant basse température.

Des variantes plus rares peuvent exister :
* association avec une micro-cogénération : la chaleur produit aussi de l'électricité ;
* association avec une machine à absorption pour créer du froid (voir plus haut le chapitre relatif à la production de froid) ;
* couplage avec un stockage intersaisonnier de chaleur (ou stockage thermique).

Pour donner un ordre de grandeur, 3 à 6 m² de panneaux permettent de couvrir en partie les besoins en ECS d'une famille de quatre personnes.

La rentabilité des capteurs solaires thermiques dépend :
* de la situation géographique ;
* des ombres portées (masques), de l'inclinaison ;
* du modèle choisi ;

1 Consultable sur www.programmepacte.fr.

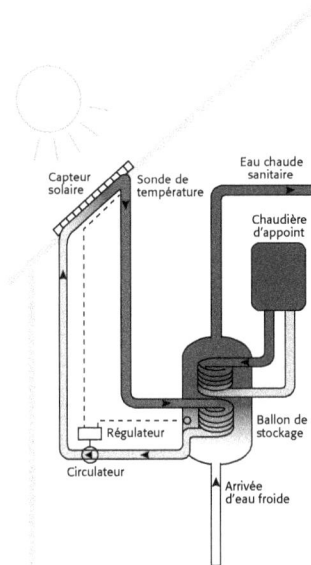

Figure 174. Principe du solaire thermique pour la production d'ECS.

- de la température de l'arrivée d'eau froide : plus l'arrivée d'eau est froide, plus les panneaux solaires pourront économiser de l'électricité, car le delta de température à couvrir pour chauffer l'eau sera plus important ; ceci signifie que les panneaux solaires sont particulièrement rentables en haute montagne ;
- de la répartition dans l'année des besoins : l'installation sera plus rentable avec une bonne répartition (un lycée fermé en été n'est par exemple pas la configuration idéale) ;
- mais aussi et tout particulièrement de la nature du programme : pour une bonne rentabilité, elle est à réserver aux projets avec un besoin important en eau chaude sanitaire (habitations, hôtels, piscines, etc.).

Le solaire thermique n'est pas au meilleur de sa rentabilité pour des programmes de bureaux ou d'ERP, avec faibles besoins en eau chaude sanitaire.

Règle d'or

Réserver le solaire thermique aux programmes comportant un important besoin en eau chaude sanitaire, bien réparti dans l'année.

Pour en savoir plus sur le solaire thermique en habitat collectif

Consulter les recommandations professionnelles RAGE *Production d'eau chaude sanitaire collective individualisée solaire* de novembre 2015 sur www.programmepacte.fr.

... les stockages intersaisonniers de chaleur

Le principe de ce système est de stocker la production de chaleur excédentaire des panneaux solaires thermiques dans un grand volume d'eau, pour l'utiliser en période de besoin, par exemple utiliser en automne la chaleur produite en fin d'été.

Grâce à l'inertie d'un gros volume de stockage bien isolé, on peut profiter pendant plusieurs semaines de la chaleur produite en excès en période chaude.

Ces systèmes constituent actuellement un axe de recherche et développement important pour améliorer la rentabilité du solaire thermique. Les recherches actuelles portent des solutions variantes, notamment sur :

- les possibilités de stockage géothermique : stockage de chaleur dans l'aquifère, ou dans des sondes thermiques ou dans une fosse gravier/eau ;
- le stockage basé sur des réactions thermochimiques réversibles.

On peut retenir que les systèmes collectifs à grande échelle (par exemple une cuve d'un ordre de grandeur d'une centaine de mètres cubes) sont plus efficaces et plus rentables car ils réduisent les pertes.

Cette technique peut être proposée comme une solution tout particulièrement astucieuse dans les projets où le site comprend justement un volume existant désaffecté pouvant être utilisé pour le stockage (ancienne fosse désaffectée par exemple).

En août 2015, le gouvernement et l'Ademe ont justement lancé un appel à projets sur le stockage et la conversion d'énergie, et notamment sur le stockage de chaleur, qui permet un lissage de la demande et favorise l'intégration des énergies renouvelables dans le mix énergétique.

La biomasse

Il s'agit principalement du bois-énergie.

D'autres formes de biomasse, comme les biogaz, énergie d'avenir, existent mais ne sont pas utilisés dans les bâtiments pour l'instant.

Le bois-énergie peut se présenter sous la forme :
- de plaquettes ;
- de bûches ;
- de granulés bois ;
- de briquettes ou bûchettes reconstituées ;
- de déchets de scierie et d'élagage des haies.

Le label Flamme Verte identifie les équipements les plus performants en termes de rendement et d'émissions.

Les principaux critères pour choisir cette énergie sont :
- la proximité de filières de fourniture : au-delà de 50 km, l'intérêt devient contestable ;
- l'importance des besoins en chaud et leur bonne répartition dans l'année ;
- et surtout la facilité d'accès et de manœuvre pour la livraison du combustible (par exemple à Paris la biomasse est difficilement recommandable).

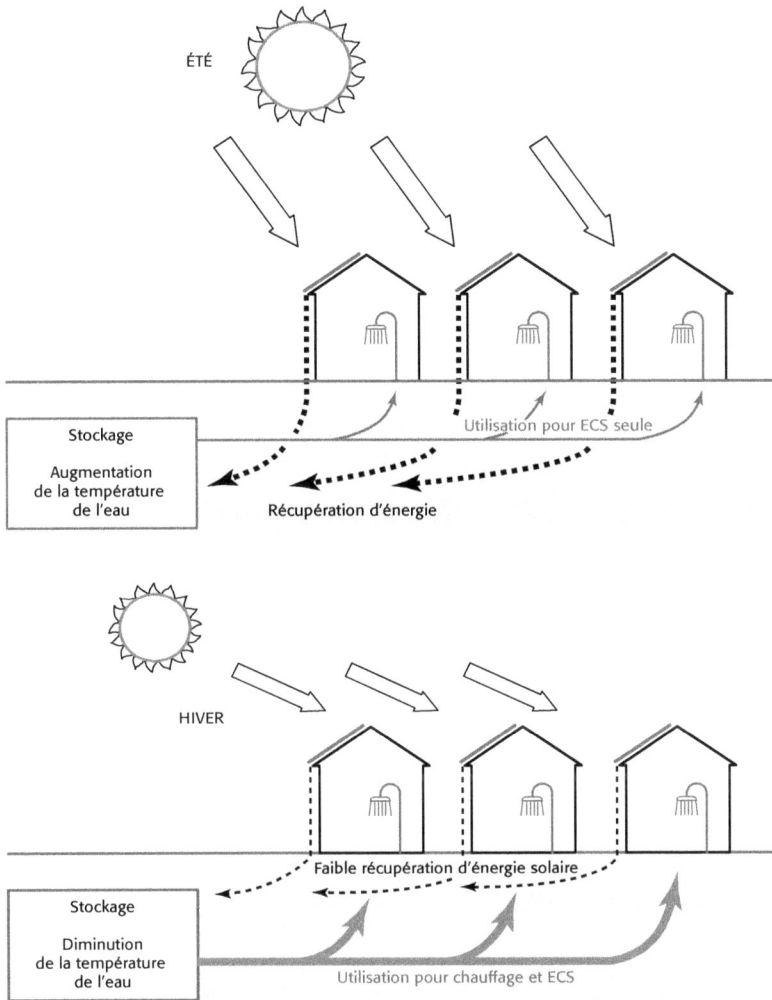

Figure 175. Principe du stockage intersaisonnier de chaleur (source : elioth.com).

Le bois-énergie issu de forêts gérées durablement a l'avantage de limiter les gaz à effet de serre, puisque la quantité de CO_2 émis pendant la combustion est la même que celle absorbée par la plante pendant sa croissance.

Pour en savoir plus sur le potentiel du site

Consulter le site de l'Inventaire forestier national (IFN).

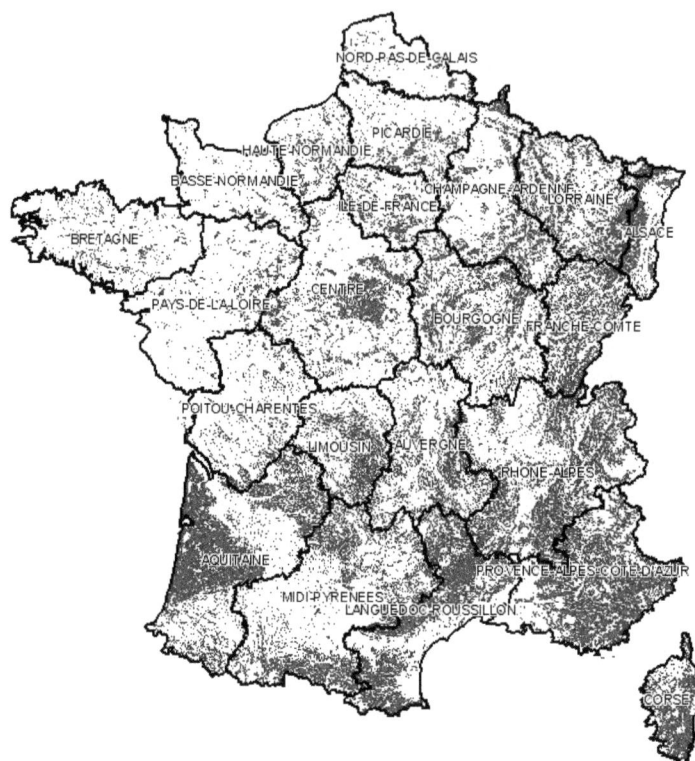

Figure 176. Carte des forêts françaises.

La méthanisation des biodéchets

Les déchets organiques peuvent produire de l'énergie grâce au procédé de *méthanisation*. Ce procédé permet la fabrication de biogaz, qui peut être injecté dans le réseau public de gaz naturel, ainsi que la production d'électricité par cogénération. Encore rare en France, et principalement associé aux déchets agricoles, ce procédé est courant en Allemagne.

En France, les gros producteurs de biodéchets (hypermarchés, cantines, restaurants de plus de 2 000 couverts/jour environ) ont dorénavant l'obligation de réaliser une collecte sélective en vue de les valoriser (soit par compostage, soit en vue d'une méthanisation). À partir de 2016, cette obligation sera étendue aux restaurants et cantines dès 200 couverts/jour environ.[1]

Pour permettre la méthanisation, les reliefs des repas sont prétraités et stockés sur place dans une cuve, vidée périodiquement par un camion-citerne, qui achemine les déchets à une usine de méthanisation distante.

Pour concevoir une installation de stockage des biodéchets, il peut être nécessaire de s'associer les compétences d'un BET spécialisé en restauration collective.

---

1 Article L541-21-1 du Code de l'environnement, et pour les seuils : Arrêté du 12 juillet 2011 fixant les seuils définis à l'article R543-225 du Code de l'environnement.

Pour en savoir plus sur la gestion des biodéchets de la restauration collective

Sur le site Internet d'un fabricant d'équipements, www.meiko.fr, consulter le produit « WasteStar SC ».

L'éolien

Les éoliennes classiques ne sont pas intégrables à un bâtiment, mais de petites productions horizontales ou verticales peuvent l'être.

En ville, les vents sont « chaotiques », ce qui est peu propice à la production éolienne, mais de petites éoliennes à axe vertical ont été spécialement conçues pour s'adapter au mieux à ces vents chaotiques.

Les principales contraintes à l'utilisation de l'éolien dans les bâtiments sont actuellement :

- le coût encore important des petites éoliennes ;
- le cadre règlementaire peu favorable.

Vérifier la réglementation, qui est en pleine évolution.

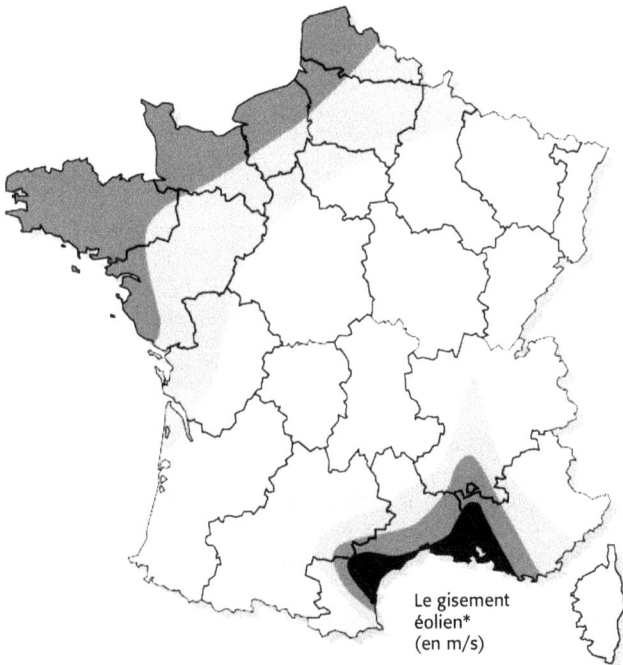

Le gisement éolien* (en m/s)

Bocage dense, bois, banlieue	Rase campagne, obstacles épars	Prairies plates, quelques buissons	Lacs, mer	Crêtes**, collines	
<3,5	<4,5	<5,0	<5,5	<7,0	Zone 1
3,5 - 4,5	4,5 - 5,5	5,0 - 6,0	5,5 - 7,0	7,0 - 8,5	Zone 2
4,5 - 5,0	5,5 - 6,5	6,0 - 7,0	7,0 - 8,0	8,5 - 10,0	Zone 3
5,0 - 6,0	6,5 - 7,5	7,0 - 8,5	8,0 - 9,0	10,0 - 11,5	Zone 4
>6,0	>7,5	>8,5	>9,0	>11,5	Zone 5

* Vitesse du vent à 50 mètres au-dessus du sol en fonction de la topographie
** Les zones montagneuses nécessitent une étude de gisement spécifique

Figure 177. Le potentiel éolien suivant la configuration du site.

La géothermie

Voir plus haut la partie CVC du chapitre 3.

Zoom sur...

Récupérer la chaleur sur les eaux usées

Des procédés innovants certainement promis à un bel avenir consistent à récupérer la chaleur des eaux usées. En effet, douche, baignoire, lave-vaisselle et lave-linge rejettent de la chaleur à l'égout, et cette chaleur fatale est habituellement perdue.

Les eaux usées serviront alors à :

- préchauffer l'eau chaude sanitaire ;
- préchauffer l'eau de chauffage ;
- préchauffer l'eau froide arrivant au robinet de la douche.

Ces procédés peuvent être utilisés à petite échelle dans l'habitat ou à grande échelle dans le cadre de travaux de VRD (cas de l'hôtel de ville de Valenciennes par exemple, ou du centre aquatique d'Arras).

Pour en savoir plus

Pour un exemple à grande échelle, consulter le dossier de presse sur l'hôtel de ville de Valenciennes, sur le site de la Lyonnaise des eaux.

Consulter le site de Valor EU, l'association des fabricants de matériel de récupération de chaleur sur les eaux usées : www.valoreu.fr

Consulter le site de fabricants, qui sont maintenant nombreux, comme www.gaiagreen.net, www.ehtech.fr, www.zypho.eu/fr ou www.wiselement.com.

1.3.4. Concrètement, quels bâtiments ne ferait-on plus de la même manière avec la RT 2012 ?

Même si cette démarche est forcément simplificatrice, on peut se demander quelles sont les grandes tendances de l'influence de la RT 2012 sur le parti architectural. Et quelles sont les pratiques qui devraient normalement devenir plus rares avec la RT 2012.

Les bâtiments seront mieux isolés : cela signifie que les bâtiments intégralement vitrés seront plus rares, du fait des déperditions que cela implique. Il sera plus courant de prévoir des parties de façades non vitrées. Il s'agit bien entendu là d'une tendance, pas d'une règle absolue : il existe des bâtiments BBC intégralement vitrés.

Les bâtiments auront des façades étudiées au cas par cas en fonction de leur orientation solaire : il sera rare de prévoir un type de façade identique dans toutes les directions.

Les façades au sud, et surtout à l'ouest, seront protégées vis-à-vis du soleil. On évitera les façades intégralement vitrées à l'ouest et les protections solaires intérieures, qui emmagasinent la chaleur comme un mur trombe.

On sera plus attentif à regrouper ensemble les locaux non chauffés et à éviter l'alternance de locaux chauffés et non chauffés.

Un exemple typique de ce qu'on ne fera plus de la même manière est la Bibliothèque nationale de France à Paris, un bâtiment qui, en dépit de ses immenses qualités architecturales et de design, accumule les faiblesses en termes bioclimatiques :

- des façades identiques dans toutes les directions, indépendamment de l'orientation solaire ;
- des façades intégralement vitrées, défavorables en termes d'isolation en hiver ;
- des façades intégralement vitrées plein ouest ;
- des protections solaires disposées côté intérieur.

Figure 178. La BNF, un exemple de bâtiment à l'opposé du bioclimatique.

1.4. Bilan carbone du bâtiment

1.4.1. La méthode bilan carbone

Le bilan carbone est une méthode – parmi d'autres – d'évaluation de l'impact environnemental d'une activité humaine. Cette méthode a été créée par l'Ademe. On parle aussi de bilan GES (gaz à effet de serre).

Elle vise à évaluer la contribution d'une activité humaine au réchauffement climatique engendré par les gaz à effet de serre : CO_2 (dioxyde de carbone), mais aussi CH_4 (méthane), N_2O (protoxyde d'azote) et gaz fluorés, particulièrement nocifs pour l'atmosphère. La méthode se présente sous la forme d'un tableau Excel, accompagné d'un manuel d'utilisation.

Un bilan carbone officiel ne peut être réalisé que par un bureau d'étude spécialisé possédant une licence d'utilisation du logiciel.

L'évaluation peut se faire en nombre de kilogramme équivalent CO_2 (eqCO2) ou en nombre de kilogramme équivalent carbone (symbole chimique C), sachant que :

1 kg équivalent CO_2 = 0,27 kg équivalent carbone

et réciproquement   1 kg équivalent carbone = 3,67 kg équivalent CO_2.

Pour fixer des ordres de grandeur, une tonne équivalent carbone représente :

- 1 an de chauffage au gaz pour un trois-pièces à Paris ;
- 1 aller-retour Paris-New York en avion pour une personne ;
- 160 allers-retours Paris-Londres en Eurostar ;
- la fabrication de 3 ordinateurs écran plat ;
- 1,8 tonnes de papier ;
- 4 tonnes de ciment ;
- 14 000 km en Twingo en ville ;
- 8 500 km en 4×4 en ville.

Point de vigilance

Le bilan carbone n'analyse que l'impact sur le réchauffement climatique ; il ne prend pas en compte les autres impacts environnementaux des activités (par exemple, nuisances pour la santé des matériaux utilisés, imperméabilisation des sols, consommations d'électricité d'origine nucléaire, etc.).

Le bilan carbone peut être envisagé à de nombreuses échelles (on parle de « scopes »), par exemple pour un immeuble de bureau :

- bilan carbone des consommations énergétique du bâtiment ;
- bilan carbone du bâtiment prenant en compte ses consommations mais aussi les déplacements domicile-travail de ses occupants ;
- bilan carbone du bâtiment incluant aussi l'énergie incorporée par les matériaux de construction, ce qu'on appelle l'analyse du cycle de vie (ACV) des matériaux ;
- on peut aussi ajouter l'énergie utilisée par l'activité du chantier, et par le fret d'approvisionnement du chantier ;
- et pour avoir une vue encore plus globale, on peut même ajouter l'impact carbone des activités du maître d'ouvrage et du maître d'œuvre.

1.4.2. Une vue globale sur l'activité humaine

Cette démarche est très riche en enseignements, et permet à chacun d'examiner sous un nouveau jour l'impact environnemental de son activité.

Ainsi, une grande entreprise, qui était fière d'avoir construit pour son siège social un nouveau bâtiment absolument exemplaire énergétiquement, a commandé une étude bilan carbone de son activité.

Le nouveau siège social avait été implanté à l'extérieur de la ville, de telle sorte que les employés devaient venir en voiture, alors que l'ancien emplacement permettait à certains d'entre eux de venir en transports en commun ou à pied.

Le calcul détermina que la création du nouveau siège social, malgré son exemplarité énergétique, avait globalement largement dégradé le bilan carbone de l'activité de l'entreprise.

En termes de bilan carbone, mieux valait le vieux bâtiment mal isolé en centre-ville !

1.4.3.   Quel enseignement pour le maître d'œuvre ?

L'activité du maître d'œuvre a un impact en termes de bilan carbone à plusieurs niveaux :
- les choix du maître d'œuvre impactent la consommation future du bâtiment ; cet impact est évalué par la réglementation thermique ;
- les choix des matériaux de construction par le maître d'œuvre ont un impact carbone, c'est ce que l'on appelle l'énergie grise des matériaux ;
- l'activité du chantier a un impact carbone, par exemple en fonction de la provenance des entreprises (kilométrage parcouru par les personnels par exemple) ;
- enfin, de par sa propre activité, le maître d'œuvre a un impact carbone, par exemple de par ses trajets bureau/chantier, de par son choix de mode de transport, et même de par les consommations énergétiques de son bureau !

Il est indéniable que l'impact carbone de l'activité propre du maître d'œuvre est quantité négligeable par rapport à l'exploitation future du bâtiment, mais dans le cadre de la communication vis-à-vis du maître d'ouvrage, par exemple à un concours, il peut être intéressant de se montrer averti de ces problématiques.

La connaissance de ces enjeux peut constituer un argumentaire valorisant la démarche du maître d'œuvre, et un gage de sa crédibilité.

1.4.4.   Impact relevant du maître d'ouvrage

Les décisions du maître d'ouvrage ont un impact carbone important, notamment par le choix du site : contribue-t-il à la densification urbaine ? est-il facile d'accès en transports publics ? pour le logement, est-il proche des services de base (écoles, crèches, etc.) ? Rénovera-t-on un bâtiment existant ou le démolira-t-on pour en reconstruire un neuf ? Le programme doit-il inclure un parking ? Comment est dimensionné ce parking ?

Le maître d'ouvrage intervient aussi dans le choix des équipements mobiliers : ordinateurs pour un ERT, appareils ménagers pour un logement, qui peuvent être plus ou moins économes.

1.4.5.   Vers une meilleure prise en compte des impacts carbone

L'impact carbone des projets bâtiment est encore assez peu pris en compte car il n'est pas règlementé par la RT 2012 et car il n'a pas d'impact financier direct pour le maître d'ouvrage.

La prise de conscience progresse néanmoins rapidement :
- la loi sur la transition énergétique de 2015 cite à plusieurs reprises l'obligation de prendre en compte les émissions de GES sur l'ensemble du cycle de vie du bâtiment ;
- la jeune association Bâtiment bas carbone (BBCA) milite pour mettre en valeur toutes les démarches contribuant à limiter l'impact carbone du bâtiment : actuellement construire 1 m² de bâtiment engendre un ordre de grandeur d'une tonne de CO_2 émis ; l'objectif du label BBCA est de parvenir à 0,5 tonnes de CO_2 seulement pour 1 m² construit. Il existe trois labels BBCA : un label pour les bâtiments neufs, un label pour les projets de rénovation et un label pour les quartiers bas carbone.

- la prochaine règlementation thermique prendra en compte les impacts carbone ; l'État a lancé en 2016 une expérimentation pour des bâtiments à énergie positive et bas carbone (« E+C- »), expérimentation préfigurant la future règlementation thermique.

Pour en savoir plus sur l'expérimentation des bâtiments à énergie positive et bas carbone

Consulter : www.logement.gouv.fr/experimenter-la-construction-du-batiment-performant-de-demain

---

1.4.6. Quelles pistes pour réduire l'impact carbone en phase Conception ?

En ce qui concerne le bilan carbone du bâtiment, matériaux et chantier, un calcul réalisé sur un bâtiment neuf a montré la répartition suivante, pour donner des ordres de grandeurs :
- fondations : 50 % des émissions de gaz à effet de serre ;
- murs et isolations : 10 % ;
- revêtements de sol : 10 % ;
- cloisons : 7 % ;
- couverture : 6 % ;
- charpente : 5 % ;
- vitrages : 5 %.

À noter que ce résultat est extrêmement dépendant du type de bâtiment.

Les choix constructifs impactent fortement le bilan carbone. Voici quelques exemples de questions qu'on peut se poser en phase conception à ce sujet, avec bien entendu un impact financier dans de nombreux cas :
- pour les petits bâtiments : des fondations par pieux en bois sont-elles possibles ?
- la structure pourrait-elle être en bois ? en bois indigène ?
- si la structure est en acier, peut-on utiliser de l'acier recyclé ?
- si la structure est en béton, peut-on utiliser des ciments bas carbone (voir ci-dessous) ?
- en cas de rénovation, peut-on réutiliser au maximum les structures existantes ?
- s'il est prévu des briques de terre cuite, peut-on utiliser des briques de terre crue ?
- les enduits ciments pourraient-ils être remplacés par des enduits à la chaux ?
- les menuiseries extérieures pourraient-elles être en bois ? en bois indigène ?

En matière de bilan carbone, le procédé constructif le plus performant est la construction paille, apparu sous sa forme moderne au Nebraska en 1886 grâce à l'invention des premières botteleuses.

Pour en savoir plus sur la construction paille

Consulter le site du Réseau français de la construction paille, http://rfcp.fr/

Consulter le site de la filière construction paille, www.constructionpaille.fr, qui présente les initiatives région par région.

L'impact carbone du ciment

Les bétons et mortiers de ciment ont un mauvais impact carbone, du fait de l'empreinte carbone des ciments. Cet impact carbone est en grande partie dû à l'un des constituants des ciments, le clinker, qui résulte de la cuisson à 1 450 °C d'un mélange composé d'environ 80 % de calcaire et de 20 % d'argile. C'est cette cuisson qui est énergivore.

Il existe maintenant des ciments à empreinte carbone réduite[1], qui sont basés sur le remplacement d'une partie du clinker par des sous-produits industriels (laitier provenant de la sidérurgie ou cendres volantes provenant de centrales thermiques produisant de l'électricité).

La prise en compte de l'impact carbone des laitiers est cependant sujette à controverse : certains spécialistes considèrent que les laitiers étant à 95 % vendus, il ne s'agit pas de *déchets* sidérurgiques mais de *produits* sidérurgiques ; produits dont l'énergie grise (énergie nécessaire à la fabrication) doit être prise en compte dans le bilan carbone des bétons. Pour ces spécialistes, les ciments incorporant les laitiers n'améliorent donc pas réellement le bilan carbone des bétons.

De plus, les bétons bas carbone ne sont pas toujours disponibles dans toutes les régions de France : la disponibilité locale des agrégats peut être un critère de choix pour choisir le meilleur béton en termes de bilan carbone.

De nouveaux produits sont en développement, mais on peut retenir que l'essentiel reste d'intégrer la démarche carbone dans la conception et dans le choix des structures.

Pour en savoir plus sur les bétons bas carbone

Consulter par exemple le site du cimentier Hoffmann Green : www.hgct-europe.fr, et les articles de presse sur son nouveau béton sans clinker.

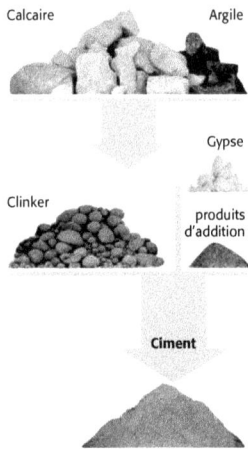

Figure 179. Les composants du ciment.

Pour en savoir plus sur le bilan carbone

- Consulter le site de l'association Bilan Carbone : www.associationbilancarbone.fr.
- Consulter le site de l'association BBCA : www.batimentbascarbone.org.
- Pour les anglophones, le *Climate Analysis Indicators Tool* (CAIT) du World Ressources Institute est une base de données sur les gaz à effet de serre (www.wri.org/project/cait/). Le World Ressources Institute est un institut de recherche américain basé à Washington.
- Consulter la présentation du concept d'Analyse du Cycle de Vie (ACV) sur le site de l'Ademe.
- Consulter l'ouvrage *Bilan Carbone appliqué au Bâtiment – Guide méthodologique*, Ademe/CSTB. Cet ouvrage instructif est disponible gratuitement en ligne sur www.ademe.fr

---

1   Voir par exemple www.lafarge.com.

1.5. La gestion de l'eau

1.5.1. Limiter la consommation d'eau

Il existe de plus en plus d'équipements économes sur le marché, en particulier pour l'habitat et l'hôtellerie :

- réservoirs de chasse d'eau à volume réduit ;
- double commande de chasse d'eau ;
- mitigeurs thermostatiques ;
- baignoires aux formes aérodynamiques ;
- douchettes économes, à eau aérée ou pulsée ;
- aérateurs de robinets.

En amont de l'installation, il est important de savoir que la pression à laquelle l'eau est livrée au compteur par le concessionnaire est bien souvent largement trop importante. En effet, dans la zone desservie par une installation, par exemple un château d'eau en zone rurale, les concessionnaires règlent la pression pour faire en sorte que les clients situés le plus haut bénéficient d'une pression acceptable. En conséquence, tous les clients situés à une altimétrie inférieure subissent une pression de livraison beaucoup plus importante que nécessaire.

La pression augmente de 1 bar pour 10 mètres de différence d'altimétrie.

Pour pallier ce problème et limiter ainsi la consommation d'eau, il faut penser à prévoir juste après le compteur d'eau un limitateur de pression.

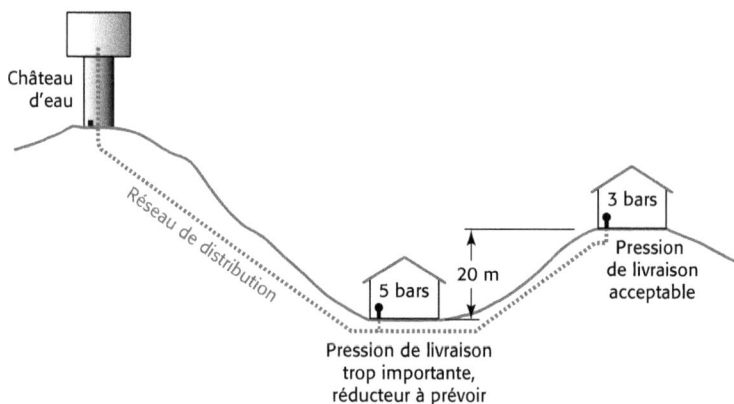

Figure 180. Pression de livraison excessive.

Pour en savoir plus sur les équipements économes

Consulter le site de fabricants, par exemple www.eco-techniques.com, www.hansgrohe.fr, www.ecoperl.fr

1.5.2. Récupérer les eaux de pluie

Alors que la récupération des eaux pluviales est pratiquée couramment en Allemagne depuis très longtemps, elle n'était pas officiellement autorisée en France jusqu'en 2008. L'installation d'une cuve de récupération d'eaux pluviales était soumise au bon vouloir des DDASS (directions départementales des affaires sanitaires et sociales), qui imposaient leurs exigences différentes d'un département à l'autre.

Depuis 2008, un arrêté[1] autorise officiellement la récupération d'eaux pluviales en France, et donne le cadre officiel à respecter par le maître d'œuvre. Aucune démarche administrative n'est plus nécessaire.

Une norme est par ailleurs en cours d'élaboration.

Le principe de fonctionnement

Les eaux de pluie en provenance de la toiture sont récupérées, filtrées et stockées. Elles alimentent *via* une pompe un réseau de distribution spécifique distinct du réseau de distribution d'eau potable. L'eau récupérée est utilisée pour :

- les chasses d'eau des WC et urinoirs ;
- le nettoyage (robinet dans un local ménage par exemple) ;
- l'arrosage des plantes ;
- les machines à laver le linge – l'arrêté dit frileusement « *à titre expérimental* » et après filtration – ; l'eau de pluie étant non calcaire, elle permet de réduire la quantité de détergent nécessaire.

La toiture ne doit pas être en amiante-ciment, ni végétalisée, ni accessible.

Les points de puisage doivent être repérés par une signalétique indiquant que l'eau n'est pas potable.

En cas de pénurie d'eau de pluie, le réseau est alimenté par un secours en eau de ville. Afin d'éviter une éventuelle contamination des réseaux d'eau potable, cet apport de secours doit être séparé de l'eau récupérée par une disconnexion[2], c'est-à-dire tout simplement quelques centimètres d'air permettant l'absence de contact entre arrivée d'eau et réservoir.

Un exemple de système est présenté en page suivante, dans le cas d'un grand bâtiment tertiaire.

Points à prendre en compte dans les études

On établit un dimensionnement de l'installation, en calculant le volume de la cuve. Ce calcul prend en compte :

- les besoins en eau récupérée en fonction des usages prévus ;
- le taux de récupération (le filtre tourbillonnaire ne récupère qu'une partie de l'eau de pluie) ;
- la pluviométrie ;
- la surface de toiture ;
- la nature de la toiture.

---

1 Arrêté du 21 août 2008 relatif à la récupération des eaux de pluie et à leur usage à l'intérieur et à l'extérieur des bâtiments.
2 Conformément à la norme NF EN 1717.

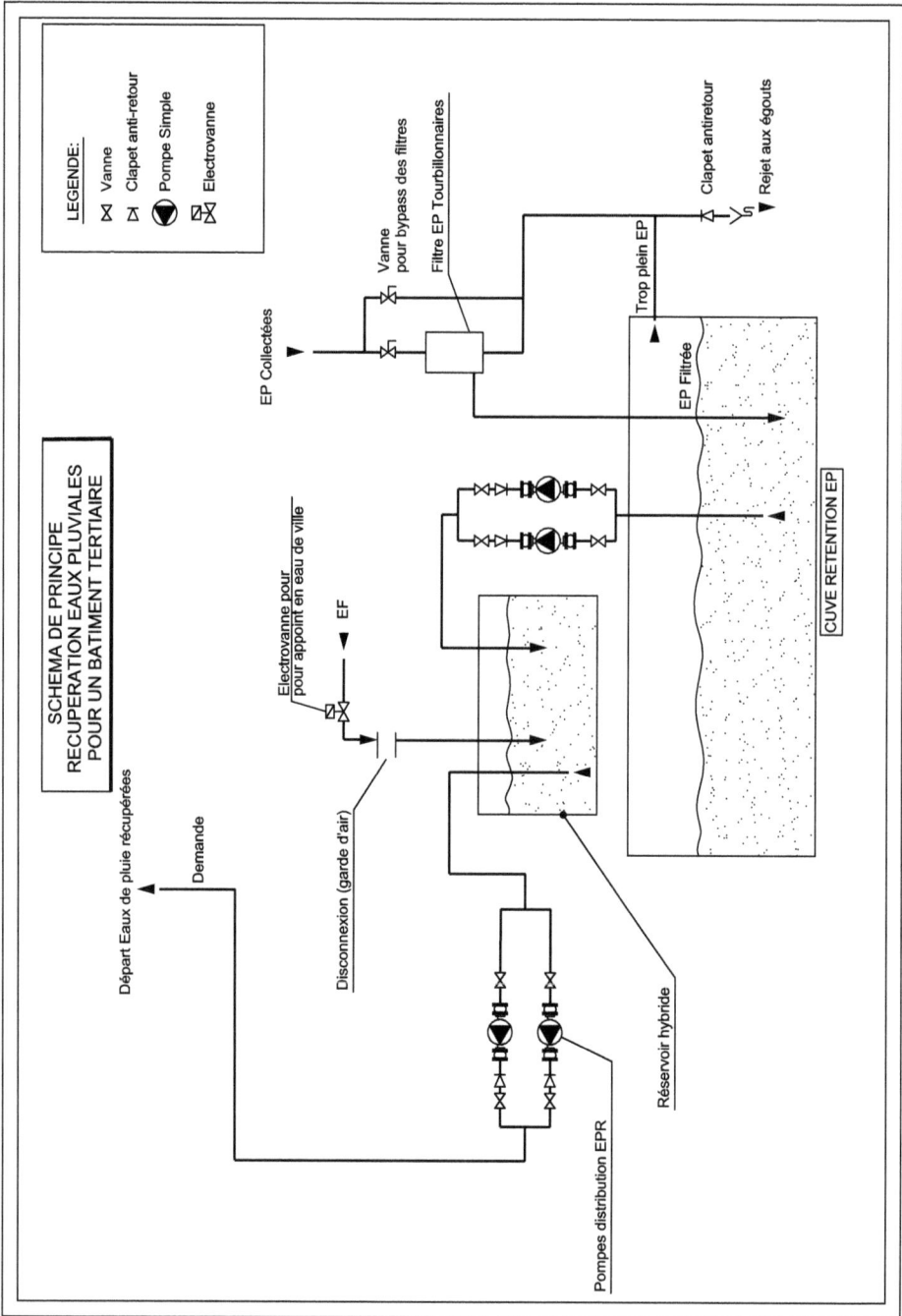

Figure 181. Schéma de principe d'un système de récupération d'eaux de pluie.

Compte tenu du manque d'expérience de la plupart des entreprises françaises en la matière, veiller à être très précis dans les pièces marché sur le matériel à installer. En ce qui concerne le filtre, les retours d'expérience allemands recommandent les filtres tourbillonnaires, qui nécessitent beaucoup moins de maintenance que les filtres traditionnels ; ces filtres ne récupèrent que l'eau qui ruisselle sur les parois du filtre, tandis que les impuretés partent à l'égout.

Figure 182. Filtre tourbillonnaire.

Figure 183. Exemple d'une installation utilisant deux filtres tourbillonnaires.

Ce qu'il faut retenir

- La récupération des eaux de pluie n'est généralement pas une démarche « rentable » économiquement : il s'agit d'une démarche citoyenne, qui reste coûteuse.
- La récupération des eaux de pluie n'est pas actuellement autorisée dans les établissements de soins et les locaux d'accueil de la petite enfance.
- Des règles strictes, décrites dans l'arrêté, doivent être respectées, avec notamment une « disconnexion » entre l'apport d'eau de ville et l'eau récupérée.

Pour en savoir plus

Consulter l'arrêté cité ci-dessus.

Le site www.jeconomiseleau.org, destiné aux non professionnels, contient des liens externes et documents à souligner.

Sur le site du ministère, rubrique Bâtiment et ville durables/Ecoconstruction/Economies d'eau, on trouvera un guide *Systèmes d'utilisation de l'eau de pluie dans le bâtiment - Règles et bonnes pratiques à l'attention des installateurs* d'août 2009 qui reste intéressant.

1.5.3. Récupérer les eaux grises

La réutilisation des eaux issues des lavabos, baignoires et douches est encore très peu pratiquée, mais fait actuellement l'objet d'études du CSTB. Elle reste encore contraignante, du fait des filtrations nécessaires.

Pour en savoir plus

Pour connaître le point de vue « sécuritaire », consulter l'avis de l'agence nationale de sécurité sanitaire de l'alimentation, de l'environnement et du travail (ANSES) : *Réutilisation des eaux grises pour des usages domestiques : une pratique à encadrer* d'avril 2015, sur www.anses.fr.

1.5.4. Limiter les rejets d'eaux pluviales à l'égout - la gestion alternative des eaux de pluie

Dans le cadre d'une démarche environnementale, il est intéressant comme on l'a vu de limiter les volumes d'eau d'orage déversés dans les réseaux d'assainissement publics. Cela s'avère même une obligation règlementaire dans la plupart des communes, où le PLU exige un abattement sur les eaux d'orage : un certain pourcentage des eaux d'orage doit être infiltré sur la parcelle privative avant rejet au réseau public.[1] L'objectif des collectivités locales est de limiter les besoins en réseaux d'assainissement et en bassin tampon de stockage des eaux d'orage, cathédrales souterraines très coûteuses à réaliser, surtout si les réseaux existants sont en limite de capacité. Chaque parcelle devient un lieu de microstockage des eaux de pluie permettant leur infiltration lente. Ces microstockages disséminés dans la ville allègent les réseaux publics ; c'est la remise en cause de la politique du « tout tuyau ». Dans le même esprit, les collectivités locales favorisent dans l'espace public des lieux d'infiltration des eaux : chaussées drainantes, noues paysagères, espaces verts aménagés, toujours pour écrêter les débits. On parle parfois de la « ville-éponge ».

Il faut être conscient que ces projets « sans tuyaux » nécessitent en fait une technicité d'étude élevée (bien plus que le « tout tuyau »), et une association des ingénieurs VRD à la conception très en amont.

---

1   Par exemple à Rennes, Bordeaux et Paris.

Figure 184. Exemple de bassin de stockage des eaux d'orage (que l'on cherche à éviter).

Les enjeux sur ce sujet dépendent cependant beaucoup du cas particulier de chaque commune (système d'assainissement existant, nature du sous-sol), et telle solution pertinente dans une situation s'avérera moins pertinente dans une autre commune, car ses réseaux viennent d'être largement surdimensionnés.

Pour caractériser l'imperméabilité des revêtements de sol, on utilise un coefficient d'imperméabilité Cimp.

Les techniques disponibles pour infiltrer ou stocker les eaux pluviales sur l'espace public ou sur la parcelle privative sont notamment :

- les toitures végétalisées, avec un résultat modeste ;
- les revêtements perméables : dalles alvéolées végétalisées, pavés filtrants, stabilisé perméable, béton drainant, résine drainante, enrobé poreux, pavés drainants, gravier-gazon ;
- les chaussées à structure réservoir : l'eau s'accumule sous la chaussée dans une structure prévue à cet effet ou dans le corps même de la chaussée, dans les interstices entre les composants ; le revêtement de surface peut être poreux ou étanche (avec des avaloirs dans ce cas) ;
- les tranchées d'infiltration : tranchée ouverte remplie de pierres, qui stocke l'eau temporairement et permet son infiltration progressive dans le sol ;
- les noues d'infiltration : fossé peu profond le long d'une voie de circulation, offrant un stockage au ruissellement, qui s'infiltre lentement dans le sol ; les noues doivent être dimensionnées par le calcul ;
- les puits d'infiltration : un avaloir conduit les eaux de pluie vers un puit, à dimensionner par le calcul ; cette technique peut être utilisée pour les eaux de toiture ou pour les eaux de ruissellement d'une voirie ;
- les espaces publics en contrebas prévus pour servir de bassin de rétention en cas de fort orage (place publique, terrain de sport, implantés plus bas que les espaces publics environnants) ;
- les mares tampons : les eaux de pluie sont dirigées vers une mare, dont on peut aussi trouver l'intérêt en termes paysagés.[1]

Depuis 2011, les collectivités ont la possibilité de créer une fiscalité locale incitative pour encourager l'infiltration à la parcelle.[2]

---

1   Source : *Les Cahiers techniques du Bâtiment*, dossier spécial Eau.
2   Le texte figure dans le Code général des collectivités territoriales.

Tranchée d'infiltration

0,2/0,3

1,2

0,7

0,6 0,5

1 - arrivée de gouttière
2 - regard de décantation
 visitable
3 - coude plongeant
4 - terrre végétale
5 - géotextile
6 - cailloux grossiers (grave 20/80)
7 - drain rigide
8 - fond de tranchée horizontal

Noue d'infiltration

4 m

0,3

1
2
3

1 - terre végétale
2 - géotextile
3 - cailloux (type 20/80)

Mare hydraulique ou tampon

1

5

2

3

4

6

1 - arrivée d'eau
2 - hauteur de marnage
3 - zone de stockage temporaire
4 - zone toujours en eau pouvant être paysagée
5 - système de vidange
6 - exutoire

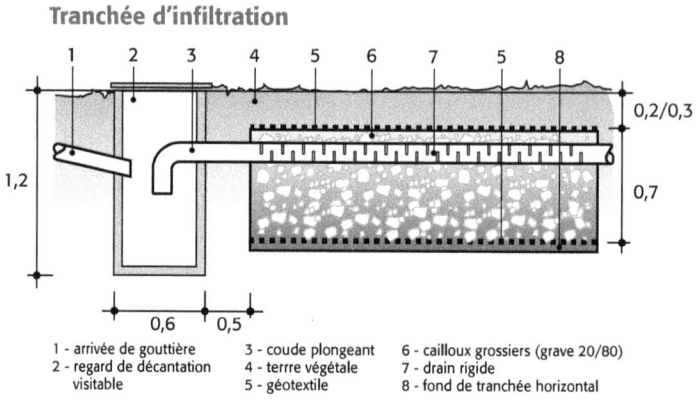

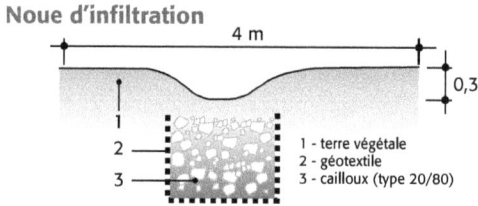

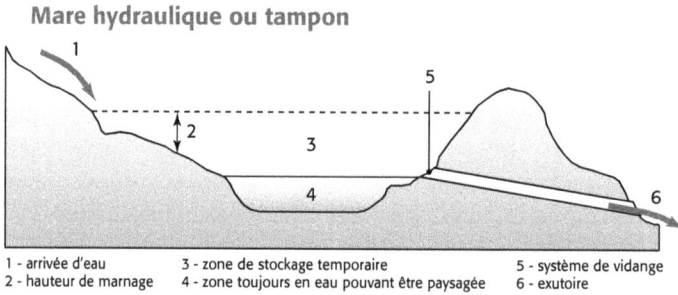

Figure 185. Quelques techniques d'infiltration des eaux pluviales à la parcelle.
(D'après *Les Cahiers techniques du Bâtiment*, dossier spécial Eau, 2012.)

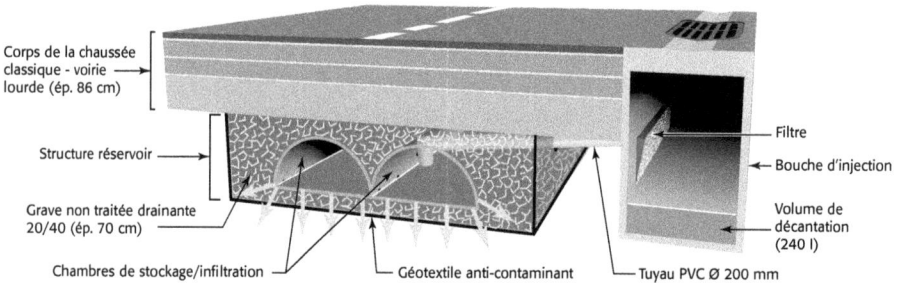

Corps de la chaussée classique - voirie lourde (ép. 86 cm)

Structure réservoir

Grave non traitée drainante 20/40 (ép. 70 cm)

Chambres de stockage/infiltration

Géotextile anti-contaminant

Filtre

Bouche d'injection

Volume de décantation (240 l)

Tuyau PVC Ø 200 mm

Figure 186. Un exemple de chaussée réservoir : avenue Twickenham à Douai (d'après ADOPTA).

Pour en savoir plus sur les limitations des rejets d'eaux pluviales

Consulter le site de l'association pour le développement opérationnel et la promotion des techniques alternatives en matière d'eaux pluviales : http://adopta.fr/.

Zoom sur...

... la limitation de l'imperméabilisation des sols

On vient d'évoquer l'intérêt des sols perméables en matière de gestion des eaux d'orage et de prévention des inondations. Mais les sols perméables, notamment sur un parking ou une chaussée, apportent bien d'autres bénéfices :

* en termes de pollution :

  les sols perméables contribuent à limiter la pollution des nappes phréatiques et des cours d'eau ; en effet, les eaux de ruissellement accumulent des polluants avant de rejoindre le milieu naturel et entraînent les polluants dans le milieu, les eaux qui s'infiltrent directement sont donc moins polluées ; de plus, les micro-organismes présents dans le sol ont la capacité de dégrader certains polluants (évidemment pas tous) au cours de leur infiltration, comme dans une station d'épuration ;

* en termes de biodiversité :

  les sols perméables, grâce à la présence d'eau dans des irrégularités du revêtement, constituent en eux-mêmes un milieu de vie pour des micro-organismes végétaux et animaux ; de plus, les parkings et voiries perméables contribuent à l'effet de trame verte, c'est-à-dire qu'ils ne constituent pas un obstacle aux déplacements de la micro-faune ; au contraire, une voirie traditionnelle constitue une barrière infranchissable pour certains animaux (petits mammifères, insectes rampants) du fait de la rupture des conditions hygrométriques et de température qu'elle constitue (température et sécheresse excessives) ;

* en termes de limitation des îlots de chaleur urbains :

  les sols perméables contribuent à limiter les élévations de température, grâce à l'évapotranspiration ;

* en termes paysagers :

  les sols perméables, en particuliers s'ils sont végétalisés, sont bien plus satisfaisants en termes d'insertion paysagère.[1]

1.6. La consommation de matières

Cette thématique recouvre les problématiques :

* d'utilisation de matériaux recyclés ;
* d'utilisation de produits de construction locaux et à une échelle plus importante de choix des matériaux en fonction du bilan carbone de leur fabrication et de leur acheminement (par exemple, l'idée d'éviter d'acheter du granit chinois) ; on parle d'*énergie grise* du projet ;
* d'utilisation de bois d'origine certifié (FSC – *Forest Stewardship Council*, ou PEFC – *Program for the Endorsement of Forest Certification*[2]) ;

---

1 Source : http://www.biodiversité-positive.fr.
2 Ces systèmes de certification du bois sont parfois critiqués, mais, à défaut de mieux, ils conservent un intérêt certain. Voir aussi sur ce sujet le chapitre 3, § Structures bois, « Zoom sur les critères déterminants pour le choix d'une essence de bois ».

- d'utilisation de matériaux à faible impact environnemental (ce thème rejoint le thème Carbone et le thème Santé) ;
- en rénovation, de réutilisation des existants, notamment la conservation des structures existantes ;
- du réemploi de matériaux, sujet complexe qui fait l'objet de nombreuses initiatives récentes.

En marchés publics, il n'est pas possible d'imposer une préférence pour des matériaux locaux. Mais il possible pour contourner cet obstacle de proposer au maître d'ouvrage une notation des entreprises au mieux-disant, avec prise en compte dans les critères de choix d'un bilan carbone des matériaux utilisés.

Les labels relatifs aux matériaux

Pour orienter le choix des matériaux, il y avait encore récemment peu de labels écologiques de premier plan en France. Avant la création du label public « Bâtiment Biosourcé », un des labels les plus pertinents pour les matériaux de construction était le label privé Natureplus, issu de l'initiative de fabricants de matériaux allemands. Ce label s'est imposé à l'international de par son sérieux. Pour être certifiés Natureplus, les matériaux doivent être dépourvus d'impact sur la santé et préserver les ressources naturelles non renouvelables. Ils doivent contenir au moins 85 % de matières premières renouvelables ou pratiquement inépuisables.

Il existe aussi sur le plan international les labels suivants :
- le label Ange bleu est un label allemand créé en 1978 ;
- le Nordic Environmental Label, ou Nordic Ecolabel, prend en compte tout le cycle de vie du produit ainsi que son impact carbone ;
- Greenguard indoor air quality est un label américain centré sur la capacité des produits de construction à garantir une bonne qualité de l'air intérieur.

Voir aussi ci-dessous le § « Santé et qualité de l'air intérieur », sur l'étiquette santé des produits de construction.

Figure 187. Principaux labels et étiquetage portant sur les matériaux.

Depuis 2012, le label public « Bâtiment Biosourcé »[1] récompense en France les bâtiments nouveaux intégrant un taux minimal de matériaux naturels (c'est-à-dire issus de la biomasse végétale ou animale). Ce label ne peut être attribué qu'à un bâtiment ayant fait l'objet d'une démarche de certification.

Les isolants biosourcés

Outre leur meilleur bilan carbone, les isolants d'origine végétale ont une meilleure efficacité en termes de gestion de la vapeur d'eau. Les parois utilisant ces isolants sont le siège de phénomènes de transfert de vapeur d'eau et de changement de phase qui améliorent la performance thermique. Des recherches sont en cours par le CSTB sur ce sujet.

---

1 Voir l'Arrêté du 19 décembre 2012 relatif au contenu et aux conditions d'obtention du label « Bâtiment biosourcé ».

Pour en savoir plus

Pour des notions sur la problématique des consommations de matières, on peut s'inspirer des manuels BREEAM.

Pour les labels de qualité, consulter www.natureplus.org, www.blauer-engel.de/en, www.nordic-ecolabel.org, et greenguard.org/en/index.aspx.

1.7. La réduction des déchets

Cette thématique recouvre notamment les pistes suivantes :
- réalisation d'un audit des matériaux avant démolition ;
- démarche de réduction des déchets sur le chantier ;
- démarche de tri des déchets de chantier ;
- utilisation d'agrégats recyclés ;
- prise en compte dans la conception du tri sélectif pour la future exploitation du bâtiment (par exemple dimensionnement correct des locaux poubelle) ;
- démarche visant à associer les futurs utilisateurs au choix des revêtements de finition (en particulier de sol), pour éviter une modification ultérieure qui engendre des déchets (BREEAM) ;
- réflexion sur la fin de vie du bâtiment et sur la recyclabilité future des matériaux utilisés ; tous ceux qui ont suivi des chantiers de démolition seront sensibles à l'importance de prendre en compte dans la conception la future déconstruction de l'ouvrage. Il n'est pas toujours facile pour un maître d'œuvre d'accepter de penser la fin de vie future du bâtiment qu'il est en train de concevoir ; aussi s'agit-il là d'un domaine où beaucoup de progrès restent à faire. Mais les enjeux sont énormes, tant en termes de bilan carbone que de réduction des déchets. En particulier, les structures béton sont très peu pratiques à déconstruire, avec un fort impact énergétique, donc carbone, ainsi qu'un impact sur les conditions de travail des démolisseurs.
- Autre piste pour améliorer la recyclabilité : aux Pays-Bas, certains fabricants de moquette proposent, pour les bâtiments de bureaux, de louer la moquette au lieu de l'acheter, ceci afin de garantir le recyclage en fin de vie du revêtement de sol.

Pour en savoir plus sur la réduction des déchets

Consulter les sites de la démarche *cradle to cradle* qui promeut l'idée que toute activité devrait être pensée pour que ses déchets soient les ressources d'une autre activité, permettant ainsi une recyclabilité à l'infini :

http://www.c2ccertified.org/ en anglais, ou www.epeaparis.fr/cradle-to-cradle en français.

La démarche *cradle to cradle* a été élaborée par l'architecte américain William McDonough.

1.8. Maintenance et maintien des performances à long terme

Ce thème porte sur l'importance de la simplicité de la maintenance. À résultat comparable, il vaut toujours mieux prescrire les solutions techniques les plus simples en termes de maintenance, car elles donneront les meilleurs résultats à long terme.

Tout mécanisme doit être aussi rudimentaire et robuste que possible ; c'est le principe du *low-tech*.

Quelques exemples de cette démarche :
• Les meilleures protections solaires sont celles qui ne sont pas motorisées.
• Éviter la « domotique » sophistiquée, particulièrement dans les petits bâtiments.
• Préférer un désenfumage naturel à un désenfumage mécanique quand c'est possible.

Si le maître d'œuvre « se fait plaisir » avec des systèmes sophistiqués, il est probable que les performances du bâtiment en seront affectées à long terme.

De plus, les systèmes sophistiqués consomment davantage d'énergie.

Ce thème rappelle que le bâtiment doit être construit pour durer. C'est l'application à la conception du principe de *résilience* : la capacité du bâtiment à résister à long terme aux évènements de toutes natures (séismes, incendies, tsunamis, augmentation du prix de l'eau potable, etc.).

On peut aussi penser à Norman Foster, qui prévoyait toujours un accès facile aux réseaux techniques, car leur durée de vie est inférieure à celle du bâtiment ; il est donc pertinent de permettre à long terme le remplacement de tous les réseaux techniques, sans avoir à démolir des éléments significatifs du bâtiment.

Ce thème est enfin lié au principe de la flexibilité des usages à long terme : il est intéressant sur le long terme qu'un bâtiment soit adaptable aux usages futurs, pour éviter sa démolition.

Règle d'or

Maintenance et interventions ultérieures doivent être simples, avec des accès aisés aux réseaux et installations.

1.9. Santé et qualité de l'air intérieur

Ce thème porte notamment sur la ventilation correcte des locaux et sur les matériaux utilisés.

L'identification de l'impact des matériaux de construction sur la santé humaine est un thème nouveau pour la recherche scientifique, et beaucoup reste à faire dans ce domaine.

« Largement impliquées dans la pollution de l'air intérieur, les émissions de composés organiques volatils font l'objet de mesures renforcées depuis le 1ᵉʳ janvier 2012.

Tous les produits de construction, les revêtements de mur ou de sol et les peintures et vernis mis sur le marché à partir du début d'année devront¹ en effet arborer une étiquette indiquant les substances volatiles émises dans l'air et la classe à laquelle appartient le produit (A+, A, B ou C selon leur niveau d'émissions).

Concrètement, la valeur indiquée sur l'étiquette est établie sur la base des émissions de 11 polluants, à savoir : formaldéhyde [polluant le plus couramment cité], *acétaldéhyde, toluène, tétrachloroéthylène, xylène, 1,2,4-triméthylbenzène, 1,4-dichlorobenzène, éthylbenzène, 2-butoxyéthanol, styrène ainsi que sur les composés organiques volatils totaux (COVT). Une liste importante et assez complète en l'état actuel des connaissances sur les polluants organiques, mais pas exhaustive. Autant*

1 Code de l'environnement, articles R221-22 à 24 et arrêté du 19 avril 2011 relatif à l'étiquetage des produits de construction ou de revêtement de mur ou de sol et des peintures et vernis sur leurs émissions de polluants volatils.

dire qu'un produit estampillé A+ ne saurait garantir l'absence totale de risque sanitaire lors d'une exposition prolongée.

De même l'étiquette n'a pas vocation à décrire l'impact environnemental, écologique et/ou carbone du produit visé, ni même son origine. »[1]

Figure 188. L'étiquetage des émissions en polluants volatils
des produits de construction et de décoration.

C'est là un point essentiel à retenir : le nouvel étiquetage des produits de construction ne porte que sur les polluants, et pas sur le bilan carbone des matériaux.

Pour ces 11 polluants, l'ANSES a publié des études détaillées qui ont permis de fixer des valeurs guide de qualité de l'air intérieur (VGAI), valeurs sur lesquelles est basée l'évaluation des produits.

Les matériaux à éviter, en termes de dégagements de polluants, sont principalement :

- les peintures et vernis à base de solvants, non dotés de l'écolabel européen « Peintures et vernis d'intérieur » ou de l'écolabel européen « Peintures et vernis d'extérieur » ;
- les colles à base de solvants ;
- les menuiseries et mobiliers en produits dérivés du bois (panneaux de particules et contre-plaqués), car les résines et colles qui entrent dans leur composition émettent des formaldéhydes : vérifier la composition, il existe des panneaux peu nocifs ;
- les bois traités par insecticides, fongicides et solvants, surtout s'ils sont destinés à l'intérieur ;
- les laines de verres et laines de roches : préférer les isolants biosourcés (typiquement ouate de cellulose et laine de chanvre) ;
- les revêtements PVC : préférer le vrai linoléum, composé d'huile de lin, de poudre de bois et de liège, de pigments et de poudre calcaire – attention, de nombreux revêtements PVC utilisent abusivement le terme « lino » – ;
- les réseaux de plomberie en PVC ;
- les menuiseries en PVC : préférer le bois, ou les menuiseries mixtes bois + aluminium côté extérieur, qui constituent un bon compromis entre qualités environnementales et coûts de maintenance.

Le PVC, polychlorure de vinyle, est souvent considéré comme l'un des plastiques les plus polluants. Il comporte des phtalates et des métaux lourds toxiques. En fin de vie, le PVC n'est presque jamais recyclé, et son incinération dégage de grandes quantités d'acide chlorhydrique gazeux, source de problèmes pulmonaires. Pourtant, ce matériau polluant est couramment utilisé pour de nombreux usages dans le monde du bâtiment : moquettes, « papier peint » vinyle, réseaux de plomberie, menuiseries, etc.

En matière de peintures, vernis et isolants, le choix des matériaux biosourcés et peu nocifs est une démarche simple et peu coûteuse que tout maître d'œuvre devrait mettre en application

---

1   actu-environnement.com, 15 février 2012.

systématiquement. Il est étonnant de constater que certains maîtres d'œuvre continuent actuellement à prescrire des peintures glycérophtaliques.

Conseil pratique

Prescrire systématiquement dans tous les projets des peintures et vernis dotés de l'écolabel européen (ou d'un label équivalent) et des isolants biosourcés, même si le projet n'est pas certifié.

Pour en savoir plus sur le thème Santé et sur les dégagements polluants des matériaux

Consulter le site de l'Observatoire de la qualité de l'air intérieur, www.oqai.fr.

Consulter www.inies.fr pour avoir des données sur les caractéristiques environnementales et sanitaires des matériaux de construction.

Pour des renseignements sur les produits labellisés et les prescrire, consulter www.ecolabels.fr.

Pour une vision chantier, consulter le guide Qualité de l'air intérieur de la FFB destiné aux entreprises et artisans, sur www.ffbatiment.fr.

Pour une vision plus large du sujet, consulter le Plan national Santé Environnement n°3 (PNSE3), disponible sur www.sante.gouv.fr.

Pour en savoir plus sur l'ensemble des thèmes environnementaux évoqués ci-dessus

Consulter les manuels BREEAM, ainsi que les manuels HQE, sans prendre pour autant ces cadres comme des absolus.

---

2. Les systèmes de certification environnementale

Faut-il brûler les certifications environnementales ?

Les systèmes de certifications environnementales proposent aux maîtres d'ouvrage un cadre formalisé pour évaluer la qualité environnementale de leurs bâtiments.

Ces systèmes sont très nombreux au niveau mondial.

Pour un maître d'œuvre sensible aux enjeux de la qualité environnementale du bâtiment, l'idée que la complexité et la subtilité de la démarche d'écoconception puissent être évaluées sur une échelle quantitative, avec attribution de points, peut sembler réductrice. On est frappé par l'aspect calculatoire des référentiels de certification, où s'étalent des pages et des pages de formules mathématiques, d'abaques et de tableaux de chiffres.

L'idée qu'une moins bonne performance dans certains domaines puisse être « rachetée » par une meilleure efficacité sur une autre « cible » peut tout autant paraître déplaisante.

Quand on évalue énergétiquement un bâtiment dans le cadre de la réglementation thermique, on comprend bien qu'une moins bonne performance sur un thème puisse être compensée dans les calculs thermiques par une performance meilleure sur un autre thème : on compare ici des mesures visant toutes à réduire la consommation énergétique du bâtiment, donc effectivement comparables sur une même échelle quantitative. Mais comment justifier intellectuellement qu'une moins bonne performance en matière de consommation en eau puisse être compensée par une acoustique soignée ou une grande rigueur sur la qualité de l'air intérieur, comme c'est le cas dans certains référentiels ? Il y a là quelque chose de troublant intellectuellement, car les systèmes de certification, en quantifiant toutes les performances, comparent des problématiques qui sont fondamentalement étrangères les unes aux autres, et qui relèvent parfois même de systèmes de valeurs distincts.

De plus, pour les maîtres d'œuvre férus d'innovations, le carcan des grilles d'évaluation peut être réducteur, et évalue indéniablement mal certaines démarches en avance sur leur temps. Il ne faut pas tomber dans la « conception par le label ».

Enfin, il est permis de penser que certaines prescriptions des référentiels ne relèvent qu'à la marge de préoccupations environnementales. Ainsi de la certification Habitat HQE, qui prescrit des serrures de sûreté anti-intrusion : on est loin des préoccupations environnementales !

Alors, quel est l'intérêt des démarches de certification ?

Elles ont d'abord un intérêt pédagogique tant pour la maîtrise d'œuvre que pour la maîtrise d'ouvrage, les entreprises et les utilisateurs. Car, pour une poignée de maîtres d'œuvre à la pointe du progrès dans le domaine de la qualité environnementale du Bâtiment, combien d'acteurs professionnels, notamment dans les entreprises, ignorent encore tout des enjeux environnementaux. Pour cette majorité, les systèmes de certification offrent un cadre d'accompagnement formateur.

Elles ont aussi un rôle fédérateur pour l'équipe projet : elles offrent un cadre permettant de fédérer autour d'une démarche commune les maîtres d'ouvrage, maître d'œuvre, entreprises et utilisateurs, alors qu'une démarche environnementale personnelle du maître d'œuvre pourrait souvent rencontrer des réserves de la part du maître d'ouvrage sur certains points. Le cadre de la certification permet de couper court à ces critiques : ce n'est pas le maître d'œuvre qui a une lubie, c'est le système de certification qui prescrit une attention sur tel et tel sujet.

Enfin, et surtout, les démarches de certification constituent un investissement rentable pour les maîtres d'ouvrage, comme on va le voir.

Du point de vue du maître d'ouvrage, pourquoi faire certifier une opération ?

Construction durable et valeur des actifs immobiliers

La certification augmente la valeur immobilière des bâtiments, à la fois vis-à-vis de locataires potentiels et d'acheteurs potentiels, qui pourront faire confiance à une garantie, en particulier en termes de consommations énergétiques du bâtiment. Ce lien est démontré sur le marché américain, où un volume important d'immeubles certifiés est chaque année vendu, loué ou revendu : les immeubles certifiés se louent un peu plus cher et se vendent un peu plus cher, en particulier du fait des charges d'exploitation plus raisonnables. Les immeubles de bureau non certifiés subissent une « décote » de leur valeur immobilière. Ce phénomène commence à se développer en France, en parallèle de l'impact encore timide du diagnostic de performances énergétiques.

Une autre raison pour les maîtres d'ouvrage, en particulier de bureaux, de faire certifier leurs opérations, est la concurrence qu'ils se mènent entre eux, et qui les conduit à la certification afin de rivaliser avec les opérations certifiées, de plus en plus nombreuses : pour les immeubles de bureaux de plus de 5 000 m² en Île-de-France, il y a aujourd'hui quatre fois plus d'opérations certifiées HQE que d'opérations non certifiées.

Par ailleurs, les immeubles certifiés anticipent les évolutions futures des réglementations, ce qui est une sécurité pour les investisseurs.

Aussi de nombreuses entreprises internationales ne se contentent-elles pas de faire certifier HQE leurs bâtiments : elles sont nombreuses à prévoir une triple certification HQE/BREEAM/LEED.

Ce n'est donc pas par idéalisme que la plupart des grands maîtres d'ouvrage privés font certifier leurs opérations, c'est bien parce qu'ils ont fait le calcul financier de la rentabilité finale de l'opération.

2.1. Connaître les grands systèmes de certification

Les systèmes de certification ont généralement en commun les préoccupations minimales suivantes, évoquées précédemment :
- l'impact du bâtiment sur son environnement immédiat ;
- la gestion de l'énergie ;
- les gaz à effet de serre ;
- la gestion de l'eau ;
- les consommations de matières ;
- les déchets solides et les effluents liquides ;
- la facilité de maintenance ;
- la qualité de l'air intérieur ;
- la « durabilité » (critères sociétaux de développement durable, plutôt du ressort du maître d'ouvrage).

La plupart des systèmes de certification fonctionnent de la même manière : pour chaque thème le référentiel comporte des prérequis obligatoires, puis accorde des crédits de points suivant la performance réalisée sur le thème (en anglais : *mandatory prerequisites and noncompulsory credits*).

2.1.1. BREEAM

Ce système de certification anglais, leader mondial en la matière, existe depuis 1990 ; il est donc l'un des plus anciens. Il a été créé par le BRE (*Building Research Establishment*), organisme de recherche britannique. Il est aujourd'hui utilisé dans 77 pays et totalise 600 000 certifications à travers le monde fin 2018.

Le référentiel existe en version Construction neuve (*New Construction : Buildings*), en version Rénovation (*Nondomestic refurbishment*) et en version Bâtiment en exploitation (*In-use*). Outre la version internationale, il existe des versions du référentiel adaptées aux spécificités nationales d'une dizaine de pays.

Par rapport à LEED et HQE, BREEAM a la réputation :
- d'offrir une plus grande flexibilité dans le choix des priorités ; ainsi un projet peut être certifié avec une faible performance en matière énergétique, ce qui serait impossible avec LEED et HQE ;
- d'être plus prescriptif (imposition de solutions précises) ;

* de mieux prendre en compte la diversité des règlementations nationales (avec, pour chaque thème, des check-lists rappelant les règles à respecter dans les pays principaux sur ce thème, ce qui est très pratique pour les maîtres d'œuvre).

Le système BREEAM utilise une échelle de performance allant de « passable » à « exceptionnel » et délivre une note globale.

Présent sur tous les types de bâtiments, BREEAM est tout particulièrement utilisé sur les centres commerciaux. Ce label mène une concurrence internationale au label LEED, qui tente en vain de lui ravir la première place au niveau mondial.

Pour en savoir plus

Consulter www.breeam.org

Les référentiels sont accessibles en s'inscrivant gratuitement sur le site, dans la rubrique Ressources.

Ces référentiels (en anglais) sont une mine de thèmes de réflexion pour le maître d'œuvre anglophone.

2.1.2. LEED

Ce système de certification américain existant depuis 1998 est très bien implanté, outre aux États-Unis et au Canada, en Chine, en Inde, au Mexique et au Brésil ; il est représenté dans 167 pays à travers le monde, ce qui fait de lui le champion en termes de nombre de pays d'utilisation. Il a été fondé par l'*US Green Building Council*, qui est un organisme regroupant plus de dix mille acteurs du monde professionnel ; son fonctionnement est donc basé sur le travail consensuel et transparent de comités professionnels. C'est une entreprise dynamique, dont la renommée ne cesse de croître au niveau mondial.

Outre le référentiel générique Construction neuve, une dizaine de versions du référentiel sont spécialement dédiées aux différents types de bâtiments : écoles, commerces, établissements de santé, etc. LEED ne s'applique cependant pas aux bâtiments industriels, contrairement à BREEAM et HQE. Il existe aussi une version pour les bâtiments en exploitation, ainsi que des versions nationales pour quatre pays.

Un projet peut être, suivant le nombre total de points obtenus, toutes thématiques confondues LEED certifié, LEED argent, LEED or ou LEED platine.

Pour en savoir plus

Consulter www.usgbc.org. Les référentiels sont en ligne, mais les recherches sont fastidieuses vu le grand nombre de documents disponibles.

LEED 2009 for New Construction and Major Renovations

Project Checklist

Project Name

Date

Sustainable Sites — Possible Points: 26

	Y	?	N			
Y				Prereq 1	Construction Activity Pollution Prevention	
				Credit 1	Site Selection	1
				Credit 2	Development Density and Community Connectivity	5
				Credit 3	Brownfield Redevelopment	1
				Credit 4.1	Alternative Transportation—Public Transportation Access	6
				Credit 4.2	Alternative Transportation—Bicycle Storage and Changing Rooms	1
				Credit 4.3	Alternative Transportation—Low-Emitting and Fuel-Efficient Vehicles	3
				Credit 4.4	Alternative Transportation—Parking Capacity	2
				Credit 5.1	Site Development—Protect or Restore Habitat	1
				Credit 5.2	Site Development—Maximize Open Space	1
				Credit 6.1	Stormwater Design—Quantity Control	1
				Credit 6.2	Stormwater Design—Quality Control	1
				Credit 7.1	Heat Island Effect—Non-roof	1
				Credit 7.2	Heat Island Effect—Roof	1
				Credit 8	Light Pollution Reduction	1

Water Efficiency — Possible Points: 10

	Y	?	N			
Y				Prereq 1	Water Use Reduction—20% Reduction	
				Credit 1	Water Efficient Landscaping	2 to 4
				Credit 2	Innovative Wastewater Technologies	2
				Credit 3	Water Use Reduction	2 to 4

Energy and Atmosphere — Possible Points: 35

	Y	?	N			
Y				Prereq 1	Fundamental Commissioning of Building Energy Systems	
Y				Prereq 2	Minimum Energy Performance	
Y				Prereq 3	Fundamental Refrigerant Management	
				Credit 1	Optimize Energy Performance	1 to 19
				Credit 2	On-Site Renewable Energy	1 to 7
				Credit 3	Enhanced Commissioning	2
				Credit 4	Enhanced Refrigerant Management	2
				Credit 5	Measurement and Verification	3
				Credit 6	Green Power	2

Materials and Resources — Possible Points: 14

	Y	?	N			
Y				Prereq 1	Storage and Collection of Recyclables	
				Credit 1.1	Building Reuse—Maintain Existing Walls, Floors, and Roof	1 to 3
				Credit 1.2	Building Reuse—Maintain 50% of Interior Non-Structural Elements	1
				Credit 2	Construction Waste Management	1 to 2
				Credit 3	Materials Reuse	1 to 2

Materials and Resources, Continued

	Y	?	N			
				Credit 4	Recycled Content	1 to 2
				Credit 5	Regional Materials	1 to 2
				Credit 6	Rapidly Renewable Materials	1
				Credit 7	Certified Wood	1

Indoor Environmental Quality — Possible Points: 15

	Y	?	N			
Y				Prereq 1	Minimum Indoor Air Quality Performance	
Y				Prereq 2	Environmental Tobacco Smoke (ETS) Control	
				Credit 1	Outdoor Air Delivery Monitoring	1
				Credit 2	Increased Ventilation	1
				Credit 3.1	Construction IAQ Management Plan—During Construction	1
				Credit 3.2	Construction IAQ Management Plan—Before Occupancy	1
				Credit 4.1	Low-Emitting Materials—Adhesives and Sealants	1
				Credit 4.2	Low-Emitting Materials—Paints and Coatings	1
				Credit 4.3	Low-Emitting Materials—Flooring Systems	1
				Credit 4.4	Low-Emitting Materials—Composite Wood and Agrifiber Products	1
				Credit 5	Indoor Chemical and Pollutant Source Control	1
				Credit 6.1	Controllability of Systems—Lighting	1
				Credit 6.2	Controllability of Systems—Thermal Comfort	1
				Credit 7.1	Thermal Comfort—Design	1
				Credit 7.2	Thermal Comfort—Verification	1
				Credit 8.1	Daylight and Views—Daylight	1
				Credit 8.2	Daylight and Views—Views	1

Innovation and Design Process — Possible Points: 6

	Y	?	N			
				Credit 1.1	Innovation in Design: Specific Title	1
				Credit 1.2	Innovation in Design: Specific Title	1
				Credit 1.3	Innovation in Design: Specific Title	1
				Credit 1.4	Innovation in Design: Specific Title	1
				Credit 1.5	Innovation in Design: Specific Title	1
				Credit 2	LEED Accredited Professional	1

Regional Priority Credits — Possible Points: 4

	Y	?	N			
				Credit 1.1	Regional Priority: Specific Credit	1
				Credit 1.2	Regional Priority: Specific Credit	1
				Credit 1.3	Regional Priority: Specific Credit	1
				Credit 1.4	Regional Priority: Specific Credit	1

Total — Possible Points: 110

Certified 40 to 49 points   Silver 50 to 59 points   Gold 60 to 79 points   Platinum 80 to 110

Figure 189. Check-list des thèmes LEED.

2.1.3. HQE

HQE est le système de certification proposé par l'association française Alliance HQE-GBC France et lancé en 1997.

Les célèbres 14 cibles du référentiel HQE ont été remplacées en 2015 par un nouveau *cadre de référence du bâtiment durable de l'association HQE*, constitué de principes et d'engagements déclinés en objectifs.

Les *principes* sont assez peu concrets :

* Principe 1 : une vision globale ;
* Principe 2 : des réponses contextuelles ;
* Principe 3 : une dynamique de progression ;
* Principe 4 : des performances affichées ;
* Principe 5 : une action continue.

Les *engagements* et *objectifs* remplacent les anciennes cibles HQE :

* Engagement pour la qualité de vie, décliné en :
  – Objectif 1 : des lieux de vie plus sûrs et qui favorisent la santé ;
  – Objectif 2 : des espaces agréables à vivre, pratiques et confortables ;
  – Objectif 3 : des services qui facilitent le bien vivre ensemble.
* Engagement pour le respect de l'environnement, décliné en :
  – Objectif 4 : utilisation raisonnée des énergies et des ressources naturelles ;
  – Objectif 5 : limitation des pollutions et lutte contre le changement climatique ;
  – Objectif 6 : prise en compte de la nature et de la biodiversité.
* Engagement pour la performance économique, décliné en :
  – Objectif 7 : optimisation des charges et des coûts ;
  – Objectif 8 : amélioration de la valeur patrimoniale, financière et d'usage ;
  – Objectif 9 : contribution au dynamisme et au développement des territoires.
* Engagement pour le management responsable (comprendre management de projet), décliné en :
  – Objectif 10 : organisation adaptée aux objectifs de qualité, de performance et de dialogue ;
  – Objectif 11 : pilotage pour un projet maîtrisé ;
  – Objectif 12 : évolution garante de l'amélioration continue.

Sur la base de ce cadre de référence, les prescriptions à respecter sont décrites dans des normes NF :

* NF Habitat HQE ;
* NF HQE Bâtiments tertiaires neuf ou rénovation ;
* NF HQE Bâtiments tertiaires en exploitation ;
* NF HQE Equipements sportifs neuf ou rénovation.

Il existe aussi une nouvelle certification HQE Infrastructures, qui porte sur les infrastructures de transport, les ouvrages d'art, les équipements de gestion de l'eau ou de l'énergie, etc.

Les certifications sont accordées par trois organismes certificateurs :

* en France : CERQUAL QUALITEL et CERTIVEA ;
* à l'international : CERWAY, présent dans vingt-six pays.

CERTIFICATION HQE™ EN FRANCE ET À L'INTERNATIONAL

Au 31/12/2017

Certivea — CERQUAL QUALITEL CERTIFICATION — CÉQUAMI GROUPE QUALITEL — Certivea

HQE

1 logement neuf sur **4** certifié en France par Cerqual

12% de bâtiments tertiaires neufs certifiés en France par Certivea

nce

s - France

NON-RÉSIDENTIEL

NEUF
1 736 unités (=19 332 623 m²) dont 148 nouvelles en 2017 (=1 244 655 m²)

RÉNOVATION
280 unités (=2 905 597 m²) dont 38 nouvelles en 2017 (=334 616 m²)

EXPLOITATION
497 unités dont 127 nouvelles en 2017

LOGEMENT COLLECTIF INDIVIDUEL GROUPE

NEUF
436 383 logements dont 40 261 nouveaux en 2017

RÉNOVATION
58 825 logements dont 3 324 nouveaux en 2017

MAISON INDIVIDUELLE

NEUF
4 581 maisons individuelles dont 740 nouvelles en 2017

RÉNOVATION
9 maisons individuelles

AMÉNAGEMENT
51 opérations

INFRASTRUCTURES
9 opérations

Présence dans **26** pays

cerway

nce & Hors - France

BÂTIMENT
28 404 unités (=7 720 591 m²) dont 1 347 nouvelles en 2017 (=323 039m²)

AMÉNAGEMENT
13 opérations

HQE™ DANS LE MONDE

+ de 85 millions de m² de bâtiments certifiés dont 8,8 nouveaux en 2017

+ de 500 référents certification HQE

Alliance **HQE**

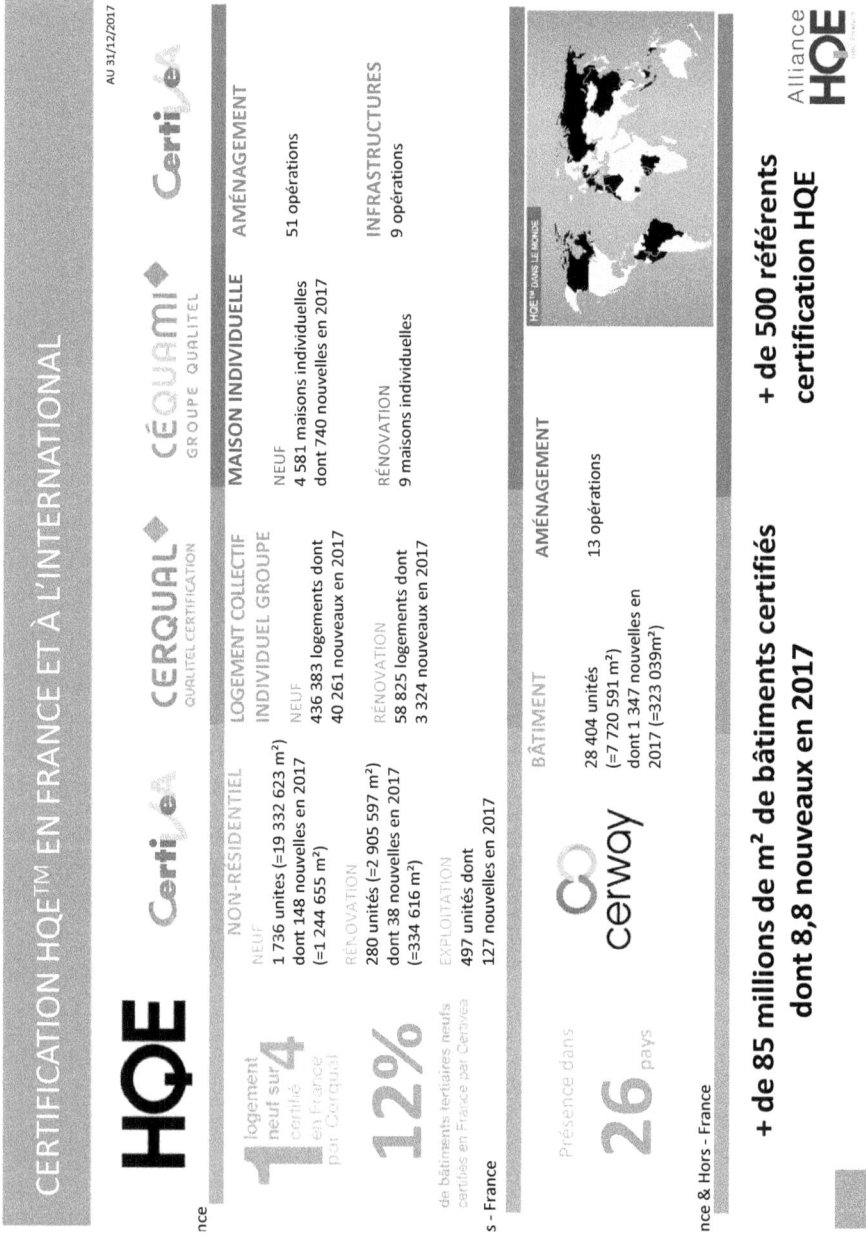

Figure 190. Le volume des certifications HQE en 2017 (source : HQEGBC).

La certification HQE peut en outre être associée à un label extérieur au système HQE : label Haute performance énergétique, label Bâtiment biosourcé ou label BBCA par exemple.

Très utilisé en France, notamment pour les immeubles de bureaux, le système français HQE est encore rarement utilisé à l'international, ce qui est un handicap important pour séduire les multinationales qui cherchent un outil de valorisation pour leurs bâtiments à travers le monde.

En fonction du nombre de crédits, le projet est qualifié de performant, très performant, excellent ou exceptionnel.

Par rapport aux certifications BREEAM et LEED, la certification HQE a la réputation d'être relativement plus facile à obtenir en phase chantier.

On remarque que les objectifs HQE comportent des thématiques dont on peut s'étonner naïvement qu'elles soient considérées comme des enjeux *environnementaux*, puisque HQE signifie haute qualité environnementale. C'est par exemple le cas pour :

- le confort acoustique : c'est un élément essentiel de confort pour les utilisateurs, mais quel est le rapport avec l'environnement ?
- la qualité sanitaire de l'eau distribuée dans le bâtiment : est-ce un enjeu réel en France et l'application de la règlementation ne suffit-elle pas ? (cette thématique est bien entendu essentielle dans certains pays) ;
- le confort olfactif (thème spécifique à la certification HQE, non présent sous cette forme dans BREEAM et LEED) : est-on là au cœur des grands enjeux environnementaux qui nécessitent une mobilisation ?
- la signalétique du bâtiment : là encore quel rapport avec les enjeux *environnementaux* ?

La démarche HQE va donc au-delà du cadre des enjeux environnementaux et utilise un peu abusivement le terme « qualité environnementale » pour désigner une démarche qui brasse beaucoup plus large (les défenseurs de la démarche HQE disent qu'elle est plus « centrée sur l'humain » que d'autres démarches, ce qui est une manière positive de dire les choses).

Pour en savoir plus

Consulter www.assohqe.org

Les référentiels sont accessibles gratuitement, mais les documents sont très nombreux et dispersés sur plusieurs sites Internet : www.certivea.fr pour les bâtiments tertiaires, le site de l'association Qualitel, www.qualite-logement.org, pour le logement.

2.1.4. Comparaison des trois systèmes dans un exemple concret

L'exemple choisi arbitrairement est la création d'une installation de récupération d'eaux pluviales dans un bâtiment neuf de bureaux, pour alimenter les sanitaires et le nettoyage (ce thème a l'avantage de ne pas dépendre des règles de calcul thermiques nationales).

Comment BREEAM, LEED et HQE appréhendent-ils très concrètement ce sujet ? Quelles exigences présentent-ils ? Comment évaluent-ils la performance de l'installation ? Comment l'installation contribue-t-elle à l'obtention de la certification ?

2.1.4.1. BREEAM

On utilise ici le manuel technique *Breeam International New Construction 2016*.

Les économies d'eau potable font partie de la cible dite « *Wat 01* », que le référentiel décrit comme suit :

« *Objectif*

Réduire la consommation d'eau potable dans les sanitaires des bâtiments neufs grâce à des équipements économes et à des systèmes de récupération d'eau.

Critères d'évaluation

Une évaluation de l'efficacité des équipements consommateurs en eau est réalisée en utilisant l'outil de calcul BREEAM Wat 01.

La consommation en eau (litres/personne/jour) pour le bâtiment est comparée à une base de référence, et les points sont attribués comme suit :

% d'amélioration (zone de précipitation 1)	Nombre de points BREEAM
12,5 %	1
25 %	2
40 %	3
50 %	4
55 %	5
65 %	Performance exemplaire

(…)

En présence d'un système de récupération des eaux de pluie ou de recyclage des eaux grises, son apport (L/personne/jour) peut être pris en compte pour réduire d'autant la consommation calculée pour des équipements qui auraient sinon été alimentés par de l'eau potable. »[1]

2.1.4.2. LEED

On s'est basé ici sur le référentiel générique LEED construction neuve.[2] Le sujet choisi figure dans plusieurs thèmes :

- Le thème *Processus intégré* accorde un point pour :

  « *Systèmes de gestion de l'eau*

  (…) Ressources en eau : évaluer toutes les sources possibles d'eau non potable, comme l'eau de pluie récupérée sur le site, les eaux grises, les réseaux d'eau non potable municipaux (…).

  Démontrer comment au moins une de ces sources d'eau non potables du site a été prise en compte pour réduire l'utilisation d'eau potable municipale (…). »

- Le thème *Évaluation du site* accorde un point si l'on a réalisé une étude d'évaluation du site qui porte sur de très nombreux thèmes, parmi lesquels « *les opportunités de récupération et de réutilisation des eaux pluviales* ».

---

1 Source : www.breeam.org. Rubrique Ressources. *Breeam International New Construction 2016 – Technical manual,* SD233 – 2.0. Traduction par l'auteur.
2 Analyse basée sur le référentiel *LEED v4 for Building design and construction,* updated July 2, 2018, sur www.usgbc.org. Traduction par l'auteur

- Le thème *Réduction de l'utilisation extérieure d'eau* accorde des points en fonction de la réduction de la consommation d'eau en espaces extérieurs : « *Réduire les besoins en eau des aménagements paysagers d'au moins 50 % (…). Des réductions supplémentaires de plus de 30 % peuvent être obtenues grâce à des combinaisons de sources de sources d'eau alternatives et efficaces et des technologies de programmation intelligentes* ».

  Un point est accordé pour 50 % de réduction des besoins par rapport à un calcul de référence, et deux points pour 100 % de réduction des besoins.

- Le thème *Réduction de l'utilisation intérieure d'eau* accorde de la même manière entre un et six points pour les réductions des besoins en eau obtenus grâce à des sources d'eau alternatives.

Le système de récupération d'eaux pluviales permet donc d'obtenir des points sur ces thèmes.

2.1.4.3. HQE Bâtiment durable

On a choisi pour réaliser la comparaison le référentiel Certivea HQE Bâtiment durable secteur Bureaux[1].

- Thème Qualité de l'eau

  La récupération des eaux pluviales est évoquée une première fois dans le cadre du thème Qualité de l'eau[2] (lequel fait partie de l'objectif 2 : « des espaces agréables à vivre, pratiques et confortables »), avec une forte insistance sur la maîtrise des risques sanitaires liés à la récupération. Deux points sont accordés en cas de « maîtrise de la conception du système de récupération d'eau non potable réutilisée pour des usages internes ». Ce n'est donc pas ici la décision de prévoir un système de récupération des eaux pluviales qui est valorisée mais la qualité sanitaire, ce qui est assez décevant venant d'une démarche sensée encourager l'écoconception, surtout quand on connaît les difficultés que la récupération d'eau pluviale, pratiquée en Allemagne depuis des décennies, a eu à se développer en France dans les années 2000 du fait de la frilosité des autorités sanitaires.

- Thème Eau

  Le sujet est abordé à nouveau dans le cadre du thème Eau[3] (lequel fait partie de l'objectif 4 : « une utilisation raisonnée des énergies et des ressources naturelles »).

  La note obtenue dépend ici de la consommation d'eau potable en m^3/m^2/an. L'installation d'un système de récupération des eaux pluviales n'est donc pas valorisée directement par des points, mais seulement en fonction de sa contribution à la diminution de la consommation d'eau potable.

2.1.4.4. Résultat de la comparaison sur l'exemple choisi

Sur l'exemple de la récupération d'eau pluviale choisi ici, on constate que les référentiels BREEAM, LEED et HQE sont assez similaires, ce qui n'est bien sûr pas le cas sur tous les thèmes.

On note cependant les différences suivantes :

- le manuel BREEAM est plus pratique à utiliser (notamment par opposition au manuel LEED, dans lequel le sujet est dispersé à plusieurs endroits) ;

---

1   Version janvier 2018.
2   Page 139 du référentiel Certivea HQE Bâtiment durable secteur Bureaux.
3   Page 372 du référentiel Certivea HQE Bâtiment durable secteur Bureaux.

- le système HQE insiste, dans notre exemple, sur les risques sanitaires de la récupération d'eau, ce en quoi il est bien conforme à sa réputation d'accorder plus de poids à l'humain (et donc moins à l'environnement ou à la planète) que les autres référentiels.

Pour en savoir plus sur la comparaison qualitative BREEAM / LEED / HQE

On peut consulter l'étude, nécessairement partielle, de France GBC *Les certifications environnementales internationales pour la conception et la construction des bâtiments non résidentiels*, juin 2015, sur www.behqe.com.

2.2. Faire certifier, combien cela coûte-t-il ?

Cette question est souvent posée à leur maître d'œuvre par les maîtres d'ouvrage non spécialisés dans l'immobilier. Il est difficile d'y apporter une réponse fiable, mais on peut décomposer ces frais en : certification, AMO, MOE et Travaux.

Coût respectif des frais de certification

Une comparaison du coût des démarches de certification (indépendamment des coûts d'étude et de travaux) a été faite en 2011 par le bureau Véritas, sur la base d'un immeuble de bureaux de 20 000 m² de plancher situé en France. Les résultats (variables en fonction des taux de change) ont donné, en ordre de grandeur :

Coûts	BREEAM	LEED	NF Bâtiments tertiaires Démarche HQE
Inscription	800 €	700 €	1 900 €
Frais de traduction	3 700 €	3 700 €	0 €
Certification	2 600 €	9 800 €	23 800 €
Frais totaux de certification	7 100 €	14 200 €	25 700 €

Ces différences ne constituent cependant pas un critère de choix, ces coûts étant négligeables face aux coûts travaux.

Frais d'AMO

Pour assurer le suivi de la certification, le maître d'ouvrage va missionner un bureau d'étude spécialisé, dit AMO HQE, qui proposera un profil HQE, assurera le suivi de la démarche et sera l'interlocuteur de l'organisme certificateur. Ces frais peuvent être évalués à quelques dizaines de milliers d'euros, sans compter le surcoût qui peut intervenir en plus chez le maître d'ouvrage lui-même s'il doit renforcer son équipe.

Surcoûts de MOE

Le maître d'œuvre doit-il augmenter son forfait pour une opération certifiée ? C'est inévitable, car il sera confronté à une charge de travail plus importante pour justifier l'atteinte des objectifs et pour répondre aux nombreuses demandes de l'AMO HQE. On évalue souvent à un ordre de grandeur de 5 % (5 points de pourcentage) le surcoût pour les lots techniques, et à 3 % (3 points de pourcentage) le surcoût sur le forfait global de maîtrise d'œuvre.

Et les travaux ?

Il est très difficile de donner un ordre de grandeur du surcoût d'un bâtiment certifié par rapport à un bâtiment standard. Cela dépend beaucoup des projets, et les généralisations se révéleraient très hasardeuses. Avant la RT 2012, on évoquait généralement – avec de grandes précautions oratoires – un surcoût moyen de 7 % sur les travaux. Ce surcoût étant en grande partie dû aux efforts énergétiques, il devrait normalement diminuer depuis que la RT 2012 est devenue le standard.

2.3. Dans la jungle des labels de performance énergétique Effinergie

L'association Effinergie, spécialisée dans l'habitat, a participé à la préfiguration de la RT 2012 grâce à son ancien label « BBC ».

Ses labels sont régulièrement renouvelés pour augmenter les niveaux de performance, ce qui peut être un peu déroutant pour ceux qui ne les pratiquent pas. Ces évolutions préfigurent les évolutions futures de la réglementation thermique.

L'association délivre actuellement les labels suivants :

- BBC Effinergie 2017,
- BEPOS Effinergie 2017,
- BEPOS+ Effinergie 2017,
- Effinergie rénovation.

Point de vigilance

Depuis l'arrivée de la RT 2012, l'ancien label « BBC Effinergie » n'est plus délivré, puisque son niveau de performance est devenu le minimum règlementaire. Il ne faut donc plus proposer à un maître d'ouvrage un projet de maison « labélisée BBC », mais « labélisée BBC Effinergie 2017 »!

Pour en savoir plus

Consulter le site www.effinergie.org, rubrique labels.

2.4. Les démarches bâtiments durables

La démarche *bâtiment durable méditerranéen* (BDM), créée en 2008, est basée sur l'évaluation des projets par une commission interprofessionnelle, sur la base d'un référentiel.

Cette démarche a inspiré le label *bâtiment durable francilien* (BDF), créé en 2016. Ce label est particulièrement intéressant pour les petites opérations à faible budget, car il est souple d'utilisation et très peu couteux. On est ici à l'opposé de la lourdeur administrative parfois reprochée à la certification HQE.

Pour en savoir plus sur la labélisation BDF

Consulter le site www.ekopolis.fr.

2.5. L'outil d'évaluation Level(s)

La Commission européenne a mis au point un outil d'évaluation volontaire de la performance environnementale des bâtiments, l'outil *Level(s)*. Il ne s'agit donc pas d'un référentiel de certification.[1]

L'objectif de Level(s) est d'offrir un cadre transverse à tous les pays européens pour l'évaluation de la qualité environnementale des projets de bâtiment.

2.6. Autres référentiels internationaux de certification environnementale

Il existe de nombreux autres référentiels, comme :
* DGNB en Allemagne[2] ;
* CASBEE au Japon ;
* *Green Stars* en Australie ;
* NABERS en Australie aussi ;
* le Sustainable Building Tool (SB-TOOL) américain ;
* la certification américaine *Green Globe*, qui s'applique au monde du tourisme ;
* le *Green Mark Scheme* du Building and Construction Autority de Singapour ;
* le EEWH taïwanais.

Certains labels sont spécifiquement centrés sur des objectifs énergétiques :
* Minergie en Suisse et avec une version adaptée pour la France[3], un label extrêmement intéressant ;
* Passivhaus en Allemagne et désormais en France également.[4]

> **Zoom sur...**
>
> ### ... l'outil SB-TOOL
>
> Cet outil est souvent cité à l'international comme étant le plus intéressant de tous les référentiels, et il a inspiré de nombreux autres systèmes, dont la HQE.
>
> Il a été mis au point par l'International Initiative for a Sustainable Built Environment (iiSBE), une association internationale de promotion de la qualité environnementale de la construction, basée à Ottawa.
>
> Conçu grâce à un travail scientifique associant des dizaines d'établissements spécialisés à travers le monde, cet outil bénéficie donc d'une grande notoriété scientifique, qui va au-delà d'un simple référentiel de certification.
>
> Le site Internet de l'association, www.iisbe.org, est pour les anglophones une mine de renseignements et de pistes de réflexion, pour qui veut prendre le temps de s'y plonger.
>
> On trouve aussi sur le site de l'iiSBE les comptes rendus des conférences que l'association organise à travers le monde.

---

1 http://ec.europa.eu/environment/eussd/buildings.htm
2 www.dgnb.de.
3 www.minergie.fr
4 www.passivhaus.fr

2.7. Poids respectif des systèmes de certification

La comparaison des implantations mondiales des différents systèmes est peu documentée. Les chiffres sont à prendre avec la plus grande prudence : dans l'habitat, certains systèmes accordent un label par appartement et d'autres un label par immeuble.

D'après un travail de recherche universitaire de 2017[1], les labels se positionneraient comme suit, en nombre total de projets certifiés dans le monde depuis la création de chaque label :

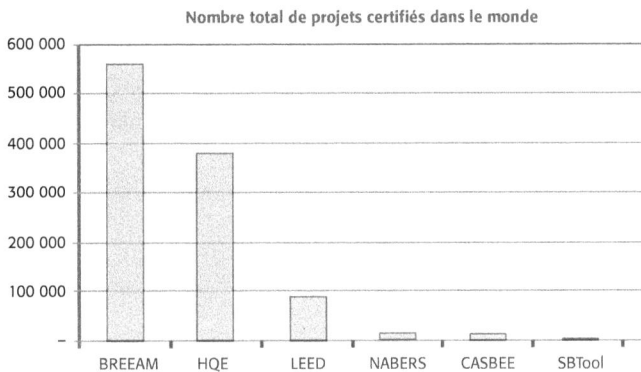

Nombre total de projets certifiés dans le monde

Sur le segment des immeubles de bureaux à Paris et sur sa petite couronne, HQE représentait en 2017 70 % des certifications environnementales, contre 28 % pour BREEAM et 3 % pour LEED.

En Angleterre les certifications BREEAM sont sans surprise majoritaires, alors que l'Allemagne est dominée par les certifications DGNB.[2]

À l'international, BREEAM est majoritaire dans certains pays et LEED dans d'autres.

3. Qualité environnementale et urbanisme

Les enjeux environnementaux ont un fort impact sur les métiers de l'urbanisme et des VRD.

De nombreux thèmes de la qualité environnementale du bâtiment sont pertinents à l'échelle du quartier. Il y a même bien des cas où le maître d'œuvre bâtiment a peu de latitude d'action si l'urbaniste n'a pas pris en compte en amont les contraintes environnementales.

Quelques exemples non exhaustifs de l'impact environnemental des études urbaines et VRD ; autant de points sur lesquels le maître d'œuvre bâtiment ne peut rien sans l'urbaniste :

---

1   Revue Sustainability, *An Analysis of the Most Adopted Rating Systems for Assessing the Environmental Impact of Buildings*, Elena Bernardi, Salvatore Carlucci, Cristina Cornaro and Rolf André Bohne, MDPI Basel, Suisse, July 2017.
2   Source : Baromètre Green Soluce de la certification environnementale.

- la densification limite la consommation d'espaces naturels ;
- la compacité du parcellaire limite les besoins en chauffage (par exemple, les maisons en bande à l'anglaise présentent moins de déperditions que des pavillons isolés) ;
- la limitation de la largeur des bâtiments permet d'assurer un accès à la lumière naturelle au cœur des bâtiments ;
- l'orientation des rues par rapport aux vents dominants impacte le confort des piétons : une orientation à 45° favorise la protection vis-à-vis des vents dominants ;
- la présence de transports publics a bien évidemment un fort impact sur le bilan carbone du quartier ;
- l'aménagement des voiries peut favoriser les déplacements à vélo et à pied, et contraindre le stationnement automobile ;
- la mixité habitat/tertiaire et la présence d'équipements publics (crèches,…) contribuent aussi à améliorer le bilan carbone en limitant les déplacements ;
- la gestion des eaux de pluie et la limitation de l'imperméabilisation des sols ont déjà été évoquées plus haut ;
- un réseau de chaleur urbain peut faciliter l'accès du plus grand nombre aux énergies renouvelables ;
- la gestion des déchets peut être optimisée en mutualisant les déchets à l'échelle d'un quartier (production de biogaz en Allemagne) ;
- la plantation d'arbres de haute tige favorise l'ombrage et peut contribuer à limiter les besoins en rafraîchissement artificiel des premiers étages des immeubles tertiaires, ainsi qu'à améliorer le confort d'été de l'habitat ;
- les plantations jouent un rôle dans la préservation de la biodiversité, leur implantation peut contribuer à assurer la continuité de la trame verte ;
- les spécialistes en micro-climatologie étudient l'effet d'*îlot de chaleur urbaine*, phénomène complexe qui dépend de nombreux facteurs : les plantations, les caractéristiques des revêtements de voirie (notamment le facteur de réflexion ou *albedo*), l'orientation des rues par rapport aux vents dominants, l'ensoleillement, la présence d'eau dans le quartier (fontaines, plan d'eau,…) et les dégagements de chaleurs des bâtiments ;
- enfin, l'urbaniste peut prescrire des contraintes environnementales qui seront à appliquer par les maîtres d'œuvre de chaque lot bâti.

Pour en savoir plus sur le lien entre urbanisme et qualité environnementale

Consulter sur www.ademe.fr, rubrique collectivités et secteur public, la démarche dite Approche environnementale de l'urbanisme (AEU) ; cette démarche vise à accompagner les collectivités dans l'évaluation environnementale de leurs projets d'urbanisme.

Consulter le label HQE Aménagement, destiné à la certification environnementale des opérations d'aménagement, sur www.hqegbc.org/amenagement.

Les écoquartiers

La vogue des écoquartiers a été lancée par l'appel à projets lancé en 2009 par le Ministère.

Le champ de réflexion des écoquartiers va au-delà de la qualité environnementale, et couvre tout le champ du développement durable, auquel il tente de répondre localement.

Outre les thèmes classiques (biodiversité, efficacité énergétique des bâtiments, présence d'énergies renouvelables, gestion écologique de l'eau et des déchets), la conception des écoquartiers accorde une place importante à la mixité sociale, à la qualité de vie des habitants et à la prise en compte participative de leurs avis.

Attention cependant à la banalisation du terme : certains politiques et certains promoteurs ont eu tendance à qualifier d'écoquartier tout nouveau lotissement (la RT 2012 étant par ailleurs un nouveau prétexte pour cet abus de langage).

Pour éviter cette banalisation, le gouvernement a lancé en décembre 2012 un label national Écoquartier. La collectivité candidate doit signer la charte nationale ÉcoQuartier, comprenant 20 engagements. Le dossier est analysé à travers trois expertises avant attribution du label.

En 2017 on comptait 220 écoquartiers labélisés ou en cours de labélisation.

Pour en savoir plus sur les ÉcoQuartiers

Consulter le dossier de labellisation sur le site du Ministère.

CHAPITRE 5

Organiser la production des études

1. Le classement informatique des documents

1.1. Enjeux du classement informatique

Bien classer ses documents informatiques est fondamental, tout autant pour un petit projet que pour un grand projet.

Un maître d'œuvre qui classe mal ses documents ne retrouvera pas les renseignements nécessaires à l'exercice de son travail, ce qui nuira forcément à son efficacité.

Suivant la personnalité de chacun, un classement rigoureux sera naturel, ou demandera une attention particulière. Le classement informatique des documents reflète en quelque sorte la structure mentale de son auteur ! Si l'on est naturellement ordonné, on n'aura pas besoin de veiller à respecter strictement un système de classement, mais si on ne l'est pas, on devra s'imposer une arborescence type et se forcer à la respecter sur tous les projets.

Il existe de très nombreuses manières de ranger ses documents informatiques ; à chaque maître d'œuvre de retenir la solution qui lui paraît la plus pratique.

La méthode de classement proposée ci-dessous est classique, et particulièrement pratique à l'usage. Elle a fait ses preuves. Les exemples ci-dessous sont basés sur un projet sous Autocad, mais le principe est le même quel que soit le logiciel de dessin, BIM ou non BIM.

Cela commence par un dossier regroupant tous les projets, avec un dossier pour chaque projet.

1.2. Une possibilité d'arborescence de rangement

1.2.1. Principe général

Dans cette méthode, à l'intérieur du dossier propre au projet, on liste les phases d'étude : ESQ, APS, APD, PRO, ACT, VISA, DET et AOR.

Quand une phase commence, on crée pour cette phase une liste de répertoires comprenant sept grandes familles de documents :
- les données ;
- les documents reçus de la MOA ;
- les études par corps d'état ;
- les intervenants divers : CSPS, CSSI, bureau de contrôle, etc. ;
- les comptes rendus ;
- les documents émis ;
- les rendus.

Dans les dossiers Données, Documents émis, Intervenants, Rendus, on classe les documents par ordre chronologique.

Dans les dossiers d'Études par corps d'état, on classe à la fois ses propres études et celles des autres corps d'état avec qui on est en interface, ou que l'on gère.

En amont de ces dossiers de phases, on conserve un dossier Hors phase regroupant les contrats et les photographies du site (les photos de chantier ont plutôt vocation à être rangées dans le dossier DET).

Où ranger les données ?

On pourrait être tenté de ranger les données (par exemple le PLU, le cadastre, etc.) dans le dossier Hors phase ; ce n'est pas l'option conseillée ici, car il est plus pratique de disposer « à portée de main » des données utiles plutôt que d'être obligé de remonter les chercher dans un dossier amont.

1.2.2. Premier exemple d'arborescence : grand projet avec plusieurs BET

Cela donne par exemple une arborescence du type suivant (exemples et commentaires sont en italique) :

Projets/
    Hôtel Les Mouettes/
    Musée du tricot/
    Maison Dupont/
    Lycée Jean-Moulin/
        00 – Hors phase/
            Contrats/
                Contrat MOA/
                Contrats sous-traitants/
            Photos de site/
            …

01 – ESQ/
02 – APS/
03 – APD/
    01 – Données/
    rangées par ordre chronologique au fur et à mesure du classement des documents :
        2011-10-02 Cadastre/
        2011-12-03 Rapport de sol/
        2011-12-21 PLU/
        2012-01-10 PPRI/
        …

    02 – Documents reçus de MOA/
    rangés par ordre chronologique de réception :
        2011-09-05 OS lancement APD/
        2011-10-01 Programme cuisines/
        2011-11-03 Remarques sur APS/
        …

    03 – Études/
    la production propre du maître d'œuvre
        APD-Liste des pièces.xls   *la liste des pièces du rendu*
        Pièces écrites/
            APD-Notice architecturale.doc
        Pièces graphiques/
            Bibliothèque/
            dossier facultatif où l'on range les fichiers secondaires
                …
on peut préférer ajouter des dossiers par nature de pièce graphique (plans, coupes, élévations,…) ; c'est surtout utile pour les gros projets ;
on peut préférer classer les études par types de fichiers : acad, psd, pdf, jpeg, etc.
    04 – Lot Structure/
    la production des autres membres de l'équipe MOE, rangée par date d'échange de documents
        2011-10-01 Reçu de BET/
        2011-12-20 Transmis BET/
        2011-12-24 Rendu BET/
        …

    05 – Lot CFo Cfa/
    de la même manière, la production rangée suivant les dates d'échange
        …

    06 – Lot CVC Pb/
    si le BET CVC est le même que le BET CFo Cfa, on peut regrouper ces deux dossiers en un dossier Lots Fluides

        …

    07 – Économiste/
        …

on liste ensuite les autres intervenants et leur production :

08 – CSSI/

2011-09-10 Cahier des charges fonctionnel ind. A/

…

09 – Bureau de contrôle/

2011-10-21 Rapport initial

…

10 – Comptes rendus

…

11 – Documents émis vers MOA/
par ordre chronologique d'émission :

2011-10-03 Courrier sur gymnase/

2011-12-05 Fichiers source APS/

…

12 – Rendus/
l'archivage des versions officielles du rendu et des éventuels rendus intermédiaires, avec toujours pdf et fichiers sources

2012-01-10 APD/

APD-Bordereau d'envoi 2012-01-10.pdf   *la lettre d'envoi*

Pdf/
les fichiers numérotés conformément à la liste des pièces

4001 Notice archi.pdf

4002 Notice sécurité incendie.pdf

4101 Plan masse existant.pdf

4102 Plan RC existant.pdf

…

Fichiers sources/
les fichiers numérotés conformément à la liste des pièces, avec les fichiers sous forme d'e-transmis s'ils comportent des références externes

4001 Notice archi.doc

4002 Notice sécurité incendie.doc

4101 Plan masse existant-standard.zip

4102 Plan RC existant-standard.zip

Dans ce type d'arborescence, on recommence un classement neuf à chaque phase. On liste toutes les spécialités que l'on gère ou avec lesquelles on est en interface. Pour sa propre spécialité, le dossier contient la production. Pour les autres spécialités, le dossier contient les documents échangés avec l'intervenant.

Le dossier Rendu contient l'archivage officiel du rendu tel qu'il a été remis au maître d'ouvrage, y compris tous les fichiers sources.

Archiver avec soin pour chaque phase dans un dossier Rendu :

* l'intégralité des pdf ;
* et l'intégralité des fichiers sources : notices Word, fichiers graphiques si nécessaire en e-transmis, etc.

En BIM archiver fichier natif (par exemple fichier REVIT), ifc et pdf.

Il est important de bien ranger l'intégralité des fichiers sources dans le dossier Rendu, même si cela peut paraître rébarbatif. Le dossier Rendu est en effet le dossier de référence, qu'on archivera à long terme, et duquel on partira pour les phases suivantes.

Le mandataire de l'équipe de maîtrise d'œuvre (généralement l'architecte) doit archiver non seulement sa propre production, mais aussi celle des BET, de manière à disposer d'un dossier complet tel qu'il a été rendu.

Cas des membres de l'équipe de maîtrise d'œuvre non mandataires

Les suggestions de classement présentées ci-dessus se placent du point de vue du mandataire de l'équipe de maîtrise d'œuvre, en interface avec le maître d'ouvrage. Pour les autres membres de l'équipe de maîtrise d'œuvre, elles doivent être adaptées. Par exemple un BET n'archivera tout logiquement dans son dossier Rendu que son propre rendu, et non l'intégralité du rendu de la phase.

1.2.3. Deuxième exemple d'arborescence : cas d'un petit projet sans BET

Comment l'arborescence proposée s'adapte-t-elle dans le cas de projets simples sans BET, par exemple des maisons individuelles ou des travaux de rénovation, intégralement pris en charge par l'architecte ?

Projets/
    Maison Duclou/
    Rénovation copropriété rue du Général de Gaulle/
    Maison Dupuis/
        00 – Hors phase/
            Contrats/
                Contrat MOA/
            Photos de site/
            …
        01 – ESQ/
        02 – APS/
        03 – APD/
            01 – Données/
            rangées par ordre chronologique au fur et à mesure du classement des documents :
                2011-10-02 Cadastre/
                2011-12-21 PLU/
                …

02 – Documents reçus de MOA/
rangés par ordre chronologique de réception :
    2011-11-03 Remarques sur APS/
    …

03 – Études/
la production propre du maître d'œuvre
    APD-Liste des pièces.xls   *la liste des pièces du rendu*
    Pièces écrites/
        APD-Notice.doc
    Pièces graphiques/
        …

S'il existe d'autres intervenants, par exemple un géotechnicien, on rajoute un dossier, où l'on range les échanges (Reçu/Transmis) par ordre chronologique
    04 – Comptes rendus
        …

05 – Documents émis vers MOA/
par ordre chronologique d'émission :
    2011-12-05 Croquis cuisine/
    …

06 – Rendus/
l'archivage des versions officielles du rendu et des éventuels rendus intermédiaires, avec toujours pdf et fichiers sources
    2012-01-10 APD/
        APD-Bordereau d'envoi 2012-01-10.pdf   *la lettre d'envoi*
        Pdf/
            4001 Notice.pdf
            4101 Plan masse existant.pdf
            4102 Plan RC existant.pdf
            …
        Fichiers sources/
            4001 Notice.doc
            4101 Plan masse existant-standard.zip
            4102 Plan RC existant-standard.zip

1.3.   L'interopérabilité des fichiers : BIM et maquette numérique 3D

1.3.1.   Contexte

L'inconvénient de l'utilisation des logiciels de dessin classiques, comme AutoCad, c'est que chaque bureau d'étude doit ressaisir les plans architectes dans ses propres logiciels spécialisés :
- logiciel de calcul thermique ;
- logiciel de calcul Structure ;
- logiciel d'étude de prix, etc.

sans parler des prestations plus spécialisées utilisant des logiciels de simulation dynamique, d'acoustique, d'évaluation environnementale, de planification qui nécessitent elles aussi des resaisies.

À chaque modification du plan architecte, l'ensemble des spécialistes doit procéder à une reprise de saisie informatique dans son propre modèle, puis à une reprise de calcul : reprise de calcul thermique, reprise de calcul Structure, reprise de chiffrage, etc.

Dans les années 80, le ministère de la Défense américain a initialisé une nouvelle méthode de travail, en demandant à ses prestataires de livrer leurs études Bâtiments sous forme d'un unique rendu numérique assemblant tous les métiers, comme c'était déjà le cas à l'époque pour la conception d'un avion. Cette initiative allait donner naissance à l'idée de l'« interopérabilité » des fichiers décrivant le bâtiment, c'est-à-dire la recherche de moyens permettant à tous les spécialistes de partager ou d'échanger des fichiers de travail.

1.3.2. Principes du BIM

La « maquette numérique » 3D, en anglais *BIM* (*Building Information Modeling*), est une méthode de travail qui permet à tous les membres de l'équipe de conception de partager les mêmes fichiers, en les enrichissant chacun des informations propres à leur spécialité, et ceci en 3D.

Dans le travail en BIM, le support de l'étude n'est plus constitué d'un ensemble de plans, spécialité par spécialité (un plan architecte, un plan électrique, un plan Structure, etc.) mais d'un unique *modèle numérique* multidisciplinaire, la *maquette numérique*. On peut considérer la maquette numérique comme une grande base de données de l'ensemble des caractéristiques du bâtiment.

La maquette numérique rassemble des *informations structurées* sur les composants du bâtiment. Elle est composée d'un ensemble d'*objets* (par exemple un mur), appartenant à des *classes d'objets*. Chaque objet 3D composant le bâtiment n'est pas seulement un ensemble de traits, mais possède des *attributs*, qui sont des caractéristiques physiques, thermiques, acoustiques, de comportement au feu, etc. : une fenêtre n'est plus représentée dans le fichier par un simple dessin en plan, mais elle est identifiée comme un objet fenêtre, avec des caractéristiques dimensionnelles, thermiques, acoustiques, un prix unitaire et une relation avec un objet mur.

La base de plans se transforme en une base de données unique et commune.

Les gains en efficacité sont très importants, en particulier pour l'économiste et les BET. En évitant les ressaisies, on permet aux BET de se consacrer aux vrais sujets de conception et d'optimisation. Un des intérêts du BIM est ainsi de faciliter les simulations métier, réalisées sur des logiciels spécialisés, sans nécessiter de ressaisie des données du projet par exemple :

- simulations thermiques dynamiques ;
- simulations aérauliques (impact du vent, par exemple au pied d'un IGH) ;
- évaluations environnementales ;
- simulations acoustiques ;
- calculs d'éclairement ;
- ingénierie de désenfumage ;
- simulations de trafic routier en aménagements extérieurs ;
- simulations sismiques ; etc.

En plus des données renseignées dans le fichier BIM lui-même, on peut insérer un lien vers un document extérieur, par exemple le pdf de la documentation fabricant d'un équipement, une fiche technique, une photo.

Le BIM peut même gérer le phasage et la planification du chantier, en important un planning et en associant une phase à chaque objet de la maquette numérique.

La pratique du BIM a révolutionné la manière de travailler dans le bâtiment. De nombreuses fonctionnalités informatiques sont en pleine émergence, et les recherches sont en plein boom dans ce domaine.

Actuellement, les pays les plus en pointe en matière de BIM sont la Finlande, la Corée du Sud, Singapour (qui a imposé en 2002 le dépôt d'un fichier ifc avec tout dossier permis de construire), le Royaume-Uni, l'Irlande et les États-Unis (où plus de 80 % des projets sont réalisés en BIM).

1.3.3. Les deux grandes familles de méthodes de travail en BIM : modèle centralisé et modèle de synthèse

Sous le terme de BIM, on trouve en fait deux méthodes de travail différentes (ainsi que des situations intermédiaires) :
* le modèle centralisé ou *closed BIM*,
* et le modèle de synthèse ou *Open BIM*.

1.3.3.1. Le modèle centralisé ou closed BIM

On désigne par-là l'organisation projet BIM dans laquelle tous les membres de l'équipe de maîtrise d'œuvre utilisent des logiciels d'un même éditeur, logiciels conçus pour permettre le partage de fichiers BIM multidisciplinaires. Dans ce modèle, l'interopérabilité des fichiers est le résultat du travail de recherche-développement de l'éditeur des logiciels. On parle d'environnement fermé.

La situation la plus courante en France correspond à l'utilisation de logiciels de la sphère Autodesk, c'est-à-dire REVIT et les autres logiciels Autodesk associés.

Différentes organisations du travail sont possibles :
* soit le projet est découpé en maquettes par métier : une maquette architecte, une maquette structure, une maquette fluides, qui sont assemblées par le BIM manager,
* soit les différents métiers interviennent sur la même maquette, les utilisateurs recevant des autorisations associées à des familles d'objets, suivant leur spécialité (BIM de niveau 3).

Dans ce modèle de travail fermé, certains spécialistes peuvent être amenés à utiliser un logiciel sortant de la sphère Autodesk. Dans ce cas, ils devront ressaisir les caractéristiques du projet sur leur propre logiciel, à moins qu'un export ne soit possible.

Outre Autodesk, il existe d'autres éditeurs de logiciels qui permettent de travailler de même en BIM en « modèle centralisé », par exemple le logiciel allemand Allplan de Nemetschek (ces éditeurs utilisent le terme d'« Open BIM » pour des raisons commerciales).

Dans le cas d'un groupement de maîtrise d'œuvre, travailler en « modèle centralisé » oblige à choisir ses partenaires en fonction des logiciels sur lesquels ils travaillent, ce qui peut être contraignant : si un architecte travaille en BIM sous REVIT, il ne pourra s'associer qu'avec des BET travaillant aussi sous environnement Autodesk.

Pour en savoir plus le modèle centralisé

Consulter le site d'Autodesk, www.autodesk.fr, ou celui de l'éditeur Nemetschek : www.allplan.com/fr.

1.3.3.2. Le modèle de synthèse ou Open BIM

Le principe

Dans cette méthode de travail, encore appelée BIM non propriétaire, chaque métier utilise son propre logiciel métier, qui peut appartenir à divers éditeurs. Par exemple l'architecte peut travailler sur Archicad, le BET Structure sur Tekla et Robot, etc. Une fois leur étude réalisée, les intervenants l'exportent sous un format d'échange, dont le plus courant est le format. ifc (*Industry Foundation Classes*). Ils le mettent à disposition du BIM manager (qui peut être l'architecte, un ingénieur coordonnateur, ou un prestataire spécialisé), qui « assemble » ces fichiers grâce à un logiciel appelé *outil de synthèse* ou *viewer*.

Cycle courant d'étude en open BIM

Une fois le travail de chacun réunit en un fichier de données unique, le BIM manager vérifie la compatibilité entre les données fournies par chaque intervenant, et demande aux équipes de corriger toutes les incompatibilités. Par exemple, si le BET Structure a été amené à modifier le dimensionnement d'une poutre, le dessin architecte est mis à jour. Si le thermicien a besoin d'une réservation dans un mur, elle est prise en compte. Si deux « objets » ont une géométrie incompatible, ils sont redessinés.

Le BIM manager n'intervient pas lui-même sur les données produites par les équipes de chaque métier, de même qu'à l'époque d'Autocad l'animateur de la cellule de synthèse ne corrigeait pas lui-même le dessin de chaque spécialité. Chaque métier reste responsable des données qu'il produit.

Une fois ce travail de synthèse des données effectué, le BIM manager exporte la maquette numérique à jour sous forme d'ifc et la remet à disposition de tous les intervenants. Chaque métier importe alors les mises à jour dans son propre logiciel métier et finalise son étude.

De nouvelles itérations ont lieu jusqu'à ce que l'étude soit terminée.

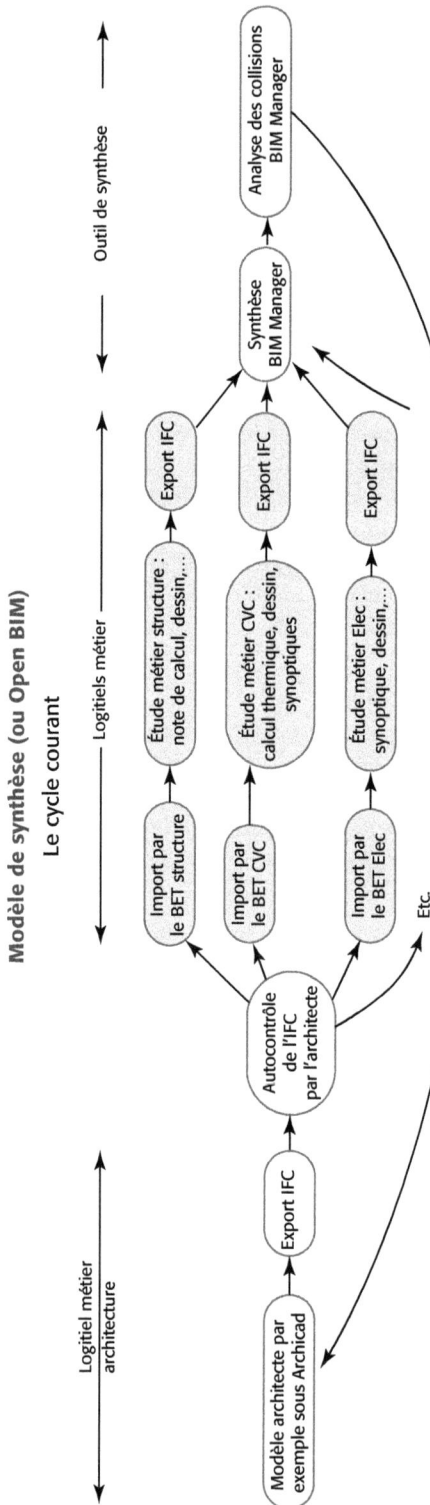

Figure 191. Le cycle courant en Open BIM.

Le format ifc

Le format ifc est un format « libre », géré par l'association internationale BuildingSmart, représentée en France par l'association Mediaconstruct. Ce format est au cœur du modèle du BIM non propriétaire.

Le format ifc n'est pas un format de travail, c'est un format normé d'échange de fichiers ou plus précisément c'est le standard ISO pour l'interopérabilité des fichiers. Le format ifc est le format interopérable le plus courant, mais ce n'est pas le seul.

Tous les logiciels de conception ne peuvent pas exporter ou importer des ifc ; on trouve sur le site de Mediaconstruct la liste des logiciels certifiés pour leur capacité à exporter ou à importer correctement des ifc.

Ce format promeut la liberté des utilisateurs d'utiliser des codes « ouverts ».

Revers de la médaille, l'association a de très faibles moyens de recherche développement par comparaison à ceux d'Autodesk et des autres grands éditeurs de logiciels qui, eux, sont énormes. Résultat, actuellement l'utilisation des ifc butte encore souvent sur des bugs très gênants et ceci surtout dans le cas des maquettes de grande taille ; il suffit d'exporter une maquette REVIT en ifc, puis de l'importer dans un autre logiciel BIM pour s'apercevoir qu'on a généralement perdu certaines propriétés et informations.

Pour en savoir plus sur l'Open BIM et les ifc

Consulter le site www.mediaconstruct.fr, mais en gardant à l'esprit que ce site défend la solution ifc, et a donc tendance à réduire le BIM à l'utilisation des ifc.

Les anglophones pourront consulter le site www.buildingsmart.org

---

1.3.4. Open BIM ou closed BIM ?

Lequel des deux modèles de travail préférer ? Le débat fait rage entre les lobbyistes des deux camps.

Les partisans de l'open BIM accusent les grands éditeurs, Autodesk en tête, de saboter volontairement l'interopérabilité ifc.

Le fait qu'Autodesk affiche son indéfectible soutien aux ifc ne trompe personne. Il est indéniable que l'impossibilité d'exporter sans déboires une maquette REVIT via des ifc arrange bien Autodesk, puisque la solution naturelle à ces problèmes d'interopérabilité est de rester dans la sphère Autodesk en closed BIM !

De leur côté, les partisans du closed BIM considèrent l'ifc comme une norme « administrative » dont les évolutions suivent un pas de sénateur totalement incompatible avec les exigences d'efficacité.

Enfin, pour couronner le tout, les pouvoirs publics exigent toujours des ifc et veillent à ne jamais imposer un format propriétaire.

Que penser de ce débat ? On ne peut que se féliciter de l'existence du format ifc qui permet d'élargir le champ de l'interopérabilité à un nombre important de logiciels. Mais on est forcé de reconnaître que tant que les pouvoirs publics ne mettront pas en place un mécanisme de financement de la recherche développement en Open BIM, les dysfonctionnements des ifc resteront problématiques et conduiront nécessairement de nombreux professionnels à préférer l'environnement efficace du closed BIM d'un grand éditeur (quitte à utiliser les ifc pour échanger avec certains spécialistes de l'équipe de maîtrise d'œuvre).

Conseil pratique

Dans l'état actuel de développement des ifc, on est malheureusement obligé de reconnaître que le modèle centralisé du closed BIM est pour l'instant plus simple d'utilisation.

1.3.5. Conséquences du BIM sur l'organisation de la production

1.3.5.1. Le rôle des intervenants

Le rôle de chaque intervenant au sein de l'équipe de maîtrise d'œuvre n'est pas modifié lors du travail en BIM, chacun reste dans son métier ; ce qui est modifié, ce sont les modalités de formalisation des caractéristiques du projet et les modalités d'échange des données au sein de l'équipe.

> **Règle d'or de la convention BIM**
>
> Lorsqu'on travaille en BIM, il est indispensable de définir par écrit les règles à respecter par chacun au sein de la maîtrise d'œuvre. Ces règles sont formalisées dans une *convention BIM* (ou un protocole BIM), qui peut être annexée à la convention de groupement si elle existe.

Cette convention BIM est rédigée, dès le début des études BIM, par le BIM manager de l'équipe de maîtrise d'œuvre, puis enrichie au fil de l'eau.

La convention BIM, document propre à la maîtrise d'œuvre, ne doit pas être confondue avec le *cahier des charges BIM* du maître d'ouvrage, qui décrit ses exigences et ses besoins en matière de BIM.

La convention BIM doit notamment définir :

- les logiciels utilisés par chaque métier, en précisant la version du logiciel ;
- l'organisation des échanges de fichiers entre les membres de l'équipe de maîtrise d'œuvre : périodicité et modalité des échanges de maquettes numériques ;
- l'identité et le rôle du BIM Manager et des référents BIM ;
- le niveau de développement à respecter à chaque phase.

Le niveau de développement renseigné dans les fichiers est crucial ; le niveau de développement de chaque phase doit donc être acté entre les intervenants :

- le maître d'ouvrage a fortement intérêt à imposer un niveau de développement au maître d'œuvre dans son contrat, phase par phase ;
- l'équipe de maîtrise d'œuvre doit s'entendre en son sein sur le niveau de développement de chaque phase ; ces dispositions figurent dans la convention BIM ;
- le maître d'œuvre doit imposer contractuellement aux entreprises un niveau de développement des études d'exécution numériques ;
- les entreprises doivent s'assurer que leurs sous-traitants respectent ces mêmes niveaux de développement ; ce point mérite une vigilance toute particulière, car il est courant que

certains sous-traitants n'aient pas les compétences étude nécessaires ; préciser au marché que le titulaire est responsable de la bonne application des règles BIM par ses sous-traitants.

Aussi, il est nécessaire qu'un membre de l'équipe soit responsable de la vérification de la structuration des données. Si on ne procède pas à des contrôles, il y a un risque que certains membres de l'équipe, par soucis de simplicité ou dans l'urgence, ne renseignent pas toutes les caractéristiques qui relèvent de leur spécialité.

Un unique membre de l'équipe de maîtrise d'œuvre doit assurer le rôle de BIM manager, en charge de la gestion et de la coordination de la maquette numérique, dès le début de l'APS.

Au sein de chaque société de l'équipe de maîtrise d'œuvre, un *référent BIM* (on parle parfois de *coordinateur BIM*) doit être désigné. Le référent BIM est chargé de répercuter au sein de son équipe les prescriptions relatives au BIM.

Alors que BIM manager est réellement un nouveau métier, référent BIM est plutôt une nouvelle mission assurée au sein des équipes.

Pour en savoir plus sur les convetions BIM

Consulter le « guide méthodologique pour des conventions de projet en BIM » proposé par Mediaconstruct (www.mediaconstruct.fr).

1.3.5.2. Le BIM pour quelles phases d'étude ?

Le BIM est particulièrement recommandé pour l'APS, l'APD et le PRO, mais peut-on réaliser des esquisses ou des concours en BIM ?

Oui tout à fait, à condition de bien définir le niveau de détail afin de ne pas se perdre dans des détails inadéquats par rapport à ces phases. Si le niveau de détail de la maquette numérique est trop lourd, les modifications de projet, bien évidemment nombreuses dans ces phases amont, seront trop lourdes à gérer du fait des relations entre objets à mettre à jour.

1.3.5.3. Niveau de développement des maquettes numériques

Quand on travaille en BIM, la définition du niveau de développement de la maquette est essentielle pour le bon déroulement des études.

Le niveau de développement d'une maquette numérique comporte deux aspects :

- le niveau de détail du graphisme 3D,
- le niveau de renseignement de la base de données.

Le texte de référence à l'international pour la normalisation des niveaux de développement de la maquette numérique est le *Level of development specification guide* publié par BIM Forum, le représentant américain de l'association internationale *buildingSMART International*. Ce guide de référence est le fruit du travail de l'*American Institute of Architects* et de diverses associations professionnelles américaines. Le guide distingue :

« • LOD 100 : estimate it ;
- LOD 200 : specify it ;
- LOD 300 : buy it ;
- LOD 400 : build it ;
- LOD 500 : operate it. »

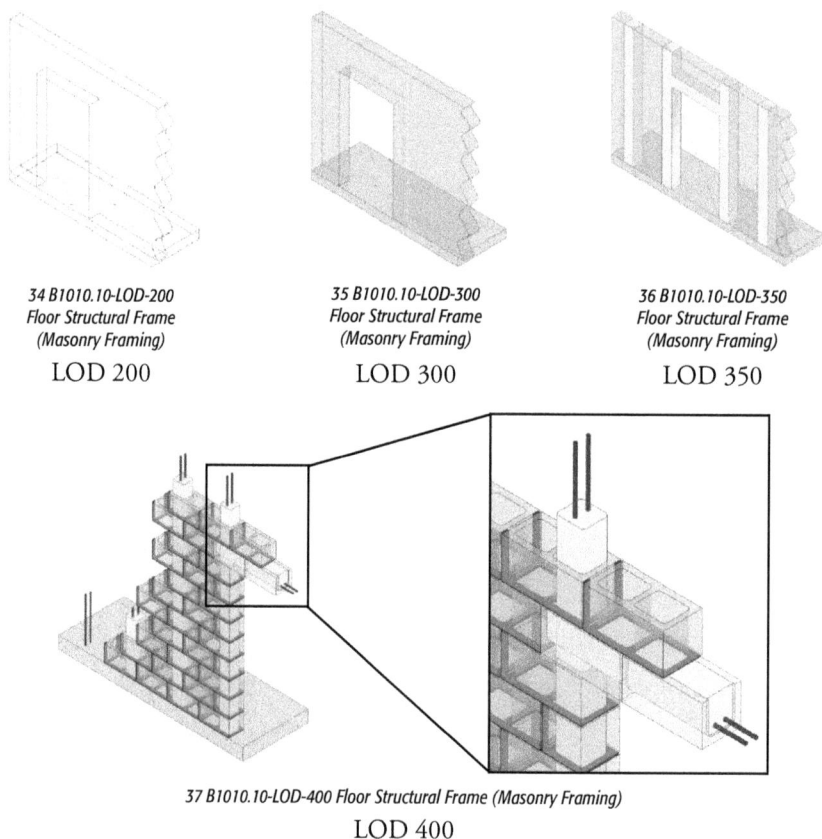

34 B1010.10-LOD-200
Floor Structural Frame
(Masonry Framing)
LOD 200

35 B1010.10-LOD-300
Floor Structural Frame
(Masonry Framing)
LOD 300

36 B1010.10-LOD-350
Floor Structural Frame
(Masonry Framing)
LOD 350

37 B1010.10-LOD-400 Floor Structural Frame (Masonry Framing)
LOD 400

Figure 192. Exemple de différents LOD pour un mur maçonné.

Ces LOD ne sont pas des échelles, et ils ne correspondent pas non plus à nos phases françaises, bien qu'on puisse assimiler LOD 100 à une esquisse, LOD 200 à un avant-projet, LOD 300 à un PRO, LOD 400 aux EXE et LOD 500 au DOE. La différence porte principalement sur le fait que les phases amont (LOD 100 et 200) sont beaucoup plus détaillées qu'en France.

On rencontre aussi parfois :

- le terme LOD 000 pour désigner la maquette numérique en phase de programmation et de préparation des données du projet ;
- le terme LOD 600 pour désigner la maquette numérique en phase exploitation et maintenance (dite MNEM).

En 2014, Syntec a publié un cahier pratique proposant des niveaux de développement français, allant de ND 1 à ND 6.

De son côté, le CSTB prépare pour le contexte français une charte type qui définira des niveaux de détail type.

On peut se demander s'il n'aurait pas été plus simple d'adopter tels quels les LOD utilisés à l'international, plutôt que d'inventer une nouvelle nomenclature franco-française.

Pour en savoir plus sur les LOD

Consulter les *LOD Specification* américains sur https://bimforum.org/lod/.

1.3.5.4. La gestion des fichiers

Les niveaux de maturité BIM

Il existe de nombreuses manières de travailler en BIM. Le gouvernement britannique a défini des *niveaux de maturité BIM* pour désigner l'organisation d'échange des fichiers mise en place sur un projet :

- le BIM de niveau 0 correspond à l'absence totale de collaboration : des plans pdf ou papier sont échangés au sein de l'équipe de maîtrise d'œuvre ;
- en BIM de niveau 1, chaque intervenant a ses propres fichiers 2D et 3D ; des échanges de fichiers peuvent avoir lieu sur une armoire à plans informatique : c'est la pratique la plus courante en France actuellement et cela n'est pas à proprement parler du BIM ;
- en BIM de niveau 2, chaque intervenant a ses propres fichiers BIM et ces fichiers sont interopérables, c'est-à-dire qu'ils peuvent être échangés grâce à un format comme l'ifc (ou le format COBie si l'on parle de la phase exploitation) ou parce que les intervenants utilisent des logiciels du même éditeur, par exemple des logiciels de la sphère Autodesk : c'est ce qu'on appelle communément « travailler en BIM » et c'est ce que fait déjà en France une petite minorité des maîtres d'œuvre ;
- en BIM de niveau 3, tous les intervenants travaillent en même temps sur la même maquette numérique, située sur une plateforme commune ; des systèmes d'autorisations contrôlent les accès aux différents objets de la maquette numérique unique (ou divisée géographiquement) ; on ne passe donc pas par des ifc ; cette collaboration totale est extrêmement rare : en France, seulement quelques projets tout au plus.

Le BIM de niveau 3 est-il l'objectif ? les avis sont partagés.

Pour certains, comme l'organisme britannique *National BIM Strategy*, le BIM de niveau 3 est « le saint Graal » vers lequel on devrait tendre, le BIM de niveau 2 n'étant qu'une étape dans la maturation des process.

Pour d'autres, et notamment pour de nombreux professionnels français, l'objectif devrait plutôt être le BIM de niveau 2, et le BIM de niveau 3 est plutôt un mythe, aucunement souhaitable. En effet, faire partager le même fichier à tous les métiers nécessite une discipline extrêmement forte des intervenants : la conception doit aller toujours plus dans le détail, mais sans jamais modifier le projet.

Tous les maîtres d'œuvre savent que la conception passe par des tâtonnements, des itérations, des variantes, des pistes envisagées puis écartées, des avancées et des reculades. Pour bien imaginer ce que représente le BIM 3, même sans avoir pratiqué le BIM, il suffit d'imaginer un projet où BET et architectes travailleraient sur le même fichier 2D : on imagine bien que cela exigerait que les architectes n'utilisent ce fichier qu'une fois leur travail de conception stabilisé.

On peut imaginer la faisabilité du BIM de niveau 3 à partir de l'APD, avec des équipes extrêmement disciplinées, mais cela parait impensable en esquisse et en APS.

Pour en savoir plus sur les niveaux de maturité BIM

Consulter le site anglais National BIM Strategy : www.thenbs.com.

Quand le projet est conçu sous forme de maquette numérique, le rendu en plan n'est qu'une des formes de rendu possible pouvant être extraite des fichiers de travail. On peut aussi extraire de la maquette des vues 3D grâce à un *viewer*, mais il ne faut pas croire que la maquette numérique donnera des vues perspectives « rendues ». La vraie richesse de la maquette numérique est dans la pluridisciplinarité des données stockées dans le modèle. Elle ne remplacera jamais un aquarelliste talentueux !

Il ne faut pas croire non plus que les spécialistes pourront exploiter le fichier BIM tel quel. Ils n'y trouveront dans un premier temps que les données renseignées par l'architecte, avec un niveau de détail qui peut être très variable. Chaque spécialiste devra compléter le fichier en ajoutant les caractéristiques techniques qui lui sont utiles.

Exemple :

- l'architecte renseigne la géométrie d'un objet « mur », précise que le matériau est un béton, et indique une teinte ;
- l'ingénieur Structure va choisir un type précis de béton parmi les très nombreux types de béton possibles, il vérifie que les données techniques associées par le logiciel à ce type de béton sont cohérentes ;
- la personne en charge du chiffrage ajoutera le prix de ce béton.

1.3.5.5. Le cas des grands projets : le découpage en modèles

La question de la vitesse de traitement des données par les postes informatiques est cruciale quand on travaille en BIM ; cela peut même être un critère de choix entre plusieurs logiciels.

Du fait du grand nombre de données, les fichiers BIM peuvent prendre une taille importante. 200 Mo est généralement considéré comme la taille maximale de la maquette numérique ; au-delà, il faut diviser le projet en plusieurs maquettes, soit géographiquement (typiquement au niveau des joints de dilatation) soit par métier, pour réduire la taille des fichiers.

Le *plan BIM* formalise ce découpage du projet en modèles, découpage qui est décidé au moment de la création de la maquette numérique.

1.3.5.6. Et en phase chantier ?

La convention BIM en phase chantier

Les entreprises sont liées contractuellement par le cahier des charges BIM de l'AMO BIM, qui précise les exigences en termes de niveau de développement des maquettes numériques en phase EXE.

Le BIM manager de la phase chantier, qui peut appartenir à l'une des entreprises, met au point la convention BIM d'exécution, document vivant qui précise les modalités de partage des maquettes numériques d'exécution entre les entreprises.

Le découpage du projet en maquettes

Pour les chantiers en corps d'état séparés, on demande généralement dans le DCE que chaque entreprise produise une maquette numérique de son lot. On a donc en études d'exécution une maquette numérique *par corps d'état*.

Pour les chantiers en entreprise générale, de la même manière, le découpage par corps d'état parait le plus cohérent.

Il arrive que les entreprises préfèrent recréer une nouvelle maquette numérique conforme à leurs habitudes, plutôt que de repartir de celle du maître d'œuvre.

Synthèse et BIM management

Durant le chantier, le BIM manager de la maîtrise d'œuvre peut garder son rôle (rôle qui sort bien entendu de la mission de base). Il peut aussi passer la main à un BIM manager appartenant à l'entreprise ou à une autre entreprise.

Pour les projets dotés d'une cellule de synthèse, il peut aussi être pertinent de considérer en phase chantier que l'animateur de la cellule de synthèse prend le relais et devient BIM manager. En effet, les tâches de la cellule de synthèse et du BIM manager présentent de fortes similitudes : dans les deux cas, on assemble des données fournies par différents intervenants et on s'assure de leur compatibilité. À tel point qu'une fois le BIM arrivé à un certain degré de maturité, on peut se demander si les missions de cellule de synthèse et de BIM management ne vont pas un jour fusionner.

BIM et VISA

Sur les chantiers en BIM, on pourrait imaginer que les documents d'exécution soient constitués par la maquette numérique de l'entreprise. Mais, pour une question de responsabilité, il est nécessaire d'exiger des versions pdf de chaque document d'exécution, comme on le faisait avant l'arrivée du BIM.

Quant aux avis délivrés par le maître d'œuvre dans le cadre de ses visas, il ne semble pour l'instant pas encore souhaitable qu'ils soient intégrés directement dans la maquette numérique. Le maître d'œuvre émet toujours un avis formalisé, qui peut être rédigé et diffusé via une armoire à plans informatique. Il est en effet important de conserver une bonne traçabilité des visas en cas de sinistre.

Processus de validation des maquettes

Les armoires PLM permettent de tracer le processus de validation des maquettes numériques par le BIM manager désigné en phase chantier.

Point de vigilance

Ce processus de validation des maquettes numériques par le BIM manager ne doit pas être confondu avec les visas du maître d'œuvre. Ces deux processus, validation BIM et validation métier, sont distincts, de même qu'avant le BIM il y a avait une distinction entre le visa du maître d'œuvre et la validation par la cellule de synthèse.

BIM et PME

La problématique de l'accès des PME au BIM n'est pas sans susciter d'inquiétudes. Le CSTB prépare actuellement une plateforme collaborative destinée à faciliter la pratique du BIM pour les PME.

1.3.6. Les outils associés au travail en BIM

Outils de synthèse, *viewers* et *model checkers*

L'outil de synthèse (ou *viewer*) n'est pas un logiciel de dessin ; il ne permet pas non plus de réaliser des calculs. Il est utilisé pour visualiser la maquette numérique et consulter les données (les caractéristiques des objets).

La visualisation dans un *viewer* est beaucoup plus rapide et fluide que dans un logiciel de conception comme REVIT. On peut aisément naviguer grâce à un *viewer* dans un assemblage de plusieurs grosses maquettes numériques, ce qui est serait très difficile dans REVIT.

On peut de plus dans un *viewer* annoter les maquettes et établir des listes de problèmes à traiter, zone par zone.

La plupart des *viewers* ont de plus une fonction *model checker* : ils permettent de tester les conflits entre les modèles de chaque intervenant. L'informatique permet de détecter les interférences entre les objets (on parle de collisions, en anglais *clashes*). Une tolérance peut être paramétrée, par exemple 5 cm, pour cette détection des *clashes*. Les outils de *clash detection* constituent une remarquable avancée pour le travail de synthèse en phase EXE, ou de présynthèse en phases APD et PRO. Un travail de tri et de priorisation des *clashes* est cependant nécessaire, ce qui représente une charge de travail non négligeable.

En phase APS, il est trop tôt pour utiliser les *model checkers*, car, à ce stade d'avancement des études, ces outils conduiraient à la détection de milliers d'erreurs impossibles à analyser. En phase APS, la synthèse entre les maquettes métier relève plutôt de réunions de coordination (on parle de « revues de maquettes ») : architectes et ingénieurs se réunissent dans une salle et projettent sur un grand écran la maquette de synthèse que le BIM manager a analysée.

Les avancées apportées par les outils de *clash detection* conduisent dans certains pays les maîtres d'ouvrage à exiger des maquettes *0 clashes*, ce qui nécessite un niveau de détail poussé. La notion de marge de tolérance est alors essentielle.

Pour en savoir plus sur les outils de synthèse

Consulter des sites d'éditeurs, comme :
* www.solibri.com : Solibri est un logiciel d'origine finlandaise, avec un module *viewer* et un module *model checker*, qui permet d'analyser une maquette sur la base de règles définies (par exemple pour comparer une maquette architecte et une maquette structure) ;
* www.teklabimsight.com : Tekla Bimsight est un outil de synthèse lui aussi finlandais, qui permet de faire de la *clash detection* ;
* dans la sphère Autodesk, on utilise l'outil de synthèse Navisworks ; voir www.autodesk.fr. Il existe sous deux formes :
  – Navisworks Freedom, qui est un *viewer* destiné, par exemple, aux maîtres d'ouvrage, dans lequel on peut assembler des maquettes de n'importe quel format BIM, et
  – Navisworks Manage, qui permet d'intégrer des données issues de plusieurs maquettes, de détecter des conflits, de réaliser de la présynthèse et de visualiser des simulations de phasage associé à un planning ;

• le CSTB a développé un outil de synthèse du nom de eveBIM ; il existe une version gratuite et une version payante ; la version gratuite est un *viewer*, qui peut être tout à fait suffisant pour de nombreux intervenants : MOA, OPC, MOE d'exécution, etc., pour visualiser la maquette et faire des annotations ; voir https://boutique.cstb.fr.

Les dictionnaires harmonisés techniques

Les *dictionnaires harmonisés techniques* sont des bases données qui permettent à toute une équipe de maîtrise d'œuvre de parler le même vocabulaire en termes de matériaux, et de récupérer automatiquement les caractéristiques techniques associées à un matériau choisi. Actuellement ils restent encore peu utilisés, mais ils devraient en toute logique devenir de plus en plus courants.

Les fichiers informatiques des fabricants sont souvent trop lourds pour être utilisés par le maître d'œuvre et intégrés à la maquette numérique. Ils sont davantage utilisés dans les études d'exécution.

Les plateformes PLM

Pour les grands chantiers s'étalant sur une certaine durée, des armoires à plans informatiques sophistiquées permettent l'enregistrement au fil de l'eau des évolutions des versions successives de la maquette numérique. On parle de *plateforme PLM* (*Product lifecycle management*). Ces plateformes comportent généralement des outils de visualisation de la maquette numérique.

Pour en savoir plus sur les PLM

Consulter par exemple www.thinkproject-plm.com..

BIM et logiciels d'étude

En France, une trentaine de logiciels utilisent le format .IFC. Il s'agit de logiciels destinés aux architectes, de logiciels destinés aux thermiciens, de logiciels destinés au calcul des structures, aux économistes, aux gestionnaires de patrimoine, etc.

Les trois éditeurs généralistes leaders dans ce domaine dans le monde sont Autodesk, Nemetschek et Bentley.

On trouvera ci-dessous un panorama sans prétention à l'exhaustivité des logiciels phares et des logiciels complémentaires associés.

Logiciels de la sphère Autodesk

• **REVIT d'Autodesk** est bien entendu le logiciel phare, le plus utilisé par de très nombreux architectes. REVIT intègre les spécialités Structure et MEP, ce qui permet aux architectes et ingénieurs de travailler sur les mêmes fichiers, sans avoir à passer par des ifc.
  Parmi les très nombreuses fonctionnalités, on peut citer :
    – la mise à jour automatique des coupes lors des modifications de plans ;
    – l'édition de nomenclatures paramétrables librement et exportables vers Excel (par exemple, tableaux des portes, liste de locaux avec leurs surfaces, liste des tableaux électriques, etc.).

- **FormIt** est un logiciel Autodesk dédié à la phase Esquisse : il permet de réaliser des croquis 3D (sur ordinateur ou tablette) et de les transformer ensuite en maquette numérique REVIT. Les maîtres d'œuvre travaillant sous REVIT préfèrent donc utiliser FormIt plutôt que SketchUp.
- **Dynamo Studio** est un logiciel qui permet d'automatiser des tâches répétitives grâce à une interface de programmation visuelle : il permet notamment de tester rapidement des options de conception, d'importer et d'exporter des données Excel, d'écrire du code de programmation grâce à une interface ergonomique. On parle parfois de *generative design*.
- **REVIT Live** est un logiciel de rendu qui permet de transformer les modèles REVIT en vues immersives du projet et des espaces intérieurs.
- **Autodesk Rendering** est un logiciel de rendu haute définition, qui permet de faire des images photoréalistes grâce à la puissance de calcul du cloud ; il permet aussi des études d'ensoleillement et d'éclairement. Il nécessite néanmoins un abonnement.
- **3ds Max** est le logiciel Autodesk de référence pour les rendus en animation 3D, de qualité cinématographique.
- **Infraworks** et **Autocad civil 3D** sont des logiciels Autodesk dédiés aux projets d'infrastructure/travaux publics et de VRD : ponts, routes, aménagements urbains, etc.
- **Covadis** est un logiciel d'études VRD édité par Géomédia, partenaire d'Autodesk.

Logiciels de la sphère Nemetschek

- **Archicad** est un logiciel spécialement destiné aux architectes, édité par la société hongroise Graphisoft, du groupe allemand Nemetschek.
- **Allplan** est un logiciel d'architecture très utilisé en Allemagne par les architectes et les bureaux d'étude, moins en France. Un des atouts de ce logiciel est sa bonne interopérabilité avec les autres logiciels de son éditeur, Nemetschek : Scia Engineer, logiciel destiné aux études Structure et DDS–CAD, logiciel destiné aux études CVC Plomberie et électricité.

Logiciels d'autres éditeurs

- **Tekla Structures**, logiciel finlandais, est couramment utilisé par les ingénieurs Structure. Tekla permet de représenter des structures métalliques. Il est en particulier beaucoup utilisé par les entreprises pour faire les études d'exécution Structure, par exemple des plans de ferraillage.

  Sur Tekla, les spécialistes Structure vont dessiner la structure et créer le *modèle analytique*, c'est-à-dire les liaisons entre les éléments structurels, et leurs degrés de liberté, conformément au schéma statique de la structure. Tekla ne permet pas de réaliser les notes de calcul, les ingénieurs utilisent un logiciel de calcul de structure, comme Robot, qui exploite directement le fichier Tekla, sans passer par des ifc. Dans Robot on paramétrera les hypothèses de calcul, les charges, les combinaisons, les conditions d'appui et on réalisera les notes de calcul.
- **Digital project** est un logiciel développé par Franck Gehry et issu du logiciel de conception aéronautique Catia. Ce logiciel est basé sur une *paramétrisation de la géométrie* (*generative design*) : il permet de caractériser un bâtiment par un ensemble de paramètres et de modifier la géométrie en faisant varier ces paramètres. Tout le bâtiment évolue, en conservant les liaisons entre les objets. Cette technique permet de concevoir des projets d'une géométrie très complexe. Digital project utilise de plus un grand nombre de petits fichiers peu volumineux.

  On peut faire des exports ifc depuis Digital project. Mais c'est un logiciel assez onéreux.

- **DesignBuilder** est un logiciel thermique, qui permet de réaliser les études thermiques règlementaires mais aussi des simulations thermiques dynamiques, des études de ventilation et des études d'éclairement naturel. Entre REVIT et DesignBuilder, on n'utilise pas le format d'échange ifc mais le format GbXML (green building XML), format d'échange dédié à la thermique. Actuellement, le format ifc ne porte pas les informations dont les logiciels thermiques ont besoin. Le format GbXML est utilisé par de nombreux logiciels de calcul énergétique et thermique.

Les logiciels n'utilisant pas des « objets » ne peuvent pas être utilisés directement en BIM. Ainsi, un logiciel de conception 3D qui définit des volumes, mais sans préciser par exemple qu'un poteau joue un rôle de poteau, ne permet pas la réutilisation de ses données sous la forme d'ifc. Un tel logiciel n'est donc pas certifié ifc.

Pour en savoir plus les logiciels compatibles ifc

Consulter la liste des logiciels certifiés ifc sur le site de l'association Buildingsmart : www.buildingsmart-tech. org/certification.

Programmation et plugins

De nombreux logiciels de programmation, notamment REVIT, permettent à l'utilisateur de programmer de petites applications pour automatiser certaines tâches. Ces applications sont particulièrement intéressantes :

- pour traiter des tâches répétitives avec de grands volumes de données (par exemple pour la conception d'une tour de bureaux),
- ou pour améliorer l'interopérabilité entre logiciels en simplifiant les échanges de données.

On parle d'*API* : interface de programmation applicative.

Grasshopper

Grasshopper est un plugin gratuit du logiciel de dessin 3d Rhino, qui fait de plus en plus d'adeptes du fait de son caractère très novateur et très ergonomique. Grasshopper est une application de programmation visuelle (on parle aussi de « BIM paramétrique »), c'est-à-dire qu'elle permet, sans nécessiter de compétences en programmation, de modifier et complexifier très facilement des formes géométriques, courbes ou surfaces.

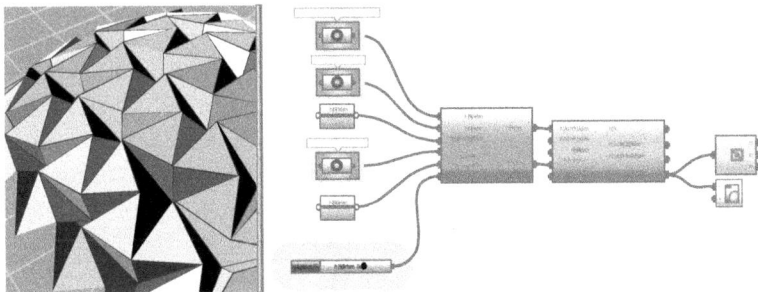

Figure 193. Exemple de programmation visuelle (source : www.grasshopper3d.com)

Rhino n'est pas certifié ifc, mais des exports restent possibles et on peut associer des éléments dessinés dans Rhino à des classes ifc, par exemple : « ces éléments sont des poutres porteuses IPE ». Mais Rhino est peu pratique pour extraire des plans 2d.

Grasshopper permet de produire des surfaces courbes complexes qu'on pourrait très difficilement produire sur REVIT.

Enscape

Enscape est un plugin pour REVIT et SketchUp permettant de réaliser des vues 3D d'une qualité graphique excellente. On peut, grâce à cet outil, visualiser l'impact en termes de rendu de modifications de la maquette numérique REVIT. Il est de plus très simple d'utilisation.

V-Ray

V-Ray est un autre outil de rendu aux fonctionnalités impressionnantes, notamment par les possibilités de gestion de la lumière qu'il offre.

Twinmotion

Twinmotion est un logiciel de visualisation, qui permet de réaliser des films immersifs à partir des maquettes REVIT. On peut y paramétrer la lumière du soleil, des reflets, des effets de brouillard, des mouvements sur la surface de l'eau, l'impact du vent, des flux de véhicules et de piétons, et régler la profondeur de champ. Une bibliothèque permet d'ajouter dans les films des arbres, des véhicules, des personnages pour enrichir les rendus. Outre les films, Twinmotion permet aussi de générer des vues immersives dynamiques et interactives pour des casques de réalité virtuelle.

1.3.7. BIM et honoraires

Travailler en BIM, en renseignant de nombreuses caractéristiques des « objets » informatiques tout au long du projet représente une charge pour l'équipe de maîtrise d'œuvre. Une organisation rigoureuse et des habitudes de travail peuvent réduire cette charge, mais elle existe néanmoins.

Comment rémunérer cette charge, qui finalement profitera au maître d'ouvrage s'il bénéficie d'un DOE numérique utile pendant toute la vie du bâtiment ? C'est là une question cruciale pour la faisabilité réelle du travail en BIM : travailler en BIM implique de prendre en charge un surcroit de tâches, pour un bénéfice futur qui apparaîtra aux phases suivantes et profitera à d'autres intervenants.

Il est difficile d'augmenter le taux de MOE sous prétexte qu'on travaille en BIM. Mais une piste intéressante a été proposée : le maître d'œuvre pourrait, en fin de chantier, « vendre » la constitution du DOE numérique comme une prestation AMO. Ce DOE numérique est un dossier de récolement numérique, assemblant toutes les caractéristiques que les entreprises ont ajoutées au fur et à mesure de leurs études d'exécution.

Dans cette optique, il est important de préciser au contrat de base que le DOE numérique n'est pas compris dans la mission de base et à condition du moins que le maître d'ouvrage n'ait pas inclus cette prestation dans son cahier des charges.

L'idée de fournir en fin de chantier un DOE en maquette numérique peut aussi être un atout dans un concours, et contribuer à faire la différence.

1.3.8. L'impact du BIM sur la MOA professionnelle

Le travail en BIM a plusieurs conséquences pour la MOA :

- Les données supplémentaires obtenues par le travail de renseignement de la maquette BIM peuvent être très utiles pour la maintenance du bâtiment. Si la MOA souhaite que le travail en BIM lui soit utile lors de la phase ultérieure d'exploitation du bâtiment, elle a intérêt à faire appel à un AMO BIM qui assurera pour son compte tout le pilotage technique du BIM :

    – définition du niveau d'exigence à l'égard des maîtres d'œuvre à travers la rédaction d'un *cahier des charges BIM*,

    – analyse des propositions d'organisation BIM des maîtres d'œuvre en phase concours,

    – validation de la convention BIM de la MOE retenue,

    – contrôle tout au long de la vie du projet du niveau de détail respecté par les entreprises, jusqu'au DOE numérique.

    L'objectif de l'AMO BIM est de permettre au maître d'ouvrage de récupérer des maquettes numériques DOE facilitant l'exploitation et la maintenance du bâtiment.

    Actuellement les maquettes numériques ifc sont souvent difficilement exploitables telles quelles par les logiciels de gestion de patrimoine des maîtres d'ouvrage. Un fichier d'échange est souvent nécessaire, pour rendre les données de la maquette numérique exploitables. L'AMO BIM peut être chargé de cette manipulation.

- Dans certains projets, la MOA a accès directement aux fichiers interopérables, et peut même aller jusqu'à annoter les fichiers en y faisant figurer ses remarques ; cette méthode est à aborder avec beaucoup de réserves car elle peut risquer de perturber la production si elle est mal encadrée ; se pose aussi le problème de la traçabilité des remarques de la MOA.

- La livraison du DOE sous format de maquette numérique est un atout important pour le MOA, s'il a la capacité de tenir à jour ce modèle numérique pendant toute la vie du bâtiment. Pour ce faire, il devra mettre en place une organisation solide permettant de garantir la mise à jour régulière sur le long terme de la maquette numérique. Que les mises à jour soient réalisées par un salarié du maître d'ouvrage ou par un prestataire, la tâche est certainement lourde.

Pour en savoir plus sur l'utilisation du BIM en phase exploitation du bâtiment

Consulter le site d'éditeurs de logiciels spécialisés en gestion de patrimoine, comme :

- Archibus, un des leaders en matière de logiciels de gestion de patrimoine immobilier, sur www.archibus..fr
- AS-TECH sur www.astech-solutions.com,
- ALLFA Web, de Nemetschek, sur www.allplan.com/fr/software/facility-management/allfa-web.html
- Active3d, sur www.active3d.soprasteria.com.

1.3.9. Les problèmes actuels du BIM et les pistes de progrès

Comme nous l'avons vu, l'utilisation des ifc pose encore actuellement de nombreux problèmes, par exemple pour la gestion des formes courbes. Il suffit d'exporter une maquette REVIT en ifc et de la réimporter en fichier REVIT pour voir que des informations ont été perturbées. Aussi, comme vu plus haut, de nombreux professionnels préfèrent utiliser la suite de logiciels compatibles entre eux d'un éditeur (*closed BIM*).

Mais la difficulté principale du travail en BIM réside probablement dans la difficulté qu'il peut y avoir à imposer une « discipline » au sein d'une équipe de cotraitants, puis d'entreprises et de sous-traitants. Inévitablement, certains intervenants respectent inégalement les consignes de niveau de détail de la maquette numérique.

Actuellement, dire qu'on travaille en BIM, est une affirmation très vague, car un maître d'œuvre peut travailler en BIM en utilisant seulement l'outil 3D sans rentrer aucune autre données, ou à l'autre extrême rentrer des centaines de caractéristiques pour chaque objet. Actuellement, en France, il n'y a pas de texte de référence qui définisse officiellement des seuils de niveaux de détail dans l'utilisation du BIM, en fonction des phases de la loi MOP. Les conventions BIM entre maîtres d'œuvre et les cahiers des charges BIM des maîtres d'ouvrage peuvent se baser sur les LOD américains.

Pour en savoir plus sur les BIM

Consulter le site de l'association Mediaconstruct : www.mediaconstruct.fr.

Les anglophones pourront consulter le très complet www.bimforum.org.

Consulter le site www.objectif-bim.com

1.4.   Archiver les fichiers informatiques

Que faut-il archiver en fin de phase ? Si le dossier Rendu comprend bien à la fois tous les pdf et tous les fichiers sources, les dossiers Études n'ont pas besoin d'être conservés ; il suffit d'archiver :

• les documents reçus de MOA et les données d'entrée ;
• les documents émis vers MOA ;
• les échanges de correspondance avec les intervenants ;
• les rendus (fichiers natifs, pdf et ifc si on travaille en BIM).

Cet archivage peut être effectué, suivant la taille des projets, en fin de phase ou en fin de projet.

L'archivage en ifc est essentiel, car plus pérenne sur le long terme qu'un fichier source natif lié à une version d'un logiciel.

1.5.   Sauvegarder les fichiers informatiques

On soulignera qu'il est indispensable de prévoir une sauvegarde de secours de la production informatique (disque dur externe, etc.).

1.6.   Les services Cloud de stockage informatique

De plus en plus de maîtres d'œuvre stockent et exploitent leurs données informatiques sur le Cloud dans un data center distant. Ces services, facturés par le prestataire en fonction des volumes traités, permettent de disposer de puissances de calcul très importantes, notamment pour les calculs 3D.

Ils sont tout particulièrement utiles pour les projets en BIM, pour permettre le partage des fichiers entre les différents membres de l'équipe de maîtrise d'œuvre.

Mais cette externalisation de l'informatique nécessite un accès haut débit par fibre optique.

Pour en savoir plus

Consulter par exemple le site de la suite BIM 360, (https://bim360.autodesk.com), solution Autodesk pour stocker les maquettes numériques dans le Cloud. BIM 360 n'est pas un logiciel mais un ensemble d'applications liées à une plateforme de stockage.

---

2. Le contenu des études par spécialité

L'objectif de ce chapitre est tout particulièrement de donner des réflexes de vigilance sur des points clés qui sont des pièges courants, sources de nombreux travaux supplémentaires.

Il est impossible de supprimer les aléas de chantier et les travaux supplémentaires, mais du moins peut-on viser, grâce à la relecture des études, à éviter les pièges classiques récurrents sur les chantiers.

2.1. Les pièces graphiques générales

Il est important pour le dialogue entre architecte, économiste et ingénieur que, pour chaque phase d'étude, les plans possèdent le bon niveau de précision.

Le présent chapitre précise, pour chaque phase, le niveau de détail qu'il est nécessaire de faire figurer sur les plans pour permettre aux économistes et aux lots techniques de décrire les prestations à réaliser.

2.1.1. Représenter le périmètre projet

> **Règle d'or du dossier Rendu**
>
> Quelle que soit la phase, les plans doivent toujours comporter une polyligne « périmètre projet », ou « périmètre d'intervention ». Dans le neuf, il suffit de faire figurer ce périmètre sur le plan rez-de-chaussée, mais dans l'existant partiellement remanié, il est indispensable qu'elle figure sur chaque plan de niveau.

La polyligne n'est qu'un moyen graphique parmi d'autres, on peut préférer griser les zones hors projet.

La représentation graphique de cette limite d'intervention permet d'éviter tout malentendu entre architecte, BET et économiste sur le contenu réel des prestations chiffrées. Il arrive souvent que cette limite d'intervention ne soit pas formalisée, car elle est jugée « évidente », mais en pratique de telles évidences sont souvent sources de malentendus importants, entre un architecte qui maîtrise les détails de son projet et un économiste qui le découvre.

Ce périmètre projet est si essentiel dans l'existant partiellement remanié, qu'il est utile de le faire valider au maître d'ouvrage.

Un exemple typique

Un plan APS prévoit dans un espace extérieur existant une prestation de « Reprise de revêtement de sol détérioré ». S'il ne dispose pas d'une polyligne périmètre d'intervention précise, l'économiste ne saura pas combien de mètres carrés de revêtement de sol il doit prendre en compte, ce qui peut modifier totalement le coût des prestations.

Un exercice difficile mais obligatoire

Dans les phases esquisse et APS, la formalisation de cette limite d'intervention est un exercice souvent difficile, qui est pourtant indispensable pour traduire le parti architectural en prestations chiffrables. S'imposer de tracer cette polyligne permet de réfléchir au contenu concret des prestations du projet, notamment dans l'existant, et on s'aperçoit souvent alors que les évidences tombent, et méritent réflexion.

Et en esquisse ?

En esquisse, la représentation graphique de la limite d'intervention est généralement incompatible avec la qualité graphique des plans rendus. Une bonne solution est de ne pas faire figurer la polyligne périmètre projet sur les plans principaux du dossier pour préserver leur qualité de rendu, et de rajouter en fin de dossier, avec les estimations, un plan supplémentaire spécialement dédié à ce sujet : le plan de périmètre projet ou de périmètre d'estimation.

2.1.2. Définir le contenu des phases et les échelles des pièces graphiques générales[1]

En esquisse, les plans sont classiquement au 1/500 avec détails significatifs au 1/200. Les coupes seront souvent au 1/200 ou 1/250.

Les esquisses ont pour objet de :

« – *proposer une ou plusieurs solutions d'ensemble, traduisant les éléments majeurs du programme, d'en présenter les dispositions générales techniques envisagées, d'en indiquer les délais de réalisation et d'examiner leur comptabilité avec la partie de l'enveloppe financière prévisionnelle retenue par le maître de l'ouvrage et affectée aux travaux ;*

  – *vérifier la faisabilité de l'opération au regard des différentes contraintes du programme et du site et proposer, éventuellement, des études géologiques et géotechniques, environnementales ou urbaines complémentaires.*

Elles permettent de proposer, éventuellement, certaines mises au point du programme. »[2]

Il est recommandé de faire figurer les structures porteuses, notamment la trame des poteaux, dès l'esquisse. Cela évite d'être obligé de reprendre le projet quand le BET Structure intervient.

En APS, les plans sont généralement au 1/200, avec détails significatifs au 1/100. Les coupes sont généralement au 1/100.

Les études d'APS ont pour objet de :

« – *préciser la composition générale en plan et en volume ;*

---

1 Pour les missions dans le cadre de la loi MOP, ces échelles figurent notamment dans l'arrêté du 21 décembre 1993 précisant les modalités techniques d'exécution des éléments de mission de maîtrise d'œuvre confiés par des maîtres d'ouvrage publics à des prestataires de droit privé.

2 L'arrêté du 21 décembre 1993 précisant les modalités techniques d'exécution des éléments de mission de maîtrise d'œuvre confiés par des maîtres d'ouvrage publics à des prestataires de droit privé.

– *vérifier la compatibilité de la solution retenue avec les contraintes du programme et du site ainsi qu'avec les différentes réglementations, notamment celles relatives à l'hygiène et à la sécurité ;*

– *contrôler les relations fonctionnelles des éléments du programme et leurs surfaces ;*

– *apprécier les volumes intérieurs et l'aspect extérieur de l'ouvrage, ainsi que les intentions de traitement des espaces d'accompagnement ;*

– *proposer les dispositions techniques pouvant être envisagées ainsi qu'éventuellement les performances techniques à atteindre ;*

– *préciser un calendrier de réalisation et, le cas échéant, le découpage en tranches fonctionnelles ;*

– *établir une estimation provisoire du coût prévisionnel des travaux. »*[1]

En APD, les plans sont généralement au 1/100, les coupes au 1/50, avec des détails au 1/50 (voire au 1/10).

Les études d'APD, fondées sur l'avant-projet sommaire approuvé par le maître de l'ouvrage, ont pour objet de :

« – *vérifier le respect des différentes réglementations, notamment celles relatives à l'hygiène et à la sécurité ;*

– *déterminer les surfaces détaillées de tous les éléments du programme ;*

– *arrêter en plans, coupes et façades, les dimensions de l'ouvrage, ainsi que son aspect ;*

– *définir les principes constructifs, de fondation et de structure, ainsi que leur dimensionnement indicatif ;*

– *définir les matériaux ;*

– *justifier les solutions techniques retenues, notamment en ce qui concerne les installations techniques ;*

– *permettre au maître de l'ouvrage d'arrêter définitivement le programme et certains choix d'équipements en fonction de l'estimation des coûts d'investissement, d'exploitation et de maintenance ;*

– *établir l'estimation définitive du coût prévisionnel des travaux, décomposés en lots séparés ;*

– *arrêter le forfait de rémunération dans les conditions prévues par le contrat de maîtrise d'œuvre. »*[2]

L'APS ou l'APD comprennent l'établissement du dossier PC.

En PRO, les plans sont généralement réalisés au 1/50, qui est l'échelle prévue à l'arrêté d'application de la loi MOP.

« *Les études de projet, fondées sur le programme arrêté et les études d'avant-projets approuvées par le maître de l'ouvrage ainsi que sur les prescriptions de celui-ci, découlant du permis de construire et autres autorisations administratives, définissent la conception générale de l'ouvrage.*

a) Les études de projet ont pour objet de :

• *préciser par des plans, coupes et élévations, les formes des différents éléments de la construction, la nature et les caractéristiques des matériaux et les conditions de leur mise en œuvre ;*

• *déterminer l'implantation et l'encombrement de tous les éléments de structure et de tous les équipements techniques ;*

• *préciser les tracés des alimentations et évacuations de tous les fluides (…) ;*

• *décrire les ouvrages et établir les plans de repérage nécessaires à la compréhension du projet ;*

---

1 Idem.
2 Idem.

- *établir un coût prévisionnel des travaux décomposés par corps d'état, sur la base d'un avant-métré ; (…)*
- *déterminer le délai global de réalisation de l'ouvrage.* »[1]

On notera qu'il existe des exceptions en fonction de la nature du projet : un projet pour un studio de 15 m² ne respectera évidemment pas ces échelles.

Ces extraits de l'arrêté Loi MOP concernent les travaux dans le neuf. Dans l'existant, l'arrêté comporte quelques différences, dont la principale est l'ajout des études de diagnostic en remplacement de l'esquisse, études qui ne font pas partie de la mission de base.

2.1.3. Renseigner les plans PRO

Pour permettre à la personne en charge des pièces écrites (qu'on appellera ici « l'économiste », bien que cela puisse être l'architecte pour les petits projets, ou un BET généraliste) de décrire correctement les prestations, les plans doivent comporter des renseignements détaillés. Il est nécessaire, avant de remettre les pièces graphiques à l'économiste, de s'assurer que tous les renseignements dont il a besoin y figurent bien.

Ainsi :

- pour tous les cloisonnements intérieurs, les matériaux doivent être indiqués explicitement : par exemple parpaings de 15 + BA13, cloisons BA13 sur ossature métal, siporex, etc. ;
- pour chaque local, le plan doit faire apparaître les prestations de second œuvre du local :
  - la prestation de sol (par exemple carrelage type, sol industriel coulé, peinture de sol, moquette) ;
  - la prestation de plafond (par exemple faux plafond acoustique en dalles 60×60, faux plafond BA13 non démontable, plafond brut floqué REI60, peinture sur plafond brut) ;
  - la ou les prestations murales (par exemple peinture finition type 1 RAL, peinture finition type, enduit à la chaux) ;
  - le numéro de référence de la ou des portes, sauf pour les tout petits projets ;
  - le numéro de référence et le nom du local, sauf pour les tout petits projets ;
- pour l'enveloppe et la couverture, les matériaux doivent être détaillés sur une coupe de détail (par exemple au 1/20 ou au 1/10) ;
- les ascenseurs, les escaliers fixes ou mécaniques doivent être numérotés si le projet en comporte plusieurs ;
- le traitement des ponts thermiques et de l'étanchéité à l'air doit faire l'objet de carnets de détail le cas échéant ;
- pour les prestations dont l'attribution à un lot n'est pas évidente, le lot attributaire doit être explicitement cité. Par exemple « garde-corps au lot métallerie », « rampe d'accès au lot maçonnerie », « socle au lot maçonnerie ». À noter que ces précisions ne sont pas nécessaires si chaque lot fait l'objet de plans et de carnets de plans spécifiques, montrant leurs prestations propres.

---

1 Idem.

Cette liste est indicative et non exhaustive, c'est le principe qui est important, à savoir que la personne en charge des pièces écrites doit trouver sur les pièces graphiques tous les renseignements dont les entreprises auront besoin.

En résumé

Règle d'or du plan PRO

> Sur un plan architecte niveau PRO, on doit toujours trouver le détail des matériaux
> des murs, façades et cloisons, ainsi que les revêtements des sols, murs et plafonds.

La personne en charge des pièces écrites des lots de second œuvre, économiste ou BET généraliste, a un rôle clé dans le suivi de cette exigence : un bon économiste vérifie le degré de renseignement des plans, et demande des mises à jour à l'architecte s'ils ne sont pas totalement renseignés. Grâce à cette exigence de précision, de très nombreux travaux supplémentaires peuvent être évités.

2.1.4. Comment représenter les prestations de second œuvre sur les plans ?

Dans chaque local, une « bonne pratique » consiste à faire figurer dans une « étiquette » :
* le nom du local ;
* son numéro de référence[1] ;
* sa surface.

Quant aux prestations de second œuvre, il n'est pas toujours facile de trouver la place de les expliciter sur un plan PRO au 1/50.

Conseil pratique

Il existe de très nombreuses solutions, mais un système pratique parmi d'autres, notamment pour les grands projets comportant de nombreux locaux, est de faire figurer dans chaque local une étiquette sur laquelle on fait figurer :
* la prestation de sol ;
* la prestation murale ;
* la prestation de plafond.

Exemples de plan insuffisamment ou suffisamment renseigné

Dans le premier exemple (Figure 194), relatif à un projet dans l'existant (murs existants en noir), on constate les carences suivantes :
* les portes ne sont pas numérotées : la personne en charge des pièces écrites ne saura comment les désigner dans ses pièces écrites ; sur le chantier, cela posera aussi problème ;
* les différents locaux ne sont pas numérotés : si le projet en comporte peu, ce n'est pas gênant, mais s'il en comporte beaucoup, cela compliquera le chantier ; on voit ici qu'il y a deux dégagements, ce qui prête à confusion ;
* la nature des cloisons n'est pas précisée ;

---

1 À partir d'une certaine taille critique ; il est évident que pour une maison individuelle, une nomenclature des locaux ne s'impose pas ! Mais il n'en reste pas moins utile de donner un nom à chaque local..

- les prestations de revêtements de sol ne sont pas précisées ;
- les prestations murales ne sont pas précisées ;
- les prestations de plafond ne figurent pas non plus ;
- l'ascenseur n'a pas de numéro, or le projet en comporte plusieurs : il y a risque de confusion sur le chantier.

Dans cette deuxième version (Figure 195), le plan est relativement bien renseigné :

- les portes sont numérotées ;
- les locaux sont numérotés ;
- la nature des cloisons apparaît : parpaings de 15 cm, habillées de BA13 pour certaines, carreau de plâtre de 10 cm pour d'autres ; le plan précise de plus, ce qui est très important, que les murs existants sont à habiller de BA13 ;
- le revêtement de sol est précisé par le sigle RS2, qu'on peut consulter sur une légende ;
- le traitement des murs (peinture) est précisé par le sigle RM2, consultable en légende ;
- la prestation de plafond est précisée par le sigle PS3 de même ;
- l'ascenseur est numéroté et sa capacité précisée.

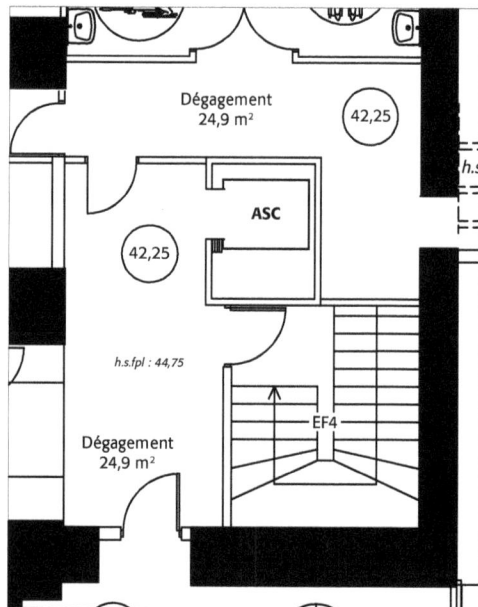

Figure 194. Exemple d'un plan PRO insuffisamment renseigné.

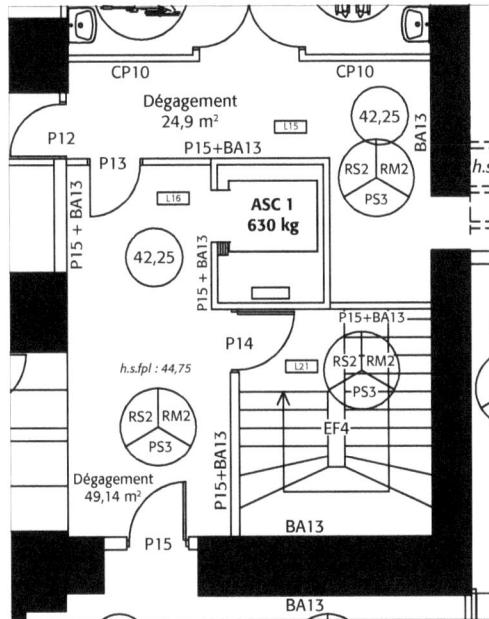

Figure 195. Exemple d'un plan PRO relativement bien renseigné.

2.1.5. Les plans de protection au feu

Dans les projets d'ERP et d'ERT, ainsi qu'en habitation collective, il est judicieux de prévoir dès l'APD des plans dédiés à la thématique de la sécurité incendie. Cette pratique permet de ne pas surcharger les plans projets, et de disposer dans les marchés de pièces graphiques de références sur ce sujet.

Les renseignements qu'il est utile de faire figurer sur ces plans thématiques sont notamment :

- le degré coupe-feu des portes ;
- le nombre d'unité de passage des escaliers ;
- le degré coupe-feu éventuellement nécessaire sur certaines parois ;
- les locaux à risques moyens ;
- les locaux à risques importants ;
- le degré de stabilité au feu éventuel de structures métalliques ;
- le cas échéant, les flocages coupe-feu à prévoir en plafond, etc.

Pour quelles raisons un local ou une paroi doivent-ils être coupe-feu ?

La mise au point des plans de protection au feu (ou plans de sécurité incendie) nécessite une certaine expérience et une bonne connaissance des réglementations, particulièrement en ERP. Il est courant que le maître d'œuvre ait des doutes.

Les exigences règlementaires peuvent être de différentes natures ; en particulier :

- le règlement peut imposer qu'une *paroi* soit coupe-feu ;
- ou qu'une *porte* soit coupe-feu ou pare-flamme ;

- ou qu'un *local* soit coupe-feu, ce qui signifie que sont coupe-feu ses murs, son plafond, son plancher ;
- ou qu'une *structure* soit stable au feu : poteaux stables au feu, planchers coupe-feu.

De quels articles règlementaires peuvent provenir ces exigences de protection au feu ?

Le tableau page suivante donne un aperçu des cas les plus couramment rencontrés de textes à l'origine d'une exigence de coupe-feu ou de stabilité au feu en ERP, en ERT et en habitation.

Son but est de faciliter la compréhension et la mémorisation du sujet, mais il n'est en rien exhaustif, et de nombreux autres articles règlementaires peuvent nécessiter un coupe-feu ; il faut consulter les textes sources, sur www.sitesecurite.com.

	Texte source	Thématique	Impact
ERP du 1er groupe	**Art. CO 12**	Définit la stabilité des structures porteuses.	Structures stables au feu : poteaux, poutres ; planchers coupe-feu.
	Art. CO 7	Isolement latéral entre un ERP et les locaux contigus.	Mur coupe-feu.
	Art. CO 9	Isolement entre ERP et locaux superposés.	Plancher ou plafond coupe-feu.
	Art. CO 24	Isolement entre locaux ouverts au public et locaux ERT fermés au public.	Mur coupe-feu.
	Art. CO 28	Locaux à risques particuliers (par exemple local poubelles, archives, poste HT, groupe électrogène, chaufferie, etc.). Attention : dépend du type d'ERP ; pour les identifier, consulter le règlement particulier propre au type d'ERP.	Local coupe-feu : murs, plafond, plancher et portes coupe-feu.
	Art. CO 52 et 53	Protection des escaliers et ascenseurs, sauf cas particuliers.	Escaliers encloisonnés.
ERP de 5e catégorie	**Art. PE 5**	Stabilité au feu des structures si plancher à plus de 8 m du sol.	Structures stables au feu : poteaux, poutres ; planchers coupe-feu.
	Art. PE 6	Isolement par rapport aux tiers.	Mur coupe-feu.
	Art PE 9	Locaux à risques particuliers (par exemple local poubelles, groupes électrogènes, postes HT, archives, réserves, etc.).	Local coupe-feu : murs, plafond, plancher et portes coupe-feu.
	Art. PE 11	Escaliers encloisonnés dans les établissements avec plancher à plus de 8 m du sol.	Cage d'escalier coupe-feu.
ERT	**Art. R. 4216-24 du Code du travail**	Stabilité au feu des structures si ERT avec plancher à plus de 8 m du sol.	Structures stables au feu : poteaux, poutres ; planchers coupe-feu.
	Art. R. 4216-24 du Code du travail	Isolement par rapport aux tiers si ERT avec plancher à plus de 8 m du sol.	Mur coupe-feu.
	Art R. 4216-26 du Code du travail	Escaliers et ascenseurs encloisonnés si ERT avec plancher à plus de 8 m du sol.	Cage d'escalier et d'ascenseur coupe-feu.
Habitation	Consulter l'arrêté du 31 janvier 1986 relatif à la protection contre l'incendie des bâtiments d'habitation.		

2.2. Rédiger une notice de sécurité incendie

En ERP du 1er groupe et en 5e catégorie avec locaux de sommeil

Dans un projet d'ERP, la notice sécurité incendie, initialisée en APS et finalisée pour le permis de construire, est le document de référence qui fera foi tout au long du PRO et du chantier, jusqu'à la Commission de sécurité le cas échéant.

Dans le cadre du permis de construire en ERP, la notice sécurité incendie est un document obligatoire, sous la rubrique PC40. Le texte officiel qui décrit son contenu est très elliptique.[1] En vérité, il est nécessaire de lister l'ensemble des hypothèses retenues, ne serait-ce que pour permettre leur prise en compte dans les études PRO et dans les marchés.

C'est donc un document fondamental, qui doit faire partie des marchés de travaux.

La notice est construite en listant les hypothèses règlementaires retenues sur chaque sujet impactant la sécurité incendie.

La notice peut comporter typiquement les thèmes suivants (liste indicative à adapter à chaque projet) :

- présentation sommaire du projet ;
- mode d'occupation du bâtiment (type et catégorie d'ERP, ERT, etc.) ;
- calcul de l'effectif ;
- liste des réglementations à appliquer ;
- demandes de dérogations éventuelles et mesures compensatoires proposées ;
- le cas échéant, présence d'un contrôleur technique ;
- dispositions constructives : application des articles CO
    - accessibilité des façades ;
    - stabilité au feu des structures ;
    - principe de cloisonnement ;
    - isolement vis-à-vis des tiers, etc. ;
- dégagements (nombres d'UP) ;
- évacuation des PMR (GN 8) ;
- aménagements intérieurs (vis-à-vis de la réaction au feu) ;
- désenfumage (naturel ou mécanique) le cas échéant ;
- dispositions relatives aux installations techniques (chauffage, ventilation, énergie, alimentations de sécurité) ;
- éclairage normal et de sécurité ;
- locaux à risques ;
- moyens de secours (alarme, détection incendie, RIA, colonnes sèches, sprinklage, extincteurs, poteaux incendie, etc. en application des articles MS) ;
- dispositions relatives à l'exploitation de l'établissement (équipe de sécurité,…).

Pour en savoir plus

Pour les ERP, de nombreuses mairies proposent des modèles de notice. Sur www.architectes.org, on trouvera un modèle qui a l'avantage d'avoir été préparé avec la Direction générale de la sécurité civile.

[1] Art. R123-22 du Code de la construction et de l'habitation.

Pour les ERP de 5ᵉ catégorie sans locaux de sommeil

Le modèle est à simplifier en ne retenant que les thèmes pertinents.

En ERT et pour les bâtiments collectifs d'habitation

Pour ces bâtiments, le dossier de permis de construire ne nécessite pas de pièce PC40.

Il est cependant indispensable de rédiger au cours des études une notice ou une note de sécurité incendie, dans le but :

- de vérifier que toutes les thématiques ont bien été prises en compte ;
- de formaliser les hypothèses à prendre en compte dans les études des différents corps d'état, à l'attention de tous les intervenants de l'équipe de maîtrise d'œuvre ;
- de formaliser dans les marchés de travaux les hypothèses prises.

La liste des thèmes ci-dessus est à adapter à la configuration particulière de chaque projet, en fonction du cadre règlementaire.

2.3.   Présentation des dossiers PRO

Les dossiers PRO, que l'ordre des architectes appelle aussi PCG (projet de conception générale), constituent l'aboutissement de la phase conception. Ils comprennent pièces écrites et pièces graphiques.

Les CCTP comportent généralement :

- une première partie traitant des généralités : cadre règlementaire , études d'exécution, visas, installations de chantier, réduction des nuisances, nettoyage de chantier, etc. ;
- une seconde partie intitulée « Description des ouvrages », qui liste concrètement les prestations à réaliser ; les numéros de § de cette partie figurent à l'identique dans la décomposition du prix global et forfaitaire (DPGF).

La prestation consistant à renseigner le cadre de DPGF avec les quantités ligne par ligne, pour uniformiser les réponses des entreprises, est une mission complémentaire, appelée DQD (devis quantitatif détaillé) par l'ordre des architectes.

2.4.   Les études du lot Structure

Suivant les projets, le lot comprenant les structures porteuses du bâtiment ou les modifications des structures existantes peut porter différents noms : « lot génie civil » et « lot gros œuvre » sont des termes génériques qui conviennent quand les structures sont en béton (le gros œuvre pouvant inclure la maçonnerie), « lot Structure » est un terme plus large qui couvre à la fois les structures béton, métal et bois. D'autres noms de lots peuvent être utilisés selon la nature de chaque projet, comme « lot charpente métallique » par exemple.

La règle d'or des Eurocodes

Demander au BET Structure d'appliquer les Eurocodes.

2.4.1. Définir le contenu des phases et la liste des pièces pour ce lot

Conseil pratique : à partir de quelle phase le BET Structure doit-il intervenir ?

Il est indispensable qu'il participe aux études dès l'APS. Par soucis d'économie d'honoraires, certains maîtres d'œuvre (notamment des promoteurs/concepteurs réalisant des immeubles sur un modèle répétitif) ne missionnent leur BET Structure qu'en PRO DCE. Cette pratique ne peut qu'être déconseillée ; elle présente des risques très importants.

On a pu rencontrer des cas réels où des promoteurs, voulant faire l'économie d'un BET Structure, exagéraient grossièrement la taille de leurs structures porteuses, allant même jusqu'à prévoir des murs en béton de 20 cm d'épaisseur !

Pour les projets complexes ou ambitieux en matière de structures, le BET Structure est parfois présent pour des conseils dès l'esquisse.

Pour le déroulement des études du lot Structure, il faut distinguer deux configurations complètement différentes :

- d'une part, les projets de bâtiments neufs, ainsi que les projets modifiant de manière importante la structure principale d'un bâtiment existant ;
- d'autre part, les projets de réaménagement d'un bâtiment existant, dans lesquels la structure principale n'est quasiment pas modifiée mais où le projet entraîne un ensemble d'interventions structurelles indépendantes les unes des autres.

La nature même des études sera très différente selon le cas.

2.4.1.1. Le lot Structure dans le cas d'un bâtiment neuf

En esquisse, le BET Structure n'est en général pas encore présent. Il peut arriver qu'il soit pertinent de proposer des études ou un conseil structure en esquisse, pour le cas particulier d'un projet où les contraintes structurelles sont très fortes et conditionnent la faisabilité même du projet.

En APS, les principes de la structure sont étudiés, éventuellement avec plusieurs variantes : un choix est proposé parmi toutes les solutions de structure porteuse (béton, métal, mixte, bois).

Les hypothèses d'étude sont listées, étape importante pour le bon déroulement des études futures, notamment vis-à-vis du bureau de contrôle si le projet en comporte un. Pour les structures sortant de l'ordinaire, un dialogue peut être nécessaire en cours d'APS entre BET et bureau de contrôle avant d'obtenir sa validation de la liste des hypothèses. Ces hypothèses comportent notamment, avec adaptation au cas de chaque projet :

- les DTU utilisés ;
- les normes utilisées ;
- les règles de calcul (Eurocodes) qui seront utilisées dans les études ;
- les hypothèses de sécurité incendie (notamment stabilité au feu) ;
- les hypothèses de vent et de neige ;
- les hypothèses relatives au séisme ;
- les hypothèses de température ;
- les hypothèses de charges d'exploitation pour chaque type de locaux ;
- les charges permanentes (revêtements, cloisonnements, façades, etc.) ;
- les hypothèses d'engins de maintenance ;

- les hypothèses de décaissé et réserve de sol (décaissé laissé par la structure pour les revêtements de second œuvre) ;
- les données géotechniques dans le cas où des données sont déjà disponibles à ce stade ou, en l'absence de données, les hypothèses prises ;
- les données sur les eaux (nappes, rivières avoisinantes, hydrogéologie) ;
- les hypothèses relatives aux fréquences propres de vibration de la structure (cette hypothèse peut influer sur le confort) ;
- les hypothèses relatives à la durée de vie de l'ouvrage ;
- les hypothèses prises relatives aux matériaux : classes de fissuration des bétons, nature des aciers, etc.

Outre ces hypothèses, on examine en APS les contraintes du site : présence éventuelle d'ouvrages enterrés, d'avoisinants, etc.

On propose ensuite des solutions constructives et leur principe de fonctionnement pour chaque partie de la structure du bâtiment :

- fondations ;
- sous-sols (infrastructure) le cas échéant ;
- superstructure : structure principale et ses articulations, planchers, etc.

On établit un prédimensionnement sommaire des structures permettant notamment de valider les distances entre porteurs figurant sur les plans architecte et la dimension des structures principales.

On liste enfin les données manquantes qui seront nécessaires à la poursuite des études : rapport géotechnique, etc.

La liste des pièces est typiquement constituée d'une notice Structure, comprenant la note d'hypothèses et les calculs en annexes (parfois non diffusés), de l'estimation et, pour les projets les plus importants, d'une première modélisation graphique de la structure principale en 3D (rendu en 2D ou vues 3D).

Conseil pratique

La capacité d'un BET Structure à produire au fur et à mesure de l'avancée des études des vues 3D précises de la structure, qui sont très utiles à l'architecte outre leur intérêt propre pour les études du lot Structure, est un atout très fort dans l'équipe de maîtrise d'œuvre. C'est certainement là une question à se poser lors du choix du BET Structure : tous les BET n'en sont pas capables.

Si cela a bien été inclus dans sa mission, le BET peut préparer – ou donner les éléments pour préparer – le cahier des charges de la mission géotechnique.

En APD, les principaux détails des procédés constructifs sont mis au point. Les structures sont prédimensionnées par le calcul. Le rapport géotechnique est exploité pour décrire les fondations. Pour les projets les plus importants, le BET Structure dessine lui-même, en 3D, les structures principales. Le BET Structure annote les plans et coupes architecte avec ses « remarques minutes », c'est-à-dire qu'il signale à l'architecte tous les points des pièces graphiques incohérents avec les structures envisagées (dimensions de poteaux, de poutres, entraxes, etc.). Si ces remarques posent problème vis-à-vis du parti architectural, des allers-retours doivent être réalisés. Pour les projets plus modestes, dans lesquels le BET Structure ne réalise pas de pièces graphiques, on peut se contenter de ces « minutes », qui ne figurent pas au rendu, les informations qu'elles contiennent étant intégrées par l'architecte à ses pièces graphiques.

La liste des pièces pour cette phase est proche de la liste APS : une notice descriptive Structure, comprenant la note d'hypothèses, les calculs en annexes (parfois non diffusés), l'estimation détaillée et, pour les projets les plus importants, la modélisation graphique de la structure principale en 3D (rendu en 2D ou 3D).

En PRO, la démarche est la même en approfondissant les sujets, en intégrant les demandes de l'architecte et en traduisant l'ouvrage en prestations à réaliser.

Les fondations sont optimisées avec le géotechnicien. Le phasage structurel d'exécution des ouvrages est décrit. Les ouvrages annexes sont étudiés s'ils font partie du lot Structure ; peuvent notamment faire partie de ce lot : escaliers, gaines d'ascenseurs, fosses d'ascenseurs, structure principale de façade ou façade entière, structures porteuses de grandes menuiseries, etc.

Les études sont traduites en prestations. La liste des pièces comporte typiquement le CCTP Structure, des plans ou coupes Structure, la DPGF et le coût d'objectif.

Faut-il inclure les notes de calcul au DCE ?

De manière générale, la note de calcul du BET n'est pas insérée au dossier de consultation des entreprises, afin d'éviter que l'entreprise ne s'en inspire en EXE. Sur ce point toutefois, les avis divergent : certains BET considèrent que, si l'entreprise est sérieuse et si la conception sort de l'ordinaire, la communication de la note de calcul PRO peut constituer un gain de temps, et ne démobilise normalement pas l'entreprise. Il faut toutefois garder à l'esprit qu'en communiquant à l'entreprise la note de calcul du BET maître d'œuvre on réduit le rôle de « boucle de rattrapage » du BET d'exécution. On retiendra donc qu'il est préférable par sécurité de ne pas inclure les notes de calcul Structure au DCE.

2.4.1.2. Le lot Structure dans le cas du réaménagement d'un bâtiment existant

Dans un projet de réaménagement d'un bâtiment existant sans reprise totale de la structure, les études Structure sont très différentes. Elles sont plus simples car il n'existe pas de grande structure générale à dimensionner, mais elles sont aussi plus complexes puisqu'elles doivent prendre en compte toutes les particularités et incertitudes de l'existant.

La première étape de l'étude consiste, avant même l'arrivée du BET Structure, à identifier et localiser les ouvrages structurels, c'est-à-dire à déterminer quels impacts du plan projet sur l'existant constituent un ouvrage structurel.

Par « ouvrage structurel », on entend un point singulier nécessitant une étude du BET Structure, puis en chantier nécessitant des travaux relevant du lot Structure. Cette analyse nécessite une certaine connaissance du bâti existant. Ainsi, la création d'un passage constitue un ouvrage s'il se fait dans un mur porteur, mais ne constitue plus un ouvrage si l'on découvre que le mur est un assemblage de plaques de plâtre et d'isolant.

Conseil pratique

Cette étape d'analyse donne généralement lieu à la réalisation d'un plan de localisation des ouvrages structurels, ouvrages qui seront sur ce plan nommés ou numérotés.[1]

---

1 D'autres méthode de présentation du rendu sont assurément possibles.

Si l'on s'interroge sur le fait de savoir si une prestation est ou non un « ouvrage », il faut se poser la question suivante : en chantier, nécessitera-t-elle la compétence de l'entreprise en charge du lot Structure, ou un simple maçon ou métallier pourra-t-il la prendre en charge ? Plus précisément, la prestation nécessitera-t-elle une étude d'exécution avec note de calcul Structure ? Si oui, il s'agit d'un « ouvrage » du lot Structure.

Ces ouvrages peuvent être extrêmement divers en fonction des projets et plus encore en fonction de la diversité des structures existantes, par exemple :

- l'ouverture d'un passage dans un mur porteur ;
- la suppression d'un ou plusieurs poteaux ;
- une fosse d'ascenseur, d'escalier mécanique ;
- la démolition d'une structure porteuse, dont il est nécessaire d'étudier le fonctionnement pour prescrire une méthodologie de dépose (démolition de grande cheminée, de mezzanines, de passerelles, etc.) ;
- la démolition d'ouvrages en béton ne nécessitant pas d'études particulières, mais qu'on inclut au lot Structure car on pense qu'en travaux il sera judicieux de les confier aux compétences de l'entreprise titulaire du lot Structure ;
- la fermeture d'une trémie après dépose d'un escalier supprimé ;
- la création de trémies pour création d'un escalier, ou l'adaptation de trémies existantes ;
- la création de gros percements dans des murs porteurs pour passages de réseaux de ventilation ou désenfumage ;
- la création d'une galerie technique enterrée, ou traversant un terre-plein ;
- des appuis béton pour un escalier métallique, pour une petite structure métallique (kiosque,…) ;
- une longrine béton nécessaire pour rigidifier une structure existante, destinée à accueillir une façade ou une grande menuiserie neuve ;
- une fondation nécessaire pour une grande menuiserie métallique de poids important ;
- la création d'une cheminée de ventilation à travers des planchers existants, nécessitant la création de chevêtres ;
- le renforcement d'un plancher existant inapte à supporter des charges d'exploitation, par exemple dans le cas d'un changement de destination d'un local ;
- la structure principale d'une grande façade vitrée couvrant plusieurs niveaux ;
- un escalier béton ou métal sortant de l'ordinaire ;
- une plateforme destinée à accueillir des équipements de CVC, etc.

Le contenu des phases et la liste des pièces en réaménagement dans l'existant

Avant le début de l'APS, il revient normalement à l'architecte d'identifier les ouvrages structurels et de produire leur plan de localisation, ensemble des micropérimètres de l'étude Structure. Toutefois, il est préférable que le BET Structure soit informé de l'ensemble du projet, de façon à ce qu'il puisse attirer l'attention sur une zone qui n'aurait pas été identifiée comme un ouvrage et qui pourrait nécessiter une étude Structure.

En APS, une partie importante de l'étude consiste à décrire le fonctionnement des structures existantes concernées par chacun des ouvrages. Les analyses d'archives ont une place importante dans cette phase. Les hypothèses sont aussi listées comme dans le cas d'un projet neuf, et les principes des solutions proposées pour chaque ouvrage sont décrits. On se pose la question de la nécessité ou non d'une mission géotechnique, la réponse dépendant de la présence de fondations dans les ouvrages projetés.

La liste des pièces comprend typiquement le plan de localisation des ouvrages, la notice structure et l'estimation.

En APD et en PRO, contrairement au cas d'un bâtiment neuf, les prédimensionnements et notes de calcul ne constituent qu'une très faible partie de l'étude (généralement, les notes de calculs ne sont pas insérées aux rendus), le cœur de l'étude consistant à fiabiliser la connaissance des particularités de l'existant et leur impact sur le projet, et à décrire la méthodologie de réalisation des ouvrages.

Il est souvent judicieux, si les ouvrages sont nombreux et indépendants les uns des autres, de présenter l'étude, tant en APD qu'en PRO, sous la forme d'une partie contenant les spécifications générales applicables à tous les ouvrages et d'une partie constituée d'un ensemble de fiches ouvrage, la fiche ouvrage étant l'étude de l'ouvrage.

2.4.2. Quelques points de vigilance pour le pilotage et la relecture des études du lot Structure

Quelques conseils de vigilance pour éviter les pièges habituels :

- Vérifier dès l'APS, mais tout particulièrement en PRO, que les pièces écrites ne comportent aucune mention de règles de calcul incompatibles entre elles. Les projets sont normalement régis dorénavant par les Eurocodes (sauf quelques cas très particuliers) ; en conséquence, les pièces écrites ne devraient plus faire mention des anciennes règles. Sont ainsi à bannir des pièces écrites les références aux documents suivants :

  - règles de calcul DTU relatives aux structures ;
  - règles BAEL 91 ;
  - règles CM66 pour les structures métalliques ;
  - règles N 84 Action de la neige ;
  - règles NV 65 Action du vent ;
  - règles PS92 de construction parasismique ;
  - fascicules (relatifs aux structures) du CCTG (pour les marchés publics).

Règle d'or des règles de calcul Structure

On ne « panache » pas les différentes règles de calcul structure dans les pièces écrites.

- Vérifier en APS qu'on s'est bien posé la question de savoir s'il faut un géotechnicien pour le projet, notamment dans l'existant, mais aussi pour les tout petits bâtiments neufs, quand la réponse n'est pas évidente.
- Vérifier que les hypothèses de charges d'exploitation sont cohérentes avec le programme et la fonction des locaux. Par exemple, en cas de voie engins permettant l'accès des pompiers aux espaces extérieurs du projet, si ces espaces extérieurs rentrent dans le périmètre d'un ouvrage structurel du présent lot (dalle), vérifier que la descente de charge du camion pompier a été prise en compte. Autre exemple, si le programme comporte des réserves de stockage, les charges d'exploitation peuvent être importantes. Attention aussi aux transformateurs haute tension et aux coffres forts.

- Vérifier en APD et en PRO pour les bâtiments neufs que les réseaux sous dallage ont bien été prévus au lot en charge des dallages (généralement le lot Structure/gros œuvre). En effet, les réseaux sous dallage à l'intérieur du bâtiment ne relèvent ni du lot VRD, celui-ci ne traitant que les extérieurs, ni du lot plomberie, celui-ci s'arrêtant au niveau du sol. Dans l'existant, la problématique est différente : les tranchées à réaliser pour un réseau peuvent être affectées au lot maçonnerie ou à un autre lot. Une vigilance toute particulière est nécessaire pour s'assurer de l'exhaustivité des besoins exprimés par le spécialiste plomberie : il s'agit là d'une source constante de travaux supplémentaires.
- Vérifier en APD et en PRO que les limites de prestations sont claires avec les autres lots :
  - on peut par exemple se poser la question pour des déposes dans l'existant, qui peuvent être affectées au lot Structure ou à un lot déposes/démolitions ;
  - la couverture et la charpente peuvent être affectées au lot Structure ou à un lot spécifique, suivant la nature du projet : vérifier la cohérence entre lots ;
  - on peut se poser la question de l'affectation de prestations de maçonnerie, qui ont plutôt vocation à figurer au lot maçonnerie qu'au lot Structure ;
  - si le projet comporte des espaces extérieurs, il faut examiner en détail les limites de prestations entre lots Structure et VRD, car de nombreuses possibilités de limites de prestations sont envisageables (penser par exemple à un massif de mat d'éclairage extérieur).

2.4.3. Les études avec plusieurs BET Structure en interface

Les études avec plusieurs BET Structure nécessitent une vigilance particulière en matière de coordination.

Un cas classique est la présence d'un BET béton en charge des fondations et d'un BET métal en charge de la superstructure métallique du bâtiment, si l'équipe de maîtrise d'œuvre n'a pas pu ou pas souhaité s'associer un unique BET Structure à la compétence double.

Autre configuration possible, un BET est en charge d'une superstructure métallique (verrière,…) et un autre BET est en charge de l'étude du bâtiment qui la supporte, neuf ou existant.

Dans ces cas, les échanges d'informations d'un BET à l'autre sont cruciaux et peuvent nécessiter un délai particulier.

La méthodologie de déroulement des études est habituellement la suivante :

- Le BET en charge de la superstructure établit en APS son principe structurel (schéma statique), qui comporte des hypothèses de types d'articulations en pied de poteaux. Une première note de calcul lui permet de fournir une descente de charge (on parle de torseur des descentes de charge), qui comporte une numérotation des appuis et un tableau donnant la descente de charge de chaque appui, pour chaque combinaison (vent, neige, etc. et leurs combinaisons conformément aux Eurocodes).
- Le BET en charge des fondations (ou de la structure béton ou existante sur laquelle s'appuie la superstructure) examine alors cette descente de charge et la capacité de l'infrastructure à l'admettre dans le cas d'une infrastructure existante. Une discussion peut avoir lieu sur la nature des articulations en pied de poteaux : articulées ou encastrées. En cas de problème, il précise quelles sont les valeurs qui ne peuvent être admises (ce sont souvent des moments en pied d'appui qui posent problème). La réduction des moments excessifs peut nécessiter une adaptation du schéma statique par le BET en charge de la superstructure.

- Après que les BET se sont mis d'accord, chacun peut poursuivre la description de ses prestations.

Le tableau ci-dessous présente des exemples de descente de charge APS (un tableau de ce type par appui).

	Appui P 8	F_X (T)	F_Y (T)	F_Z (T)	M_X (T.m)	M_Y (T.m)	M_Z (T.m)
Cas 1	**PERM** (poids de la structure)	0	0	9,17	– 0,01	0	0
Cas 2	**G0** (poids de la couverture)	0	0	7,05	– 0,02	0,04	0
Cas 3	**N (neige)**	0	0	2,15	– 0,01	0,02	0
Cas 4	**W (vent)**	0,62	2,92	0,75	– 13,1	1,13	0
Cas 5	**FR (vent frottement)**	– 0,19	0	0,06	– 0,03	– 1,48	0

Cet échange est initialisé en fin d'APS, et se déroule principalement en APD.

Il est important de veiller dès l'APS à ce que la descente de charge fournie soit réaliste et non basée sur des ordres de grandeur simplificateurs, car elle a une influence forte sur le coût des fondations. Si le BET en charge de la superstructure se contente en APS de donner un ordre de grandeur et néglige les efforts transversaux, les efforts d'arrachement et les moments en pied de poteau, on risque fort d'être confronté en APD, une fois les valeurs affinées, à une augmentation importante du prix des fondations.

Exemple réel

Une structure métallique est appuyée sur quatre fondations béton. En APS, la descente de charge communiquée par le BET métal est uniquement verticale, de 140 T, sans moments. Les fondations, par micropieux, sont estimées à 70 k€. En APD, la descente de charge réelle est de 280 T, avec des efforts horizontaux et des moments en pied de poteaux dus à un encastrement. L'estimation des fondations, avec pieux, passe à 200 k€, soit un quasi-triplement alors que la descente de charge n'a été que doublée. Il est donc important de soigner la fiabilité des descentes de charge dès l'APS.

Pour éviter tous ces problèmes de coordination, l'idéal est de disposer d'un unique BET Structure pour l'infrastructure et la superstructure.

Conseil pratique

Privilégier quand c'est possible le choix d'un unique BET Structure, qui étudie l'ensemble des ouvrages, des fondations à la toiture.

Comme tout conseil, celui-ci a ses limites : il y a de nombreux cas où le recours à plusieurs BET s'impose, pour trouver associées des compétences pointues ou des qualités particulières qu'on n'arrive pas à trouver dans un unique BET.

2.4.4. Interfaces du lot Structure avec d'autres lots

Au cours des études, le lot Structure est relativement indépendant des lots techniques. Ses interfaces consistent essentiellement :

- en demande d'appuis qui lui sont transmises pour des équipements lourds comme des transformateurs HT, des cuves à eau ;
- en communication de hauteurs de réservations pour le second œuvre, transmises par l'architecte au lot Structure (par exemple quelques centimètres pour une moquette, pour un carrelage, etc.) ;
- en demandes de fosses d'ascenseurs ;
- en demandes de percements de grande taille exprimées par les lots CVC désenfumage dans l'existant ;
- en limite de prestation à définir avec le lot Courants forts pour la pose d'une boucle de terre en fond de fouille.

Le lot Structure est surtout en relation étroite avec les études architecturales. Les interfaces avec les lots techniques apparaîtront en chantier, avec les demandes de réservations des lots techniques exprimées à la cellule de synthèse.

Interfaces avec le façadier

Pour les projets dans le neuf comportant de grandes façades non maçonnées, l'équipe de maîtrise d'œuvre se renforce souvent d'un BET façadier (on parle aussi d'étude de l'enveloppe).[1]

Ce BET a notamment pour mission :

- de décrire les prestations du lot façades ;
- d'étudier l'isolation thermique de la façade et de limiter ses ponts thermiques ;
- de prédimensionner par note de calcul (lors du PRO) les structures secondaires relevant du lot façades et non du lot Structure.

La mission de BET façadier peut aussi être assurée :

- soit par le BET Structure ;
- soit par l'économiste s'il en a la compétence, en collaboration avec des fabricants de façade.

2.5. Les études du lot courants forts

2.5.1. Définir le contenu des phases et la liste des pièces pour ce lot

Dans quels cas missionner un BET Electricité ?

Cette question est difficile. Sur un projet de maison individuelle, il n'y aura pas de BET Electricité, l'architecte se chargera de toutes les études. Sur un projet un peu plus complexe, un BET « tous corps d'état » jouera à la fois le rôle d'économiste et de BET Électricité. Sur les projets plus complexes, un spécialiste Électricité sera indispensable. C'est dans ce dernier cas de figure qu'on se place ci-dessous.

---

1   Ne pas confondre ce cas avec les façades de commerce sur la hauteur du rez-de-chaussée, nettement plus simple.

À partir de quelle phase missionner un BET Electricité ?

L'idéal est d'associer le BET Électricité aux études dès l'APS, comme présenté ci-dessous. En pratique, pour les projets ne présentant pas de difficulté particulière (par exemple pas de poste haute tension), il est courant par économie que l'architecte ne missionne le BET Électricité qu'en PRO DCE. Cela présente un risque, mais moindre que pour les spécialités Structure et CVC, puisque les réseaux électriques sont moins encombrants donc moins dimensionnant que les réseaux CVC.

Fondamentalement, il faut retenir qu'en APS on définit les grands principes et qu'en APD et PRO on entre dans le détail de l'application au plan projet.

En APS, le lot courants forts définit donc les grands principes de son installation. Le cœur de son étude consiste à déterminer l'origine des alimentations électriques projetées (point de livraison Enedis, poste HT privatif existant, etc.) et l'architecture générale du synoptique basse tension (et, le cas échéant, haute tension) projeté, en fonction du bilan de puissance. En application de ce synoptique, on décrit sommairement les prestations par nature, et l'étude comporte donc typiquement les points suivants :

- installations existantes le cas échéant ;
- premier bilan de puissance, et initialisation de la liste des alimentations particulières (ascenseurs, portes automatiques, etc.) ;
- origine des alimentations normales projetées ;
- nécessité éventuelle d'un ou plusieurs postes haute tension privatifs, et leurs caractéristiques (notamment régime de neutre[1]) ;
- nécessité éventuelle d'une alimentation électrique de sécurité, suivant la réglementation ;
- nécessité éventuelle d'une alimentation de remplacement[2] ;
- type d'éclairage de sécurité ;
- liste des tableaux de distribution basse tension projetés, et leur fonction ;
- le cas échéant, partie électrique d'une installation photovoltaïque.

Pour les projets dans l'existant, on s'attache en APS à décrire le synoptique de fonctionnement des installations existantes en basse tension et, le cas échéant, en haute tension.

La liste des pièces peut comprendre par exemple :

- une notice courants forts ;
- un synoptique basse tension : ce document montre d'où proviennent les alimentations des différents tableaux divisionnaires (généralement du TGBT) ;
- dans l'existant réaménagé, un synoptique basse tension existant ;
- et, si le projet est concerné (grands sites : hôpitaux, IGH, industrie, etc.), un synoptique haute tension ;
- une estimation.

On remarquera qu'en APS le rendu ne comporte pas encore de plans d'implantation ou de cheminement.

---

1 Voir partie « Notions de base en courants forts ».
2 Idem.

Conseil pratique

À noter que, dans les petits projets, il arrive parfois que l'installation de ventilation soit confiée au lot courants forts. Cette pratique est à éviter dès qu'on va au-delà d'un simple extracteur de WC ou de cuisine : les compétences nécessaires à la réalisation correcte d'installations de ventilation, notamment double flux, sont rarement réunies dans les entreprises de courants forts.

En APD, ces grands principes ayant été définis, on entre dans l'étude graphique, c'est-à-dire qu'on commence à représenter sur le fond de plan architecte tous les équipements électriques à installer : appareils d'éclairage, prises électriques, alimentations particulières, etc. On précise en collaboration avec les autres lots les alimentations diverses nécessaires (portes automatiques, ascenseurs, équipements de CVC, baies informatiques, etc.), on affine le bilan de puissance. On entre dans le détail des caractéristiques techniques des équipements : poste HT le cas échéant, tableaux basse tension, alimentation de sécurité, etc.

La liste des pièces peut comprendre par exemple :

- une notice descriptive courants forts ;
- un synoptique basse tension ;
- dans l'existant réaménagé, un synoptique basse tension existant ;
- le cas échéant, si le projet est concerné, un synoptique haute tension (synoptique projet et, le cas échéant, existant) ;
- un plan d'équipement courants forts par niveau ;
- éventuellement, suivant la nature du projet, des coupes d'éclairage architectural, qui peuvent soit être à la charge de l'architecte, soit du BET courants forts, soit à la charge de l'éclairagiste, s'il y en a un ;
- une estimation détaillée.

En fonction de la densité d'informations à faire figurer sur les plans, ceux-ci sont éventuellement fusionnés avec les plans courants faibles.

De même, l'éclairage architectural (c'est-à-dire l'éclairage des locaux autres que techniques/logistiques) pourra soit figurer sur les plans d'équipements courants fort, soit faire l'objet en APD et en PRO de plans distincts – ce qui est d'ailleurs préférable pour les projets d'une certaine taille. Ceci dépend aussi de la présence d'un éclairagiste dans l'équipe projet.

En PRO, on affine les plans d'équipements en fonction de l'évolution des fonds de plans, on entre dans le détail des installations techniques, on fixe les cheminements des réseaux, on affine la prise en compte des besoins en alimentations particulières avec pour objectif de ne pas en oublier. On traduit les études en prestations.

La liste des pièces, qui doit en toute logique être adaptée en fonction des particularités du projet, comprend par exemple :

- le CCTP ;
- le synoptique basse tension (document essentiel) ;
- dans l'existant réaménagé, un synoptique basse tension existant ;
- si le projet est concerné, un synoptique haute tension (projet et, le cas échéant, existant) ;
- un plan d'équipement courants forts par niveau au 1/100, sur lequel peut figurer les chemins de câbles s'ils ne font pas l'objet d'un plan distinct ; quoi qu'il en soit le tracé des chemins de câbles principaux ne peut pas être repoussé aux études d'exécution ;
- éventuellement, suivant la nature du projet, des coupes d'éclairage architectural au 1/50 ;
- la DPGF et le coût d'objectif.

Point de vigilance

Dans l'existant, la question très complexe des dévoiements des réseaux existants doit être abordée dès l'APS avec le BET courants forts. Cette problématique peut nécessiter des pièces complémentaires : les plans de phasage électrique ou plans des cheminements existants, qui montreront en particulier les montées et descentes de câbles principales dans l'existant, et leur devenir : à conserver, à dévoyer.

Outre le traitement des cheminements existants, le plan de phasage électrique est le support permettant, pour les projets importants dans l'existant, de formaliser les prescriptions relatives aux tableaux divisionnaires existants. On les représente et on indique pour chacun : à supprimer, à conserver, à adapter.

La possibilité éventuelle d'une rémunération spécifique à ces aspects diagnostic peut être testée au cas par cas.

2.5.2. Quelques conseils de vigilance pour la relecture des études courants forts

Les sujets listés ici ne portent pas sur des aspects très techniques, et constituent donc des conseils de vigilance accessibles à un relecteur qui n'est pas électricien.

- Vérifier que l'étude comporte un bilan de puissance prévisionnel en APS et en APD. En bâtiment tertiaire, ce bilan devra comporter une partie « alimentations normales », si nécessaire une partie « alimentation de sécurité » et, le cas échéant, une partie « alimentations de remplacement ».
- Vérifier que ce bilan de puissance est cohérent avec les besoins exprimés par les lots CVC et élévatique, qui sont les plus gros consommateurs.
- Vérifier que les cheminements principaux projetés ont été étudiés et sont compatibles avec la maquette architecte. Si la durée des études est très réduite, cette étude des chemins de câbles est parfois incomplète ; cela est sans conséquence s'il existe de nombreuses possibilités de cheminements en faux plafond à travers les locaux, mais cela est risqué si le projet comporte des zones où les cheminements sont difficiles, notamment dans l'existant historique. Le travail en BIM facilite la prise en compte de ces besoins en cheminements.
- Dans l'existant, en cas de branchement électrique à puissance surveillée ou de point de livraison haute tension, vérifier que le régime de neutre des installations projetées est compatible avec le régime de neutre des installations existantes (dès l'APS) : ce point est très important, pouvant remettre en cause une bonne partie des principes retenus.
- Vérifier si l'on s'est bien interrogé sur l'éventuelle nécessité règlementaire d'une AES, en fonction des contraintes règlementaires et en coordination avec la notice sécurité incendie du projet. Et si une AES est nécessaire, a-t-on vérifié s'il faut un local TGS (en ERP de 1re et 2e catégories) ?
- Vérifier en PRO que le calfeutrement des réservations après passage des réseaux est bien prévu à un lot – un grand classique des travaux supplémentaires !
- Vérifier que le synoptique de raccordement prévu pour les armoires électriques, notamment pour l'éclairage, est compatible avec les comptages exigés par la RT 2012 : pour pouvoir respecter les exigences de comptage, on ne peut plus utiliser le même circuit pour l'éclairage et les prises de courant, par exemple. Vérifier que les compteurs eux-mêmes ont bien été prévus.
- Vérifier que la gestion des commandes d'éclairage a bien été pensée et optimisée. Par exemple, dans le tertiaire, il est judicieux de prévoir une commande par détection de présence dans les couloirs et les sanitaires. Dans des bureaux, il est judicieux de multiplier les éclairages individuels, pour éviter qu'un plateau aux trois quarts vide ne soit intégrale-

ment éclairé. Suivant les zones, des horloges de commande peuvent être utiles. Cette problématique est très souvent négligée, avec pour conséquence des appareils inutilement allumés comme on peut le constater partout : que de « negawatts » perdus !

Points de vigilance spécifiques aux projets dans l'existant

- Dans l'existant, penser aux calfeutrements après déposes : sont-ils bien affectés à un lot ?
- Dans l'existant, vérifier en PRO que les percements pour passage de réseaux sont bien prévus (à moins qu'ils n'aient été prévus à un autre lot, mais cette option est difficile à mettre en œuvre, comme pour les rebouchages, car les percements sont difficilement quantifiables – elle est donc déconseillée).
- Dans l'existant, dans la description des travaux de dépose électriques en PRO, toujours préciser que la dépose des câbles se fait « *jusqu'à son extrémité amont même si elle se trouve en dehors du périmètre projet* ». Ce point concerne en particulier les projets de réaménagement partiel d'un bâtiment existant et vise à éviter que les déposes ne soient réalisées que partiellement.

2.5.3. Les dévoiements électriques dans l'existant

La question des dévoiements électriques – tant courants forts que courants faibles – dans l'existant est complexe, surtout dans les bâtiments d'une certaine importance. Le point le plus complexe est notamment le traitement à prix global et forfaitaire de cette prestation difficilement quantifiable. Dans les bâtiments existants à réaménager, il peut être nécessaire de mener préalablement au chantier principal une opération de dévoiements, sur la base d'un marché à prix unitaires et non forfaitaires. La nécessité d'une telle opération pourra être évaluée par le BET courants forts en consultant le gestionnaire de la maintenance des locaux. Une telle opération est tout particulièrement nécessaire :

- si les réseaux existants sont anciens (stratifications de réseaux de différentes époques) ;
- si les délais réservés aux travaux futurs sont serrés ;
- et si une partie du bâtiment reste hors projet, rendant impossible une dépose générale de tous les réseaux.

En effet, si ces conditions sont réunies, on a intérêt à réaliser les dévoiements principaux à l'avance, en parallèle des études, sur la base d'un marché à prix unitaires, la forfaitisation étant absolument illusoire dans ce domaine.

2.5.4. Prescrire la vérification initiale

Comme vu au chapitre « Les bases sur les lots techniques », la vérification initiale des installations électriques est une procédure détaillée d'essais après travaux, spécifique à la spécialité courants forts, qui est obligatoire pour le maître d'ouvrage (l'arrêté dit : « *le chef d'établissement* ») en ERT[1], et par voie de conséquence aussi en ERP.

Il est habituel que cette vérification soit réalisée un certain temps après la réception des travaux du lot courants forts. En conséquence, la prise en compte par l'entreprise des remarques du

---

1 Voir décret n° 88-1056 du 14 novembre 1988 pris pour l'exécution des dispositions du livre II du Code du travail (titre III : Hygiène, sécurité et conditions du travail) en ce qui concerne la protection des travailleurs dans les établissements qui mettent en œuvre des courants électriques (article 53), et arrêté du 10 octobre 2000 fixant la périodicité, l'objet et l'étendue des vérifications des installations électriques au titre de la protection des travailleurs ainsi que le contenu des rapports relatifs auxdites vérifications. Il existe aussi un arrêté du 26 décembre 2011 relatif aux vérifications ou processus de vérification des installations électriques ainsi qu'au contenu des rapports.

vérificateur est souvent problématique, les travaux ayant déjà été réceptionnés. Elle est d'autant plus conflictuelle que la vérification aura eu lieu longtemps après la réception des travaux.

Conseil pratique

Pour éviter ces problèmes, il existe une solution simple, inclure la vérification initiale des installations électriques au marché. Il suffit pour cela de prévoir au PRO du lot courants forts que l'entreprise devra, dans le cadre de son marché, missionner un organisme agréé pour procéder à la vérification initiale, puis amortir ses observations avant la réception des travaux. Cette disposition permet au moment des OPR de disposer d'une installation déjà vérifiée, dans un état techniquement impeccable, ce qui est intéressant tant pour le maître d'œuvre que pour le maître d'ouvrage.

Ce point est susceptible de nécessiter l'accord préalable du maître d'ouvrage.

2.5.5. Les principaux points d'interface du lot courants forts avec d'autres lots

Les interfaces de ce lot avec d'autres lots sont principalement les suivantes :
* Le lot courants forts reçoit les besoins électriques du lot CVC plomberie (à partir de l'APD), du lot élévatique et, le cas échéant, d'autres lots. Limite de prestation : à partir d'une certaine taille d'installation CVC, le lot CVC plomberie prévoit sa propre armoire électrique. Chacun des terminaux CVC d'une zone est alors alimenté depuis cette armoire CVC et non par le lot courants forts.
* Le cas échéant, il reçoit les informations relatives à l'installation photovoltaïque (répartition classique : photovoltaïque hors lot, par exemple au lot couverture, onduleurs au lot courants forts).
* Le lot courants forts reçoit de l'architecte ou, s'il y en a un, de l'éclairagiste le concept d'éclairage et le choix des luminaires, dès l'APS. Une bonne habitude consiste à insérer dans la notice courants forts au chapitre relatif à l'éclairage architectural des vues des appareils pressentis, sous forme de petites vignettes jpeg ; ceci permet tant à l'architecte qu'au maître d'ouvrage de visualiser les appareils.

Point de vigilance

Ne pas oublier le choix ou la validation par l'architecte des appareils d'éclairage de sécurité. Ces appareils peuvent avoir un impact visuel important.

---

* Le lot courants forts peut être amené à demander des prestations à d'autres lots (par exemple caniveaux, socles ou rail en plafond permettant le remplacement ultérieur d'un transformateur, dans un poste HT privatif).
* Le lot courants forts prévoit des borniers en attente pour le lot GTB le cas échéant (ou en mesure conservatoire en attente pour une future GTB).
* Dans les espaces extérieurs au bâtiment, c'est le lot VRD qui assure les prestations électriques. Pour les projets comportant des extérieurs et un lot VRD, les interfaces avec le lot courants forts sont à formaliser avec soin, et posent souvent problème. Une répartition habituelle est que le lot courants forts prenne en charge le tableau de distribution basse tension s'il est dans le bâtiment, et le lot VRD toutes les prestations extérieures (fourreaux, câbles, éclairage, etc.).

2.6.   La plus-value de l'éclairagiste

Les études d'éclairage peuvent parfois être mises au point grâce à la collaboration étroite entre architectes, BET courants forts et fabricants d'appareils d'éclairage.

Mais à partir d'une certaine taille critique de projet, et pour certains types de programmes, l'équipe de maîtrise d'œuvre doit intégrer les compétences pointues d'un éclairagiste, qui préfère parfois se dénommer « concepteur lumière ».

Les enjeux principaux des études d'éclairage sont notamment (au-delà de la base évidente constituée par le confort visuel et par le simple respect de la réglementation) :

- la mise en valeur du projet architectural ;
- la mise en valeur, pour certains programmes, des biens abrités par le bâtiment (commerces, musées, etc.) ou encore l'éclairage scénique d'un théâtre ;
- l'optimisation de la consommation énergétique de l'installation d'éclairage, grâce au choix de sources dotées d'une bonne efficacité lumineuse (tout en respectant les qualités photométriques souhaitées) : on cite parfois une efficacité minimum de 65 lm/W (lampe + appareillage annexe) ;
- l'optimisation de l'utilisation de l'éclairage naturel : sujet difficile car il demande une collaboration très étroite entre éclairagiste et architecte en phases amont, d'une part pour obtenir un maximum d'éclairage naturel dans les locaux et d'autre part pour prendre en compte ce bénéfice dans les calculs et dans les automatismes d'allumage de l'éclairage électrique ;
- l'étude des automatismes de commande de l'installation d'éclairage en fonction des usages des lieux et des comportements des occupants : commandes d'allumage, d'extinction ou de gradation, programmation horaire, détecteurs de présence, détection des apports gratuits de lumière du jour, etc. tout en laissant aux occupants la possibilité de reprendre la main sur les automatismes ; cette partie de l'étude était souvent négligée dans le passé, et l'on constate couramment des locaux inutilement éclairés en plein jour ; un soin tout particulier doit être apporté à ce sujet, d'autant plus que ce n'est pas la partie la plus « noble » de l'étude d'éclairage pour de nombreux éclairagistes, ce qui peut engendrer un risque de négligence.

Quoi qu'il en soit, même si l'équipe de maîtrise d'œuvre ne comprend pas d'éclairagiste, il est indispensable de réaliser une étude d'éclairage pour maîtriser les niveaux d'éclairement. En l'absence d'éclairagiste, cette étude est généralement réalisée par le BET courants forts, qui s'appuie sur le fabricant pressenti.

Pour en savoir plus sur les calculs d'éclairement

Consulter le site d'un logiciel spécialisé, par exemple :

- le logiciel gratuit Dialux : www.dial.de/DIAL/fr/dialux.html ;
- les logiciels gratuits ReluxSuite : www.relux.biz.

En ce qui concerne les apports de l'éclairage naturel, ils peuvent aussi être évalués sur le logiciel gratuit Archiwizard standard.

2.7.   Les études du lot courants faibles

Les documents essentiels en courants faibles, à établir dès l'APS et à préciser en APD et en PRO, sont les synoptiques.

Toutes les installations courants faibles, de la plus rudimentaire à la plus complexe, méritent que leurs principes de fonctionnement soient formalisés sur un synoptique, qui montre les équipements raccordés entre eux et les types de câbles.

Pour en savoir plus sur les études courants forts et courants faibles à l'heure du BIM

Consulter le site d'éditeurs de logiciels métier, par exemple Stabiplan, sur www.stabiplan.com

---

2.8.   Les études du lot CVC plomberie

Le lot CVC présente la particularité de comporter de très nombreuses solutions techniques, probablement plus que les autres lots. Les informations ci-dessous sont forcément réductrices.

2.8.1.   Définir la liste des pièces et le contenu des phases pour ce lot

Avec la montée en puissance de la qualité environnementale du bâtiment, le thermicien est maintenant amené à intervenir dès la phase esquisse à titre de conseil, ce qui était rarement le cas jusqu'à présent.

Dans l'existant, une première expertise qui s'avère souvent nécessaire est l'identification du cadre règlementaire des études thermiques : est-on soumis à la RT 2012 ? à la RT existant dite élément par élément ? à la RT existant dite globale ? Pour certains projets dans l'existant, cette analyse s'avère complexe, et doit être faite en amont de la conception.

Une fois définie la règlementation thermique applicable, l'intérêt de l'expertise du thermicien est notamment d'améliorer le Bbio[1], à savoir la qualité bioclimatique du bâtiment. Seule une intervention en esquisse permet de prendre en compte l'impact de l'implantation du bâtiment, de son orientation et de la disposition des pièces.

L'architecte peut cependant commencer par pré-évaluer seul son Bbio grâce à des logiciels gratuits comme Archiwizard Esquisse[2].

Quoi qu'il en soit, il est indispensable que le thermicien participe aux études dès l'APS.

En APS, le lot CVC plomberie définit ses hypothèses d'étude et propose des solutions techniques.

En termes d'hypothèses, sont notamment listées les hypothèses relatives au traitement climatique des locaux (quels locaux chauffer, quels locaux rafraîchir artificiellement, quels locaux ventiler en simple ou double flux, quel effectif dans chaque local à ventiler, etc. ainsi que les températures de référence). Ces hypothèses sont listées dans un tableau récapitulatif.

En termes de solutions techniques, des solutions sont proposées pour la production de chaleur, pour la ventilation, et le cas échéant pour la production de froid. Plusieurs solutions

---

1   Voir chapitre sur la réglementation thermique.
2   www.archiwizard.fr.

peuvent être proposées. Les besoins en locaux techniques sont approchés, pas seulement en termes de surface nécessaire mais aussi en termes de type d'emplacement souhaité du fait des besoins de prise et rejet d'air. Un premier calcul RT (réglementation thermique) peut être réalisé le cas échéant afin de conseiller l'architecte sur les caractéristiques de l'enveloppe du bâtiment, mais le véritable calcul règlementaire ne sera réalisé qu'en APD.

Le lot plomberie reste sommaire en APS : il présente moins d'enjeux que le lot CVC. L'étude consiste principalement à identifier l'origine de l'alimentation en eau et à décrire les types de prestations à prévoir.

La liste des pièces des lots CVC plomberie peut comprendre par exemple :

- une notice CVC plomberie (ou deux notices) ;
- dans le neuf ou en rénovation lourde, éventuellement un premier calcul de réglementation thermique si le projet architectural semble suffisamment « stabilisé »;
- un schéma de principe (ou synoptique) chauffage et/ou ventilation ;
- un schéma de principe (ou synoptique) froid, le cas échéant ;
- un plan montrant les principes de localisation (premières hypothèses d'implantation d'équipements principaux) et éventuellement un *zoning* du traitement climatique des locaux, généralement au 1/200 ;
- quelques coupes de présynthèse permettant de vérifier que les hauteurs sous plafond sont compatibles avec l'encombrement des gaines les plus dimensionnantes ;
- l'estimation.

Cette liste n'est qu'indicative, et ne doit pas être prise au pied de la lettre : son contenu est très dépendant de la spécificité de chaque projet ; il peut par exemple être nécessaire de regrouper les synoptiques chaud et froid, ou chaud et ventilation.

On remarquera qu'en APS, on réalise encore rarement les plans des réseaux.

En APD CVC, une solution technique est retenue parmi celles envisagées. Les besoins en locaux techniques sont précisés. Leur implantation est examinée avec l'architecte, en fonction des besoins en prise et apport d'air extérieur. Les équipements sont prédimensionnés. Les caractéristiques de l'enveloppe du bâtiment sont examinées avec l'architecte. L'étude thermique règlementaire est réalisée afin de vérifier la conformité du projet à la règlementation thermique, en particulier la conformité en termes de Cep, de Bbio et de Tic. L'attestation thermique règlementaire est produite, pour être déposée avec le dossier de permis de construire.

Les installations de plomberie sont décrites.

La liste des pièces peut comprendre par exemple :

- une notice descriptive CVC ;
- un calcul RT dans le neuf et l'existant lourdement remanié ;
- des schémas de principe chaud/froid/ventilation ou synoptiques (en fonction des installations du projet) ;
- un plan d'équipement CVC par niveau au 1/100 ;
- des coupes de pré-synthèses permettant de valider les hauteurs sous plafond ;
- une notice descriptive plomberie ;
- éventuellement un synoptique plomberie (par exemple pour un système de récupération d'eaux pluviales) ;
- un plan d'équipement plomberie par niveau au 1/100 ;
- une estimation détaillée.

En PRO, les solutions techniques sont détaillées et décrites sous forme de prestations. L'implantation des équipements à l'intérieur des locaux techniques est étudiée, ce qui confirme le dimensionnement de ces locaux. Les prédimensionnements sont affinés. L'intégration architecturale des réseaux est étudiée. L'emplacement des équipements terminaux est dessiné. Le calcul thermique est affiné.

La liste des pièces peut comprendre par exemple :

- le CCTP CVC ;
- le calcul RT ;
- des schémas de principe ou synoptiques chaud/froid/ventilation (en fonction des installations du projet) ;
- un plan d'équipement CVC par niveau au 1/100 ou, mieux, au 1/50 ;
- des coupes de pré-synthèse montrant les réseaux de l'ensemble des lots techniques (elles peuvent donc être confiées à un intervenant transverse) ;
- la DPGF CVC et le coût d'objectif ;
- le CCTP plomberie ;
- éventuellement un synoptique plomberie (pour un système de récupération d'eaux pluviales) ;
- un plan d'équipement plomberie par niveau au 1/100 ou, mieux, au 1/50 ;
- la DPGF plomberie et le coût d'objectif.

2.8.2. Concrètement, qu'est-ce qu'un calcul thermique ?

Avec la RT 2012, les calculs thermiques règlementaires, déjà obligatoires dans la RT 2005, sont mis en valeur comme un élément essentiel de la conception.

Mais, concrètement, qu'est-ce qu'un calcul thermique ?

Les calculs thermiques sont des simulations réalisées grâce à un logiciel spécialisé, qui comporte principalement les éléments suivants :

- *Caractéristiques du site*

  Le thermicien commence par déterminer grâce au logiciel toutes les caractéristiques du site du projet : latitude, altitude, zone climatique, températures, rayonnement solaire, rayonnement diffus, hygrométrie, durée de chauffage annuelle, etc.

- *Caractéristiques des parois*

  En se basant sur les plans et coupes architecte, le thermicien rentre ensuite dans le logiciel le détail des caractéristiques des parois extérieures, sols, murs et toitures : matériaux utilisés, isolants et son épaisseur, etc. Le logiciel en déduit la résistance thermique des parois, ainsi que d'autres caractéristiques.

- *Caractéristiques des menuiseries*

  Toujours sur la base du projet architecte, le thermicien renseigne ensuite le type de menuiseries prévues au projet : matériaux, performances, etc.

- *Caractéristiques des ponts thermiques*

  Étape plus complexe, on renseigne le logiciel sur le traitement envisagé des ponts thermiques. Pour évaluer la qualité de ce traitement, il faut disposer de coupes de détails architecte, sinon cela reste purement théorique et virtuel. Le soin apporté par les concepteurs aux détails aux points bas, aux points hauts, aux liaisons poutres-vitrages, etc. est évalué et traduit par le logiciel en déperditions thermiques.

• *Caractéristiques des générateurs*

Les équipements techniques prévus au projet sont ensuite choisis dans la gamme des possibles.

• *Résultats*

Sur la base de cet ensemble de données, le logiciel calcule une foule de caractéristiques thermiques, et notamment la consommation et les déperditions du bâtiment, en utilisant les règles de calcul officielles de la RT 2012, dites Th-BCE-2012.

Le logiciel évalue le Bbio et le Cep, afin d'évaluer la conformité règlementaire à la RT 2012.

2.8.3. Permis de construire et attestation thermique

Comme évoqué au chapitre 1, pour les projets soumis à la RT 2012, une attestation thermique est à déposer dans le cadre du dossier de permis de construire.

Pour obtenir cette attestation, le thermicien réalise l'étude thermique, généralement au cours de la phase APD. Il produit ensuite, grâce à son logiciel de calcul thermique, un *récapitulatif standardisé d'étude thermique*. Il charge ce récapitulatif sur le site www.rt-batiment.fr, et il peut alors obtenir l'attestation à déposer avec le dossier de permis de construire.

Pour mémoire, à travers le récapitulatif standardisé d'étude thermique, le maître d'œuvre s'engage sur le Bbio.

Pour en savoir plus sur les calculs thermiques règlementaires et les attestations

Consulter le site du ministère www.rt-batiment.fr.

Consulter le chapitre 1 sur la règlementation thermique et les attestations.

Consulter le site d'éditeurs de logiciels agréés RT 2012, comme www.cype.fr (logiciel CYPECAD MEP) ou www.bbs-slama.com (logiciel ClimaWin).

Point de vigilance : BET CVC ou thermicien ?

En première approche, BET CVC et thermicien sont synonymes. On rencontre cependant de petits BET qui se présentent comme BET CVC mais pas thermicien, c'est-à-dire qu'ils n'ont pas le logiciel permettant de réaliser des calculs règlementaires, et qu'ils s'associent à un thermicien, qui réalisera uniquement le calcul règlementaire thermique.

Il est clair que cette pratique est déraisonnable et va disparaître dans les prochaines années : le BET CVC et le thermicien doivent être la même équipe (un ingénieur étant souvent secondé par un modeleur BIM chargé de la production de la maquette). En attendant, une vigilance s'impose pour ne pas missionner des BET CVC n'ayant pas la compétence de réaliser des calculs règlementaires.

Les simulations thermiques dynamiques

Les calculs thermiques règlementaires évoqués ci-dessus ne doivent pas être confondus avec les simulations thermiques dynamiques, basées sur des logiciels CFD (*Computational Fluid Dynamics*).

Ces simulations, encore rares récemment mais en plein développement, permettent une approche beaucoup plus fine de la réalité du confort thermique dans un bâtiment. Elles apportent une aide précieuse à la conception bioclimatique, en permettant d'évaluer l'impact des choix sur le confort thermique.

Un bémol cependant, qui rend leur utilisation parfois difficile pour les bureaux d'étude : d'une part les simulations dynamiques sont gourmandes en temps, et d'autre part elles sont difficiles à vendre comme une prestation hors mission de base, du fait de la méconnaissance des maîtres d'ouvrage à leur égard.

Pour en savoir plus sur les simulations thermiques dynamiques

Consulter le site d'éditeurs de logiciels, comme www.izuba.fr (logiciel Pléiades+COMFIE), www.iesve.com (logiciel Virtual Environment) ou www.trnsys.com pour les anglophones ou www.batisim.net (logiciel Design Builder).

2.8.4. Quelques conseils de vigilance pour la relecture des études CVC plomberie

Comme en courants forts, on trouvera ici quelques conseils de vigilance à la portée d'un généraliste :

- Vérifier si la notice CVC comporte bien le tableau récapitulatif des hypothèses de traitement thermique des locaux. Pour chaque local, ce tableau fixe, normalement dès l'APS, les hypothèses de traitement des locaux : chauffage, ventilation double flux, rafraîchissement, etc. Vérifier la cohérence de ces hypothèses avec la fonction des locaux telle que prévue au programme.

- En matière de centrale de traitement d'air double flux, vérifier en PRO que l'on a bien prescrit un modèle « avec by-pass ». Le by-pass est un système qui permet à certaines saisons de ventiler en échappant (en « by-passant ») à l'échangeur récupérateur de chaleur. En effet, il existe sur le marché des modèles de CTA double flux sans by-pass. Avec ces modèles, imaginons le cas de bureaux non climatisés dans lesquels il fait 25 °C une nuit d'été du fait de la charge thermique de l'éclairage et des ordinateurs, alors qu'il ne fait que 20 °C à l'extérieur. Dans ce cas, la CTA double flux sans by-pass va préchauffer l'air neuf entrant, en le réchauffant grâce à l'air extrait à 25 °C. L'air neuf entrant va donc pénétrer dans les locaux à 22 ou 23 °C, dégradant le confort des occupants.

- Vérifier si les cheminements des réseaux principaux sont déterminés avec une précision suffisante et si ces cheminements sont compatibles avec le parti architectural d'aménagement des locaux. Il peut en effet arriver – heureusement rarement, et surtout lors d'études faites dans l'urgence – qu'un BET se contente d'un cheminement théorique des réseaux sans prendre le soin de dialoguer avec l'architecte pour prendre en compte l'intégration aux locaux des réseaux. Cette situation peut, à l'extrême, aller jusqu'au cas – dont il existe des exemples réels ! – de réseaux dont on sait qu'ils doivent aller d'un local technique A à un local technique B, mais dont personne ne s'est soucié de savoir comment ils transitaient à travers les locaux, s'ils cheminaient dans une galerie technique, s'ils étaient en faux plafond, etc. Même si ce cas reste rare, une vigilance s'impose, surtout en APD, car les conséquences d'une telle négligence sont évidemment graves pour le projet.

- Si les études CVC plomberie conduisent à la nécessité d'un raccordement ou d'une modification de raccordement à un concessionnaire (GRDF, réseau local, réseau de distribution d'eau), vérifier que le maître d'ouvrage fait le nécessaire à temps vis-à-vis de ces raccordements.

- Vérifier en APD et PRO que les équipements sanitaires prescrits au lot plomberie ont été validés ou choisis par l'architecte (lavabos, robinets, miroirs, distributeurs de savon, cuvettes, etc.).

- Vérifier sur les pièces graphiques la cohérence de la légende avec les symboles figurant sur les plans.
- Vérifier la cohérence des plans et des schémas de principes.
- Vérifier la cohérence des plans de niveau entre eux, pour les montées et descentes de réseaux.

2.8.5. Les principaux points d'interface du lot CVC plomberie avec d'autres lots

Le ou les lots CVC plomberie sont notamment en interfaces avec d'autres lots ou intervenants sur les points suivants :

- Le thermicien, outre la production des pièces écrites et graphiques du lot CVC plomberie, a pour rôle de conseiller l'architecte sur les aspects thermiques du bâtiment. Ce rôle devient de plus en plus important. Vérifier qu'au cours du déroulement des études ce dialogue a bien permis au projet de prendre en compte les contraintes thermiques. Vérifier par exemple que le thermicien a eu communication au cours des études des coupes de détail des façades et que ses remarques sur leur composition ont été prises en compte.

  Dès le démarrage des études (en esquisse puis en APS), le thermicien doit conseiller l'architecte tout particulièrement sur :

  - l'implantation du bâtiment sur la parcelle, en prenant en compte l'ensoleillement et les vents dominants ;
  - la compacité du bâti et le regroupement des locaux non chauffés ;
  - la définition des pourcentages de plein et de vide des façades ;
  - le type d'isolation thermique ;
  - le type et l'implantation des protections solaires contre les surchauffes estivales.

  Pour les projets dans l'existant, vérifier si on s'est posé la question de l'isolation thermique.
- Le lot CVC reçoit des lots courants forts et courants faibles les dégagements calorifiques de ses équipements (baies informatiques, poste haute tension, batteries, onduleurs) afin de prendre en compte les éventuels besoins en ventilation de locaux techniques.
- Dans l'existant, le lot CVC exprime ses besoins en gros percements, qui peuvent constituer un ouvrage structurel (linteau).
- Le lot CVC exprime ses besoins en ouvrages de métallerie hors lot : sortie de réseau en toiture, grilles en façade.
- Le lot CVC plomberie exprime ses besoins en alimentations courants forts.
- Le lot CVC précise au lot SSI les ventilateurs et CTA devant être éventuellement mis à l'arrêt en cas de désenfumage.[1]
- En cas de présence d'une GTB, il liste ses « points GTB », c'est-à-dire les informations utiles que ses équipements peuvent transmettre à la GTB, ou à une GTB future.
- Interfaces avec le lot VRD : prendre garde que le lot plomberie ne traite que l'intérieur des bâtiments. Tous les réseaux situés à l'extérieur relèvent du lot VRD.
- Interfaces avec le lot couverture : les descentes d'eaux pluviales peuvent, suivant les cas, relever du lot couverture ou du lot plomberie ; vérifier la cohérence des prestations prévues par ces lots.

---

1 Notamment suite à l'article DF 3§5 du Règlement ERP.

- Dans l'existant : faire attention aux rebouchages après dépose, aux percements et aux calfeutrements.

Suivant les particularités des programmes, d'autres réseaux peuvent être nécessaires : fluides industriels, fluides particuliers dans les hôpitaux et cliniques, air comprimé, pneumatiques dans les grands commerces, etc.

À retenir pour le contenu des études techniques par phase

> En résumé pour les fluides (courants forts, courants faibles, CVC plomberie), on peut retenir :
> - en APS, on réalise les synoptiques et des plans de *zoning* ;
> - en APD et PRO, on ajoute les plans d'équipements des locaux.

Pour en savoir plus sur les études CVC Plomberie à l'heure du BIM

Consulter le site d'éditeurs de logiciels métier, par exemple Stabiplan, sur www.stabiplan.com

---

2.9. Les études du lot désenfumage

Ce lot est couramment inclut au lot CVC. Il ne comporte que le désenfumage mécanique. Le désenfumage naturel est traité dans les lots architecturaux (couverture, façade, métallerie, selon le cas) et dans la notice de sécurité incendie.

Les installations de désenfumage mécanique comportent :
- des prises d'air ;
- des réseaux de gaines ;
- des moteurs ;
- des coffrets de relayage ;
- des rejets d'air.

2.9.1. Définir la liste des pièces et le contenu des phases pour ce lot

En APS, les études du lot désenfumage se concentre sur les hypothèses règlementaires, sur le recensement des locaux à désenfumer mécaniquement, sur le choix des solutions techniques et sur leur prédimensionnement. Cette phase va permettre de définir les besoins en locaux techniques et en passage de gaines, qui peuvent avoir un fort impact.

La liste des pièces, à adapter suivant la configuration de chaque projet, pourra comprendre : une notice, accompagnée d'un synoptique ou schéma et, si nécessaire, d'un plan de *zoning* (dans le cas d'un nombre important de locaux à désenfumer mécaniquement).

En APD, les études porteront principalement sur le dimensionnement et le positionnement des moteurs et gaines de désenfumage. L'encombrement des gaines sera prédimensionné. Les besoins électriques, parfois importants, seront prédimensionnés. L'intégration architecturale des prises et rejets d'air sera étudiée.

La liste des pièces pourra comprendre, outre la notice descriptive, des plans précisant l'implantation des moteurs, des gaines et des grilles de rejet, ainsi que l'estimation détaillée.

En PRO, les études du lot désenfumage fixeront le dimensionnement des moteurs et gaines et leur implantation. Les besoins électriques seront affinés. L'intégration des grilles de rejet et/ou des prises d'air sera étudiée avec l'architecte.

La liste des pièces comprendra le CCTP, des plans et éventuellement des coupes de désenfumage, ainsi que DPGF et coût d'objectif. Un synoptique est souhaitable pour synthétiser graphiquement les solutions techniques retenues et permettre leur compréhension sans examen détaillé des plans et pièces écrites.

> **Zoom sur...**
>
> **... la présynthèse**
>
> Dans certaines zones contraintes géométriquement, notamment dans l'existant et en présence de réseaux de désenfumage, il pourra être pertinent de prévoir en PRO une présynthèse des réseaux, ou synthèse de conception. Cette présynthèse peut être indispensable – s'en dispenser ferait peser sur les phases suivantes des risques importants.
>
> La mission de présynthèse consistera à réaliser, dans la ou les implantations les plus contraintes géométriquement, des coupes, généralement au 1/20, montrant l'encombrement des gaines de désenfumage, leur insertion dans la structure, et les autres réseaux devant cheminer dans la même zone, ainsi que la hauteur libre résiduelle.
>
> Attention à ne pas confondre synthèse des réseaux et synthèse au sens du BIM : il s'agit de deux sens différents du terme synthèse, même si les deux problématiques sont très proches.

2.9.2. Quelques conseils de vigilance pour la relecture des études de désenfumage

Quelques conseils de points de vigilance :

- Vérifier que tous les locaux à désenfumer ont été pris en compte soit dans le présent lot, soit par un désenfumage naturel, en cohérence avec la notice sécurité incendie du projet.
- Vérifier que les besoins électriques ont été exprimés et pris en compte par le lot courants forts, en particulier la nécessité éventuelle d'alimentations de sécurité.
- Vérifier que l'encombrement des gaines a été pris en compte dans les coupes architecte.
- Vérifier, le cas échéant, les interfaces avec le lot SSI.
- Demander au BET de vérifier si les locaux techniques accueillant les moteurs de désenfumage doivent ou non être dotés d'une extraction. En effet, suivant la nature du moteur, cette extraction doit ou non être prévue, ce qui est un piège courant.
- En ERP, les solutions techniques de désenfumage sont-elles un peu en limite du cadre règlementaire sur certains points, par exemple sur des points ambigus du règlement ? Dans ce cas, il faudra consulter les services instructeurs en cours d'étude, et il pourra être judicieux de formaliser la demande en présentant un dossier GE2 (voir chapitre « Les autorisations administratives »). Le contenu du dossier GE2 dans le domaine du désenfumage figure à l'article DF 2 du règlement de sécurité sur les ERP.

2.9.3. Les principaux points d'interface du lot désenfumage avec d'autres lots

Le lot désenfumage est principalement en relation avec les autres lots sur les points suivants :

- le lot désenfumage communique ses besoins électriques au lot courants forts ;
- il communique à l'architecte et au bureau d'étude en charge des lots architecturaux ses besoins en grilles de rejet ou de prise d'air, généralement hors lot ;
- il communique de même ses éventuels besoins en socles ou autres appuis maçonnés destinés à accueillir les moteurs de désenfumage ;
- le cas échéant, il précise la liste de ses moteurs au lot SSI, qui en prévoira le raccordement ;
- dans l'existant, il communique ses besoins en percements.

Point de vigilance

Dans l'existant, les percements de grandes dimensions peuvent dans certains cas constituer un ouvrage structurel à décrire par le BET structure.

2.10. Les études du lot démolitions

2.10.1. Les plans de démolition

La précision des plans démolition réalisés par l'architecte est importante, dès l'APD mais surtout en PRO.

Si la démolition d'un bâtiment est intégrale, un simple plan de *zoning* suffira, encore faut-il bien veiller à préciser jusqu'à quelle profondeur les fondations sont à démolir par rapport au terrain naturel. Mais s'il s'agit d'opérations de curage dans un bâtiment conservé, la précision des plans est essentielle. La légende devra distinguer par exemple :

- les zones de curages des locaux, encore appelées « déposes TCE » (tous corps d'état) pour signifier qu'on y dépose revêtements de sol, faux plafonds, revêtements muraux, réseaux, habillages : la liste doit être exhaustive pour éviter des travaux supplémentaires ;
- les zones, murs ou cloisons conservés ;
- les cloisonnements à déposer ;
- les démolitions structurelles, comme création de trémies, déposes de planchers ou ouverture de baies.

Le niveau de détail du plan de démolition doit permettre d'identifier sans ambiguïté ces zones : le 1/50 est souhaitable. La moindre erreur de dessin peut en effet engendrer des travaux supplémentaires.

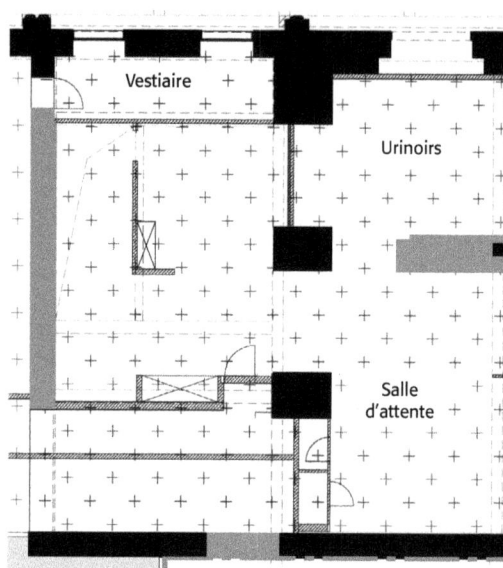

Figure 196. Exemple de plan de démolition dans l'existant, avec distinction entre murs conservés, démolitions structurelles et déposes TCE.

2.10.2. De l'utilisation des déchets de démolition

Le tri des matériaux de démolition est devenu un enjeu important. Les frais supplémentaires liés au tri sont compensés dans les comptes des entreprises par la revente des déchets. L'analyse de la composition des existants est facilitée par l'audit des matériaux de démolition, évoqué au chapitre 2.

Les maquettes numériques DRIM (*deconstruction and recovery information modeling*) facilitent le réemploi des composants du bâtiment à déconstruire.

2.10.3. Les points d'attention particulière

Généralement, la description et le chiffrage des déposes et des opérations de déconstruction ne nécessitent pas de compétences spécialisées, et restent du ressort de l'économiste ou de la personne en charge des pièces écrites, sur la base des plans de démolitions (alors même que sur le chantier, le métier Démolition/déconstruction nécessitera une très grande compétence et une très grande technicité de la part de l'entreprise).

Quelques points de vigilance sont toutefois nécessaires.

Les cas où une compétence particulière sera nécessaire sont notamment :

- les démolitions de bâtiments de plusieurs étages ;
- les démolitions d'ouvrages comportant des particularités structurelles : risque éventuel de présence de câbles de précontrainte, passerelles, etc. ;
- les démolitions en présence d'avoisinants ;
- les démolitions à proximité du public ;
- le désamiantage et le déplombage.

La participation d'un BET Structure est souvent nécessaire dans les premiers cas, et l'intervention d'un maître d'œuvre compétent en désamiantage dans le dernier cas, si l'économiste n'a pas cette compétence particulière.

Figure 197. Exemple de démolition avec protection du public par un écran supporté par une grue.

2.10.4. Le cas des avoisinants

En cas de présence d'avoisinants, une expertise Structure peut être nécessaire, avec éventuellement un diagnostic Structure relevant normalement de la maîtrise d'ouvrage.[1]

Il peut être judicieux d'inclure au lot démolitions une procédure de contrôle de l'absence de mouvements des avoisinants :

- mesures périodiques d'un point de mire par un géomètre, à une périodicité à définir ;
- contrôle permanent des déplacements par un système automatique (théodolites fonctionnant avec des cibles et transmettant les données en temps réel) ;

avec, dans les deux cas, définition d'une procédure à suivre sur le chantier en cas de mouvements, avec des seuils d'alerte.

Penser à vérifier que le maître d'ouvrage a missionné le bureau de contrôle sur la mission « Stabilité des avoisinants ».

---

1   Suivant les maîtres d'ouvrages, il peut être plus ou moins « acceptable » d'attirer l'attention sur le fait que le diagnostic Structure ne fait pas partie de la mission de base.

Pour en savoir plus

Pour un exemple de ces systèmes automatiques de suivi en temps réel des déplacements des existants sur le chantier, voir la gamme Leica Nova, modèle TM50, sur www.leica-geosystems.fr.

Zoom sur...

... les déposes partielles de structures hyperstatiques

L'intervention sur des structures béton hyperstatiques est un exemple typique des subtilités peu intuitives qui montrent qu'une expertise structure peut être nécessaire pour décrire des démolitions.

Les structures hyperstatiques sont, en termes simples, celles qui comportent de nombreux encastrements, ce qui a pour conséquence que les calculs ne permettent pas de connaître l'état réel des contraintes dans les structures, parce que les équations ont trop d'inconnues. C'est par exemple le cas de poutres béton reposant sur une trame de poteaux béton sans aucune articulation, tous les appuis étant encastrés et non articulés.

Il faut savoir que, dans ces structures béton hyperstatiques, si une partie de la structure est déposée sans vérification, par exemple la dépose de segments de poutre pour faire passer des escaliers, des déformations (fissures) peuvent apparaître dans la structure conservée.

Ces déformations proviennent de ce qu'on appelle les moments sur appuis. On dit qu'il faut assurer « la reprise des moments sur appuis ».

En résumé, les déposes partielles dans les structures hyperstatiques nécessitent une vérification par un BET Structure pour éviter les désordres dans les structures conservées.

2.10.5. Le désamiantage

La gestion du risque amiante est un aspect important des projets dans l'existant. La réglementation est complexe et les diagnostics sont rarement exhaustifs, ce qui cause fréquemment des surcoûts et des retards en phase chantier.

Pour le diagnostic amiante, on se reportera au chapitre 2.

En démolition, les zones amiantées doivent faire l'objet d'une description dans un lot Désamiantage, lot qui interviendra avant le lot Démolition.

En rénovation, si l'amiante est présent dans le périmètre des déposes, il faut prévoir un lot Désamiantage intervenant avant les déposes. Si l'amiante ne fait pas partie du périmètre d'intervention (par exemple toiture en fibrociment non touchée par le projet), le maître d'ouvrage doit décider s'il souhaite procéder au désamiantage (mesure bien évidemment recommandée) ou non. S'il ne le souhaite pas, il n'y aura pas de lot Désamiantage, mais toutes les entreprises devront être informées de la présence d'amiante dans le bâtiment.

On retiendra en outre que le diagnostic amiante doit toujours être inclus au DCE.

Pour en savoir plus sur la gestion de l'amiante

Consulter le site de l'INRS, rubrique Risques/chimiques/amiante.

2.10.6. La gestion du plomb

Se reporter de même au chapitre Données d'entrée/Diagnostic plomb.

2.10.7. Les déposes techniques

Les déposes techniques, c'est-à-dire la dépose des réseaux et équipements techniques, peuvent au choix relever du lot démolitions ou de chacun des lots techniques. Dans les deux cas, si la démolition du bâtiment n'est pas intégrale, il faut penser à prescrire la dépose des supportages des réseaux et équipements techniques, pour éviter que les entreprises des différents lots ne s'en rejettent la responsabilité.

La dépose des équipements de climatisation dans l'existant

Les fluides frigorigènes présents dans les appareils de climatisation étant souvent très nuisibles pour l'environnement, ils doivent faire l'objet d'une procédure de retrait particulière. L'entreprise en charge du retrait du fluide frigorigène doit être titulaire d'une attestation de capacité délivrée par un organisme agréé.

Le maître d'œuvre travaux doit s'assurer que cette procédure est bien respectée, ce qui n'est malheureusement pas toujours le cas sur le terrain.

On trouvera les références règlementaires sur ce sujet dans le Code de l'environnement.[1]

2.11. La plus-value de l'acousticien

Dans quel cas l'équipe de maîtrise d'œuvre doit-elle faire appel à un acousticien ?

D'une part, dans les projets dont le programme comporte des locaux exigeant une bonne acoustique :
- salles de spectacle ;
- salles de concert ;
- cinémas ;
- théâtres ;
- salles de conférence ;
- amphithéâtres, auditoriums ;
- hôtels.

D'autre part, dans les projets dont l'environnement extérieur est source de vibrations (proximité d'un métro par exemple) ou bruyant.

Ceci constitue les deux grandes familles de projets où l'acousticien est indispensable. Mais il peut aussi intervenir dans de nombreux autres cas, par exemple :
- souhait d'apporter un soin particulier à l'acoustique dans le cadre d'une cible HQE en vue d'une certification ;

---

1 Code de l'environnement, articles R543-75 à R543-123.

- appui technique à l'architecte en habitation, pour la prise en compte des contraintes règle-mentaires, afin d'éviter tout risque lié à l'attestation acoustique de fin de chantier[1] (pour mémoire, à partir de dix logements l'attestation acoustique de fin de chantier nécessite des mesures acoustiques *in situ*, ce qui impose une grande rigueur tant en conception qu'en suivi de chantier) ;
- souhait d'apporter un soin particulier à l'acoustique pour des bureaux ;
- programmes comportant un système de sonorisation dont on veut garantir l'audibilité.

Au-delà des simples recommandations qualitatives, une méthode courante de travail des acousticiens consiste à réaliser une modélisation informatique d'un volume. Cette modélisation acoustique est nécessaire pour les locaux présentant une forme complexe et un volume important, comme par exemple une grande salle de concert. Elle débouche sur des recommandations en termes de traitement acoustique :

- où mettre en place du traitement acoustique (par exemple dans telle zone du plafond, sur un mur, etc.) ;
- quel type de matériaux acoustique peut convenir, avec quel taux de perforation ;
- quelle surface de matériaux acoustiques est nécessaire (par exemple 20 % du plafond, 30 % du plafond, etc.).

2.12. Les études du lot VRD

Le plus important à retenir concernant l'articulation des études VRD avec les autres lots est que « les VRD ne rentrent pas dans les bâtiments », c'est-à-dire que les prestations du corps d'état VRD s'arrêtent toujours en limite du bâti, pour passer le relais aux lots techniques du bâtiment.

Les études du lot VRD se décomposent généralement suivant les natures de prestations suivantes (il va de soi que différentes présentations sont possibles) :

- travaux préparatoires (ou démolitions) et terrassements, en distinguant les travaux à confier à l'entreprise et les travaux à la charge des concessionnaires ;
- assainissement, c'est-à-dire la gestion des eaux pluviales (en réseaux enterrés) et des eaux usées et eaux vannes ;
- réseaux, parfois séparés entre « réseaux secs » et « réseaux humides », qui comprennent notamment l'éclairage extérieur, les courants forts autres, les courants faibles, l'adduction d'eau potable, l'arrosage automatique, les poteaux incendie, le gaz, etc. ;
- mobiliers urbains et signalisation horizontale et verticale, qui comprennent par exemple les poubelles, bancs, feux tricolores ;
- voiries, qui comprennent notamment nivellement, voiries lourdes, trottoirs, bordures, caniveaux, marquage au sol ;
- espaces verts.

Les problématiques qui sont au cœur des études VRD sont notamment les questions de nivellement, en liaison avec la conception des réseaux d'assainissement, et les relations, souvent complexes, avec les concessionnaires exploitant les réseaux.

---

1 Arrêté du 27 novembre 2012 relatif à l'attestation de prise en compte de la réglementation acoustique applicable en France métropolitaine aux bâtiments d'habitation neufs.

Les études VRD comprennent aussi généralement la vérification des rayons de giration des différents types de véhicules prévus sur une voirie (bus, autocar, voies engins et voies échelles pompiers[1], etc.), rayons de giration qui dimensionnent le dessin des carrefours.

Les phases d'études sont généralement, comme pour les travaux d'infrastructure et d'ouvrage d'art, AVP puis PRO et non pas APS, APD et PRO.

Définir la liste des pièces pour ce lot

En esquisse, les aménagements extérieurs sont étudiés par l'architecte et, le cas échéant, par le paysagiste, sans intervention de BET VRD.

En avant-projet, les pièces comportent :

- une notice VRD, comprenant notamment les hypothèses d'étude ;
- une note décrivant la palette végétale (à moins qu'elle ne soit à la charge d'un paysagiste appartenant à l'équipe de l'architecte) ;
- un certain nombre de plans couvrant le champ des thématiques listées ci-dessous pour le PRO (par exemple un plan des réseaux existant, un plan de sol/plantations/nivellement et un plan de réseaux/assainissement, à une échelle pouvant aller du 1/500 au 1/200) ;
- l'estimation.

En PRO, la liste des pièces, à adapter suivant la nature et la taille du projet, peut comprendre typiquement :

- le CCTP VRD ;
- un plan de synthèse des réseaux existants ;
- un plan des travaux préparatoires ;
- un plan de nivellement ;
- un plan des réseaux d'assainissement ;
- un plan des réseaux divers ;
- un plan des revêtements de sol ;
- un plan de mobilier et signalisation ;
- un plan des aménagements paysagés (plantations) ;
- la DPGF et le coût d'objectif.

Il est à souligner que certains des plans peuvent être regroupés. Les plans sont généralement au 1/200.

Pour en savoir plus sur les études VRD

Consulter les sites d'éditeurs de logiciels métier, par exemple www.geomensura.fr, qui édite le logiciel Mensura, compatible avec le format ifc.

Pour en savoir plus sur les liens entre lot VRD et open BIM

Consulter www.minnd.fr, le site du projet de recherche MINnD (modélisation des informations interopérables pour les infrastructures durables), portant sur l'open BIM des aménagements extérieurs et infrastructures.

---

1 Les caractéristiques des voies pompiers figurent aux articles CO 2 et CO 3 du Règlement ERP.

2.13. L'écueil des percements, scellements et rebouchages dans l'existant

Les percements et rebouchages sont une source infinie de problèmes de chantier si les responsabilités des lots sont mal définies, tout particulièrement dans l'existant et sur les chantiers à corps d'état séparés.

La question principale est de savoir à quel lot attribuer les percements dans les murs existants nécessaires aux lots techniques. Il est conseillé de les attribuer à chaque lot technique, car ils sont les mieux à même d'évaluer leur quantité.

Il est aussi conseillé d'attribuer aux lots techniques les scellements et rebouchages des trous après passage de leurs réseaux. Ils sont en effet les seuls à savoir à quel moment ils ont terminé de poser leurs réseaux. Il est important de préciser aux CCTP que les rebouchages rétabliront le degré coupe-feu de la paroi traversée.

Les rebouchages des parois existantes après déposes de réseaux existants doivent aussi être attribuées à un lot.

Quelle que soit la solution retenue il faut s'assurer qu'il n'existe pas de trou de prestation entre les lots sur ces percements et rebouchages.

Il est pratique de regrouper les prescriptions d'interface sur ce sujet dans un Cahier des prescriptions techniques communes : ceci évite d'avoir à vérifier que les rédacteurs des CCTP de chacun des lots ont bien indiqué des prescriptions cohérentes d'un lot à l'autre, ce qui n'est pas si évident que cela.

En marchés privés, la norme volontaire NF P03-001[1] propose quelques clauses type, mais qui correspondent davantage au cas des travaux neufs.

2.14. Encore quelques points de vigilance, « transverses » ou communs à tous les lots

La liste de points de vigilance ci-dessous est à compléter par chaque maître d'œuvre sur la base de sa propre expérience, et en fonction du type de projets traités.

Quelques pièges classiques :
- L'accord du permis de construire peut être assorti d'exigences ou de rappels, tout particulièrement en ERP ; ce sont les *attendus du permis de construire*. Examiner en détail les attendus dès leur réception, qui survient souvent en cours de PRO, afin de vérifier qu'ils sont bien pris en compte dans les études.
- Vérifier le cas échéant que les demandes éventuelles pouvant figurer dans le rapport initial du bureau de contrôle ont été prises en compte dans les études. Généralement, seule une minorité des demandes du bureau de contrôle figurant dans le RICT impactent le dossier PRO ; la majorité des remarques concernent les futures études d'EXE des entreprises.
- Vérifier tout simplement que la consistance des prestations à réaliser apparaît bien clairement à la lecture des pièces écrites. Même si on ne connaît rien à une technique particulière, on doit en lisant une notice APD, et a fortiori un CCTP, pouvoir identifier clairement

---

1 NF P 03-001 Marchés privés Cahier des clauses administratives générales applicable aux travaux de bâtiment faisant l'objet de marchés privés, article 4.1.3.

les prestations qui sont à réaliser, et leur localisation précise. Ce conseil peut paraître naïf, mais il arrive avec certains BET peu expérimentés que les documents soient si abstraits qu'on en arrive à ne plus pouvoir identifier simplement les prestations à réaliser.

- En cas de phasage de l'opération, vérifier que les cheminements de réseaux et les localisations des équipements sont compatibles avec le phasage. Ce point est fondamental : on ne peut espérer livrer les locaux d'une phase si les équipements centraux qui les alimentent sont livrés à une phase ultérieure.

  Retenir que les phasages doivent être conçus en associant les BET techniques.

- Vérifier en PRO que la participation des entreprises (notamment fluides et génie civil) aux études de la cellule de synthèse est bien prévue au marché. Si cette obligation n'est pas écrite, une entreprise particulièrement de mauvaise foi pourrait s'en prévaloir pour réclamer un supplément.

3. Le montage de la liste des pièces du rendu

Quelle que soit la phase, la liste des pièces constitutives du rendu est un document essentiel. La clarté et la pertinence de la liste des pièces conditionnent la cohérence et la lisibilité du dossier.

À compter de l'APD, les études identifient des lots, ou corps d'état. Ces lots ne doivent pas être confondus avec les futurs marchés, qui pourront regrouper plusieurs lots.

Quels sont les lots classiques ?

Les lots dépendent du projet et des procédés constructifs, il est impossible de donner des listes types. La liste des lots est à mettre au point en début d'APD entre l'architecte et l'économiste s'il existe. En cas de doute, la nomenclature figurant sur le site Internet de Qualibat est un bon support de départ, à condition de veiller à regrouper les corps d'état (extrêmement nombreux sur Qualibat) pour ne pas dépasser une dizaine de lots ou, pour un grand projet, légèrement plus.

Mettre au point la liste des pièces

Pour monter la liste des pièces en PRO, plusieurs solutions sont possibles, la plus pratique étant :

- un dossier « Pièces communes à tous les lots » comprenant les pièces écrites générales et les pièces graphiques générales ;
- un dossier « Pièces particulières » propre à chaque lot, contenant les pièces écrites et les pièces graphiques propres au lot.

Cette solution convient que les marchés soient passés en corps d'état séparés ou en entreprise générale.

En entreprise générale, une variante est possible :

- en première partie de liste, toutes les pièces écrites ;
- en seconde partie de liste, toutes les pièces graphiques (tant architecturales que techniques).

Cette variante est toutefois déconseillée, car elle complexifie la sous-traitance : l'entreprise générale ne dispose pas d'un dossier bien identifié à confier à ses sous-traitants pour chaque spécialité ; d'où des risques d'erreur.

Prévoir un CCTC

Le cahier des clauses techniques communes, ou cahier des prescriptions techniques communes, applicable à tous les lots, définit :

- les limites de prestations et interfaces entre lots, notamment pour les scellements, percements, réservations, calfeutrements et rebouchages,
- les clauses communes relatives à l'organisation du chantier, au nettoyage et à l'enlèvement des gravois.

On peut aussi présenter ces prescriptions sous la forme d'une *Note d'organisation de chantier*.

Conseil pratique

En début de PRO, soumettre la liste des pièces au maître d'ouvrage pour validation. Ceci permet d'éviter une reprise du dossier pour modification de la présentation.

---

4.   Le rendu du dossier

Certains maîtres d'ouvrage peuvent être particulièrement attentifs au contenu du cartouche : noms des organismes financeurs et de leurs représentants, logos, etc. Pour éviter une reprise de dossier, il est prudent de faire valider un cartouche type au maître d'ouvrage en début de projet.

Le rendu d'une phase doit s'accompagner d'un courrier d'envoi, quelle que soit sa forme, qui récapitule notamment :

- le contenu du dossier ;
- les données prises en compte ;
- les hypothèses qu'il a été nécessaire de prendre pour finaliser l'étude ;
- les données manquantes nécessaires au début de la phase suivante ;
- les points nécessitant une validation particulière ou un choix du maître d'ouvrage ;
- la cohérence entre les estimations et le budget, ou entre les estimations et la phase précédente : respect du budget, ou écart explicable et ses motifs.

Quelle que soit la nature du projet, il est important de prendre le temps de présenter le dossier au maître d'ouvrage. Le meilleur dossier qui soit peut recevoir un mauvais accueil s'il n'est pas présenté, et le maître d'ouvrage peut facilement commettre des erreurs d'interprétation.

5. Présenter des études au maître d'ouvrage ou à un jury

Présenter un projet en petit comité à un maître d'ouvrage bienveillant ou bien connu peut être une simple formalité, mais présenter un projet devant un aréopage distant et critique est bien plus difficile. Les présentations devant un jury de concours font partie de ces exercices subtils, ainsi que les présentations devant les élus et services techniques de grandes villes.

On trouvera ci-dessous quelques conseils pour gérer au mieux ces présentations publiques, en particulier pour les architectes présentant des esquisses ou participant à un concours.[1]

Avant la présentation
* Se renseigner à l'avance sur les conditions matérielles de la présentation : savoir si un vidéoprojecteur sera disponible, si un ordinateur sera disponible ou si un tableau mural avec des aimants de fixation sera disponible.
* Anticiper les moyens d'accès : vérifier qu'on a bien les coordonnées précises du lieu de présentation, le numéro de salle, anticiper la durée de trajet, prendre une marge de sécurité sur la durée de trajet.
* Arriver en bonne condition physique : ne pas faire de « charrette » la veille, le gain en termes de qualité des rendus a toutes les chances d'être anéanti par la dégradation des capacités verbales !
* Venir au moins à deux : une personne qui assure la présentation, et une personne qui gère le Powerpoint ou l'accrochage des plans papiers.

Pendant la présentation
* Si la procédure l'autorise, commencer par une présentation rapide de son activité professionnelle ; pour les maîtres d'œuvre en agence : présenter l'agence et ses derniers projets.
* Mettre en valeur les atouts et les potentialités du site choisi par le maître d'ouvrage.
* Expliquez le problème de conception que le site et le programme vous ont amené à résoudre.
* Initialiser la présentation du projet par la présentation des grands axes directeurs du plan masse, dans leur rapport au quartier (si le projet s'y prête). Illustrer ce parti pris par des schémas simples.
* Présenter les plans projet en rappelant toujours leur cohérence avec les grands axes directeurs de votre conception (le parti architectural).
* Mettre en valeur le programme et, si le projet s'y prête, faire rêver à des programmes complémentaires : par exemple dans ce rez-de-chaussée d'immeuble tel type de commerce pourrait s'installer, dans la cour de cet hôpital une buvette pourrait trouver sa place sous les arbres aux beaux jours…
* Faire rêver l'auditoire, en mettant en valeur le caractère des lieux créés : lieux intimes, lieux chaleureux, lieux majestueux, lieux magiques, etc.

---

1 Quelques-uns de ces points sont inspirés de Matthew Frederick, *101 petits secrets d'architecture qui font les grands projets*, Dunod, Paris, 2012.

- Tout en faisant rêver, toujours rester parfaitement professionnel et de marbre : ne jamais s'enthousiasmer, même si l'on souhaite que les auditeurs soient enthousiastes.
- Présenter des images de références ayant inspiré le projet : photos de bâtiments, de détails architecturaux, de matériaux, et pourquoi pas de tableaux ou de paysages…
- Toujours intégrer à la présentation un volet qualité environnementale, même si le maître d'ouvrage semble a priori peu sensibilisé. Faire rêver sur le caractère bioclimatique du projet. Tout projet se prête à une analyse en termes de qualité environnementale, quel qu'il soit. (Voir aussi plus haut le chapitre relatif au bilan carbone et à l'impact carbone de l'activité du maître d'œuvre.)
- Qu'il s'agisse ou non d'une exigence du commanditaire, toujours dire quelques mots sur le travail en BIM (si c'est le cas !), cela rassure le maître d'ouvrage et donne une impression d'efficacité et de dynamisme.
- Si l'on identifie une personne hostile dans l'auditoire :
  - chercher à savoir quel est le niveau d'influence de la personne hostile ;
  - si son pouvoir est relativement faible au sein de la maîtrise d'ouvrage, répondre aux critiques mais très brièvement et sans insistance, pour éviter de focaliser l'attention sur les critiques ; ignorer la personne dans la mesure du possible.

PARTIE 2

La réalisation

CHAPITRE 6

Appels d'offres et gestion des marchés de travaux

Les thématiques abordées dans le présent chapitre correspondent, en marchés publics, à l'élément de mission ACT (assistance à la passation des contrats de travaux) de la mission de base du maître d'œuvre.[1]

1. Le dossier de consultation des entreprises (DCE)

Après le rendu des dossiers PRO, intervient la validation par le maître d'ouvrage et l'intégration de ses remarques, qui peut donner lieu à une modification du cartouche, PRO étant parfois remplacé par « DCE » ou « Marché » sur la page de garde du dossier.

Le maître d'œuvre assiste le maître d'ouvrage pour l'élaboration des pièces administratives du dossier d'appel d'offres, notamment :

- le CCAP (cahier des clauses administratives particulières, du ressort du maître d'ouvrage), qui peut prendre un nom différent en maîtrise d'ouvrage privé ;
- la liste définitive des pièces du DCE, laquelle inclut, outre le dossier PRO du maître d'œuvre, des données d'entrée diverses qu'il est important de rendre contractuelles avec les futures entreprises (rapport du géotechnicien, diagnostics amiante et plomb, cahier des charges fonctionnel du CSSI, etc.).

On entend souvent parler pour désigner cette période de mise au point de la *phase DCE*. Il faut garder à l'esprit qu'il s'agit là d'un abus de langage, puisque, depuis la loi MOP, « DCE » n'est plus une *phase* de la mission de maîtrise d'œuvre, c'est seulement le nom du dossier qui part en appel d'offres.

---

1 Au sens de l'arrêté d'application de la loi MOP (arrêté du 21 décembre 1993 précisant les modalités techniques d'exécution des éléments de mission de maîtrise d'œuvre confiés par des maîtres d'ouvrage publics à des prestataires de droit privé).

2.   La stratégie marché – L'allotissement marché

La stratégie marché, qui consiste à décider de la manière dont les marchés de travaux seront passés, est du ressort du maître d'ouvrage. Les grandes options sont :

- marchés par corps d'état séparés : un marché par corps d'état ;
- entreprise générale : un seul marché ;
- macrolots : plusieurs marchés (typiquement 3 à 5), réunissant chacun quelques corps d'état.

L'entreprise générale est particulièrement courante en Angleterre : c'est le *« general contractor »*.

	Avantages	Inconvénients
Corps d'état séparés	- Meilleur contrôle du choix des entreprises : présélection possible par le maître d'ouvrage. - Le maître d'œuvre pilote directement les entreprises, d'où une meilleure qualité des travaux. - Coût inférieur (on parle souvent d'un écart de 7 %).	- Travaux supplémentaires plus nombreux du fait des limites de prestations entre lots. - Nécessité d'un OPC.
Entreprise générale	- Travaux supplémentaires moins nombreux grâce aux interfaces moindres. - Le maître d'ouvrage peut normalement se dispenser d'un OPC. - Meilleure tenue des délais. - Gestion du chantier plus simple pour le maître d'œuvre : un seul interlocuteur côté entreprise.	- Risque de désignation d'entreprises peu qualifiées par l'entrepreneur général, les délais serrés limitant les possibilités de refus par le maître d'ouvrage. - Risque de moins bonne qualité des travaux. Les instructions du maître d'œuvre sont parfois déformées par le mandataire lors de leur transmission aux sous-traitants. - Coût supérieur du marché.

Conseil pratique

On peut retenir que, si la qualité des travaux est prioritaire, les corps d'état séparés sont préférables ; si le respect des délais est prioritaire, l'entreprise générale est préférable.

Actuellement en France, la grande majorité des opérations sont réalisées en marchés par corps d'état séparés.

Le Code de la commande publique prévoit les corps d'état séparés comme étant la solution de référence, dans le but de favoriser l'accès des PME à la commande publique.

Quoi qu'il en soit le maître d'ouvrage doit confirmer au maître d'œuvre, normalement en début d'APD, la stratégie marché qu'il a retenue, car cet allotissement marché impacte la liste des pièces du rendu.

3.   Le cadre règlementaire des appels d'offres

La liberté d'action des différents types de maîtres d'ouvrage est très différente.

3.1.   Les marchés publics

Comme vu au chapitre 1, on distingue :

- les *pouvoirs adjudicateurs*, qui sont en résumé les personnes morales de droit public (État et ses établissements publics administratifs, collectivités locales, mais aussi dorénavant organismes privés subventionnés à plus de 50 %, etc.) ;
- et les *entités adjudicatrices*, qui sont en résumé des entreprises publiques en charge d'activités de réseau ainsi que divers établissements de la sphère publique.[1] Consulter la liste précise dans l'ordonnance.

La réforme de 2015 de l'achat public

Jusqu'en 2015, les achats publics étaient régis par :

- le Code des marchés publics pour les maîtres d'ouvrage publics (pouvoirs adjudicateurs) ;
- l'ordonnance du 6 juin 2005 pour de nombreux organismes de la sphère publique non soumis au Code des marchés publics (entités adjudicatrices).

La réforme de la commande publique de 2015 a créé un cadre unique pour les marchés publics, les délégations de service public, les concessions et les partenariats public-privé.

Le texte de référence pour les marchés publics de cette réforme est l'ordonnance du 23 juillet 2015, accompagnée de son décret d'application. Le contenu de ces textes a été codifié à droit constant en 2018.

Pour mémoire, le tableau de synthèse figurant au chapitre 1 :

Évolution du cadre règlementaire des achats publics en 2016		
	Pouvoirs adjudicateurs (État, etc.) :	Entités adjudicatrices (opérateurs de réseau, etc.) :
Jusqu'en 2015 :	Code des marchés publics (abrogé)	Ordonnance de 2005 (abrogée)
À partir de 2016 :	Ordonnance du 23 juillet 2015 + décret du 25 mars 2016	
À partir de 2019 :	Code de la commande publique	

Continuité dans l'encadrement des achats publics

Concrètement, les achats de travaux par les maîtres d'ouvrage publics (l'État, ses établissements publics administratifs (EPA) et les collectivités locales) sont toujours rigoureusement encadrés, comme dans l'ancien Code. Il n'y a pas de bouleversement des procédures.

Davantage de liberté dans les procédures d'achat est comme auparavant laissée aux entités adjudicatrices.

Contenu de la réforme de 2015

Les principales évolutions amenées par la réforme de 2015 de l'achat public ont pour objectifs :

- de se mettre en conformité avec certaines directives européennes de 2014 ;
- de favoriser l'accès des PME à la commande publique : pour retenir une candidature, l'exigence de chiffre d'affaires ne peut plus dépasser deux fois la valeur estimée du marché ; l'allotissement en corps d'état séparés devient de plus la règle pour les marchés publics ;

---

1   Articles 10 et 11 de l'ordonnance n° 2015-899 du 23 juillet 2015 relative aux marchés publics.

- de réunir dans un même texte les prescriptions figurant auparavant dans le Code des marchés publics et dans l'ordonnance de 2005 ;
- de simplifier la réglementation en allégeant le corpus règlementaire : l'ordonnance rassemble dix-sept textes antérieurs ;
- de favoriser la dématérialisation des appels d'offres ;
- de permettre la prise en compte de clauses environnementales ou sociales dans les appels d'offres pour favoriser les entreprises relevant « de l'économie sociale et solidaire » ;
- d'éviter que ne soient retenues des offres anormalement basses[1] : l'acheteur devra demander des précisions et justifications aux soumissionnaires anormalement bas ;
- de soumettre aux règles d'achat public les acheteurs privés si leur projet bénéficie d'une subvention publique de plus de 50 %, ce qui a considérablement augmenté le nombre de projets concernés[2] ;
- d'autoriser l'acheteur public à interdire la sous-traitance de certains éléments essentiels du marché (l'ancien Code n'interdisait que la sous-traitance totale du marché).

Les procédures utilisées par les acheteurs publics

Pour mémoire, ci-dessous le tableau de synthèse des différentes procédures de marché public, déjà vu au chapitre 1 :

	Pouvoirs adjudicateurs (État, etc.) :	**Entités adjudicatrices (EPIC, etc.) :**
Procédures formalisées :	Appel d'offres	Appel d'offres
	Procédure concurrentielle avec négociation	Procédure négociée avec mise en concurrence préalable
	Dialogue compétitif	Dialogue compétitif
Procédures adaptées :	Achat inférieur aux seuils de procédure formalisée	
	Marchés publics négociés sans publicité ni mise en concurrence préalable :	
	– urgence impérieuse ;	
	– appel d'offres infructueux ;	
	– concours ;	
	– … (liste non exhaustive).	

Les seuils des procédures formalisées sont publiés dans un Avis consultable sur Légifrance.[3] Ils sont revus tous les deux ans.

Il existe des formulaires utilisés en marchés publics pour les différentes étapes de l'ACT.[4]

---

1   Art. R2152-3 et suivants du Code de la commande publique.
2   Art. L1211-1 du Code de la commande publique.
3   Avis relatif aux seuils de procédure et à la liste des autorités publiques centrales en droit de la commande publique, *Journal officiel* du 27 mars 2016.
4   Formulaires disponibles sur www.economie.gouv.fr, rubrique DAJ/commande publique.

3.2. Les marchés privés

Les maîtres d'ouvrage privés sont totalement libres de réaliser leurs achats à leur guise, encore que certaines sociétés possèdent des règles déontologiques internes.

Ceci signifie en particulier qu'ils peuvent négocier un marché avec une entreprise en se dispensant d'appel d'offres.

3.3. Les systèmes de qualification professionnelle

Dans le cadre de la préparation d'un appel d'offres, le maître d'ouvrage a la possibilité d'imposer aux candidats de posséder une qualification professionnelle. Le maître d'œuvre peut être amené à être consulté sur les qualifications souhaitées pour chaque lot.

Qualibat

C'est le référentiel le plus classique, couvrant presque tous les métiers du bâtiment. 73 000 entreprises possèdent un ou plusieurs Qualibat (sur un total d'environ 400 000 entreprises du bâtiment en France).[1]

Qualifelec

Cette association professionnelle certifie les entreprises d'électricité. En 2018, 6 500 entreprises étaient certifiées.

Qualipaysage

Pour les entreprises d'espaces verts.

IP

Dans le domaine des VRD, on utilise souvent le système d'identification professionnelle, proposé par la Fédération nationale des travaux publics (consulter la nomenclature de l'identification professionnelle sur www.fntp.fr). La nomenclature comprend 260 IP, en fonction du type de travaux.

Reconnu garant de l'environnement (RGE)

La mention RGE s'adresse aux professionnels spécialisés dans les travaux d'efficacité énergétique en rénovation et dans l'installation d'équipements d'énergies renouvelables. Seuls les travaux réalisés par des entreprises et artisans RGE sont éligibles à certaines aides publiques pour les particuliers.

56 000 entreprises du bâtiment sont certifiées RGE en 2019, nombre en forte baisse, suite à la radiation de milliers d'entreprises ne répondant pas aux exigences.

---

1 Sources : Qualibat et FFB en 2018.

4.   Notions de base sur les marchés de travaux

4.1.   Marché global et forfaitaire/marché à prix unitaires

Un marché peut être passé :
- à prix global et forfaitaire ;
- ou à prix unitaires (aussi appelé à bordereau de prix unitaires ou au métré).[1]

À prix global et forfaitaire, la rémunération est fixée globalement ; les quantités figurant à la DPGF ne sont qu'indicatives, et servent à la préparation des projets de décompte mensuel. Si les quantités sont inexactes, l'entreprise est un peu gagnante ou un peu perdante, suivant les postes, mais cela ne change pas le prix payé.

Dans les marchés à prix unitaires, au contraire, ce sont les prix unitaires qui sont contractuels, et l'entreprise est rémunérée en fonction des quantités réellement mises en œuvre sur le chantier. Ceci exige un suivi beaucoup plus lourd. Pour cette raison, les marchés à prix unitaires sont rares en bâtiment ; ils sont plutôt utilisés en infrastructures (routes, ouvrages d'art) et en travaux VRD, ou en bâtiment pour des dévoiements ou curages de câbles dans l'existant. L'avantage des marchés à prix unitaires, notamment en marchés publics, est qu'ils tolèrent des dépassements supérieurs aux dépassements acceptables en marchés à prix global et forfaitaire.[2] Ils sont donc pertinents quand il y a de grosses incertitudes sur les quantités à mettre en œuvre.

Point de vigilance : les moins-values sur les chantiers en marché forfaitaire

Dans un marché forfaitaire, si une prestation bien identifiée est globalement annulée, le maître d'œuvre peut la supprimer par ordre de service, en associant une moins-value à cette suppression conformément à la DPGF.

Mais si une prestation est réalisée par l'entreprise en mettant en œuvre des quantités inférieures aux quantités prévues au marché, il n'est normalement pas possible de notifier une moins-value par OS. Puisque le marché est forfaitaire, les quantités de la DPGF ne sont qu'indicatives.

4.2.   Les pièces constitutives du marché

4.2.1.   Marchés publics

Les pièces du marché sont disposées dans l'ordre contractuel, de la plus prioritaire à la moins prioritaire. Ceci signifie qu'en cas de contradiction entre les pièces leur ordre dans la liste des pièces est primordial. D'où l'importance du soin apporté à la liste des pièces du rendu, pour les pièces à la charge du maître d'œuvre : elle déterminera notamment l'ordre de priorité contractuel entre CCTP et pièces graphiques.

Le marché est généralement constitué[3] :
- de l'acte d'engagement, signé par le titulaire ;

---

1   Pour les marchés privés, art. 2 de la norme volontaire NF P 03-001.
2   Art. 15.3 du CCAG Travaux consultable dans l'arrêté du 8 septembre 2009 portant approbation du cahier des clauses administratives générales applicables aux marchés publics de travaux.
3   Article 4 du CCAG Travaux.

- du CCAP, cahier des clauses administratives particulières ; ce document, préparé par l'acheteur, précise toutes les spécifications administratives propres au marché :
  - délais ;
  - pénalités de retard ;
  - conditions de paiement ;
  - modalités de rémunération des travaux supplémentaires ;
  - identité des parties, etc. ;
- du « CCTP et ses annexes » : il faut comprendre le DCE préparé par le maître d'œuvre, avec ses pièces écrites et graphiques ;
- du CCAG Travaux, ainsi que des fascicules du CCTG éventuellement applicables (dans le cas des travaux ouvrage d'art, de génie civil et de VRD)[1] ;
- de la DPGF.

L'utilisation du CCAG Travaux n'est pas imposée aux acheteurs publics par la règlementation, mais celui-ci est cependant universellement utilisé ; le CCAP précise les éventuelles dérogations au CCAG.

4.2.2. Marchés privés

Le marché est généralement constitué :
- d'une commande ou lettre de commande, sur laquelle figurent les signatures des parties ;
- d'un cahier des clauses administratives particulières (CCAP), sous ce nom ou sous un autre nom ;
- du DCE préparé par le maître d'œuvre ;
- de la DPGF.

Le maître d'ouvrage privé peut aussi utiliser s'il le souhaite le CCAG type proposé par la norme volontaire NF P03-001[2], et le modifier par un CCAP de son cru. Cette norme volontaire ne s'applique, bien entendu, qu'aux marchés qui la citent explicitement comme une pièce contractuelle.

Cas des marchés de faible montant passés par un particulier

Quand le maître d'ouvrage n'est pas un professionnel de l'immobilier mais un particulier, il faut veiller, même si l'on connaît bien les entreprises, à garder un certain formalisme dans les marchés.

Il est souhaitable que le marché soit constitué, dans l'ordre :
- du CCTP du lot ;
- des pièces graphiques ;
- du devis de l'entreprise.

---

1   La liste des fascicules approuvés figure dans l'arrêté du 28 mai 2018 relatif à la composition du cahier des clauses techniques générales applicables aux marchés publics de travaux de génie civil.
2   NF P03-001 : Marchés privés – Cahiers types – Cahier des clauses administratives générales applicables aux travaux de bâtiment faisant l'objet de marchés privés. Il existe aussi une version destinée aux travaux de génie civil.

Il peut être souhaitable d'ajouter une page équivalant au CCAP, sur laquelle on fait figurer les délais de réalisation et les éventuelles particularités administratives (pénalités de retard par exemple, ou rappel de l'obligation d'assurance).

Conseil pratique

Même sur un marché de faible montant, le marché ne doit pas être constitué par le seul devis accepté. Il est fondamental d'y adjoindre les pièces écrites et graphiques, indicées et datées, afin de garder la trace du contenu précis des prestations contractuelles. Conserver un exemplaire papier signé et scanné du marché.

Les plans peuvent ensuite évoluer, mais on sait que les prestations contractuelles sont celles de l'indice inclus au marché.

À défaut, on est certain d'avoir rapidement des démêlés avec l'entrepreneur.

4.3. L'exécution des marchés de travaux

En marchés publics, le document de base fondamental à connaître est le CCAG travaux.[1] Même pour un maître d'œuvre travaillant en marchés privés, la connaissance de ce texte est très instructive, malgré les différences.

4.3.1. La gestion des décomptes mensuels

Le maître d'œuvre contrôle les projets de décompte mensuels des entreprises, et les valide avant transmission au maître d'ouvrage.

Sur les gros chantiers s'étalant sur plus d'un an, c'est parfois le maître d'œuvre qui prépare les avancements de chaque lot et qui fournit aux entreprises le projet de décompte, à charge de l'entreprise d'émettre la facture correspondante. Cette organisation permet d'éviter des allers-retours entre entreprise et maître d'œuvre.

Pour les marchés publics, toute cette procédure est détaillée au CCAG travaux.[2]

4.3.2. La retenue de garantie

Le maître d'ouvrage peut prélever sur les décomptes mensuels versés aux entreprises une *retenue de garantie*, d'une valeur de 5 % maximum (3 % pour les PME), afin de couvrir les réserves accompagnant la réception.[3]

L'entreprise peut demander la suppression de cette retenue de garantie, en fournissant à la place une caution bancaire (*caution personnelle et solidaire*). Dans le cadre des marchés publics, la retenue de garantie peut aussi être remplacée par une *garantie à première demande*.

Point de vigilance

En marchés privés, le maître d'ouvrage ne peut pratiquer une retenue de garantie que s'il l'a prévue au marché de travaux. Il doit veiller aussi à préciser qu'elle s'appliquera aussi aux travaux supplémentaires.

---

1 Arrêté du 8 septembre 2009 portant approbation du cahier des clauses administratives générales applicables aux marchés publics de travaux.
2 Art. 13 du CCAG Travaux.
3 Loi n° 71-584 du 16 juillet 1971 tendant à réglementer les retenues de garantie en matière de marchés de travaux définis par l'article 1779-3° du Code civil.

4.3.3. Gérer les courriers recommandés en chantier

La gestion des courriers recommandés reçus des entreprises et envoyés aux entreprises demande une certaine expérience.

4.3.3.1. Typologie des entreprises

L'attitude du maître d'œuvre doit tout d'abord s'adapter au type d'entreprise auquel il a affaire. S'agit-il :

- d'une petite entreprise habituée à travailler en confiance avec ses clients et ne possédant qu'un faible personnel administratif ?
- d'une entreprise de taille moyenne, capable de prendre la plume pour formaliser un point de blocage ?
- ou d'un grand groupe du BTP doté d'un service juridique à l'affût du potentiel réclamatoire de chaque événement de chantier ?

Voilà résumées de manière très simplificatrice les trois grandes familles d'entreprises, en ce qui concerne leur rapport aux courriers recommandés, ce ne sont bien évidemment pas les seules.

4.3.3.2. S'adapter à la typologie de l'entreprise

Le maître d'œuvre devra adapter son comportement à l'entreprise.

- Les petites entreprises ne feront généralement pas de courrier recommandé, et le maître d'œuvre doit être conscient que, si lui – de son côté – leur envoie un recommandé, l'entrepreneur pourra parfois être choqué, comme par la rupture d'un « contrat moral » tacite de confiance réciproque. Face aux petites entreprises, le maître d'œuvre ne devra prendre la plume qu'en présence de manquements répétés ou de mauvaise foi flagrante, pour défendre les intérêts du maître d'ouvrage. Dans bien des cas, un courrier recommandé envoyé à une petite entreprise peut produire un fort impact, là où une entreprise plus grande n'y aurait pas prêté attention.
- Les entreprises de taille moyenne sans culture réclamatoire adressent généralement des recommandés pour formaliser un point de blocage, quand elles ont l'impression de ne pas être écoutées en réunion de chantier. Par exemple pour formaliser que leur avancement est bloqué en l'attente d'une décision du maître d'œuvre, du maître d'ouvrage, ou en l'attente d'un autre lot. Ces courriers doivent être pris au sérieux par le maître d'œuvre, et une réponse doit être apportée.
- Les grands groupes de BTP à la tradition réclamatoire adressent un courrier au maître d'œuvre et au maître d'ouvrage dès qu'un fait peut apporter un élément à la réclamation. Le maître d'œuvre doit être conscient qu'avec ces entreprises tout document transmis à l'entreprise après la signature du marché peut être une pierre dans l'édifice de la réclamation. Par exemple :
  - le maître d'œuvre demande un devis pour une prestation supplémentaire : voilà un argument pour justifier un renforcement de l'équipe administrative !
  - le maître d'œuvre transmet un croquis de détail : voilà qui justifie un allongement de délai – et donc de coûts de chantier – puisqu'une nouvelle donnée entrante est transmise durant le chantier !

– le maître d'œuvre croit bien faire en transmettant une donnée sur l'existant utile à l'entreprise : voilà aussi qui justifie un délai et un surcoût, puisqu'une donnée entrante est transmise beaucoup trop tardivement !

> **Règle d'or**
>
> Sur les chantiers importants, éviter de transmettre des données aux entreprises ; toute transmission de donnée est susceptible d'alimenter la réclamation.

4.3.3.3. Construire une stratégie de veille antiréclamatoire

Dans certains grands groupes, le chargé d'affaire de l'entreprise travaille en tandem avec un juriste, qui analyse chaque document entrant pour l'exploiter pour la réclamation. Le maître d'œuvre doit en être conscient quand il croit bien faire en transmettant des éléments en cours de chantier.

Face à une telle situation, il est important que l'équipe de maîtrise d'œuvre s'organise pour être en mesure de répondre au fur et à mesure aux courriers recommandés. Alors que les courriers sincères d'une entreprise de taille moyenne appellent une réponse pertinente, qui apporte les éléments permettant de débloquer le chantier, les courriers purement réclamatoires d'un grand groupe appellent une réponse d'une tout autre nature. Le but du courrier de réponse doit être de formaliser des arguments qui permettront ultérieurement d'apporter une réponse à la réclamation.

En rédigeant le courrier de réponse, le maître d'œuvre doit se demander : quels arguments peut-on formaliser, qui réduiront la portée de la future réclamation sur le sujet précis objet du courrier reçu ? C'est une manière totalement différente de répondre aux courriers. À l'extrême, rien n'interdit dans les réponses de faire preuve d'une certaine mauvaise foi comme l'entreprise, en insistant sur les manquements de l'entreprise, et pourquoi pas sur le préjudice financier qu'ils entraînent pour le maître d'ouvrage ! Mais on est ici à la limite de l'assistance à maîtrise d'ouvrage.

Dans le courrier de réponse, il peut aussi être utile d'identifier un nombre de jours de retard qu'on considère imputables à l'entreprise à la date du courrier. En effet, plus le chantier sera avancé, et plus il sera difficile d'identifier clairement quels retards sont imputables à l'entreprise et quels retards ne sont pas de son ressort (ceci est encore plus vrai sur un chantier en corps d'état séparés). À la fin du chantier, lors de l'analyse de la réclamation, les courriers réalisés en cours de chantier permettront d'étayer l'affectation à l'entreprise de pénalités de retard, pénalités qui peuvent compenser la réclamation.

Quoi qu'il en soit, quel que soit le type d'entreprise, la réponse ne doit pas tarder, sous peine de voir s'accumuler les courriers.

> **Règle d'or des courriers d'entreprises**
>
> Tout courrier d'entreprise doit faire l'objet d'une réponse écrite dans les trois ou quatre jours qui suivent sa réception.

Outre cette veille destinée à anticiper la réponse au dossier de réclamation, il convient de prendre le temps, durant tout le déroulement du chantier, d'analyser impartialement les devis de travaux supplémentaires.

Si l'on parvient, ce qui n'est pas toujours facile, à obtenir un consensus avec l'entreprise et le maître d'ouvrage sur leur montant, la réclamation sera souvent diminuée.

4.3.4. Aller vers le contentieux

Qu'il s'agisse de traiter une réclamation ou de traiter un litige relatif à la qualité des travaux, il peut être nécessaire d'aller jusqu'au contentieux devant les tribunaux.

Un expert auprès des tribunaux sera généralement désigné dans un premier temps.

Conseil pratique

Si le maître d'ouvrage, assisté de son maître d'œuvre, doit se présenter devant l'expert, ou a fortiori devant un juge, un dossier devra être préparé.

Pour constituer ce dossier, il est conseillé de numéroter les pièces justificatives par ordre chronologique et de les accompagner d'un mémoire explicatif renvoyant aux pièces justificatives numérotées.

4.3.5. Gérer et chiffrer les travaux supplémentaires

4.3.5.1. Les travaux supplémentaires en marchés publics

Ce que dit le CCAG Travaux

Les travaux supplémentaires sont notifiés par ordre de service par le maître d'œuvre.

« L'ordre de service (…), ou un autre ordre de service intervenant au plus tard quinze jours après, notifie au titulaire les prix proposés pour le règlement des travaux nouveaux ou modificatifs.

Ces prix, qui ne sont pas fixés définitivement, sont arrêtés par le maître d'œuvre après consultation du titulaire. (…)

Ces prix sont des prix d'attente qui sont appliqués pour l'établissement des décomptes ; ils n'exigent ni l'acceptation préalable du représentant du pouvoir adjudicateur, ni celle du titulaire. »[1]

Ce que cela signifie en pratique

En pratique, l'entreprise établit un devis de travaux supplémentaires.

Le maître d'œuvre l'analyse :

- Sur le fond, il vérifie que la prestation est effectivement nécessaire et non comprise au marché.
- S'il juge que la prestation fait déjà partie du marché, il le signifie par courrier recommandé à l'entreprise. En effet, le devis refusé a des chances de faire l'objet d'une future réclamation, et le courrier de réponse anticipe l'analyse de la réclamation.
- S'il juge que la prestation est effectivement non comprise au marché, le maître d'œuvre analyse le devis. Sur les gros chantiers, il est intéressant de confier cette analyse à un économiste.

  L'analyse du maître d'œuvre se présente généralement sous la forme d'un tableau avec une colonne « Prix entreprise » et une colonne « Prix maîtrise d'œuvre ».

---

1   Art. 14 du CCAG Travaux.

- Si les prix diffèrent nettement de ceux de l'entreprise, une discussion peut avoir lieu, susceptible d'amener l'entreprise à corriger son devis, par exemple en cas d'erreur flagrante. Il ne s'agit pas d'une réelle négociation (elle relèverait du maître d'ouvrage).
- Le maître d'œuvre sollicite l'accord formel du maître d'ouvrage sur le montant des travaux supplémentaires.
- Après accord écrit du maître d'ouvrage, il notifie les travaux supplémentaires à l'entreprise par ordre de service.

Deux cas se présentent :

- En général, l'ordre de service notifie la réalisation des travaux supplémentaires et le prix provisoire, qui résulte de l'analyse du maître d'œuvre.
- La particularité des marchés publics est qu'en cas d'urgence le maître d'œuvre a la possibilité de faire un premier ordre de service notifiant l'exécution des travaux sans préciser de prix. Il a ensuite quinze jours pour notifier le prix provisoire dans un second ordre de service.

Que signifie « prix provisoire » ?

On pense parfois que le prix provisoire est le prix de l'entreprise, que le maître d'œuvre n'a pas eu le temps d'analyser. Il s'agit là d'un contresens.

En fait, le prix notifié est provisoire parce que l'entreprise a 30 jours, à réception de l'ordre de service, pour émettre des réserves, c'est-à-dire pour refuser le prix maîtrise d'œuvre.

Il est aussi provisoire parce que le maître d'ouvrage n'a pas encore signé d'avenant, ni liquidé le marché.

Quels sont les critères d'analyse économique des devis de travaux supplémentaires ?

L'analyse du devis est menée en cohérence avec les *« modalités de chiffrages des travaux supplémentaires »* telles qu'elles apparaissent dans le CCAP du marché.

- Pour toute prestation pour laquelle un prix figure dans la DPGF, ce prix unitaire est utilisé.
- En l'absence de prix contractuel, les prix sont dits nouveaux. Il faut alors réaliser une analyse économique du prix nouveau.

Par exemple, pour une fourniture, le maître d'œuvre peut appeler un fournisseur pour vérifier un prix, et remplacer le prix de l'entreprise par le prix fournisseur assorti d'un coefficient de marge entreprise.

Conseils pratiques

L'analyse économique des devis de travaux supplémentaires par le maître d'œuvre est souvent présentée sous la forme d'un tableau à deux colonnes : première colonne, le détail des prix du devis de l'entreprise, deuxième colonne les prix proposés par le maître d'œuvre pour chacune de ces prestations.

Dans le cas d'une prestation supplémentaire découlant d'une modification de programme, notamment si celle-ci est non négligeable, le maître d'œuvre peut aussi être amené à réaliser pour le maître d'ouvrage un chiffrage préalable, avant toute information de l'entreprise, afin de permettre au maître d'ouvrage de décider de lancer ou non la modification de programme envisagée.

Quel est l'intérêt de ces prix provisoires ?

Le prix provisoire permet de ne pas bloquer l'avancement du chantier, même si l'administration et l'entrepreneur ne sont pas en accord sur les prix. Il est utilisé pour le règlement des acomptes mensuels, même en l'absence d'avenant, tant que le montant du marché n'est pas atteint.

Il faut savoir qu'en marchés publics l'entreprise a l'obligation d'appliquer les OS, même si elle a des réserves sur leur contenu, et ce jusqu'à 10 % d'augmentation du marché.[1]

4.3.5.2. Les travaux supplémentaires en marchés privés

En marchés privés, les entreprises sont généralement réticentes à recevoir un OS sans prix. Une négociation a lieu pour parvenir à un accord sur le montant des travaux supplémentaires entre maître d'ouvrage et entreprise, avec l'expertise du maître d'œuvre.

L'OS notifiant conjointement la réalisation des travaux supplémentaires et leur prix est ensuite lancé.

C'est une différence importante entre marchés publics et marchés privés.

4.3.5.3. La réalisation de travaux supplémentaires avant OS de lancement

Il est courant sur les chantiers de voir des entreprises qui commencent, et parfois terminent, la réalisation de travaux supplémentaires sans avoir encore reçu du maître d'œuvre l'ordre de service notifiant l'accord sur leur réalisation.

Cette pratique est à éviter, car elle provoque couramment des différends ultérieurs avec les entreprises. Les travaux supplémentaires doivent être précédés d'un ordre de service, tant sur les petits chantiers que sur les grands.

Quelques exemples de cas de figure de travaux supplémentaires réalisés sans OS ou avant OS :

Le « malentendu » sur le caractère supplémentaire de la prestation

L'entreprise a évoqué la nécessité de réaliser la prestation. Dans l'esprit de l'entrepreneur, il était bien clair qu'il s'agissait d'un supplément, mais il n'a pas osé le dire explicitement, ou il n'a tout simplement pas pensé à le dire. Pour le maître d'ouvrage, il était évident que la prestation proposée faisait partie du prix global et forfaitaire (les maîtres d'œuvre sont généralement moins naïfs et posent la question à l'entrepreneur avec diplomatie).

Résultat : différends entre entreprise et maître d'ouvrage au moment des facturations.

Cette situation se rencontre notamment avec les particuliers, non professionnels de l'immobilier.

Le manque de rigueur dans la formalisation des OS

Autre cas courant, le maître d'œuvre néglige la formalisation des travaux supplémentaires. Il reçoit les devis, éventuellement il les discute avec l'entreprise, mais il ne lance pas les ordres de service. Retracer le bilan des suppléments risque ensuite d'être complexe.

---

1 Art. 15.2.1 du CCAG Travaux.

L'anticipation du lancement des prestations sous la pression des délais

C'est un cas courant : analyser le devis et solliciter l'accord du maître d'ouvrage prend du temps ; sous la pression des délais serrés du chantier, l'entreprise commence les travaux supplémentaires, soit de sa propre initiative, soit sur instruction verbale du maître d'œuvre ou de l'OPC, avant d'avoir reçu l'OS lui notifiant les travaux supplémentaires.

Cette pratique, pour banale qu'elle soit, doit être évitée. En effet :

- soit on est sûr que le maître d'ouvrage est d'accord avec la prestation, dans ce cas rien ne devrait l'empêcher de formaliser son accord, et rien n'empêche le maître d'œuvre de délivrer l'OS ;
- soit on n'est pas sûr que le maître d'ouvrage donnera son accord, et dans ce cas le lancement de la réalisation de la prestation risque de poser problème si le montant en est refusé.

Dans les deux cas, il ne faut pas se tromper d'urgence : l'urgence, c'est bien de délivrer l'OS, ce n'est pas de commencer la prestation sans OS.

4.3.5.4. L'absence de sollicitation du maître d'ouvrage

Un dernier cas, un peu différent, se rencontre : le maître d'œuvre analyse les devis et lance bien les ordres de service. Mais il le fait sans solliciter préalablement l'accord formel du maître d'ouvrage.

Cette situation, heureusement rare, est très grave.

Rappelons le Code de déontologie des architectes : « *l'architecte doit s'abstenir de prendre toute décision ou de donner tous ordres pouvant entraîner une dépense non prévue ou qui n'a pas été préalablement approuvée par le maître d'ouvrage* ».[1]

Le Code civil comporte même un article datant de l'époque napoléonienne qui rappelle cette obligation.[2]

4.3.6. Les ordres de service

Les ordres de service constituent le moyen de communication officiel entre maître d'œuvre et entreprises dans le cadre de la réalisation du marché.

Ils sont numérotés dans une série continue, pour chaque marché.

L'entrepreneur, à réception, doit signer l'OS, y apporter ses éventuelles réserves et le retourner au maître d'œuvre.

4.3.6.1. Dans quels cas faut-il faire un ordre de service ?

Tant en marché privé que public, toute prescription pouvant avoir un impact contractuel doit être notifiée à l'entreprise par OS.

Par exemple :

- réalisation de travaux supplémentaires (comme on l'a vu précédemment) ;
- annulation d'une prestation prévue au marché ;
- notification d'une étude complémentaire ou modificative (indice supérieur d'un plan marché par exemple).

---

1 Consultable sur Légifrance directement à la rubrique Codes : Code de déontologie des architectes.
2 Article 1793 du Code civil.

Conseil pratique

Si le maître d'œuvre apporte une simple précision à l'entreprise, par exemple en réponse à une question posée par cette dernière, ces renseignements complémentaires, qui ne modifient en rien le contenu du marché, ne doivent pas être transmis par ordre de service.

En effet, si ces informations font l'objet d'un ordre de service, l'entreprise pourra présumer qu'il y a matière à réclamation, l'ordre de service étant le moyen de communication utilisé en cas d'impact contractuel. Certaines entreprises réclament habilement que toutes les réponses à leurs questions leur soient transmises par ordre de service ; une grande prudence est alors nécessaire.

4.3.6.2. Qui doit signer les ordres de service ?

L'ambiguïté de l'ordre de service est qu'il engage le maître d'ouvrage (notamment en cas de travaux supplémentaires), mais qu'il est signé par le maître d'œuvre.

En marchés publics

Le CCAG travaux précise que « *l'ordre de service est la décision du maître d'œuvre qui précise les modalités d'exécution de tout ou partie des prestations qui constituent l'objet du marché* ».[1]

Il existe des formulaires utilisés comme modèles d'ordres de service en marchés publics.[2]

En marchés privés

Les contrats type de l'ordre des architectes précisent que le maître d'ouvrage signe l'OS de démarrage du chantier, et sous-entendent donc que le maître d'œuvre signe les autres.

La norme (volontaire) NF P03-001[3] indique que les OS sont émis par le maître d'œuvre mais que le maître d'ouvrage contresigne les OS avec impact financier ou impact sur les délais.

Conseil pratique

En pratique, deux solutions sont possibles, valables tant en marchés publics que privés.

Dans tous les cas, le maître d'œuvre rédige et signe les ordres de services, mais si l'OS a un impact financier ou un impact sur les délais contractuels, il doit :

• soit faire contresigner l'OS par le maître d'ouvrage ;
• soit recueillir préalablement l'accord formel du maître d'ouvrage.

La première solution est la plus simple, et idéale si le maître d'ouvrage n'exige pas une justification écrite des causes des travaux supplémentaires.

Sur les gros chantiers, le maître d'ouvrage demande généralement que le maître d'œuvre explique et justifie les travaux supplémentaires par écrit. Ces informations étant confidentielles vis-à-vis de l'entreprise, elles doivent figurer sur un document distinct, document qui sert habituellement de support à l'accord écrit préalable du maître d'ouvrage. Ce document, qu'on peut appeler Fiche de travaux modificatifs, permet aussi au maître d'œuvre de garder la trace de la responsabilité des travaux supplémentaires : s'agit-il d'un supplément relevant de la responsabilité du maître d'œuvre (erreur d'étude), de la responsabilité du maître d'ouvrage (modification de programme) ou relevant d'une responsabilité autre ? Cette traçabilité des responsabilités sera très utile en fin de mission pour réclamer éventuellement un complément d'honoraires ou pour se prémunir de pénalités.

Avant le début du chantier, il est fondamental de se mettre d'accord avec le maître d'ouvrage – qui peut avoir ses propres habitudes s'il est professionnel – sur ce circuit de validation des travaux supplémentaires. Sur les gros chantiers, cette organisation doit être formalisée, par exemple dans un compte rendu de réunion MOA/MOE ou sous toute autre forme.

---

1 Art. 2 du CCAG Travaux.
2 Formulaires disponibles sur www.economie.gouv.fr, rubrique DAJ/commande publique.
3 Art. 11-1-4-1 de la NF P03-001 : Marchés privés – Cahiers types – Cahier des clauses administratives générales (CCAG) applicable aux travaux de bâtiment faisant l'objet de marchés privés (Indice de classement : P03-001).

> **Règle d'or de la gestion des OS**
>
> Le maître d'œuvre doit recueillir l'accord formel du maître d'ouvrage avant de signer un OS avec impact financier ou impactant les délais contractuels.
>
> Une procédure de validation des travaux supplémentaires doit être formalisée avec le maître d'ouvrage préalablement au début du chantier.

4.3.6.3. À qui les ordres de service sont-ils transmis ?

Les ordres de service relatifs aux sous-traitants sont transmis à l'entrepreneur titulaire du marché, qui est le seul habilité à présenter des réserves.

En cas de groupement, les ordres de service sont transmis au mandataire.

4.3.7. Les attachements

Prendre en attachement, c'est formaliser par écrit un état de fait, ou l'exécution de travaux, qui ne pourraient plus être vérifiés ultérieurement. Le but est de garder trace d'une information qui sera ensuite invérifiable.

On peut par exemple prendre en attachement la dimension d'un bloc de béton découvert et que l'entreprise a dû démolir. L'attachement est daté et signé, généralement par le maître d'œuvre, soit de sa propre initiative, soit à la demande de l'entrepreneur.

La prise en attachement n'engage pas les parties sur d'éventuelles conséquences financières, c'est une simple constatation.

En marchés publics, le CCAG Travaux utilise le terme de *constat*.

4.3.8. La fiche de suivi du marché

Sur les chantiers durant plusieurs mois, si l'on n'a pas un suivi rigoureux, il y a un risque de finir par ne plus savoir où l'on en est des montants engagés par ordres de service.

Il existe de nombreux outils de suivi, tant du ressort du maître d'ouvrage que du ressort du maître d'œuvre. Un outil de suivi particulièrement simple a fait ses preuves et peut être conseillé.

Pour chaque marché de travaux, que l'on soit en entreprise générale ou en corps d'état séparés, on crée au début du chantier une fiche de suivi, sur laquelle figure le montant du marché. Au cours du chantier, on prend note sur cette fiche :

• de chaque ordre de service avec prix ;
• des avenants ;
• de provisions pour risques si l'on identifie des risques sur un point particulier du marché.

Cette fiche permet de connaître en permanence d'une part le montant contractuel et d'autre part le coût prévisionnel final, ainsi que le pourcentage d'augmentation du marché, notion fondamentale pour le maître d'ouvrage.

Exemple de fiche de suivi d'un marché :

Marché Dubroux — Lot sols durs		Montants
Marché de base		1 345 000,00 €
Ordres de service sans avenant OS n°3 : Suppression local gardien OS n°5 : Ajout local Ouest	− +	1 432,00 € 3 565,00 €
Avenants Néant		
Total engagé *% par rapport marché de base*		**1 347 133,00 €** *+ 0,16 %*
Provisions Provision pour devis en attente chape complémentaire Provision pour risque réclamatoire	+ +	1 500,00 € 10 000,00 €
Coût final prévisionnel *% par rapport marché de base*		**1 358 633,00 €** *+ 1,01 %*

Si le maître d'ouvrage passe un avenant n°1 intégrant les OS n°3 et 5, la fiche de suivi intègre cet avenant :

Marché Dubroux — Lot sols durs		Montants
Marché de base		1 345 000,00 €
Ordres de service sans avenant Néant		
Avenants Avenant n° 1	+	2 133,00 €
Total engagé *% par rapport marché de base*		**1 347 133,00 €** *+ 0,16 %*
Provisions Provision pour devis en attente chape complémentaire Provision pour risque réclamatoire	+ +	1 500,00 € 10 000,00 €
Coût final prévisionnel *% par rapport marché de base*		**1 358 633,00 €** *+ 1,01 %*

La tenue d'une telle fiche peut être considérée comme relevant du métier de maître d'ouvrage, mais elle peut aussi être tenue par le maître d'œuvre à la demande du maître d'ouvrage. Il s'agit là d'un service susceptible d'être hautement apprécié par le maître d'ouvrage.

Ce suivi fait-il partie de la mission de base ?

On est un peu en limite du périmètre de la mission de base.

Toutefois, l'arrêté Loi MOP[1] inclut dans les missions de la phase DET : *« informer systématiquement le maître de l'ouvrage sur l'état d'avancement et de prévision des travaux et dépenses, avec indication des évolutions notables ».*

---

1 Arrêté du 21 décembre 1993 précisant les modalités techniques d'exécution des éléments de mission de maîtrise d'œuvre confiés par des maîtres d'ouvrage publics à des prestataires de droit privé..

Quoi qu'il en soit, si c'est le maître d'œuvre qui assure le suivi, une étroite collaboration est nécessaire afin de faire valider par le maître d'ouvrage les provisions pour risques. On peut considérer qu'en faisant figurer sur la fiche une appréciation du risque futur le maître d'œuvre réalise une prestation AMO.

Pour en savoir plus sur la gestion des marchés de travaux

Consulter le CCAG travaux.[1]

Consulter la norme volontaire NF P03-001[2] en gardant à l'esprit qu'elle ne constitue en rien une obligation, mais une démarche volontaire.

4.4. Le droit de la sous-traitance

Depuis la loi du 31 décembre 1975[3], les entreprises sous-traitantes bénéficient de plusieurs dispositions garantissant le paiement des prestations réalisées. Pour améliorer l'efficacité de ces dispositions, le législateur a mis à la charge du maître d'ouvrage des obligations de contrôle.

Au début des années 1970, une série de faillites de grandes entreprises, entraînant le non paiement de nombreux sous-traitants, a été à l'origine de la loi sur la sous-traitance. Le but de cette loi était de garantir le paiement des sous-traitants en cas de faillite des entreprises titulaires des marchés et de lutter contre la sous-traitance occulte.

Pour les marchés publics, la loi sur la sous-traitance a été codifiée au sein du Code de la commande publique en 2018. Pour les marchés privés, la loi reste applicable comme auparavant.

La sous-traitance ne doit pas être confondue avec :

- la co-traitance : situation d'entreprises en groupement, le maître d'ouvrage est lié contractuellement avec l'ensemble des membres du groupement ;
- la cession de contrat : situation dans laquelle les obligations d'un contrat sont transférées à un nouveau titulaire ;
- le tâcheronnage : travail de pose sans fourniture de la matière, sous l'entière responsabilité du commanditaire.

Le principe de la loi repose sur l'obligation de l'entreprise titulaire du marché à *déclarer* au MOA ses sous-traitants en faisant :

- accepter le sous-traitant par le MOA,
- agréer ses conditions de paiement.

La déclaration du sous-traitant peut avoir lieu au moment de la mise au point principale du marché ou au cours de l'exécution du marché.

L'obligation de déclaration incombe à l'entrepreneur titulaire du marché et non au sous-traitant.

---

1 Consultable dans l'arrêté du 8 septembre 2009 portant approbation du cahier des clauses administratives générales applicables aux marchés publics de travaux.
2 NF P03-001 : Marchés privés – Cahiers types – Cahier des clauses administratives générales (CCAG) applicable aux travaux de bâtiment faisant l'objet de marchés privés (Indice de classement : P03-001).
3 Loi n°75-1334 du 31 décembre 1975 relative à la sous-traitance

Les garanties des sous-traitants en marchés publics

En marchés publics, la loi prévoit que les sous-traitants déclarés soient obligatoirement en paiement direct.

On parle en marchés publics d'*acte spécial de sous-traitance* pour désigner le document signé par l'entrepreneur et la PRM qui officialise la sous-traitance.

Les garanties des sous-traitants en marchés privés

En marchés privés, le dispositif est différent.

Afin d'éviter que le titulaire ne disparaisse après s'être fait payer, la loi prévoit l'obligation pour le titulaire de délivrer au sous-traitant une *caution personnelle et solidaire* d'un établissement qualifié correspondant au montant sous-traité.

Cette caution peut être remplacée par une *délégation de paiement*, acte par lequel le titulaire délègue au maître d'ouvrage le paiement du sous-traitant ; ce cas se rencontre toutefois rarement.

En l'absence de délégation de paiement, la loi a ajouté un autre garde-fou : le titulaire du marché doit prouver au maître d'ouvrage qu'il a bien délivré une caution personnelle et solidaire au sous-traitant. Si le maître d'ouvrage n'a pas la preuve de cette délivrance de caution, il engage sa responsabilité propre et pourra être condamné au paiement intégral de la prestation réalisée au sous-traitant.

Déclenchement du dispositif de protection en marchés privés en cas de non paiement

En cas de non paiement par l'entrepreneur principal, le sous-traitant doit lui adresser une mise en demeure de le régler sous trente jours et en communiquer une copie au maître d'ouvrage. En cas de défaut de paiement par l'entrepreneur principal, le sous-traitant pourra alors se retourner vers le maître d'ouvrage ; c'est l'*action directe*.

À la réception de la copie de la mise en demeure, le maître d'ouvrage doit donc bloquer les fonds correspondant à la créance et ne pas les verser à l'entrepreneur principal ; sans quoi le maître d'ouvrage s'exposerait à l'obligation de payer deux fois la prestation.

Plus synthétiquement :

	Marchés publics	**Marchés privés**
Déroulement normal du marché	– Déclaration du sous-traitant obligatoire. – Paiement direct obligatoire.	– Déclaration du sous-traitant obligatoire. – Fourniture d'une caution personnelle et solidaire par l'entreprise titulaire (ou plus rarement délégation de paiement).
Défaillance du titulaire du marché		Possibilité d'*action directe* du sous-traitant envers le MOA, après mise en demeure du titulaire par le sous-traitant.

Quelles sont les obligations légales du maître d'ouvrage en matière de sous-traitance ?

- S'il a connaissance de la présence sur le chantier d'un sous-traitant non déclaré, mettre l'entrepreneur principal ou le sous-traitant en demeure de s'acquitter de ces obligations.
- En marchés privés, le maître d'ouvrage doit exiger de l'entrepreneur principal qu'il justifie avoir fourni la caution au sous-traitant.

À défaut, le MOA peut être obligé à indemniser un sous-traitant alors qu'il a déjà réglé l'entrepreneur principal.

Enfin, l'obligation de déclaration s'applique aussi aux sous-traitants de rangs inférieurs.

Règle d'or de l'intervention des sous-traitants

Aucune intervention d'un sous-traitant ne doit avoir lieu sur le chantier sans :

* déclaration du sous-traitant,
* inspection préalable avec le CSPS et production d'un PPSPS.

Conseil pratique pour le maître d'œuvre

Tenir à jour un tableau de suivi des montants sous-traités et ne valider les factures de l'entreprise titulaire qu'à hauteur de sa part.

CHAPITRE 7

Organisation du suivi de chantier

Pour les chantiers soumis à permis de construire ou à permis d'aménager, avant le commencement du chantier, le maître d'ouvrage doit faire une *déclaration d'ouverture de chantier* (DOC) auprès de l'administration. Cette démarche est effectuée en ligne.

1. La réunion de lancement du chantier

La première réunion entre maître d'œuvre et entreprises est particulièrement importante. Il est souhaitable que tous les intervenants soient présents, notamment le maître d'ouvrage et, le cas échéant, les bureaux d'étude.

Quels sont les principaux sujets à y aborder ?

- La réunion commence par une présentation des intervenants, avec le rôle précis de chacun.
- Le représentant du maître d'ouvrage peut dire quelques mots sur ses attentes particulières.
- Le maître d'œuvre présente sommairement le projet, et les difficultés de réalisation particulières. En effet, dans les entreprises d'une certaine taille, les représentants des entreprises ne sont pas forcément ceux qui ont chiffré le projet. Ils ne connaissent pas forcément le projet.
- La question des sous-traitants est à aborder : il est utile de demander aux entreprises quelles prestations elles comptent sous-traiter, puis de leur demander de réaliser rapidement la désignation de leurs sous-traitants. Même pour une prestation à réaliser durant la seconde moitié du chantier, il est préférable que le sous-traitant soit désigné rapidement, afin de pouvoir l'associer à toutes les discussions qui pourront l'impacter et afin que ses études d'exécution soient prises en compte par les autres corps d'état.
- La gestion des éventuels travaux supplémentaires doit être évoquée : quelle que soit la taille du chantier, il est indispensable que le maître d'œuvre rappelle clairement aux entreprises que les travaux supplémentaires ne doivent être réalisés qu'après accord délivré par ordre de service ; on n'insistera jamais assez sur ce point.

- Les modalités pratiques relatives aux installations de chantier sont mises au point : emplacement, lot(s) responsable(s), raccordements en fluides, stationnement des véhicules, etc.
- Les inspections communes entre coordonnateur SPS et entreprises sont programmées.
- L'importance des études d'exécution est évoquée. Il est en effet courant que des entreprises présentent des insuffisances en matière d'études d'exécution, voire même pensent pouvoir s'en dispenser.
- Le circuit des visas est évoqué : armoire à plans informatique ou échange par mail, voire remise en réunion de chantier.
- Il est utile de rappeler aux entreprises qu'elles ne doivent pas réaliser des travaux sans avoir reçu préalablement un visa avec ou sans observations.
- Sur les chantiers d'une certaine importance, le maître d'œuvre demande aux entreprises de préparer leur planning détaillé d'exécution.
- Si le chantier est concerné, il est utile de rappeler en détail les enjeux de l'étanchéité à l'air. Il est même souhaitable de programmer une séance spéciale dédiée à ce sujet, en présence de toutes les entreprises.
- Les réunions de chantier hebdomadaires sont programmées.

> **Règle d'or de la réunion de lancement du chantier**
>
> En réunion de lancement, trois sujets fondamentaux doivent être rappelés aux entreprises et formalisés sur le compte rendu :
>
> 1. rappeler que « les travaux supplémentaires réalisés sans ordre de service ne seront pas payés » ;
> 2. rappeler que les travaux ne doivent être réalisés qu'après obtention d'un visa avec ou sans observations ;
> 3. rappeler, le cas échéant, les règles relatives à l'étanchéité à l'air.

À noter que, concernant les visas préalables, cette règle est bien entendu à assouplir sur les petits chantiers avec des artisans ne réalisant pas d'étude d'exécution.

2. La phase préparatoire

De la réunion de lancement au début réel des travaux s'écoule la phase préparatoire, durant laquelle les entreprises organisent leurs futures activités.

De nouveaux sous-traitants sont présentés. Le plan d'installations de chantier, qui est souvent à la charge du lot Gros œuvre, est établi. Il devra être visé par le maître d'œuvre et par le coordonnateur SPS. Les entreprises font leurs démarches de demande d'autorisation d'occupation temporaire du domaine public, ainsi que leurs démarches d'installation de grue le cas échéant. Les inspections communes avec le CSPS sont organisées et les PPSPS produits. Les DICT sont lancées par les entreprises.

3. La réunion de chantier

3.1. En l'absence d'un OPC

Si la réunion de lancement a bien cadré les entreprises, les réunions de chantier successives nécessitent moins de préparation : les sujets découlent naturellement de l'avancement du chantier et des questions posées par les intervenants.

La réunion de chantier commence généralement par une visite de chantier en présence de toutes les entreprises.

En salle, les grandes lignes de la réunion de chantier comportent les thèmes suivants :

* questions relatives aux installations de chantier ;
* questions relatives à la sécurité sur le chantier, animées par le CSPS ;
* questions relatives à la gestion des marchés : devis en attente d'OS, sous-traitants, factures, etc. ;
* avancement des études d'exécution et visas ;
* avancement de chacun des lots ;
* questions techniques des entreprises ; prescriptions architecturales et techniques suite à la tournée de chantier ;
* prévisions d'activité : l'attention est attirée sur les lots devant intervenir dans les semaines suivantes.

3.2. En présence d'un OPC

Sur les chantiers avec un OPC désigné (en particulier les chantiers en corps d'état séparés), deux types d'organisation des réunions hebdomadaires se rencontrent :

* Première solution : une réunion de chantier unique, pilotée conjointement par l'OPC et le maître d'œuvre ; l'OPC y aborde tous les sujets de son ressort (avancement des études d'exécution, avancement des travaux, points de blocage, prévisions d'activité) et le maître d'œuvre les siens (points architecturaux, points techniques, sujets liés à la gestion financière des marchés de travaux) ; le compte-rendu comporte une partie pilotage et une partie rédigée par le maître d'œuvre ; il est généralement diffusé par l'OPC.
* Deuxième solution, beaucoup plus largement répandue, mais moins efficace : l'OPC organise sa réunion de pilotage et en diffuse le compte rendu ; le maître d'œuvre organise séparément sa réunion de chantier, et en diffuse séparément le compte rendu ; on se trouve alors avec deux comptes rendus, un compte rendu de réunion de pilotage et un compte rendu de réunion de chantier.

Conseil pratique

Il est plus efficace qu'OPC et maître d'œuvre pilotent ensemble une unique réunion de chantier, plutôt que deux réunions distinctes.

---

4.   La tournée de chantier du maître d'œuvre

Certains maîtres d'œuvre visitent le chantier uniquement avec les entreprises, au cours de la réunion hebdomadaire de chantier.

Si le chantier est un tant soit peu complexe, ou étendu, ou si l'on manque d'expérience, il peut être judicieux de faire une tournée préalable du chantier sans les entreprises, en notant et photographiant tous les points remarquables en termes d'avancement et de non-qualité.

Ce travail préparatoire permet au maître d'œuvre d'être plus sûr de lui en réunion de chantier, et de ne pas se laisser influencer par le discours des entreprises. La tournée commune n'est pas redondante, et permet au maître d'œuvre de montrer aux entreprises toutes les non-qualités qu'il a préalablement constatées.

La fréquence des tournées de chantier doit être renforcée à certaines étapes sensibles du chantier, comme le coulage des fondations, l'implantation du cloisonnement ou la fermeture des faux-plafonds.

On utilise parfois le terme de *contrôle qualité* pour désigner le contrôle de la qualité architecturale réalisé sur le chantier par le concepteur, en particulier quand le maître d'œuvre d'exécution est une personne distincte du concepteur. Dans le cadre de ce contrôle qualité, l'architecte vérifie en particulier la conformité au dossier permis de construire.

Conseil pratique

Sur certaines phases, le maître d'œuvre peut être tenté d'espacer ses visites, en passant à un rythme de 15 jours. Cet allégement de présence est à envisager avec beaucoup de prudence : en deux semaines, certaines entreprises sont capables d'accumuler un nombre important de non-conformités et la négociation s'avérera difficile pour obtenir toutes les déposes et les reprises souhaitées par le maître d'œuvre.

---

5.   Les réunions d'étude

Suivant l'importance des études d'exécution, il peut être nécessaire d'organiser des réunions d'étude. Le but de ces réunions est de traiter des sujets relatifs aux études d'exécution, sujets qui ne mobilisent pas les mêmes interlocuteurs que les réunions de chantier.

Ces réunions sont habituellement organisées par spécialité, par exemple réunion d'étude courants forts/courants faibles, réunion d'étude CVC plomberie, réunion d'étude structure, réunion d'étude sur les détails architecturaux de menuiserie, de métallerie, etc.

Les participants à cette réunion sont, au minimum, le bureau d'étude de l'entreprise et celui de la maîtrise d'œuvre ou l'architecte suivant le sujet, et selon le sujet traité le bureau de contrôle. Le coordonnateur SSI participe aux réunions relatives au SSI, qui sont indispensables à partir d'une certaine complexité.

Dans quels cas faut-il organiser des réunions d'étude ?

Elles sont utiles si les études d'exécution et les visas mobilisent des intervenants qui ne sont pas habituellement présents en réunion de chantier, par exemple le bureau d'étude d'une entreprise.

Quel est le contenu de ces réunions ?

On y traite des thématiques suivantes :

- avancement des études d'exécution, notamment documents d'exécution manquants ;
- explication par la maîtrise d'œuvre des récentes observations émises en VISA ;
- présentation par le bureau d'étude de l'entreprise des derniers documents d'exécution en cours de mise au point ou en attente de visa ;
- réponse aux questions de l'entreprise.

6. L'organisation des visas

6.1. De l'importance des études d'exécution

La qualité des études d'exécution des entreprises est fondamentale pour le bon déroulement d'un chantier.

De manière évidente, les études d'exécution permettent la bonne mise au point des détails entreprise, c'est leur fonction de base.

Les études d'exécution préparent le chantier et limitent donc les aléas au cours des travaux. Par exemple dans l'existant, par la prise de cotes sur le terrain, l'entreprise fiabilise l'identification de la prestation à réaliser.

Les études d'exécution permettent de « se mettre d'accord » avec le maître d'œuvre : par exemple mieux vaut pour l'entreprise essuyer un refus sur une fiche technique de lavabo plutôt que de démonter un lavabo déjà posé.

Les études d'exécution préparent le DOE : si elles sont précises et complètes, le DOE sera satisfaisant. Si elles sont largement incomplètes ou absentes, le DOE sera à leur image.

En ERP, en présence d'un bureau de contrôle, les études d'exécution permettent au bureau de contrôle de valider les détails et produits et d'exprimer ses exigences tout au long du déroulement des visas ; en l'absence d'études d'exécution, les exigences du bureau de contrôle arriveront une fois la prestation réalisée sur le terrain, avec risque de démontage. De plus, il est très difficile d'obtenir les procès-verbaux de réaction au feu et les certificats de conformité après les travaux ; c'est au moment où l'entreprise passe commande à ses fournisseurs qu'elle a besoin de savoir quels documents attend le bureau de contrôle.

Les études d'exécution ont un rôle en matière de sécurité dans des domaines comme les courants forts, la structure, le désenfumage, en fournissant la garantie du respect des règles.

Les plans d'exécution permettent le travail de la cellule de synthèse (voir plus bas) ou du BIM manager, travail qui limite les problèmes de mise en œuvre sur le chantier.

Enfin, les études d'exécution, une fois validées par le visa, constituent le support de travail des ouvriers des entreprises sur le terrain. C'est ce qui autorise le maître d'œuvre à dire à l'entrepreneur récalcitrant : *« Ce n'est pas pour la maîtrise d'œuvre que vous devez faire vos études d'exécution, c'est pour vos salariés ! »*

6.2.   Rappel sur le déroulement des visas

Pour mémoire, les études d'exécution sont constituées principalement :

- des plans d'exécution ;
- des fiches techniques, accompagnées des éventuels procès-verbaux de réaction au feu et certificats divers ;
- des échantillons ;
- des notes de calculs ;
- des procédures.

Sur chaque document, le maître d'œuvre (ou le membre de l'équipe de maîtrise d'œuvre qui a conçu le lot) donne un avis – le visa.

Cet avis peut prendre trois formes, généralement formulées « Visé sans observation », « Visé avec observations » ou « À resoumettre » (aussi appelé « Refusé », formule moins diplomatique ; d'autres dénominations existent). Les textes de référence sur ce sujet sont :

- le CCAG Travaux pour les marchés publics ;
- la norme volontaire NF P03-001 qui n'est qu'une proposition de CCAG type sans aucune valeur règlementaire, et à adapter suivant ses souhaits par chaque maître d'ouvrage privé.[1]

Aucun de ces deux textes ne donne de préconisations sur la « forme » des visas. Ces trois appellations dépendent donc des habitudes de chacun.

Dans les deux derniers cas (visé avec observations et à resoumettre), l'entreprise doit réémettre son document.

Les documents visés, avec ou sans observations, autorisent l'entreprise à réaliser la prestation sur le terrain et à commander ses fournitures. L'entreprise passe ses documents validés en statut « BPE » (bon pour exécution).

En présence d'un document « à resoumettre », l'entreprise ne doit pas commencer la prestation. Si elle le fait, le maître d'œuvre peut théoriquement (sous réserve que les règles du jeu soient claires dès le début) faire démonter aux frais de l'entreprise les réalisations qui ne lui donnent pas satisfaction.

En pratique, il est difficile de faire démonter quelque chose, d'où l'importance d'obtenir de l'entreprise qu'elle attende les visas avant de réaliser la prestation.

6.3.   Prise en compte des avis du bureau de contrôle dans les VISA

Le maître d'œuvre en charge des VISA doit-il attendre les avis du bureau de contrôle avant de délivrer le VISA ? Doit-il intégrer dans le VISA les remarques du bureau de contrôle ? On considère généralement que le maître d'œuvre n'a pas à attendre les avis du bureau de contrôle ; c'est l'entreprise qui doit attendre l'avis du bureau de contrôle avant de réaliser les travaux. On indique donc souvent dans les VISA « sous réserve de l'avis du bureau de contrôle ».

---

1   Voir NF P03-001 : Marchés privés – Cahiers types – CCAG applicable aux travaux de bâtiment faisant l'objet de marchés privés, article 7.4 et arrêté du 8 septembre 2009 portant approbation du cahier des clauses administratives générales applicables aux marchés publics de travaux, article 29.1.

6.4. Le cas des études d'exécution confiées au maître d'œuvre

Il arrive parfois que le maître d'ouvrage souhaite confier les études d'exécution au maître d'œuvre, comme c'est le cas dans certains pays. Dans ce cas, la phase VISA est remplacée par la phase EXE.

Cette situation se présente par exemple avec des collectivités locales qui tiennent à faire travailler des PME locales n'ayant pas de moyens d'étude (ces PME pourraient tout à fait en vérité missionner un BET en sous-traitance).

Aussi étonnant que cela puisse paraître, les habitudes sur ce point diffèrent d'une région à l'autre de la métropole : alors qu'à Paris le maître d'œuvre ne réalise presque jamais les EXE, il existe des régions où il est traditionnel que le maître d'œuvre prenne en charge ces études.

L'entreprise reste en charge des plans d'atelier ou plans de fabrication.

6.5. L'armoire à plans avec fonctions de gestion

Conseil pratique

La meilleure solution pour organiser le bon déroulement des visas est la mise en place d'une armoire à plans informatique avec fonctions de gestion spécialement dédiées.

Alors qu'une armoire à plans classique s'apparente à un simple serveur partagé, les armoires à plans spécialement prévues pour les visas intègrent des fonctions de gestion (on entend parfois le terme de « gestion électronique de documents ») :

- filtre de recherche de document d'exécution, avec possibilité de tri (par lot, par sous-traitant, par type de document, par statut, par date, etc.) ;
- visualisation des fichiers pdf des documents d'exécution ;
- architecte et BET rentrent leurs observations directement dans un cadre prévu à cet effet et attribuent un statut au document (visé sans observation, visé avec observations, à resoumettre) ;
- des fonctions hiérarchisées sont possibles ; typiquement, l'architecte peut relire, compléter le cas échéant et valider les observations des BET, lesquelles ne seront visibles de l'entreprise qu'après cette validation ; cette fonction est particulièrement utile si un BET vient assez rarement sur le chantier et risque donc de faire une observation inappropriée par méconnaissance d'une adaptation décidée en réunion de chantier ;
- le cas échéant, le bureau de contrôle, le coordonnateur SPS et le coordonnateur SSI peuvent eux aussi, et doivent, rentrer leurs observations sur les documents d'exécution directement dans l'armoire à plan ;
- les indices précédents des documents d'exécution sont archivés automatiquement, mais restent consultables ;
- en fin de chantier, entreprise et maître d'œuvre reçoivent un archivage complet sur CD-rom.

Un circuit parallèle de distribution des plans papiers peut être demandé dans les marchés, si l'équipe de maîtrise d'œuvre le souhaite.

Le principal intérêt de ce système est d'offrir une traçabilité totale du déroulement des visas. On n'est plus confronté à des entreprises qui affirment avoir envoyé un document qu'on n'a jamais reçu, ni à une entreprise qui affirme n'avoir jamais reçu une observation, ce qui constitue un gain d'efficacité très important.

Tout est tracé, et à tout moment on peut savoir quels documents restent à viser par chacun des intervenants ou reste à réémettre.

Pour en savoir plus

Consulter le site d'un fournisseur d'armoires à plan, par exemple www.batiwork.com ou www.wapp6.com.

Conseil pratique : Quel intervenant fait procéder à la création de l'armoire à plans ?

Cela peut être le maître d'ouvrage, mais le plus simple est de prévoir explicitement cette prestation de mise en place de l'armoire à plans dans le marché d'un lot, par exemple le lot principal ou celui en charge des installations de chantier.

Il convient alors de bien préciser dans le CCTP les fonctionnalités requises, pour éviter que l'entreprise ne mette en place un simple serveur partagé.

6.6. Variante pour petit chantier

On notera que, si le chantier ne comporte que quelques plans d'exécution, il n'est pas pertinent d'ouvrir une armoire à plans informatique.

Dans ce cas, différentes solutions sont possibles.

Par exemple, les entreprises peuvent simplement présenter leurs plans en réunion de chantier à l'architecte, qui les examine et appose directement ses remarques et son visa sur le document papier. Mais faire attention à la traçabilité : prévoir deux exemplaires.

6.7. Quels documents d'exécution pour une maison individuelle ?

Sur un chantier de maison individuelle, on peut s'interroger sur la nécessité d'exiger des documents d'exécution, que certains artisans seront incapables de produire. Mais même dans ce cas, un certain nombre de documents d'exécution simples sont utiles, et leur présence dans le DOE sera appréciable à long terme.

On peut par exemple penser aux documents suivants :
- schéma de l'armoire électrique ;
- plan d'implantation coté des réseaux extérieurs enterrés ;
- plan des réseaux de ventilation ;
- mode d'emploi de la CTA ;
- référence de catalogue de la peinture utilisée, pour vérifier avant son arrivée sur le chantier qu'elle est sans solvants – c'est un peu tard une fois qu'elle est livrée ;
- référence de catalogue des appareils sanitaires, pour validation architecturale (sauf si parfaitement conforme au DCE) ;
- référence de catalogue des menuiseries, notamment pour vérifier leur résistance thermique – une fois qu'elles sont posées, il est un peu tard pour les refuser ! –, et valider la quincaillerie prévue ;
- plan et coupe de l'escalier, etc.

6.8. VISA et plans de synthèse

La mission VISA ne comprend normalement pas l'examen des plans de synthèse, sauf demande particulière du maître d'ouvrage. Le maître d'œuvre est associé aux travaux de la cellule de synthèse grâce à sa participation aux réunions de synthèse.

7. L'OPC

Il est d'autant plus utile de connaître les méthodes de l'OPC que, sur certains chantiers, le maître d'œuvre peut assurer le rôle d'OPC.

Le coût d'une mission OPC peut varier entre 1 % et 1,5 % du montant des travaux.

On missionne principalement des OPC sur les chantiers d'une certaine importance en corps d'état séparés. Sur les chantiers en entreprise générale, il n'y a pas d'OPC puisque la coordination entre les lots est assurée par l'entreprise générale. On entend parfois dire (par abus de langage) que l'entreprise générale est en charge de la mission OPC.

7.1. La mission de l'OPC et ses limites de prestation

L'OPC intervient durant la phase chantier ; en phase conception, on ne parle pas d'OPC mais de planificateur.

Le cœur de son métier est d'obtenir la tenue des délais.

Il intervient donc sur tout ce qui touche directement ou qui impacte indirectement les durées de taches et leur chronologie :

- effectifs des entreprises ;
- chronologie des interventions des lots ;
- durée des interventions des entreprises ;
- déblocage de tout problème ralentissant le chantier ;
- phasages ;
- programmation des interventions futures, etc.

La plus-value essentielle apportée par un bon OPC est sa connaissance des enchaînements chronologiques des tâches.

Par exemple, il est judicieux de réaliser les finitions en plafond avant les finitions des revêtements de sol pour ne pas endommager ces dernières.

En revanche, l'OPC ne doit pas intervenir sur les sujets qui relèvent du maître d'œuvre :

- il ne doit pas s'immiscer dans la gestion des marchés : il n'est typiquement pas de sa compétence d'ordonner la réalisation d'une prestation supplémentaire, ni de demander un devis ;
- il ne doit pas prendre de décisions architecturales ou techniques.

Seul le maître d'œuvre est habilité à gérer ces questions pour le compte du maître d'ouvrage.

Ce point est important, car il peut arriver, sous la pression des délais, qu'un OPC sorte du périmètre de ses missions.

7.2. L'OPC et la connaissance des lots techniques

Si l'OPC ne doit pas prendre de décision technique, il doit cependant connaître les lots techniques pour gérer leur impact sur les délais.

Pour choisir un bon OPC, il faut vérifier tout particulièrement sa connaissance des lots techniques, ce par quoi pèchent de nombreux OPC.

En effet, si le lot plâtrerie ou menuiserie sont en retard, cela se remarque assez facilement. L'OPC pourra donc relancer en temps utile l'entreprise.

Mais une particularité des lots techniques, c'est que leur avancement réel n'est pas facilement visible si l'on n'est pas spécialiste.

Pour connaître la réalité de l'avancement, il faut monter sur les toitures pour voir si les groupes froid sont raccordés, il faut descendre dans les galeries techniques pour voir quels câbles sont posés, il faut entrer dans le poste haute tension pour voir si cellules et équipements annexes sont raccordés, il faut savoir reconnaître une UTL de GTB.

Et comment identifier les câbles posés pour vérifier l'avancement ? Encore faut-il savoir distinguer un bus SSI et un câble 3G2,5… Ce n'est pas à la portée de tout OPC.

De plus, un OPC qui connaît mal les lots techniques risque de ne pas savoir quels sont les points essentiels qui conditionnent leur avancement.

Trois exemples *réels* sur un grand projet phasé, avec des livraisons successives :

- Une zone à livrer paraît très avancée : sols, murs et plafonds terminés, éclairage posé, menuiseries posées. Quelque temps avant la livraison de la zone, on découvre que le tableau divisionnaire n'est pas arrivé, parce que le maître d'œuvre n'ayant pas visé le schéma de l'armoire, l'entreprise – disciplinée – ne l'a pas lancée en fabrication.
- Une zone à livrer est desservie en ventilation par une CTA implantée dans une zone appartenant à une phase ultérieure ; le local CTA doit être construit prioritairement, le phasage est à modifier.
- Dernier exemple : le chef d'équipe plomberie garantit à l'OPC qu'il a intégralement terminé la pose des sanitaires d'une zone. Une visite au niveau inférieur permet de s'apercevoir que, si les sanitaires sont effectivement posés, ils ne sont pas raccordés !

Ces exemples rappellent que l'avancement réel ne se limite pas à ce qui est visible dans les locaux.

> **Règle d'or des compétences techniques de l'OPC**
>
> Un bon OPC doit être compétent en techniques. Il doit prendre connaissance des DCE des lots techniques pour maîtriser l'impact de ces lots sur le déroulement des travaux.

7.3. Les méthodes de l'OPC

Pour parvenir à son objectif, à savoir la maîtrise des délais du chantier, l'OPC met en œuvre un ensemble de méthodes, qui sont à adapter en fonction de la taille du chantier.

7.3.1.   Les plannings d'exécution

En début de chantier, l'OPC demande aux entreprises de produire leur planning « études et travaux ».

Il réalise une analyse de ces plannings pour vérifier :
* la crédibilité de la durée des tâches ;
* la cohérence des plannings entre eux ;
* la cohérence des plannings avec les délais contractuels d'exécution.

L'OPC réalise une synthèse des plannings des entreprises, c'est-à-dire qu'il fusionne leurs plannings pour réaliser un planning global dans lequel la durée de chaque tâche élémentaire est issue des données des entreprises. Ce planning est donc plus fiable et plus détaillé qu'un planning de niveau PRO réalisé en l'absence des entreprises.

Ce planning détaillé d'exécution est notifié par ordre de service aux entreprises et devient le planning de référence. Ce process, qui est pertinent aussi en marchés privés, est officiellement prévu par le CCAG Travaux.[1]

L'OPC identifie par ailleurs le *chemin critique*, c'est-à-dire l'enchaînement des *tâches critiques*. Une tâche est sur le chemin critique si tout retard qu'elle subirait se répercutait nécessairement sur la date de livraison finale. Il s'agit donc des tâches sans marge en termes de délais.

7.3.2.   Les logiciels de planification

Les logiciels de planification les plus utilisés dans le bâtiment sont Microsoft Project Online, Visual Planning et Sciforma

7.3.3.   Le décompte des effectifs

Cette méthode consiste à comptabiliser les effectifs de chaque entreprise présente sur le chantier.

Ce décompte est réalisé soit directement sur le terrain en interrogeant les chefs de chantier et en vérifiant leurs dires, soit par téléphone, dans ce cas en vérifiant ensuite l'information sur le terrain.

Pour les gros chantiers avec un OPC dédié, ce décompte est normalement réalisé tous les jours ; pour les chantiers de taille inférieure, cette périodicité de contrôle peut être adaptée, en fonction de la criticité des délais. En tout état de cause, le décompte est au moins hebdomadaire.

7.3.4.   Les relances téléphoniques

La méthode de base de l'OPC, c'est tout simplement la relance des entrepreneurs par téléphone. Cette relance est réalisée après analyse des besoins du chantier (quel corps d'état sera nécessaire à quelle date pour quelle tâche), et en fonction des résultats du décompte des effectifs.

La relance consiste par exemple :
* à demander à un entrepreneur d'intervenir sur le chantier ;

---

1   Article 28.2.3 du CCAG Travaux, consultable dans l'arrêté du 8 septembre 2009 portant approbation du cahier des clauses administratives générales applicables aux marchés publics de travaux.

- à demander à un entrepreneur d'augmenter ses effectifs ;
- à demander à un entrepreneur d'apporter à ses équipes un élément manquant : fournitures, agent spécialisé, etc.

Conseil pratique

La relance par mail, si elle peut être utile pour une bonne traçabilité, ne remplace pas la relance téléphonique : il faut avoir l'entrepreneur de vive voix au bout du fil, ce qu'aucun mail ne saurait jamais remplacer.

7.4.   L'OPC urbain

Dans le cadre des opérations d'aménagement urbain, par exemple dans le cadre d'une ZAC, l'aménageur se fait parfois assister d'un *OPC urbain*.

La mission de l'OPC urbain consiste à piloter le déroulement des étapes successives de l'opération et à coordonner les intervenants. Il organise des réunions de coordination dont il rédige les comptes rendus, il relance les acteurs et tient à jour la planification de l'opération.

De nombreuses prestations peuvent s'ajouter, par exemple la mise en cohérence des plans d'installation de chantier des constructeurs de chaque lot.

7.5.   L'OPC B ou pilote B

Dans le cadre de la construction d'un centre commercial, on appelle *OPC B* ou *pilote B* la personne en charge du pilotage des aménagements intérieurs des preneurs (le chantier dans le chantier : le chantier des boutiques). Il suit les procédures administratives préalables aux travaux des boutiques, il coordonne les travaux des boutiques avec ceux du centre commercial jusqu'aux visites de la commission de sécurité, avec pour objectif l'ouverture du centre commercial avec 100 % des boutiques ouvertes au public.

Le terme d'OPC B vient du fait qu'on a l'habitude d'appeler *chantier A* le chantier du centre commercial et *chantier B* l'aménagement intérieur des coques par les preneurs.

8.   Le bureau de contrôle

Le rôle des bureaux de contrôle a été initialement officialisé par la loi Spinetta de 1978 (dont la plupart des dispositions ont depuis été remplacées par d'autres textes). Les maîtres d'ouvrage missionnent un bureau de contrôle soit par obligation règlementaire, soit quand cela n'est pas obligatoire afin de se protéger de tout risque. La mission du bureau de contrôle est aussi appelée *contrôle technique*.

Les principales dispositions relatives aux bureaux de contrôle figurent dans le Code de la construction.[1]

---

1   Code de la construction et de l'habitation, Chapitre 1. Règles générales – Section 7. Contrôle technique – Articles L111-23 à L111-26, R111-29 à R111-42.

Les bureaux de contrôle ne peuvent pas exercer une *« activité de conception, d'exécution ou d'expertise d'un ouvrage ».*[1] Cela implique aussi par extension qu'ils ne peuvent assurer la mission de coordonnateur SSI.

8.1. Dans quel cas le maître d'ouvrage doit-il obligatoirement désigner un bureau de contrôle ?

C'est obligatoire[2] :
- pour les travaux ayant pour objet de réaliser un ERP de 1re, 2e, 3e ou 4e catégorie ;
- pour les immeubles dont le dernier niveau est situé à plus de 28 m du niveau d'accès des engins pompiers, donc les IGH mais aussi les immeubles d'habitation entre 28 et 50 m ;
- pour les projets comportant un porte-à-faux de plus de 20 m ou des poutres ou arcs de plus de 40 m de portée ;
- pour les projets comportant des reprises en sous-œuvre ou des soutènements d'ouvrages voisins sur une hauteur de plus de 5 m ;
- pour certains types de bâtiments dans certaines zones sismiques (notamment les immeubles dont le plancher bas est à plus de 8 m du sol en zones de sismicité 4 et 5, soit principalement les Alpes et les Pyrénées).

En pratique, même si le règlement ne parle que de la *réalisation* d'ERP des quatre premières catégories, un bureau de contrôle est aussi désigné pour les *modifications* d'ERP existant.

8.2. Quels types de missions peut assurer un bureau de contrôle ?

Quand la désignation d'un bureau de contrôle est obligatoire, elle porte au moins sur :
- la solidité des ouvrages : mission L ;
- la sécurité des personnes : mission S (sécurité incendie, courants forts, gaz, etc.) ;
- l'accessibilité aux personnes handicapées : mission HAND.[3]

Outre ces missions obligatoires, le bureau de contrôle peut se voir confier des missions complémentaires, dont les plus courantes sont :
- mission PS relative à la sécurité en cas de séisme ;
- mission P1 relative à la solidité des éléments d'équipement non indissociablement liés (cette mission est souvent ajoutée à la mission L) ;
- mission Ph relative à l'isolation acoustique ;
- mission Th relative à l'isolation thermique et aux économies d'énergie.
- mission LE relative à la solidité des existants ;
- mission Av relative à la stabilité des avoisinants ;

1 Code de la construction et de l'habitation, Art. L111-25.
2 Code de la construction et de l'habitation, Art. R111-38. On pourra comparer avec l'article GE 7 du Règlement ERP, qui prescrit l'obligation de présence d'un organisme agréé.
3 Art. R111-39 et R111-19-27 du Code de la construction et de l'habitation.

La liste officielle de ces missions figure dans une norme.[1] Les bureaux de contrôle proposent aussi d'autres missions, ne figurant pas dans la norme, par exemple l'attestation de fin de chantier ATTRT2012, obligatoirement associée à une mission Th (voir sur le contenu de cette mission le chapitre 1 sur la Règlementation).

Faut-il conseiller au maître d'ouvrage de recourir à des missions facultatives du bureau de contrôle?

Cette question ne fait pas l'unanimité. Certains maîtres d'œuvre considèrent que le renforcement de la mission du bureau de contrôle limite les risques de malfaçons et contribue à la surveillance des entreprises. D'autres maîtres d'œuvre considèrent que les bureaux de contrôle sont chronophages et recommandent donc à leurs maîtres d'ouvrage de se limiter au strict nécessaire.

Étapes successives de la mission du bureau de contrôle

La mission type du bureau de contrôle comporte les étapes suivantes :
- rapport initial (dit RICT, typiquement après l'APD), qui doit devenir une pièce contractuelle des marchés de travaux ;
- les avis successifs sur les documents d'exécution ;
- les avis après visites de chantier (ce n'est cependant pas une obligation légale) ;
- le rapport final (RVRAT), avant la réception.

8.3. Quel est le rôle particulier du bureau de contrôle dans les projets d'ERP des quatre premières catégories ?

Dans les projets d'ERP des quatre premières catégories, le bureau de contrôle délivre le RVRAT, rapport de vérifications règlementaires après travaux, qui est le document faisant foi vis-à-vis de la Commission de sécurité.

Ce rapport est le fruit de l'ensemble du processus de vérification des documents d'exécution et du chantier par le bureau de contrôle tout au long de la phase VISA. Un bureau de contrôle qui n'aurait pas suivi le déroulement des études d'exécution pourrait difficilement délivrer son RVRAT ; le bureau de contrôle doit impérativement examiner les documents d'exécution au fur et à mesure de leur production.

Le cadre règlementaire de ce rapport figure aux articles GE 7 et GE 8[2] du Règlement ERP.

---

1 Norme NF P03-100 : Critères généraux pour la contribution du contrôle technique à la prévention des aléas techniques dans le domaine de la construction.
2 Art. GE 7 et GE 8 de l'arrêté du 25 juin 1980 portant approbation des dispositions générales du règlement de sécurité contre les risques d'incendie et de panique dans les établissements recevant du public (ERP).

9. Le rôle du coordonnateur SSI en phases DET et VISA

Le coordonnateur SSI organise si nécessaire des réunions d'étude associant l'entreprise en charge du SSI et les entreprises en charge d'équipements commandés par le SSI (désenfumage, portes DAS).

Le coordonnateur SSI vise les documents d'exécution propres au SSI, ou connexes[1] :

* plans du SSI ;
* synoptiques du SSI ;
* fiches techniques avec procès-verbal d'associativité du matériel : il s'agit de PV qui certifient que le matériel est compatible avec les autres équipements utilisés pour constituer le SSI global ;
* coffrets de relayage des éventuels moteurs de désenfumage ;
* portes DAS, c'est-à-dire commandées par le SSI ;
* ouvrants de désenfumage DAS.

Le maître d'œuvre doit veiller à ce que les prescriptions du coordonnateur SSI soient prises en compte par les entreprises.

Outre ces visas, le coordonnateur SSI organise et pilote les essais et la réception du SSI (voir chapitre 9).

10. La cellule de synthèse avant le BIM

10.1. Son rôle

La mission de synthèse a pour but d'assurer la cohérence spatiale des réseaux techniques définis sur les plans d'exécution, ainsi que leur cohérence avec le gros œuvre et le second œuvre. Elle intervient au cours des études d'exécution.

Cette mission est souvent mal connue de certains maîtres d'ouvrage, alors qu'elle est cruciale pour le bon déroulement du chantier. Cette méconnaissance a très couramment de graves conséquences, en termes de retards et de conflits. Il est donc indispensable que le maître d'œuvre en comprenne bien les enjeux, pour pouvoir si nécessaire sensibiliser le maître d'ouvrage.

En ce qui concerne la disposition des équipements dans un local technique réservé à un unique lot (par exemple un local électrique ou un local CVC), on parle de *synthèse du local*, et cette synthèse est généralement à la charge du lot technique lui-même.

On distingue parfois :

* la *synthèse technique* (portant sur les réseaux et équipements techniques), et
* la *synthèse architecturale* (portant sur la mise en cohérence des lots de second œuvre entre eux et avec la Structure).

---

1   Conformément à l'article 5.3.2.2 de la norme NF S61-931 Systèmes de sécurité incendie (SSI) – Dispositions générales.

Cette distinction est notamment opérée si l'on souhaite faire réaliser la prestation par deux personnes différentes, un spécialiste des réseaux fluides en charge de la synthèse technique et un architecte en charge de la synthèse architecturale.

Les plans de synthèse permettent aussi de formaliser les *demandes de réservations* au lot gros œuvre, réservations qui doivent être connues avant de couler le béton.

La synthèse se charge aussi de la *synthèse des terminaux*, c'est-à-dire de rendre compatibles les emplacements prévus en plafond pour les appareils d'éclairage, les appareils de climatisation, les poutres, etc. Mais cette synthèse des terminaux est la partie la plus simple de sa mission, les véritables enjeux portent sur les réseaux.

La mission de synthèse est réalisée par la *cellule de synthèse*, qui regroupe :
- un animateur de la cellule de synthèse (ou pilote ou directeur de synthèse) ;
- et les responsables des études d'exécution de chaque lot, en particulier les lots techniques et le gros œuvre ou la structure.

Le travail de synthèse en phase chantier a normalement été précédé en phase conception par une présynthèse (ou synthèse de conception) : au cours des études PRO le maître d'œuvre a veillé en amont à anticiper et éviter les principaux problèmes de synthèse :
- il a vérifié que les gros réseaux CVC peuvent passer sous les poutres en dégageant une hauteur sous plafond acceptable ;
- il a positionné les terminaux en cohérence les uns avec les autres.

Cette présynthèse est grandement facilitée par le travail en BIM, qui permet de détecter facilement en trois dimensions les incompatibilités entre les ouvrages (*clashes*).

10.2. Dans quel cas faut-il une cellule de synthèse ?

La cellule de synthèse est nécessaire en présence de plusieurs entreprises, dès qu'il y a des réseaux dans le bâtiment qui risquent d'entrer en « collision » les uns avec les autres.

Quelques exemples :
- un projet d'aménagements extérieurs (jardin public, place publique) n'a pas besoin de synthèse : l'entreprise en charge du lot VRD gère elle-même ses réseaux enterrés ;
- un ravalement n'a pas besoin de synthèse ;
- une maison individuelle non plus ;
- pour un chantier en entreprise générale, la cellule de synthèse est généralement interne à l'entreprise, mais le maître d'œuvre doit préciser dans le PRO que la mission de synthèse est à la charge de l'entreprise ;
- un immeuble de bureaux, d'habitation, un ERP en lots séparés nécessitent une cellule de synthèse.

Pour des projets dont l'ampleur des réseaux ne nécessite pas de cellule de synthèse, le travail de synthèse est réduit à de simples mises au point en réunion de chantier : les études d'EXE sont adaptées pour résoudre les problèmes rencontrés.

L'exemple extrême de projets pour lesquels la mission de synthèse a à l'opposé une importance fondamentale est constitué par les projets d'établissements hospitaliers : ces projets comportent de très nombreux réseaux, ce qui rend cruciale la bonne qualité de la synthèse. Une mauvaise synthèse peut par exemple conduire à l'impossibilité de mettre en place un équipement médical encombrant (scanner, etc.), du fait d'une hauteur sous faux-plafond insuffisante (exemple réellement survenu).

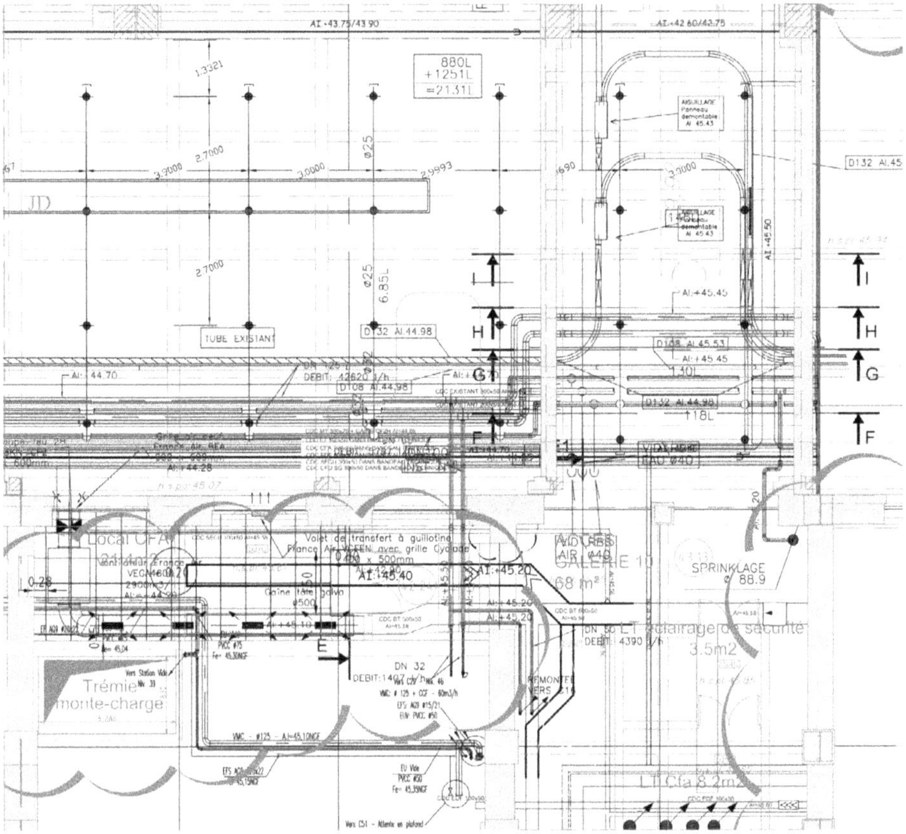

Figure 198. Extrait d'un plan de synthèse.

10.3. Les enjeux

La synthèse est une mission complexe, qui demande des compétences pointues. L'animateur de synthèse doit connaître les particularités de tous les corps d'état et leurs contraintes : par exemple il doit connaître les rayons de courbure minimaux d'une fibre optique et d'un réseau pneumatique, il doit connaître les possibilités d'« aplatir » une gaine de ventilation, etc. Il doit aussi être capable de négocier les conflits qui apparaissent inévitablement avec les entreprises au cours des études de synthèse. En effet, les conflits spatiaux entre réseaux (incompatibilités entre tracés de différents réseaux) ne peuvent être résolus que par des adaptations d'études d'exécution, adaptations qui induisent souvent un surcoût de travaux pour un entrepreneur.

Le pouvoir de conviction ct la compétence de l'animateur de la cellule de synthèse sont donc essentiels pour la réussite du chantier.

10.4. Attribuer la mission de synthèse

La décision de l'attribution de la mission de synthèse relève de la maîtrise d'ouvrage. Néanmoins, compte tenu des enjeux, le maître d'œuvre se doit d'exercer si nécessaire son devoir de conseil.

La mission de synthèse ne fait pas partie de la mission de base de maîtrise d'œuvre. Elle ne fait pas partie non plus des études d'exécution.

Plusieurs solutions sont typiquement utilisées pour affecter la mission de synthèse :

- mission confiée par la maîtrise d'ouvrage à un BET spécialisé : c'est une bonne solution, à condition que seuls des BET expérimentés en synthèse soient consultés ;
- mission complémentaire confiée au maître d'œuvre : cette solution n'est acceptable que s'il en a la compétence ; beaucoup de maîtres d'œuvre souhaiteront l'éviter du fait du caractère complexe de cette mission ; si l'équipe de maîtrise d'œuvre comprend un bureau d'étude important, cette solution est envisageable ; on peut rencontrer aussi cette solution sur les petits chantiers dont les artisans peinent à réaliser des études d'exécution : le maître d'œuvre peut parfois assurer à la fois les EXE et la synthèse ;
- mission confiée à l'une des entreprises, généralement le lot gros œuvre ou le lot CVC, en le prévoyant dès la rédaction du PRO ; la mission de synthèse fait alors l'objet d'un cahier des charges précis que le maître d'œuvre inclut au CCTP ; l'entreprise doit prendre un sous-traitant compétent. Cette solution a l'avantage de garantir que la mission de synthèse sera bien attribuée à temps, ce qui est un gros avantage si le maître d'ouvrage est peu sensibilisé à la nécessité d'une cellule de synthèse. Autre avantage de cette solution : pour les petits projets pour lesquels on s'interroge sur la nécessité éventuelle d'une mission de synthèse, en incluant cette mission à un lot on en garantit la réalisation, le surcoût étant faible puisque l'entreprise, consciente de la modestie de la mission, la chiffre à un faible coût. Mais cette solution ne garantira pas la compétence de l'animateur de synthèse, contrairement à une commande directe à un BET spécialisé rigoureusement sélectionné.

Autre risque : en attribuant la synthèse à un lot, on peut rencontrer des phénomènes de discrimination à l'égard des autres lots, l'animateur pouvant trancher les désaccords en faveur de son commanditaire.

Conseil pratique

En conclusion, si le maître d'ouvrage est conscient des enjeux et sensibilisé à l'importance de la cellule de synthèse, il est préférable qu'il la confie à un BET spécialisé.

Si le maître d'ouvrage est peu sensibilisé à cette problématique, il est plus simple, afin d'éviter des retards, que le maître d'œuvre prévoie la mission dans le dossier PRO (on évaluera si l'accord du maître d'ouvrage est nécessaire au cas par cas).

10.5. Évaluer les honoraires de la mission de synthèse

On évalue généralement l'ordre de grandeur de la mission de synthèse à 1 % du montant total des travaux.

10.6. BIM et cellule de synthèse

Que devient la cellule de synthèse à l'ère du BIM ? Il n'existe pas actuellement de réponse unique et définitive à cette question.

Indéniablement, le métier de BIM manager et le métier d'animateur de la cellule de synthèse présentent de fortes similitudes.

1ère réponse possible à cette question : on peut considérer que l'animateur de la cellule de synthèse s'est transformé, à l'ère du BIM, en BIM manager.

2e réponse possible : on peut aussi considérer qu'animateur de la cellule de synthèse et BIM manager forment une équipe ; le premier disposant d'une forte expérience terrain des réseaux fluides et le second étant très compétent dans le maniement des outils informatiques BIM.

Que les deux rôles soient fusionnés ou restent distincts, il est indéniable que ces métiers se rapprochent à vitesse grand V.

11. Ponts thermiques et étanchéité à l'air

Avec la RT 2012, les exigences d'étanchéité à l'air, cantonnées dans le passé aux bâtiments BBC, sont systématisées. La traduction concrète est l'utilisation dans le neuf de l'utilisation des films pare-vapeur, côté intérieur.

C'est un bouleversement des habitudes pour la majorité des entreprises, et cela exige un travail en commun entre corps d'état, pour éviter par exemple que l'électricien perce le pare-vapeur. Parmi toutes les exigences de la RT 2012, il est généralement considéré que l'étanchéité à l'air est la plus contraignante en termes d'évolution des habitudes.

Les points singuliers sources de défauts d'étanchéité (passages de réseaux, assemblage, notamment entre matériaux différents) doivent faire l'objet d'une attention particulière :

- rappel aux entreprises ;
- coordination entre lots ;
- vérification du travail des entreprises.

Conseil pratique

Même si les entreprises prétendent être bien informées des enjeux thermiques, il est utile au début du chantier de sensibiliser tous les corps d'état aux exigences d'étanchéité à l'air. Cette sensibilisation peut prendre la forme d'une séance de quelques heures dédiée à ce sujet que le maître d'œuvre présente éventuellement comme une séance d'informations/rappels « offerte » aux entreprises.

Comment se mesure la perméabilité à l'air ?

La perméabilité, concept qui s'applique tant aux bâtiments neufs qu'existants, est mesurée par l'indice de perméabilité à l'air $Q_{4Pa\ surf}$, débit de fuite sous une pression de 4 pascals (Q se mesure en $m^3/h/m^2$). La surface considérée n'est pas la surface de plancher, mais la surface des parois « déperditives », hors plancher bas.

Le test d'étanchéité à l'air consiste à mettre le bâtiment en surpression et à mesurer le débit d'air qu'il faut introduire pour compenser les fuites de l'enveloppe. La perméabilité est testée à différents niveaux de pression ou de dépression, avec au moins cinq paliers de mesure.

Les mesures sont réalisées avec un « perméascope » pour les volumes les plus faibles (ordre de grandeur inférieur à 1 000 m³), et à l'aide d'une « porte soufflante » pilotée par ordinateur pour les volumes supérieurs. Suivant la taille du volume à tester, la porte soufflante peut être à un, deux ou trois ventilateurs intégrés. Il existe même des ventilateurs installés sur une remorque, pour tester des volumes allant jusqu'à 75 000 m³.

Le but est aussi de localiser les fuites.

Le protocole précis des essais est décrit dans une norme[1] et dans son guide d'application[2].

En résumé, la mesure doit être réalisée :
- avec la ventilation à l'arrêt ;
- en obturant toutes les entrées et sorties d'air volontaires (bouches de ventilation, etc.).

On installe la porte soufflante et on mesure le débit de fuite pour au moins cinq paliers de pression.

Cette technique de mesure s'accompagne de thermographie infrarouge, qui permet de détecter les zones aux températures anormales, zones qui doivent ensuite faire l'objet d'une recherche (main, poire à fumée, fumigène) pour déterminer si elles sont perméables à l'air ou non.

La RT 2012 impose les débits de fuite maximum suivants en habitation neuve :
- logements individuels : $Q_{4Pa\ surf} < 0,6$ m³/h/m² ;
- logements collectifs : $Q_{4Pa\ surf} < 1,0$ m³/h/m².

À titre de comparaison, le standard allemand Passivhaus exige des maximums entre 0,16 et 0,23 m³/h/m² seulement en logement.

Pour aller plus loin sur les ponts thermiques et l'étanchéité à l'air
- Site Internet de l'association Effinergie.
- Site Internet du CEREMA de Lyon, www.centre-est.cerema.fr.

---

12. Le compte-prorata

Sur certains chantiers avec plusieurs entreprises (même en groupement), il est mis en place un *compte-prorata*.

Un gestionnaire de compte-prorata prend en charge les dépenses communes interentreprises d'intérêt commun, et refacture ses dépenses aux entreprises, sous la surveillance d'un comité de contrôle représentant les entreprises.

Le gestionnaire du compte-prorata peut par exemple être l'une des entreprises.

---

1 NF EN ISO 9972 : Performance thermique des bâtiments – Détermination de la perméabilité à l'air des bâtiments – Méthode de pressurisation par ventilateur.
2 Le guide est référencé GA P50-784.

Les dépenses autorisées sont strictement encadrées par une convention de compte-prorata, document signé par les entreprises et qui régit le fonctionnement du système.

Les dépenses communes prises en charge par le compte-prorata peuvent être par exemple :

- la gestion de bennes communes ;
- le nettoyage et la petite maintenance de la base-vie ;
- les consommations d'eau et d'électricité du chantier ;
- des dépenses de gardiennage communes ;
- etc.

Réservé aux gros chantiers s'étalant sur une longue durée, le compte-prorata est généralement l'objet de nombreux conflits entre les entreprises :

- temporisation à la signature de la convention ;
- retards chroniques de paiement des entreprises ;
- contestation des comptes ;
- contestation de la prise en charge par le compte de certaines dépenses ;
- etc.

Pour éviter ces difficultés, il est souvent plus simple pour le maître d'œuvre d'attribuer ces prestations aux différents lots et à un lot Installations de chantier, la difficulté étant d'arriver à les forfaitiser.

Pour en savoir plus sur les compte-prorata

Consulter la norme volontaire NF P03-001 : Marchés privés - Cahiers types - CCAG applicable aux travaux bâtiment faisant l'objet de marchés privés. L'article 14 de cette norme propose une organisation de compte-prorata.

Attention, il s'agit d'une norme volontaire, qui propose une solution parmi de nombreuses autres. Ce modèle est à adapter suivant la nature de chaque projet.

CHAPITRE 8

La sécurité sur le chantier

Le secteur du bâtiment et des travaux publics concentre seulement 9 % des salariés du régime général, mais il représente à lui seul environ 18 % des accidents avec arrêt de travail et près de 30 % des décès. La sécurité sur le chantier est donc un sujet essentiel, dont le maître d'œuvre ne peut pas se désintéresser.

On trouvera une mine d'information sur le site Internet de l'INRS, rubrique Bâtiments et Travaux publics, avec en particulier des aide-mémoire et guides gratuitement téléchargeables.

De nombreux guides sont aussi consultables sur le site de l'IRIS-ST, association dédiée à la sécurité au travail des artisans du BTP.[1]

1. Le CSPS

1.1. Principes

La mission de coordination sécurité et protection de la santé est décrite dans le Code du travail.[2]

Cette mission a été introduite en France par la loi du 31 décembre 1993, en application d'une directive européenne.

Il doit être désigné par le maître d'ouvrage dès qu'il y a cohabitation entre plusieurs entreprises dans la même « opération » limitée dans le temps et l'espace, même s'ils sont sous-traitants d'une même entreprise générale. Il doit avoir suivi une formation qui comporte plusieurs niveaux de compétence en fonction de la taille des chantiers suivis.

---

1 www.iris-st.org. Attention sur certains sujets les règles auxquelles sont soumis les artisans sont moins strictes que celles destinées aux autres entreprises.
2 Art. L4532-1 et suivants, et R4532-1 et suivants du Code du travail.

Cas de dispense

La désignation d'un CSPS n'est pas nécessaire :

* pour les opérations de maintenance de faible importance ;
* si le maître d'ouvrage est un particulier agissant pour son compte ou pour sa famille.[1]

Déontologie du CSPS

La mission de CSPS est exclusive de toute autre mission : la personne physique qui l'exerce ne peut exercer aucune autre mission sur la même opération.[2]

1.2.   Avant le début des travaux

En PRO, le CSPS émet le PGC (plan général de coordination), document qui récapitule les données relatives à l'hygiène et à la sécurité du chantier.

Au début du marché et à l'arrivée de nouvelles entreprises (notamment sous-traitants), le CSPS réalise une inspection commune avec l'entrepreneur afin de lister :

* les risques que pourraient subir ses salariés ;
* les risques qu'ils pourraient engendrer pour les autres intervenants.

Lors de cette inspection, le CSPS rappelle les prescriptions de sécurité propres au chantier. L'entrepreneur transmet au CSPS son PPSPS (plan particulier de sécurité et de protection de la santé) pour validation.

La loi prévoit une période de préparation d'un mois pour réaliser ces démarches à compter de la signature du marché. L'intention du législateur était d'interdire les débuts de chantiers précipités, sans période de préparation.

1.3.   Pendant les travaux

Durant le chantier, le CSPS tient à jour un registre-journal, à la disposition de l'inspecteur du travail ; les entreprises doivent viser les remarques apposées par le CSPS dans ce registre et prendre en compte ses recommandations. Il mène des actions de prévention vis-à-vis des ouvriers et rappelle les principes de sécurité. Il anticipe les situations potentiellement à risque, par exemple en évitant les superpositions de tâches entre entreprises.

Si le chantier doit comporter un total de plus de 10 000 hommes x jours (on parle de chantier de catégorie I), le CSPS met en place un CISSCT (collège interentreprises de sécurité, de santé et des conditions de travail).

Le CISSCT

Il s'agit d'une réunion périodique de représentants des ouvriers et des entrepreneurs, organisée par le CSPS. On y aborde des sujets pratiques relatifs à l'hygiène et à la sécurité sur le chantier, et les représentants des ouvriers peuvent y exprimer leurs demandes, notamment

---

1   Art. L4532-7 du Code du travail.
2   Article R4532-19 du Code du travail, qui comporte certaines exceptions, notamment en dessous d'un certain seuil de montant travaux.

relatives aux locaux de vie. C'est l'occasion de régler les différends entre les entreprises qui cohabitent dans des locaux de vie communs.

Si le PGC, le PPSPS, le DIUO et l'intervention du CSPS en APS sont souvent critiqués comme des constructions technocratiques qui n'apportent pas grand-chose, le CISSCT au contraire peut être utile, en contraignant les chefs d'entreprise à résoudre les problèmes pratiques auxquels sont confrontés les ouvriers sur le terrain. Les visites de chantier par le CSPS sont elles aussi utiles s'il est compétent, et elles permettent normalement d'améliorer le niveau de sécurité.

1.4. En fin de chantier

En fin de chantier, le CSPS remet au maître d'ouvrage le DIUO (dossier d'intervention ultérieure sur les ouvrages), document qui définit officiellement les modalités d'intervention pour la maintenance.

2. Les organismes de contrôle en matière de sécurité

2.1. Les CARSAT (ex-CRAM)

« Caisses d'assurance retraite et de la santé au travail » est le nouveau nom des caisses régionales d'assurance maladie.[1]

Aussi étonnant que cela puisse paraître, les CARSAT possèdent un service de contrôle de la sécurité des chantiers doté de pouvoirs importants. L'objectif des caisses d'assurance maladie est de mener une politique de prévention auprès des entreprises de travaux afin de réduire les trop nombreux accidents du travail sur les chantiers. Les contrôleurs de sécurité et les ingénieurs-conseils sont formés au contrôle des détails de la sécurité sur le chantier, comme un CSPS, et sont généralement très compétents.

S'il constate des manquements à la sécurité sur le chantier, le contrôleur de sécurité de la CARSAT a le pouvoir, après injonction auprès d'une entreprise, d'augmenter le montant des cotisations sociales de cette entreprise, ce qui peut représenter des sommes considérables. Autant dire qu'il s'agit d'une arme extrêmement puissante face aux entreprises. Comparées à cette arme, les menaces d'un inspecteur du travail sont négligeables pour une entreprise.

Concrètement, après un contrôle non satisfaisant, la caisse adresse à l'entreprise par lettre recommandée une injonction, qui précise :

- le risque auquel sont exposés les salariés ;
- les mesures à prendre par l'employeur et les possibilités techniques de réalisation ;
- le délai de mise en conformité accordé ;

---

1 En Île-de-France, le terme de CRAMIF a été conservé.

• et avise l'employeur qu'au terme de ce délai, si la situation n'est pas satisfaisante, il s'expose (pour l'ensemble de son activité sur le territoire de la CARSAT) à une cotisation supplémentaire, dont le taux est indiqué et peut aller de 25 % à 200 % de la cotisation normale[1] !

Le contrôleur de la CARSAT a donc pouvoir sur les entreprises, dont il est la « bête noire », et non sur les maîtres d'ouvrage et maîtres d'œuvre. Il peut en outre faire appel à l'inspecteur du travail.

En pratique, les contrôles portent sur les gros chantiers et tout particulièrement sur les « majors » du BTP, ce qui est d'ailleurs pertinent puisque le risque d'accident croît avec les effectifs sur le chantier.

Pour en savoir plus sur les pouvoirs des CARSAT

Consulter les sites Internet des différentes CARSAT et les articles du Code de la Sécurité sociale.

2.2.   L'inspection du travail

Comme dans tout lieu de travail, l'inspecteur du travail peut réaliser des visites de chantier, pour s'assurer du respect du droit du travail dans tous ses aspects : hygiène, sécurité, fonctionnement des instances de représentation du personnel, durée du travail. S'il constate des manquements à l'organisation du travail sur le chantier, il adresse des observations écrites à l'entreprise employeur, mais aussi au maître d'ouvrage.

Il peut aller jusqu'à dresser des procès-verbaux et arrêter le chantier.

Contrairement aux inspecteurs de la CARSAT, les inspecteurs du travail sont généralement peu spécialisés et donc pas forcément compétents en Bâtiment. C'est donc l'organisation du travail et les locaux de vie des ouvriers qui retiennent leur attention davantage que l'application des règles de sécurité sur le chantier.

Pour en savoir plus sur la sécurité sur le chantier

Consulter le site www.inrs.fr, rubrique Bâtiment et Travaux publics et télécharger les guides et aide-mémoire, pour la plupart clairs et didactiques.

On peut aussi trouver des informations sur le site de l'OPPBTP, www.oppbtp.fr, organisme de prévention de la branche BTP.

---

1   Voir les articles L422-3 et L242-7 du Code de la sécurité sociale.

3. Les habilitations du personnel des entreprises

La sécurité vis-à-vis des risques électriques

Les personnes intervenant sur les installations électriques sur le chantier doivent être titulaires de l'habilitation C18-510, qui valide une formation aux risques électriques.[1] Les personnes habilitées sont dotées d'un « carnet de prescriptions de sécurité électrique ».

Il existe plusieurs types d'habilitation, qui sont représentés par un symbole, ainsi « B2V » désigne un électricien chargé de travaux en basse tension.

Il existe de nombreuses autres habilitations sur les chantiers. Par exemple, les personnes en charge du montage d'échafaudage doivent être formées et habilitées.

L'autorisation d'intervention à proximité des réseaux (AIPR)

Dans le cadre de la réforme des DICT (voir chapitre 2), le personnel des entreprises intervenant en aménagements extérieurs aux abords de réseaux enterrés doit être titulaire d'une *Autorisation d'intervention à proximité des réseaux*.[2]

4. La gestion de l'amiante

La réglementation, très lourde du fait des risques pour la santé des travailleurs, distingue deux types d'interventions.

4.1. Travaux de traitement de l'amiante (désamiantage ou encapsulage)

On rencontre parfois pour ces travaux le terme « sous-section 3 », en référence à l'article du Code du travail.[3]

Avant le début du chantier, l'entreprise en charge du désamiantage devra produire un *Plan de retrait ou d'encapsulage* de l'amiante et lui joindre le rapport du diagnostiqueur. Le plan de retrait est transmis par l'entreprise à l'inspection du travail, à la CARSAT et à l'OPPBTP un mois avant le début des travaux ; ce délai a pour but d'éviter l'organisation dans l'urgence de chantiers de désamiantage. Le plan de retrait décrit la procédure à suivre par l'entreprise, en fonction notamment des résultats des mesures d'empoussièrement.

On appelle *encapsulage* les travaux d'encoffrement, de doublage ou de fixation qui permettent d'empêcher la dispersion des fibres d'amiante dans l'air.

---

1   Norme NF C18-510 Opérations sur les ouvrages et installations électriques dans un environnement électrique – Prévention du risque électrique, issue des règles définies par l'organisme UTE.

2   Voir www.reseaux-et-canalisations.ineris.fr, rubrique Construire sans détruire/AIPR et l'article 2 de l'arrêté du 15 février 2012 pris en application du chapitre IV du titre V du livre V du Code de l'environnement relatif à l'exécution de travaux à proximité de certains ouvrages souterrains, aériens ou subaquatiques de transport ou de distribution.

3   La référence précise de l'article du Code du travail n'est pas citée ici, car la numérotation des articles du Code du travail sera modifiée plusieurs fois au cours des prochaines années.

4.2. Intervention d'entretien ou de maintenance sur des matériaux contenant de l'amiante

On rencontre parfois le terme de « sous-section 4 » pour désigner le cadre règlementaire de ces interventions. Pour ces opérations de maintenance, il n'est pas nécessaire d'établir un plan de retrait. L'entreprise doit cependant rédiger un *mode opératoire*.

Pour en savoir plus sur la gestion de l'amiante

Consulter le site de l'INRS, rubrique Risques/chimiques/amiante.

---

5. Le BIM au service de la sécurité

La maquette numérique est de plus en plus utilisée sur les grands chantiers pour contribuer à l'amélioration de la sécurité des travailleurs.

La visualisation en 3D des phasages et des méthodologies d'intervention favorise la prise de conscience des risques par les opérateurs.

La maquette numérique est par exemple utilisée pour :

- présenter le chantier, son fonctionnement, ses accès (à des sous-traitants, à des visiteurs, à la mairie, à des livreurs, etc.) ;
- réaliser le plan d'installations de chantier en 3D, plus facilement compréhensible par les opérateurs ;
- anticiper et préparer les modes opératoires de tâches comportant des risques particuliers, dont les enjeux sont difficilement visualisables en 2D : travail superposé, travail en hauteur, travaux en façade, accès en fond de fouille ;
- préparer l'implantation des grues, en prenant en compte les rayons d'action et les interdictions de survol ;
- présenter aux équipes un mode opératoire ou un phasage.

Pour en savoir plus sur l'intérêt du BIM pour la sécurité sur le chantier

Consulter le guide *Conduite de projets en BIM – Le BIM pour la sécurité sur les chantiers*, Entreprises générales de France, sur www.egfbtp.com, rubrique publications.

CHAPITRE 9

La réception et la vie du bâtiment

La phase de réception des travaux correspond pour le maître d'œuvre à l'élément de mission AOR (assistance aux opérations de réception) de la mission de base.

1.　Les autocontrôles et essais

Préalablement aux OPR, les entreprises doivent avoir réalisé leurs autocontrôles.

Par ailleurs, chaque CCTP liste les essais auxquels l'entreprise devra procéder lors des OPR. Ces essais comportent notamment (suivant le type de bâtiment) :

- les essais des installations techniques impactant la sécurité, qui permettent le cas échéant au bureau de contrôle ou au technicien compétent de produire son rapport de vérifications règlementaires exigées par le Règlement ERP[1] ;
- les essais du SSI le cas échéant ;
- les essais de perméabilité à l'air, lorsqu'ils sont imposés par la réglementation thermique ;
- les essais des installations de ventilation ;
- les essais acoustiques ;
- etc.

2.　Les OPR

Les opérations préalables à la réception consistent à lister les finitions restantes avant réception.

Il est important de ne pas réaliser trop tôt les OPR : les finitions doivent être réellement terminées.

1　En application des articles GE du Règlement ERP.

En effet, le maître d'œuvre est souvent sous la pression de l'entreprise, qui souhaite organiser au plus vite les OPR pour acter qu'elle a terminé les travaux. Or, des OPR réalisées alors que les finitions ne sont pas terminées ne sont pas des OPR, mais une simple tournée de chantier. En réalisant les OPR trop tôt non seulement on se noie dans des centaines de réserves, mais on ne peut pas voir les finitions restant à faire : si les peintures ne sont même pas terminées, on ne risque pas de pouvoir identifier une imperfection dans le travail du peintre !

La présence de tous les sous-traitants est évidemment essentielle, pour leur permettre de visualiser directement les finitions à reprendre, en présence du maître d'œuvre.

Concernant les lots techniques, les entreprises doivent réaliser, formaliser et transmettre au maître d'œuvre leurs autocontrôles avant l'OPR. Cela évite par exemple de constater le jour de la visite que certains équipements ne sont même pas raccordés électriquement ou pas encore mis en service, ce qui est une perte de temps pour les BET qui se sont déplacés inutilement.

De nombreux logiciels sur tablette permettent maintenant de simplifier la gestion des OPR, en associant une photo à une réserve portant sur un lot, avec référence éventuelle à un article d'un CCTP ou à un plan de localisation.

Pour en savoir plus sur la gestion informatisée des OPR

Consulter le site d'éditeurs, par exemple www.aconex.com, www.finalcad.com, www.bulldozair.com, www.air-bat.fr, www.resolving.com ou www.archipad.com.

---

3.   Les DOE

La qualité des DOE est directement liée au bon déroulement des études d'exécution. Si l'entreprise a correctement réalisé ces dernières, la constitution du DOE ne posera aucun problème. Dans le cas contraire, le maître d'œuvre aura de grandes difficultés à obtenir un DOE pertinent.

4.   Consignes de sécurité incendie et plans associés

La conception des consignes de sécurité incendie et des plans associés relève du maître d'ouvrage. Elle peut cependant être confiée en prestation complémentaire au maître d'œuvre ou à l'une des entreprises.

De même, la fourniture et la pose des extincteurs, qui relèvent de la maîtrise d'ouvrage, peuvent être confiées à l'un des lots.

Pour en savoir plus sur la conception des consignes de sécurité incendie

Consulter la brochure gratuite de l'INRS sur ce sujet, sur www.inrs.fr. Cette brochure explicative est centrée sur les ERT.

---

5.   La prononciation de la réception

La réception est « l'acte par lequel le maître d'ouvrage déclare accepter l'ouvrage avec ou sans réserves ».[1] Elle est demandée par la partie la plus diligente : maître d'ouvrage ou entreprise. Elle doit être contradictoire, c'est-à-dire faire suite à une mise en présence des parties. La réception peut être amiable ou judiciaire.

Elle est l'origine des délais de garantie.

Après les OPR et la reprise des finitions listées, la réception est prononcée par écrit par le maître d'ouvrage, sous la forme d'un procès-verbal de réception des ouvrages, listant, s'il en existe, les réserves restant à lever.

En marchés publics, les maîtres d'œuvre utilisent des formulaires comme modèles.[2]

En l'absence de formalisation écrite, on peut considérer que la réception a été tacitement prononcée si la prise de possession des lieux a eu lieu et toutes les factures ont été réglées.

6.   La levée des réserves

Une fois la réception officiellement prononcée, les entreprises doivent lever les réserves figurant le cas échéant au PV de réception.

Le suivi des levées de réserves est très chronophage pour la maîtrise d'œuvre. Il est indispensable de maintenir une forte pression sur les entreprises dans les jours qui suivent la réception, car plus on tarde plus il sera difficile de faire revenir des équipes engagées dans d'autres chantiers.

Conseil pratique

Que faire si une entreprise tarde à lever les réserves, ce qui est évidemment un grand classique ?

Si les relances sont restées sans effet, il convient de mettre en demeure l'entreprise par courrier recommandé. On peut par exemple utiliser le modèle suivant :

« La réception des travaux du marché référencé … a été prononcée avec réserves le …

Il vous appartient de lever ces réserves au titre de la garantie de parfait achèvement, à laquelle vous êtes tenu en application de l'article 1792-6 du Code civil.

Ces réserves n'étant toujours pas levées à ce jour, je vous mets en demeure de les lever dans un délai de xx jours à compter de la réception de la présente lettre. »[3]

---

1   Art. 1792-6 du Code civil.
2   Formulaires disponibles sur www.economie.gouv.fr, rubrique DAJ/commande publique.
3   Inspiré de JL Sablon, *Défauts de construction : Que faire ? Guide pratique et juridique*, Eyrolles, 2016.

7.   Le rôle du coordonnateur SSI lors de la réception

Le coordonnateur SSI organise et pilote les essais et la réception technique du SSI (système de sécurité incendie).[1] Cette réception technique ne vaut pas réception de l'ouvrage au sens de la gestion des marchés.

Il produit après ces essais finaux deux documents importants :

- le rapport de réception technique du SSI, qui est attendu par le bureau de contrôle s'il y en a un ;
- le dossier d'identité du SSI, dossier de synthèse regroupant toutes les informations nécessaires à l'exploitation future du SSI.

Enfin, dans les ERP du premier groupe, le coordonnateur SSI participe à la visite de la commission de sécurité, en présence du bureau de contrôle.

8.   La commission de sécurité en ERP

Seuls les ERP du premier groupe et les ERP de 5e catégorie avec locaux de sommeil sont réceptionnés par les commissions de sécurité[2] :

	ERP du 1er groupe (1re, 2e, 3e, 4e catégorie)	ERP de 5e catégorie ne disposant pas d'un local à sommeil pour le public	ERP de 5e catégorie disposant d'un local à sommeil pour le public
Réception de travaux par la commission de sécurité	Obligatoire	Pas de visite de réception de travaux	Obligatoire

8.1.   Les ERP de catégories 1, 2, 3 et 4, ainsi que les ERP de 5e catégorie avec locaux de sommeil

Les commissions consultatives départementales de sécurité et d'accessibilité (CCDSA) existent depuis 1941. Un décret encadre leur activité.[3]

L'intervenant essentiel de la commission départementale de sécurité est le SDIS – service départemental d'incendie et de sécurité, autrement dit les pompiers. Les autres membres de la commission sont des représentants des différents services de l'État et le représentant du maire : ils suivent généralement l'avis du pompier.

À Paris, la préfecture emploie des architectes de sécurité, dont le rôle est complémentaire de celui des sapeurs-pompiers. Alors que les pompiers examineront plutôt les moyens d'accès et les moyens de secours (RIA, sprinklage, colonnes sèches, etc.), les architectes de sécurité examineront la prise en compte de la sécurité incendie dans la conception même du bâtiment.

---

1   Conformément à l'article 5.3.2.3 de la norme NF S61-931 Systèmes de sécurité incendie (SSI) – Dispositions générales.
2   Art. R123-45 §3 du Code de la construction et de l'habitation.
3   Décret n° 95-260 du 8 mars 1995 relatif à la commission consultative départementale de sécurité et d'accessibilité, et en particulier son Titre VII.

Préparer la visite de la commission

Quelques conseils pour bien préparer la visite de la commission :

- Prévoir une salle de réunion accessible aux PMR : la commission comporte souvent une personne en fauteuil roulant en charge de l'accessibilité PMR.
- Pour les bâtiments de grande taille, si la visite dure toute la journée, se renseigner à l'avance auprès du secrétariat de la commission pour savoir si les membres s'absentent à midi ou s'il est de bon ton de leur proposer un en-cas.
- Prévoir la présence impérative, outre du maître d'œuvre, du :
    - maître d'ouvrage ;
    - futur exploitant en charge de la sécurité incendie, s'il est distinct ;
    - représentant du lot courants forts ;
    - représentant du lot CVC désenfumage ;
    - bureau de contrôle ;
    - coordonnateur SSI

(la présence des autres entreprises est très souhaitable mais moins impérative).

Le but de la convocation de tous ces intervenants est de s'assurer qu'on aura la réponse à toutes les questions que pourra poser la commission.

- Faire procéder au nettoyage correct du chantier.
- Relire les attendus du PC et s'assurer qu'ils ont bien été pris en compte dans les travaux.[1]
- Interdire aux entreprises de réaliser des travaux de finition le jour de la visite de la commission.
- Tenir à disposition un classeur fourni par chaque entreprise, dit « Dossier sécurité », qui est un extrait du DOE, comprenant :
    - procès-verbaux de réaction au feu des matériaux employés[2] ;
    - fiches d'autocontrôle ;
    - certificats de conformité ;
    - extraits essentiels des DOE courants forts et CVC plomberie (synoptiques), ce qu'on appelle couramment « le dossier GE 3 ».

Normalement, étant donné que ces documents ont déjà été fournis par les entreprises dans le cadre des études d'exécution au bureau de contrôle, et étant donné que le RVRAT du bureau de contrôle atteste leur fourniture, ces documents ne sont pas nécessaires et ne seront pas consultés. Néanmoins, il est préférable de les tenir à disposition, conformément à l'article GE 3 du Règlement ERP.

- Tenir à disposition le registre de sécurité comprenant les consignes de sécurité (à la charge du maître d'ouvrage ou du futur exploitant), conformément à l'article GE 3. Les contrats de maintenance doivent aussi être disponibles.
- Tenir à disposition *« l'attestation par laquelle le maître de l'ouvrage certifie avoir fait effectuer l'ensemble des contrôles et vérifications techniques relatifs à la solidité conformément aux textes en vigueur ».*[3]

---

1   Cependant si ce n'est pas le cas, c'est un peu tard pour pouvoir agir…
2   Art. GN 12 du Règlement ERP..
3   Art. 46 du décret n°95-260 du 8 mars 1995 relatif à la commission consultative départementale de sécurité et d'accessibilité.

- Présenter l'attestation de solidité du bureau de contrôle, lorsque son intervention est obligatoire.
- Et surtout – et là est l'essentiel –, présenter le RVRAT[1] établi par le bureau de contrôle, sans observations autres que mineures.

Ces trois derniers documents auront été transmis préalablement à la commission par le maître d'ouvrage.

Le déroulement de la visite de la commission

Normalement, la visite comprend :

- une présentation rapide du projet (par exemple par le maître d'ouvrage) ;
- la présentation et l'examen des documents : RVRAT et registre de sécurité ;
- l'examen des contrats de maintenance des installations concourant à la sécurité incendie ;
- quelques questions permettant à la commission d'apprécier les connaissances du personnel chargé du service de sécurité[2] ;
- des essais des installations de sécurité, pour lesquelles la présence des entreprises est indispensable, même si l'exploitant est censé connaître les installations :

  – essais de détection incendie ;

  – essais de déclenchement de l'alarme ;

  – essais de désenfumage ;

  – compartimentage le cas échéant ;

  – essais des AES (groupe électrogène par exemple) ;
- en fin de visite, les membres délibèrent à huis clos.

C'est généralement le maire qui délivre par arrêté l'autorisation d'ouverture au public de l'ERP, après avis de la commission.

Zoom sur...

... les essais de désenfumage

Les essais des systèmes de désenfumage mécanique sont souvent réalisés avec un foyer fumigène de type Chardot (du nom de son concepteur), foyer réalisé à partir d'un mélange d'un tiers (en masse) de nitrate de potassium, un tiers de fécule de pomme de terre et un tiers de lactose.

L'avantage de ce type de fumigène est double :

- les fumées sont suffisamment chaudes pour bien simuler un incendie (les fumées froides peuvent se comporter différemment en termes de mouvement) ;
- les fumées ne dépassent pas la température de 70 °C, ce qui permet de ne pas mettre en danger les finitions des locaux à livrer (il serait certes dommage que les locaux à livrer soient dévastés par un incendie...).

---

1 Suivant l'appendice des articles GE du Règlement ERP. Pour les 5e catégorie avec locaux de sommeil, voir l'article PE 4 du Règlement ERP.
2 Service défini dans les art. MS45 à 52 du Règlement ERP, ainsi que dans les règlements particuliers propres à chaque type d'ERP.

Conseil pratique

Pour les projets avec désenfumage mécanique, penser à inclure au marché la réalisation pratique des essais par l'entreprise.

8.2. Les ERP de 5ᵉ catégorie sans locaux de sommeil

Ces locaux ne nécessitent pas de passage de la commission. Les démarches administratives relèvent de la maîtrise d'ouvrage.

9. La déclaration attestant l'achèvement et la conformité des travaux (DAACT)

9.1. Une procédure créée en 2007

La fin des travaux d'un projet soumis à autorisation d'urbanisme (permis de construire, permis d'aménager ou déclaration préalable) doit faire l'objet d'une déclaration au maire.

C'est la procédure de *déclaration attestant l'achèvement et la conformité des travaux*, qui officialise la date à laquelle l'immeuble est à même d'être affecté à son usage.[1]

La DAACT est signée par l'architecte ayant suivi la réalisation des travaux, qui n'est donc pas forcément le même que celui ayant assuré la conception. En l'absence d'architecte, le signataire est le maître d'ouvrage.

Le signataire atteste que les travaux ont été réalisés conformément à l'autorisation d'urbanisme.

9.2. Attestations à joindre à la DAACT

Suivant la nature du projet, plusieurs attestations doivent être jointes à la DAACT :

- attestation de conformité à la réglementation thermique ;
- attestation de conformité à la réglementation acoustique ;
- attestation de conformité aux règles d'accessibilité ;
- attestation de conformité aux règles parasismiques et paracycloniques (obligation future, le décret d'application n'étant pas encore paru !).

---

1   Procédure décrite à l'article R462-1 et suivants du Code de l'urbanisme.

10. Les garanties / la sinistralité

10.1. Responsabilités de droit commun et garanties légales

Deux types de responsabilités peuvent intervenir suite à un sinistre :
- d'une part les responsabilités de droit commun (qui peuvent être contractuelles, délictuelles ou pénales, et qui ne sont pas spécifiques au domaine de la construction),
- d'autre part les responsabilités spécifiques des constructeurs, dites *garanties légales*.

Dès lors que les conditions sont réunies pour appliquer l'une des garanties légales, un principe de droit veut qu'elles entrent en jeu prioritairement par rapport aux responsabilités de droit commun.

Ce sont donc ces garanties légales, spécifiques au monde du bâtiment, qui sont présentées ci-dessous.

On trouvera les références règlementaires relatives aux garanties légales dans le Code civil.

Toute clause d'un marché de travaux qui les exclurait ou limiterait leur application serait réputée non écrite.

Pour faire appliquer ces garanties légales, le maître d'ouvrage n'a pas besoin de prouver la faute du constructeur (constructeur au sens du Code civil, c'est-à-dire entrepreneurs mais aussi maîtres d'œuvre) : l'existence d'un désordre suffit à rendre applicable la garantie.

10.2. La garantie de parfait achèvement[1]

D'une durée d'un an, elle porte sur les désordres de toute nature, hors usure normale. Il peut s'agir de désordres listés en réserves au procès-verbal de réception des travaux ou de désordres apparus après la réception.

Elle ne couvre par exemple pas :
- les frais de maintenance (remplacement de consommables, etc.) ;
- les actes de vandalisme ;
- l'usure liée à l'utilisation des locaux (par exemple sur le lot Peintures) ;
- les dysfonctionnements sur une installation modifiée par le maître d'ouvrage après réception (par exemple un tableau électrique sur lequel un exploitant aurait rajouté un départ supplémentaire après la réception du chantier).

La garantie de parfait achèvement ne donne pas lieu au paiement d'une indemnité mais à une *réparation en nature* : le constructeur doit réaliser les travaux correctifs nécessaires.

---

1   Art. 1792-6 du Code civil.

10.3. La garantie de bon fonctionnement de deux ans, pour les ouvrages « dissociables »[1]

Encore appelée garantie biennale de bon fonctionnement, elle couvre par exemple :
- des menuiseries (portes, fenêtres, etc.) ;
- des équipements techniques (CTA, radiateurs, etc.).

La Cour de cassation a rappelé qu'un carrelage n'est pas couvert par cette garantie, car un carrelage ne « fonctionne » pas.

Elle donne normalement lieu à paiement d'une indemnité et non à réparation en nature.

10.4. La garantie décennale[2]

Elle couvre les atteintes à la solidité de l'ouvrage et les dommages rendant l'ouvrage impropre à sa destination.

Le Code civil précise qu'un équipement n'est couvert par la décennale que s'il forme « indissociablement corps avec l'un des ouvrages de viabilité, de fondation, d'ossature, de clos ou de couvert ». Cette notion de dissociable/indissociable est fondamentale pour savoir si un dommage est couvert par la responsabilité décennale ou biennale : les éléments dont le remplacement ne peut être effectué sans détérioration qui leur sert de support sont « indissociables » de l'ouvrage et donc couverts par la garantie décennale.[3]

La garantie décennale couvre par exemple :
- des fissures avec infiltrations d'eau ;
- des défauts d'étanchéité d'une toiture ;
- un affaissement de charpente ;
- un dysfonctionnement du réseau d'assainissement empêchant l'évacuation des eaux usées.

Mais elle ne couvre pas :
- des fissures dans les murs n'affectant pas la solidité de l'ouvrage ;
- des traces inesthétiques sur une peinture ;
- un dysfonctionnement d'une menuiserie qui a travaillé ;
- un dysfonctionnement d'un tableau électrique ;
- un défaut d'isolation thermique entrainant des surcoûts « raisonnables » de chauffage (cependant des défauts d'isolation tels que les coûts d'exploitation du bâtiment deviendraient « exorbitants » sont couverts[4]).

Elle donne normalement lieu à paiement d'une indemnité et non à réparation en nature.

---

1 Art. 1792-2 et 3 du Code civil.
2 Art. 1792, 1792-2 et 1792-4-1 du Code civil.
3 Art. 1792-2 du Code civil.
4 Art. L111-3-1 du Code de la construction et de l'habitation.

Point de vigilance

Quelle garantie appliquer si une installation de chauffage ne fonctionne pas ?

L'absence de chauffage est un dommage rendant impropre l'ouvrage (le bâtiment) à sa destination.

En conséquence, c'est la garantie décennale qui s'appliquera et pas seulement la biennale. Et ceci malgré le fait que l'installation de chauffage soit un élément dissociable du bâtiment.[1]

10.5. Sinistralité et responsabilité du maître d'œuvre

Le maître d'ouvrage peut appeler en responsabilité décennale l'entrepreneur, mais aussi le maître d'œuvre, car celui-ci est assimilé par le Code civil à un « constructeur ».[2] Les bureaux d'étude sous-traitants peuvent aussi être appelés en responsabilité.

Cette gestion de la sinistralité est très chronophage pour les maîtres d'œuvre.

La responsabilité décennale du constructeur n'est pas engagée s'il peut démontrer que les dommages proviennent d'une cause étrangère (force majeure, imprévisible, irrésistible et insurmontable, par exemple un glissement de terrain).

Il est intéressant de noter que l'immixtion du maître d'ouvrage jugé notoirement compétent dans le domaine du bâtiment est un cas possible d'exonération de la responsabilité du constructeur (entrepreneur ou maître d'œuvre).

10.6. Archivage en fin de chantier

10.6.1. Archivage en prévention du risque de sinistre

La bonne conservation d'archives en fin de chantier est une obligation pour le maître d'œuvre. En cas de sinistre le maître d'œuvre doit pouvoir exercer son devoir de conseil vis-à-vis du maître d'ouvrage et doit pouvoir, s'il est mis en cause, assurer la défense de ses intérêts propres.

Depuis la loi de 2008 portant réforme de la prescription en matière civile, les délais de prescription ont été uniformisés et toutes les actions en responsabilité contre les constructeurs (notamment les maîtres d'œuvre) se prescrivent dix ans après la réception des travaux[3]. Cette réforme a donc simplifié l'archivage et permet maintenant de se baser sur la durée de conservation unique de dix ans.

Il est indispensable de conserver dix ans après la réception du chantier :

- le contrat de maîtrise d'œuvre et ses avenants éventuels ;
- le programme du maître d'ouvrage ;
- les conventions passées avec les cotraitants et leurs attestations d'assurance ;
- les contrats passés avec des sous-traitants du maître d'œuvre, et leurs attestations d'assurance ;

---

1   On trouvera la jurisprudence suivante sur Legifrance : Cour de cassation, chambre civile 3, audience publique du jeudi 7 avril 2016, n° de pourvoi : 15-15441.
2   Art. 1792-1 du Code civil.
3   Art. 1792-4-1 du Code civil.

- les correspondances échangées avec le maître d'ouvrage comportant des alertes ou des réserves ;
- le dossier permis de construire ;
- les marchés de travaux, avec les ordres de services et avenants ;
- les attestations d'assurance des entreprises ;
- les comptes-rendus des réunions de chantier et le cas échéant des réunions OPC ;
- l'attestation de fin de chantier ;
- les procès-verbaux de réception des marchés, dont la date de signature vaut origine des garanties légales ;
- les DOE et les pièces du DIUO qu'on ne trouve pas dans les DOE ;
- les décomptes généraux et définitifs des marchés de travaux.

10.6.2. Archivage du point de vue de la propriété intellectuelle de l'œuvre architecturale

L'architecte conserve indéfiniment les plans de son projet afin de bénéficier de sa propriété intellectuelle, notamment le droit au respect de son œuvre[1].

10.7. Garanties et équipements de « process »

Depuis 2005, la loi a exclu du champ des garanties légales les équipements techniques liés au « process », c'est-à-dire dont la fonction exclusive est de permettre une activité professionnelle dans le bâtiment : chambre froide, équipements d'un dentiste, scanner d'un centre de radiologie, machines-outils d'une usine, etc.

Ces équipements sont donc couverts par les garanties spécifiées dans leurs contrats d'achats et de pose.

11. Les assurances en phase chantier

11.1. L'assurance dommage-ouvrage

L'assurance dommage-ouvrage est l'assurance du maître d'ouvrage. Elle couvre les défauts de construction dix ans après la réception des travaux et, dans certains cas, pendant le chantier lui-même. Elle peut donc faire double emploi avec l'assurance obligatoire des constructeurs (entreprises et maître d'œuvre).

Cette assurance est obligatoire pour les maîtres d'ouvrage privés (à quelques exceptions près), mais le défaut d'assurance n'étant pas sanctionné pour les maîtres d'ouvrage non professionnels, de très nombreux particuliers négligent par économie d'en contracter une : en termes de coût, on parle de 1 à 5 % du montant des travaux, ce qui est évidemment important.

---

1 Pour plus de détails sur la propriété intellectuelle consulter le chapitre 1.

Le risque pris par les maîtres d'ouvrage privés en ne contractant pas d'assurance dommage-ouvrage est cependant conséquent : en cas de revente du bien durant la période décennale, le vendeur sera responsable devant l'acheteur de tout vice de construction qui apparaîtrait. Le défaut d'assurance peut aussi être utilisé par l'acheteur pour réclamer une baisse de prix.

Au contraire, si le maître d'ouvrage a pris une assurance dommage-ouvrage, elle sera transmise au moment de la vente du bien à l'acheteur, et restera valable pendant toute la période décennale.

La dommage-ouvrage expire en même temps que la garantie décennale.

Les maîtres d'ouvrages publics n'ont pas d'obligation de contracter cette assurance.[1]

11.2. L'assurance des constructeurs

Comme on l'a vu au chapitre 1, tout *constructeur* au sens du Code civil, c'est-à-dire les entreprises, les promoteurs immobiliers, les architectes, les BET et les bureaux de contrôle, doivent être assurés pour couvrir leur responsabilité décennale. Cette assurance est une obligation légale.

Les sous-traitants aussi doivent être assurés, qu'il s'agisse de bureaux d'étude sous-traitants d'un architecte ou d'entreprises sous-traitantes, bien qu'il ne s'agisse pas à strictement parler d'une obligation légale.

L'obligation légale d'assurance ne porte que sur la garantie décennale, pas sur les garanties biennale et de parfait achèvement.

Lors de l'ACT, penser à vérifier que les entreprises sont bien assurées.

Pour en savoir plus sur les assurances

Consulter le Code de la construction, articles L111-27 à 39.

---

12. Après la réception, le suivi des performances énergétiques

Pour les bâtiments neufs, et donc performants énergétiquement, se pose le problème du suivi de la performance lors des premières années d'exploitation.

En effet, le comportement des usagers et la qualité de la maintenance sont fondamentaux pour garantir la pérennité des performances énergétiques initialement prévues lors des études.

Dans ce but, une bonne pratique consiste à proposer au maître d'ouvrage une mission complémentaire de suivi de la performance après mise en exploitation. Cette mission, à assurer par le BET thermique, peut par exemple consister en une visite quelques mois après la mise en exploitation, puis une visite un ou deux ans après.

On soulignera que cette mission ne fait pas partie de la mission de base.

---

1 Article L111-30 du Code de la construction et de l'habitation.

13. Le *commissioning*

Les maîtres d'ouvrage souhaitant aller plus loin dans l'optimisation des performances du bâtiment font appel à un spécialiste en *commissioning*.

Le *commissioning* est une démarche de « mise en qualité intensive », couramment pratiquée aux États-Unis, et qui commence à apparaître en France sur certains grands projets (typiquement pour des tours de bureaux). Elle s'applique aux projets dans le neuf ou dans l'existant et consiste à s'assurer tout au long du déroulement du projet, depuis la phase programme jusqu'à la première année d'exploitation, en passant par la conception et la réalisation, que tout est fait pour optimiser les performances du bâtiment, en termes de consommation énergétique, de consommation d'eau, etc. L'objectif du *commissioning* est d'optimiser le budget exploitation et de valoriser le patrimoine immobilier. Le cœur de la mission porte sur la phase AOR.

La mission est réalisée par un expert indépendant, pour le compte du maître d'ouvrage. L'expert analyse les études du maître d'œuvre, et propose un protocole d'essais en phase réception. La mission porte sur le réglage des équipements de CVC plomberie (production, distribution, régulation), les équipements électriques (éclairage, production d'énergies renouvelables, ascenseurs, etc.) et les performances de l'enveloppe.

Le *commissioning* est obligatoire pour obtenir certains niveaux de certification Breeam et Leed. Il n'en reste pas moins qu'en France il demeure rare, probablement à cause de la réticence des maîtres d'ouvrage à payer une prestation supplémentaire.

Il existe des variantes au *commissioning* :

- On parle de *retrocommissioning* pour désigner une mission portant sur un bâtiment existant et visant à proposer des actions au maître d'ouvrage en vue d'optimiser les performances, sans réaliser de travaux lourds.
- Enfin, on parle de *recommissioning* pour désigner le cas où, quelques années après la mise en service d'un bâtiment ayant fait l'objet d'une mission de *commissionning*, le maître d'ouvrage missionne à nouveau le spécialiste pour vérifier la performance des installations.

14. Le carnet numérique de suivi et d'entretien du logement

Jusqu'à présent aucune documentation n'accompagnait la livraison d'un logement. Innovation introduite par la loi de Transition énergétique de 2015, le carnet numérique de suivi et d'entretien du logement devra mentionner toutes les informations nécessaires à la maintenance et au suivi de l'amélioration de la performance énergétique des logements. Ce service en ligne est obligatoire pour les logements neufs et, à partir de 2025, les logements faisant l'objet d'une mutation.[1]

Le carnet numérique inclut l'ensemble des diagnostics règlementaires exigés lors des mutations (le « dossier de diagnostic technique »).

---

1 Art. L111-10-5 du Code de la construction et de l'habitation.

Tableau des chapitres intéressant les projets d'habitation

Certains maîtres d'œuvre ne réalisent que des maisons individuelles et des immeubles d'habitation collectifs, et souhaitent conserver cette spécialité.

Afin de leur permettre d'accéder plus directement aux chapitres les plus adaptés du présent ouvrage, le tableau ci-dessous donne une appréciation sur la pertinence de chaque chapitre dans un projet dans l'habitat.

La mention « non » ne veut pas dire qu'un thème soit absent du domaine de l'habitat, mais signifie que l'analyse qui est faite dans le présent ouvrage n'est pas particulièrement intéressante pour un maître d'œuvre ne travaillant que dans l'habitat.

Chapitre	Intérêt pour projets d'habitations
Le cadre juridique de la pratique professionnelle	oui
Les relations contractuelles avec le maître d'ouvrage	oui
Le cadre règlementaire de la conception	
La hiérarchie des normes en droit français	oui
Les procédures d'évaluation	oui partiellement
La réglementation ERP	non
La réglementation des bâtiments d'habitation	oui
La réglementation ERT	non
Concepts fondamentaux en sécurité incendie	oui partiellement
L'accessibilité PMR	oui partiellement
La réglementation thermique	oui
Les données d'entrée de la conception	oui partiellement

Chapitre	Intérêt pour projets d'habitations
Les bases sur les lots techniques	
Lot Structure	oui partiellement
Courants forts	oui très partiellement
Éclairage	oui très partiellement
Courants faibles	non
CVC	partie ventilation et partie géothermie
Aménagements extérieurs	partiellement dans le collectif
La qualité environnementale du bâtiment	oui
Organiser la production des études	oui
Études Structure	oui dans le collectif
Études courants forts	oui très partiellement
Études courants faibles	oui
Études CVC plomberie	oui
Études désenfumage	non
Études démolitions	oui
Études VRD	non
La phase réalisation	oui partiellement

Liste de métiers et missions
hors mission de base de maîtrise d'œuvre
pouvant être assurés par un maître d'œuvre

Avec formation relativement légère :
- Coordonnateur SPS
- OPC
- AMO BIM
- AMO Planificateur
- Diagnostic technique global d'immeubles en copropriété (articles L731-1 et D731-1 du Code de la construction et de l'habitation)
- Programmiste
- AMO HQE
- Salarié ou prestataire d'un gestionnaire de patrimoine immobilier
- Missions Attestation d'accessibilité (arrêté du 22 mars 2007)
- Élaboration de Cartes communales, pour les communes sans PLU
- Élaboration de dossiers de permis d'aménager pour lotissements supérieurs à 2 500 m^2 (nota : le maître d'œuvre doit être architecte)

Avec formation plus lourde :
- BIM Manager en phase conception
- BIM Manager en phase réalisation
- BET HQE
- BET Sécurité incendie
- Coordonnateur SSI
- Salarié d'un bureau de contrôle
- Étude de faisabilité des approvisionnements en énergie (articles R111-22 et R111-22-1 du Code de la construction et de l'habitation)
- Missions Attestation de prise en compte de la réglementation thermique (article R111-20-4 du Code de la construction et de l'habitation)
- AMO Commissioning
- Élaboration de dossiers PLU, en sous-traitant les points nécessitant d'autres compétences (l'élaboration d'un PLU complet nécessite un grand ensemble de compétences diverses)
- Élaboration de SCOT

Glossaire/liste de sigles

ACT :   assistance pour la passation des contrats de travaux

AEC :   signe anglais pour *architecture, engineering and construction*

AES :   alimentation électrique de sécurité

AIPR :   autorisation d'intervention à proximité des réseaux

AMO :   assistance à maîtrise d'ouvrage

AOR :   assistance aux opérations de réception

APD :   avant-projet définitif

APS :   avant-projet sommaire

APSAD :   à l'origine, assemblée plénière des sociétés d'assurance dommage ; l'APSAD est aujourd'hui devenue une marque collective délivrée par le Centre national de prévention et de protection, organisme certificateur de l'assurance. L'APSAD distingue les professionnels qui garantissent la qualité des prestations techniques dans les domaines du contrôle des risques (incendie, inondation, malveillance,…) sous la forme de règles (les règles APSAD) de certification détaillées pour les éléments de sécurité et de protection

AQC :   agence qualité construction

ASI :   alimentation sans interruption

ATec :   avis technique

ATEx :   appréciation technique d'expérimentation

Bbio :   besoin bioclimatique ; terme introduit par la RT 2012

BAEH :   bloc autonome d'éclairage d'habitation

BAES :   bloc autonome d'éclairage de secours

BDF :   bâtiment durable francilien

BDM :   bâtiment durable méditerranéen

BET :   bureau d'études techniques

BIM :   *Building Information Modeling* (en français, maquette numérique du bâtiment) ; modélisation 3D du bâtiment, dans laquelle les composants du bâtiment sont représentés par des objets associés à des caractéristiques (structurelles, thermiques, acoustiques, etc.)

BPE :   bon pour exécution

BT :   basse tension

C2P :   commission prévention produits de l'Agence qualité construction

CCAG :   cahier des clauses administratives générales

CCAP :   cahier des clauses administratives particulières

CCDSA :   commission consultative départementale de sécurité et d'accessibilité

CCTP : cahier des clauses techniques particulières

CESI : chauffe-eau solaire individuel

CFD : *Computational Fluid Dynamics* (en français, simulation dynamique des fluides, ou mécanique des fluides numérique) ; méthodes de simulation des écoulements de fluides par ordinateur

CMSI : centralisateur de mise en sécurité incendie

Consuel : organisme qui vérifie les installations courants forts privatives avant leur raccordement au réseau ERDF

CPI : contrôleur permanent d'isolement

CSSI : coordonnateur du système de sécurité incendie

CSTB : centre scientifique et technique du bâtiment

CTA : centrale de traitement d'air

CTB : en français table de styles de tracé ; paramètres utilisés dans AutoCad pour contrôler l'apparence des objets pendant le traçage

CVC : spécialité comprenant le chauffage, la ventilation, la climatisation et par extension le désenfumage mécanique

D9 : règles techniques émises par l'APSAD, pour le dimensionnement des besoins en eau pour la défense contre l'incendie

DACAM : demande d'autorisation de construire, d'aménager ou de modifier un ERP

DAD : détecteur autonome déclencheur

DAS : dispositif actionné de sécurité

DECI : défense extérieure contre l'incendie

DEE : document d'évaluation européen

DENFC : dispositif d'évacuation naturelle des fumées et de chaleur

DET : direction de l'exécution des travaux

DCL : dispositif normalisé de connexion pour luminaire

DICT : déclaration d'intention de commencer les travaux

DOC : déclaration d'ouverture de chantier

DOE : dossier des ouvrages exécutés

DRIM : *deconstruction and recovery information model*

DT : déclaration de projet de travaux

DTU : document technique unifié

ECS : eau chaude sanitaire

EDDV : état descriptif de la division en volume

EN : norme européenne

EP : étude préliminaire (dans le domaine des infrastructures et travaux publics)

ERP : établissement recevant du public

ERT : établissement recevant des travailleurs

ESQ : esquisse

ETE : évaluation technique européenne

GTB : gestion technique du bâtiment

GTC : gestion technique centralisée

HEA, HEB, HEM : poutrelles de la gamme européenne

HT : haute tension

ICPE : installation classée pour la protection de l'environnement

IFC : *Industry Foundation Classes*. Format de fichier orienté objet utilisé par l'industrie du bâtiment pour échanger et partager des informations entre logiciels

IPE : poutrelle en I européenne

IPN : poutrelle en I à profil normal

ISO : organisation internationale de normalisation (*International Standards Organisation*)

ITE : isolation thermique par l'extérieur

ITR : isolation thermique répartie (dans l'épaisseur du mur)

LAN : *Local Area Network*, réseau informatique local

MEP : *Mechanical, Electrical, Plumbing*, sigle anglais pour CVC Plomberie

MNEM : maquette numérique exploitation maintenance

MOA : maîtrise d'ouvrage

MOE : maîtrise d'œuvre

MOP : maîtrise d'ouvrage publique

MTA : module de traitement d'air

OPC : ordonnancement pilotage coordination

OS : ordre de service

PACTE : programme d'action pour la qualité de la construction et la transition énergétique

PAU : parties actuellement urbanisées

PLM : *product life management*

PLU : plan local d'urbanisme

PLUI : plan local d'urbanisme intercommunal

PMR : personne à mobilité réduite

PPP : partenariat public privé

PRO : phase Projet

PSH : personne en situation de handicap

PSMV : plan de sauvegarde et de mise en valeur

RAGE : programme Règles de l'art Grenelle de l'environnement

RGE : reconnu garant de l'environnement

RIA : robinet d'incendie armé

RNU : règlement national d'urbanisme

RPC : règlement européen sur les produits de construction

RT : réglementation thermique

RVRAT : rapport de vérifications règlementaires après travaux

SCOT : schéma de cohérence territoriale

SDI : système de détection incendie

SIAP : agent ayant suivi la formation « Service de sécurité incendie et d'assistance à la personne »

SMSI : système de mise en sécurité incendie

SPR : site patrimonial remarquable (au titre du Code du patrimoine)

SSI : système de sécurité incendie

SYN : mission de synthèse des réseaux

TD :   tableau divisionnaire ou tableau de distribution
TGBT :   tableau général basse tension
TGS :   tableau général de sécurité
UFR :   usager fauteuil roulant
UTE :   union technique de l'électricité
UTL :   unité de traitement locale, utilisée dans certains systèmes courants faibles
VDI :   voix, données, images; équivalent à courants faibles
VISA :   examen des documents d'exécution et avis du MOE
VRD :   voiries et réseaux divers
VTP :   volume technique protégé
WAN :   *World Area Network*, réseaux informatique mondial
xref :   fichier AutoCad venant en référence externe dans un autre fichier AutoCad
ZA :   zone d'alarme
ZC :   zone de compartimentage
ZD :   zone de détection
ZF :   zone de désenfumage
ZC :   zone de compartimentage
ZS :   zone de mise en sécurité

Bibliographie/ouvrages conseillés

Auch-Schwelk V., Fuchs M., Hegger M. et Rosenkranz T., *Construire – Atlas des matériaux*, Presses polytechniques et universitaires romandes, Lausanne, 2009 – ouvrage d'approfondissement théorique

Bellanger A.N. et Blandin A, *Le BIM sous l'angle du droit*, Eyrolles et CSTB Éd., Paris, 2016

Borie V., *La médiation à l'usage des professionnels de la construction, BTP, Immobilier, architecture, urbanisme*, Eyrolles Éd., Paris, 2017

Bouteloup J., Le Guay M. et Ligen J., *Production de chaud et de froid*, Les Éditions parisiennes, coll. Climatisation Conditionnement/Froid-Climatique, 1997 – ouvrage un peu ancien mais qui reste intéressant pour les explications détaillées et scientifiques qu'il fournit sur les différentes technologies. Toute une série d'autres ouvrages des mêmes auteurs chez le même éditeur.

Calgaro J.A., Moreau de Saint-Martin J. (sous la direction de), *Les Eurocodes – Conception des bâtiments et des ouvrages de génie civil*, Le Moniteur Éd., Paris, 2005 – l'intérêt de cet ouvrage est d'offrir un panorama général et synthétique de tous les Eurocodes.

Celnik O., Lebegue E. (sous la direction de), *BIM & maquette numérique pour l'architecture, le bâtiment et la construction*, CSTB et Eyrolles Éd., Paris, 2e éd. 2015

Chenaf M., Ruaux N., *Fondations – Conception, dimensionnement et réalisation – Maisons individuelles et bâtiments assimilés*, CSTB Éd., 2014 – petit ouvrage synthétique et clair

CSTB, *L'assurance construction – Guide pratique droit & construction*, CSTB Éd., Paris, 2016

De Maestri A. J., *Premiers pas en BIM*, Eyrolles et Afnor Éd., Paris, 2017 – petit ouvrage peu détaillé mais bonne introduction, avec un exemple pratique d'application du BIM à une maison individuelle

Desmons J., *Aide-mémoire Génie climatique*, Dunod Éd., Paris, 2015

Durand-Pasquier G. (sous la direction de), *Bâtiments et performance énergétique – Données techniques, contrats, responsabilité*, Lamy Éd., 2011 – petit ouvrage juridique très complet et à jour en 2012

Estingoy P., Rabatel M., *Prévenir les risques d'une opération de construction*, collection Méthodes, Le Moniteur Éd., Paris, 2006 – ouvrage très concret, basé sur des années d'expérience

Filloux A., *Intégrer les énergies renouvelables – Choisir, intégrer et exploiter les systèmes utilisant les énergies renouvelables*, CSTB, 2014 – ouvrage assez complet et sérieux, attention aux évolutions récentes

FREDERICK M., *101 petits secrets d'architecture qui font les grands projets*, Dunod Éd., Paris, 2012

GALLAUZIAUX T., FEDULLO D., *Le grand livre de l'isolation*, Eyrolles Éd., Paris, 3ᵉ éd. 2012 – excellent ouvrage de référence sur toutes les techniques de l'isolation, non seulement thermique mais aussi acoustique

Groupement des installateurs et mainteneurs de systèmes de sécurité incendie, *Guide pratique de sécurité incendie dans les hôtels de 5ᵉ catégorie*, coll. Recherche Développement Métier, SEBTP, 2008 – petit ouvrage pratique

HOYET N, DUCHENE F., DE FOUQUET M., *BIM et architecture*, Dunod Éd., Malakoff, 2016

HUBERT B., PHILIPPONNAT G., *Fondations et ouvrages en terre*, Eyrolles Éd., Paris, 2016

HUET M., *L'architecte maître d'œuvre – Cadre et outils juridiques – Conseils pratiques – Questions/réponses*, Le Moniteur Éd., Paris, 2007 – excellent ouvrage, clair et détaillé, avec de nombreuses références bibliographiques sur chaque sujet

JACQUARD P., SANDRE S., *La pratique du froid*, PYC Éd., Dunod Éd., Paris, 2014 – ouvrage très complet sur les technologies

KENSEK K., *Manuel BIM Théorie et applications*, Eyrolles Éd., Paris, 2015 – la traduction d'un excellent petit manuel américain qui présente des témoignages de professionnels

LEVAN S., *Management et collaboration BIM*, Eyrolles Éd., Paris, 2016 – ouvrage extrêmement ardu, qui montre le décalage important entre les pratiques françaises et américaines et le chemin qui nous reste à parcourir en matière d'organisation de la collaboration en BIM

MENGONI J.C., MENGONI M., *Matériaux écologiques d'intérieur, aménagement, finition, décoration*, Terre vivante Éd., Mens, France, 2010 – petit ouvrage assez complet sur les aspects environnementaux du second œuvre, principalement dans l'habitat

Mission interministérielle pour la qualité des constructions publiques, *Guide à l'intention des maîtres d'ouvrage publics pour la négociation des rémunérations de maîtrise d'œuvre – Loi MOP*, édition 2011, La Documentation française Éd. – ce petit ouvrage est le guide officiel de référence pour l'évaluation des honoraires avec un maître d'ouvrage public.

SABLON J.L., *Défauts de construction : Que faire ? Guide juridique et pratique*, Eyrolles Éd., Paris, 2016 — un petit guide écrit par un avocat : très concret, très clair et très utile, mais centré sur le marché des maisons individuelles

SANIAL W., *Traité d'éclairage*, Cépaduès Éd., Toulouse, 2007 – ouvrage un peu ancien mais qui reste intéressant, car très complet

DE VIGAN A. ET J., *Dicobat*, Arcature Éd., Paris, 2015 – ouvrage toujours utile, en version « petit dicobat » ou « grand dicobat »

WRIGHT D., *Manuel d'architecture naturelle*, 1979, 2004, Parenthèses Éd., Marseille – un classique de l'architecture bioclimatique

Guide d'application de la réglementation incendie – Habitations – ERP – Locaux d'activité, CSTB Éd., 2016 – guide de la réglementation richement illustré

Mémento pratique Francis Lefebvre – Urbanisme – Construction, Francis Lefebvre Éd., Levallois, 2015 – ouvrage juridique de référence

Règlement de sécurité contre l'incendie relatif aux établissements recevant du public – Dispositions générales et commentaires officiels, France-Sélection Éd., Aubervilliers, 2015

Réglementation et mise en sécurité incendie des bâtiments d'habitation – Bâtiments d'habitation – Parcs de stationnement – Logements-foyers, Casso & Associés, CSTB Éd., 2015 – commentaire et illustrations graphiques de l'arrêté Habitation

Quelques périodiques utilisés

- *Les Cahiers techniques du Bâtiment* : un classique, beaucoup plus riche d'enseignements que *Le Moniteur*
- *CVC, La Revue des climaticiens* : périodique spécialisé sur l'actualité technique CVC
- *Lux, La Revue de l'éclairage* : pour un aperçu sur l'actualité du monde de l'éclairage
- *Construction et urbanisme*, LexisNexis Éd. : de l'avis des spécialistes, le meilleur périodique de droit de l'urbanisme et de la construction, plutôt destiné aux avocats, mais qu'il peut être intéressant de consulter en bibliothèque.

Quelques sites Internet conseillés

- https://www.legifrance.gouv.fr/
- www.sitesecurite.com
- www.cstb.fr
- www.actu-environnement.com
- www.geoportail.fr
- www.architectes.org
- www.batiactu.com
- www.breeam.org
- www2.ademe.fr
- www.lemoniteur.fr
- www.planbatimentdurable.fr
- www.programmepacte.fr
- www.negawatt.org : le site de l'association Negawatt
- www.energieinstitut.at : le site de l'Institut de l'énergie du Vorarlberg
- www.lagazettedescommunes.com
- http://guidebatimentdurable.bruxellesenvironnement.be

Florilège des 7 documents gratuits les plus utiles

1. Arrêté du 21 décembre 1993 précisant les modalités techniques d'exécution des éléments de mission de maîtrise d'œuvre confiés par des maîtres d'ouvrage publics à des prestataires de droit privé – consultable sur Légifrance
   L'arrêté d'application de la loi MOP décrivant le contenu type des phases

2. Le CCAG Travaux – consultable sur Légifrance dans l'arrêté du 8 septembre 2009 portant approbation du cahier des clauses administratives générales applicables aux marchés publics de travaux
   Le texte de référence pour la phase chantier en marchés publics

3. http://www.inrs.fr/metiers/btp.html
   Aide-mémoire gratuitement téléchargeables sur la sécurité sur les chantiers

4. www.effinergie.org
   L'association Effinergie publie des guides intéressants sur l'efficacité énergétique dans l'habitat neuf et existant, gratuitement téléchargeables.

5. http://guidebatimentdurable.bruxellesenvironnement.be
   Bruxelles environnement, l'administration de l'environnement de la région de Bruxelles a mis au point et mis en ligne un guide thématique remarquablement complet, une véritable mine d'informations pour le concepteur en matière de qualité environnementale du bâtiment.

6. www.reseaux-et-canalisations.ineris.fr
   Le guide d'application de la réglementation relative aux travaux à proximité des réseaux VRD, composé de trois fascicules, est extrêmement utile pour tout maître d'œuvre en charge de projets d'aménagements extérieurs. Le fascicule 2 en particulier, véritable guide technique, est richement illustré et facilite l'identification de la nature des réseaux que l'on rencontre en aménagements extérieurs.

7. Le Guide OGBTP, consultable sur www.qualibat.com, établi par l'office général du bâtiment et des travaux publics, une fédération défendant les intérêts des architectes et des entrepreneurs.
   Ce guide mis à jour régulièrement et bien rédigé rappelle les principes de passation et de gestion des marchés de travaux.

Avertissement

Les sites Internet de fabricants d'équipements et d'éditeurs de logiciels cités dans cet ouvrage le sont à titre d'exemples concrets, sans préjuger de la qualité particulière de ces sociétés.

Feed-back

Vous avez regretté l'absence d'un thème…
Vous ne partagez pas l'avis de l'auteur sur un sujet…
Vous avez trouvé qu'un thème aurait dû être traité plus en détail…
Vous avez trouvé une coquille…

Faites-nous part de vos suggestions *via* les éditions Eyrolles ou sur Linkedin.

Index

Chez le même éditeur (extrait du catalogue)

Architecture

Isabelle Chesneau (dir.), *Profession Architecte. Identité, responsabilité, contrats, règles, agence, économie, chantier*, 576 p., 2018

Michel Possompès, *La fabrication du projet. Méthode destinée aux étudiants des écoles d'architecture*, 2ᵉ éd., 384 p., 2016

– *Mes clients et moi : un architecte raconte. Récits*, 320 p., 2018

Xavier Bezançon & Daniel Devillebichot, *Histoire de la construction*

– *de la Gaule romaine à la Révolution française*, 392 p. en couleurs, 2013

– *moderne et contemporaine en France*, 480 p. en couleurs, 2014

Alain Billard, *De la construction à l'architecture*

– *Les structures-poids*, 604 p., 2015

– *Les structures en portiques*, 252 p., 2016

– *Les structures de hautes performances*, 400 p., 2016

Grégoire Bignier, *Architecture & écologie : comment partager le monde habité*, 2ᵉ éd., 216 p., 2015

– *Architecture & économie : ce que l'architecture fait à l'économie circulaire*, 160 p., 2018

Christophe Olivier & Avril Colleu, *12 solutions bioclimatiques pour l'habitat. Construire ou rénover : climat et besoins énergétiques*, 2016, 232 p.

Carol Maillard, *Façades & couvertures. Performances, architecture, acier*, coédition Eyrolles/ConstruirAcier, 2016, 264 p.

Manuels de formation initiale

Yves Widloecher & David Cusant, *Manuel de l'étude de prix, Entreprises du BTP. Contexte, cours, études de cas, exercices résolus*, 4ᵉ éd., 224 p., 2018

– *Descriptifs et CCTP de projets de construction. Manuel pour comprendre, analyser organiser et décrire*, 2ᵉ éd., 224 p. 2018

– *Manuel d'analyse d'un dossier de bâtiment. Initiation, décodage, contexte, études de cas*, 2ᵉ éd ., 276 p., 2018

Jean-Pierre Gousset, *Avant-métré. Terrassement, VRD & gros-œuvre : principes, ouvrages élémentaires ; études de cas, applications*, 264 p., 2016

Série « Technique des dessins du bâtiment »

– *Dessin technique et lecture de plan. Principes; exercices*, 2ᵉ éd., 288 p., 2013

– *Plans topographiques, plans d'architecte, permis de construire et RT 2012. Détails de construction*, 280 p., 2014

Gérard Calvat, *Initiation au dessin de bâtiment, avec 23 exercices d'application corrigés*, 186 p., 2015

Marie Fondacci Guillarmé, *Maîtiser les techniques de l'immobilier. Transaction immobilière, gestion locative, gestion de copropriété*, 4ᵉ éd. , 288 p., 2019

– *Conseil en ingénierie de l'immobilier*, 128 p., 2017

Jean-Claude Doubrère, *Résistance des matériaux. Cours et exercices corrigés*, 12ᵉ éd., 176 p., 2013

Réglementation

Bernard de Polignac, Jean-Pierre Monceau, Xavier de Cussac et Pascal Lesieur, *Expertise immobilière. Guide pratique*, 7e édition, 512 p., 2019

Vincent Borie, *La médiation à l'usage des professionnels de la construction*, 136 p., 2017

Gérald Pinchera, *Passation et gestion des marchés privés de travaux. Guide pratique*, 104 p., 2017

Jean-Louis Sablon, *Défauts de construction : que faire ? Guide juridique et pratique*, 144 p., 2016

Construction

Victor Davidovici, *Le projet de construction parasismique*, 464 p., 2019

Erick Ringot, *Calcul des ouvrages. Résistance des matériaux et fondement du calcul des structures*, 512 p., 2017

Erick Ringot, Bernard Husson & Thierry Vidal, *Calcul des ouvrages : applications*, 2018, 768 p.

Jean-Paul Roy & Jean-Luc Blin-Lacroix, *Le dictionnaire professionnel du BTP*, 3e éd., 828 p., 2011

Collectif CAPEB/CTICM/ConstruirAcier, *Structures métalliques : ouvrages simples. Guide technique et de calcul d'éléments structurels en acier*, 104 p., 2013

Brice Fèvre & Sébastien Fourage, *Mémento du conducteur de travaux. Préparation et suivi de chantier*, 5e éd., 176 p., 2019

Claude Prêcheur, *Manuel technique du maçon*
– *Organisation, conception, applications*, 2e éd. 304 p., 2019
– *Matériaux, outils, techniques*, 2e éd. 288 p., 2019

Bertrand Hubert, Bruno Philipponnat, Olivier Payant et Moulay Zerhouni, *Fondations et ouvrages en terre. Manuel professionnel de géotechnique du BTP*, 828 p., 2019

Éric Mullard, *La couverture du bâtiment. Manuel de construction*, 2e éd. 2018, 352 p.

Jean-Marie Rapin, *L'acoustique du bâtiment. Manuel professionnel d'entretien et de réhabilitation*, 2017, 192 p.

Étienne de Villepin, *Les courants faibles*, 180 p., 2019

Philippe Peiger & Nathalie Baumann, *Végétalisation des toitures*, 2018,

Philippe Philipparie, *Pathologie générale du bâtiment*, 2019, 176 p.

Alexandre Caussarieu & Thomas Gaumart, *Rénovation des façades : pierre, brique, béton. Guide à l'usage des professionnels*, 2e éd. 2013, 192 p.

Gérard Karsenty, *Guide pratique des VRD et des aménagements extérieurs. Des études à la réalisation des travaux*, 2004, 632 p., 7e tirage 2015

René Bayon, *VRD : voirie, réseaux divers, terrassements, espaces verts. Aide-mémoire du concepteur*, 6e éd. 1998, 528 p., 9e tirage 2015

Philippe Carillo, *Conception d'un projet routier. Guide technique*, 112 p., 2015

Jean Barillot, Hervé Cabanes & Philippe Carillo, *La route et ses chaussées. Manuel de travaux publics*, 264 p., 2018

Collection « Eurocode » Eyrolles/Afnor

EC8

Victor Davidovici, *Conception-construction parasismique*, préface de J.-A. Calgaro, introductions de M. Kahan, J. Attias & J. Stubler, 2017, 1 056 p. en couleurs, relié.

Victor Davidovici, Dominique Corvez, Alain Capra, Shahrokh Ghavamian, Véronique Le Corvec et Claude Saintjean, *Pratique du calcul sismique*, 2ᵉ éd., 2015, 244 p.

Claude Saintjean, *Introduction aux règles de construction parasismique. Applications courantes de l'Eurocode 8 à la conception parasismique*, 2014, 352 p.

Wolfgang & Alan Jalil, *Conception et analyse sismiques du bâtiment. Guide d'application de l'Eurocode 8 à partir des règles PS 92/2004*, 2014, 368 p.

Xavier Lauzin, *Le calcul des réservoirs en zone sismique*, 2013, 100 p.

Alain Capra, Aurélien Godreau, *Ouvrages d'art en zone sismique*, 2ᵉ éd., 2015, 128 p.

Victor Davidovici, Serge Lambert, *Fondations et procédés d'amélioration du sol. Guide d'application de l'Eurocode 8*, 2013, 160 p.

Alain Billard, *Risque sismique et patrimoine bâti. Comment réduire la vulnérabilité : savoirs et savoir-faire*, 2014, 376 p.
   – *Confortement du patrimoine bâti : treize études sur le risque sismique*, préface de V. Davidovici, 2016, 632 p.

EC2

Jean-Marie Paillé, *Calcul des structures en béton. Guide d'application de l'Eurocode 2*, 3ᵉ éd., 2016, 768 p.

Jean-Louis Granju, *Introduction au béton armé. Théorie et applications courantes selon l'Eurocode 2*, 2ᵉ éd., 2014, 288 p.

Jean Roux, *Pratique de l'Eurocode 2*, 2009, 626 p.
   – *Maîtrise de l'Eurocode 2*, 2009, 338 p.

EC3

Collectif APK/Jean-Pierre Muzeau, *Manuel de construction métallique. Extraits des Eurocodes 0, 1 et 3*, 3ᵉ éd., 2019, 256 p.
   – *La construction métallique avec les Eurocodes. Interprétation, exemples de calcul*, 2014, 476 p.

EC5

Yves Benoit, *Construction bois : l'Eurocode 5 par l'exemple. Le dimensionnement des barres et des assemblages en 30 applications*, 2014, 296 p.
   – *Résistance au feu des constructions bois. Barres en situation d'incendie et assemblages selon l'Eurocode 5*, 2015, 192 p. en couleurs

Yves Benoit, Bernard Legrand et Vincent Tastet, *Dimensionner les barres et les assemblages en bois. Guide d'application de l'EC5 à l'usage des artisans*, 2012, 256 p.
   – *Calcul des structures en bois. Guide d'application des Eurocodes 5 et 8*, 4ᵉ éd., 2019, 512 p.

EC6

Marcel Hurez, Nicolas Juraszek, Marc Pelcé, *Dimensionner les ouvrages en maçonnerie. Guide d'application de l'Eurocode 6*, 2ᵉ éd., 2014, 336 p.

BIM et maquette numérique aux éditions Eyrolles

Brad Hardin & Dave McCool, *Le BIM appliqué au management du projet de construction : outils, méthodes et flux de travaux*, édition française établie par Luigi Failla et complétée par « La norme ISO pour le BIM » par Marie-Claire Coin, 2019, 448 p.

Charles-Édouard Tolmer & Régine Teulier (dir.), *Le BIM entre recherche et industrialisation*, 2019, 160 p.

Nader Boutros, Régine Teulier (dir.), *À la pointe du BIM. Ingénierie & architecture, enseignement & recherche*, 2018, 160 p.

Sylvain Riss, Aurélie Talon & Régine Teulier (dir.), *Le BIM éclairé par la recherche*, 2017, 192 p., coédition Eyrolles/CESI (exclusivement disponible en livre numérique)

Olivier Celnik & Éric Lebègue (dir.), *BIM et maquette numérique pour l'architecture, le bâtiment et la construction*, préface de Bertrand Delcambre, 2e éd. 2016, 768 p., coédition Eyrolles/CSTB/MediaConstruct (exclusivement disponible en livre numérique)

Karen Kensek, *Manuel BIM. Théorie et applications,* préface de Bertrand Delcambre, 2015, 256 p.

Éric Lebègue & José Antonio Cuba Segura, *Conduire un projet de construction à l'aide du BIM*, 2015, 80 p., coédition Eyrolles/CSTB

Anne-Marie Bellenger & Amélie Blandin, *Le BIM sous l'angle du droit : pratiques contractuelles et responsabilités*, 2e éd. 2019, 208 p.

Serge K. Levan, *Management et collaboration BIM,* 2016, 208 p.

Annalisa De Maestri, *Premiers pas en BIM : l'essentiel en 100 pages,* 2017, 104 p., coédition Eyrolles/Afnor

Christophe Lheureux, *BIM pour le maître d'ouvrage. Comment passer à l'action*, 2017, 96 p.

Patrick Dupin, *Le LEAN appliqué à la construction. Comment optimiser la gestion de projet et réduire coûts et délais dans le bâtiment*, 2014, 160 p.

Jonathan Renou & Stevens Chemise, *Revit pour le BIM : Initiation générale et perfectionnement structure*, 6e éd., 2019, 472 p.

Julie Guézo & Pierre Navarra, *Revit Architecture : développement de projet et bonnes pratiques*, 2e éd. 2018, 516 p.

Vincent Bleyenheuft, avec la contribution de Julien Blachère et de Christophe Onraet, *Les familles de Revit pour le BIM*, 2e éd. 2018, 408 p.

Olivier Lehmann, Sandro Varano & Jean-Paul Wetzel, *SketchUp pour les architectes*, 2014, 246 p.

Matthieu Dupont de Dinechin, *Blender pour l'architecture : conception, rendu, animation et impression 3D de scènes architecturales*, 2e éd., 2016, 336 p.

Merci d'avoir choisi ce livre Eyrolles. Nous espérons que sa lecture vous a intéressé(e) et inspiré(e).

Nous serions ravis de rester en contact avec vous et de pouvoir vous proposer d'autres idées de livres à découvrir, des nouveautés, des conseils, des événements avec nos auteurs ou des jeux-concours.

Intéressé(e) ? Inscrivez-vous à notre lettre d'information.

Pour cela, rendez-vous à l'adresse go.eyrolles.com/newsletter ou flashez ce QR code (votre adresse électronique sera à l'usage unique des éditions Eyrolles pour vous envoyer les informations demandées) :

Merci pour votre confiance.
L'équipe Eyrolles

P.S. : chaque mois, 5 lecteurs sont tirés au sort parmi les nouveaux inscrits à notre lettre d'information et gagnent chacun 3 livres à choisir dans le catalogue des éditions Eyrolles. Pour participer au tirage du mois en cours, il vous suffit de vous inscrire dès maintenant sur go.eyrolles.com/newsletter (règlement du jeu disponible sur le site).

Dépôt légal : août 2019
Imprimé en France par Corlet Numéric

Cet ouvrage est imprimé sur du papier offset 80 g, papier issu de forêts gérées durablement.

9 782212 678369